Kohlhammer

Kohlhammer Edition Marketing

Begründet von: Prof. Dr. Dr. h.c. Richard Köhler
Universität zu Köln

Prof. Dr. Dr. h.c. mult. Heribert Meffert
Universität Münster

Herausgegeben von: Prof. Dr. Hermann Diller
Universität Erlangen-Nürnberg

Prof. Dr. Dr. h.c. Richard Köhler
Universität zu Köln

Sven Reinecke
Simone Janz

Marketingcontrolling

Sicherstellen von
Marketingeffektivität und -effizienz

Verlag W. Kohlhammer

Alle Rechte vorbehalten
© 2007 W. Kohlhammer GmbH Stuttgart
Umschlag: Gestaltungskonzept Peter Horlacher
Gesamtherstellung:
W. Kohlhammer Druckerei GmbH + Co. KG., Stuttgart
Printed in Germany

ISBN 978-3-17-018404-6

Vorwort der Herausgeber

Die „Kohlhammer Edition Marketing" stellt eine Buchreihe dar, die in 25 Einzelbänden die wichtigsten Teilgebiete des Marketing behandelt. Jeder Band soll in kompakter Form (und in sich geschlossen) eine Übersicht zu den Problemstellungen seines Themenbereichs geben und wissenschaftliche sowie praktische Lösungsbeiträge aufzeigen. Als Ganzes bietet die Edition eine Gesamtdarstellung der zentralen Führungsaufgaben des Marketingmanagements. Ebenso wird auf die Bedeutung und Verantwortung des Marketing im sozialen Bezugsrahmen eingegangen. Als Autoren dieser Reihe konnten namhafte Fachvertreter an den Hochschulen gewonnen werden. Sie gewährleisten eine problemorientierte und anwendungsbezogene Veranschaulichung des Stoffes. Angesprochen sind mit der Kohlhammer Edition Marketing zum einen die Studierenden an den Hochschulen. Ihnen werden die wesentlichen Stoffinhalte des Faches möglichst vollständig – aber pro Teilgebiet in übersichtlich komprimierter Weise – dargeboten. Zum anderen wendet sich die Reihe auch an die Institutionen, die sich der Aus- und Weiterbildung von Praktikern auf dem Spezialgebiet des Marketing widmen, und nicht zuletzt unmittelbar an Führungskräfte des Marketing. Der Aufbau und die inhaltliche Gestaltung der Edition ermöglichen es ihnen, einen raschen Überblick über die Anwendbarkeit neuer Ergebnisse aus der Forschung sowie über Praxisbeispiele aus anderen Branchen zu gewinnen.

Das Werk „Marketingcontrolling" ist neu in der Kohlhammer Edition Marketing. Es tritt an die Stelle des Bandes „Marketing-Kontrolle", den der unvergessene Kollege Franz Böcker 1988 – drei Jahre vor seinem tragischen Unfalltod – in der Reihe veröffentlichte. Böcker entwickelte seinerzeit schon ein Konzept, das über Ergebniskontrollen im Sinne von Soll-Ist-Vergleichen weit hinausging und Audits (als eher vorausschauende Prüfung des marktorientierten Führungssystems) sowie vor allem auch die strategische Überwachung (als kritische Beurteilung der bisherigen Aktivitätsfelder eines Unternehmens) mit einschloss.

Sven Reinecke und Simone Janz legen nun die umfassende Darstellung eines Marketingcontrollingsystems vor. Als Hauptaufgabe für das Marketingcontrolling wird die Sicherstellung der Rationalität bzw. der Effektivität und Effizienz einer marktorientierten Unternehmensführung angesehen. Hieraus ergibt sich die Funktion einer problembezogenen Informationsversorgung für strategische und operative Planungen, für Kontrollen und Audits wie auch für übergreifende Koordinationserfordernisse, die abseits des Routinegeschäfts besondere Marketingprojekte und absatzwirtschaftliche Treiber des Unternehmenswerts betreffen. An diesem Grundverständnis orientiert sich der Gesamtaufbau des Buches mit dem Ziel, das Marketingcontrolling möglichst vollständig als schlüssiges System darzustellen, die Aufgaben zu konkretisieren und Instrumente zur Aufgabenerfüllung zu veranschaulichen.

Nachdem im Teil A des Buches ein Überblick zum Marketingcontrolling als Forschungs- und Anwendungsgebiet gegeben worden ist, konzentriert sich der Teil B auf die Funktion der *problembezogenen Informationsversorgung und die Planungsunterstützung*. Als hauptsächliche Informationsquellen werden das Marketing-accounting (endogene Informationsversorgung) und die Marktforschung (exogene Informationsversorgung) behandelt. Im Rahmen des Marketingaccounting skizzieren die Verfasser zum einen die Schnittstellen von Rechnungswesen, Marketingcontrolling und Marketingmanagement. Zum anderen beschreiben sie ausgewählte Verfahren der Investitionsrechnung sowie der Kosten- und Erfolgsrechnung (Target Costing, Absatzsegmentrechnung, Prozesskostenrechnung). Das Kapitel zur Marktforschung beinhaltet exemplarisch Methoden zur Analyse der Kundenzufriedenheit, da die Kunden- und Konkurrenzorientierung als wesentlicher Ansatzpunkt für eine problembezogene Informationsversorgung der marktorientierten Unternehmensführung gesehen wird. Ausführungen über Analyseinstrumente, die vor allem die strategische Marketing-planung unterstützen können (z.B. Portfolio-Analysen), und über Budgetvorgaben für Einheiten der Marketingorganisation schließen sich an.

In Teil C („*Überwachung des Marketing – Kontrollen und Audits*") nimmt in dem Buch den größten Raum ein. Nach grundlegenden Ausführungen zur strategischen Überwachung, zu Marketingaudits sowie zu Ablauf- und Ergebniskontrollen (einschließlich Benchmarking) wird die Überwachung der Effektivität und Effizienz der einzelnen Marketinginstrumente sehr ausführlich dargestellt. Dies geschieht in Kapiteln über die Kontrolle der Marktleistungsgestaltung, der Preisgestaltung, der Kommunikation, der Distribution und des Marketing-Mix. Kein anderes Lehrwerk über Marketing-controlling weist derart umfassende Erörterungen der Wirksamkeit und Ergebnisbeiträge von Marketinginstrumenten auf. Da es aber eine besondere wissenschaftliche wie auch praktische Herausforderung ist, die Erfolgskonsequenzen von Marketing-Mix-Maßnahmen zu messen, trägt das vorliegende Buch wesentlich zur Schließung einer Lücke in der Controllingliteratur bei.

Die Verfasser greifen in diesem Hauptabschnitt des Bandes den im Teil B angesprochenen Grundgedanken auf, dass es für die problembezogene Informationsversorgung auf die Verknüpfung von Daten des internen Marketingaccounting mit exogenen Informationsbereitstellungen aus der Marktforschung ankommt. Gleichzeitig berücksichtigen sie im Sinne eines ganzheitlichen Controllingkonzepts konsequent den iterativen Regelreis von Planung und Kontrolle, wonach Erfolgskontrollen stets die Kenntnis möglicher Wirkungen bzw. die Identifikation und das Festlegen von Zielen voraussetzen. Dementsprechend finden sich im Teil C in allen Kapiteln Beispiele für die Nutzung des Rechnungswesens zur Ergebnisanalyse des Mitteleinsatzes, einschließlich der Bildung von Kennzahlen. Ebenso werden Techniken der Marktforschung aufgezeigt, mit denen sich Anhaltspunkte zur Analyse der Wirkungen absatzpolitischer Maßnahmen gewinnen lassen. Besonders augenfällig wird dies im Kapitel über Kommunikationskontrollen und -audits, das z.B. auch auf Messungen zur Evaluation der Informationsaufnahme, -verarbeitung und -speicherung durch Zielpersonen sowie auf Werbetests eingeht. Das Kapitel „Kontrolle der

Marktleistungsgestaltung" berücksichtigt u. a. die Produktbewertung anhand von Käuferurteilen und die Anwendung von Testmarktverfahren. In einem Buch über Marketing*controlling* würde man eine so enge Verbindung zu Themen der Marktforschung und des Marketingmanagements vielleicht nicht unmittelbar erwarten. Bei vollständiger Beachtung der Informationsaufgaben des Controlling ist dies aber nur folgerichtig. Auch hier wird durch das vorliegende Werk ein neuer Akzent gesetzt.

Übergreifende Gesichtspunkte beinhaltet der Teil D (*„Koordinationsfunktion und integrierende Aspekte"*). Er beginnt mit einer eingehenden Diskussion von Kennzahlensystemen für Marketing und Verkauf. Daran schließt sich ein Kapitel an, dessen Inhalt in der Literatur zum Marketingcontrolling bisher nicht gang und gäbe ist, aber der Ausrichtung auf eine wertorientierte Unternehmensführung entspricht: Es wird auf den Shareholder-Value-Ansatz Bezug genommen, auch um zu unterstreichen, dass das Marketingcontrolling auf Treiber des Unternehmenswerts zu achten hat und Cashflows, Risiken sowie den Zeitwert des Geldes in strategischen Mehrperiodenrechnungen untersuchen muss.

Im Übrigen widmet sich der Teil D zwei Sondergebieten, die in den letzten Jahren hohe Bedeutung erlangt haben und marktgerichtete Querschnittsaufgaben über herkömmliche Abteilungsgrenzen hinweg betreffen. Es handelt sich um das Markencontrolling, zu dessen Hauptaufgaben die Messung des Markenwerts gehört, und um ein wertorientiertes Controlling der Kundenbeziehungen (Stichworte: Customer Lifetime Value und Kundenwert).

Das Buch schließt im Teil E mit Vorschlägen zur *organisatorischen Einbindung* der marktbezogenen Controllingtätigkeiten. Es wird auf verschiedene Möglichkeiten hingewiesen, die Controllingfunktionen zu institutionalisieren. Dabei geht es auch um das Verhältnis zwischen Marketingcontrolling und Gesamtcontrolling des Unternehmens.

Das Werk von Sven Reinecke und Simone Janz enthält eine umfassend angelegte Gesamtdarstellung der Aufgaben und Methoden im Marketingcontrollingsystem. Es kommt den Autoren vor allem auf konzeptionelle Vollständigkeit an. Bei der Beschreibung geeigneter Controllinginstrumente werden exemplarische Schwerpunkte gesetzt, was aber im Ganzen dennoch zu einer Fülle von Verfahrensdarstellungen führt. Der Band ist als Lehrbuch für die Hochschulausbildung und für Weiterbildungsveranstaltungen gedacht. Gleichermaßen bietet er dem Praktiker eine sehr anregende Orientierungshilfe.

Wir wünschen der Neuerscheinung hohe Aufmerksamkeit und weite Verbreitung.

Nürnberg und Köln, Februar 2007   Hermann Diller, Richard Köhler

Vorwort

Das Verhältnis von *Marketing* und *Controlling* ist durchaus ambivalent. Einerseits werden die beiden Funktionen als Zwillingsschwestern bezeichnet, weil sie beide übergeordnete betriebswirtschaftliche Philosophien repräsentieren, die sich nicht in eine einzelne Abteilung delegieren lassen. Andererseits offenbart die Realität, dass sowohl die Präferenzen als auch die Kompetenzen von Marketeers und Controllern durchaus unterschiedlich sind. Daraus kann entweder ein emotionaler Konflikt entstehen, der die Wirksamkeit und Wirtschaftlichkeit von Managemententscheiden beeinträchtigt – oder aber es resultiert ein durchaus fruchtbares Spannungsfeld, das dazu beiträgt, eine ganzheitliche, effektive und effiziente marktorientierte Unternehmensführung zu gewährleisten. Dieses Buch soll dazu beitragen, dass Letzteres der Fall ist. Dazu werden die Konzepte des Marketing- und Verkaufsmanagements mit den Erkenntnissen aus der Controllingwissenschaft und -praxis verknüpft.

Im Bereich Marketingcontrolling besteht die größte Nachfrage aus Sicht der Praxis nach handlungsorientierten Vorschlägen bezüglich eines *Erfolgsausweises des Marketing* („Return on Marketing"), der Kontrolle des Marketing-Mix (insbesondere der Kommunikation), einer intelligenten Marketingbudgetierung, einem übersichtlichen, aber dennoch differenzierten Marketingreporting (inkl. Kennzahlensystemen) sowie einem Kunden- und Markencontrolling. Auch das Thema eines Marketingaudits im Sinne eines umfassenden „Health Check" steht häufig im Vordergrund. Diesen vielfältigen Anforderungen können Standardlehrbücher zum Marketing beziehungsweise Marketingmanagement nicht gerecht werden, auch wenn die meisten inzwischen ein kurzes Kapitel zum Marketingcontrolling enthalten.

Das vorliegende Buch verfolgt eine doppelte Zielsetzung: Zum einen wird danach gestrebt, ein in sich *geschlossenes, kohärentes System eines integrierten Marketingcontrollings* darzulegen, das alle zentralen Rationalitätsengpässe einer marktorientierten Unternehmensführung berücksichtigt. Zum anderen soll gezielt auf jene Themen eingegangen werden, die aus Sicht der Praxis im Vordergrund stehen und denen bisher in Lehrbüchern nicht ausreichend Rechnung getragen wird. Dieses Prinzip der *„Vollständigkeit mit bewusst selektiven Schwerpunkten"* bedingt auch, dass einige Controllingthemen nicht vertieft werden. Sowohl für eine umfassende Diskussion der Vielzahl von Marketingplanungsinstrumenten als auch für eine ausführliche Würdigung klassischer Finanz- und Accountingthemen wird auf die bereits verfügbare Spezialliteratur verwiesen.

Dieses Buch soll einen Beitrag dazu leisten, die Effektivität (Wirksamkeit) und die Effizienz (Wirtschaftlichkeit) des Marketingmanagements sicherzustellen. Somit ist es selbst ein Controllinginstrument für Dozierende, Studierende und Führungskräfte in der Praxis.

Bei der Entstehung dieses Werks haben mehrere Personen mitgewirkt, denen der ausdrückliche und herzliche Dank der Autoren gilt. Dies sind zunächst die Professoren Dr. Herrmann Diller und Dr. Richard Köhler, die den Anstoß für dieses Buch gegeben haben. Herrn Dr. Uwe Fliegauf (Lektorat Wirtschaftswissenschaften) und dem gesamten Verlag Kohlhammer danken wir sehr für die stets sehr angenehme und konstruktive Zusammenarbeit. Weiterer Dank gebührt Professor Dr. Torsten Tomczak für seinen fachlichen und persönlichen Input sowie zahlreiche interessante Diskussionen. Besonderer Dank gilt ferner Frau Anja Leschnikowski, Herrn Dion Fuchs und Herrn Jens Keller, die Inhalte für die Erstellung einzelner Abschnitte in diesem Buch zur Verfügung gestellt haben. Ausdrücklich danken wir auch unseren studentischen Mitarbeitern und Praktikanten, Herrn Moritz Hofmeister, Herrn Martin Andrée, Herrn Maximilian Henne, Herrn Philipp Hild und Herrn Pascal Egger, die durch ihren unermüdlichen Einsatz und große Sorgfalt wesentlich zur Fertigstellung dieses Buchs beigetragen haben. Für das Gegenlesen weiter Teile des Manuskripts danken wir Herrn Sven Köhler.

St. Gallen, im November 2006   Sven Reinecke, Simone Janz

Inhaltsverzeichnis

Teil A: Marketingcontrolling als Forschungs- und Anwendungsgebiet ... 23

1 **Bedeutung und Aktualität des Marketingcontrollings** ... 25

2 **Marketingcontrolling als interdisziplinäres Schnittstellengebiet** ... 28
   2.1 Marketing als marktorientierte Unternehmensführung ... 29
   2.2 Controlling: Informationsversorgung oder Metaführung? ... 30
      2.2.1 Ordnungsrahmen funktionsorientierter Controllingkonzepte ... 30
      2.2.2 Controlling als Rationalitätssicherung der Führung ... 33
      2.2.3 Exkurs: Controlling vs. Performance Measurement vs. Performance Management ... 36
   2.3 Marketingcontrolling als Sicherstellen der Effektivität und Effizienz einer marktorientierten Unternehmensführung ... 38

3 **Entwicklungslinien des Marketingcontrollings** ... 48

4 **Aufgaben des Marketingcontrollings im Überblick** ... 51

5 **Instrumente des Marketingcontrollings im Überblick** ... 56

6 **Aufbau des Buchs** ... 58

Teil B: Problembezogene Informationsversorgung und Planungsunterstützung ... 59

1 **Sicherstellen der Kunden- und Konkurrenzorientierung der Informationsversorgung** ... 63

2 **Marketingaccounting als Schwerpunkt der endogenen Informationsversorgung** ... 65
   2.1 Einordnung und Grundlagen ... 65
   2.2 Investitionsrechnung ... 69
      2.2.1 Statische Verfahren ... 70
      2.2.2 Dynamische Verfahren ... 72
   2.3 Kostenmanagement und Erfolgsrechnungen ... 73
      2.3.1 Target Costing ... 73
      2.3.2 Absatzsegmentrechnungen ... 80
      2.3.3 Prozesskostenrechnung ... 90
   2.4 Markenspezifisches Marketingaccounting ... 97

3 **Marktforschung als exogene Informationsversorgung** 100
  3.1 Kundenzufriedenheit als wichtige exogene Information 100
    3.1.1 Kundenzufriedenheit als Informationsgröße
        des Marketingcontrollings 100
    3.1.2 Kundenzufriedenheitsportfolios und das KANO-Modell 102
    3.1.3 Verfahren zur Messung der Kundenzufriedenheit 104
        3.1.3.1 Objektive Verfahren 106
        3.1.3.2 Subjektive Verfahren 106
        3.1.3.3 Nationale Kundenbarometer 112
  3.2 Sicherstellen von Effektivität und Effizienz der Marktforschung 113

4 **Ausgewählte Analyseinstrumente zur Unterstützung**
  der Marketingplanung 115
  4.1 Benchmarking 115
  4.2 Gap-Analyse 117
  4.3 SWOT-Analyse 117
  4.4 ABC-Analyse 118
  4.5 Portfolio-Analysen 119
    4.5.1 Marktportfolios 120
    4.5.2 Technologieportfolios 122
    4.5.3 Integrierte Markt-Technologie-Portfolios 123
    4.5.4 Kundenportfolio-Modelle 125

5 **Marketingbudgetierung** 127
  5.1 Begriff und Einordnung 127
  5.2 Funktionen von Budgets 128
  5.3 Arten von Marketingbudgets 128
  5.4 Prozess der Marketingbudgetierung 129
  5.5 Ansätze und Methoden der Marketingbudgetierung 130
  5.6 Better Budgeting und Beyond Budgeting 134

Teil C: Überwachung des Marketing – Kontrollen und Audits 139

1 **Strategische Überwachung** 143

2 **Marketingaudits** 146
  2.1 Verfahrensaudit 151
  2.2 Strategienaudit 151
  2.3 Marketing-Mix-Audit 152
  2.4 Kompetenz- und Organisationsaudit 152
  2.5 Markenaudit 154

3 **Marketingkontrollen: Ablauf- und Ergebniskontrollen** 156
  3.1 Effektivitätskontrollen 159
  3.2 Effizienzkontrollen 160
    3.2.1 Verfahren der Leistungsevaluation 163

3.2.2 Verbesserung durch Benchmarking:
die Data Envelopment Analysis (DEA) 166
3.3 Kosten- und Budgetkontrollen 171

4 Kontrolle der Marktleistungsgestaltung 173
4.1 Ansatzpunkte 173
    4.1.1 Aufgaben und Instrumente der Marktleistungsgestaltung 174
    4.1.2 Ziele der Marktleistungsgestaltung 175
4.2 Kontrolle konsumenten- und konkurrenzgerichteter Zielgrößen 176
    4.2.1 Produkt- und Programmanalysen 176
    4.2.2 Bewertung mittels Käuferurteilen 180
        4.2.2.1 Produktbeurteilung und Conjoint Measurement 181
        4.2.2.2 Einstellungs- und Imagemessung 183
        4.2.2.3 Positionierungsmodelle 191
        4.2.2.4 Messung der Kaufabsicht 193
    4.2.3 Bewertung mittels Testverfahren 194
        4.2.3.1 Produkttests 194
        4.2.3.2 Storetests 196
        4.2.3.3 Testmärkte 197
        4.2.3.4 Testmarktersatzverfahren 197
4.3 Kontrolle handelsgerichteter Zielgrößen 200
    4.3.1 Kennzahlen der Sortimentskontrolle 200
    4.3.2 Kennzahlen aus Herstellersicht 202

5 Kontrolle der Preisgestaltung 205
5.1 Ansatzpunkte und Aufgaben 205
    5.1.1 Ziele der Preisgestaltung 205
    5.1.2 Instrumente der Preisgestaltung 208
    5.1.3 Aufgaben von Preiscontrolling und Preisgestaltungskontrolle .. 209
5.2 Ausgewählte Instrumente 210
    5.2.1 Methoden zur Ermittlung der Preisabsatzfunktion 212
    5.2.2 Erlös-Abweichungsanalyse 214
    5.2.3 Kosten-, Deckungsbeitrags- und Prozesskosten-
Abweichungsanalyse 216
    5.2.4 Transaktionspreisanalyse 217
    5.2.5 Kontrolle nichtmonetärer Zielgrößen der Preisgestaltung 217

6 Kontrolle der Marktbearbeitung und Kommunikation 219
6.1 Grundlagen und Übersicht 219
    6.1.1 Systematik der Kommunikationskontrollen und -audits 220
    6.1.2 Ziele der Marktkommunikation als Kontrollgrößen 224
        6.1.2.1 Nichtmonetäre vs. monetäre Zielgrößen 224
        6.1.2.2 Zielformulierung 225
        6.1.2.3 Kommunikationswirkungsmodelle als
Ordnungsrahmen 226

6.1.2.4	Zielgrößen der Marktkommunikation im Überblick ...	229
6.1.3	Herausforderungen und Messfehler bei der Evaluation des Kommunikationserfolgs	235
6.2	Kontrolle der Werbung	237
6.2.1	Industriestandards zur Messung der Werbewirkung: PACT-Prinzipien	237
6.2.2	Instrumente und Verfahren im Überblick	238
6.2.3	Verfahren zur Evaluation der Kontaktziele	240
6.2.4	Verfahren zur Evaluation der Informationsaufnahme, -verarbeitung und -speicherung	245
6.2.4.1	Messung der allgemeinen Aktivierung	245
6.2.4.2	Messung der Informationsaufnahme und Informationswahrnehmung	246
6.2.4.3	Messung der emotionalen und kognitiven Informationsverarbeitung	247
6.2.4.4	Messung der Informationsspeicherung (v. a. Recall, Recognition, Bekanntheit)	248
6.2.5	Verfahren zur Evaluation der Einstellung, Likes/Dislikes und Kaufabsicht	255
6.2.6	Verfahren zur Evaluation des Verhaltens	258
6.2.7	Verfahren zur Evaluation des Markterfolgs	259
6.2.7.1	Experimentelle Ansätze	260
6.2.7.2	Marktreaktionsfunktionen	261
6.2.8	Untersuchungsdesigns: Werbe-Pretests, -Posttests und Trackingverfahren	263
6.2.8.1	Werbe-Pretests	264
6.2.8.2	Werbe-Posttests	267
6.2.8.3	Werbetrackings	267
6.2.9	Werbebenchmarking	269
6.3	Kontrollen und Audits von Produkt-PR, Sponsoring und Marketingevents	271
6.3.1	Besonderheiten im Überblick: Zielgruppen, Evaluationsebenen und Instrumente	271
6.3.2	Ansatzpunkte	272
6.3.2.1	Instrumente und Ziele der leistungsbezogenen Public Relations (Produkt-PR)	272
6.3.2.2	Instrumente und Ziele des Sponsoring	274
6.3.2.3	Instrumente und Ziele von Marketingevents	276
6.3.3	Spezifika der Kontrollen auf der Output-Ebene: Clippings, Medienresonanzanalyse und Kenngrößen	277
6.3.4	Spezifika der Kontrollen auf der Outcome- und der Outgrowth-Ebene	279
6.4	Kontrolle der Verkaufsförderung	281
6.5	Kontrolle des persönlichen Verkaufs	287

6.6 Kontrolle des Direct Marketing 293
    6.6.1 Ansatzpunkte 293
        6.6.1.1 Aufgaben und Instrumente des Direct Marketing 293
        6.6.1.2 Ziele des Direct Marketing 296
    6.6.2 Voraussetzungen und Rahmenbedingungen 298
    6.6.3 Kennzahlen und Instrumente 299
        6.6.3.1 Effektivitätskennzahlen 300
        6.6.3.2 Kundenbewertungsmethodik und RFMR-Analyse 303
        6.6.3.3 Testverfahren 304
        6.6.3.4 Effizienzkontrolle mittels Kennzahlen 307
6.7 Kontrolle des Online-Marketing 308

7 Kontrolle der Distribution 315
7.1 Ansatzpunkte 315
    7.1.1 Aufgaben der Distribution 315
    7.1.2 Ziele und Bedeutung der Distribution 317
7.2 Determinanten des Distributionscontrollings 319
7.3 Distributionskontrolle auf der Mikroebene: Einkanalsystem 321
    7.3.1 Allgemeine Kriterien zur Leistungsmessung in der Distribution 321
    7.3.2 Distributionskennzahlen 323
7.4 Distributionskontrolle auf der Makroebene: Distributionssystem 326
    7.4.1 Kennzahlensysteme 326
    7.4.2 Distributions-Kostenrechnungen und
          Wirtschaftlichkeitsanalysen 328

8 Optimierung und Kontrolle des Marketing-Mix 334
8.1 Grundlagen: Marketingzielsystem und Interdependenzen 334
8.2 Ansätze 337
    8.2.1 Modellgestützte Optimierungsverfahren 337
    8.2.2 Heuristische Verfahren 338
    8.2.3 Einsatzgrundsätze der Marketing-Mix-Planung 339
    8.2.4 Das Dominanz-Standard-Modell von Kühn 341

Teil D: Koordinationsfunktion und integrierende Aspekte 343

1 Führungsübergreifende Koordinationsfunktion:
Tätigkeiten abseits des Marketingroutinegeschäfts 345

2 Aufbau von Kennzahlensystemen für Marketing und Verkauf 346
2.1 Idealtypische Grundstruktur eines aufgabenorientierten
    Marketingkennzahlensystems 346
    2.1.1 Finanzwirtschaftliche Ergebniskennzahlen als erste Ebene
          des Kennzahlensystems 348
    2.1.2 Aufgabenbezogene Kennzahlenmodule als zweite Ebene
          des Kennzahlensystems 352

2.1.3 Bewertung von Marktpotenzialen als dritte Ebene
  des Kennzahlensystems 357
2.2 Sicherstellen der Wirksamkeit eines integrierten
  Marketingführungszyklus 358
  2.2.1 Verknüpfung des Kennzahlensystems mit der Marketingplanung
    und -budgetierung 358
  2.2.2 Organisatorische Perspektiven auf das Kennzahlensystem 359
  2.2.3 Verwendung des Kennzahlensystems als Reporting- und
    Kontrollinstrument 364
  2.2.4 Informationstechnische Unterstützung des Marketing-
    kennzahlensystems 367
  2.2.5 Verknüpfung mit der Motivations- und Anreizgestaltung 368
  2.2.6 Kennzahlensysteme: Gestaltung der Schnittstellen zum
    Unternehmenscontrolling 371
2.3 Vorgehen bei der Einführung eines Marketingkennzahlensystems 373
2.4 Grenzen von Kennzahlen und Kennzahlensystemen im Marketing ... 377
  2.4.1 Inhaltliche Einschränkung der Leistungsfähigkeit von
    Marketingkennzahlensystemen 377
  2.4.2 Formale Fehler bei der Arbeit mit Kennzahlen 378

3 Ausrichtung des Marketing auf Treiber des Unternehmenswerts 380
3.1 Der Shareholder Value-Ansatz und verwandte Konzepte 380
3.2 Kritische Beurteilung des Shareholder-Value-Ansatzes 382
3.3 Marketing als Treiber des Shareholder Value 386
3.4 Effektsimulation von Marketingstrategien mit Hilfe des
  Shareholder-Value-Ansatzes 390
3.5 Nutzenpotenziale des Shareholder Value-Ansatzes für das
  Marketingcontrolling 393

4 Markencontrolling 395
4.1 Evaluation der Markenrelevanz – die Bedeutung der Markenführung . 396
4.2 Messung des Markenwissens 398
  4.2.1 Quantitative Methoden zur Messung des Markenwissens 399
  4.2.2 Qualitative Methoden zur Messung des Markenwissens 401
4.3 Messung des Markenwerts 402
  4.3.1 Notwendigkeit und Nutzen von Markenbewertungen 404
  4.3.2 Modelle zur Messung des Markenwerts 405
  4.3.3 Grundprobleme der Markenwertmessung 411
  4.3.4 Messung der Wirkungen von Markenstärke und –wert 412
  4.3.5 Integration des Markenwerts in das Marketingcontrolling 413
4.4 Controlling von Markenerweiterungen 415
4.5 Controlling der Markenarchitektur 418

5 Wertorientiertes Kundencontrolling und Customer Equity 420
   5.1 Begriffsabgrenzungen: Kundenwert und Customer Equity 421
   5.2 Messung des Kundenwerts 423
      5.2.1 Customer Lifetime Value-Modelle 423
      5.2.2 Kundenflussrechnung 428
      5.2.3 Messung eines zielgruppenspezifischen Kundenwerts 429
   5.3 Das Customer Equity-Modell von Rust, Zeithaml und Lemon 431
   5.4 Interdependenz von Kunden- und Markenwert 435

**Teil E: Organisation des Marketingcontrollings –
Träger der Marketingcontrollingfunktionen** 437

1 Organisatorische Einordnung und Institutionalisierungsgrad als abhängige Größen 439

2 Relevanz und Grundlagen der Stellenbildung im Marketingcontrolling 442

3 Möglichkeiten der organisatorischen Einbindung des Marketingcontrollings 444
   3.1 Einordnung ohne spezifische Marketingcontrollingstellen 444
   3.2 Einordnung mit spezifischen Marketingcontrollingstellen 445

4 Integration des Marketingcontrollings in das Gesamtcontrolling 452

Literaturverzeichnis 454

Stichwortverzeichnis 501

Abbildungsverzeichnis

Abbildung 1: Einflüsse auf die Bedeutung des Marketingcontrollings 26
Abbildung 2: Ordnungsrahmen funktionsorientierter Controllingkonzepte 31
Abbildung 3: Controlling als Gemeinschaftsaufgabe von Managern und Controllern 32
Abbildung 4: Idealtypischer Führungszyklus 33
Abbildung 5: Zusammenhang von Effektivität, Effizienz und Erfolg 39
Abbildung 6: Sicherung der Rationalität marktorientierter Unternehmensführung 40
Abbildung 7: Situative Eignung von Koordinationsformen im Marketing . 43
Abbildung 8: Marketingcontrolling – zentrale Entwicklungen und Trends 48
Abbildung 9: Aufgaben des Marketingcontrollings 51
Abbildung 10: Informationsstand als Ergebnis von Informationsangebot, -bedarf und -nachfrage 52
Abbildung 11: Gründe für den Verzicht auf Marketingkontrollen 54
Abbildung 12: Ausgewählte Methoden und Instrumente des Marketingcontrollings 56
Abbildung 13: Grundmuster des Marketingaccounting 66
Abbildung 14: Struktur eines Kosten- und Leistungsrechnungssystems 67
Abbildung 15: Verfahren der Investitionsrechnung 70
Abbildung 16: Ablaufschritte des Target Costing 75
Abbildung 17: Produktfunktionen und -komponenten 77
Abbildung 18: Relative Bedeutung der Produktkomponenten 77
Abbildung 19: Ableitung des Kostenreduktionsbedarfs und der Zielkosten auf Komponentenebene 78
Abbildung 20: Zielkostenkontrolldiagramm 78
Abbildung 21: Beurteilung des Target Costing 79
Abbildung 22: Marketingrelevante Bezugsgrößenhierarchie für Erfolgsrechnungen 80
Abbildung 23: Beispiel zur einstufigen Deckungsbeitragsrechnung 81
Abbildung 24: Beurteilung der einstufigen Deckungsbeitragsrechnung 82
Abbildung 25: Beispiel zur mehrstufigen Deckungsbeitragsrechnung 83
Abbildung 26: Beurteilung der mehrstufigen Deckungsbeitragsechnung ... 84
Abbildung 27: Aufbau einer Kundendeckungsbeitragsrechnung 85
Abbildung 28: Beurteilung der Kundendeckungsbeitragsrechnung 87
Abbildung 29: Deckungsbeitragsrechnung nach Absatzgebieten 88
Abbildung 30: Deckungsbeitragsrechnung nach Absatzkanälen 88
Abbildung 31: Beurteilung der Deckungsbeitragsrechnung nach Absatzkanälen und -gebieten 89
Abbildung 32: Aufgabenbereiche der Prozesskostenrechnung 92

17

Abbildung 33:	Prozesskosten und Prozesskostensätze auf Teilprozessebene	93
Abbildung 34:	Prozesskosten und Prozesskostensätze auf Hauptprozessebene	94
Abbildung 35:	Produktkalkulation mittels der Prozesskostenrechnung	95
Abbildung 36:	Beurteilung der Prozesskostenrechnung	96
Abbildung 37:	Mehrstufige Markendeckungsbeitragsrechnung	98
Abbildung 38:	Entstehung von Kundenzufriedenheit und -unzufriedenheit	101
Abbildung 39:	Kundenzufriedenheitsportfolio	102
Abbildung 40:	Das KANO-Modell der Kundenzufriedenheit	103
Abbildung 41:	Verfahren zur Messung der Kundenzufriedenheit	105
Abbildung 42:	Eindimensionale Messung der Kundenzufriedenheit	107
Abbildung 43:	Multiattributive Verfahren (ex ante/ex post) zur Messung der Kundenzufriedenheit	108
Abbildung 44:	Frequenz-Relevanz-Analyse	109
Abbildung 45:	Beispiel eines Blueprints im Falle einer Flugreise	111
Abbildung 46:	Vergleichsdimensionen des Benchmarking	116
Abbildung 47:	Typische Objekte einer Stärken-Schwächen-Analyse	118
Abbildung 48:	ABC-Analyse	119
Abbildung 49:	Markt-Portfolio-Modelle der Boston Consulting Group und von McKinsey	121
Abbildung 50:	Integriertes Technologie-Markt-Portfolio von McKinsey	123
Abbildung 51:	Beispiel eines Kundenportfolios mit illustrativem Soll-Ist-Vergleich bzw. Entwicklungstrend	125
Abbildung 52:	Unterscheidungsmerkmale von Marketingbudgetierungsformen	128
Abbildung 53:	Ansätze und Methoden der Marketingbudgetierung	131
Abbildung 54:	Gesamtbewertung der Ansätze in konzeptioneller und implementierungsbezogener Hinsicht	137
Abbildung 55:	Regelkreismodell von Marketingplanung, -kontrollen und -audits	140
Abbildung 56:	Systematik der Marketingüberwachung nach Objekten und Arten	141
Abbildung 57:	Frühwarnung, Früherkennung, Frühaufklärung	144
Abbildung 58:	Prüfliste zur Bewertung der Marktorientierung der Unternehmensstrategie	147
Abbildung 59:	Der Marketing-Audit-Propeller von Töpfer	149
Abbildung 60:	Formen und Objekte von Marketingaudits	150
Abbildung 61:	Der Analyseprozess des Behavioral Branding	153
Abbildung 62:	Markentrichter	155
Abbildung 63:	Kontrollobjekte im Marketing	157
Abbildung 64:	Verfahren zur Messung der Marketingleistung	163
Abbildung 65:	Ausgewählte Einsatzbeispiele zu den Marketing-Mix-Instrumenten	169

Abbildung 66:	CCR- und BCC-Randfunktion im Ein-Input-Fall/ Ein-Output-Fall	170
Abbildung 67:	Zielkategorien und Ziele der Marktleistungsgestaltung	175
Abbildung 68:	Altersstrukturanalyse	179
Abbildung 69:	Beurteilung des Conjoint Measurement	181
Abbildung 70:	Karten und Datenerhebung bei der Conjoint-Analyse	182
Abbildung 71:	Ergebnis der Conjoint-Analyse (Automobil-Beispiel)	183
Abbildung 72:	Hauptaspekte der Einstellungsmessung	186
Abbildung 73:	Dominierende Skalen der Einstellungsmessung	189
Abbildung 74:	Dreidimensionales Positionierungsmodell – Beispiel Fluggesellschaften	191
Abbildung 75:	Klassische Kennzahlen zur Beurteilung der Vorteilhaftigkeit einzelner Sortimente	201
Abbildung 76:	Das preispolitische Zielsystem	206
Abbildung 77:	Aktionsinstrumente der Preisgestaltung	208
Abbildung 78:	Preisstrategische Zielkonzepte („Strategische Preistreppe")	209
Abbildung 79:	Teilprozesse der Preisgestaltung	209
Abbildung 80:	Preismanagementprozess	211
Abbildung 81:	Transaktionspreisanalyse	217
Abbildung 82:	Kommunikationsinstrumente im Überblick	220
Abbildung 83:	Formen der Kommunikationsüberwachung	221
Abbildung 84:	Formen der Ergebniskontrolle im Kommunikationsbereich	221
Abbildung 85:	Hierarchische Wirkungsmodelle des Käuferverhaltens	227
Abbildung 86:	Wirkungen und Zielgrößen der Kommunikationskontrolle	230
Abbildung 87:	Probleme und Messfehler bei der Kommunikationserfolgsmessung	235
Abbildung 88:	PACT-Prinzipien	238
Abbildung 89:	Mögliche Untersuchungsfelder und Verfahren der Kommunikationskontrolle	239
Abbildung 90:	Kenngrößen von Choice Set-Analysen	252
Abbildung 91:	Die Markenbekanntheitspyramide	255
Abbildung 92:	Mögliche Pretest-Designs	264
Abbildung 93:	Pretest-Verfahren	266
Abbildung 94:	Objekte und Formen des Werbebenchmarking	270
Abbildung 95:	Typische Kenngrößen bei Medienresonanzanalysen	278
Abbildung 96:	Wirkungen von konsumentengerichteter Verkaufsförderung auf den Absatz des Aktionsprodukts im Aktionsgeschäft	283
Abbildung 97:	Kurzfristige Wirkungen handelsgerichteter Verkaufsförderung	284
Abbildung 98:	Wirkungen handelsgerichteter Verkaufsförderung auf die Liefermenge an den Handel	284
Abbildung 99:	Standortbestimmung für technische Mitarbeiter im Außendienst	289
Abbildung 100:	Beispiel eines Trichtermodells mit Meilensteinen	291

Abbildung 101: Kennzahlenberechnung für die optimalen Besuchszeitenallokation 293
Abbildung 102: Aufgaben des Direct Marketing 294
Abbildung 103: Medien des Direct Marketing 295
Abbildung 104: Wirkungstrichter des Direct Marketing 296
Abbildung 105: Aufgaben und Ziele des Direct Marketing (Beispiele) 297
Abbildung 106: Zentrale Effektivitätskennzahlen des Direct Marketing 300
Abbildung 107: Erfolgskennzahlenpyramide des Direct Marketing 302
Abbildung 108: Beispiel für die RFMR-Analyse 303
Abbildung 109: Optimierungsmöglichkeiten mittels Testverfahren 305
Abbildung 110: Effizienzkennzahlen des Direct Marketing 307
Abbildung 111: Kennzahlen des Online-Marketing 313
Abbildung 112: Aktionsbereiche des Distributionsmanagements 316
Abbildung 113: Auswahl von Distributionszielen 318
Abbildung 114: Abgrenzung der Distributionskontrolle auf Mikro- und Makroebene 320
Abbildung 115: Katalog quantitativer und qualitativer Kontrollgrößen im Distributionsmanagement 324
Abbildung 116: Servicegrad als Ergebnis der Fehlmengenanalyse 325
Abbildung 117: Kennzahlen zur Kontrolle des Distributionsgrads 325
Abbildung 118: Ausgestaltungsmöglichkeit eines Kennzahlensystems zum Distributionscontrolling 327
Abbildung 119: Einnahmen-Ausgaben-Analyse telefonischer Bestellungen . 329
Abbildung 120: Prozesskostenrechnung am Beispiel von Lagerhaltungskosten 330
Abbildung 121: Distributionskanalselektion 331
Abbildung 122: Beispiel einer Distributionskanalkurve aus Kundensicht ... 332
Abbildung 123: Der Prozess der Marketingplanung im Überblick 335
Abbildung 124: Das Dominanz-Standard-Modell von Kühn 341
Abbildung 125: Aufgabenorientiertes Marketingkennzahlensystem – idealtypische Struktur 347
Abbildung 126: Ausgewählte formalökonomische Ergebniskennzahlen 349
Abbildung 127: Analyse des Kernaufgabenprofils 351
Abbildung 128: Auswahl zentraler Schlüsselkennzahlen der Marktpositionierung 353
Abbildung 129: Ausgewählte Kennzahlen zur Messung der Kundenbindungsstärke 355
Abbildung 130: Wirkungskette zur Messung der Kundenbindungsstärke ... 356
Abbildung 131: Aufgabenorientierte Kennzahlen am Beispiel eines „Mehrkämpfers" 357
Abbildung 132: Konstruktionsprinzip stellenspezifischer Kennzahlensysteme 360
Abbildung 133: Stellenspezifische relative Bedeutung der Kennzahlenbereiche (Beispiel) 361
Abbildung 134: Beispiele ergänzender stellenspezifischer Kennzahlen 362

Abbildung 135: Bewertung von Cockpitdarstellungen 366
Abbildung 136: Einfluss von Kennzahlensystemen auf die Effektivität
von Anreizsystemen 370
Abbildung 137: Schritte bei der Entwicklung eines Performance
Measurement-Systems 373
Abbildung 138: Erfolgsvoraussetzungen für die Einführung eines
Kennzahlensystems 374
Abbildung 139: Idealtypische Phasen der Einführung eines
Marketingkennzahlensystems 376
Abbildung 140: Shareholder Value-Ansatz nach Rappaport 381
Abbildung 141: Merkmale eines unternehmenswertorientierten Controllings 382
Abbildung 142: Annahmen bezüglich eines am Shareholder Value
orientierten Marketing 386
Abbildung 143: Einfluss der Kernaufgaben auf Treiber des Shareholder
Value (Beispiele) 389
Abbildung 144: Shareholder Value-Berechnung der Muster AG (in Mio €) .. 390
Abbildung 145: Effektsimulation von Marketingstrategien auf den Wert
der Muster AG (in Mio €) 391
Abbildung 146: Simulation der Streichung von Werbemaßnahmen auf den
Shareholder Value (in Mio €) 392
Abbildung 147: Nutzen des Shareholder Value-Ansatzes für das Marketing . 394
Abbildung 148: Ausgewählte Ansätze des Markencontrollings im Überblick 395
Abbildung 149: Operationalisierung des Markenwissens 398
Abbildung 150: Markenwert und Markenstärke 404
Abbildung 151: Globalmodelle zur Markenwertmessung 407
Abbildung 152: Kriterienorientierte Modelle zur Markenwertmessung 408
Abbildung 153: Interbrand-Modell der Markenbewertung 409
Abbildung 154: Beziehungsmodell der Erfolgsfaktoren von Markentransfers 416
Abbildung 155: Berechnung des kundenbindungsbasierten Customer
Lifetime Value 425
Abbildung 156: Berechnung des kundenmigrationsbasierten Customer
Lifetime Value nach Dwyer 426
Abbildung 157: Managementorientierte Anwendung des Konzepts
des Kundenwerts 427
Abbildung 158: Kundenflussrechnung (fiktives, vereinfachtes Beispiel) 428
Abbildung 159: Kundenwertkomponenten 429
Abbildung 160: Kundenwert als Basis für eine differenzierte Kunden-
bearbeitung 430
Abbildung 161: Treiber des Customer Equity 432
Abbildung 162: Grundsätzliche Organisationsarten des
Marketingcontrollings 440
Abbildung 163: Marketingcontrolling als Stabstelle der
Unternehmensleitung 446
Abbildung 164: Marketingcontrolling als Stabstelle des Marketing 447

21

Abbildung 165: Marketingcontrolling als Linienstelle des Bereichs
Marketing 448
Abbildung 166: Marketingcontrolling als Linienstelle des Bereichs
Finanzen/Controlling 449
Abbildung 167: Dotted-Line-Prinzip 450
Abbildung 168: Organisatorische Gestaltungsformen des
Marketingcontrollings 451

Teil A: Marketingcontrolling als Forschungs- und Anwendungsgebiet

1 **Bedeutung und Aktualität des Marketingcontrollings**	25
2 **Marketingcontrolling als interdisziplinäres Schnittstellengebiet**	28
2.1 Marketing als marktorientierte Unternehmensführung	29
2.2 Controlling: Informationsversorgung oder Metaführung?	30
2.3 Marketingcontrolling als Sicherstellen der Effektivität und Effizienz einer marktorientierten Unternehmensführung	38
3 **Entwicklungslinien des Marketingcontrollings**	48
4 **Aufgaben des Marketingcontrollings im Überblick**	51
5 **Instrumente des Marketingcontrollings im Überblick**	56
6 **Aufbau des Buchs**	58

1 Bedeutung und Aktualität des Marketingcontrollings

In der deutschsprachigen Marketingwissenschaft erlebt das Thema Marketingcontrolling nach intensiven Forschungstätigkeiten zu Beginn der achtziger Jahre einen neuen Höhepunkt (Daum 2001, Ehrmann 2004, Reinecke 2004, Bauer/Stokburger/Hammerschmidt 2006, Link/Weiser 2006 und Reinecke/Tomczak 2006). Seitdem das amerikanische Marketing Science Institute das Thema „Marketing Metrics" mehrfach hintereinander zum Thema mit der höchsten Forschungsrelevanz erhoben hat, ist auch in der internationalen Marketingwissenschaft eine deutlich verstärkte Auseinandersetzung mit diesem Thema zu spüren (Clark 1999, Ambler 2003, Lenskold 2003, Moorman/Lehmann 2004, Rust et al. 2004, Rust/Lemon/Zeithaml 2004, Shaw/Merrick 2005 und Farris et al. 2006).

Marketingwissenschaft und -praxis haben sich bislang primär auf die Gestaltung der Marketinginstrumente und somit den Input konzentriert. Die „Natur" des Outputs beziehungsweise die Bedeutung des Resultats wurde weitgehend als selbstverständlich angesehen (Stichworte: einseitige Umsatz- und Marktanteilsorientierung sowie unbedingte Kundenorientierung) oder als Untersuchungsobjekt für weitere Forschung zurückgestellt (Bonoma/Clark 1988, S. 1 f.). Auch ist der Zusammenhang von Marketinginput und -output selten eindeutig bestimmbar, das Wissen bezüglich einer Darstellung und Analyse von Ursache-Wirkungszusammenhängen relativ gering. Dies führt teilweise zu Untätigkeit oder gar Resignation, indem Marketing als für das klassische Controlling (fast) unzugängliches Gebiet angesehen wird. Marketingeffizienz wird häufig als Black Box-Modell betrachtet, mit Aufwand und Ausgaben als Input- sowie Absatz, Umsatz, Marktanteils- und Gewinngrößen als Outputgrößen (Piercy/Evans 1983, S. 47). Nicht selten weicht die Messung auf einen Vergleich von budgetierten und erreichten Umsatzzahlen aus, um die Ursache-Wirkungszusammenhänge nicht analysieren zu müssen.

Für die betriebswirtschaftliche Praxis nimmt die Bedeutung des Themas aus mehreren Gründen zu (Abbildung 1):

- Produktivitätsverbesserungen in der Produktion und im allgemeinen Management (Stichworte: Lean Management, Business Process Reengineering) haben dazu geführt, dass der Kostenanteil von Marketing und Verkauf in vielen Unternehmen von vormals durchschnittlich 20 Prozent auf ungefähr 50 Prozent (einschl. Produktentwicklung und Distribution) gestiegen ist (Sheth/Sisodia 1995, S. 10, Kirchgeorg 2000, S. 409 und Piller 1997, S. 18) berichtet sogar von bis zu 75 Prozent. Weil die Marketing- und Verkaufskosten das operative Ergebnis somit maßgeblich beeinflussen, rücken sie zunehmend in den Mittelpunkt des Interesses des Top-Managements. Führungskräfte im Marketing müssen somit zunehmend die *Effektivität und Effizienz von Marketingmaßnahmen nachweisen*, wobei die Zufriedenheit des Top-Managements mit dem derzeitigen Stand des Marketingcontrollings sehr gering ist (zu empirischen Ergebnissen Rosset/Reinecke 2005 und Reinecke/Herzog 2005b). Gleichzeitig beklagen Marketingführungskräfte zunehmend einen Bedeutungsverlust: Doyle (2000, S. 299) spricht von einer „marginalization of marketing professionals". Gerade in börsennotierten Unternehmen ist die Sprache der „Macht" und somit des Top-Managements schon lange nicht mehr jene eines kundenorientierten Marketing, sondern eindeutig die Finanzsprache der Börse. Dieser Bedeutungsverlust des Marketing schlägt sich zunehmend auch auf den Wettbewerb um finanzielle Ressourcen nieder. Marketingbudgets werden nicht mehr gewährt, wenn nicht zumindest ein Einfluss auf das Geschäftsergebnis glaubhaft nachgewiesen werden kann (Ambler 2004, S. 57). Marketingführungskräfte verfügen somit lediglich über zwei Optionen: „start proving their worth or be gradually starved of resources." (Weber 2002b, S. 705).

- *Neue Management- und Controllingkonzepte*, insbesondere die wertorientierte Unternehmensführung und Scorecardansätze, aber auch die steigende Bedeutung der Operationalisierung und Bilanzierung des „Intellectual Capitals" führen zu einem wachsenden Druck, marketingrelevante Tatbestände mittels Kennzahlen zu operationalisieren und somit mess- und fühlbar zu machen.

Abbildung 1: Einflüsse auf die Bedeutung des Marketingcontrollings (Quelle: Eigene Darstellung in enger Anlehnung an Reinecke 2004, S. 9)

- In der Praxis ist Marketing häufig durch *Koordinations- und Umsetzungsdefizite* gekennzeichnet. Einerseits mangelt es an einer Durchgängigkeit der Marketingplanung von der Strategie bis zur Realisierung, andererseits ist das operative Marketing aufgrund einer Zersplitterung der Marketinginstrumente ungenügend integriert. Die Verbindlichkeit der Marketingplanung, verbunden mit einer Definition von klar operationalisierten Zielen, ist in der Regel sehr gering. Gleichzeitig herrscht im Bereich Marketing aufgrund der Vielzahl an Datenquellen eine enorme Informationsflut, die einen zielorientierten Fokus erschwert.

- *Neue informationstechnologische Möglichkeiten* aufgrund der verbesserten Integration der Informationssysteme, der höheren Leistungsfähigkeit der Informationsauswertung und -aufbereitung eröffnen für Marketingplanung und -kontrolle neue Dimensionen (Stichworte: Datamining, Verkaufsinformationssysteme, Customer Relationship Management-Systeme).

Marketingcontrolling ist somit zurzeit sowohl für Führungskräfte und Controller als auch für Wissenschaftler hochaktuell und relevant. Nachfolgend wird herausgearbeitet, welche Teilaspekte dabei im Vordergrund stehen und wie sich das Thema im Laufe der Zeit weiterentwickelt hat.

2 Marketingcontrolling als interdisziplinäres Schnittstellengebiet

Beim Marketingcontrolling handelt es sich um ein klassisches Schnittstellenthema zweier betriebswirtschaftlicher Teilgebiete. Marketing und Controlling stehen in einem ambivalenten Verhältnis zueinander. Einerseits werden sie als Zwillingsschwestern charakterisiert, weil beides übergreifende Konzepte sind, die nicht das Privileg einzelner Experten sein sollten (Deyhle 1988, S. 15). Andererseits kommt ein natürlicher Ziel- und Interessenkonflikt zum Ausdruck, wenn *Marketing als „Führung vom Markt her"* und *Controlling als „Führung vom Ergebnis her"* gesehen wird. Traditionell werden Marketing und Controlling daher unterschiedliche Zielfunktionen zugeordnet: Controlling sei darauf ausgerichtet, die Wertziele des Unternehmens zu erreichen, wohingegen das Marketing primär Sachziele verfolge (Meffert 2000, S. 1125). Diese Trennung ist vor dem Hintergrund der neueren Entwicklungen in beiden Bereichen allerdings nicht mehr zweckmäßig. Letztlich verfolgt auch das Marketing als betriebswirtschaftliche Funktion Wertziele, und beim strategischen Controlling stehen unzweifelhaft auch Sachziele im Vordergrund (ähnlich auch Link 2004, S. 428).

Marketingcontrolling darf sich auch nicht darauf beschränken, lediglich Konzepte des Controllings unreflektiert auf das Marketing zu übertragen; dadurch können weder Erkenntnisfortschritte erzielt noch konkrete Handlungsanleitungen abgeleitet werden. Meffert (1982, S. 100) wies bereits vor einiger Zeit auf diese Gefahr hin: „Versteht man Marketingcontrolling als Koordination von Informationsversorgung, Planung und Kontrolle im Marketingbereich, so beinhaltet dieses Konzept keinerlei neue Führungsfunktionen, sondern weist lediglich auf eine andersartige Aufteilung bisher beim Marketingmanagement (oder bei anderen Funktionsträgern im Marketing, z.B. Marktforschung) angesiedelter Marketingfunktionen hin." Er folgerte daraus, dass für das Marketing ein weitgehend eigenständiges, problembezogenes Instrumentarium entwickelt werden muss; dieses sollte insbesondere drei Besonderheiten gerecht werden (Meffert 1982, S. 102 und Reinecke 2004, S. 55):

- *Explizite Berücksichtigung der Kunden- und Konkurrenzorientierung:* Versteht man Marketing als marktorientierte Unternehmensführung, so sollte ein marktorientiertes Controlling sicherstellen, dass alle Managementbereiche sowohl kunden- als auch konkurrenzorientiert handeln. Externe Daten aus der Markt- und Konkurrenzforschung erhalten damit einen hohen Stellenwert; interne Informationen insbesondere aus dem Rechnungswesen sind zwar wichtig, nehmen jedoch keine Vorrangstellung ein.
- *Eindeutige Integration der Sachziel- und Potenzialorientierung:* Marketingcontrolling koordiniert die Sachziele nicht lediglich indirekt über die Wertziele; vielmehr müssen nichtmonetäre Zielgrößen explizit berücksichtigt werden.

- *Sicherstellen der Durchgängigkeit eines marktorientierten Führungssystems:* Neue Ansätze des Marketingcontrollings müssen der „Abkoppelung" des Marketing als Spezialistenfunktion entgegenwirken sowie dazu beitragen, die hohe Komplexität zu bewältigen. Marketingcontrolling sollte ferner helfen, Marketingstrategien besser situativ (Köhler 2001c, S. 25 und 2006) zu realisieren und koordiniert umzusetzen (Marketingimplementierung).

Horváth (1985, S. 13) unterstreicht allerdings einen wesentlichen, allgemein akzeptierten *Unterschied zwischen Marketing und Controlling:* „Marketing – im Sinne von Marketingmanagement – ist eine unmittelbare Managementaufgabe. Marketing bedeutet Entscheidungsfindung, [...]. Controlling hat im Hinblick auf die Entscheidungsfindung des Managements in erster Linie eine unterstützende Aufgabe."

Nachfolgend werden die Begriffe Marketing und Controlling sowie moderne Konzepte wie Performance Measurement diskutiert, um darauf ein möglichst breit abgestütztes Konzept eines umfassenden Marketingcontrollings aufzubauen.

2.1 Marketing als marktorientierte Unternehmensführung

Eine allgemeingültige Definition von Marketing existiert nicht; es ist auch illusorisch anzunehmen, dass sich Wissenschaft und Praxis jemals auf eine einheitliche Begriffsabgrenzung einigen können (stellvertretend für viele Meffert 1998, S. 7ff., Backhaus 2003, S. 7ff., Kuß/Tomczak 2004a, S. 4f. und Nieschlag/Dichtl/Hörschgen 2002, S. 14). Die Definitionen offenbaren jedoch eine Gemeinsamkeit: Marketing wird von fast allen Autoren als eine Form der Unternehmensführung charakterisiert, die sich am Markt und somit insbesondere an Kunden(bedürfnissen) und der Konkurrenz orientiert.

Eine fundierte Umschreibung von „Marktorientierung" liefern Slater und Narver, die diese definieren als „the culture that (1) places the highest priority on the profitable creation and maintenance of superior customer value while considering the interests of other key stakeholders; and (2) provides norms for behavior regarding the organizational development of and responsiveness to marketing information" (Slater/Narver 1995, S. 67, Shapiro 1988, Kohli/Jaworski 1990 und Deshpandé/Farley/Webster 1993). An anderer Stelle führen die Autoren aus: „A business is market-oriented when its culture is systematically and entirely committed to the continuous creation of superior customer value. [...] The three major components of market orientation – customer orientation, competitor focus, and cross-functional coordination – are long-term in vision and profit-driven" (Slater/Narver 1994, S. 22, ähnlich Kohli/Jaworski 1990, S. 6 und Hunt/Morgan 1995, S. 1).

Marktorientierung als Kernelement des Marketing umfasst somit *Kundenorientierung*, *Konkurrenzfokus* und funktionsübergreifende *Koordination*.

2.2 Controlling: Informationsversorgung oder Metaführung?

Die Begriffslage beim Controlling ist weniger eindeutig. Ebenso wie Marketing ist Controlling eine „Erfindung" der Praxis (Horváth 2006, S. 11). Die Vorstellungen darüber, was Controlling bedeutet, unterscheiden sich allerdings erheblich (Preissler 1998, S. 12).

Eine weitere Parallele lässt sich im Wandel des Begriffsverständnisses im Laufe der Zeit feststellen: Ähnlich wie beim Marketing ist eine Ausdehnung des „Anspruchsbereichs" zu beobachten – von einer eher buchhaltungsorientierten ex post Kontrolle zu einer stärker zukunfts- und aktionsorientierten Managementunterstützung (Meffert 2000, S. 1123).

2.2.1 Ordnungsrahmen funktionsorientierter Controllingkonzepte

Allgemein anerkannt ist, dass der englische Begriff Controlling nicht mit Kontrolle, sondern eher mit Unternehmenssteuerung oder -regelung übersetzt werden kann: „Controlling ist insgesamt der Prozess von Zielsetzung, Planung und Steuerung. Ihn zu erfüllen, mithin das Controlling zu machen, *bildet eine Aufgabe des operativen Managers selber*. Was die Controller tun, ist für diese Management-Funktion einen Service- oder Lotsendienst zu leisten sowie eben dabei für die fachlichen Unterlagen zu sorgen. *Controller-Funktion ist Management-Service* (Horváth 2006, S. 144f., Hervorhebungen im Original)." Controlling unterstützt somit die Führung (Lehmann 1992, S. 48) beziehungsweise ist Steuerungs- oder Führungshilfe (Küpper/Weber/Zünd 1990, S. 282 und Köhler 2006, S. 39ff.).

In der Literatur besteht weitgehender Konsens darüber, dass Controlling ein Teil des Führungssystems ist und einen Bezug zu den Unternehmenszielen herstellen sollte (Horváth 2006, S. 17). Eine Analyse der Aufgabenabgrenzungen des Controllings (funktionale Sicht) offenbart allerdings große Unterschiede. Zenz klassifiziert die verschiedenen Konzepte anhand der drei Merkmale (Abbildung 2) *Unternehmenszielbezug* („Auf welche Ziele sollte sich das Controlling konzentrieren?"), *Funktionsbreite* („Welche Führungsteilsysteme sollten im Fokus des Controllings stehen?") und *Funktionstiefe* („Welche Aufgaben sollte das Controlling in Bezug auf die jeweiligen Führungsteilsysteme übernehmen?") (Zenz 1998 und Ahn 1999, S. 112f.).

Dimensionen	Ausprägungen					
Unternehmenszielbezug	Erfolgsziele	Finanzziele		Weitere Unternehmensziele		
Funktionsbreite	Sicherung der Planung	Sicherung der Kontrolle	Sicherung der Organisation	Sicherung der Informationsversorgung	Sicherung der Personalführung	Sicherung der Gesamtführung
Funktionstiefe	Systementwurf	Systembewertung	Systemauswahl	Systemintegration	Systembetrieb	Systemkoordination	Systemüberwachung

Abbildung 2: Ordnungsrahmen funktionsorientierter Controllingkonzepte
(Quelle: Zenz 1998, S. 34)

Einige Autoren schränken den *Unternehmenszielbezug* auf Erfolgs- und Finanzziele gemessen an Formalzielen ein (Scherm/Pietsch 2004b, S. 11, ebenso Deyhle 1997, S. 37f., Hahn/Hungenberg 2001, S. 272 und Horváth 2006, S. 138f.). Küpper (2005) und Weber (1993) dehnen den Bezug dagegen auf das gesamte Unternehmenszielsystem aus, um beispielsweise auch nichterwerbswirtschaftliche Organisationen in die Controllingdiskussion einzubeziehen (Küpper/Weber/Zünd 1990, S. 282).

In Anlehnung an Zenz (1998, S. 38f.), Ahn (1999, S. 112f.) und Scherm/Pietsch (2004b, S. 10ff.) lassen sich insbesondere auf der Basis der beiden anderen Kriterien, der *Funktionsbreite* und *-tiefe* (Abbildung 2), folgende Controllingansätze unterscheiden:

- Der *informations(versorgungs)orientierte Ansatz* sieht Controlling als Betrieb des Informations(versorgungs)systems, dessen Kern das Rechnungswesen ist (bspw. Reichmann 2006 und Schneider 1997). Reichmann (2006, S. 11) definiert Controlling als „zielbezogene Unterstützung von Führungsaufgaben, die der systemgestützten Informationsbeschaffung und Informationsverarbeitung zur Planerstellung, Koordination und Kontrolle dient".
- Der *regelungsorientierte Ansatz* definiert Controlling als Betrieb des Planungs-, Kontroll- und gegebenenfalls des Informations(versorgungs)systems (Schildbach 1992, S. 23).
- Der *begrenzt führungsgestaltende Koordinationsansatz* übernimmt Controlling als systembildende (Systementwurf, -bewertung, -auswahl und -integration) und systemkoppelnde (= Systemkoordination) Funktion die Koordination von Planung, Kontrolle und Informationsversorgung (Horváth 1998).
- Der *führungsorientierte Ansatz* fasst Controlling als Führungsphilosophie beziehungsweise als spezielles Prinzip der Unternehmensführung im Rahmen des Betriebs aller Führungsteilsysteme auf (Buchner 1981, S. 68f.).
- Der *führungssystemorientierte Koordinationsansatz* versteht unter Controlling die Integration und Koordination – nicht aber Bildung – aller Führungsteilsys-

teme (Küpper 2005). Insbesondere das Personalführungssystem wird hierbei integriert, weil es eine wichtige Aufgabe des Controllings ist, bei der Gestaltung adäquater Anreizsysteme mitzuwirken.

- Der *kontributionsorientierte Ansatz* (Link 2004) versteht Controlling als Führungsunterstützung durch strukturelle und fallweise Entscheidungsfundierung, -reflexion und Koordinationsentlastung.
- Der Ansatz eines *reflexionsorientierten Controllings* (Pietsch/Scherm 2000 und 2004b) sieht Controlling als Führungsfunktion „Reflexion von Entscheidungen", die auf bedarfsorientierte Informationsbereitstellung als Führungsunterstützungsfunktion angewiesen ist (abgeleitete Informationsaufgabe).
- Der *Rationalitätssicherungsansatz* (Weber/Schäffer 1999a, 1999b und 2006) fokussiert auf die Sicherstellung von Führungsrationalität als zentrale Aufgabe des Controllings. Gegenstand ist somit die Struktur- und Ablaufgestaltung der Gesamtführung im Sinne einer Qualitätssicherung von Effektivität und Effizienz, nicht aber der Betrieb des Führungssystems.

Bezüglich der *Funktionsbreite* erfolgte eine intensive wissenschaftliche Diskussion. Horváth (2006, S. 136 ff.) befürwortet die „engere" Auffassung, weil dies der Controllingrealität besser entspreche; eine Ausdehnung der Koordination auf das Führungsgesamtsystem lehnt er ab, weil dies dazu führe, dass das Controlling nicht mehr von der Unternehmensleitung abgegrenzt werden könne. Küpper begründet dagegen den Einbezug des Personalführungssystems und der Organisation damit, dass Planungs- und Kontrollsysteme nur dann eine hohe Koordination gewährleisten könnten, wenn die Planung und Kontrolle mit der Organisation sowie mit den Anreizsystemen als Element der Personalführung abgestimmt seien (Küpper 2005, S. 15 ff.). Nur so sei es möglich, Effizienz und Effektivität sicherzustel-

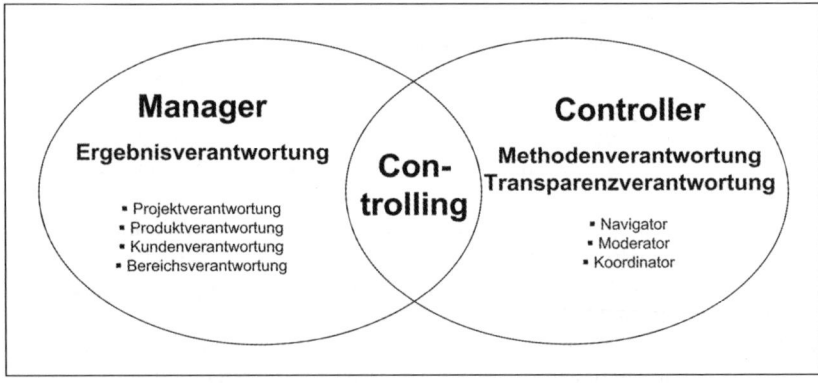

Abbildung 3: Controlling als Gemeinschaftsaufgabe von Managern und Controllern (Quelle: Eigene Darstellung in enger Anlehnung an Internationaler Controller Verein e.V. 2002, S. 8)

len und Koordinationsdefizite zu verringern (Weber 2002a, S. 46f.). Der Ansatz von Weber und Schäffer (1999a und 1999b) dehnt den „Anspruchsbereich" des Controllings noch einen Schritt weiter aus: Controlling im Sinne dieses Ansatzes trägt die Verantwortung für Effektivität und Effizienz der Führung im Sinne einer Qualitätssicherung. Aufgrund des besonderen Potenzials dieses Ansatzes für das Marketingcontrolling wird diese Konzeption nachfolgend etwas ausführlicher dargestellt.

Weitgehende Einigkeit zwischen den verschiedenen Ansätzen besteht allerdings hinsichtlich der Verantwortung für das Controlling (Controller Verein e.V. 2001): Während Manager die Ergebnisverantwortung tragen und somit auch die Entscheidungsgewalt ausüben, sind Controller primär methoden- und transparenzverantwortlich (Abbildung 3). Controlling wird allerdings als ureigene Managementfunktion angesehen, die in enger Kooperation von Managern und Controllern erbracht wird. Mit anderen Worten: Controlling wird nicht (nur) von Controllern, sondern insbesondere vom Management ausgeübt (ausführlich auch Teil E).

2.2.2 Controlling als Rationalitätssicherung der Führung

Weber und Schäffer (1999a, S. 208f.) strukturieren den Führungsprozess idealtypisch (Abbildung 4): Ausgangspunkt ist die Willensbildung, die reflexiv oder intuitiv ablaufen kann. Erfolgt sie reflexiv, so muss dazu ausreichendes, einer analytischen Betrachtung zugängliches Wissen verfügbar sein, das auf Erfahrung oder auf exogenen Informationen basiert. Um den Willen durchzusetzen, muss dieser den

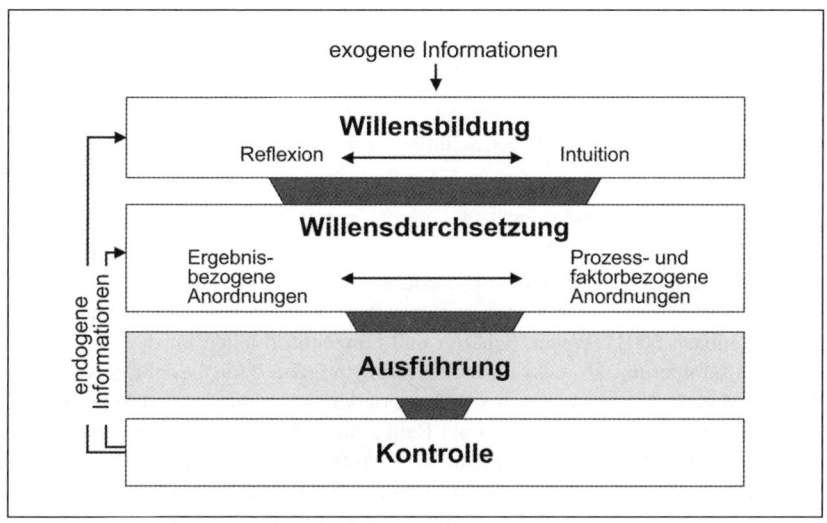

Abbildung 4: Idealtypischer Führungszyklus (Quelle: Weber/Schäffer 1999a, S. 208)

ausführenden Stellen übermittelt werden. Dies kann durch *ergebnis-, prozess-* oder *faktorbezogene Anordnungen* erfolgen. Idealtypischerweise wird der kommunizierte Wille vom Ausführungssystem umgesetzt. Diese Phase ist allerdings nicht Teil des Führungssystems, wohl aber die *Kontrolle* der Übereinstimmung zwischen Gewolltem und Erreichtem. Das Ergebnis dieses Soll-/Ist-Vergleichs führt entweder zu einer erneuten Willensbildung (z.B. einer Planrevision) oder fließt erneut in die Willensdurchsetzung ein (bspw. Anordnung konkreter Tätigkeiten, um eine zukünftige Übereinstimmung von Soll und Ist zu erreichen). Willensbildung, -durchsetzung und Kontrolle sind somit eng miteinander vernetzt.

Controlling hat in diesem System die Aufgabe, die *Rationalität der Führung sicherzustellen*, wobei Rationalität als Zweckrationalität verstanden wird (Weber/Schäffer 2001a, S. 75). Sie lässt sich auch als eine spezifische Form der Qualitätssicherung interpretieren, die die Effektivität und Effizienz der Lösung von Führungsproblemen gewährleistet (Weber/Schäffer 2006, S. 41 ff.). Das Verständnis der Rationalitätssicherungsfunktion wird dabei im Kontext einer dominanten Koordination durch Pläne gesehen.

Aufgrund der verschiedenen kognitiven Begrenzungen und Nutzenfunktionen der Führungskräfte in unterschiedlichen Situationen entsteht Komplexität. Bei hoher Komplexität ist es in der Regel möglich, durch Spezialisierung ökonomische Vorteile zu erzielen. Das Wechselspiel zwischen Komplexität und Spezialisierung erfordert eine Art „Qualitätssicherung", die sicherstellt, dass Führungsprobleme effektiv und effizient gelöst werden. Dazu sind die zu einer möglichst hohen Zielerfüllung führenden Mittel und Wege zu bestimmen – mit anderen Worten rationales Handeln zu gewährleisten. Nach Weber ist dies die Funktion des Controllings: Controlling hat die Aufgabe, die *Rationalität der Führung sicherzustellen*. Sie lässt sich somit auch als eine spezifische Form der Qualitätssicherung interpretieren (Weber/Schäffer 2006, S. 45 ff.). Gegenstand des Controllings ist ausschließlich die Sicherstellung von Führungsrationalität, nicht aber deren Antizipation oder Realisierung durch Handlungen (Weber/Schäffer 2001a, S. 76).

Wie fast in der gesamten ökonomischen Theorie wird Rationalität dabei als Zweckrationalität verstanden (Weber/Schäffer 2001a, S. 75). Primäres Rationalitätsobjekt ist die Zielerreichung (= substantielle Rationalität). Aufgrund von Wissensbeschränkungen muss manchmal auf prozedurale (prozessbezogene) Rationalität oder gar Inputrationalität ausgewichen werden (hier und nachfolgend Weber/Schäffer/Langenbach 2001). Weber, Schäffer und Langenbach leiten für das Controlling die Schlussfolgerung ab, dass eine Controllingaufgabe darin besteht, jeweils das richtige Maß an ergebnisbezogener (substantieller), prozeduraler und Inputrationalität zu finden. Input- und prozedurale Rationalität sind dabei immer notwendige, aber keine hinreichende Bedingung für Rationalität von Unternehmen. Diese Unterscheidung ist wichtig, weil die Überprüfung der drei Rationalitätsarten unterschiedliche Anforderungen stellt, unterschiedliche Kosten verursacht und auch zu unterschiedlichen Zeiten möglich ist. Je größer die Wissensbeschränkungen und je ungenauer und verzögerter das Feedback, desto stärker wird das Verfolgen einer substantiellen Rationalität behindert und somit ein Übergang zur Prozessrationalität erforderlich (Kirchgässner 1991, S. 32 ff.). Gerade für das Marketing ist dies bedeutend. Strebte man ausschließlich nach Ergebnisrationalität, so würde man häufig zu spät handeln. Die Bedeutung von Erfahrungs- und Vertrauenseigenschaften von Gütern zeigt ferner, dass im Marketing häufig eine Inputrationalität nicht vernachlässigt werden darf.

Controlling kann Rationalität steigern, indem es die Rationalität der einzelnen Handlungen der Akteure oder die Regeln der Organisation verbessert (Weber/ Schäffer/Langenbach 2001, S. 76). Weber und Schäffer (1999b) unterscheiden folgende handlungsbezogenen Ebenen, um Rationalität sicherzustellen – und ordnen diese Ebenen den dominierenden Controllingansätzen zu:

1. Anwenden des *richtigen Willensbildungsverfahrens* beziehungsweise -mixes zwischen Reflexion und Intuition,
2. Verwenden der richtigen Arten und Ausprägungen von *Informationen* (Schwerpunkt informationsbezogener Controllingkonzeptionen),
3. Sicherstellung der *Wirksamkeit des Führungszyklus*, das heißt richtige Verbindung der Durchsetzungs- und Realisationserfahrungen (Schwerpunkt führungsformbezogener Controllingkonzeptionen, insbes. Horváth),
4. richtige *Verbindung mit anderen Führungshandlunge*n (Spezialisierungs- und Koordinationsaspekte), das heißt Verbindung des Führungszyklus mit Kompetenz- und Anreizgestaltung (Schwerpunkt der Controllingkonzeptionen, die sich auf das gesamte Führungssystem beziehen, bspw. Küpper).

Diese Controllingauffassung ist sehr handlungsbezogen, weil auf den vier Ebenen jeweils die wichtigsten Herausforderungen aufgezeigt werden können, die im Rahmen des Controllings zu bewältigen sind.

Fazit: Unabhängig vom jeweiligen Controllingansatz kann Controlling keineswegs mit Rechnungswesen gleichgesetzt werden. Schwerpunktverlagerungen in der Praxis (Horváth 2006, S. 65) zeigen, dass Controller keine (rein) historisch orientierten Buchhalter (Registratoren) mehr sind, sondern der zukunfts- und aktions- und somit managementsystemorientierte Teil ihrer Tätigkeit zunimmt. Die wissenschaftliche Grundlagendiskussion bezüglich des Erkenntnisobjekts ist in der Controllingwissenschaft allerdings (derzeit noch) wesentlicher gegensätzlicher als in der Marketingwissenschaft.

Innovative Ansätze in der Controllingwissenschaft eröffnen neue Perspektiven für das Marketingcontrolling. Die Orientierung des Controllingansatzes nach Weber und Schäffer am Führungszyklus, die Unterscheidung von Ergebnis-, Prozess- und Inputrationalität sowie die Verbindung mit Kompetenz- und Anreizgestaltung schlagen sowohl eine Brücke zum Marketingcontrolling als auch zu „neuen" Ansätzen des Performance Measurements beziehungsweise Performance Managements, auf die nachfolgend eingegangen wird.

2.2.3 Exkurs: Controlling vs. Performance Measurement vs. Performance Management

Defizite des traditionellen Accounting haben in den letzten Jahren zu einem neuen Forschungs- und Anwendungsgebiet der Betriebswirtschaftslehre geführt, dem so genannten Performance Measurement. Dies kann auch als Antwort auf die häufig diskutierten Mängel des klassischen strategischen Planungsansatzes verstanden werden: Die Prognostizierbarkeit von Entwicklungen wird überschätzt, qualitative Sachverhalte werden ungenügend quantifiziert beziehungsweise zumindest unzureichend empirisch fundiert, strategische Umsetzungskontrolle und Feedback werden ungenügend berücksichtigt beziehungsweise auf eine Ex-Post-Kontrolle reduziert (Blankenburg 1999, S. 22 sowie die dort zitierte Literatur).

Beim Performance Management handelt es sich somit um eine Weiterentwicklung des häufig eher eindimensionalen, rückwärtsgerichteten und schwerpunktmäßig auf dem Accounting beruhenden Steuerungskonzepts. Ein wichtiges Ziel dabei ist es, Zeit zu gewinnen. Gleich beschreibt eine schrittweise Entwicklung: Zuerst wurden die monetären Leistungsindikatoren um nichtmonetäre ergänzt (80er Jahre), dann nach Stakeholdern differenziert (90er Jahre), später nach spezifischen organisatorischen Leistungsebenen abgestuft und in Anreizsysteme integriert (ab 2000); letztlich sei eine Konvergenz interner und externer Leistungsgrößen zu erwarten (Klingebiel 2001a, S. 389).

Ein wichtiges Ziel des Performance Measurement besteht darin, traditionelle finanzwirtschaftliche Kennzahlensysteme durch umfassende strategische Steuerungssysteme abzulösen, um die Gesamtleistung eines Systems umfassend zu regeln (Lynch/Cross 1995, S. 38).

Der Begriff „Performance Measurement" ist nicht neu (Ridgway 1956), wird allerdings dennoch sehr unterschiedlich verwendet. Die Schwierigkeit einer genauen Definition offenbart sich bei der wörtlichen Übersetzung mit dem Ausdruck „Leistungsmessung". Der Begriff Leistung wird in der Literatur mehrfach und unterschiedlich verwendet (ausführlich Becker 1992, S. 16 ff. und Gleich 2001, S. 34 ff.). Letztlich kann Leistung als produzierende Tätigkeit (Arbeitseinsatz) und/oder als Ergebnis dieser Tätigkeit (Arbeitsergebnis) angesehen werden (Gleich 2001, S. 36.)

In der englischsprachigen Literatur wird Performance Measurement als Vorgang der Effektivitäts- und Effizienzmessung der Leistungserbringung (Neely/Gregory/Platts 1995, S. 80) definiert. Lockamy und Cox (1994, S. 18) verstehen unter einem Performance Measurement-System ein Messinstrument, das aus Kriterien der Leistungsbeurteilung (Performance Criterion), Leistungsstandards (Performance Standards) und Messgrößen (Performance Measures) besteht. Zum Teil wird explizit auch die Verknüpfung strategischer Ziele mit operativen Maßnahmen betont (Eccles 1991, S. 131 ff.).

Diese Auffassungen setzen sich zunehmend auch in der deutschsprachigen Literatur durch (Klingebiel 2000a und Gleich 2001). So unterscheidet Gleich (2001, S. 21 ff.) folgende Teilaspekte des Performance Measurements:

- Verbindung mit dem strategischen und operativen Zielbildungs- und Planungssystem,
- enge Anbindung an das Informationsversorgungssystems durch besondere Beachtung eines strukturierten Kennzahlenaufbaus und einer systematischen Kennzahlenpflege,
- Festlegungen zur Leistungsmessung und Abweichungsanalyse,
- Verbindungen zu aus der Analyse abgeleiteten Maßnahmen,
- Abstimmung mit dem unternehmerischen Anreizsystem und dem Reporting,
- Festlegung eines institutionellen Rahmens (Beschreibung des Performance Measurement-Prozesses, Rolle der Beteiligten),
- Auswahl und Beschreibung der unterstützenden Erfassungs-, Auswertungs- und Aggregationsmethoden und -instrumente.

Wichtig ist insbesondere die Einbindung der eigentlichen Messung in ein übergeordnetes System (Müller-Stewens 1998, S. 42). Entscheidend ist somit ein Zielbildungs- und Feedbackprozess im Sinne eines kybernetischen Regelkreises (Müller-Stewens 1998, S. 42).

Müller-Stewens und Lechner (2005, S. 698) kritisieren den Begriff „Measurement" beziehungsweise „Messung", weil dieser unterstelle, dass ein Sachverhalt mittels eines Messvorganges gegen einen im Prinzip objektiven Standard gemessen werden könne; sie befürworten vielmehr eine prozesshafte, kollektiv reflektierende Performance Evaluation. In diesem Sinne ist auch die Begriffsabgrenzung von Schomann (2001, S. 110) zu verstehen, der Performance Measurement versteht als „Messung und Beurteilung der Leistung, der Leistungspotenziale und der Leistungsbereitschaft verschiedener Anwendungsobjekte der Organisation unter Berücksichtigung interner und externer Erfolgsfaktoren".

Teilweise wird deutlich zwischen den Begriffen „Performance Measurement" und „Performance Management" differenziert. So engt beispielsweise Klingebiel das Performance Measurement auf den eigentlichen Messvorgang ein; dabei wird es als Teilsystem der Performanceprüfung beziehungsweise -steuerung gesehen, welche ihrerseits wiederum ein Element eines umfassenden Performance Managements ist (Klingebiel 2000a, S. 40). Analog wird der Begriff vom National Institute of Standards and Technology im Rahmen des National Baldrige Awards verwendet: Das Performance Management-System umfasst „measuring, analyzing, aligning, and improving performance" (National Institute of Standards and Technology 2001, S. 18) auf allen Ebenen und in allen Bereichen einer Organisation. Dabei wird Performance Management aufgeteilt in „Performance Measurement" (Messung) und „Performance Analysis" (Verwendung und Abstimmung der gewonnen Informationen). Performance Measurement ist in diesem Verständnis somit nur ein Teilaspekt des Performance Managements.

Dies wirft die grundsätzliche Frage auf, in welchem Verhältnis Performance Measurement beziehungsweise Performance Management und Controlling zueinander stehen. Vertritt man eine „engere", eher ergebniszielorientierte Controllingauffassung, so erweitert das Performance Measurement das Controllingsystem hinsichtlich der Parameter Zeit, Adressaten, Informationsformat und Kennzahlendimensionen (Gleich 2001, S. 31). Versteht man dagegen Controlling in Anlehnung an Weber und Schäffer (1999a und 1999b) als Sicherstellen von Führungsrationalität, dann ist Performance Measurement zweifelsohne als Teil des Controllings aufzufassen.

Performance *Management* ist dagegen umfassender und kann daher nicht mehr ausschließlich dem Controlling zugerechnet werden. So versteht Gleich unter Performance Management die Tätigkeiten, Maßnahmen und Wege, die zu einer durch das Performance Measurement aufgezeigten besseren Planzielerreichung führen (Gleich 2001, S. 24). In das Feld des Performance Managements gehören auch das Fällen und Umsetzen von Entscheidungen: Aufgaben, die typischerweise nicht dem Controlling zuzuordnen sind.

2.3 Marketingcontrolling als Sicherstellen der Effektivität und Effizienz einer marktorientierten Unternehmensführung

Marketingcontrolling wird in der Wissenschaft bisher insbesondere durch informationsversorgungs- und koordinationsorientierte Controllingansätze dominiert. Hervorzuheben sind die Arbeiten von Köhler (2006 für einen Überblick), dem der Verdienst zukommt, Marketingcontrolling maßgeblich strukturiert und geprägt zu haben. Viele Erkenntnisse des strategischen Marketingcontrollings beziehungsweise des Marketingaudits gehen auf Töpfer (1986 und 1998) zurück.

Insgesamt lässt sich Marketingcontrolling keineswegs mit Rechnungswesen im Marketing gleichsetzen, auch wenn Letzteres eine wesentliche Informationsquelle ist. Wie vorangehend gezeigt wurde, erweitert beispielsweise der Rationalitätssicherungsansatz von Weber und Schäffer (1999a und 1999b) die Controllingperspektive und lenkt übertragen auf das Marketing die Aufmerksamkeit auf Gebiete, die gerade in der Marketingwissenschaft intensiv diskutiert werden: Wie können bei Marketingentscheidungen Reflexion und Intuition im Gleichgewicht gehalten werden? Wie können strategisches und operatives Marketing besser abgestimmt werden, um die Realisierung von Strategien zu ermöglichen? Wie kann das Marketingmanagement einen Erfolgsbeitrag des Marketing belegen?

Die Funktion des Marketingcontrollings besteht darin, die Effektivität (Wirksamkeit) und Effizienz (Wirtschaftlichkeit) einer marktorientierten Unternehmensführung sicherzustellen (auch Weber/Schäffer 2006, ähnlich ter Haseborg 1995, Sp. 1543, Töpfer 1995, Sp. 1534 und Krulis-Randa 1990, S. 261). Es übernimmt eine zentrale Qualitätssicherungsfunktion einer marktorientierten Unternehmensführung, beansprucht jedoch keine institutionelle Entscheidungsgewalt.

Ohne an dieser Stelle ausführlich auf Begriffsdiskussion einzugehen (ausführlich Lasslop 2003, S. 8 ff., Scholz 1992, Böcker 1988, S. 34 und Bonoma/Clark 1988 sowie die dort zitierte Literatur; ebenso Kapitel C.3.1 und C.3.2), werden Effektivität und Effizienz nachfolgend wie folgt verstanden (Abbildung 5): *Effektivität* bezeichnet im weiteren Sinne die Wirksamkeit und somit den Output der Leistungserstellung: Werden vorgegebene Ziele erreicht? Effektivität im engeren Sinne definiert den Wirksamkeitsgrad: Liegt die Zielerreichung über einem vorab formulierten Zielniveau? *Effizienz* bezeichnet den Grad der Wirtschaftlichkeit: Eine Maßnahme ist effizient, wenn es zu einem Output/Input-Verhältnis einer Maßnahme keine andere Maßnahme gibt, die ein besseres Verhältnis erzielt. Notwendige, aber nicht hinreichende Nebenbedingung ist dabei gemäß der Rationalitätsprämisse des ökonomischen Prinzips, dass der Output größer als der Input sein muss, weil sonst ein Verlust knapper Ressourcen entsteht.

Diese Definition lehnt sich eng an das Controllingverständnis von Weber und Schäffer an, die dem Controlling die Aufgabe der Sicherstellung von Führungsrationalität zuweisen. Der Ansatz hat starke Gemeinsamkeiten mit dem herrschenden angloamerikanischen Verständnis von Management Control (Schäffer/Weber 2004,

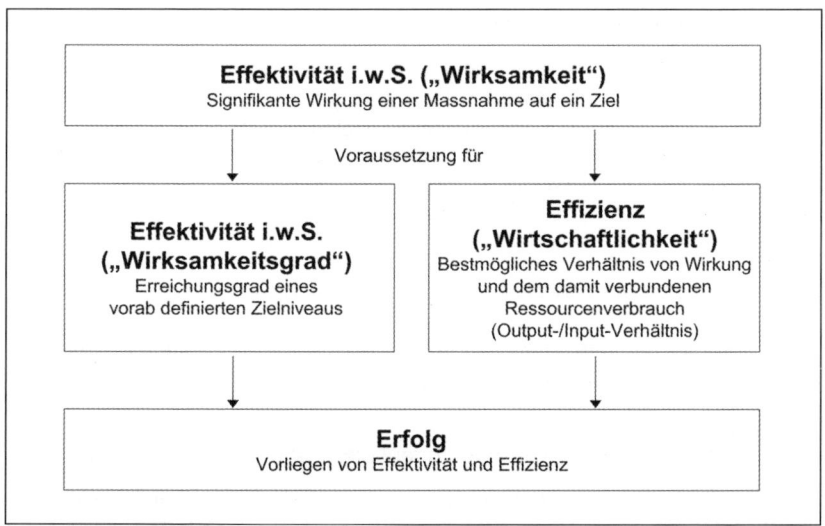

Abbildung 5: Zusammenhang von Effektivität, Effizienz und Erfolg (Quelle: Eigene Darstellung in Anlehnung an Lasslop 2003, S. 12)

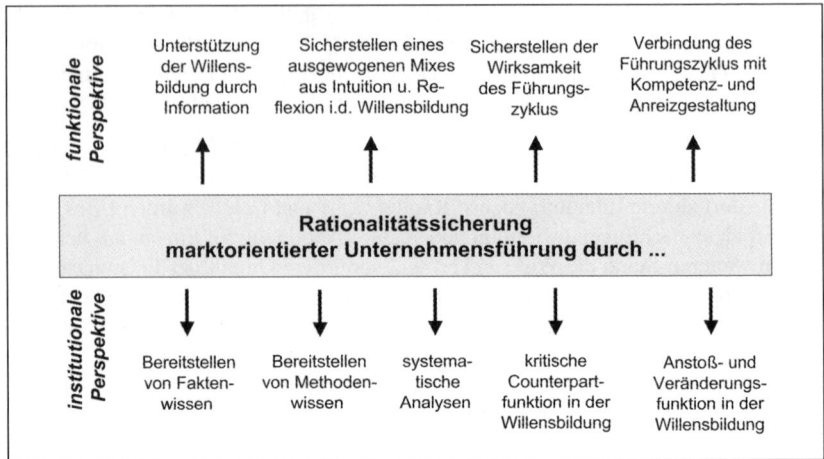

Abbildung 6: Sicherung der Rationalität marktorientierter Unternehmensführung (Quelle: Reinecke 2004, S. 56 (in Anlehnung an Weber/Schäffer 1998, S. 22 und Weber 1999, S. 40))

S. 461 und Anthony/Govindarajan 2003, S. 6). Ferner lassen sich verhaltenswissenschaftliche Erkenntnisse „eleganter" (Weber/Schäffer 2006, S. VI) einbeziehen sowie Aspekte des Performance Measurements nahtlos in diesen nicht ausschließlich ergebniszielorientierten Ansatz integrieren.

Die nachfolgende Ausarbeitung zeigt die zentralen Aspekte des Verständnisses von Marketingcontrolling als Sicherung der Rationalität beziehungsweise der Effektivität und Effizienz einer marktorientierten Unternehmensführung (auch Weber/ Schäffer 2006). Dabei werden die vier von Weber und Schäffer erarbeiteten „Rationalitätsengpässe" (Weber/Schäffer 1998, S. 22) marketingbezogen reflektiert (Abbildung 6):

1. Unterstützen der Willensbildung durch Informationen,
2. ausgewogenes Gewährleisten von Intuition und Reflexion bei der Willensbildung,
3. Sicherstellen der Verbindung von Willensbildung, -durchsetzung und Kontrolle,
4. Verbinden des Führungszyklus mit der Kompetenz- und Anreizgestaltung.

Informationsversorgung einer marktorientierten Unternehmensführung

Das *Verbessern des Informationsstands* ist eine zentrale und letztlich die ursprüngliche Funktion des Controllings (Horváth 2006, S. 315). In den letzten Jahrzehnten hat sich allerdings der Bereich ausgedehnt, über den informiert werden soll: Standen früher fast ausschließlich Buchhaltung und später die Kostenrechnung im

Mittelpunkt, so ist Controlling zunehmend auch für die Versorgung mit Informationen aus der Unternehmensumwelt sowie insbesondere bezüglich Märkten und Kunden zuständig. Auch wenn das Marketingaccounting durchaus noch Defizite aufweist, so liegt der größere Rationalitätsengpass in der *Versorgung mit kunden-, konkurrenz- und marktspezifischen Informationen,* wie auch Narver und Slater (1995, S. 63) verdeutlichen: „A market orientation is valuable because it focuses the organization on (1) continuously collecting information about target-customers' needs and competitors' capabilities and (2) using this information to create continuously superior customer value."

Dem Faktor Zeit kommt im Rahmen der Informationsversorgung aus Marketingsicht eine besondere Rolle zu. Der Aufbau und Betrieb marktorientiertier Frühwarnsysteme (Warnung mittels Messung festgelegter Indikatoren), Früherkennungssysteme (Environmental Scan und Erkennen von Potenzialen) und Frühaufklärungssysteme (handlungsorientierte Sensibilisierung des Managements) sind somit eine zentrale Aufgabe des Marketingcontrollings (Krystek/Müller-Stewens 1993, S. 21 und Kühn/Fasnacht 2001).

Gewährleisten von Intuition und Reflexion bei der Willensbildung

Traditionell werden dem Marketing eher Eigenschaften wie Kreativität, Innovation und Intuition zugeschrieben, während Controlling eher für Sachlichkeit, Reflexion und Beharrlichkeit steht. Eine solche Zweiteilung ist aber kritisch zu hinterfragen, weil sie das Zusammenspiel dieser beiden wichtigen Funktionen erschwert und Rollenkonflikte provoziert. Marketingcontrolling sollte Kreativität und Innovationskraft nicht schwächen, sondern vielmehr zu einem vernünftigen Ausgleich zwischen Kreativität und Wirtschaftlichkeit führen (Krulis-Randa 1990, S. 261).

Im Mittelpunkt steht somit die Frage nach dem *richtigen Ausmaß an Marketingplanung.* Planung wird definiert als ein „systematisches, zukunftsbezogenes Durchdenken und Festlegen von Zielen, Maßnahmen, Mitteln und Wegen zur künftigen Zielerreichung" (Wild 1974b, S. 13). Sie „stellt eine Vorwegnahme von Handlungen unter Unsicherheit bei unvollkommener Information dar" (Staehle 1999, S. 539). Planung ist somit prospektives Denkhandeln (Willensbildung), mit dem zukünftiges Tathandeln (Ausführungshandlungen) vorweggenommen werden soll (Kosiol 1967, S. 79). Als rationaler Informationsverarbeitungsprozess basiert Planung primär auf Reflexion, bedarf aber je nach vorhandenem Wissen auch der Intuition (Weber/Schäffer 2006, S. 232). Planung führt zu Plänen, also ergebnisorientierten Anordnungen, die das dominierende Instrument der Willensdurchsetzung sind (Weber/Schäffer 2006, S. 292). Somit ist Planung von Ad hoc-Handlungen beziehungsweise von unmittelbaren Reaktionen auf Umfeldfaktoren abzugrenzen (Jenner 2003, S. 18).

Planung und Controlling stehen in einem sehr engen Verhältnis zueinander: Alle anderen Formen der Koordination (persönliche Weisung, Selbstabstimmung, Programme, Kultur, Märkte; Abbildung 7) sind aufgrund ihres weniger quantitativen Charakters – zumindest im traditionellen Verständnis – nicht so controllingintensiv. Teilweise wird sogar festgestellt, dass von Controlling eigentlich nur dann gesprochen werden sollte, wenn es soziale Systeme betrifft, die dominant durch Pläne koordiniert werden (Weber 1995a, S. 45 ff.). Controller als institutionalisierte Stellen sind nur in Unternehmen vorzufinden, in denen die Koordination durch Pläne erfolgt oder eingeführt wird (Schäffer/Weber 2004, S. 462). Controlling als Führungsgestaltung ist an der Planung maßgeblich beteiligt, aber die Planfestlegung selbst (= Entscheidungen) erfolgt durch das Management.

Der Planungsprozess im Marketing beruht – zumindest in der Theorie – auf Marketingkonzepten: „Eine Marketing-Konzeption kann aufgefasst werden als ein schlüssiger, ganzheitlicher Handlungsplan ('Fahrplan'), der sich an angestrebten Zielen ('Wunschorten') orientiert, für ihre Realisierung geeignete Strategien ('Route') wählt und auf ihrer Grundlage die adäquaten Marketinginstrumente ('Beförderungsmittel') festlegt (Becker 2001, S. 5)." Marketingkonzepte sind somit Grundentscheidungsraster (Weinhold-Stünzi 1999, S. 109). Auf der Basis von Stärken-Schwächen-Analysen werden Marketingziele definiert und Strategien abgeleitet, die mit Hilfe des Marketing-Mix umgesetzt werden. Sie basieren in der Regel auf einer wohldurchdachten Systematik, die die Reflexion im Rahmen der Willensbildung erhöht.

Wird Marketingcontrolling als Sicherstellen der Rationalität marktorientierter Unternehmensführung verstanden, so muss zunächst die Frage beantwortet werden, wann Marketingplanung effektiv und effizient ist. In einigen Situationen ist es aus Wirtschaftlichkeitsgesichtspunkten durchaus rational, *auf (teuere)Planung zu verzichten* (Staehle 1999, S. 540). Auch bei *hoher Veränderlichkeit und Dynamik* des Marketingumfelds ist Planung kein besonders geeignetes Koordinationsinstrument (Abbildung 7).

Mintzberg kritisiert die zu starke Reflexion und Rigidität im Rahmen der klassischen strategischen Planung, die häufig mechanistisch, formal und rein analytisch ablaufe (Mintzberg 1994, S. 107 ff. und ausführlich Müller-Stewens/Lechner 2005, S. 57 ff.). In der Praxis herrschten nicht unbedingt Rationalität und ein beabsichtigtes, explizites Formulieren und Implementieren von Strategien; vielmehr prägten zufällige, inkrementelle, nichtlineare, nachträglich rationalisierte Prozesse das Bild (Müller-Stewens/Lechner 2005, S. 12 f. sowie die dort zitierte Literatur). Er definiert daher die Aufgaben der Planer neu: Sie sollten nicht versuchen, Strategien zu planen, sondern vielmehr als Katalysatoren die Strategieformierung unterstützen. Eine solche strategische Planung sei lediglich in einer stabilen Umwelt sinnvoll (Mintzberg 1994, S. 113) und stelle sicher, dass alle in der Organisation am gleichen Strang ziehen; sie umfasst drei Schritte: *Codification, Elaboration* und *Conversion*. „Codification means clarifying and expressing the strategies in terms sufficiently clear to render them formally operational, so that their consequences can be worked out in detail. [...] Elaboration means breaking down the codified strategies into sub-strategies and ad hoc programs as well as overall action plan specifying what must be done to realize each strategy [...]. And conversion means considering the effects of the changes on the organization's operations – effect on budgets and performance controls, for example" (Mintzberg 1994, S. 112).

Die drei von Mintzberg definierten Planungsaufgaben decken sich interessanterweise mit den Aufgaben, die in der deutschsprachigen Literatur dem Controlling zugeordnet werden. Ferner argumentiert er – ähnlich wie Weber und Schäffer (Weber/Schäffer 1998, S. 18) – dass in der Phase der Willensbildung Reflexion und Intuition zu berücksichtigen sind: Mintzberg fordert ein ausgewogenes Verhältnis von „left- and right-handed planners" sowie einen gleichberechtigten Fokus auf harte, detailgetreue Analysen einerseits sowie weiche Fakten und Quick-and-Dirty-Analysen andererseits (Mintzberg 1994, S. 113). Diese Sichtweise dreht die traditionellen Controllingaufgaben um 180 Grad: Nicht mehr das Sicherstellen von Reflexion steht im Mittelpunkt; vielmehr sollte das Controlling gewährleisten, dass die Rahmenbedingungen für „mehr" Kreativität geschaffen werden.

Koordinationsformen Merkmale der Koordinationssituation	Persönliche Weisung	Selbstabstimmung	Programme	Pläne	Kultur	Interne Märkte	Externe Märkte
Marktsituation							
Hohe Veränderlichkeit der Nachfrage	–	++	– –	– –	++	–	–
Hohe Fragmentierung der Nachfrage (Spezifität)	o	++	– –	– –	++	–	–
Produkt–/Prozesstechnologie							
Hohe Veränderlichkeit	–	+	– –	– –	+	–	–
Hoher Innovationsgrad	o	+	– –	– –	++	o	–
Art der Koordinationsentscheidung							
Hohe Häufigkeit/ Regelmäßigkeit	o	o	++	+	o	+	+
Isolierbarkeit	o	o	o	o	o	++	+
Marktgängigkeit des Koordinationsobjektes	o	o	o	o	o	+	++
Hohe Komplexität	–	+	–	–	+	o	o
Ergebnis der Koordinationsentscheidung							
Abstimmungszeitbedarf	+	–	++	+	–	+	o
Qualität der Entscheidung	– –	++	o	o	++	+	+
Motivation der Betroffenen	– –	++	–	o	++	o	o
Koordinationskosten	++[1]	–	+[1]	o	o	o	o

++ gute Eignung   + tendenziell gute Eignung   o keine eindeutige Beziehung
– tendenziell schlechte Eignung   – – schlechte Eignung   1 niedrige Kosten

Abbildung 7: Situative Eignung von Koordinationsformen im Marketing (Quelle: Reinecke 2004, S. 60; dort in enger Anlehnung an Meffert 2000, S. 1031)

Ebenso wie Mintzberg warnen Müller-Stewens und Lechner davor, sich ausschließlich auf Entscheidungen zu fokussieren: Nicht alle Ereignisse, die für die Formierung von Strategien relevant sind, müssen explizite Entscheidungen sein: Häufig gehen Handlungen den Entscheidungen inhaltlich und zeitlich voraus (Müller-Stewens/Lechner 2005, S. 62 f.). Dies offenbart wesentliche Grenzen der (Marketing-) Planung und somit auch des (Marketing-) Controllings.

Marketingcontrolling muss im Rahmen der Willensbildung einen geeigneten Mix zwischen Intuition und Reflexion sicherstellen. Der Schwerpunkt des traditionellen Marketingcontrollings und insbesondere des Marketingaccoutings liegt bisher eindeutig auf der Sicherstellung ausreichender Reflexion. Planung und Marketingkonzepte verstärken ebenso wie der Einsatz von Kennzahlen das reflexive Element der Willensbildung. Marketingcontrolling sollte daher zusätzlich auch dafür sorgen, dass die Marketingplanung „Luft" für Kreativität lässt, das heißt, dass das reflexive Element nicht die Intuition abtötet.

Sicherstellen der Wirksamkeit des Führungszyklus

Im Marketing dominieren zur Strategieumsetzung instrumentelle Anordnungen. Marketingkonzepte führen häufig zu einer Programmierung des Marketing: Marketingstrategien sollen mit Hilfe der Marketinginstrumente umgesetzt werden; dazu wird der Marketing-Mix – zumeist ausgehend vom Produkt beziehungsweise der Marktleistung – detailliert ausgearbeitet. Solche instrumentellen Anweisungen entsprechen – verbunden mit der dazugehörigen Budgetierung – klaren Prozess- beziehungsweise Faktorvorgaben einer Programmierung. Diese führt häufig zu Ineffizienzen und erschweren eine koordinierte Umsetzung und eine integrierte Kontrolle.

Auf ergebnisorientierte Anweisungen wird in der Marketingrealität weitgehend verzichtet. Die ergebnisorientierte Abstimmung des integrierten Marketing-Mix – nicht lediglich einzelner Instrumente – ist eine der größten noch weitgehend ungelösten Herausforderungen im Marketing (Kühn 1995, S. 11 ff. und Kuß/Tomczak 2004b, S. 242 f.). Diese Komplexität führt häufig zu einer Verzettelung und Mittelmäßigkeit (Belz 1998, S. 664), die Bonoma mit „global mediocrity" bezeichnet: „when the head office fails to pick one marketing function for special concentration and competence and instead takes satisfaction in doing an adequate job with each [...]. Officials thereby spread resources and administrative talent democratically but ineffectively" (Bonoma 1984, S. 71). Mit anderen Worten: Die Marketingstrategie erfüllt ihre Leitfunktion für das operative Marketing nicht.

Die meisten der bisherigen Lösungsansätze streben danach, die *Abstimmung der Marketinginstrumente* dadurch zu verbessern, dass aus der Marketingstrategie instrumentelle Schwerpunkte abgeleitet werden (hierzu auch Kapitel D.8). Eine grundsätzliche Alternative bestünde darin, den Marketing-Mix nicht im Rahmen von Marketingkonzepten detailliert zu programmieren, sondern die instrumentellen

Anweisungen zumindest teilweise durch ergebnisbezogene Vorgaben zu ersetzen, beispielsweise durch operationalisierte Kundenakquisitions- und Kundenbindungsziele. Solche ergebnisbezogenen Anweisungen lösen das Abstimmungsproblem zwar nicht, sie delegieren es vielmehr auf eine tiefere Ebene; gerade aus Effektivitäts- und Effizienzgründen kann dies aber durchaus sinnvoller sein. Kennzahlengestützte Ergebnisvorgaben lassen mehr Raum für situative Lösungen, Intuition und Improvisation als instrumentelle Input- und Prozessvorschriften.

Solche Zielvorgaben sind allerdings nur sinnvoll, wenn sie auch kontrolliert werden: *Marketingkontrolle* ist ohne Marketingplanung unmöglich, und Marketingplanung ohne Kontrolle sinnlos (Böcker 1988, S. 22). Kontrollen sind der Vergleich eines eingetretenen Ist mit einem vorgegebenen Soll (Weber/Schäffer 2006, S. 232) und ebenso wie Planung sowohl Voraussetzung als auch Instrument der Koordination.

Kontrollen haben wiederum nur einen Sinn, wenn daraus auch *Konsequenzen* abgeleitet werden können. Die Grundidee von Marketingkonzepten besteht darin, einen wirksamen Marketingführungsprozess sicherzustellen, das heißt Willensbildung und -durchsetzung aufeinander abzustimmen. Allerdings finden sich in der Literatur nur wenige Hinweise, wie die Marketingimplementierung oder besser -realisierung erfolgen könnte (Ausnahmen hierzu sind Backhaus 2003 S. 788 und Belz 1998, S. 566 ff.).

Strategisches und operatives Marketing sind nicht selten voneinander abgekoppelt. Die strategische Positionierung wird häufig von Top-Managern ohne Beteiligung des operativen Managements sowie der Controller diskutiert und festgelegt. Anschließend wird angenommen, dass die definierten strategischen Planungen auch umgesetzt werden – ohne dies jedoch tatsächlich zu überprüfen (Bonoma 1984, S. 70).

Die Wissenschaft hat bereits einige Vorschläge entwickelt, wie Rigidität und Korsett klassischer Planung durch neuere Planungstechniken wie „contingency planning", Plänen mit „built-in-flexibility", Szenarios und Frühaufklärungssystemen überwunden werden könnten (Staehle 1999, S. 540). Auch wird empfohlen, bei hoher Umweltdynamik eine inkrementale Planung der synoptischen vorzuziehen; dabei werden Probleme in Teilprobleme zerlegt, die dann sukzessive zu lösen sind (hierzu ausführlich Jenner 2001b, S. 112 ff.). Dennoch bleibt das grundsätzliche Problem der Trennung von Konzept und Strategie einerseits und Realisierung andererseits bestehen.

Allerdings existieren inzwischen Verfahren, die vom Marketingcontrolling genutzt werden können, um einen durchgängigen Marketingführungszyklus zu gewährleisten: Beim sogenannten *Market-Back-Ansatz* wird der Implementierungsprozess nicht detailliert geplant; vielmehr ist lediglich ein kritischer Pfad festzulegen (zum Market-Back-Ansatz Backhaus 1999, S. 777 f. basierend auf Narver/Slater 1991, S. 7 f.). Organisatorische Veränderungen werden nur dann durchgeführt, wenn sie tatsächlich erforderlich sind (Schaffer/Thomson 1992, S. 85 f.). Die Motivation der Beteiligten wird durch kurzfristige, eindeutig operationalisierte Ziele sichergestellt; auf wenig quantifizierte strategische Ziele wird dagegen weitgehend verzichtet. Der *situative Planungsansatz* von McCaskey versucht, die Planung stärker an der konkreten Situation auszurichten. Planung mit Zielen eignet sich für Situationen, in denen die zu verrichtenden Aufgaben wohldefiniert, Aufgaben und Umweltzustände relativ stabil und Organisationsstrukturen eher mechanistisch sind. Im Marketing trifft dies beispielsweise auf das operative Produktmanagement zu. *Planung ohne Ziele* beschränkt sich darauf, eine generelle Richtung des Handelns vorzugeben (Directional Planning). Sie ist angemessen für Personen, die Abwechslung und Vielseitigkeit vorziehen, bei dynamischen Aufgaben und Umweltzuständen (bspw. der Entwicklung von Leistungsinnovationen) sowie bei organischen Organisationsstrukturen (McCaskey 1974).

Bei der stark partizipativ ausgerichteten *Hoshin-Planung* (ausführlich Weber/Goeldel/Schäffer 1997, S. 287 und Weber/Schäffer 2000, S. 51 ff.) werden die wichtigsten strategischen Aussagen in Form von Projekten gebündelt und fließen direkt, also ebenso wie die Routinevorgaben des „operativen Geschäfts", in die operative Planung ein. Die Hoshin-Planung fokussiert bewusst auf wenige, zunächst rein qualitative Ziele, die dann allerdings auf der jeweiligen Stufe von den Betroffenen quantifiziert werden. Strategische Inhalte werden kaskadenartig in einem mehrstufigen Verfahren in die operative Planung übersetzt sowie umfassend und regelmäßig überprüft (Marsden/Kanji 1998, S. 167, Weber/Schäffer 2006, S. 347 f. und ausführlich Akao 1991).

Alle gezeigten Lösungsansätze zur Verbesserung der Marketingrealisierung basieren auf einem gemeinsamen Grundprinzip: Sie arbeiten mit *klar operationalisierten und somit kennzahlengestützten, häufig kurzfristig ausgerichteten Zielen*, die direkt in die operative Ebene eingehen und von Betroffenen selbständig zu erreichen sind. Auf prozessuale Anweisungen wird dagegen weitgehend verzichtet.

Fazit: Um die Wirksamkeit des Marketingführungszyklus sicherzustellen, ist es erforderlich, die dominierenden instrumentellen Vorgaben klassischer Marketingkonzepte durch ergebnisorientierte zu ergänzen. Unterstützenden Marketingkontrollen, zielorientierten Planungsansätzen und somit Kennzahlen kommen im Marketingcontrolling damit eine größere Bedeutung zu.

Verbinden des Führungszyklus mit der Kompetenz- und Anreizgestaltung

Wird Marketing als marktorientierte Unternehmensführung verstanden, so kommt ihm eine Querschnittsfunktion zu. Somit ist eine Koordination sowohl innerhalb des Marketing als auch eine Abstimmung mit der Gesamtunternehmensführung erforderlich.

Um Führung und Ausführung *innerhalb des Marketing* aufeinander abzustimmen, müssen personelle und organisatorische Voraussetzungen geschaffen werden. Bezüglich der Personalführung muss sich das Marketingcontrolling zwei Herausforderungen widmen: Erstens sind die Anforderungen einer marktorientierten Unternehmensführung in das Personalführungssystem zu übersetzen. Personalselektion und entwicklung tragen entscheidend dazu bei, dass *die erforderliche Managementqualität* sichergestellt wird (hierzu Müller-Stewens/Fontin 1998). Zweitens sind die *Ziel- und Anreizsysteme* in den Bereichen Marketing und Verkauf zu gestalten. Erfolgsorientierte Entgeltsysteme sind bezüglich ihrer Wirksamkeit umstritten (ausführlich Armstrong 1993, S. 75 ff. sowie die dort zitierten Quellen). Ohne Zweifel ist es daher eine große Herausforderung, ein angemessenes System aufzustellen, das tatsächlich eine motivierende Wirkung entfaltet, ohne dysfunktionale Nebeneffekte auszulösen (Armstrong 1993, S. 79 ff. für Gestaltungshinweise). Eine weitere Aufgabe im Rahmen des Marketingcontrollings besteht darin, die *Effektivität und Effizienz der Marketingaufbau- und -ablauforganisation* sicherzustellen (bspw. zwischen Verkauf und Marketing, Marktforschung und Werbeabteilung) (Meffert 2000, S. 1064 ff., Becker 2001, S. 839 ff. und Kuß/Tomczak 2004b, S. 242 ff.).

Eine klassische Aufgabe des Marketingcontrollings besteht in der *funktionsübergreifenden* Koordination. Dabei ist sicherzustellen, dass einerseits Marketing- und Unternehmensplanung und andererseits Marketingcontrolling und allgemeines Controlling aufeinander abgestimmt sind. Hierzu zählt beispielsweise die Auseinandersetzung mit der Frage, wie Marketing in ein Führungskonzept eingebunden werden kann, das sich explizit einer wertorientierten, stark kennzahlengestützten Unternehmensführung unterordnet. Ein weiterer Aspekt ist die Integration des Marketingcontrollings bei Aufbau und Einsatz einer unternehmensweiten Balanced Scorecard.

Fazit: Sicherstellen von Marketingeffektivität und -effizienz durch Marketingcontrolling

Zusammenfassend lässt sich feststellen, dass Marketingcontrolling weit mehr als das Übertragen klassischer Controllingkonzepte auf das Marketing ist. Aufgrund des leistungswirtschaftlichen Charakters und der übergreifenden Führungsfunktion des Marketing wurde in Anlehnung an Weber und Schäffer Marketingcontrolling als Sicherstellen der Rationalität der marktorientierten Unternehmensführung definiert. Es bezieht sich somit auf das gesamte Zielsystem, nicht nur auf finanzielle Ergebnisziele. Rationalität wird gewährleistet, wenn der gesamte Marketingführungsprozess effektiv (wirksam) und effizient (wirtschaftlich) abläuft.

3 Entwicklungslinien des Marketingcontrollings

Schäffer und Weber (2004, S. 461) betonen, dass die Funktion des Controllings in ihrer konkreten Ausprägung kontext- und pfadabhängig ist; sie ist insbesondere an die Rationalitätsdefizite der Akteure anzupassen. Letztere liegen im Können (begrenzte Fähigkeiten), Wollen (abweichende gewünschte Zustände) oder Dürfen (begrenzte Zuständigkeiten und Handlungsfreiräume) begründet.

Für das Marketingcontrolling lassen sich *fünf zentrale Entwicklungslinien und Trends* erkennen (Abbildung 8; Reinecke 2004, S. 48, basierend auf Gleich 2001, S. 11 und Müller-Stewens 1998, S. 37), die auch zeigen, dass sich die Rationalitätsdefizite im Verlauf der letzten Jahre verschoben haben:

- *Steuerungsziel:* Die buchhalterische Registrierung von Abweichungen (Ex-Post-Kontrolle) nimmt im Marketingcontrolling relativ an Bedeutung ab zugunsten ei-

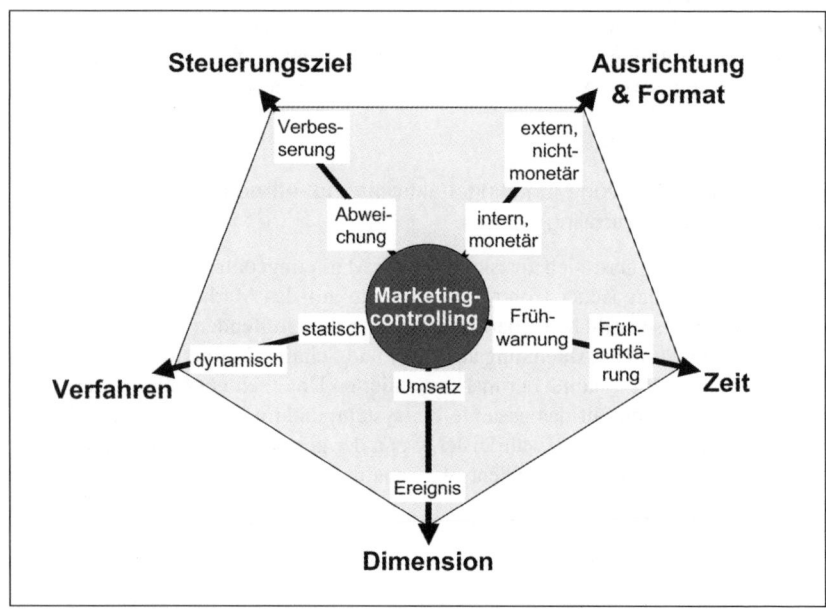

Abbildung 8: Marketingcontrolling – zentrale Entwicklungen und Trends (Quelle: Reinecke 2004, S. 48 (dort in Anlehnung an Gleich 2001 und Müller-Stewens 1998))

ner eher managementorientierten Ausrichtung auf Verbesserung im Sinne eines Regelkreises, der Lernprozesse fördert. Das heißt jedoch keinesfalls, dass dem Marketingaccounting eine nachgeordnete Priorität zukäme. In zahlreichen Unternehmen bestehen diesbezüglich noch große Rationalitätsdefizite (Stichworte: fehlende Kundendeckungsbeitragsrechnungen, reine Umsatz- statt Profitabilitätsorientierung). Dennoch fehlt nicht selten deshalb eine Basis für eine umfassende Kontrolle, weil das Marketingmanagement keine klar operationalisierten Ziele definiert hat. Eine Abweichungsregistrierung ist somit Voraussetzung für eine kritische Analyse, um mittels einer Ursachenanalyse Lernprozesse initiieren zu können.

- *Ausrichtung & Format:* Verstand man unter Marketingcontrolling in den 80er Jahren primär das monetär innengerichtete Marketingaccounting, so bezieht das Marketingcontrolling inzwischen stärker externe Ausrichtungen auf den Markt und nichtmonetäre Größen ein (Stichworte: Messung und Tracking von Kundeneinstellungen, -zufriedenheit und Markenstärke). Diesbezüglich liegt ein Engpass häufig in institutionalisierten Controllingabteilungen: „Traditionelle" Controller verfügen in der Regel nicht über die erforderliche Marketing- und Marktforschungsausbildung, um solche für das Marketingmanagement zentralen Konstrukte zu messen und zu interpretieren. Da auch in manchen Fachabteilungen diesbezüglich ein Know-how-Engpass besteht, wird in diesem Bereich häufig auf externe Anbieter wie Marktforschungs- und Beratungsunternehmen ausgewichen.

- *Zeit*: Das Marketingcontrolling hat sich von einer kennzahlengestützten Frühwarnung über die Früherkennung von (Markt-)Potenzialen hin zu einer rationalitätsunterstützenden, handlungsbezogenen Frühaufklärung entwickelt (Krystek/ Müller-Stewens 1993, S. 21 und Kühn/Fasnacht 2001). Somit stehen im Marketingcontrolling zunehmend nicht einzelne, auf Bedrohungen hinweisende Kenngrößen im Mittelpunkt, sondern vielmehr die umfassende Interpretation eines an die Strategie anzupassenden Mixes relevanter Kenngrößen. Des Weiteren darf sich das Marketingcontrolling nicht nur auf Kennzahlen fokussieren, weil diese sich immer nur auf vorher klar definierte, zu modellierende Realitätsausschnitte beziehen können. Ein vorausschauendes Marketingcontrolling muss somit auch nichtkennzahlengestützte Informationen bereitstellen, um beispielsweise Trends und Potenziale rechtzeitig zu erkennen.

- *Verfahren:* Standen früher primär statische Deckungsbeitragsrechnungen im Mittelpunkt des Marketingcontrollings, so kommen inzwischen zahlreiche dynamische Verfahren zum Einsatz, beispielsweise zur Ermittlung zukunftsbezogener finanzieller Kunden- und Markenwerte. Dynamische Verfahren berücksichtigen den Zeitwert des Geldes und entsprechen damit stärker den Anforderungen, die insbesondere an börsennotierte Aktiengesellschaften von Seiten der Kapitalmärkte gestellt werden. Andererseits kann eine einseitige Fokussierung auf finanzwirtschaftliche Bewertungen wie Discounted Cashflow-Analysen von Marken- und Kundenwert den Blickwinkel auch verengen (ausführlich Teil D).

- *Dimension:* Aufgrund der damals dominierenden Zuschlagskalkulation im Rahmen der Preisgestaltung konnte sich das Marketingaccounting (Kapitel B.2) früher der Einfachheit halber auf die Zielgröße Umsatz fokussieren, weil Umsatz und Deckungsbeitrag in einem solchen Fall miteinander einhergehen. Ein modernes Marketingcontrolling muss allerdings ein umfassenderes Zielsystem berücksichtigen: Zum einen stellen moderne, differenzierte Preisgestaltungsansätze die Korrelation von Umsatz und Deckungsbeitrag in Frage (Stichworte: nutzenorientierte Preisgestaltung und Preisdifferenzierung). Umsatz ist eine Wachstumsgröße und bedeutet somit primär Beschäftigung, nicht aber automatisch auch Profitabilität. Zum anderen ist Umsatz als Zielgröße häufig zu undifferenziert. Ferner lässt sich beispielsweise eine Kinowerbekampagne kaum mit vertretbarem wirtschaftlichem Aufwand hinsichtlich ihrer Umsatzwirkung beurteilen. Daher ist es erforderlich, dass Marketingplanung und -controlling wesentlich differenziertere Ziele beziehungsweise Ereignisse definieren, die eine ursachenadäquate und präzisere Messung von Wirksamkeit und Wirtschaftlichkeit von Marketingmaßnahmen erlauben. Der Umsatz ist dabei eine von vielen zu berücksichtigen Größen, genießt jedoch keine Vorrangstellung.

4 Aufgaben des Marketingcontrollings im Überblick

Nachfolgend werden die Aufgaben beziehungsweise Funktionen des Marketingcontrollings systematisch im Überblick dargelegt, wobei auf Anschlussfähigkeit und Kompatibilität mit bisherigen Ansätzen des Marketingcontrollings geachtet wird. Marketingcontrolling wird dabei wie vorgängig erläutert als Sicherstellen von Effektivität und Effizienz einer marktorientierten Unternehmensführung und somit als „Qualitätssicherung" des Marketingmanagements verstanden. Das Marketingcontrolling nimmt folgende Aufgaben wahr (Abbildung 9):

(a) Problembezogene Informationsversorgung (ausführlich Kapitel B.1–B.3)

Hierunter fallen die *problemspezifische Informationsbündelung und -abstimmung*, insbesondere aus dem Rechnungswesen (Deckungsbeitragsrechnungen, Target Costing, Prozesskostenrechnung) und der Marktforschung. Marktforschung wird dabei als Funktion verstanden, die den Konsumenten, Kunden und die Öffentlichkeit durch Informationen mit dem Anbieter verbindet (Bennett 1988, S. 115 und Kuß 2004, S. 2). Im Informationszeitalter steht dabei das rechtzeitige Erkennen von Technologie- und Marktentwicklungen im Mittelpunkt. Aus managementbezogener

Abbildung 9: Aufgaben des Marketingcontrollings (Quelle: Reinecke 2004, S. 53; aufbauend auf Köhler 2006, S. 43 und Weber 2002a)

Sicht sollte der Schwerpunkt insbesondere auf einer interpretierenden Diagnose dieser Informationen, weniger auf einer reinen Analyse liegen. Zentral ist die benutzer- und stellenadäquate bestmögliche Abstimmung von instrumentendominiertem Informationsangebot, problemdominiertem Informationsbedarf und verhaltensdominierter Informationsnachfrage (Berthel 1975, S. 30 und Weber/Schäffer 2006, S. 82). Ziel ist es somit, einen *entscheidungsadäquaten Informationsstand* sicherzustellen, der es erlaubt, effektiv und effizient zu handeln (Abbildung 10).

Marketingcontrolling muss somit auf die *spezifischen Problemsichten der jeweiligen Organisationseinheiten* eingehen, beispielsweise von Produkt-, Kunden(segments)-, Kommunikations- und Distributionskanalmanagement, sowie die Schnittstellen zwischen diesen Einheiten koordinieren. Sowohl die Art der Information (bspw. monetär oder nichtmonetär, aber auch Bezugsobjekte, Priorisierung und Selektion von Marketingkennzahlen) als auch deren Granularität und Differenziertheit sind den Bedürfnissen der jeweilige Organisationseinheit anzupassen.

(b) Unterstützung der strategischen und operativen Marketingplanung bezüglich Willensbildung und -durchsetzung

Zu dieser Aufgabe zählt insbesondere die Unterstützung bei der Generierung von Entscheidungsmöglichkeiten. Das fehlende Denken in alternativen Marketingstrategien und -umsetzungsmaßnahmen ist in der betriebswirtschaftlichen Praxis in zahl-

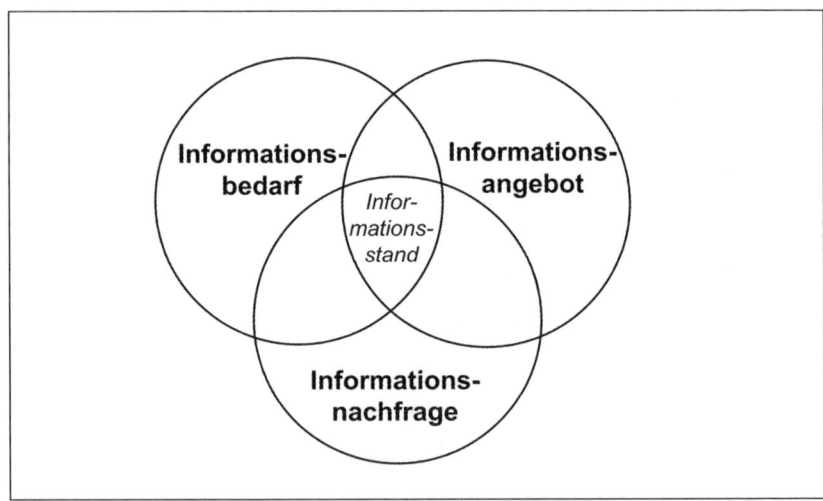

Abbildung 10: Informationsstand als Ergebnis von Informationsangebot, -bedarf und -nachfrage (Quelle: Eigene Darstellung vereinfacht nach Reinecke 2004, S. 81; dort in Anlehnung an Berthel 1975, S. 30)

reichen Marketingkonzepten ein zentraler Rationalitätsengpass, den das Marketingcontrolling offenlegen und zu überwinden helfen sollte. Auch das Bewerten und kritische Hinterfragen der Entscheidungsoptionen im Sinne einer „*contre rôle*" gehört hierzu – sowohl hinsichtlich der finanz- und realwirtschaftlichen Konsequenzen als auch hinsichtlich ihrer Mach- und Durchsetzbarkeit.

Zum *Planungsmanagement* (Weber/Schäffer 2006, S. 250ff.) gehören die Gestaltung des strategischen und operativen Marketingplanungssystems, insbesondere der *Marketingbudgetierung* (Reinecke/Fuchs 2003 und Kapitel B.5). Das Marketingcontrolling unterstützt das Marketingmanagement methodisch und instrumentell (Kapitel B.4), beispielsweise bei der Auswahl von Markt- und Kundensegmenten sowie bei der Gestaltung von *Anreizsystemen* für Verkauf und Distribution. Ferner übernimmt es die Verantwortung für einige Aufgaben, um Marketingstrategie, -ziele und operative Marketingmaßnahmen aufeinander abzustimmen und eine Umsetzung zu gewährleisten. Dazu zählt insbesondere auch die Gestaltung der Schnittstellen und Wechselbeziehungen des Marketing zu den anderen Funktionsbereichen, zumal die gesamte Unternehmensplanung im Regelfall auf einer Absatzplanung beruht.

(c) Marketingüberwachung: Durchführung von Marketingkontrollen und -audits

Köhler (2006, S. 15) fasst *Kontrollen* und *Audits* unter dem Begriff der Überwachung (ausführlich in Teil C) zusammen.

Kontrollen sind rückblickende Soll-Ist-Vergleiche (ausführlich Schäffer 2001); sie schließen den Regelkreis des Willensbildungs- und Wissensdurchsetzungsprozesses und sind somit ein wichtiger Bestandteil des Marketingcontrollings. Häufig erfolgen solche Beurteilungen allerdings ex post, ohne dass vorgängig bestimmte Sollvorgaben festgelegt worden sind. In diesen Fällen sollte jedoch – streng genommen – nicht von Ergebniskontrollen die Rede sein, sondern lediglich von kritischen Ergebnisanalysen (Köhler 1992, Sp. 1270). Grundsätzlich kann nach Objekten der Kontrolle zwischen Ablauf- und Ergebniskontrollen, je nach Ziel der Kontrolle zwischen Feed-back-Kontrollen (sicherstellen der Erreichung eines Ist-Wertes) und Feed-forward-Kontrollen (anstoßen der Anpassung eines strategischen Sollwerts) sowie klassisch nach Kontrollebene zwischen operativen (v.a. Kontrollen der Absatzsegmente, Marketingorganisationseinheiten, Marketinginstrumente und des Gesamtmix) und strategische Marketingkontrollen (v. a. Durchführungs- und Prämissenkontrollen sowie ungerichtete strategische Überwachung unterschieden werden.

Audits sind Ausprägungen einer eher *zukunftsorientierten Überwachung mit Feedforward-Charakter*, die sich mit den Voraussetzungen für die künftige Nutzung von Erfolgspotenzialen beschäftigen. In Anlehnung an Kotler und Bliemel (2006) kann ein Marketingaudit definiert werden als eine umfassende, systematische, nicht weisungsgebundene, gelegentliche Untersuchung von Marketingumwelt, -zielen,

-strategien sowie von Marketingprozessen, -organisation und -maßnahmen einer strategischen Geschäftseinheit. Es kann als umfassender, handlungsorientierter „*Marketing Health Check*" interpretiert werden, das dazu dient, Herausforderungen und Chancen aufzudecken sowie einen Maßnahmenplan zur Verbesserung der Marketingleistung aufzustellen. Ähnlich verwendet auch Töpfer (1995, Sp. 1533 f.) den Begriff, indem er unter Marketingaudit eine strategische Bilanz im Sinne einer Überprüfung der inhaltlichen und organisatorischen Marketingmaßnahmen im Unternehmen versteht. Köhler (1992, Sp. 1277 und 2001, S. 15 f.) unterscheidet im Marketing zwischen Verfahrens-, Strategien-, Marketing-Mix- und Organisationsaudits.

In der Marketingrealität wird aus unterschiedlichen Gründen häufig auf Marketingkontrollen verzichtet (Abbildung 11), trotz ihrer in Wissenschaft unbestrittenen Bedeutung (Day/Montgomery 1999, S. 10), denn Kontrollen schließen den Regelkreis der Planung.

Eine wichtige Funktion des Marketingcontrollings besteht darin zu entscheiden, wann *welche Form der Kontrolle* zu wählen ist. Da das primäre Rationalitätsobjekt die Zielerreichung (= substantielle Rationalität) ist (Weber/Schäffer/Langenbach 2001, S. 75), sind im Marketing in der Regel Ergebniskontrollen vorzuziehen, um dadurch die Probleme einer „Marketingprogrammierung" zu vermeiden. *Prozess*- oder gar *Inputkontrollen* sollten subsidiär im Rahmen umfassenderer Marketingaudits sowie in Situationen erfolgen, in denen quantifizierte Zielvorgaben nicht sinnvoll oder möglich erscheinen.

1.	Die Geschäftsleitung misst Marketing und Verkauf keinen besonderen Stellenwert bei und fokussiert sich daher auf die Kontrolle finanzwirtschaftlicher Kenngrößen.
2.	Kontrollen erscheinen ineffizient, weil bisher zwischen Marketingausgaben und Gewinnen kaum ein Zusammenhang festgestellt werden konnte.
3.	Marketing ist zukunfts-, Kontrollen sind dagegen vergangenheitsorientiert.
4.	Negative Kontrollergebnisse könnten die Budgethöhe gefährden.
5.	Marketingkontrollen sind nicht mit der Auffassung eines „Primats des Absatzes" und damit dem Selbstverständnis von Marketingführungskräften vereinbar.
6.	Die Umweltdynamik führt dazu, dass die Planungsannahmen meist überholt sind.
7.	Der Aufbau differenzierter Mess- und Kennzahlensysteme dauert zu lange.

Abbildung 11: Gründe für den Verzicht auf Marketingkontrollen (Quelle: Reinecke 2004, S. 64; dort in Anlehnung an Ambler 1998, S. 25)

(d) Führungsübergreifende Koordinationsfunktion

Bei der Koordinationsfunktion des Marketingcontrollings geht es im Folgenden – im Unterschied zu Horváth (2006) und Köhler (2006) – nicht um alle Koordinationsaufgaben, die es innerhalb der marktorientierten Unternehmensführung wahrzunehmen gilt; dies würde zu zahlreichen Überscheidungen mit den anderen bereits geschilderten Aufgaben führen (hier und nachfolgend Weber 2002a, S. 389). Vielmehr betrifft diese Aufgabe führungsübergreifende Koordinationsaufgaben, die in der Praxis zumeist aus konkreten Anlässen heraus auftreten. Zumeist sind Tätigkeiten abseits des Marketingroutinegeschäfts betroffen (analog Weber 2002a, S. 404). Hierzu gehören beispielsweise die Beratung und Unterstützung bei umfassenden Projekten wie der Einführung von Marketingkennzahlensystemen, der Gesamtausrichtung des Marketing auf eine wertorientierte Unternehmensführung, der Neugestaltung von Markenauftritt und -portfolio nach einer Unternehmensübernahme oder aber der Einführung eines Wissensmanagements im Bereich Marketing und Verkauf. Des Weiteren zählen das Controlling spezifischer Marketing- und Verkaufsprojekte sowie insbesondere von Marketingkooperation mit anderen Unternehmen dazu.

Die geschilderten Koordinationsaufgaben weisen in der Regel nicht nur Projektcharakter auf, sondern erfordern häufig ein explizites Veränderungsmanagement (Weber 2002a, S. 390). Marketingcontrolling erfüllt diesbezüglich insbesondere Beratungs-, „contre rôle"- und Coachingaufgaben.

5 Instrumente des Marketingcontrollings im Überblick

Instrumente des Marketingcontrollings sind solche Methoden und Verfahren, die mit dem Ziel eingesetzt werden, die Effektivität und Effizienz einer marktorientierten Unternehmensführung sicherzustellen; Methoden und Verfahren sind daher aber nicht von Natur aus Controllinginstrumente, sondern aufgrund ihrer Nutzung (analog Amshoff 1993, S. 267 und Schäffer/Weber 2004, S. 464).

Die dargestellten Aufgaben des Marketingcontrollings lassen sich mit Hilfe einer Vielzahl von Instrumenten und Methoden erfüllen. In Abbildung 12 werden ausgewählte Beispiele präsentiert. Zahlreiche Instrumente können gleichzeitig für Informationsversorgung, Planung und Kontrolle des Marketing eingesetzt werden, weshalb diese in der Abbildung zusammengefasst wurden. So liefern beispielsweise Positionierungsstudien einerseits Marktinformationen zum Status Quo der eigenen Positionierung, zum anderen unterstützen sie deren Planung, indem sie beispielsweise helfen, folgende Fragen zu beantworten: Sind die aus Kundensicht wahrgenommenen Eigenschaften der angebotenen Marktleistungen auch tatsächlich aus

Unterstützung der strategischen Marketingplanung & strategische Überwachung	Unterstützung der operativen Marketingplanung & operative Marketingkontrolle	Führungsübergreifende Koordinationsaufgaben
• Frühwarn-/-erkennungs-/-aufklärungssysteme • Branchenstrukturanalysen • Stärken-/Schwächenprofile, Benchmarking • Portfolios (zum Beispiel bzgl. Geschäftsfeldern, Kunden, Innovationen, Marken, Sortiment) • Segmentierungs-, Image- und Positionierungsstudien • Kunden- & Markenwertberechnungen, Markenstärkeanalysen • Investitionsrechnungen • langfristige Budgetierung • Audit-Methoden/-Checklisten • Kontrolle der Marketingkernaufgaben (Kundenakquisition & -bindung, Leistungsinnovation & -pflege)	• Versorgung der Marketing- und Verkaufsorganisationseinheiten mit Informationen u.a. aus Marktforschung, Außendienstberichten, Absatzstatistik und Rechnungswesen (z.B. Kundenzufriedenheitsstudien, Deckungsbeitragsrechnungen) • Informationen zur Planung und Abstimmung des Marketing-Mix • kurzfristige Budgetierung • Kontrolle des Marketing-Mix • Marktleistungsgestaltung • Preisgestaltung • Kommunikation/Marktbearbeitung • Distribution • Ergebnis- und Abweichungsanalysen • Beschwerdeanalysen	• Gestaltung von Kennzahlensystemen für Marketing und Verkauf • Gestaltung von Anreiz- und Provisionssystemen • Target Costing • Analyse, Planung und Kontrolle von Marketing- und Verkaufsprojekten (z.B. Überarbeitung des Markenportfolios) • Analyse, Planung und Überwachung von Marketing- und Verkaufskooperationen • Wissensmanagement in Marketing und Verkauf (z.B. Moderation von Erfahrungsaustausch, Datenbank mit Lernerfahrungen)

Abbildung 12: Ausgewählte Methoden und Instrumente des Marketingcontrollings (Quelle: Eigene Darstellung aufbauend auf Köhler 2006)

Sicht einer wirtschaftlich interessanten Kundengruppe kaufentscheidungsrelevant? Sind die eigenen Marktleistungen ausreichend von der Konkurrenz differenziert? Welche relevanten Bedürfnisse werden derzeit noch nicht gezielt mit spezifischen Angeboten befriedigt? Des Weiteren können diese Studien auch als Kontrollinstrument verwendet werden, um zu überprüfen, ob die Ist-Positionierung der angestrebten Soll-Positionierung entspricht. Nicht zuletzt dienen Positionierungsstudien auch der strategischen Überwachung im Rahmen eines umfassenden Marketingaudits.

Auch die Zuordnung der Instrumente zu strategischen und operativen Marketingaufgaben ist keineswegs deterministisch. So weisen beispielsweise Sortimentsanalysen in High-Tech-Business-to-Business-Märkten oder in der Pharmabranche in der Regel strategisch-langfristigen Charakter auf, während sie im Lebensmitteldetailhandel durchaus auch im operativen Tagesgeschäft ihre Bedeutung haben. Ob ein Instrument als strategisch einzustufen ist, hängt davon ab, inwieweit dieses geeignet ist, aus Kundensicht die langfristige Ausrichtung von unternehmerischen Potenzialen im Verhältnis zur Konkurrenz maßgeblich zu beeinflussen. Instrumente, die die kurzfristigen, routinemäßigen Tätigkeiten unterstützen wie beispielsweise die jährliche Budgetierung, werden der operativen Ebene zugeordnet. In der Marketingliteratur wird auch der Marketing-Mix schwergewichtig dieser Ebene zugeordnet, auch wenn jedes Marketinginstrument letztlich immer strategische und operative Elemente beeinflusst. So schließt beispielsweise ein umfassendes Preiscontrolling sowohl die strategische Überwachung des Preisimages als auch die operative Kontrolle der Preisdurchsetzung im Markt ein.

Bezüglich der Unterstützung der Planung und Kontrolle der einzelnen Marketinginstrumente existiert eine solche Vielzahl an Instrumenten, die als Controllinginstrumente eingesetzt werden können, dass es nicht sinnvoll ist, diese in Abbildung 12 ebenfalls zu integrieren.

6 Aufbau des Buchs

Das vorliegende Buch versucht, ein in sich geschlossenes, kohärentes System eines integrierten Marketing- und Verkaufscontrollings darzulegen, das alle zentralen Rationalitätsengpässe einer marktorientierten Unternehmensführung berücksichtigt. Die primäre Gliederung orientiert sich somit an den geschilderten Funktionen des Marketingcontrollings: der Informationsversorgungs-, Planungsunterstützungs-, Kontroll- und Koordinationsfunktion.

Um unnötige Überschneidungen und Redundanzen zu vermeiden, werden allerdings die Informationsversorgungs- und Planungsunterstützungsfunktion zusammengeführt. Zahlreiche Instrumente dienen zunächst der Informationsversorgung (bspw. das Aufbereiten von Marktinformationen für Geschäftsfeldportfolios), dienen dann jedoch der Unterstützung der reflexiven Willensbildung und somit der Planungsunterstützung. Des Weiteren werden einige Themen integriert behandelt. Kennzahlensysteme wurden daher nicht bei der Informationsfunktion eingeordnet, weil sie insbesondere auch für die Controllingfunktionen der Unterstützung der Willensbildung und -durchsetzung und der Kontrolle eine zentrale Rolle spielen. Auch beim Markencontrolling wurde bewusst eine in sich geschlossene Darstellung bevorzugt.

Die Gliederungstiefe richtet sich zum einen nach der Bedeutung der Teilthemen in Marketingwissenschaft und -praxis, zum anderen jedoch insbesondere auch danach, welchen Aspekten in der Standardliteratur bisher weniger umfassend Rechnung getragen wurde. Dies führt dazu, dass die Themen Kontrolle der Marketinginstrumente sowie die Gestaltung von Marketingkennzahlensystemen sehr umfassend erläutert werden, während klassische Planungsinstrumente wie Portfolios oder weniger marketingspezifische Themen wie die Prozesskostenrechnung geringer gewichtet werden. Auf die Diskussion einzelner interessanter Themen wie beispielsweise des Controllings von Marketingkooperationen musste ganz verzichtet werden, um den Rahmen eines Grundlagenwerks nicht zu sprengen.

In der betriebswirtschaftlichen Praxis ist die Unterscheidung zwischen Marketing und Verkauf üblich, wobei Marketing tendenziell eher Aufgaben der strategischen Positionierung, des Produktmanagements und der Kommunikation übernimmt, der Verkauf dagegen die persönliche Kundenbearbeitung und als „Vertrieb" zum Teil auch Aufgaben der Distribution. In der Wissenschaft wird Marketing dagegen als umfassender Begriff im Sinne einer marktorientierten Unternehmensführung gewählt (Meffert 2000, S. 8); Verkauf und „Vertrieb" sind in diesem Verständnis Subinstrumente des Marketing. In diesem Sinne schließt das Marketingcontrolling das Distributions- beziehungsweise Verkaufscontrolling ein. Eine künstliche Trennung dieser Bereiche würde auch der Planungsfunktion des Marketingcontrollings widersprechen: der Unterstützung der Marketingplanung bezüglich einer effektiven und effizienten Willensbildung und -durchsetzung.

Teil B: Problembezogene Informationsversorgung und Planungsunterstützung

1 **Sicherstellen der Kunden- und Konkurrenzorientierung der Informationsversorgung** 63
2 **Marketingaccounting als Schwerpunkt der endogenen Informationsversorgung** 65
2.1 Einordnung und Grundlagen 65
2.2 Investitionsrechnung 69
2.3 Kostenmanagement und Erfolgsrechnungen 73
2.4 Markenspezifisches Marketingaccounting 97
3 **Marktforschung als exogene Informationsversorgung** 100
3.1 Kundenzufriedenheit als wichtige exogene Information 100
3.2 Sicherstellen von Effektivität und Effizienz der Marktforschung . 113
4 **Ausgewählte Analyseinstrumente zur Unterstützung der Marketingplanung** 115
4.1 Benchmarking 115
4.2 Gap-Analyse 117
4.3 SWOT-Analyse 117
4.4 ABC-Analyse 118
4.5 Portfolio-Analysen 119
5 **Marketingbudgetierung** 127
5.1 Begriff und Einordnung 127
5.2 Funktionen von Budgets 128
5.3 Arten von Marketingbudgets 128
5.4 Prozess der Marketingbudgetierung 129
5.5 Ansätze und Methoden der Marketingbudgetierung 130
5.6 Better Budgeting und Beyond Budgeting 134

Die problembezogene und somit *zielgerichtete Informationsversorgung* des Marketingmanagements zu Zwecken der Entscheidungsvorbereitung ist eine zentrale Aufgabe des Marketingcontrollings, wobei die Qualität der Informationsversorgung neben den Erfahrungen und den individuellen Kompetenzen der Entscheidungsträger ein zentraler Einflussfaktor der Planungsqualität ist (Szyperski/Winand 1992, S. 133).

Marketingcontrollingaufgaben im Hinblick auf die Informationsversorgung sind vor allem die problembezogene Informationen*bündelung* und *-abstimmung* zur Entscheidungsunterstützung des Marketingmanagements sowie als besonderes Problem die Abstimmung von strategischen und operativen Marketingplänen (v. a. Köhler 1996, S. 521, 2001, S. 13 ff. und 2006).

Informationsbedarf besteht dabei auf allen Ebenen der Marketingplanung beziehungsweise auf den drei Ebenen der marktorientierten Konzern- oder Unternehmensplanung, der marktorientierten Geschäftsfeldplanung und der Planung des (operativen) Marketing-Mix (ausführlich Kapitel C.8 und Kuß/Tomczak 2004b). Dabei muss das Marketingcontrolling gewährleisten, dass die Informationsversorgung ausreichend marktgerichtet und marktgerecht ist. Mit anderen Worten: Das Marketingcontrolling muss sicherstellen, dass Informationen möglichst *kunden- und konkurrenzorientiert* zur Verfügung stehen (ausführlich Kapitel A.4). Daher erhalten externe Daten aus der Markt- und Konkurrenzforschung (ausführlich Kapitel B.3) einen hohen Stellenwert. Marktforschung erfüllt die Funktion, das Unternehmen mit den Kunden und Konsumenten, Absatzmittlern und -helfern sowie weiteren Teilöffentlichkeiten oder Anspruchsgruppen zu verbinden (hierzu Kuß 2004, S. 2), um dadurch Informationen für Marketingentscheidungen zu gewinnen (Böhler 2004, S. 19). Dazu zählt auch das rechtzeitige Erkennen von Technologie- und Marktentwicklungen. Marktforschung ist somit die wichtigste *exogene Informationsquelle*, unabhängig davon, ob diese Funktion teilweise an Marktforschungsunternehmen ausgelagert ist oder ob ein Unternehmen über eine eigene Marktforschungsabteilung verfügt.

Endogene, aus dem Unternehmen selbst stammende Informationen sind ebenfalls zentral, nehmen jedoch keine Vorrangstellung ein. Die wichtigste interne Informationsquelle ist sicherlich das Rechnungswesen, das die Informationen marketinggerecht bereitstellen sollte. Zentrale Instrumente eines solchen Marketingaccountings (ausführlich Kapitel B.2) sind Deckungsbeitragsrechnungen, marketingspezifische Investitionsrechnungen, Target Costing für neue Marktleistungen oder Prozesskostenrechnungen. Weitere interne Informationsquellen sind Informationen und Dokumente aus anderen Bereichen wie beispielsweise Unterlagen aus dem Personalwesen, Außendienstberichte, Knowledge Management-Datenbanken oder das unternehmenseigene Intranet.

Wie die Begriffe Informationsbündelung und -abstimmung bereits andeuten, ist jedoch nicht die reine Informationssammlung entscheidend. Vielmehr sind eine umfassende (Situations-) Analyse sowie eine entsprechende *Diagnose*, das frühzeitige

Erkennen von Bedrohungen und strategischen Erfolgspotenzialen sowie die Bewertung längerfristiger Handlungsoptionen mit Hilfe geeigneter Planungsinstrumente erfolgskritisch. Aus diesem Grund ist es erforderlich, dass das Marketingcontrolling im Rahmen der Informationsversorgung auf die spezifischen Problemsichten der jeweiligen Marketingorganisationseinheiten wie Produkt-, Verkaufs- und Kundenmanagement eingeht. Sowohl die Art der Information (bspw. monetär oder nichtmonetär, aber auch deren Bezugsobjekte) als auch deren Granularität und Differenziertheit sind den Bedürfnissen der jeweilige Organisationseinheit anzupassen und aufeinander abzustimmen. Das Marketingcontrolling ist somit zum einen für eine problemspezifische Informations*bereitstellung* für Organisationseinheiten des Marketing verantwortlich (Köhler 1996, S. 521 und 2006, S. 43); alle objektiv und unter wirtschaftlichen Gesichtspunkten erforderlichen Informationen sollten zur Verfügung stehen. Zum anderen hat das Marketingcontrolling jedoch auch sicherzustellen, dass diese Informationen tatsächlich nachgefragt und zur Entscheidungsfindung genutzt werden. Eine Möglichkeit hierzu sind sogenannte Marketingcockpits, die Marketingkennzahlen benutzeradäquat aufbereiten (ausführlich Kapitel D.2).

Im Folgenden wird zunächst auf die Bedeutung der Kunden- und Konkurrenzorientierung der Informationsversorgung im Rahmen des Marketingcontrollings eingegangen. Danach werden die Grundzüge des Marketingaccountings als „klassische" und wichtigste interne Informationsversorgungsfunktion dargestellt. Die externe Informationsversorgung (Marktforschung) wird insbesondere am Beispiel der Messung und Analyse der Kundenzufriedenheit thematisiert; ferner werden einige handlungsorientierte Hinweise zum Umgang mit Marktforschung und deren Ergebnissen gegeben. Anschließend werden ausgewählte kunden- und konkurrenzorientierte Analyse- und Planungsinstrumente (Kapitel B.4) skizziert. Da der Schwerpunkt dieses Buches weder auf dem Themenbereich der Marketingplanung noch der methodischen Marktforschung liegt, wird für eine ausführlichere Darstellung auf die Standardliteratur der Unternehmens- und Marketingplanung (z.B. Jenner 2003 und Kuß/Tomczak 2004b) beziehungsweise der Marktforschung (z.B. Böhler 2004, Kuß 2004 und Berekoven/Eckert/Ellenrieder 2006) verwiesen. Planungs- und Marktforschungsmethoden können häufig auch zu Kontrollzwecken eingesetzt werden, so dass ferner auf die Kapitel der Marktleistungsgestaltungs-, Preisgestaltungs-, Kommunikations- und Distributionskontrolle in diesem Buch verwiesen wird (in Teil C). Das Thema Marketingbudgetierung wird hingegen umfassend dargestellt, weil dieser zentrale Aspekt in der Marketingplanungsliteratur mehrheitlich keine besondere Berücksichtigung findet.

Marketingkennzahlensysteme dienen ebenfalls (jedoch nicht ausschließlich!) der Informationsversorgung. Diese werden umfassend und zusammenhängend in Kapitel D.2 dargestellt.

1 Sicherstellen der Kunden- und Konkurrenzorientierung der Informationsversorgung

Unternehmen erzielen strategische Wettbewerbsvorteile, indem sie bestmöglich ihre Kompetenzen auf die sich bietenden Marktpotenziale abstimmen (Reinecke 2004, S. 226). Somit ist es erforderlich, dass die Informationsversorgung des Marketing

1. potenzial- und somit bedürfnisorientiert ist,
2. markt- und strategiegerecht ist, das heißt insbesondere die jeweilige Markt- und Konkurrenzsituation berücksichtigt, sowie
3. kompetenz- und wissensgerichtet ist und somit die unternehmensspezifischen Ressourcen und Fähigkeiten berücksichtigt.

Potenzialorientierte Informationsversorgung

Das Marketingcontrolling muss einerseits Informationen über die Größe, andererseits über die *Veränderungen von Marktpotenzialen* zur Verfügung stellen.

Eine solche Bewertung ist insbesondere erforderlich, um die wichtigsten langfristigen Auswirkungen von Marketingstrategien zu erfassen und um kurzfristige Ergebnismanipulationen zu vermeiden. Ambler drückt dies wie folgt aus: „You cannot measure the future. What you can do, just as accounting has always done in other areas, is to assess the state of the firm's assets at the beginning and end of each period and adjust short-term results for any differences" (Ambler 1999a, S. 707). Im Mittelpunkt der Betrachtungen stehen dabei insbesondere die Größen Kunden- und Markenwert (ausführlich Kapitel D.4 und D.5).

Markt- und strategiebezogene Informationsversorgung

Die Marketingstrategie spiegelt sich insbesondere in der Art und Weise wider, wie Unternehmen mit Marktpotenzialen umgehen. Unterschiedliche Marktstrategien benötigen andere Informationen und stellen spezifische Anforderungen an die Informationskoordination. So zeigte Simons (1987) in einer auf die Strategietypen von Miles und Snow (1978) bezogenen Studie, dass Controllingsystem und Unternehmensstrategie voneinander abhängen. Die in einem relativ stabilen Produktbereich tätigen Defender verfügen in der Regel über ein zentralisiertes, hierarchieorientiertes Kontrollsystem. Simons fand heraus, dass sie interessanterweise ihr Controllingsystem weniger intensiv einsetzen; er stellte sogar eine negative Beziehung zwischen Unternehmenserfolg und Merkmalen wie engen Budgetkontrollen und Ergebnisüberwachung fest. Dagegen bevorzugten die durch eine hohe Produktinnovationsrate gekennzeichneten Prospectors Ergebniskennzahlen sowie Kontrollsysteme, die kurze, schnelle und horizontale Feedbackschleifen gewährleisten (Miles/Snow 1978, S. 63). Erfolgreiche Prospectors legen gemäß Simons im Vergleich zu den Defendern höheren Wert auf Vorhersagedaten; sie setzen engere Budgetziele und überwachen Ergebnisse intensiver.

Strategieorientierung bedeutet aus Marketingsicht ferner immer eine *umfassende Konkurrenzorientierung* (ausführlich Reinecke 2004). Konkurrenzinformationen sind somit im Rahmen der Informationsversorgung explizit zu berücksichtigen. Marketinginformationen und -kennzahlen sind daher möglichst aus Kundensicht zu erheben und vorzugsweise im Vergleich zur Konkurrenz darzustellen. So ist beispielsweise der Informationsgehalt der Kennzahl „relative wahrgenommene Produktqualität aus Kundensicht" für das Marketing wesentlich höher als die Aussagekraft der internen Größe „Höhe der Produktqualitätskosten".

Wissens- und kompetenzorientierte Informationsversorgung

Meffert (2000, S. 744) kritisiert, dass traditionelle Steuerungsgrößen die immateriellen Unternehmenswerte und -fähigkeiten nicht oder unzureichend im Zusammenhang mit dem langfristigen Unternehmenserfolg abschätzen; er fordert daher: „Ein zukunftsfähiges Steuerungssystem muss neben der Erfassung dieser Erfolgspotenziale sowie klassischer finanzieller Kennzahlen auch die Erneuerung und das Monitoring von Unternehmensprozessen unterstützen." Daher ist es notwendig, die entscheidenden Marketingfähigkeiten beziehungsweise jenes Wissen zu messen, das erforderlich ist, um die Marketingaufgaben zu erfüllen. Solche kompetenz- beziehungsweise wissensorientierten Aspekte dienen im Rahmen der Informationsversorgung auch als Vorsteuergrößen.

Die drei genannten Anforderungen können als zentrale Handlungsmaximen für die Informationsversorgung im Marketing dienen; sie gelten sowohl für die endogene als auch insbesondere für die exogene Informationsbündelung und -abstimmung. Das in Kapitel D.2 präsentierte Marketingkennzahlensystem versucht, die drei genannten Anforderungen bestmöglich zu integrieren.

2 Marketingaccounting als Schwerpunkt der endogenen Informationsversorgung

2.1 Einordnung und Grundlagen

Das *Marketingaccounting* ist ein Teilgebiet des Marketingcontrollings und dient der marketingorientierten Bereitstellung und Nutzung entscheidungsorientierter beziehungsweise problemspezifischer Informationen aus dem betrieblichen Rechnungswesen, welches eine grundsätzliche Informationsbasis für Managemententscheidungen ist (in Anlehnung an Hünerberg 1995, Sp. 1509, Reckenfelderbäumer 1995, S. 4 und Ewert/Wagenhofer 2005, S. 7). Auf diese Weise unterstützt das Marketingaccounting zum einen Entscheidungsträger im Marketing; zum anderen unterstützt es sämtliche anderen Interessenten in der Unternehmung mit marketingrelevanten Informationen (Hünerberg 1995, Sp. 1509).

Obwohl der Begriff „Accounting" häufig mit „Rechnungswesen" übersetzt wird, stellt das Marketingaccounting respektive das Marketingrechnungswesen keinen eigenständigen Bereich des Rechnungswesens dar. Zwar erfolgt zum Teil auch eine primäre Informationsgenerierung aus dem Rechnungswesen, indem Daten speziell für das Marketing bereitgestellt werden. Größtenteils erfolgt jedoch eine *sekundäre Informationsgenerierung* beziehungsweise wird vor allem auf Informationen zurückgegriffen, die prinzipiell auch für andere Auswertungen zur Verfügung stehen oder die zunächst ohne spezifischen Verwendungszusammenhang erfasst wurden (Hünerberg 1995, Sp. 1508 und Köhler 1993, S. 298). Dies ist vor dem Hintergrund zu sehen, dass das Marketingcontrolling Schnittstellen zu anderen betrieblichen Funktionsbereichen wie dem Rechnungswesen aufweist, die organisatorisch eigenständig sind. An diesen Schnittstellen kommt (Marketing-)Controllern eine wichtige Bedeutung zu: Es kann nicht in jedem Unternehmen vorausgesetzt werden, dass diese Organisationseinheiten von sich aus Informationsinhalte gezielt auf den Bedarf der verschiedenen Entscheidungsträger im Marketing zuschneiden. So wird die Datenaufbereitung seitens des Rechnungswesens oft erst durch die Mitwirkung des Marketingcontrollings so an die Marketingbedürfnisse und -interessen angepasst, dass von einem Marketingaccounting gesprochen werden kann (Köhler 1993, S. 279 ff. und S. 298 ff., Hünerberg 1995, Sp. 1509, Palloks 1997, S. 399, Schmidt 1997, S. 14 ff., Ehrmann 2006, S. 699 ff. und Köhler 2006).

Zusammengefasst lässt sich das *Grundmuster des Marketingaccountings* wie in Abbildung 13 grafisch darstellen. Der untere Teil der Abbildung zeigt verschiedene Entscheidungsfelder des Marketing, hinsichtlich derer ein entscheidungs- und problembezogener Informationsbedarf besteht. Um diesen zu decken, muss das Rech-

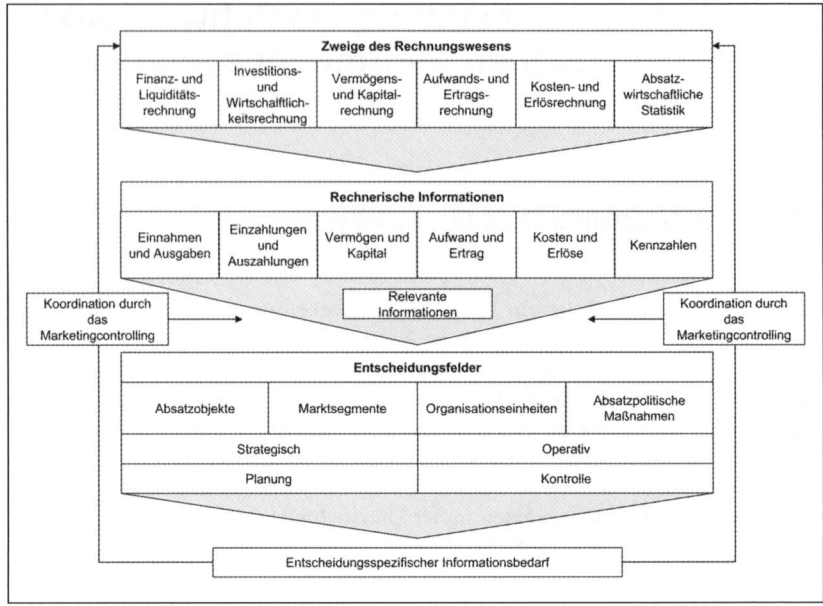

Abbildung 13: Grundmuster des Marketingaccounting (Quelle: Reckenfelderbäumer 1995, S. 63)

nungswesen unter Koordination des Marketingcontrollings geeignete Informationen bereitstellen. Hierzu kann auf eine Vielzahl von Instrumenten zurückgegriffen werden, die von den verschiedenen Teilgebieten des Rechnungswesens zur Verfügung gestellt werden. Die gewonnenen Informationen können daraufhin in die entsprechenden Marketingentscheidungsprozesse einfließen (Reckenfelderbäumer 1995, S. 63 f.).

Die *Teilgebiete des allgemeinen Rechnungswesens* stellen somit die Basis des Marketingaccountings dar, wobei – ausgehend von der klassischen Vierteilung – im Allgemeinen die nachfolgende aufgezeigten Gebiete unterschieden werden können, auf welche auch das Marketingcontrolling und das Marketing zur Deckung ihrer Informationsbedüfnisse (neben anderen Quellen) zurückgreifen können (Wöhe 2005, S. 812 ff.):

- Auf der einen Seite im Rahmen des *externen* Rechnungswesens (1) die Finanzbuchführung und Bilanzierung und
- auf der anderen Seite im Rahmen des *internen* Rechnungswesens (2) die Kosten- und Leistungsrechnung (kalkulatorische Erfolgsrechnung; Betriebsbuchführung), (3) die betriebswirtschaftliche Statistik (Vergleichsrechnung) sowie (4) die Planungsrechnung (Vorschaurechnung). Letztere umfasst insbesondere im US-

amerikanischen Raum in Form des Management Accounting auch die Investitionsrechnung (capital budgeting), während die Investitionsrechnung im deutschsprachigen Raum traditionell nicht dem Rechnungswesen zugeordnet wird (Ewert/Wagenhofer 2005, S. 8). Zu beachten ist ferner, dass die Leistungsrechnung die Erlöse beziehungsweise Absatzleistungen, die Bestandsrechnung beziehungsweise Lagerleistungen und aktivierte Eigenleistungen sowie die innerbetrieblichen Leistungen umfasst.

Somit erfüllt das interne Rechnungswesen vor allem drei Aufgaben (Schmalen 2002, S. 752): Erstens *Wirtschaftlichkeitskontrollen* (durch einen Vergleich von Ist- und Sollkosten sowie ggf. notwendigen Analysen von Abweichungen und der Einleitung von Maßnahmen zur Abweichungsursachenbeseitigung), zweitens dient es als *Basis von Angebotskalkulationen* (Ermittlung der Selbstkosten) und drittens die *Unterstützung der betrieblichen Planung* (durch Bereitstellung von Kosten- und Leistungsdaten).

Für das Marketingaccounting sind vor allem Investitions- sowie Kosten- und Erlösrechnungen relevant (Ewert/Wagenhofer 2005, S. 5 f.). Grundsätzlich nehmen diese *zwei zentrale Funktionen* wahr: Planungs- und Kontrollaufgaben.

Investitionsrechnungen dienen vor allem der Ermittlung der Wirtschaftlichkeit von Investitionen und damit vor allem der Unterstützung von längerfristigen Entscheidungen, während *Finanzrechnungen* der Liquiditätsplanung und -steuerung dienen (Ewert/Wagenhofer 2005, S. 5 ff.).

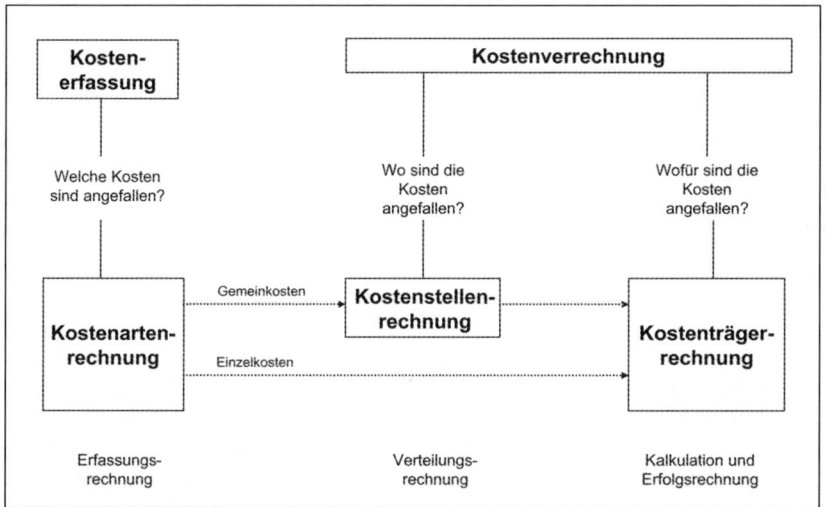

Abbildung 14: Struktur eines Kosten- und Leistungsrechnungssystems (Quelle: Horváth 2006, S. 454)

Die Lösung von Kontrollaufgaben erfolgt hingegen im Rahmen der *Kosten- und Leistungsrechnung (Abbildung* 14*),* kurz *Kostenrechnung.* Insgesamt wird diese für die Planung, Kontrolle und Koordination unternehmensinterner Entscheidungen – vor allem im kurzfristigen Bereich – eingesetzt (Ewert/Wagenhofer 2005, S. 6).

Kostenrechnungen (hier und im Folgenden ausführlich z.B. Schmalen 2002, S. 752 ff.) lassen sich zum einen nach ihrem Zeitbezug in *Ist*kosten- (beruhen auf den tatsächlich entstandenen Kosten und sind erst am Ende der Abrechnungsperiode feststellbar), *Normal*kosten- (basieren auf „normalerweise" bzw. im Durchschnitt entstehenden Kosten) und *Plan*kostenrechnungen wie das Direct Costing (beruhen auf geplanten Kosten, die z.b. mittels technischer Studien ermittelt wurden) unterscheiden. Diese Rechnungsarten können grundsätzlich jeweils als *Voll-* (Kostenträgern werden die gesamten Kosten zugeordnet) oder *Teil*kostenrechnungen (Kostenträgern werden nur Einzelkosten, nicht jedoch Gemeinkosten zugerechnet) durchgeführt werden, wobei nicht alle Kombinationsmöglichkeiten sinnvoll oder üblich sind. Traditionell wird die Kosten- und Leistungsrechnung als Vollkostenrechnung durchgeführt, moderne Formen der Kosten- und Leistungsrechnung werden als Plankostenrechnung durchgeführt (z.B. Direct Costing oder Target Costing).

Als zentraler Bereich des internen Rechnungswesens erfasst die Betriebsbuchhaltung die *Ist*kosten (Kosten*arten*rechnung; welche Kosten sind entstanden?) möglichst exakt und verteilt diese (nach ihrer Zurechenbarkeit als *Einzel-* oder *Gemein*kosten) auf die Kosten*stellen-* (wo sind Kosten entstanden?; z.B. Abteilungen) und Kosten*träger* (wofür sind Kosten entstanden?; z.B. Produkte) (ausführlich z.B. Kilger 1992, S. 12, Schmalen 2002, S. 752 ff. und Fandel et al. 2004). Für die kostenrechnerische Unterstützung marktseitiger Analysen müssen innerhalb der Kostenartenrechnung adäquate und zielführende Kosten- und Erlösstrukturen sowie passende Kostenarten definiert werden (Schuster 2002, S. 82). Hierfür besteht in zahlreichen Unternehmen erheblicher Verbesserungsbedarf. So sollten Marketingkosten nicht als eine Kostenart, in einer Kostenstelle oder bei einem Kostenträger zusammengefasst werden, sondern wesentlich differenzierter behandelt werden, um wirklich nützliche Aussagen generieren zu können.

Im Mittelpunkt der folgenden Kapitel stehen die für das Marketing wichtigsten Verfahren aus der *Investitions-* sowie *Kosten- und Erlösrechnung* (KER; Klingebiel 2000b, S. 68). Wie aufgezeigt, umfasst Erstere grob alle Verfahren, die eine rationale Beurteilung der Wirtschaftlichkeit einer Investition ermöglichen (ausführlich z.B. Götze 2006). Letztere umfasst grundsätzlich Verfahren zum Aufbereiten und In-Beziehung-Setzen von Kosten, Erlösen, Leistungsmengen und Leistungsbereichen mit dem Zweck der Wirtschaftlichkeitskontrolle und der Erfolgssteuerung (ausführlich z.B. Fandel et al. 2004 und Ewert/Wagenhofer 2005, S. 25 ff.). Beide Bereiche hängen stark zusammen – nicht zuletzt, weil mithilfe der Investitionsrechnung zunächst eine Entscheidung für ein bestimmtes Investitionsobjekt getroffen werden muss und dieses in der Folge dann mittels Kosten- und Leistungsrechnungsverfahren kontrolliert und gesteuert werden muss.

Ingesamt ist somit zu berücksichtigen, dass *Methoden* wie die Absatzsegmentrechnung und die Prozesskostenrechnung unterschiedliche Aufgaben übernehmen und sie sich teilweise ergänzen. Wie aufgezeigt, sollten die Analysen grundsätzlich am etablierten Rechnungswesen der Unternehmung ansetzen und vorhandene Informationen für das Marketingmanagement aufbereiten. Dabei sollte ein Unternehmen jeweils jene Methoden auswählen, die für die spezifische Problemstellung am besten geeignet erscheinen. Ferner darf der Einsatz von Kosten- und Wirtschaftlichkeitsanalysen nicht dazu verleiten, Entscheidungen ohne die nähere Betrachtung „nichtmonetärer" Aspekte des Marketingmanagements zu fällen. Insbesondere zukünftige Entwicklungen und die Wirkung bisheriger Marketingmaßnahmen sind in den Überlegungen zu berücksichtigen. An diesen Punkten setzen unter anderem Audits (Kapitel C.2) und das Benchmarking (Kapitel B.4.1) an.

2.2 Investitionsrechnung

„Investieren" heißt im Grunde, „heute auf Ressourcen zu verzichten – damit den heutigen Konsum zu reduzieren – um dafür wirtschaftliche Vorteile zu späteren Zeitpunkten erwarten zu können" (Spremann/Gantenbein 2005, S. 3). Formal gesehen ist eine *Investition* „die in einem Unternehmen mit der Beschaffung von Produktionsfaktoren, insbesondere Betriebsmitteln (Sachinvestitionen), von Wertpapieren und Forderungen (Finanzinvestitionen) verbundene Kapitalbindung, die sich über mehrere Perioden erstreckt. Im Mittelpunkt der betrieblichen Investitionsplanung stehen Sachinvestitionen, während Finanzinvestitionen in diesem Zusammenhang ergänzenden Charakter haben" (Seelbach 2002, S. 287). Diese Definition hebt den mittel- bis langfristigen Charakter von Investitionen hervor. Gleichzeitig versteht man unter einer Investition eine *betriebliche Tätigkeit*, die zu unterschiedlichen Zeitpunkten zu Aus- und Einzahlungen (Zahlungsströme) führt und dabei zu Beginn stets eine Auszahlung verursacht (Kruschwitz 2003, S. 4). Zu beachten ist hierbei jedoch, dass Investitionen häufig Wirkungen nach sich ziehen, die keine Zahlungen darstellen und die sich kaum in Zahlungen transformieren lassen (z.B. Einsatz vorhandener Wirtschaftsgüter oder Ergebnisse von Forschung- und Entwicklungsvorhaben; Götze 2006, S. 6).

Mit Hilfe der *Investitionsrechnung* soll ermittelt werden, ob eine einzelne Investition durchgeführt werden soll beziehungsweise welches Investitionsobjekt bei einem Alternativenvergleich ausgewählt werden sollte (Olfert 2006 S. 46). Vor dem Hintergrund des zuvor definierten Investitionsbegriffs lassen sich auch viele (strategische) Marketingentscheidungen und -objekte als Investitionen beziehungsweise Investitionsobjekte interpretieren (Link/Gerth/Vossbeck 2000, S. 134). Hierzu zählen beispielsweise Entscheidungen hinsichtlich der Einführung, Modifikation oder Elimination von Marktleistungen, Entscheidungen über die Verkaufsorganisation

Zentrale Verfahren der Investitionsrechnung für das Marketingacconting	
Statische	**Dynamische**
• Kostenvergleichsrechnung • Gewinnvergleichsrechnung • Rentabilitätsrechnung • Amortisationsrechnung	• Kapitalwertmethode • Methode des internen Zinsfußes

Abbildung 15: Verfahren der Investitionsrechnung (Quelle: Eigene Darstellung)

beziehungsweise Distributionswege, Werbe- beziehungsweise Verkaufskampagnen sowie Entscheidungen hinsichtlich des Kaufs von Lizenzen oder Markenrechten (Preißner 1999, S. 273 ff. und Link/Gerth/Vossbeck 2000, S. 134). Ebenso kann der Kunde als Investitionsobjekt aufgefasst werden (Plinke 1989), wobei die Akquisitions- beziehungsweise Investitionskosten zu Beginn einer Geschäftsbeziehung in deren weiteren Verlauf amortisiert werden sollen. Hierzu werden die sich aus der Geschäftsbeziehung ergebenden Kosten und Erlöse saldiert und den Akquisitionskosten gegenübergestellt (Fliess 2001, S. 485 f.). An diesem Punkt setzen die Verfahren zur Ermittlung des Kundenwerts an (Kapitel D.5). Schließlich lassen sich mit Hilfe der Investitionsrechnung Fragen beantworten wie „Wie lange sollte ein Produkt am Markt bleiben?", „Wie lange soll ein Unternehmen Kunden binden?" oder „Wann ist der beste Zeitpunkt für den Markteintritt oder -austritt?". Die Investitionsrechnung umfasst eine Vielzahl an Modellen und Verfahren über die Abbildung 15 einen Überblick gibt.

Im Folgenden werden die wichtigsten und am häufigsten verwendeten Verfahren vorgestellt (Preißner 1999, S. 273 ff.), für weitere Methoden sei auf die entsprechende Literatur verwiesen (z. B. Blohm/Lüder 2005, Olfert 2006 Kruschwitz 2003 und Götze 2006).

2.2.1 Statische Verfahren

Die statischen Verfahren der Investitionsrechnung beziehen sich lediglich auf eine Durchschnitts- oder Repräsentativperiode, berücksichtigen keine betrieblichen Interdependenzen und basieren auf Erfolgsgrößen. Zu den statischen Verfahren zählen (Olfert 2006 S. 147 f. und Götze 2006, S. 50)

- die Kostenvergleichsrechnung,
- die Gewinnvergleichsrechnung,
- die Rentabilitätsvergleichsrechnung und
- die statische Amortisationsrechnung.

Bei der *Kostenvergleichsrechnung* werden die durchschnittlichen Kosten zweier oder mehrerer Investitionsobjekte gegenübergestellt, wobei dasjenige Objekt auszuwählen ist, das die geringsten Kosten aufweist (Kruschwitz 2003, S. 35). Als Vorteil dieser Methode erweist sich die einfache Handhabung, Nachteile hingegen ergeben sich insbesondere aus dem statischen Ansatz, der schwierigen Kostenermittlung und der Nichtberücksichtigung von Erlösen (Olfert 2006 S. 180).

Die *Gewinnvergleichsrechnung* setzt an dem letzten Kritikpunkt an und zieht für die Ermittlung der Vorteilhaftigkeit von Investitionsprojekten neben deren Kosten auch deren Erträge heran. Die zentrale Größe dieser Methode ist der durchschnittliche Gewinn, der sich aus der Differenz zwischen den durchschnittlichen Kosten und Erlösen ergibt. Die Wahl *eines* Investitionsobjekts lohnt sich dann, wenn dessen durchschnittlicher Gewinn positiv ist; bei *mehreren* Investitionsobjekten sollte dasjenige mit dem höchsten Gewinn realisiert werden (Olfert 2006, S. 168 und Schmidt 1997, S. 30). Prinzipiell weist dieses Verfahren – mit Ausnahme der fehlenden Berücksichtigung von Erlösen – die gleichen Probleme auf wie die Kostenvergleichsrechnung. Zusätzlich kann die Zurechnung der Erlöse zu den einzelnen Investitionsobjekten Schwierigkeiten bereiten (Olfert 2006 S. 170).

Die *Rentabilitätsvergleichsrechnung* ist ein Verfahren, um verschiedene Investitionsmöglichkeiten anhand ihrer jeweiligen Rentabiliät zu vergleichen. Sie gibt die durchschnittliche jährliche Verzinsung des durchschnittlich gebundenen Kapitals an. Sofern die festgelegte Mindestrentabilität erreicht wird, sollte diejenige Investition gewählt werden, welche die maximale Rentabilität aufweist (Everling/Schneck 2004, S. 98).

Die *statische Amortisationsrechnung* wird in Fällen eingesetzt, in denen Zahlungen aus dem Investitionsobjekt für die späteren Perioden nicht mehr zuverlässig geschätzt werden können. Mit ihrer Hilfe kann eingeschätzt werden, ob sich eine Investition innerhalb einer als angemessen betrachteten Zeitspanne (Soll-Amortisationsdauer) amortisiert beziehungsweise seine Anschaffungsauszahlung verdient (u.a. Schmalen 2002, S. 569 ff. und Blohm/Lüder 2005, S. 150). Ein Investitionsprojekt ist dann vorteilhaft, wenn dessen ermittelte Amortisationszeit, auch Payback-Periode genannt, unter einem vom Unternehmen festgelegten Grenzwert liegt. Erfolgt der Vergleich mehrerer Alternativen, ist diejenige mit der geringsten Wiedergewinnungszeit auszuwählen (Olfert 2006 S. 188 f.). Die Amortisationsrechnung ist ein relativ einfaches Verfahren, mit dem grob das finanzwirtschaftliche Risiko von Investitionen abgeschätzt werden kann. Ihre Eignung wird jedoch durch ihre statische Ausrichtung und der problematischen Zurechenbarkeit der Erlöse zu Investitionsobjekten eingeschränkt. Zudem berücksichtigt sie weder die Rückflüsse nach der Amortisationszeit noch unterschiedliche Nutzungsdauern, die bei mehreren Investitionsobjekten gegeben sein können. Der Gesamtwert einer Investition kann somit nicht genau erfasst werden. Dies sollte im Rahmen der Investitionsplanung jedoch angestrebt werden. Aufgrund der aufgezeigten Nachteile sollte die Amortisationsrechnung nur in Verbindung mit anderen Verfahren eingesetzt werden

(Olfert 2006 S. 194 f.). Empfohlen wird auch (Schmalen 2002, S. 569 ff.), stattdessen die Kapitalwertmethode in Verbindung mit mehreren Berechnungsvorgängen sowie pessimistischen, normalen und optimistischen Schätzungen durchzuführen (Sensitivitätsanalyse).

2.2.2 Dynamische Verfahren

Dynamische Verfahren beziehen sich explizit auf mehrere Perioden und basieren auf den Zahlungsgrößen Einzahlungen und Auszahlungen, die für alle Nutzungsdauerperioden der Investitionsobjekte geschätzt werden müssen.

- Die Kapitalwertmethode,
- die Methode des internen Zinssatzes (bzw. Zinsfußes) und
- der Realoptionsansatz

stellen die wichtigsten Methoden im Hinblick auf das Marketingcontrolling dar. Ferner gehören

- die dynamische Amortisationsrechnung,
- die Annuitätenmethode,
- die Vermögensendwertrechnung,
- die Sollzinssatzmethode und
- die Methode der vollständigen Finanzpläne zu den dynamischen Modellen (ausführlich z.B. Olfert 2006 S. 201 und Götze 2006, S. 66 ff.).

Die *Kapitalwertmethode* dient der Ermittlung der Vorteilhaftigkeit von Investitionsobjekten. Für jede Periode der Nutzungsdauer eines Investitionsprojekts wird die Differenz aus dessen Einzahlungen und Auszahlungen berechnet und mit einem kalkulatorischen Zinssatz diskontiert. Damit lassen sich alle Zahlungen auf den Beginn des Planungszeitraums beziehen, womit der Vergleich mehrerer Investitionsobjekte mit unterschiedlichen Nutzungsdauern möglich ist (Preiner 1999, S. 281). Ein positiver/negativer Kapitalwert bringt – bezogen auf den Beginn eines Planungszeitraums – die Erhöhung/Verminderung des Geldvermögens eines Investors bei einem gegebenen Zinssatz zum Ausdruck (Blohm/Lüder 2005, S. 51). Demzufolge ist eine Investition mit einem positiven Kapitalwert durchzuführen, mit einem negativen Kapitalwert hingegen zu unterlassen. Werden mehrere Investitionsprojekte einbezogen, ist dasjenige mit dem höchsten Kapitalwert auszuwählen (Olfert 2006 S. 210 f.). Als positiv an dieser Methode erweist sich der dynamische Ansatz, womit Zahlungen zeitlich und wertmäßig differenziert erfasst werden können. Nachteile ergeben sich jedoch insbesondere hinsichtlich der Zurechenbarkeit der Zahlungen zu einzelnen Zeitpunkten, der Prognose der Zahlungsreihe und der Ermittlung eines geeigneten Kalkulationszinssatzes (Olfert 2006, S. 220).

Bei der Methode des *internen Zinssatzes/Zinsfußes* dient der „interner Zinssatz" oder „interner Zinsfuß" genannte Diskontierungssatz zur Ermittlung der Vorteilhaftigkeit von Investitionsobjekten. Er wird berechnet durch Gleichsetzen aller Kostenausgaben und aller Betriebserträge in Bezug auf einen bestimmten Zeitpunkt. Der interne Zinsfuß kennzeichnet so die tatsächliche Verzinsung des Kapitaleinsatzes, bei dem sich der Kapitalwert zu Null ergibt (Blohm/Lüder 2005, S. 84f.). Eine Investition sollte dann realisiert werden, wenn deren interner Zinssatz mindestens der vom Investor festgelegten Verzinsung (z.B. Kalkulationszinssatz) entspricht. Beim Alternativenvergleich ist das Investitionsobjekt mit dem höchsten internen Zinssatz auszuwählen (Olfert 2006 S. 221). Die Vor- und Nachteile der Kapitalwertmethode lassen sich weitestgehend auf dieses Verfahren übertragen (Olfert 2006, S. 230). Ferner schränken eine Vielzahl ihr zugrunde liegende Annahmen (wie die Annahme, dass keine Unterschiede in Bezug auf die Kapitalbindung und/oder Nutzungsdauer bestehen) die Aussagekraft der Methode des internen Zinssatzes erheblich ein (ausführlich Blohm/Lüder 2005, S. 94f. und Götze 2006, S. 103f.).

Der *Realoptionsansatz* hat seinen Ursprung in der Finanzwirtschaft, in der er als Antwort auf die Kritik an der Kapitalwertanalyse entwickelt wurde. Beispielsweise ist es nicht möglich, mittels der generellen Kapitalwertmethode strategische Handlungsoptionen methodisch zu berücksichtigen. So ist bei gleichem Kapitalwert eine Marketingentscheidung vorzuziehen, die in der Zukunft verschiedene Handlungsspielräume zulässt, nicht die, die die künftigen Handlungsoptionen einschränkt. Gerade im Marketing ist die Berücksichtigung solcher Realoptionen sehr wichtig, weil strategische Zeitfenster genutzt werden müssen.

Realoptionen sind durch Unsicherheit, Irreversibilität und Flexibilität charakterisiert (Pindyck 1991). Marketinginvestitionen werden zumeist in einem unsicheren Umfeld getätigt; auch sind sie in der Regel irreversibel und weisen eine gewisse zeitliche Flexibilität auf. Für die monetäre Bewertung von Realoptionen gibt es unterschiedliche Ansätze (zu einer Klassifikation siehe Hommel/Lehmann 2001, für ein Marketingbeispiel siehe Reinecke/Keller 2006, S. 273ff.). Am weitesten verbreitet ist die Bewertung der Optionen mittels dem Black und Scholes Modell (1973), dem Contingent Claims-Modell (Cox/Ross/Rubinstein 1979) oder der dynamischen Programmierung (bspw. Copeland/Tufano 2004).

2.3 Kostenmanagement und Erfolgsrechnungen

2.3.1 Target Costing

Ziel des ursprünglich aus Japan stammenden Target Costing beziehungsweise des Zielkostenmanagements ist es, die Kosten der Leistungserstellung den aktuellen Marktbedingungen anzupassen, um die Wettbewerbsfähigkeit sicherzustellen oder auszubauen (Ewert/Wagenhofer 2005, S. 286). Im Mittelpunkt dieses Konzepts steht nicht wie bei den traditionellen Verfahren der Kostenkalkulation (Zuschlagskalkulation, Bezugsgrößenkalkulation) die Frage „Was wird ein Produkt kosten?", sondern „Was darf ein Produkt kosten?". Hierbei orientieren sich die Kosten des Produkts an dem vom Markt erzielbaren Preis (Belz et al. 1997, S. 65 ff.). Zur Erreichung der vom Markt erlaubten Kosten (allowable costs), müssen dabei Anpassungsmaßnahmen im gesamten Unternehmen eingeführt und umgesetzt werden (Niemand 1992, S. 118 f.).

Charakteristisch für das Target Costing ist die Berücksichtigung von Kunden- und Marktanforderungen hinsichtlich des Preises und der Qualität des Produkts, womit eine umfassende Marktorientierung erreicht werden kann (Seidenschwarz 1993, S. 79 f.). Das Konzept ist bei der Entwicklung völlig neuer Produkte, aber auch bei der Modifikation bereits bestehender Produkte anwendbar (Belz et al. 1997b, S. 118 ff.). Hierbei stehen insbesondere die frühen Produktentstehungsphasen im Mittelpunkt, um möglichst frühzeitig die Kosten gestalten zu können. Ferner wird das Target Costing durch die Betrachtung der Kosten über den gesamten Produktlebenszyklus und die Vollkostensicht gekennzeichnet (Seidenschwarz 1993, S. 81 ff.).

Ablauf des Target Costing

Das Target Costing läuft in der Regel nach den im Folgenden beschriebenen und in Abbildung 16 zusammengefassten Schritten ab.

Ausgangspunkt für das Target Costing ist ein erster *Grobentwurf eines Produkts* mit den grundlegenden Produktfunktionen, welches den Kundenbedürfnissen entspricht (Belz et al. 1997, S. 188 ff.).

Im nächsten Schritt werden die vom Markt erlaubten *Zielkosten ermittelt*, wobei sich verschiedene Vorgehensweisen unterscheiden lassen (ausführlich Seidenschwarz 1991, S. 199 f.). Im Folgenden steht die Reinform des Target Costing, das „Market into Company", im Vordergrund. Grundlage für die Bestimmung der Zielkosten im Rahmen dieses Ansatzes ist der Zielpreis eines Produkts. Um diesen zu ermitteln, werden Kunden über Marktforschungsmaßnahmen wie Conjoint-Analysen nach ihrer Zahlungsbereitschaft für das Produkt gefragt. Zudem muss das Absatzvolumen für einen bestimmten Planungszeitraum geschätzt werden (Homburg/Daum 1997, S. 108). Ausgehend vom ermittelten Zielpreis beziehungsweise prognostizierten Umsatz ergeben sich unter Abzug eines geforderten Gewinnanteils die vom Markt erlaubten Kosten (allowable costs), die als Zielkosten festgesetzt werden können. In einem weiteren Schritt werden die Standardkosten, die sich unter der Verwendung aktueller Verfahren ergeben würden (drifting costs), erfasst und den allowable costs gegenübergestellt (Horváth 1993, S. 6 und Reckenfelderbäumer 1995, S. 172).

Bei der *Zielkostenspaltung* werden die Zielkosten auf kleinere Einheiten (Produktfunktionen, -komponenten und -teile) „heruntergebrochen". Die Zielkostenspaltung umfasst folgende Schritte (hier und im Folgenden in Anlehnung an Horváth/Seidenschwarz 1992, S. 145 ff. und Götze 2004, S. 274 ff.):

```
┌─────────────────────────────────────────┐
│        Grobentwurf eines Produkts       │
└─────────────────────────────────────────┘
```

```
┌─────────────────────────────────────────┐
│           Zielkostenermittlung          │
│                                         │
│                Zielpreis                │
│              - Gewinn                   │
│              ───────────                │
│               Zielkosten                │
└─────────────────────────────────────────┘
```

```
┌─────────────────────────────────────────┐
│            Zielkostenspaltung           │
│  1. Bestimmung der Funktionsstruktur des Produkts │
│  2. Gewichtung der Produktfunktionen    │
│  3. Erarbeitung eines Produktentwurfs   │
│  4. Kostenschätzung der Produktkomponenten │
│  5. Gewichtung der Produktkomponenten   │
│  6. Berechnung der Zielkosten der Komponenten │
│  7. Bestimmung des Zielkostenindex und des absoluten │
│     Kostenreduktionsbedarfs             │
│  8. Erstellung eines Zielkostenkontrolldiagramms │
│  9. Optimierung des Zielkostenindex mit Hilfe des │
│     Zielkostenkontrolldiagramms         │
└─────────────────────────────────────────┘
```

Abbildung 16: Ablaufschritte des Target Costing (Quelle: Eigene Darstellung in Anlehnung an Niemand 1992, S. 119 ff. und Götze 2004, S. 272 ff).

1. *Bestimmung der Funktionsstruktur des Produkts*: Auf Basis des vom Kunden gewünschten Leistungsprofils werden die zuvor ermittelten Produktfunktionen definiert und strukturiert.
2. *Gewichtung der Produktfunktionen:* Im zweiten Schritt erfolgt die Gewichtung der Produktfunktionen gemäß ihrer Bedeutung für die Kunden. Auch in diesem Rahmen eignen sich Verfahren wie die Conjoint-Analyse (u. a. Niemand 1992, S. 120 f.).
3. *Erarbeitung eines Produktentwurfs:* Auf Basis der Zielkosten und der Gewichtung der Produktfunktionen wird ein Produktentwurf erarbeitet, der einzelne Produktkomponenten enthält, die die definierten Produkteigenschaften realisieren. In dieser Phase kann zudem bereits ein Prototyp angefertigt werden.
4. *Kostenschätzung der Produktkomponenten:* Der Produktentwurf und der Prototyp ermöglichen die Schätzung der Standardkosten auf Produktkomponenten-Ebene und eine *komponentenbezogene Kostenanteilsbestimmung*.
5. *Gewichtung der Produktkomponenten:* In einem weiteren Schritt muss der Beitrag der einzelnen Produktkomponenten zur Erfüllung der einzelnen Produktfunktionen geschätzt werden. Anschließend erfolgt die Berechnung der *relativen Bedeutung der Komponenten*. Hierzu wird die Gewichtung jeder Pro-

duktfunktion mit dem Beitrag multipliziert, den jede Produktkomponente zur Erfüllung der entsprechenden Funktion leistet. Die sich ergebenden Werte werden schließlich für jede Produktkomponente über alle Funktionen addiert (u.a. Homburg/Daum 1997, S. 110).

6. *Berechnung der Zielkosten der Komponenten:* Die Zielkosten für jede Produktkomponente ergeben sich, indem die zuvor ermittelten Gesamtzielkosten mit der relativen Bedeutung der Komponente gewichtet werden.
7. *Bestimmung des Zielkostenindexes und des absoluten Kostenreduktionsbedarfs:* Der Zielkostenindex für jede Produktkomponente ergibt sich aus dem Verhältnis ihrer relativen Bedeutung (Schritt 5) und ihrem entsprechenden Anteil an den gesamten Standardkosten (Schritt 4). Der Zielkostenindex stellt ein Maß für die Abweichung der Marktbedeutung von der Kostenverursachung dar. Im Idealfall beträgt er 1; ein Wert < 1 weist auf eine aus Kundensicht zu aufwändige Ausgestaltung der Komponente hin, ein Wert > 1 auf eine zu einfache (u.a. Belz et al. 1997, S. 85). Während der Zielkostenindex nur die Kosten-Nutzen-Relation widerspiegelt, betrachtet der absolute Kostenreduktionsbedarf die Beziehung zwischen Standard- und Zielkosten. Er berechnet sich für jede Komponente aus der Differenz dieser beiden Werte (Götze 2004, S. 276).
8. *Erstellung eines Zielkostenkontrolldiagramms:* Die relative Bedeutung und der Kostenanteil jeder Komponente lassen sich in einem Zielkostenkontrolldiagramm veranschaulichen (Abbildung 16). Hierbei wird in der Regel eine Zielkostenzone festgelegt, in der Abweichungen zwischen den beiden Werten toleriert werden (Niemand 1992, S. 121).
9. *Optimierung des Zielkostenindexes mit Hilfe des Zielkostenkontrolldiagramms:* Die Zielkostenindizes geben Aufschluss über Maßnahmen zur Kostengestaltung. Bei zu aufwändigen Komponenten ergeben sich Potenziale zur Kostensenkung, bei zu einfachen Komponenten können – in Abhängigkeit vom absoluten Kostenreduktionsbedarf – Überlegungen zur Verbesserung des Produkts aus Kundensicht erfolgen.
10. *Einleitung weiterführender Kostensenkungen:* Zur weiteren Senkung der Standardkosten können Maßnahmen beziehungsweise Instrumente wie Wertanalyse und -gestaltung, Konstruktionsänderung oder Überprüfung der Produktfunktionen Anwendung finden (u.a. Belz et al. 1997, S. 71).

Target Costing für ein Mobilfunktelefon

Die Schritte des Target Costing sollen im Folgenden anhand eines Beispiels veranschaulicht werden. Ein Unternehmen plant, ein neues, hochwertiges Mobilfunktelefon auf den Markt zu bringen. Marktforschungsmaßnahmen haben ergeben, dass die potenzielle Kundschaft bereit ist, maximal 545 € für ein solches Gerät zu zahlen. Es wird ein Gewinn von 110 € pro Stück angestrebt. Aufgrund seiner Erfahrung im Mobilfunkbereich geht das Unternehmen weiterhin davon aus, dass sich die (Standard-)Kosten für die Herstellung eines solchen Mobiltelefons unter herkömmlichen Bedingungen auf 490 € belaufen würden.

Aus den genannten Angaben lassen sich zunächst die Zielkosten wie folgt berechnen:

Zielpreis (545 €) ./. Gewinn (100 €) = Zielkosten (435 €)

Die Gegenüberstellung der Zielkosten (435 €) mit den Standardkosten (490 €) weist auf eine Ziellücke von 55 € hin. Eine Zielkostenspaltung soll weiterführende Erkenntnisse liefern. Durch ergänzende Marktforschungsmaßnahmen konnte der Nutzenbeitrag einzelner Produktfunktionen für die Kunden (N) ermittelt werden. Zudem haben Mitarbeiter der Controlling- beziehungsweise F&E-Abteilung geschätzt, wie hoch die Standardkosten pro Komponente sind und inwiefern die einzelnen Mobilfunktelefon-Komponenten dazu geeignet sind, die Produktfunktionen zu erfüllen (Abbildung 17).

Produkt-komponente	Produktfunktionen				Standardkosten
	Tonqualität (N = 25 %)	Betriebsdauer (N = 30 %)	Handhabbarkeit (N = 25 %)	Design (N = 20 %)	absolut/relativ
Gehäuse	15 %	10 %	55 %	70 %	122,50 € / 25 %
Kamera	10 %	10 %	20 %	30 %	122,50 € / 25 %
Akku	-	50 %	10 %	-	73,50 € / 15 %
Chipsatz	75 %	30 %	15 %	-	171,50 € / 35 %

Abbildung 17: Produktfunktionen und -komponenten (Quelle: Eigene Darstellung)

Im folgenden Schritt soll die relative Bedeutung der Produktkomponenten berechnet werden. Hierzu wird zunächst der Beitrag der einzelnen Komponenten zur Erfüllung der Funktionen mit der jeweiligen Gewichtung der Produktfunktionen multipliziert. Schließlich werden die einzelnen Werte über alle Produktfunktionen addiert (Abbildung 18).

Produkt-komponente	Produktfunktionen				Relative Bedeutung
	Tonqualität (N = 25 %)	Betriebsdauer (N = 30 %)	Handhabbarkeit (N = 25 %)	Design (N = 20 %)	
Gehäuse	3,75 % (0,25 · 0,15)	3,00 % (0,30 · 0,10)	13,75 % (0,25 · 0,55)	14,00 % (0,20 . 0,70)	34,50 % (3,75 + 3 + 13,75 + 14)
Kamera	2,50 %	3,00 %	5,00 %	6,00 %	16,50 %
Akku	-	15,00 %	2,50 %	-	17,50 %
Chipsatz	18,75 %	9,00 %	3,75 %	-	31,50 %

Abbildung 18: Relative Bedeutung der Produktkomponenten (Quelle: Eigene Darstellung)

Ausgehend von der relativen Bedeutung und dem Anteil an den Standardkosten lässt sich für jede Komponente der Zielkostenindex berechnen. Die Differenz zwi-

Produkt-komponente	Relative Bedeutung	Kosten-anteil	Zielkostenindex	Standard-kosten	Zielkosten	Absoluter Kosten-reduktionsbedarf
Gehäuse	34,50 %	25 %	1,38 (34,5 % : 25 %)	122,50 €	151,80 € (435 · 34,5%)	- 29,30 € (122,5 - 151,8)
Kamera	16,50 %	25 %	0,66	122,50 €	72,60 €	49,90 €
Akku	17,50 %	15 %	1,16	73,50 €	72,00 €	1,50 €
Chipsatz	31,50 %	35 %	0,90	171,50 €	138,60 €	32,90 €

Abbildung 19: Ableitung des Kostenreduktionsbedarfs und der Zielkosten auf Komponentenebene (Quelle: Eigene Darstellung)

schen Standardkosten und Zielkosten ergibt den absoluten Kostenreduktionsbedarf (Abbildung 19).

Der Kostenanteil und die relative Bedeutung der Produktkomponenten lassen sich zusammenfassend in einem Zielkostenkontrolldiagramm verdeutlichen (Abbildung 20).

Die Zielkostenindizes zeigen, dass die „Kamera" und das „Chipset" zu aufwändig gestaltet sind, womit sich Kostensenkungserfordernisse für diese Komponenten ergeben. Das „Gehäuse" und der „Akku" sind den Zielkostenindizes gemäß hingegen zu einfach konzipiert. Demzufolge können hier Verbesserungsmaßnahmen ansetzen.

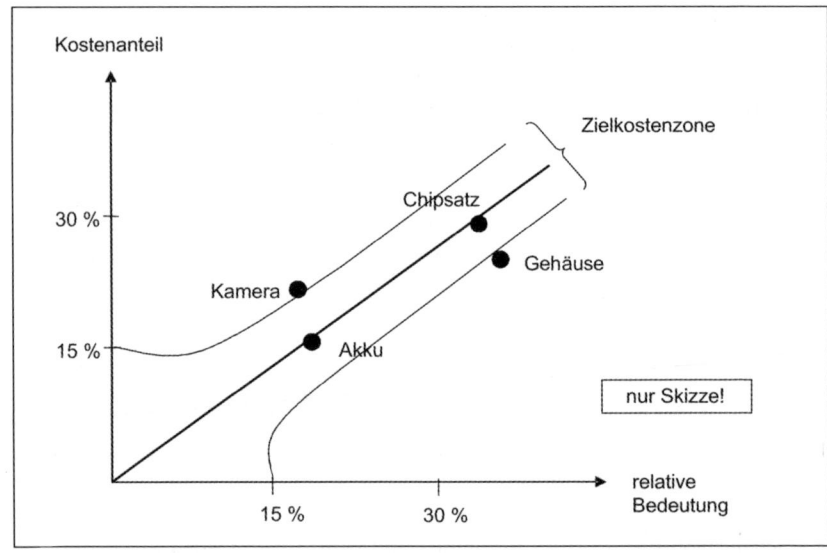

Abbildung 20: Zielkostenkontrolldiagramm (Quelle: Eigene Darstellung)

Beurteilung des Target Costing

Wie bereits erläutert ist insbesondere die *Markt- und Kundenorientierung* dieses Konzepts hervorzuheben. Im Vordergrund stehen Kundenwünsche hinsichtlich der Produktfunktionen und des Preises, welche bei der Produkt- und Kostengestaltung berücksichtigt werden (Schweitzer/Küpper 2003, S. 708). Des Weiteren bezieht sich das Target Costing im Vergleich zu herkömmlichen Kostenrechnungsverfahren auf die frühen Phasen der Produktentstehung, in denen bereits aufgrund der dort zu treffenden Entscheidungen etwa 70 Prozent bis 90 Prozent der später anfallenden Kosten bestimmt werden. Somit lassen sich schon sehr *frühzeitig* Maßnahmen zur Kostensenkung und -gestaltung einleiten und umsetzen (Welge/Amshoff 1997, S. 73).

Allerdings ist das Target Costing mit einer Reihe von Problemen verbunden. So erweist sich der Ansatz des „Market into Company" als *sehr aufwändig* – vor allem in Bezug auf die Ermittlung der Kundenwünsche. In diesem Zusammenhang sollte überlegt werden, Markforschungsmethoden wie die Conjoint-Analyse nur bei völlig neuen Produkten einzusetzen (Horváth 1995, S. 145). Auch basieren die Kostenbestimmung der Komponenten und die Beiträge der Produktkomponenten zur Erfüllung der Funktionen auf *Schätzungen*, womit sie lediglich als ein grober Orientierungsmaßstab dienen können (Belz et al. 1997, S. 65 ff. und Schweitzer/Küpper 2003, S. 709). Obwohl sich das Target Costing auf den gesamten Lebenszyklus eines Produkts bezieht, liegt ihm ein *statischer Rechenansatz* zugrunde. Dies bedeutet, dass die einbezogenen Größen wie Absatzmenge oder Gewinn Durchschnittsgrößen für einen gesamten Planungszeitraum sind oder bei ihrer Bestimmung auf eine repräsentativ erscheinende Referenzperiode zurückgegriffen wird. An diesem Kritikpunkt setzt das Life Cycle Costing an, bei dem – ausgehend von einem Kapitalwertmodell – Zins- und Zinseszinseffekte berücksichtigt werden können. Es beruht auf der Erkenntnis, dass ein Investitionsgut nicht nur bei der Anschaffung, sondern über seinen gesamten Lebenszyklus bis zur Desinvestition Kosten verursacht (ausführlich Götze 2004, S. 285 und Lay/Rademacher 2005, S. 86 f.). Schließlich basiert das Target Costing auf einer *Vollkostenrechnung*, wobei den Produkten beziehungsweise Produktkomponenten auch Gemeinkosten zugeordnet werden. Da dies jedoch in der Regel nicht eindeutig und vollständig verursachungsgerecht erfolgt, ergeben sich weitere Ungenauigkeiten. Um dieses Problem zu mildern,

Vorteile	Nachteile
- Umfassende Markt- und Kundenorientierung - Betonung der frühen Produktentstehungsphasen - Frühzeitige Maßnahmen zur Kostengestaltung möglich	- Hoher Aufwand, insbesondere bei der Ermittlung der Kundenbedürfnisse - Schätzproblematik - Statischer Rechenansatz - Vollkostenrechnung

Abbildung 21: Beurteilung des Target Costing (Quelle: Eigene Darstellung)

erscheint die Kombination des Target Costing mit der mehrstufigen Fixkostendeckungsrechnung oder der Prozesskostenrechnung als sinnvoll (Niemand 1992, S. 123 und Götze 2004, S. 284 f.). Die Vorteile und Nachteile des Konzepts werden in Abbildung 21 zusammengefasst.

2.3.2 Absatzsegmentrechnungen

Absatzsegmentrechnungen eignen sich für die Analyse und Kontrolle des wirtschaftlichen Marketingerfolgs in einzelnen Segmenten (Geist 1974, S. 50). Grundsätzlich versteht man unter Absatzsegmentrechnung heute die kosten- und erlösbezogene Beurteilung von Absatzsegmenten wie Produkten, Kunden, Absatzwegen, Absatzgebieten und Aufträgen (Köhler 1993, S. 303). Diese Absatzsegmente lassen sich weiter nach verschiedenen Kriterien aufspalten, was zur Bildung von Teilsegmenten führt (Hoffjan/Reinermann 2000, S. 129). Die Absatzsegmentrechnung dient dazu, Gewinn- und Verlustquellen zu identifizieren und daraus Schlussfolgerungen für die zukünftige Auswahl und Gestaltung von Produkt-Markt-Beziehungen abzuleiten. Unterschiedliche Erfolgsbeiträge der Teilsegmente dienen hierbei als Entscheidungsgrundlage für eine differenzierte Marktbearbeitung. Beispielsweise können verlustbringende Teilabsatzsegmente eliminiert beziehungsweise profitable Teilsegmente gestaltet werden (Hoffjan/Reinermann 2000, S. 129).

Bis zur Verbreitung der Absatzsegmentrechnungen war das betriebliche Rechnungswesen, insbesondere die Kosten- und Erlösrechnung, stark auf die Produktkalkula-

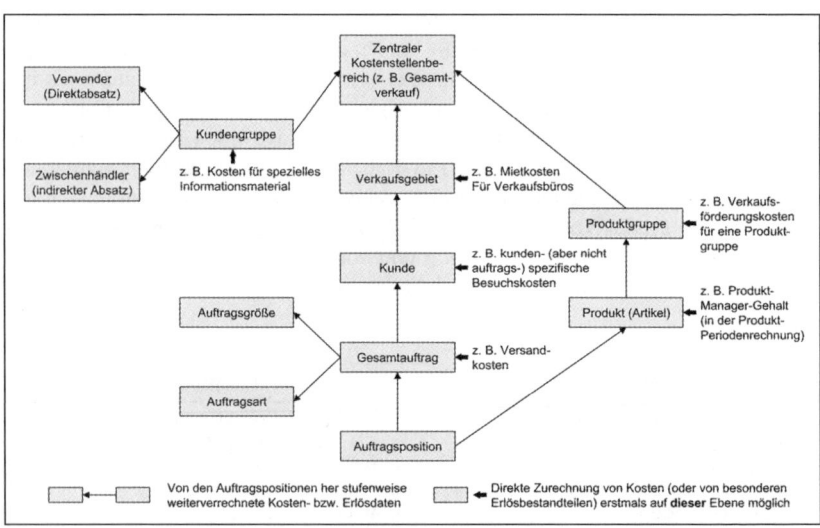

Abbildung 22: Marketingrelevante Bezugsgrößenhierarchie für Erfolgsrechnungen (Quelle: Köhler 1993, S. 385)

tion ausgerichtet. Andere marktnahe Untersuchungsobjekte interessierten nur am Rande (Engelhardt/Günter 1988). Mit zunehmender Popularität der Absatzsegmentrechnungen (Geist 1974) nahm jedoch auch die Bedeutung weiterer Objekte der Erfolgsanalysen zu. Für die Absatzsegmentrechnungen sind aus Marketingsicht vor allem folgende Bezugsgrößen interessant: Marktleistungen und Marktleistungsgruppen, Kunden und Kundengruppen, Distributionswege, Verkaufsgebiete und Regionen sowie Aufträge und Auftragsvolumina (Köhler 2005b, S. 404). Die hierarchischen Beziehungen zwischen den verschiedenen Absatzsegmentrechnungen werden in Abbildung 22 grafisch dargestellt.

Die nach Bezugsgrößen aufgearbeiteten Daten des Rechnungswesens können für eine oder mehrere Planperioden als absolute Werte, als Steigerungsraten oder in Relationen zu anderen Größen aufbereitet werden (z. b. Umsatz oder Deckungsbeitrag in Nielsengebiet A in Relation zum Gesamtdeckungsbeitrag).

Deckungsbeitragsrechnung für Produkte

Die Kernidee der *einstufigen Deckungsbeitragsrechnung,* die strikte Trennung in fixe und variable Kosten sowie die kurzfristige Erfolgsrechnung nach dem Teilkostenprinzip, wurde bereits im Jahr 1936 von Harris als Direct Costing vorgestellt (Fandel et al. 2004, S. 238). Erst die Weiterentwicklung dieser Idee in der 1950ern verschaffte diesem Konzept jedoch Anerkennung in der Praxis (Fandel et al. 2004, S. 238). Bis heute ist der Begriff Direct Costing in Literatur und Praxis weit verbreitet und wird auch statt des Begriffs einstufige Deckungsbeitragsrechnung verwendet.

Die einstufige Deckungsbeitragsrechnung als Teilkostensystem unterstellt bei der Unterscheidung fixer und variabler Kosten als Kosteneinflussgröße die Beschäftigung, womit die Kosten in beschäftigungsabhängige („variable") und -unabhängige („fixe") Elemente unterteilt werden (Witt 1992, S. 39). Der Deckungsbeitrag eines Produkts ergibt sich bei der einstufigen Deckungsbeitragsrechnung aus der Differenz zwischen dessen Erlösen und dessen proportionalen Kosten. Er gibt an, welchen Beitrag das Produkt zur Deckung aller im Unternehmen anfallenden Fixkosten

Erzeugnis	1	2	3	4	5
Erlöse	20 000	15 250	9 550	11 600	8 300
- proportionale Kosten	3 500	2 700	5 500	4 300	2 350
= **Deckungsbeitrag**	**16 500**	**12 550**	**4 050**	**7 300**	**5 950**
- Fixkosten	41 850				
= **Betriebsergebnis**	**4 500**				

Abbildung 23: Beispiel zur einstufigen Deckungsbeitragsrechnung (Quelle: Eigene Darstellung)

leistet. Zum Betriebsergebnis gelangt man schließlich, indem die Fixkosten, die als Block zusammengefasst sind, vom Gesamtdeckungsbeitrag aller Produkte subtrahiert werden. Eine Schlüsselung dieser Fixkosten wird hierbei konsequent vermieden (Rieder/Siegwart 2005, S. 153 und Schweitzer/Küpper 2003 S. 460 f.). Abbildung 23 zeigt ein einfaches Beispiel der einstufigen Deckungsbeitragsrechnung.

Durch die Aufspaltung der Kosten in fixe und proportionale Bestandteile eignet sich die einstufige Deckungsbeitragsrechnung vor allem zur Unterstützung kurzfristiger Entscheidungen. So findet sie beispielsweise für die Bestimmung des kurzfristigen Produktions- und Absatzprogramms, für die Berechnung von Preisuntergrenzen und -obergrenzen und für Entscheidungen hinsichtlich Eigen- und Fremdfertigung Anwendung (Witt 1991, S. 42 und Fandel et al. 2004, S. 238 ff.).

Die einstufige Deckungsbeitragsrechnung beseitigt die Mängel der Vollkostenrechnung, die sich aus der Proportionalisierung der Fixkosten und der fehlenden Kostenaufspaltung in proportionale und fixe Kosten ergeben (Schwellnuss 2003, S. 171). Jedoch lassen sich einige Kritikpunkte anführen. So wird die Beschäftigung als einzige Kosteneinflussgröße betrachtet, auf deren Basis die Aufteilung in fixe und proportionale Kostenbestandteile erfolgt. Der nicht weiter differenzierte Fixkostenblock (Hoffjan/Reinermann 2000, S. 130) kann unter Umständen relativ groß sein. Abbildung 24 fasst die Vor- und Nachteile der einstufigen Deckungsbeitragsrechnung zusammen.

Auch bei der *mehrstufigen Deckungsbeitragsrechnung* erfolgt eine Gliederung der Kosten in proportionale und fixe Bestandteile. Die Verfahren unterscheiden sich jedoch hinsichtlich der Behandlung der Fixkosten. Während bei der einstufigen Deckungsbeitragsrechnung Kosten als undifferenzierter Block betrachtet werden, werden sie bei der mehrstufigen Fixkostendeckungsrechnung – wiederum ohne Schlüsselung (!) – bestimmten Bezugsobjekten zugeordnet. Solche Bezugsobjekte sind beispielsweise Erzeugnisse, Erzeugnisgruppen, Kostenstellen, Bereiche oder das Gesamtunternehmen (Mensch 1996, S. 31 und Rieder/Siegwart 2005, S. 155). In diesem Zusammenhang ergeben sich folgende Fixkostenschichten (Siegwart 2001, S. 72 f.):

- *Erzeugnisfixkosten:* Erzeugnisfixkosten lassen sich eindeutig der Gesamtstückzahl eines bestimmten Erzeugnisses zurechnen. Hierzu gehören beispielsweise Kosten für die Entwicklung oder für den Verkauf eines Produkts.

Vorteile	Nachteile
• Beseitigung der Mängel der Vollkostenrechnung hinsichtlich der Fixkostenproportionalisierung und fehlender Aufspaltung der Kosten in fixe und proportionale Bestandteile	• Beschäftigung als einzige Kosteneinflussgröße • Ungenauigkeiten bei der Verschlüsselung (proportionaler) Gemeinkosten • Keine Differenzierung der Fixkosten

Abbildung 24: Beurteilung der einstufigen Deckungsbeitragsrechnung (Angaben in €) (Quelle: Eigene Darstellung)

- *Erzeugnisgruppenfixkosten:* Diese Fixkosten werden durch eine Gruppe artähnlicher Produkte verursacht. Zu diesen Fixkosten zählen beispielsweise Kapitalkosten für Maschinen, die nur von einer bestimmten Produktgruppe benötigt werden.
- *Kostenstellenfixkosten:* Diese Fixkosten lassen sich weder einem Erzeugnis noch einer Erzeugnisgruppe, sondern nur einer bestimmten Kostenstelle zurechnen. Hierzu zählen zum Beispiel Raumkosten.
- *Bereichsfixkosten:* Die Bereichsfixkosten fallen innerhalb einer Gruppe von Kostenstellen an. Hierzu gehören zum Beispiel die Gehälter der technischen Betriebsleitung oder die Fixkosten bestimmter Verkaufsabteilungen.
- *Unternehmensfixkosten:* Diese Fixkosten lassen sich keinem der bereits genannten Objekte zurechen und fallen somit für das gesamte Unternehmen an. Hierzu zählen beispielsweise die Gehälter der Unternehmensleitung.

Durch Subtraktion dieser Fixkostenschichten lassen sich – beginnend mit dem Deckungsbeitrag der einzelnen Produkte – auch Deckungsbeiträge für Produktgruppen, Kostenstellen, Bereiche sowie schließlich das Betriebsergebnis bestimmen (Fandel et al. 2004, S. 241). Zur Verdeutlichung des Vorgehens bei der stufenweisen Berechnung der Deckungsbeiträge wird auf das bereits im Rahmen der Ausführungen zur einstufigen Deckungsbeitragsrechnung verwendete Beispiel zurückgegriffen. Die Fixkosten in Höhe von 41.850 € werden nun weiter aufgegliedert und einzelnen Bezugsobjekten zugeordnet (Abbildung 25).

Die mehrstufige Deckungsbeitragsrechnung gibt Aufschluss über die Ertragskraft von Produkten beziehungsweise Produktgruppen unter Berücksichtigung der Fixkostenebenen und liefert wichtige Informationen für die Investitions- und Absatzpolitik. Weisen Produkte oder Produktgruppen niedrige oder sogar negative Deckungsbeiträge auf, lassen sich entsprechende Gegenmaßnahmen wie Produktverbesserung, POS-Aktionen oder Eliminierung der betreffenden Erzeugnisse aus dem Absatzprogramm einleiten (Siegwart 2001, S. 75 und Schweitzer/Küpper 2003, S. 464). Obiges Beispiel zeigt, dass Produkt 5 nun unter Einbezug verschiedener Fixkostenschichten einen negativen Deckungsbeitrag II (–450 €) aufweist.

Erzeugnis	1	2	3	4	5
Erlöse	20 000	15 250	9 550	11 600	8 300
- proportionale Kosten	3 500	2 700	5 500	4 300	2 350
= Deckungsbeitrag	**16 500**	**12 550**	**4 050**	**7 300**	**5 950**
- Fixkosten	41 850				
= Betriebsergebnis	4 500				

Abbildung 25: Beispiel zur mehrstufigen Deckungsbeitragsrechnung (Angaben in €) (Quelle: Eigene Darstellung in Anlehnung an Schweitzer/Küpper 2003, S. 464)

Vorteile	Nachteile
• Beseitigung der Mängel der Vollkostenrechnung hinsichtlich der Fixkostenproportionalisierung und fehlender Aufspaltung der Kosten in fixe und proportionale Bestandteile • Differenzierte Aussagen zur Ertragsfähigkeit der Produkte	• Vernachlässigung weiterer Aspekte bei der Produkteliminierung • Verwendung vergangenheitsorientierter Daten

Abbildung 26: Beurteilung der mehrstufigen Deckungsbeitragsechnung
(Quelle: Eigene Darstellung)

Diese Information konnte auf Basis der einstufigen Deckungsbeitragsrechnung bislang nicht gewonnen werden. Entschließt sich das Unternehmen, Produkt 5 aus ihrem Absatzprogramm zu streichen, ließe sich das Betriebsergebnis um 450 € auf 4950 € erhöhen (wobei solche Entscheidungen die Berücksichtigung weiterer Aspekte nötig machen).

Vorteilhaft an der mehrstufigen Deckungsbeitragssrechnung erscheint, dass sie – ebenso wie das Direct Costing – die *Mängel der Vollkostenrechnung beseitigt*. Das betrachtete Beispiel verdeutlicht, dass dieses Verfahren durch die Aufspaltung der Fixkosten jedoch differenziertere Aussagen zur Ertragssituation der Produkte im Vergleich zur einstufigen Deckungsbeitragsrechnung ermöglicht. Allerdings sollten für Entscheidungen zur Produkteliminierung Aspekte wie *Verbundbeziehungen* zwischen den Erzeugnissen und weitere Ziele des Unternehmens (z.B. Erhaltung der Arbeitsplätze im Unternehmen) Berücksichtigung finden (Hoffjan/Reinermann 2000, S. 132 und Schmidt 2005 S. 165). Schwierigkeiten ergeben sich des Weiteren durch die Verwendung *vergangenheitsorientierter Daten*, wodurch keine Aussagen zur zukünftigen Ertragslage getroffen werden können. Dies kann jedoch abgemildert werden, indem die aktuelle Lebenszyklusphase und die weitere Entwicklungsfähigkeit der Produkte in die Analyse einbezogen werden (Hoffjan/Reinermann 2000, S. 132). Abbildung 26 stellt die Vor- und Nachteile der mehrstufigen Deckungsbeitragsrechnung einander gegenüber.

Deckungsbeitragsrechnung für Kunden

Grundlegende Aufgabe der Kundendeckungsbeitragsrechnung ist es, einzelne Kunden beziehungsweise Kundengruppen gemäß ihrem Beitrag zum Unternehmensergebnis zu klassifizieren und zu beurteilen (Schmidt 1997, S. 103). Charakteristisch für dieses Instrument ist die Gegenüberstellung von Umsatzerlösen und Kosten, die einem Kunden oder einer Kundengruppe zugerechnet werden können. Der verbleibende Brutto-Überschuss beziehungsweise der (positive) Kundendeckungsbeitrag gibt Aufschluss über den Erfolg, der ohne die betreffenden Abnehmer nicht entstanden wäre (Köhler 2005b, S. 409f.). Im Allgemeinen verfolgt die Kundendeckungsbeitragsrechnung drei Ziele (Haag 1992, S. 27ff.):

- Überleitung von der eindimensionalen Betrachtung der Bedeutsamkeit der Kunden (durch die Beurteilungsgröße Umsatz) zur mehrdimensionalen Betrachtung (über Umsatz und Kosten bzw. den sich daraus ergebenden Deckungsbeitrag),
- Steuerung der Ertragsverbesserung bei den Einzelkunden und
- Entscheidungshilfe bei der Verteilung der Marketingmittel auf die Kunden, die eine besonders hohe Rentabilität aufweisen (werden).

Der Aufbau einer nach Kundengruppen differenzierten Kundendeckungsbeitragsrechnung wird anhand eines Zahlenbeispiels in Abbildung 27 dargestellt. Hierbei wird deutlich, dass Erlös- und Kostengrößen verteilt werden, die den Kunden beziehungsweise Kundengruppen *eindeutig* zurechenbar sind (z.B. die Bruttoerlöse oder Erlösschmälerungen). In diesem Zusammenhang ist zu beachten, dass für die Kostenzurechenbarkeit nicht wie bei der Deckungsbeitragsrechnung für Produkte die Unterscheidung zwischen fixen und proportionalen Kosten ausschlaggebend ist, sondern der Zusammenhang zwischen den Kosten und einer Kundenbeziehung (Köhler 2005b, S. 409f.). Die Kundendeckungsbeitragsrechnung ist nach der Einzelkosten- und Deckungsbeitragsrechnung nach Riebel (1994) aufgebaut und orien-

Kundengruppe nach Brutto-Erlösen	< 100 000		100 000 - 250 000		> 250 000	
Kunde	1	2	3	4	5	6
Brutto-Erlöse	90 000	75 500	225 750	175 000	275 000	325 550
- Erlösschmälerungen (Boni, Rabatte, Skonti)	750	550	1 250	985	1 400	1 000
= **Netto-Erlöse**	89 250	74 950	224 500	174 015	273 600	324 550
- Wareneinstand	15 550	27 850	55 000	55 000	63 000	100 000
= **Kundendeckungsbeitrag I**	73 700	47 100	169 500	119 015	210 600	224 550
- den Kunden eindeutig zurechenbare Kosten (z.B. Verkaufs- und Marketingkosten, Verpackung, Transportkosten)	18 000	22 500	55 000	65 000	125 000	155 850
= **Kundendeckungsbeitrag II**	55 700	24 600	114 500	54 015	85 600	68 700
- den Kundengruppen eindeutig zurechenbare Kosten (z.B. kundengruppenspezifische Marketingkosten)	35 750		87 400		100 150	
= **Kundendeckungsbeitrag III**	44 550		81 115		54 150	
- den Kunden nicht zurechenbare Kosten (z.B. nationale Werbung, Verwaltung)	86 815					
= **Erfolg**	20 000					

Abbildung 27: Aufbau einer Kundendeckungsbeitragsrechnung (Angaben in €)
(Quelle: Eigene Darstellung in Anlehnung an Schmidt 1997, S. 104)

tiert sich am *Identitätsprinzip*, wonach einem Kunden nur die Erlöse und Kosten zuzuordnen sind, die auf dieselbe Entscheidung zurückzuführen sind wie die Existenz des Kunden (Riebel 1993, Sp. 367 f. und Hoffjan/Reinermann 2000, S. 131).

Werden bei der Kundendeckungsbeitragsrechnung Kunden mit niedrigen beziehungsweise negativen Deckungsbeiträgen identifiziert, müssen zunächst Gründe für ihre geringe Profitabilität analysiert werden (Fischer/von der Decken 2001, S. 303). Daraufhin lassen sich Maßnahmen zur Ertragssteigerung einleiten, wobei sich beispielsweise folgende Möglichkeiten bieten (Haag 1992, S. 34): Preisänderungen, Sortimentsveränderungen, Einleitung von Werbemaßnahmen (POS-Maßnahmen, Merchandising) oder eine Verringerung der Kosten (z.b. durch Reduzierung der Kundenbesuche oder der Konditionen oder durch die Wahl anderer Distributionskanäle zur Kundenbearbeitung).

Bringen diese Maßnahmen längerfristig nicht den gewünschten Erfolg, können zwei Basisstrategien in Erwägung gezogen werden: Zum einen ist die Teilausgrenzung möglich, wobei unrentable Kunden von Teilen des Leistungsspektrums ausgeschlossen werden. Zum anderen muss gegebenenfalls in Erwägung gezogen werden, die gesamte Geschäftsbeziehung zu den Kunden zu beenden (Tomczak/Reinecke/Finsterwalder 2000, S. 414).

Um die Kundendeckungsbeitragsrechnung erfolgreich im Unternehmen zu *implementieren*, sollte Folgendes beachtet werden:

- Die Kundendeckungsbeitragsrechnung ist ein längerfristig orientiertes Instrument: Die meisten profitabilitätssteigernden Maßnahmen sind somit eher langfristig ausgerichtet (z.B. Sortimentsfestlegung oder preisstrategische Entscheidungen). Es genügt daher in der Regel (aber nicht immer!), die Kundendeckungsbeitragsrechnung lediglich einmal jährlich durchzuführen (Haag 1992, S. 31 ff.).
- Um das Leistungspotenzial der Kundendeckungsbeitragsrechnung vollständig auszuschöpfen, kann in Abhängigkeit von der Unternehmenskultur evaluiert werden, die Anreizsysteme der Mitarbeiter an die realisierte Veränderung der Kundenprofitabilität zu koppeln (Fischer/von der Decken 2001, S. 308).
- Der Personenkreis, der Zugriff auf die Daten zur Kundendeckungsbeitragsrechnung hat, sollte wohlüberlegt ausgewählt werden. Um Fehlentscheidungen zu vermeiden, sollten die betreffenden Personen ausreichend Kenntnis über dieses Instrument haben (Deutsch 1993, S. 50 und Fischer/von der Decken 2001, S. 308).

Vorteilhaft an der Kundendeckungsbeitragsrechnung ist, dass über verschiedene Deckungsbeiträge aktuelle und zukünftige Gewinn- und Verlustquellen identifiziert und antizipiert werden können. Ihre Mehrdimensionalität trägt zu einer hohen *Transparenz* bei (Welling 2000, S. 212). Zudem dient sie als Argumentationshilfe bei Entscheidungen (Haag 1992, S. 34). Ferner können durch eine kundengruppenorientierte Ausgestaltung verschiedenen Segmente gezielt kontrolliert und gesteuert werden.

Vorteile	Nachteile
• Identifikation und Antizipation aktueller und zukünftiger Gewinn- und Verlustquellen • Hohe Transparenz durch mehrdimensionale Betrachtung der Bedeutung der Kunden • Argumentationshilfe bei Entscheidungen • Segmentspezifische Kontrolle und Steuerung durch kundengruppen-orientierte Ausgestaltung	• Statischer Rechenansatz • Begrenzte Aussagekraft hinsichtlich zukünftiger Entwicklung der Kundenbeziehung aufgrund vergangenheitsorientierter Daten • Schwierigkeiten bei der Zurechenbarkeit der Kosten • Keine Berücksichtigung von Querbeziehungen zwischen Kunden (z. B. Weiterempfehlungen)

Abbildung 28: Beurteilung der Kundendeckungsbeitragsrechnung (Quelle: Eigene Darstellung)

Die Aussagekraft der Kundendeckungsbeitragsrechnung wird jedoch durch einige Punkte eingeschränkt. Zunächst liegt ihr ein *statischer Rechenansatz* zugrunde, bei dem eine über die Dauer der Geschäftsbeziehung konstante Kundenprofitabilität angenommen wird. Allerdings verändern sich im Laufe der Geschäftsbeziehung die Kosten und Erlöse. Zu Beginn ist zumeist von höheren Kosten (insbesondere Akquisitionskosten) als Erlösen auszugehen, während die Umsätze in späteren Phasen deutlich über den Kosten liegen. Demzufolge muss bei der Interpretation der Deckungsbeiträge die aktuelle Phase der Kundenbeziehung berücksichtigt werden, um mögliche Fehlentscheidungen (z.B. Abbruch der Beziehung in den frühen Phasen) zu vermeiden. Diesem Problem kann auch durch Festlegung verschiedener Profitabilitätskriterien in Abhängigkeit von der jeweiligen Geschäftsbeziehungsphase oder durch den Einsatz dynamischer Kundenprofitabilitätsrechnungen (z.B. Customer Lifetime Value) begegnet werden (Fischer/von der Decken 2001, S. 302). Des Weiteren lassen die ermittelten Deckungsbeiträge – sofern diese auf *vergangenheitsbasierten Daten* beruhen – nur begrenzte Aussagen bezüglich der zukünftigen Entwicklung der Kundenprofitabilität zu (Fischer/von der Decken 2001, S. 303). Auch erscheint bei der Kundendeckungsbeitragsrechnung die Zurechenbarkeit der Kosten schwierig (Haag 1992, S. 29); gerade einem großen Gemeinkosten- oder Verkaufskostenblock kann es sich lohnen, Prozesskosten in die Deckungsbeitragsrechnung zu integrieren (Kapitel B.2.3.3 sowie Diller/Haas/Ivens 2005a, S. 368). Schließlich macht die Deckungsbeitragsrechnung nicht deutlich, inwiefern Umsatzerlöse eines Kunden auf die Weiterempfehlung eines anderen zurückgehen (Köhler 2005b, S. 410). *Querverbindungen* zwischen Kunden werden daher nicht berücksichtigt. In Abbildung 28 werden die Vor- und Nachteile der Kundendeckungsbeitragsrechnung zusammengefasst.

Sonstige Deckungsbeitragsrechnungen

Eine Deckungsbeitragsrechnung kann auch für Absatzgebiete durchgeführt werden, womit sich der Erfolgsbeitrag von Außendienstbezirken, Verkaufsbüros oder geografischen Absatzgebieten ermitteln lässt (Link/Gerth/Vossbeck 2000, S. 226).

Eine solche Deckungsbeitragsrechnung ist beispielhaft in Abbildung 29 dargestellt. Der Aufbau orientiert sich wiederum an der Einzelkosten- und Deckungsbeitragsrechnung nach Riebel (1994 und Ehrmann 2006, S. 735 ff.). Ausgangspunkt für die Erfolgsanalyse von Absatzgebieten ist die Ermittlung von Kundendeckungsbeiträgen und deren Aggregation auf der Ebene von Verkaufsbezirken. Davon ausgehend

Absatzgebiet	Nord		Süd	
Verkaufsbezirk	1	2	3	4
Summe der Kundendeckungsbeiträge	750 500	525 000	360 800	900 400
- direkt zurechenbare Kosten des Verkaufsbezirks (Werbemaßnahmen, POS-Maßnahmen, Verkaufsaktionen, Außendienst)	185 400	175 600	110 000	425 000
= **Deckungsbeitrag des Verkaufsbezirks**	565 100	349 400	250 800	475 400
- direkt zurechenbare Kosten des Absatzgebiets (Auslieferungslager, Verkaufsbüro)	665 500		386 500	
= **Deckungsbeitrag des Absatzgebietes**	249 000		339 700	

Abbildung 29: Deckungsbeitragsrechnung nach Absatzgebieten (in €) (Quelle: Eigene Darstellung in Anlehnung an Hoffjan/Reinermann 2000, S. 133)

Absatzkanal	1	2	3
Netto-Erlöse	550 000	350 000	275 500
- Herstellkosten	210 000	125 000	175 000
= **Deckungsbeitrag I**	340 000	225 000	100 500
- direkt zurechenbare Vertriebskosten (z.B. Kommunikation und Verhandlungen, Verkaufsförderung und Promotion, Beratung und Service)	165 500	115 600	36 500
= **Deckungsbeitrag II**	174 500	109 400	64 000
- Lager- und Logistikosten	93 000	45 400	23 000
= **Deckungsbeitrag III**	81 500	64 000	41 000

Abbildung 30: Deckungsbeitragsrechnung nach Absatzkanälen (Angaben in €) (Quelle: Eigene Darstellung in Anlehnung an Schögel 2001a, S. 557)

Vorteile	Nachteile
- Identifikation und Antizipation aktueller und zukünftiger Gewinn- und Verlustquellen - Argumentationshilfe bei Entscheidungen hinsichtlich der Distributionspolitik - Hohe Transparenz durch differenzierte Erfolgsanalyse	- Vergangenheitsorientierung - Schwierigkeiten bei der Zurechenbarkeit der Kosten - Vernachlässigung weiterer Aspekte (z. B. soziale Unternehmensziele) bei der Eliminierung von Absatzkanälen oder -gebieten

Abbildung 31: Beurteilung der Deckungsbeitragsrechnung nach Absatzkanälen und -gebieten (Quelle: Eigene Darstellung)

ergibt sich der Deckungsbeitrag eines Absatzgebiets, indem stufenweise die den Verkaufsbezirken und Absatzgebieten zurechenbaren Kosten subtrahiert werden (Hoffjan/Reinermann 2000, S. 133).

Die Deckungsbeitragsanalyse gibt Aufschluss über die Ertragslage von Absatzgebieten und hilft, Ursachen für unprofitable Regionen zu identifizieren. Aufbauend auf der Ursachenanalyse können Verbesserungsmaßnahmen eingeleitet werden. Hierbei ist beispielsweise die Schließung oder Neuerrichtung regionaler Verkaufsbüros oder gar die Aufgabe eines gesamten Absatzgebiets denkbar (Hoffjan/Reinermann 2000, S. 133 und Ehrmann 2006, S. 735 ff.).

Schließlich lässt sich die Deckungsbeitragsrechnung auch für Absatz- beziehungsweise Distributionskanäle vornehmen, wodurch die Distributionskosten explizit im Rechnungswesen des Herstellers berücksichtigt werden können. Sie ermöglicht Zeitreihenanalysen, wodurch der Distributionserfolg evaluiert werden kann (Schögel 2001a, S. 556 f.). Der Aufbau einer einfachen absatzkanalbezogenen Deckungsbeitragsrechnung ist in Abbildung 30 dargestellt.

Zur Beurteilung dieser beiden Formen lässt sich weitgehend auf die Ausführungen zur Deckungsbeitragsrechnung nach Produkten und Kunden verweisen. Demzufolge ermöglicht auch die Deckungsbeitragsrechnung für Absatzkanäle beziehungsweise -gebiete die Identifikation und Antizipation von Gewinn- und Verlustquellen und bietet eine wertvolle Argumentationshilfe für Distributionsentscheidungen. Des Weiteren kann durch eine differenzierte Erfolgsanalyse eine hohe Transparenz erzielt werden. Schwierigkeiten hingegen ergeben sich aus der Vergangenheitsorientierung und der Zurechenbarkeit der Kosten. Außerdem müssten – analog zur mehrstufigen Fixkostendeckungsrechnung – bei der Eliminierung von Absatzgebieten oder -kanälen weitere Aspekte berücksichtigt werden, wie zum Beispiel soziale Unternehmensziele. Abbildung 31 fasst die Vor- und Nachteile dieser beiden Formen der Deckungsbeitragsrechnung zusammen.

2.3.3 Prozesskostenrechnung

Klassische Kostenrechnungen sind häufig mit einer Reihe von Nachteilen verbunden. So wird eine Verteilung indirekter Kostenblöcke über bestimmte Quoten oder Schlüssel oftmals einer verursachungsgerechten Verortung der Kosten nicht gerecht. In der englischsprachigen Literatur ist dieses Phänomen unter dem Namen „*Peanut-Butter-Costing*" bekannt (Horngren/Datar/Foster 2005 S. 139). Kosten werden den Kostenobjekten (z.B. Produkte oder Serviceeinheiten) gleichmäßig zugeteilt, obwohl sie Ressourcen de facto ungleichmäßig beanspruchen (Cooper/Kaplan 1991, S. 88). Dies führt zu gegenseitigen Quersubventionen verschiedener Produktkategorien und versperrt dem Management häufig die Sicht auf Stellhebel zur Effizienzverbesserung. Gleichzeitig verlangen steigende Gemeinkosten – insbesondere im Marketing und im Verkauf – nach Kostenrechnungsverfahren, mit denen diese Kosten und ihre Ursachen differenziert analysiert werden können (Schmidt 2005, S. 80 ff.). Aus diesen Gründen hat sich die Prozesskostenrechnung in vielen Marketingbereichen als wertvolle Alternative zu klassischen Kostenrechnungen etabliert (Reckenfelderbäumer 2006, S. 769). Die amerikanische Form der Prozesskostenrechnung ist das Activity Based Costing, welches der Prozesskostenrechnung zwar ähnelt, jedoch nicht identisch mit ihr ist (ausführlich Klook 1992 und Reckenfelderbäumer 1998, S. 21). Wie aus dem Namen abgeleitet werden kann, ergänzt sie die bisherige Kostenrechnung um eine ablauforientierte Perspektive. Bisher als Ganzes betrachtete, meist indirekte, mit bestimmten Vorgängen zusammenhängende Gemeinkostenblöcke – zum Beispiel feste Gehälter im Bereich der Auftragsbearbeitung – werden aufgespalten und verursachungsgerecht auf die Leistung verrechnet: Mittels Kenngrößen der kostentreibenden Prozessinanspruchnahme wie der „Anzahl der Aufträge" oder der genauen „Anzahl der Auftragspositionen" (Scheiter/Binder 1992, Knöbel 1995, Schmöller 2001 zit. nach Köhler 2005b, S. 405). Im Ergebnis liefert die Prozesskostenrechnung einen Kostensatz, der den jeweiligen Gemeinkostenanteil eines Prozesses aufschlüsselt und damit eine quasi-verursachungsgerechte Verrechnung auf Produkte oder Service-Einheiten gemäß ihrer effektiven Nutzung der Ressourcen ermöglicht. Der zentrale Vorteil der Prozesskostenrechnung ist jedoch zugleich auch ihr größtes Problem. Die Definition der Prozesse ist in hohem Maß unternehmensindividuell und von den Zielen des Marketingmanagements abhängig (Cooper/Kaplan 1991, S. 94).

Die Prozesskostenrechnung setzt grundsätzlich an folgenden – allgemeinen und marketingbezogenen – *Kritikpunkten klassischer Kostenrechnungsverfahren* auf Vollkostenbasis an (Reckenfelderbäumer 1995, S. 66 ff. und Reckenfelderbäumer 1998, S. 12 ff. sowie die dort angegebene Literatur):

- Die „klassischen" Verfahren basieren zumeist auf Daten aus der Vergangenheit, die nur leicht verändert in die Zukunft fortgeschrieben werden.
- Viele Verfahren sind vor dem Hintergrund der Massen-, Serien- und Sortenfertigung für die Produktion entwickelt worden. Für andere Kostenstrukturen und an-

dere Bereiche außerhalb der Fertigung (z.B. Marketing, Verkauf oder Qualitätssicherung) sind sie nur bedingt geeignet.
- Bei den Methoden der Vollkostenrechnung erfolgt die Verrechnung der Gemeinkosten in der Regel über pauschale und undifferenzierte Zuschlagssätze auf Basis von Einzelkosten. Dies impliziert Ungenauigkeiten und Verzerrungen bei der Produktkalkulation.
- Die Verfahren sind oftmals auf eine perioden- und erzeugnisbezogene Erfolgsermittlung beschränkt. Somit können kaum Aussagen bezüglich periodenübergreifender Kostenentwicklungen oder anderer Kalkulationsobjekte getroffen werden. Den Kostenrechnungsverfahren mangelt es somit an der Mehrdimensionalität der Informationsauswertung.
- Zumeist werden marketingbezogene Kosten und Erlöse nicht differenziert genug ausgewiesen, wobei sowohl deren Erfassung als auch deren Verrechnung problematisch erscheinen. Ferner ergeben sich Schwierigkeiten bei der Bestimmung der Erfolgswirksamkeit von Marketingmaßnahmen.

Die Prozesskostenrechnung geht auf Horváth und Mayer (1993 und 1989) zurück und fußt auf den Grundgedanken des Activity-Based Costing, einem inhaltlich ähnlichen Konzept aus den USA (ausführlich z.B. Cooper/Kaplan 1988 und 1991). Die Prozesskostenrechnung nach Horváth und Mayer greift die Probleme des Activity-Based Costing auf und schlägt entsprechende Lösungsmöglichkeiten vor (ausführlich Horváth/Mayer 1993, S. 15 f. und Schweitzer/Küpper 2003, S. 357 ff.). Im Allgemeinen wird sie durch folgende Merkmale charakterisiert (Reckenfelderbäumer 2006, S. 774):

- Die Verrechnung der Gemeinkosten auf Kostenträger erfolgt nicht wie bei der traditionellen Kostenrechnung durch wertbezogene Zuschlagssätze, sondern gemäß der tatsächlichen Inanspruchnahme einzelner Tätigkeiten durch die Kalkulationsobjekte. Somit wird eine genauere und verursachungsgerechtere Verrechnung der Gemeinkosten gewährleistet.
- Im Vordergrund der Prozesskostenrechnung stehen betriebliche Tätigkeiten und Prozesse, denen sich die Kosten zurechnen lassen. Diese Tätigkeiten können innerhalb einzelner organisatorischer Bereiche, aber auch bereichs- oder kostenstellenübergreifend ablaufen.

Die Prozesskostenrechnung bezieht sich auf zwei grundlegende Aufgabenbereiche. Zum einen dient sie der *Kalkulation*, und zum anderen soll sie *Transparenz und Effizienz in den Gemeinkostenbereichen* schaffen. Die dazugehörigen Teilaufgaben sind in Abbildung 32 dargestellt. Es wird deutlich, dass einige Aufgabenfelder der Prozesskostenrechnung einen starken Bezug zum Marketingaccounting aufweisen. Hierzu gehören beispielsweise die Optimierung des Absatzprogramms, die Unterstützung der Preisgestaltung sowie die Analyse der kostenbezogenen Wettbewerbsvor- und -nachteile (Reckenfelderbäumer 1998, S. 28 ff. und Reckenfelderbäumer 2006, S. 744 f.).

Aufgabenbereiche der Prozesskostenrechnung

1.1 Kalkulation

- Bereitstellung von Informationen für strategische Entscheidungen
- Verursachungsgerechte Verteilung von Gemein- und Fixkosten bei der Selbstkostenermittlung
- Kalkulation von Produkt- und Verfahrensänderungen
- Bereitstellung von Kosteninformationen hinsichtlich unterschiedlicher Kalkulationsobjekte
- Optimierung des Produktions- und Absatzprogramms
- Unterstützung bei der Preisgestaltung

1.2 Schaffung von Transparenz und Effizienz

- Verbesserung der Wirtschaftlichkeitskontrolle im Hinblick auf Stellen, Prozesse und Verhaltensweisen
- Aufzeigen und Optimierung des Ressourcenverbrauchs
- Aufdeckung und Ausschöpfen von Rationalisierungspotenzialen
- Ermittlung verursachungsgerechterer Verrechnungspreise für interne Dienstleistungen
- Minimierung von Schnittstellen im Unternehmen
- Gemeinkostenbudgetierung

Abbildung 32: Aufgabenbereiche der Prozesskostenrechnung (Quelle: Eigene Darstellung in Anlehnung an Reckenfelderbäumer 1998, S. 28 ff. und Reckenfelderbäumer 2006, S. 775)

Aufbau und Ablauf der Prozesskostenrechnung

Im Folgenden soll die Vorgehensweise bei der Einführung der Prozesskostenrechnung dargestellt (in Anlehnung an Mayer 1991, S. 85 und Reckenfelderbäumer 1995, S. 87 ff.) und anhand eines einfachen Beispiels erläutert werden.

1. *Einführungsentscheidung:* Im ersten Schritt muss entschieden werden, ob eine Prozesskostenrechnung im Unternehmen implementiert werden soll. Dies ist der Fall, wenn ein Informationsbedarf besteht, der durch die bisher verwendeten Kostenrechnungsverfahren wie Zuschlagskalkulation oder Bezugsgrößenkalkulation nicht gedeckt werden kann (Reckenfelderbäumer 2006, S. 776).
2. *Auswahl geeigneter Unternehmensbereiche:* Aufgrund ihres hohen Implementierungsaufwands ist es nicht sinnvoll, die Prozesskostenrechnung im gesamten Unternehmen einzuführen. Vielmehr erfolgt die Konzentration auf die (indirekten) Unternehmensbereiche, deren Prozesse durch Repetitivität und einen geringen Entscheidungsspielraum charakterisiert sind (z.B. Qualitätssicherung, Call-Center). Des Weiteren sind nur die Gemeinkostenbereiche zu betrachten, die ein hohes Kostenvolumen aufweisen und deren Kosten bislang nicht verursachungsgerecht verrechnet wurden (ausführlich Reckenfelderbäumer 1995, S. 88 f. und die dort angegebene Literatur).

3. *Tätigkeitsanalyse:* Bei der Tätigkeitsanalyse, einem der wichtigsten Schritte der Prozesskostenrechnung, werden die Tätigkeiten der ausgewählten Unternehmensbereiche und deren Anteil an der Gesamtkapazität (zumeist Arbeitszeit) der Kostenstelle ermittelt (Reckenfelderbäumer 2006, S. 777).
4. *Bildung und Definition von Teilprozessen:* Sachlich zusammengehörende Tätigkeiten werden auf Kostenstellenebene zu Teilprozessen zusammengefasst. Hierbei lassen sich zwei Arten von Teilprozessen unterscheiden: Leistungsmengeninduzierte Prozesse sind abhängig von der Leistung der Kostenstelle, leistungsmengenneutrale nicht. Für jeden leistungsmengeninduzierten Prozess der Kostenstelle ist nun eine Bezugsgröße festzulegen, mit der die Prozesse mengenmäßig quantifizierbar sind (z.B. Anzahl der Aufträge oder der Kunden). Daraufhin kann festgelegt werden, wie oft jeder einzelne leistungsmengeninduzierte Prozess in einem bestimmten Zeitraum durchgeführt wird, womit sich die Planprozessmenge ergibt. In einem weiteren Schritt erfolgt die Bestimmung der Plankosten auf Kostenstellenebene, welche daraufhin – zumeist auf Basis des Arbeitsaufwands in Mannjahren – den einzelnen Teilprozessen zugeordnet werden. Die Prozesskosten der leistungsmengenneutrale Prozesse werden anschließend auf die leistungsmengeninduzierten Prozesse proportional zu deren Kostenhöhe verteilt. Schließlich ergeben sich die leistungsmengeninduzierten beziehungsweise die Gesamtprozesskostensätze durch Division der leistungsmengeninduzierten beziehungsweise der Gesamtprozesskosten und der Planprozessmengen. Der Prozesskostensatz entspricht den durchschnittlichen Kosten für die einmalige Durchführung eines Prozesses (Mayer 1991, S. 86 ff., Reckenfelderbäumer 2006, S. 777 und Kajüter 2003 S. 270). Abbildung 33 stellt die einzelnen Schritte anhand eines Beispiels aus dem Verkaufsbereich innerhalb einer Kostenstelle für einen Espresso-Maschinen-Hersteller dar.

Kostenstelle 1, geplante Kostenstellenkosten: 500 000 €								
Teilprozess	Bezugsgröße			Prozesskosten (in €)			Prozesskostensatz (in €)	
	Art	Menge	Kostenzurechnung	Leistungsmengeninduzierte	Leistungsmengenneutrale	Gesamt (leistungsmengeninduzierte + leistungsmengenneutrale)	Leistungsmengeninduzierte Prozesskosten : Menge	Gesamt-Prozesskosten : Menge
1. Bestellung bearbeiten (lmi)	Anzahl Aufträge	500	4 MJ	166 667	15 152	181 819	333,33	363,64
2. Zahlung buchen (lmi)	Anzahl Aufträge	500	4 MJ	166 667	15 152	181 819	333,33	363,64
3. Kunden besuchen (lmi)	Anzahl Kunden	300	3 MJ	125 000	11 364	136 364	416,67	454,55
4. Vertriebsabteilung leiten (lmn)	-	-	1 MJ		41 667			
			12 MJ			500 000		

Abbildung 33: Prozesskosten und Prozesskostensätze auf Teilprozessebene (Quelle: Eigene Darstellung in Anlehnung an Mayer 1991, S. 89 f.)

Haupt-	Cost Driver		Prozesskosten (in €)		Prozesskostensatz (in €)	
prozess	Art	Menge	lmi	gesamt	lmi	gesamt
1. Auftrags-abwicklung	Anzahl Aufträge	500	333 334	363 638	666,67	727,28
2. Kunden-betreuung	Anzahl Kunden	300	155 000	167 697	516,67	558,99

Abbildung 34: Prozesskosten und Prozesskostensätze auf Hauptprozessebene
(Quelle: Eigene Darstellung in Anlehnung an Mayer 1991, S. 93)

5. *Verdichtung der Teilprozesse zu Hauptprozessen:* In einem weiteren Schritt werden sachlich zusammenhängende leistungsmengeninduzierte Teilprozesse zu wenigen kostenstellübergreifenden Hauptprozessen verdichtet. Auch auf dieser Ebene muss für jeden Hauptprozess eine Bezugsgröße (Cost Driver) gefunden werden, der im Idealfall den Bezugsgrößen der eingehenden Teilprozesse entspricht. Die Prozesskosten der Hauptprozesse ergeben sich aus Addition der entsprechenden Teilprozesskosten (leistungsmengeninduzierte und gesamt) und die Prozesskostensätze – analog zu obigem Vorgehen – durch Division der Prozesskosten und der Planprozessmengen (Horváth/Mayer 1993, 16 ff. und Kajüter 2003, S. 270). Im betrachteten Beispiel sollen die Teilprozesse 1 und 2 in den Hauptprozess 1 (Auftragsabwicklung) und Teilprozess 3 mit dem Teilprozess „Stammdaten pflegen" aus einer anderen Kostenstelle (Prozesskosten leistungsmengeninduzierte: 30 000 €; Prozesskosten gesamt: 31 333 €) in den Hauptprozess 2 (Kundenbetreuung) eingehen. Das Rechenvorgehen auf Hauptprozessebene verdeutlicht Abbildung 34.

Einsatzbereiche der Prozesskostenrechnung

Die Prozesskostenrechnung eignet sich insbesondere, um Gemeinkosten verursachungsgerecht auf Marktleistungen zu verteilen und somit eine verbesserte Produktkalkulation zu erreichen. Die Verteilung der Gemeinkosten erfolgt hierbei über die Inanspruchnahme der Prozesse durch die Kalkulationsträger (Reckenfelderbäumer 2006, S. 774 und Ehrmann 2004, S. 72). Die einem Produkt zurechenbaren Prozesskosten ergeben sich durch Multiplikation des ermittelten (leistungsmengeninduzierten) Prozesskostensatzes auf Hauptprozessebene mit einem zuvor definierten Prozesskostenkoeffizienten (Horváth/Mayer 1993, S. 25 und Reckenfelderbäumer 1998, S. 82 ff.). Der Prozesskostenkoeffizient gibt an, wie viele Prozessmengen eine Produkteinheit benötigt (Schweitzer/Küpper 2003 S. 355).

Die *Produktkalkulation* soll durch Fortsetzung des obigen Beispiels verdeutlicht werden. Bislang sind für 500 Einheiten einer Espressomaschine auf Basis klassischer Kostenrechnungsverfahren Herstellkosten in Höhe von 375 000 € (750 € pro Stück) ermittelt worden. Die Bestimmung der Verkaufsgemeinkosten erfolgt auf Basis der zuvor ermittelten leistungsmengeninduzierte Prozesskostensätze des

Kosten	Pro Stück	Gesamt (500 Stück)
Herstellkosten	750 €	375 000 €
Vertriebskosten Hauptprozess 1	66,67 € (0,1 · 666,67)	33 333,33 € (50 · 666,67)
Vertriebskosten Hauptprozess 2	25,83 € (0,05 · 516,67)	12 916,75 € (25 · 516,67)
Vertriebskosten pauschal 10 %	75 €	37 000 €
Selbstkosten	**917,50 €**	**458 250,08 €**

Abbildung 35: Produktkalkulation mittels der Prozesskostenrechnung
(Quelle: Eigene Darstellung)

Hauptprozesses 1 und des Hauptprozesses 2 sowie für weitere Gemeinkosten durch einen pauschalen Zuschlagskostensatz von 10 Prozent auf die Herstellkosten. Für die 500 Espressomaschinen werden 50 Einheiten des Hauptprozesses 1 (Prozesskoeffizient 0,1) und 25 Einheiten des Hauptprozesses 2 (Prozesskoeffizient 0,05) benötigt. Die Berechnung der Selbstkosten ist in Abbildung 35 dargestellt.

Ein großer Vorteil der Prozesskostenrechnung im Vergleich zu den ursprünglichen Verfahren des betrieblichen Rechnungswesens ist, dass sie auch für weitere Kalkulationsobjekte/-träger wie Regionen, Marktsegmente und Marketinginstrumente angewendet werden kann. In diesem Zusammenhang schlägt Reckenfelderbäumer (2006, S. 786 ff.) die Kombination der Prozesskostenrechnung mit der relativen Einzelkosten- und Deckungsbeitragsrechnung nach Riebel (1994) vor, womit sich die zuvor angesprochene Mehrdimensionalität der Kalkulation erzielen lässt. Allerdings wird durch die Verbindung beider Verfahren das Riebelsche Prinzip der ausschließlichen Zurechnung von Einzelkosten auf die Kalkulationsobjekte verletzt, da Prozesskostensätze per definitionem immer aus Gemeinkosten bestehen (Reckenfelderbäumer 2006, S. 786 ff.). Nach Köhler (2005b, S. 412) erscheint auch eine sinnvolle *Verknüpfung von Kundendeckungsbeitragsrechnung und Prozesskostenrechnung* möglich (Freiling/Reckenfelderbäumer 2000 und Reckenfelderbäumer/ Welling 2003) – insbesondere deshalb, weil bei beiden Verfahren die direkt kundenverursachten Einzelkosten ohne Schlüsselung zugeordnet werden (ausführlich Fickert 1995 und Köhler 2005b, S. 412).

Des Weiteren bietet die Prozesskostenrechnung Bezugspunkte zu Kundennutzen und *Kundenwert*. Einerseits lassen sich durch sie nutzenstiftende Prozesse ermitteln und gezielte Maßnahmen zu deren Beeinflussung einleiten (Ehrmann 2004, S. 72). Andererseits kann die Prozesskostenrechnung mit Verfahren verbunden werden, die zur Bestimmung des Kundenwertes aus Unternehmenssicht dienen (ausführlich Fischer/von der Decken 2001 und Kayser/Paczkowski 2004).

Schließlich liefert die Prozesskostenanalyse im Rahmen einer Wertkettenanalyse wichtige Kosteninformationen, womit sie für die Entscheidungsfindung im Zusammenhang mit der strategischen Marketingplanung einen wertvollen Beitrag leistet (ausführlich Reckenfelderbäumer 2006, S. 782 ff.).

Beurteilung der Prozesskostenrechnung

Die *Vorteile der Prozesskostenrechnung* wurden bereits an einigen Stellen der vorhergehenden Kapitel erwähnt. Insbesondere ist die *Erhöhung der Transparenz* in den Gemeinkostenbereichen hervorzuheben. Die Prozesskostenrechnung macht Rationalisierungspotenziale sichtbar und zeigt auf, inwieweit die Prozesse betriebliche Ressourcen und Kosten in Anspruch nehmen (Reckenfelderbäumer 1998, S. 28 f.). Des Weiteren wird versucht, die Gemeinkosten bei der Kalkulation möglichst verursachungsgerecht auf die Kalkulationsträger zu verrechnen, wobei unterschiedliche Bezugsgrößen berücksichtigt werden. Schließlich bietet sie die Möglichkeit, *verschiedene Kalkulationsobjekte* einzubeziehen und betriebliche Tätigkeiten und Prozesse zu bewerten (Reckenfelderbäumer 2006, S. 774 ff. und Kajüter 2003, S. 276 f.).

Die Prozesskostenrechnung ist jedoch mit einigen Nachteilen verbunden. Zwar mildert sie die Probleme der Gemeinkostenschlüsselung und der Fixkostenproportionalisierung, jedoch kann sie diese nicht vollständig beseitigen. Auch eignet sich die Prozesskostenrechnung auf Vollkostenbasis *nicht für kurzfristige Entscheidungen*, da sie keine Informationen zur kurzfristigen Abbaufähigkeit der Fixkosten liefert. Ferner ist ihre Aussagekraft durch Schätz- und *Zurechnungsungenauigkeiten* und ihre mangelnde Marktorientierung eingeschränkt. Schließlich sei der sehr *hohe Aufwand b*ei der Einführung der Prozesskostenrechnung genannt, der dazu führt, dass sie nur selten umfassend implementiert wird (ausführlich Reckenfelderbäumer 1995, S. 102 ff., Reckenfelderbäumer 2006, S. 776 ff. und die dort angegebene Literatur). Abbildung 36 fasst die Vor- und Nachteile der Prozesskostenrechnung zusammen.

Vorteile	Nachteile
• Erhöhung der Kostentransparenz in den Gemeinkostenbereichen • Berücksichtigung der Verursachungsgerechtigkeit und Bezugsgrössenvielfalt bei der Kalkulation • Einbezug verschiedener Kalkulationsobjekte • Bewertung betrieblicher Tätigkeiten und Prozesse	• Vollkostensicht • Schätz- und Zurechnungsungenauigkeiten • Keine Informationen zum Abbau von Fixkosten und somit fehlende Aussagekraft für kurzfristige Entscheidungen • Mangelnde Marktorientierung • Sehr hoher Implementierungsaufwand

Abbildung 36: Beurteilung der Prozesskostenrechnung (Quelle: Eigene Darstellung)

Ferner ist bei der Interpretation der Ergebnisse der Prozesskostenrechnung Vorsicht geboten: Eine vollständig „verursachungsgerechte" Kostenverteilung ist in der Praxis unrealistisch, werden im Rahmen der Prozesskostenrechung doch fixe Gemeinkosten verteilt, die in früheren Entscheidungen für einen bestimmten Zeitraum eingeplant wurden und somit kurzfristig nicht mit der Prozessmenge variieren (Köhler 2005a, S. 439). Aus diesem Grund sollten die Einzel- respektive variablen Gemeinkosten sowie die anteiligen fixen Gemeinkosten auch bei der Prozesskostenrechnung getrennt ausgewiesen werden (entsprechende Vorschläge finden sich bei Reckenfelderbäumer/Welling 2003, S. 357 ff. und Köhler 2005a, S. 439). Weil bei der Zuordnung der Kosten auf die verursachenden Objekte grundsätzlich das Prinzip berücksichtigt werden sollte, dass diesem Objekt nur die Datenarten und Beträge zugeordnet werden sollten, die es ohne seine Existenz nicht geben würde (Identitätsprinzip), gilt umgekehrt Folgendes: Die anteiligen fixen Gemeinkosten können als Indikator betrachtet werden, in welchem Ausmaß Ressourcen und Kapazitätskosten mittel- bis langfristig gespart werden könnten, wenn zukünftig auf das Kalkulationsobjekt (wie bspw. einen Kunden, ein Produkt oder einen Distributionskanal) verzichtet werden würde (Köhler 2005a, S. 439).

2.4 Markenspezifisches Marketingaccounting

Als Querschnittsaufgabe des Marketingaccountings eignet sich das markenspezifische Marketingaccounting für eine Synthese der zuvor dargestellten Aufgaben und Instrumente des Marketingaccountings. Ein markenspezifisches Marketingaccounting stellt insbesondere für folgende Bereiche Informationsgrundlagen bereit: Erfolgsbeiträge bestehender und künftiger Marken sowie die Erfolgswirkungen von Marketinginstrumenten. Dabei stehen vor allem Deckungsbeitrags- beziehungsweise Marktsegmentrechnungen im Mittelpunkt (Köhler 1993, S. 303 ff.) und aus Markensicht vor allem die Produkt- beziehungsweise *Markenerfolgsrechnung* (Abbildung 37). Auch im Markencontrolling können Deckungsbeitragsrechnungen als Vorschaurechnung oder Ergebniskontrolle durchgeführt werden. Bei einer Vorschau ist das Prinzip der Veränderungsrechnung zu berücksichtigen: Nur jene Kosten sind in das Entscheidungskalkül einzubeziehen, die sich durch die Entscheidung für eine Handlungsalternative verändern (Köhler 1993, S. 287). Die Kosten werden in fixe und variable Bestandteile aufgeteilt und ausgehend vom Nettoumsatz produkt-, produktgruppen-, markenspezifische Kosten stufenweise zugerechnet (Ehrmann 2006, S. 734 ff.).

Bei Kraft Foods wird beispielsweise der Deckungsbeitrag nach Handelsaktionen als absolute Zielgröße sowie als Zielgröße je Absatzmenge vorgegeben (Gmünder 2001, S. 841). Insbesondere bei Markenartikelherstellern mit indirekter Distribution empfiehlt sich auch eine weitergehende kunden- beziehungsweise distributionskanalbezogene Berechnung. So werden den Kunden beziehungsweise Distributions-

+ theoretischer Markenumsatz (Normal- bzw. Nettopreis x Menge) - temporäre Preisaktionen der Marke ([Normalpreis – Aktionseinstandspreis] x Menge) - markenbezogene Werbebeitragszahlungen/-kostenzuschüsse, Listungsgebühren sowie weitere auf Handelsstufe verlangte Sonderkonditionen (trade incentives) - Selbstkosten (costs of goods sold) (ggf. auch Einstandspreis zzgl. Konfektionierungskosten für Spezialverpackungen, Displays sowie Warenhaus- und Transportkosten)
= *Markendeckungsbeitrag nach Handelsaktionen* (marginal contribution less trade deals)
- Kosten von Verkaufsunterstützung (Vorverkäufe, Merchandising) (sales support)
= *Markendeckungsbeitrag nach Handelsaktionen und Verkaufsunterstützung* (marginal contribution less trade deals, less sales support)
- relative Einzelkosten der Marke in der Periode (Gehalt der Markenmanager, spezifische Produkt- und Markenwerbung, Gehalt der Markenmanager)
= *Markendeckungsbeitrag nach Handelsaktionen/Verkaufsunterstützung/Marketing* (marginal contribution less trade deals, less sales support, less marketing)

Abbildung 37: Mehrstufige Markendeckungsbeitragsrechnung (Quelle: Eigene Darstellung in Anlehnung an Gmünder 2001, S. 839 ff. und 2006)

kanälen die Kosten für die Verkaufsunterstützung zugerechnet; die „marginal contribution less trade deals, less sales support" dient daher bei Kraft Foods als zentrale Kennziffer zur Steuerung der Kunden (Gmünder 2001, S. 842).

Das Grundproblem von Deckungsbeitragsrechnungen besteht darin, dass der Erfolg eines einzelnen Produkts beziehungsweise einer einzelnen Marke immer fiktiv ist, weil sich in den seltensten Fällen Markttransaktionen und Geschäftsbeziehungen auf isolierte Produkte oder Marken beziehen (Engelhardt/Günter 1988, S. 144). Daher sind insbesondere mehrdimensionale Deckungsbeitragsrechnungen ratsam.

Die Prozesskostenrechnung als „neueres", aber auch aufwändigeres Instrument des internen Rechnungswesens strebt eine verursachergerechtere Zurechnung der betrieblichen Gemeinkosten auf die Marken oder andere Marktsegmente und hilft insbesondere bei der Identifikation von Kostentreibern (ausführlich Kapitel B.2.3.3 und Reckenfelderbäumer 2006, S. 773 ff.). Eine Marktsegmentrechnung, die der Prozesskostenrechnung ähnelt, ist die Berechnung der *Direkten Produkt-Profita-*

bilität (Kapitel C.4.3.2 und Tomczak/Lindner 1992; nachfolgend Köhler 1993, S. 305 f.): Dabei wird danach gestrebt, ein genaueres Bruttoergebnis pro Artikeleinheit zu ermitteln, indem die Kosten beispielsweise über artikelgenaue Zeit-, Flächen- und Volumenmessungen geschlüsselt werden. Der Ansatz entspricht einer Teilkostenrechnung, die allerdings zum Teil nicht nur proportionale, sondern – im Gegensatz zur klassischen Deckungsbeitragsrechnung – auch fixe Kosten wie Personalkosten aufteilt. Der Ausdruck „direkt" ist somit nicht ganz korrekt und verstößt streng genommen auch gegen das genannte Prinzip der Veränderungsrechnung (Köhler 1993, S. 305); dennoch kann diese Rechnung wichtige Signal- und Steuerungsaufgaben bezogen auf Engpasseinheiten übernehmen.

Das markenspezifische Marketingaccounting liefert weitere wichtige Informationen für die Gestaltung der Marketinginstrumente im Rahmen der Markenführung: So unterstützt es beispielsweise die Preisfindung für Neuprodukte (wobei darauf hinzuweisen ist, dass Kosten hier eher eine Kontrollgröße sind; sie sind somit insbesondere für Ermittlung von Preisuntergrößen zentral). Dabei können progressive oder retrograde Kalkulationsmethoden wie das *Target Costing* eingesetzt werden (Ehrmann 2006, S. 717). Ferner hilft es dabei, die Rationalität bei Sortimentsentscheiden (Marken- oder Produkt-Eliminationen, -selektionen oder -ergänzungen) sicherzustellen. Solche Entscheidungen sollten allerdings aufgrund der Verbundwirkungen in der Regel nicht ausschließlich auf der Basis von Kostenrechnungsinformationen getroffen werden. Auch für die Gestaltung der markenbezogenen Kommunikation sowie für die akquisitorische und physische Distribution liefert das markenspezifische Marketingaccounting wichtige Informationen: beispielsweise für die Gestaltung und Optimierung markenbezogener Kommunikationsbudgets, die Provisionsgestaltung des Außendienstes sowie die Optimierung der Logistik (Köhler 1993, S. 307 ff.).

3 Marktforschung als exogene Informationsversorgung

3.1 Kundenzufriedenheit als wichtige exogene Information

3.1.1 Kundenzufriedenheit als Informationsgröße des Marketingcontrollings

Kundenzufriedenheit ist eines der klassischen Konstrukte, das zur Erklärung des Konsumentenverhaltens herangezogen wird (Dittrich 2002, S. 75). Gleichzeitig ist Kundenzufriedenheit eine zentrale Voraussetzung der Kundenbindung, die in einigen Branchen großen Einfluss auf den kurz- und langfristigen Unternehmenserfolg hat und deshalb seit den 1970ern eine wesentliche Rolle im Marketingmanagement spielt: Je höher die Wettbewerbsintensität und Käuferdominanz in den jeweiligen Märkten sind, desto wichtiger ist eine hohe Kundenbindung. Insbesondere die Automobil-, Nahrungsmittel-, Pauschalreise- oder PC-Branche sind stark von zufriedenen Kunden und entsprechenden Wiederkäufen abhängig (Dittrich, S. 2002, S. 80).

Dementsprechend wird die Größe Kundenzufriedenheit in der Praxis regelmäßig erhoben. *Kundenzufriedenheit* wird in der Regel als das Ergebnis eines Soll-Ist-Vergleichs interpretiert (Homburg/Stock 2003, S. 20). Die Soll-Größe, auch *Vergleichsstandard* genannt, entspricht dem Erwartungsniveau eines Kunden bezüglich einer Leistung, wobei drei Größen in der Literatur als möglicher Vergleichsstandard diskutiert werden: Erwartungen, Erfahrungsnormen und Ideale (Fournier/Mick 1999, S. 6).

Zur Erklärung der Entstehung von Kundenzufriedenheit und dementsprechendem Kundenverhalten lassen sich verschiedene Ansätze wie die Equity-Theory, die Attributionstheorie und das Confirmation/Disconfirmation-Paradigma unterscheiden, wobei Letzterem die größte Bedeutung zukommt (Oliver 1980, Parasuraman/Zeithaml/Berry 1985, Homburg/Rudolph 1998 und Homburg/Stock 2003 S. 19 ff.).

Das *Confirmation/Disconfirmation-Paradigma* geht davon aus, dass Kundenzufriedenheit beziehungsweise -unzufriedenheit aus dem Vergleich des Kunden zwischen erwarteter und wahrgenommener Leistung resultiert (Abbildung 38). Die Bildung von Erwartungen wird im Allgemeinen von den folgenden vier Faktoren beeinflusst (Kuß/Tomczak 2004b, S. 154 f.):

- Bedürfnisstruktur des Kunden,
- Erfahrungen des Kunden mit dem betreffenden Produkt oder ähnlichen Leistungen,
- Meinungen von Bekannten, Freunden und Kollegen sowie
- Kommunikation des Anbieters (z.B. Direktwerbung).

Stimmen erwartete und tatsächlich erlebte Leistung überein, ist der Kunde indifferent, das heißt, er ist weder besonders zufrieden noch unzufrieden. Werden seine Ansprüche erheblich übertroffen, stellt sich Zufriedenheit ein (Hill 1986). Eine negative Abweichung zwischen erwarteter und wahrgenommener Leistung hingegen führt zu Unzufriedenheit (Dittrich 2002, S. 76, Homburg/Stock 2003, S. 20 und Kuß/Tomczak 2004b, S. 154). Hervorzuheben ist dabei Folgendes: Bei einem Soll-Ist-Vergleich der Erwartung mit der Leistung, der zu Zufriedenheit/Unzufriedenheit führt, wird die tatsächliche Leistung als äquivalent mit der Norm beziehungsweise der erwarteten Leistung angesehen, wenn sie innerhalb eines Intervalls – der „zone of indifference", auch Toleranzzone genannt – liegt, das die Norm umgibt (Woodruff/Cadotte/Jenkins 1983, S. 299 und Berry/Parasuraman 1991). Nach Woodruff, Cadotte und Jenkins (1983, S. 299) ruft Leistung nur außerhalb dieser Zone negative oder positive Gefühle hervor, so dass Anbieter diese Zone kennen sollten, um Zufriedenheit/Unzufriedenheit beeinflussen zu können. Werden die Erwartungen übertroffen, ist der Kunde nicht sehr zufrieden, sondern die Erwartungen werden in der Regel erhöht: Es entsteht progressive Kundenzufriedenheit (Schambacher/Kiefer 2003, S. 11).

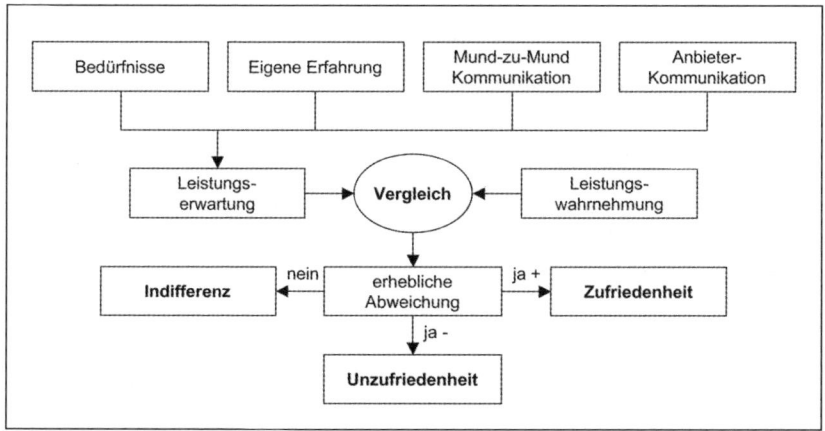

Abbildung 38: Entstehung von Kundenzufriedenheit und -unzufriedenheit (Quelle: Stauss/Seidel 2002, S. 56)

3.1.2 Kundenzufriedenheitsportfolios und das KANO-Modell

Dabei liegt nahe, dass nicht alle Leistungsmerkmale (wie Sicherheit, Lieferzeit oder Preis) dieselbe Bedeutung für die Höhe der Gesamt-Kundenzufriedenheit und damit für die Kaufbereitschaft haben: Ist die Lieferzeit beispielsweise von sehr geringer Bedeutung für die Kundenzufriedenheit, während die Anwendungsberatung zentral ist, muss stärker in Maßnahmen zur Steigerung der Zufriedenheit mit der Anwendungsberatung investiert werden. Es ergeben sich demnach strategische Implikationen für die Marketingplanung.

Dieser Herausforderung kann grundsätzlich mit zwei Modellen begegnet werden, welche in der Praxis sehr beliebt sind:

- mit einem *Kundenzufriedenheitsportfolio* oder
- mit dem *KANO-Modell*, wobei Letzteres über Kundenzufriedenheitsportfolios hinausgeht und sich zu dessen Ergänzung eignet.

Ein *Kundenzufriedenheitsportfolio* ist in der Regel eine Vierfelder-Matrix mit den Achsenausprägungen niedrig/hoch, in der die relative Wichtigkeit einer Leistungskomponente in Relation zu der tatsächlichen Höhe der Zufriedenheit der Kunden mit dieser Komponente gesetzt wird (Abbildung 39; hier und im Folgenden u.a. Uebel 2004, S. 413 ff., Gerberich 2005, S. 40 ff. und Matzler/Bailom 2006, S. 261 ff.).

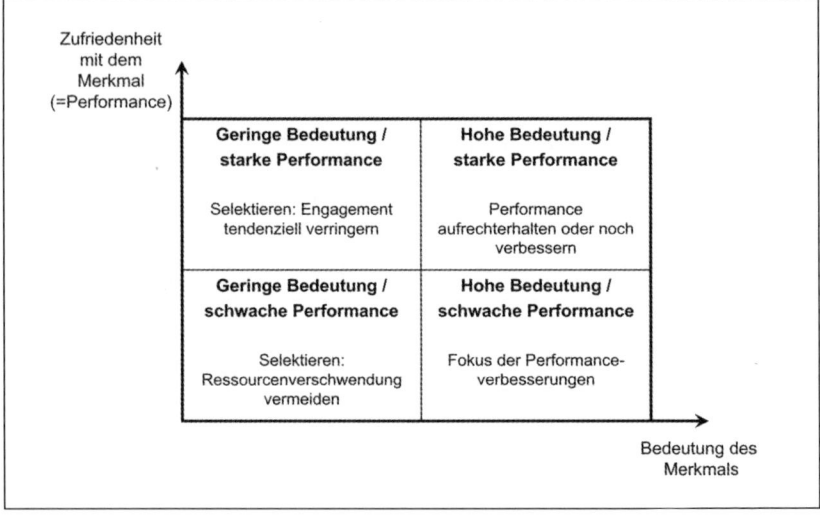

Abbildung 39: Kundenzufriedenheitsportfolio (Quelle: Berger et al. 1993 zit. nach Bailom et al. 1996, S. 117)

Ordnet man die Leistungskomponenten entsprechend ihrer Wichtigkeit und der Höhe der Zufriedenheit mit diesen in die Matrix ein, lassen sich einfach und schnell Ansatzpunkte für Optimierungsmöglichkeiten identifizieren. In der Regel wird den vier Feldern zu diesem Zweck je eine Basisstrategie zugeordnet, wie in Abbildung 39 deutlich wird. Zur Ermittlung der relativen Wichtigkeit einer Leistungskomponente eignen sich diverse Verfahren wie zum Beispiel Rangordnungsskalen (Paarvergleiche, Rangordnungsverfahren, Konstantsummenskala), Ratingskalen, Regressionsanalysen oder das Conjoint Measurement. Zur Bestimmung der Kundenzufriedenheit sämtliche Verfahren zur Messung der Kundenzufriedenheit (ausführlich Kapitel B.3.1.3).

Ein Modell, welches den Zusammenhang zwischen Leistungserfüllung und Kunden(un)zufriedenheit differenzierter betrachtet, ist das so genannte KANO-Modell der Kundenzufriedenheit: Beispielsweise wird die Erfüllung bestimmter Leistungsansprüche kaum wahrgenommen (Pünktlickeit von Zügen), deren Nicht-Erfüllung ruft jedoch unverhältnismäßig große Unzufriedenheit hervor. Das KANO-Modell der Kundenzufriedenheit greift auf ein von Kano (Kano 1984) ursprünglich für das Qualitätsmanagement entwickeltes Modell zurück. Angesichts der zuvor angedeuteten Zusammenhänge unterscheidet das KANO-Modell in erster Linie drei in

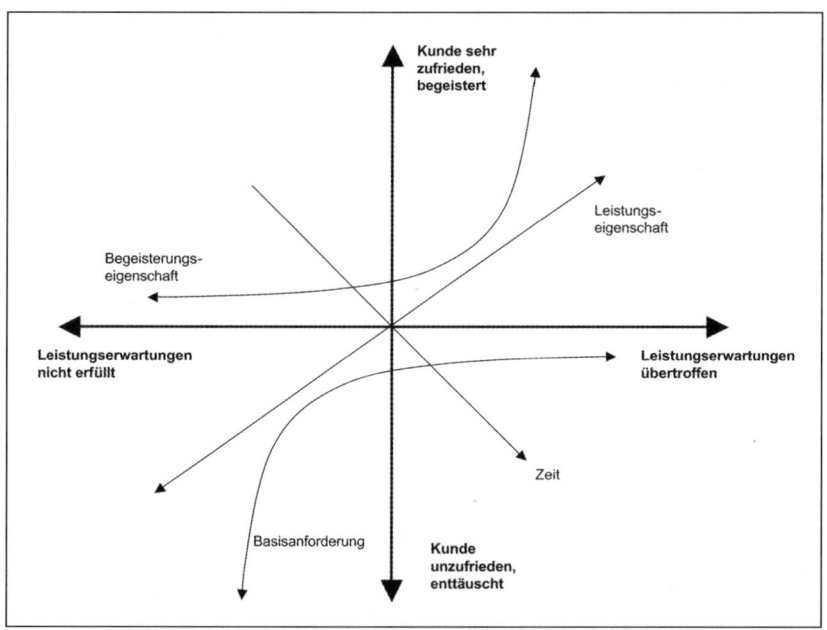

Abbildung 40: Das KANO-Modell der Kundenzufriedenheit (Quelle: Homburg/Rudolph 1995, zit. nach Bailom et al. 1996)

ihrer Wirkung auf die Kundenzufriedenheit zentrale Gruppen von Leistungsansprüchen (Abbildung 40): Basisanforderungen, Leistungsanforderungen und Begeisterungsanforderungen (hier und im Folgenden u.a. Bailom et al. 1996, Bauer 2000, S. 130 ff. und Zielke 2004, S. 90 f.):

- Basisanforderungen (must-be-quality elements): Erfüllung dieser Kriterien wird vorausgesetzt und führt nicht zu Zufriedenheit, während ein Nicht-Erfüllen zu extremer Unzufriedenheit führt.
- Leistungsanforderungen (one-dimensional quality elements): Der Anstieg des Erfüllungsgrades dieser Anforderungen führt proportional zu einem Anstieg der Kundenzufriedenheit beziehunsgweise bei Nicht-Erfüllen proportional zu Unzufriedenheit.
- Begeisterungsanforderungen (attractive quality elements): Dies sind Leistungskriterien, deren Erfüllungsgrad einen hohen Einfluss auf die Kundenzufriedenheit hat, die jedoch vom Kunden nicht (in diesem Umfang) erwartet oder explizit formuliert werden. Dementsprechend führt ein Erfüllen zu überproportionaler Zufriedenheit, ein Nicht-Erfüllen löst jedoch keine Unzufriedenheit aus.

Die Attribute legt Kano keineswegs vorab fest; vielmehr empfiehlt er zur Ermittlung der Attribute eine Kundenbefragung mittels eines speziellen Fragebogens: Für jedes Leistungsmerkmal sollten zwei Fragen formuliert werden, für die je fünf Antwortmöglichkeiten (von „das würde mich sehr freuen" bis „das würde mich sehr stören") existieren. Die erste Frage (z.B. „Wie beurteilen Sie es, wenn ein Auto Hybridantrieb hat?") dient der Ermittlung der Reaktion bei Erfüllung der Leistungsanforderung (funktionale Frageform). Die zweite Frage (z.B. „Wie beurteilen Sie es, wenn ein Auto keinen Hybridantrieb hat?") soll die Reaktion auf ein Nicht-Erfüllen erfassen (dysfunktionale Frageform). Eine kombinierte Betrachtung beider Antworten sowie die Bildung eines „Zufriedenheitsstiftungskoeffizienten" auf Basis der Häufigkeit der Nennungen dienen der Kategorisierung der Leistungskriterien. Diese Vorgehensweise ist zwar als zweckmäßig zu bezeichnen, jedoch wird der Fragebogen schnell sehr zeitintensiv, so dass zu befürchten ist, dass er nicht vollständig ausgefüllt wird. Grundsätzlich ist das Kano-Modell aufgrund seiner einleuchtenden, einfachen Struktur jedoch sehr beliebt und hat in der Praxis eine weite Verbreitung gefunden.

3.1.3 Verfahren zur Messung der Kundenzufriedenheit

Zur unternehmensspezifischen *Messung der Kundenzufriedenheit* existiert mittlerweile eine große Auswahl an Methoden und Verfahren (hier und im Folgenden Cooper et al. 1989, S. 30 und Stauss/Seidel 2002, S. 55 ff.). In der Praxis werden häufig multiattributive Messungen mittels Likert-Skalen eingesetzt, wobei Kunden vor dem Hintergrund eines mehrdimensionalen Zufriedenheitsmodells direkt nach ihrer Zufriedenheit gefragt werden (Homburg/Krohmer 2006, S. 45 und Tomczak/Reinecke/Dittrich 2005). Die einzelnen Dimensionen entsprechen dabei meist den Komponenten des Leistungsangebots und den Aspekten der Interaktion mit dem Kunden

(Homburg/Krohmer 2006, S. 45): Beispielsweise kann die Zufriedenheit mit der Funktionalität eines Produkts oder die Zufriedenheit mit der Servicequalität erhoben werden. Auch wird teilweise eine Abfrage von Schlüsselindikatoren vorgenommen, beispielsweise: die Frage nach dem Grad der allgemeinen Zufriedenheit, die Frage nach dem Grad der Erwartungserfüllung, nach der Weiterempfehlungsabsicht und nach der Wiederkaufabsicht (auch Fornell et al. 1996, S. 10).

Einen Überblick über den Status-Quo der Kundenzufriedenheitsmessung gibt Beutin (2003, S. 115 ff.); demnach lassen sich grundsätzlich folgende Verfahren unterscheiden (Abbildung 41):

- *Objektive vs. subjektive:* Erfassung anhand beobachtbarer Größen vs. Erfassung mittels subjektiv empfundener Zufriedenheitsurteile.
- *Ereignis- vs. merkmalsorientierte:* Erstere Verfahren berücksichtigen nur ein besonders relevantes Ereignis und umfassen die Frequenz-Relevanz-Analyse, die Analyse von Standardereignissen, die Kontaktpunktanalyse (auch sequentielle Ereignismethode genannt), die Critical Incident Technique, die Critical Path-Analyse und die Root Cause-Analyse. Letztere berücksichtigen eine Vielzahl von Merkmalen, zu denen sich der Kunde über einen längeren Zeitraum eine Meinung bilden konnte.

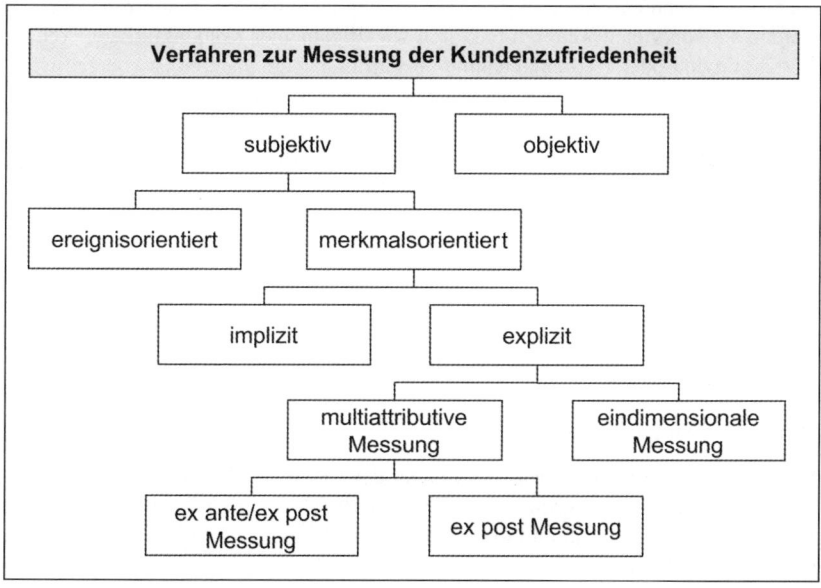

Abbildung 41: Verfahren zur Messung der Kundenzufriedenheit (Quelle: Eigene Darstellung in Anlehnung an Homburg/Werner 1998a, S. 133)

- *Implizite vs. explizite:* Auswertung von Kundeninformationen zum Beispiel über Beschwerdeverhalten vs. direkte Kundenbefragung.
- *Ein- vs. mehrdimensionale:* Messung nur eines inhaltlichen Bereichs der Kundenzufriedenheit vs. Messung mehrerer Attribute (multiattributiv/mehrdimensional).
- Verfahren nach *unterschiedlichen Befragungszeitpunkten:* Ex ante/ex post vs. ex post Verfahren.

Allerdings werden in der Praxis vor allem subjektive, merkmalsorientierte und mehrdimensionale Verfahren eingesetzt, wobei sich die Kategorien größtenteils kombinieren lassen. Über diese Verfahren hinaus zählen zudem nationale Kundenbarometer für die unternehmensübergreifende Messung der Kundenzufriedenheit zu den Verfahren der Kundenzufriedenheitsmessung. Im Folgenden werden die genannten Verfahren kurz beschrieben.

3.1.3.1 Objektive Verfahren

Objektive Verfahren messen die Kundenzufriedenheit anhand beobachtbarer Größen beziehungsweise Indikatoren, die nicht durch die Wahrnehmung der Kunden verzerrt werden. Hierzu gehören Kennzahlen wie Umsatz, Gewinn, Marktanteil, Wiederkauf- und Abwanderungsrate (Schütze 1992, S. 183). Wenngleich bereits viele Studien Zusammenhänge zwischen diesen Indikatoren und der Zufriedenheit nachweisen konnten, erscheint ihre Verwendung nicht unproblematisch. Zum einen werden sie von vielen weiteren Faktoren wie allgemeiner Konjunkturlage, Wettbewerberaktivität oder Werbemaßnahmen beeinflusst. Zum anderen ist von zeitlichen Verzögerungseffekten auszugehen, da die genannten Größen lediglich aus der Zufriedenheit resultieren. Daher lassen sich mit dieser Methode kaum valide Messergebnisse erzielen (Schütze 1992, S. 183 f., Beutin 2003, S. 118 f. und Kaetzke 2003, S. 83 f.).

3.1.3.2 Subjektive Verfahren

Subjektive Verfahren erfassen im Gegensatz zu den objektiven Verfahren die Zufriedenheit aus der Sicht der Kunden. Sie lassen sich in merkmals- und ereignisorientierte Verfahren unterteilen (Schütze 1992, S. 185 und Stauss 1999, S. 12).

Merkmalsorientierte Verfahren

Merkmalsorientierte Verfahren basieren auf der Annahme, dass sich die Kundenzufriedenheit auf die Bewertung von Einzelmerkmalen zurückführen lässt (Stauss 1999, S. 12). Diese Verfahren lassen sich weitergehend nach impliziten und expliziten Verfahren differenzieren.

Mittels *impliziter Verfahren* soll indirekt ein Rückschluss auf die Kundenzufriedenheit gezogen werden. Hierzu zählen die Analyse und Auswertung von Kundenbe-

> **Wie zufrieden sind Sie mit dem Mobiltelefon?**
>
> (Bitte kreuzen Sie eine Antwort an!)
>
> | Sehr zufrieden | 1 | 2 | 3 | 4 | 5 | 6 | 7 | Sehr unzufrieden |
> |---|---|---|---|---|---|---|---|---|
> | | ❏ | ❏ | ❏ | ❏ | ❏ | ❏ | ❏ | |

Abbildung 42: Eindimensionale Messung der Kundenzufriedenheit (Quelle: Eigene Darstellung in enger Anlehnung an Beutin 2003, S. 120)

schwerden, wobei davon ausgegangen wird, dass häufige Beschwerden auf ein Problem hindeuten, welches sich negativ auf die Kundenzufriedenheit auswirken kann. Allerdings setzt dieses Vorgehen ein aktives Beschwerdeverhalten der Kunden voraus, welches oftmals nicht gegeben ist. Des Weiteren ist diese Form der Zufriedenheitsermittlung relativ unsystematisch und nur in seltenen Fällen repräsentativ (Beutin 2003, S. 120 ff.). Ferner lässt sich die Kundenzufriedenheit durch Befragungen von Verkäufern oder Absatzmittlern evaluieren, wobei jedoch Ergebnisverzerrungen aufgrund strategischer Antworten, sozialer Erwünschtheit und Unwissenheit der Befragten entstehen können (Beutin 2003, S. 120).

Charakteristisch für die *expliziten Methoden* ist die direkte Befragung von Kunden, wobei der Erfüllungsgrad von Erwartungen beziehungsweise die empfundene Zufriedenheit gemessen wird (Beutin 2003, S. 120). Hierbei sind *eindimensionale* und *multiattributive* Ansätze zu unterscheiden. Im ersten Fall erfolgt die Messung der Kundenzufriedenheit global über eine einfache, eindimensionale Ratingskala, auf der der Kunde den Grad der Zufriedenheit angeben soll (Abbildung 42). Auch wenn diese Methode leicht handhabbar ist und eine geringe Komplexität aufweist, ist es nicht möglich, auf diese Weise konkrete Ursachen der Zufriedenheit zu ermitteln (Schütze 1992, S. 187 und Homburg/Werner 1998a, S. 133).

An diesem Kritikpunkt setzen die *multiattributiven Verfahren* an, bei denen die Zufriedenheit für eine Vielzahl von Einzelaspekten erhoben wird (Schütze 1992, S. 187). Beim *ex ante/ex post Ansatz* wird die Kundenzufriedenheit über den Vergleich zwischen den ex ante erhobenen Erwartungen an eine Leistung und der zeitlich nachgelagerten ex post Messung der Erfüllung der Erwartungen ermittelt. Die Soll- und Ist-Werte werden jeweils für mehrere Aspekte der Zufriedenheit über eine mehrstufige Ratingskala erhoben und können zu Globalurteilen aggregiert werden (Abbildung 43). Diese Methode eignet sich, um spezifische Defizite zu identifizieren und darauf aufbauend die Leistung zu gestalten (Hentschel 1990, S. 232, Beutin 2003, S. 123 f. und Meffert/Bruhn 2003, S. 292 ff.).

Der *ex post Ansatz* konzentriert sich auf die Messung der Zufriedenheit nach der Inanspruchnahme einer Marktleistung. Hierbei können einerseits die beiden Kompo-

Zufriedenheitsaspekte	1. Erwartung (ex ante) „Ich erwarte von einem Mobiltelefon..."							2. Erfüllung (ex post) „Das Mobiltelefon bietet..."						
	stimme voll zu						stimme gar nicht zu	stimme voll zu						Stimme gar nicht zu
	1	2	3	4	5	6	7	1	2	3	4	5	6	7
Hohe Tonqualität	–	–	–	–	–	–	–	–	–	–	–	–	–	–
Hohe Bedienfreundlichkeit	–	–	–	–	–	–	–	–	–	–	–	–	–	–
Lange Akku-Laufzeit	–	–	–	–	–	–	–	–	–	–	–	–	–	–
Umfangreiches Zubehör	–	–	–	–	–	–	–	–	–	–	–	–	–	–
Umfangreicher Organizer	–	–	–	–	–	–	–	–	–	–	–	–	–	–
Einfache Menüführung	–	–	–	–	–	–	–	–	–	–	–	–	–	–
Gutes Design	–	–	–	–	–	–	–	–	–	–	–	–	–	–
Gutes Preis-Leistungs-Verhältnis	–	–	–	–	–	–	–	–	–	–	–	–	–	–

Abbildung 43: Multiattributive Verfahren (ex ante/ex post) zur Messung der Kundenzufriedenheit (Quelle: Eigene Darstellung in enger Anlehung an Beutin 2003, S. 123)

nenten *Erwartungen an eine Leistung* und *Erfüllung der Erwartungen* in einem gemeinsamen Fragebogen ex post erhoben werden. Andererseits kann auf die Ermittlung der Erwartungen gänzlich verzichtet werden, womit nur die Leistungswahrnehmung gemessen wird. Diese Erhebungsform gilt als sehr zuverlässig und ist in der Praxis weit verbreitet (Homburg/Werner 1998a, S. 133 und Beutin 2003, S. 124).

Im Allgemeinen sind mit den multiattributiven Verfahren einige Probleme verbunden. So können in der Liste Zufriedenheitskomponenten fehlen oder Aspekte aufgeführt sein, die der Kunde nicht wahrnimmt oder als wenig relevant erachtet. Zugleich legen viele Kunden ihrem Zufriedenheitsurteil konkrete Erfahrungen mit der Leistung zugrunde. Da jedoch die multiattributiven Verfahren die Zufriedenheit lediglich abstrahiert erfassen, gehen bei der Erhebung wichtige Informationen verloren (Stauss/Hentschel 1990, S. 236 f. und Kaetzke 2003, S. 85 f.).

Ereignisorientierte Verfahren

Ereignisorientierte Verfahren orientieren sich am Prozesscharakter der Leistungserstellung und dienen der Beurteilung dieses Prozesses aus Kundensicht (Bruhn 2003b, S. 112). Zur Messung der Kundenzufriedenheit dienen hierbei verschiedene Verfahren, die alle mit der Technik des Storytelling beziehungsweise des freien Erzählens von Erlebnissen mit einem spezifischen Unternehmen, einer spezifischen

Marke oder einem spezifischen Produkt arbeiten: Die Frequenz-Relevanz-Analyse, die Analyse von Standardereignissen, die Kontaktpunktanalyse (auch sequentielle Ereignismethode genannt), die Critical Incident Technique, die Critical Path-Analyse und die Root Cause-Analyse (Scharitzer 1994, S. 137, Homburg/Werner 1998a, S. 132 und Bruhn 2003b, S. 116 ff.). Der Vorteil der ereignisorientierten Methoden liegt vor allem darin, dass sie eindeutige und konkrete Informationen liefern. Allerdings beziehen sie sich in der Regel nur auf einzelne Ereignisse, womit sie keine umfassende Analyse der Kundenzufriedenheit erlauben. Probleme bestehen des Weiteren hinsichtlich des hohen Erhebungs- und Auswertungsaufwands und des schwierigen Vergleichs der Daten im Zeitablauf (Stauss 1999, S. 16 und Kaetzke 2003, S. 86).

Mit Hilfe einer *Frequenz-Relevanz-Analyse*, die teilweise auch den problemorientierten Messansätzen zugeordnet wird, können fehlerhafte Prozesse und Leistungsparameter identifiziert werden (Homburg/Werner 1998a, S. 62f. und Bruhn 2003b, S. 122 ff.). Durch Kundeninterviews wird einerseits erhoben, wie oft gewisse Fehler auftreten (Frequenz). Andererseits wird ermittelt, mit welcher Wahrscheinlichkeit die Kunden trotz dieser Fehler eine Dienstleistung beziehungsweise ein Produkt kaufen. Dadurch können Aussagen über die Relevanz von Fehlern getroffen und Wahrscheinlichkeiten des Kundenverlusts beim Auftreten bestimmter Fehler berechnet werden (Relevanz). Insgesamt lassen sich schließlich vier Arten von Fehlern identifizieren, die sich aus der Kombination von hoher/geringer Relevanz mit hoher/niedriger Frequenz ergeben (Abbildung 44; Homburg/Werner 1998a, S. 62f.):

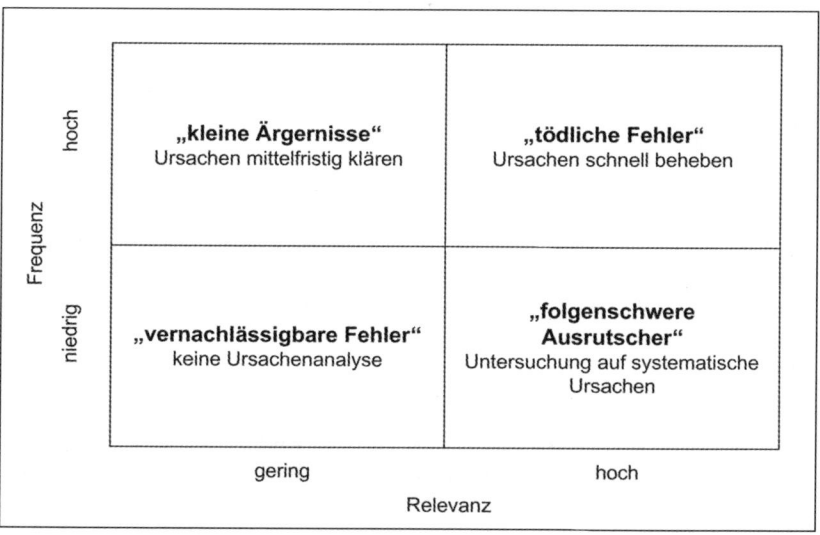

Abbildung 44: Frequenz-Relevanz-Analyse (Quelle: Eigene Darstellung basierend auf Homburg/Werner 1998a, S. 132 f.)

- Fehler mit hoher Frequenz und Relevanz sind so genannte „tödliche Fehler" (z.B. Airbag-Probleme bei einer Autoserie). Ihre Ursachen müssen möglichst schnell behoben werden.
- Fehler mit hoher Frequenz, aber geringer Relevanz („kleine Ärgernisse") haben einen systematischen Hintergrund (z.B. nervende Melodie in der Telefonwarteschleife eines Bestellzentrums). Da sich diese Fehler negativ auf die Zufriedenheit auswirken können, sollten ihre Ursachen mittelfristig geklärt werden.
- Bei seltenen Fehlern mit hoher Relevanz („folgenschwere Ausrutscher") ist zu untersuchen, ob ihnen systematische Ursachen zu Grunde liegen (z.B. fehlerhafte Beratung eines Versicherungsvertreters).
- Bei „vernachlässigbaren Fehlern" mit geringer Relevanz und Frequenz (z.B. einmal vergessenes Namensschild eines Autoverkäufers) ist aufgrund des unverhältnismäßig hohen Aufwands eine systematische Ursachenanalyse nicht erforderlich.

Durch die *Analyse von Standardereignissen* (z.B. Lieferung eines Produkts) lassen sich in einer standardisierten Erhebung detaillierte quantitative und qualitative Informationen zur Kundenzufriedenheit gewinnen. Hierbei können die Bedeutsamkeit einzelner Ereignisse ermittelt und kritische Faktoren identifiziert werden (Homburg/Werner 1998a, S. 63).

Ziel der *Kontaktpunktanalyse* ist die systematische Analyse des gesamten Kontakts zwischen Kunden und Unternehmen. Zunächst werden im Rahmen eines „Blueprints" (Kleinaltenkamp 2000, S. 4ff.) verschiedene Kundenkontaktpunkte des entsprechenden Interaktionsprozesses identifiziert. Ein Blueprint stellt in grafischer Form (Abbildung 45) den Kontaktverlauf zwischen Kunden und Unternehmen in einer konkreten Situation dar, wobei auch für den Kunden unsichtbare Elemente abgebildet werden können, die durch eine „line of invisibility" grafisch von den anderen Elementen getrennt werden (Bruhn 2003b, S. 113).

Anhand eines Blueprints mit sichtbaren Elementen sollen die Kunden in persönlichen Interviews den Ablauf des Kontakts gedanklich-emotional durchgehen und ihre Eindrücke schildern. Mittels offener, strukturierter Fragen werden sie schließlich für jeden identifizierten Kontaktpunkt nach ihren Empfindungen, dem wahrgenommenen Ablauf und einer Beurteilung befragt (Stauss/Hentschel 1990, S. 246 f., Stauss 2000, S. 389 und Bruhn 2003b, S. 113).

Die *Critical Incident Technique* (Methode der kritischen Ereignisse) geht davon aus, dass sich die Zufriedenheit nicht nur auf Produkte und Dienstleistungen bezieht, sondern den gesamten Transaktionsprozess zwischen Kunde und Unternehmen umfasst. Sie setzt sich mit den Stärken und Schwächen dieses Prozesses auseinander. „Critical Incidents" (kritische Ereignisse) sind Vorfälle, die von den Kunden als besonders positiv oder negativ wahrgenommen werden und lange im Gedächtnis bleiben. Diese sind besonders relevant für die Beziehung zwischen Kunden und Anbietern, da Kunden vor allem diese Vorfälle in Erinnerung behalten und ihm diese später einfallen, wenn im persönlichen Umfeld von dem Unternehmen und dessen Leistungen gesprochen wird (Bruhn 2003b, S. 115). Critical Incidents werden im Rahmen von standardisierten, offenen Kundeninterviews ermittelt und auf Basis einer Inhaltsanalyse ausgewertet (Bitner/Booms/Tetreault 1990, S. 73 ff. und Stauss 2000, S. 332). Typische Fragen sind:

- Denken Sie an einen Vorfall, bei dem Sie als Kunde einen besonders zufriedenstellenden beziehungsweise besonders unzufriedenstellenden Service erlebt haben.
- Wann kam es zu diesem Ereignis?
- Beschreiben Sie die konkreten Umstände, die zu dieser Situation geführt haben.
- Wie haben sich die Mitarbeiter konkret verhalten? Was haben Sie getan? Was haben Sie gesagt?
- Welche Ursachen haben das Gefühl ausgelöst, dass es sich in diesem Fall um ein besonders (un-)befriedigendes Ereignis gehandelt hat?

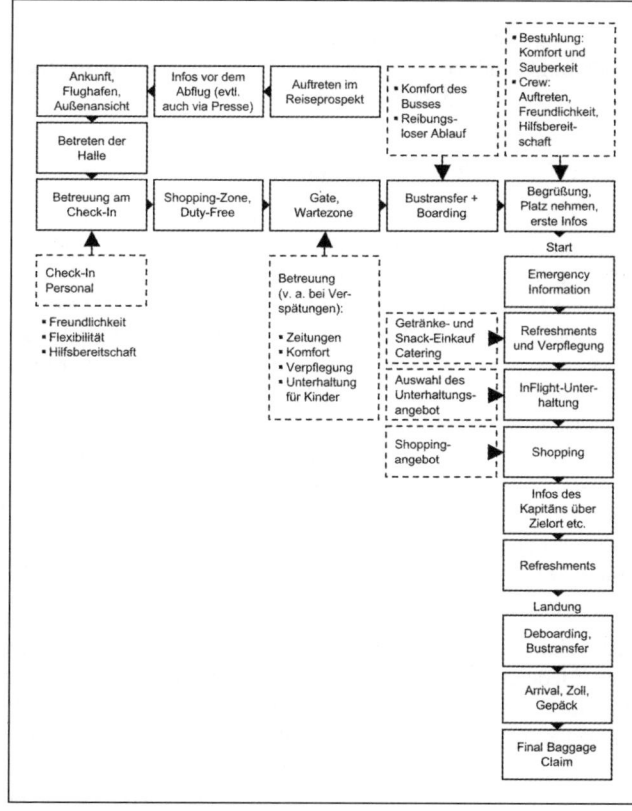

Abbildung 45: Beispiel eines Blueprints im Falle einer Flugreise (Quelle: Bruhn 2003b, S. 114)

Eine Weiterentwicklung dieser Technik stellt die *Critical Path-Analyse* dar, bei der nicht die einzelnen Transaktionen, sondern stärker die Beziehungsperspektive und insbesondere der Abwanderungsprozess im Vordergrund stehen (Roos/Strandvik 1997, S. 623 und Roos 1999, S. 71 ff.). Mittels dieser Technik kann der gesamte Abwanderungsprozess abgebildet werden. Gleichzeitig kann sie als Basis für die Konzeption eines Rückgewinnungsmanagements dienen.

Die *Root Cause-Analyse* kann zur Analyse von Abwanderungsgründen herangezogen werden. Dies macht Sinn, da eine Abwanderung selten mit einem einzelnen Ereignis, sondern vielmehr mit einer Vielzahl von Ereignissen zusammenhängt (Bruhn 2003b, S. 119 ff.). Dementsprechend werden die Ursachen der Abwanderung in einem mehrstufigen Verfahren identifiziert: Zunächst werden Hypothesen zu denkbaren Abwanderungsgründen formuliert, die anschließend im Rahmen detaillierter Ursachenbäume näher beschrieben werden. In einem weiteren Schritt werden die abgewanderten Kunden auf Basis der Story-Telling-Methode befragt und die Aufzeichnungen dieser Gespräche mit Hilfe einer PC-Befragungssoftware vorgenommen. Die Ergebnisse dieser Analyse können mit Hilfe von Ursachenbäumen grafisch systematisiert werden, wobei sich beispielsweise eine Kategorisierung mittels der Aspekte „Situation der Abwanderung", „Gründe der Abwanderung" und weitergehend nach „unternehmensbezogenen" versus „konkurrenzbezogenen" Gründen anbietet.

3.1.3.3 Nationale Kundenbarometer

Die bereits vorgestellten Methoden und Verfahren zur Kundenzufriedenheitsmessung sind meist unternehmensspezifisch ausgerichtet, wodurch Vergleiche innerhalb einer Branche oder darüber hinaus kaum möglich sind. An diesem Punkt setzen nationale Kundenbarometer an (Meyer/Dornach 1995, S. 431). Mit nationalen Kundenbarometern werden Kundenzufriedenheit sowie deren Ursachen (z.B. Qualität) und Wirkungen (z.B. Kundenbindung) durch eine neutrale Institution in zahlreichen Sektoren, Branchen und Unternehmen eines Landes oder eines Wirtschaftsraums periodisch erhoben (Bruhn/Murmann 1998, S. 6, Bruhn 2003b, S. 300 und Bruhn 2003a, S. 182 f.). Hierzu zählen unter anderem der American Customer Satisfaction Index (USA), der Kundenmonitor Deutschland (Deutschland), das Swedish Customer Satisfaction Barometer (Schweden), das Schweizer Kundenbarometer SWICS (Schweiz) und der European Customer Satisfaction Index (12 europäische Länder; Bruhn 2003b). Im Mittelpunkt solcher Untersuchungen stehen betriebswirtschaftliche und häufig auch volkswirtschaftliche Zielsetzungen.

Kundenbarometer sind eine sinnvolle Ergänzung unternehmensbezogener Kundenzufriedenheitsmessungen. Durch brancheninterne und -übergreifende Vergleiche bieten sie Ansatzpunkte zur gezielten Verbesserung der Kundenorientierung. Werden zudem die gewonnenen Daten mit denen unternehmensbezogener Zufriedenheitsmessungen verknüpft, lassen sich konkrete Maßnahmen für jedes einzelne Unternehmen ableiten (Bruhn 2003b, S. 200). Synergieeffekte können sich auch ergeben, wenn die unternehmensinterne Marktforschung die Methodik der nationalen Kundenbarometer wie z.B. Skalen oder Fragestellungen hinsichtlich der Kundenzufriedenheit übernimmt. Zusätzlich lässt sich der Informationsgehalt erhöhen, wenn die Daten im Rahmen von Zeitreihenanalysen über mehrere Jahre hinweg ausgewertet werden. Problematisch erscheint allerdings der internationale Vergleich der Daten verschiedener nationaler Kundenbarometer, weil ihnen unterschiedliche Begriffsauffassungen und Messansätze hinsichtlich der Kundenzufriedenheit zugrunde liegen. Des Weiteren ist es kaum möglich, die Gesamtheit der Wirtschaftssektoren, Branchen und Unternehmen vollständig abzubilden (Bruhn 2003b, S. 300ff.).

3.2 Sicherstellen von Effektivität und Effizienz der Marktforschung

Es ist deutlich geworden, dass die Marktforschung als Teil der Informationsversorgung funktional gesehen ein Teilgebiet des Marketingcontrollings ist. Gleichzeitig ist die Marktforschung jedoch auch ein Objekt des Marketingcontrollings: Sie muss ebenfalls effektiv und effizient sein, so dass sie die folgenden Grundsätze beachten sollte (v.a. Kuß 2004, S. 25f.):

- *Realistische Einschätzung der Ergebnisse*: Es muss sichergestellt werden, dass das Management Marktforschungsergebnisse realistisch einschätzt. Marktforschung reduziert „lediglich" Unsicherheit und ermöglicht somit bessere Entscheidungen, kann jedoch keine Entscheidungen ersetzen oder gar den Erfolg garantieren.
- *Problemorientierung (Steuerung durch gezielte Fragen) und Konzentration auf wenige wichtige Phänomene*: Marktforschung, insbesondere Primärmarktforschung, ist sehr teuer; sie sollte daher nur eingesetzt werden, wenn es ökonomisch sinnvoll ist. Der Einsatz von Marktforschung zur Rechtfertigung bereits getroffener Entscheidungen ist in der Regel weder effektiv noch effizient.
- *Stufenweises Vorgehen*: Aus Wirtschaftlichkeitsüberlegungen sollte grundsätzlich zunächst Sekundärforschung betrieben werden. Erst wenn sich herausstellt, dass die dadurch gewonnenen Informationen nicht ausreichen, sollte Primärforschung durchgeführt werden. In der Regel empfiehlt sich dann zunächst der Einsatz explorativer Voruntersuchungen, bevor beispielsweise standardadisierte Befragung eingesetzt werden.
- *Methodenkombination*: Grundsätzlich sollte das Problem die Methode bestimmen. Dabei sollte nicht aus Routine lediglich das Instrument der standardisierten Befragung gewählt werden, sondern auch andere Methoden der Datenerhebung (bspw. Beobachtungen, Experimente, Panels) evaluiert werden.
- *Repräsentativität erörtern*: Es sollte kritisch hinterfragt werden, ob (teure) Repräsentativität im konkreten Fall tatsächlich erforderlich ist; ein Vertrauensinter-

vall sollte festgelegt (beeinflusst Kosten maßgeblich) und somit die erforderliche Stichprobengröße errechnet, nicht politisch bestimmt werden. Auch sind systematische Fehler häufig gravierender als Stichprobenfehler.

- *Standardisierung*: Instrumente der Datenerhebung sollten möglichst „geeicht" werden, so dass dasselbe Instrumente zu unterschiedlichen Zeitpunkten eingesetzt werden kann. Der aus solchen Zeitreihenstudien resultierende Informationsgewinn im Vergleich zu einmaligen Ad hoc-Studien sollte nicht unterschätzt werden.
- *Methodenkenntnisse aufbauen*: Zusammenhänge in der Realität sind in der Regel kaum bivariat. Daher empfiehlt es sich, multivariate Datenanalysen vorzunehmen. Entsprechend notwendige Methodenkenntnisse sind nicht nur bei Marktforschern, sondern auch bei Marketingcontrollern und -führungskräften erforderlich.
- *Diagnosen und Handlungsempfehlungen anstatt reiner Analysen*: Die Datenanalyse ist wichtig, jedoch ist sie nur eine Voraussetzung; zentral sind eine gute Diagnose (problemorientierte Zusammenfassung, Fazit) und die Entwicklung von Handlungsvorschlägen („Therapievorschläge") für das Management. Dies ist ohne eine ausgeprägte Interaktion von Management und Marktforschung nicht möglich. Eine solche Kooperation sollte folgende Aspekte berücksichtigen: ausführliches Briefing durch den Auftraggeber zum Verständnis der zu analysierenden Fragen im Problemzusammenhang, detaillierte Marktforschungsofferte als Rückkopplung, intensiver Abstimmungsprozess während der Datenerhebung und -analyse, detaillierte schriftliche und (!) mündliche Präsentation der Ergebnisse mit Interpretationshinweisen und Handlungsempfehlungen.

4 Ausgewählte Analyseinstrumente zur Unterstützung der Marketingplanung

Aus der Vielzahl an Instrumenten, die sich zur Unterstützung der Unternehmensführung und auch zur Unterstützung der Marketingplanung bei dem frühzeitigen Erkennen von Bedrohungen und strategischen Erfolgspotenzialen sowie der Bewertung von langfristigen Handlungsalternativen eignen, werden im Folgenden einige zentrale Methoden (Köhler 1993, S. 433) skizziert: das Benchmarking, die Gap-Analyse, die ABC-Analyse, SWOT-Analysen sowie Markt- und Technologieportfolio-Analysen. Für eine ausführliche Darstellung und weitere Methoden wird auf die Marketingplanungsliteratur verwiesen wird (z.B. Becker 2001, S. 92 ff., Nieschlag/Dichtl/Hörschgen 2002, S. 102 ff., Jenner 2003, S. 70 ff. und Kuß/Tomczak 2004b, S. 17 ff.).

4.1 Benchmarking

Ziel des Analyse-, Planungs-, und Kontrollinstruments *Benchmarking*, das in der Regel der Qualitätssicherung teilweise jedoch auch der Wettbewerbsbeobachtung und Effizienzanalyse (Kapitel C.3.2) dient, ist Folgendes: Erfolgreiche Produkte, Dienstleistungen, Ansätze, Strategien, Prozesse, Organisationsstrukturen, Methoden oder Instrumente (*Objekte* des Benchmarking) in anderen Unternehmen beziehungsweise bei Wettbewerbern, in anderen Branchen oder anderen Unternehmensbereichen (*Formen* des Benchmarking) zu analysieren und daraus zu lernen (Abbildung 46). Dabei müssen *Vergleichsmaßstäbe* wie Kosten, Zeit, Qualität und Ergebnis festgelegt werden (für konkrete Ergebnisvergleiche können z.B. monetäre, nichtmonetäre, verknüpfte oder Verhältniskennzahlen eingesetzt werden können. Ferner müssen als *Vergleichsziel* nicht unbedingt Best Practices als bereits realisierte Leistungen herangezogen werden; so können auch theoretisch denkbare Positionen (Best Theory) oder unter bestimmten Voraussetzungen Durchschnittsleistungen (Average Practice) als Ziele dienen (hier und im Folgenden z.B. Camp 1997, Pieske 1997, Krcmar/Buresch/Reb 2000, Nieschlag/Dichtl/Hörschgen 2002, S. 179 f. und Bauer/Stokburger/Hammerschmidt 2006, S. 241 ff.).

Benchmarking lässt sich somit als der ständige Prozess des Strebens eines Unternehmens nach Verbesserung klar definierter Leistungen und Prozesse durch Orientierung an den jeweiligen internen oder externen Bestleistungen beschreiben (Camp 1994, S. 18 ff. und Sabisch 1994, S. 58).

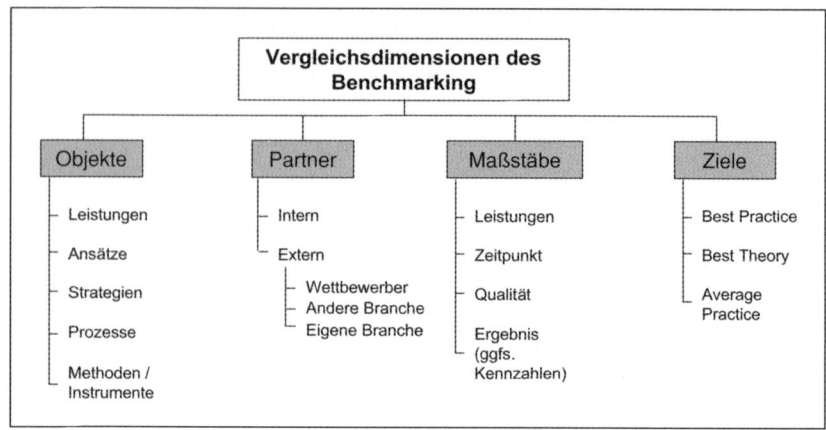

Abbildung 46: Vergleichsdimensionen des Benchmarking (Quelle: Eigene Darstellung in Anlehnung an Bauer/Stokburger/Hammerschmidt 2006, S. 242)

Idee des in der Praxis entwickelten Ansatzes ist somit grundsätzlich,

- zu erkennen, welches Unternehmen oder welcher Bereich auf einem bestimmten Gebiet hervorragend und führend ist beziehungsweise mit seinen „Best Practices" einen „Benchmark" (Orientierungspunkt) setzt,
- diesen Benchmark zu analysieren und
- die Erfahrungen und Abläufe dieses Unternehmens oder Unternehmensbereichs auf das eigene Unternehmen oder das eigene Aufgabenfeld unter Berücksichtigung fallspezifischer Besonderheiten zu übertragen. Im Zuge dessen müssen Strategien und Taktiken entwickelt werden, um die Lücke zwischen der eigenen Ist-Situation und dem Benchmark zu schließen.

Die grundsätzlichen Fragen dabei lauten: „Was machen andere Unternehmen besser als wir und warum?" Benchmarking kann somit als strukturierter Lernprozess betrachtet werden, weshalb auch von *Benchlearning* gesprochen werden kann.

Die starke Bedeutungszunahme des Benchmarking in den vergangenen Jahren ist mit der auf Benchmarking begründeten Erfolgsgeschichte der Firma Rank Xerox, die vor allem Kopiergeräte herstellt, verknüpft: Um seine Logistik- und Verkaufsprozesse zu optimieren, führte Rank Xerox Anfang der 1980er ein sehr erfolgreiches Benchmarkingprojekt mit dem Versandhandelsunternehmen L.L. Bean durch, weil L.L. Beans Kernkompetenz in der Logistik- und Verkaufsstrategie sowie deren Umsetzung liegt und L.L. Bean hier Best Practices aufweist.

Zwar kann Benchmarking mit Wettbewerbern durchgeführt werden, jedoch kann in diesem Fall meist nicht kooperiert werden, so dass die Informationen anderweitig, beispielsweise über Studien und Daten von Unternehmensberatungen, Kammern, Verbänden oder Forschungsinstitutionen sowie mittels Firmenpublikationen und Informationen aus der Presse gewonnen werden müssen. In der Regel werden Benchmarkingprojekte jedoch branchenübergreifend durchgeführt. Dies liegt zum einen daran, dass Best Practices in anderen Bereichen nicht übersehen werden sollen. Zum anderen macht es Sinn, von Unternehmen lernen zu wollen, deren Existenz stärker von einem spezifischen Prozess beziehungsweise einer spezifischen Kernkompetenz abhängt als die eigene (wie bei Xerox und L.L. Bean), weil vermutet werden kann, dass bei diesen Unternehmen bereits ein starker Fokus auf die Entwicklung innovativer und führender Ansätze und Instrumente gelegt wurde.

Wie Benchmarking im Speziellen umgesetzt werden kann, wird am Beispiel des Werbebenchmarking in Kapitel C.6.2.9 und am Beispiel der benchmarkbasierten Effizienzanalyse in Kapitel C.3.2.2 deutlich.

4.2 Gap-Analyse

Ein einfaches Instrument der Marketingplanung ist die Gap-Analyse. Als Situationsanalyse ist sie häufig die erste Methode, die in einem Planungsprozess eingesetzt wird: Mit ihrer Hilfe können grundsätzliche strategische Lücken („Gaps") zwischen gesetzten Zielen und dem bisher realisierten Zielerreichungsgrad aufgedeckt werden. Auch kann mittels Trendextrapolation aufgezeigt werden, wie groß die Lücke zu verschiedenen Zeitpunkten in der Zukunft sein wird, wenn die bisher geplanten und auch bisher realisierten Strategien weiterhin verfolgt werden. Liegt ein Gap vor und kann dieser innerhalb eines bestimmten Zeitraums nicht geschlossen werden, dient dies als Hinweis, dass eine Strategieänderung vorgenommen werden muss: Eventuell müssen Wachstumsstrategien verfolgt werden, um diese Lücke zu schließen (ausführlich u.a. Becker 2001, S. 413 ff.).

4.3 SWOT-Analyse

Eine Analysemethode, die zwei gängige Analysen – die Stärken-Schwächen-/Ressourcenanalyse und die Chancen-Risiken-Analyse – zusammenführt, ist die Strength/Weeknesses/Opportunities/Threats-Analyse (SWOT-Analyse) (ausführlich z.B. Becker 2001, S. 104 ff., Nieschlag/Dichtl/Hörschgen 2002, S. 103 ff. und Kuß/Tomczak 2004b, S. 41 ff.). Gleichzeitig verbindet sie die resource-based und die market-based View, indem sie sowohl Marktpotenziale als auch Unternehmensressourcen und -kompetenzen berücksichtigt: Grundsätzlich können mittels SWOT-

- Art und Qualität der Produkte
- Modernität und Kapazität des Produktionsbereichs
- Größe, Qualifikation und Motivation des Verkaufsbereichs
- Kostensituation von Produktion, Vertrieb und Verwaltung
- Produktivität von verschiedenen Unternehmensbereichen
- Logistik und Distributionssystem
- Finanzielles Potenzial
- Leistungsvermögen des FuE-Bereichs
- Marktnähe und Infrastruktur des Standorts
- Patente
- Image von Marken und Gesamtunternehmen

Abbildung 47: Typische Objekte einer Stärken-Schwächen-Analyse (Quelle: Kreilkamp 1987, S. 237f. und Hax/Majluf 1996, S. 132ff.)

Analyse durch eine Gegenüberstellung und Abwägung von Unternehmenskompetenzen und -potenzialen mit der Marktsituation und Marktpotenzialen zum einen Stärken und Schwächen identifiziert und anschließend die Position im Wettbewerb verdeutlicht werden. Zum anderen können Chancen und Risiken/Bedrohungen identifiziert werden. Dies erlaubt das Ableiten strategischer Handlungsempfehlungen. Abbildung 47 fasst Merkmale, die in einer Stärken-Schwächen-Analyse häufig berücksichtigt werden, zusammen.

4.4 ABC-Analyse

Eine in der Praxis häufig zu Zwecken des Kundenmanagements eingesetzte - Konzentrationsanalyse ist die ABC-Analyse (hier und im Folgenden Becker 2001, S. 885ff., Nieschlag/Dichtl/Hörschgen 2002, S. 660ff. und Kuß/Tomczak 2004b, S. 142ff.). Grundsätzlich dient sie der Bildung von Rangreihen bestimmter Objekte wie Produkten, Produktgruppen, Kunden, Kundensegmenten und Märkten nach ihrer Wichtigkeit, welche zum Beispiel an der Höhe ihres Erfolgsbeitrags (z.B. Umsatz oder Deckungsbeitrag) festgemacht werden kann. Auf diese Weise können Erfolgskonzentrationen der genannten Objekte (z.B. Kunden) identifiziert und – dies stellt einen großen Vorteil der ABC-Analyse dar – grafisch aufgezeigt werden.

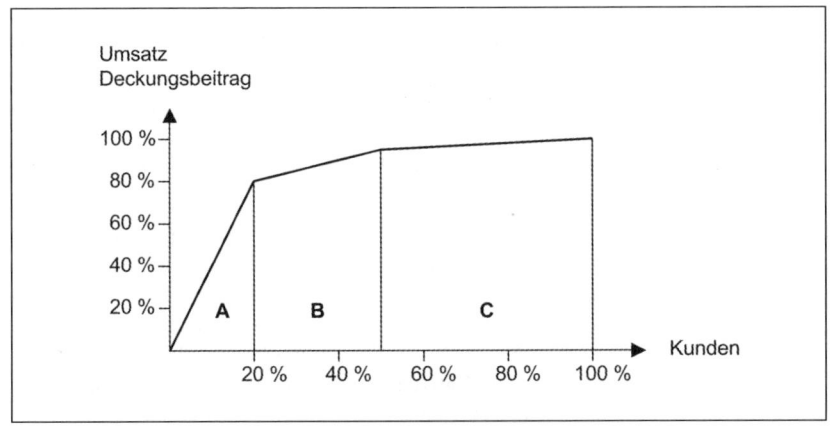

Abbildung 48: ABC-Analyse (Quelle: Link 1995, S. 108)

Im Rahmen der Marktleistungsgestaltung werden die Produkte beispielsweise in drei Klassen (A, B und C) eingeteilt. Als Maßstab dient ihr jeweiliger Beitrag zum Gesamtumsatz, so dass die ABC-Analyse zu den eindimensionalen, gegenwartsbezogenen Methoden gehört. Bei einer grafischen Darstellung mittels der Achsen „Umsatzanteil in Prozent" in Abhängigkeit von der „Anzahl Produkte in Prozent", ergibt sich in der Regel eine Lorenzkurve, da mit zirka 20 Prozent der Produkte (A-Produkte) zumeist zirka 80 Prozent des Umsatzes generiert werden (Abbildung 48). Diese Analyse allein lässt jedoch nicht den Schluss zu, C-Produkte könnten aus dem Programm genommen werden: Eine derartige Schlussfolgerung erfordert ergänzend die Überprüfung komplexer Zusammenhänge wie Verbundeffekte, Maschinenauslastung oder Risikoverteilung.

Der große Nutzen der ABC-Analyse liegt im Allgemeinen darin, dass sie es Unternehmen auf eine sehr einfache und pragmatische Weise ermöglicht, die unterschiedliche (wirtschaftliche) Bedeutung der betrachteten Objekte zu ermitteln und die Marketingmaßnahmen dementsprechend zu steuern.

4.5 Portfolio-Analysen

Portfolio-Analysen erfassen die strategische Situation verschiedener Betrachtungsobjekte, indem sie Markt- und Unternehmensanalysen verbinden, und erlauben die Ableitung von Normstrategien für Investitionsentscheidungen im Hinblick auf die Ressourcenallokation in Unternehmen. Sie dienen heute insbesondere

(1) der Planung strategischer Geschäftseinheiten (SGEs), der Produktprogrammgestaltung und der Unterstützung des Kundenmanagements auf der einen Seite (*Marktportfolios*) sowie
(2) der Planung und Steuerung von Technologien (*Technologieportfolios*) auf der anderen Seite.
(3) Zudem werden integrierte Markt-Technologie-Portfolios eingesetzt, um eine Integration von Technologie- und Gesamtplanung zu erreichen.

Theoretisch können sie jedoch auf diverse Planungsprobleme angewendet beziehungsweise übertragen werden. Als Planungsmethode erfreuen sie sich seit den 1980ern insbesondere in der Praxis bei Fragen der Unternehmensführung und Marketingplanung großer Akzeptanz und Verbreitung, wobei insbesondere die Modelle der beiden Unternehmensberatungen Boston Consulting Group (BCG) und McKinsey eine zentrale Rolle einnehmen. Entwickelt wurde diese Methode vor allem auf Basis der Ergebnisse des PIMS-Projekts – einer umfassenden empirischen Studie von Erfolgsfaktoren, die bis heute andauert – sowie auf Basis der Lernkurve und des Konzepts des Produktlebenszyklus (ausführlich Coenenberg/Günther 1990 und Jenner 2003, S. 94; auch Dunst 1979).

4.5.1 Marktportfolios

Das Konzept der Portfolio-Analyse lässt sich anhand der Marktportfolios verdeutlichen (ausführlich z.B. Haedrich/Tomczak 1996a, S.113ff., Becker 2001, S. 418f. und 880ff., Nieschlag/Dichtl/Hörschgen 2002, S.118ff. und Kuß/Tomczak 2004b, S. 74ff.):

In einer Matrix (je nach Ansatz mit vier [BCG] oder sechs [McKinsey] Feldern) aus *externem* Erfolgsfaktor (Marktattraktivität) und *internem* Erfolgsfaktor (Wettbewerbsstärke) – also einem vom Unternehmen beeinflussbaren Faktor – kann jede strategische Geschäftseinheit zugeordnet werden, wobei angenommen wird, dass diese Position das jeweilige Erfolgspotenzial anzeigt und bestimmt. Die beiden Dimensionen können dabei unterschiedlich operationalisiert werden: So wurde Marktattraktivität in der ursprünglichen Matrix des Beratungsunternehmens Boston Consulting Group (BCG-Matrix) als relatives Marktwachstum (Wachstumsrate der SGE/SGE mit höchster Wachstumsrate) operationalisiert. Zu einem späteren Zeitpunkt wurden stattdessen Attraktivitätsindizes vorgeschlagen, in denen sich mehrere mit Hilfe von Punkten bewertete Aspekte der Marktattraktivität zusammenfassen lassen. Die Dimension Wettbewerbsstärke wird mit Hilfe des relativen Marktanteils (Marktanteil der SGE/Marktanteil des stärksten Wettbewerbers) oder einem differenzierten Wettbewerbsstärkeindex operationalisiert.

Ein großer Vorteil von Portfolio-Analysen ist, dass sie leicht verständlich sind. Dies unter anderem, weil sie grafisch dargestellt werden (wie inAbbildung 49). So werden die SGEs in die Matrizen eingeordnet, wobei die jeweiligen Volumina, festgemacht zum Beispiel am Umsatz oder Absatz, mit unterschiedlich großen Kreisen visualisiert werden können.

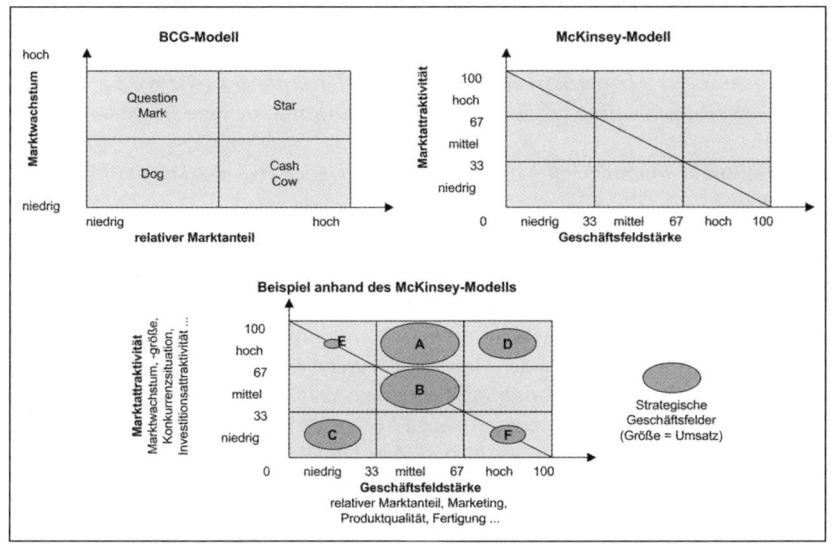

Abbildung 49: Markt-Portfolio-Modelle der Boston Consulting Group und von McKinsey (Quelle: Eigene Darstellung u.a. in Anlehnung an Jenner 2003, S. 94)

Die sich ergebenden Felder (Quadranten) werden üblicherweise mit Namen bezeichnet: im BCG-Modell mit Question Marks (niedriger relativer Marktanteil, hohes Marktwachstum), Stars (hoher relativer Marktanteil, hohes Marktwachstum), Cash Cows (hoher relativer Marktanteil, niedriges Marktwachstum) und Dogs (niedriger relativer Marktanteil, niedriges Marktwachstum). Für jedes Feld wurde eine Normstrategie entwickelt, die jeweils als Angabe einer groben Stoßrichtung verstanden werden kann: „big step or out" (Questions Marks), „intensiv investieren" (Stars), „notwendigen Ressourceneinsatz halten/abschöpfen" (Cash Cows) und „Ressourcenbegrenzung oder Desinvestition" (Dogs).

In der Regel können diese Normstrategien als Ausgangsbasis für Marketingstrategien herangezogen werden: Für ein Feld mit der Strategie „investieren/wachsen" wird vermutlich eine andere Marketingstrategie entwickelt werden als für ein Feld mit der Strategie „abschöpfen". Diese Handlungsempfehlungen sind jedoch stets – insbesondere auf Basis weitergehender Marketinganalysen – kritisch zu reflektieren. Zum Beispiel werden auch bei Portfolio-Analysen Verbundeffekte nicht berücksichtigt. Ferner wurden Portfolio-Analysen insbesondere im Hinblick auf die Auswahl der Erfolgsfaktoren und den Größen zur Operationalisierung dieser kritisiert. Für eine ausführliche Diskussion der Vor- und Nachteile von Portfolio- Analysen wird auf die entsprechende Literatur verwiesen (z.B. Kreilkamp 1987, S. 474 ff. und Jenner 2003, S. 94 f.), die Kritik richtet sich jedoch vor allem auf:

- die *zu starke Vereinfachung* der Herausforderungen der Strategieentwicklung durch die Beschränkung auf lediglich zwei Aspekte,
- die *schwierige Abgrenzbarkeit der Portfolio-Matrix-Felder* (wie wird z.b. „starkes" Wachstum definiert?) und die schwierige Definition der Geschäftfelder sowie
- die zu starke Vereinfachung und die *begrenzte Generalisierbarkeit der Normstrategien*.

Die Marktportfolios berücksichtigen als marketingorientierte Instrumente jedoch nur die Marktzyklen der Produkte und erfassen somit Technologieentwicklungen nur implizit (Specht/Beckmann/Amelingmeyer 2002, S. 95). Die dem Marktzyklus vorgelagerte Phase der Entstehung neuer Substitutionstechnologien und der darauf fußenden Substitutionsprodukte wird nur unzureichend betrachtet (Pfeiffer 1987, S. 76 ff.). Somit kann ein Marktportfolio keine Anhaltspunkte für neue strategische Zukunftsfelder liefern, die stark auf neuen Technologien aufbauen. Insgesamt sind Marktportfolios somit für ein relativ statisches Umfeld eher geeignet als für Unternehmen in einer (technologiebedingten) turbulenten Umwelt (ausführlich Pfeiffer 1987, S. 77 ff.).

4.5.2 Technologieportfolios

Bei innovationsorientierten Problemstellungen wird deshalb meist auf Technologieportfolios wie dem Technologieportfolio von Pfeiffer (z.B. Pfeiffer 1987) zurückgegriffen: In dynamischen, technologisch orientierten Industrien stellt die technologische Dimension die wichtigste Quelle für Wettbewerbsvorteile dar (Porter 1983, S. 3 ff. sowie hier und im Folgenden in enger Anlehnung an Goos/Hagenhoff 2003, S. 35 ff. und ferner Friedli 2006, S. 264 ff.): Strategischer Wandel ist häufig durch den Wandel der Technologien geprägt, die den Produkten und Prozessen zugrunde liegen. Die systematische Entwicklung und Nutzung von Innovationen ist dabei erfolgskritisch (Gerpott 2005, S. 303). Die Unterstützung der Entwicklung von Innovationsstrategien, die es erlauben, neue Produkt-Markt-Felder mittels Innovationen zu eröffnen und zum anderen Kosten- und Differenzierungspotenziale gegenüber der Konkurrenz zu generieren, sind somit zentrale Aufgabe eines auf Innovationen ausgerichteten Marketingcontrollings.

Ziel eines Technologieportfolios ist die Abbildung der in einem Produkt oder im Unternehmen verwendeten Technologien in einer zweidimensionalen Matrix, um daraus Anhaltspunkte für Strategien der Entwicklungsmaßnahmen abzuleiten (Pfeiffer 1987, S. 79). Hierbei werden auf der einen Achse unternehmensexterne Faktoren, die die Zukunftsperspektiven einer Technologie im Branchenwettbewerb darstellen, und auf der anderen Achse beeinflussbare Faktoren wie die spezifischen Positionen des Unternehmens bezüglich der untersuchten Technologien abgetragen (Wolfrum 1994, S. 224). Als Untersuchungsobjekte werden dann die zu untersuchenden Technologien in das Portfolio eingeordnet, die den Produkten und Verfahren des Unternehmens zugrunde liegen (Gerpott 2005, S. 333).

4.5.3 Integrierte Markt-Technologie-Portfolios

Problematisch bei der Verwendung reiner Technologieportfolios ist, dass sie zwar eine gute Grundlage zur *Bestimmung von Technologieprioritäten* vermitteln, jedoch *keine Aussage über Marktprioritäten* treffen (Gerpott 1999, S. 155). Da für ein strategisches Innovationsmanagement sowohl technologische Aspekte als auch die Berücksichtigung der Erfolgsaussichten im Markt relevant sind, bietet sich die Verwendung integrierter Markt-Technologie-Portfolios an. Durch diese lässt sich eine Integration von Technologieplanung und Gesamtplanung erreichen (Wolfrum 1994, S. 229). Als Beispiel, um die Funktionsweise eines integrierten Technologieportfolios darzustellen, eignet sich ein *Ansatz von McKinsey* (ferner Pfeiffer/Metze/Schneider/Amler 1991). Prinzipiell setzt sich dieser aus einem einfachen Technologieportfolio und einem Marktportfolio zusammen, die in einem Gesamtportfolio integriert werden (hier und im Folgenden Wolfrum 1994, S. 228 ff. und Gerpott 1999, S. 156): Das Technologieportfolio wird anhand der beiden Faktoren Technologieattraktivität und relative Technologieposition aufgespannt. Die Attraktivität der Technologie basiert im Wesentlichen auf der Position der Technologie auf der S-Kurve, dem verbleibenden Weiterentwicklungspotenzial und den entsprechenden typischen für diesen Fortschritt notwendigen Kosten. Die relative Technologieposition wird durch die Know-How-Basis des Unternehmens im Vergleich zum Wettbewerb sowie die relativen Kosten für den Fortschritt bestimmt.

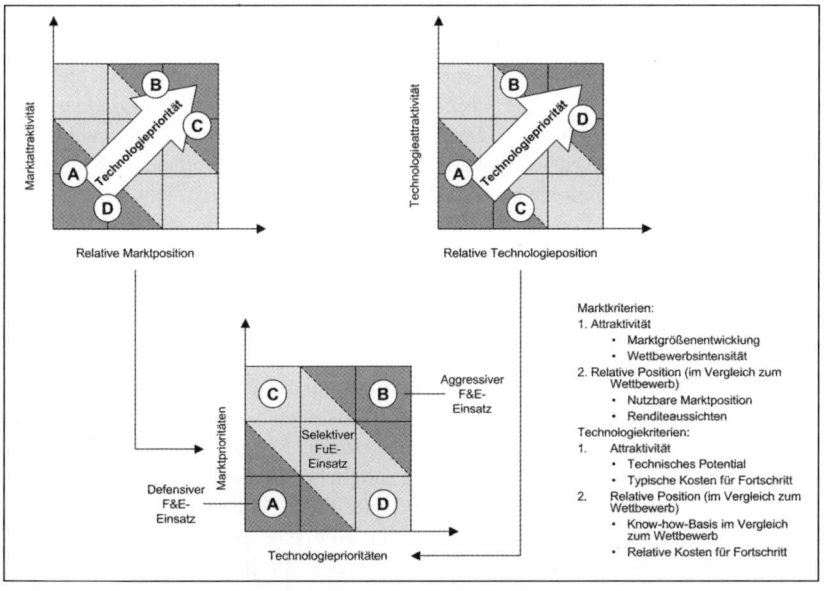

Abbildung 50: Integriertes Technologie-Markt-Portfolio von McKinsey (Quelle: Krubasik 1982, S. 30)

Das Marktportfolio umfasst die Dimensionen Marktattraktivität und relative Marktposition, in das die strategischen Geschäftseinheiten eingeordnet werden. Im nächsten Schritt erfolgt eine Zusammenführung der beiden Portfolios zum integrierten Gesamtportfolio. Je nach Position im Gesamtportfolio werden Prioritäten für Ressourcenallokation der Forschung und Entwicklung (F&E) in Bezug auf die Technologien abgeleitet. Anhand von Abbildung 50 lässt sich der Nutzen gegenüber einer isolierten Betrachtung der Portfolios verdeutlichen. So würde Forschungsgebiet D aufgrund der schwachen Position in dem Marktportfolio nur sehr geringe Mittel zu Verfügung gestellt bekommen. Bei Berücksichtigung der hervorragenden Technologiepriorität ergibt sich jedoch ein differenzierteres Bild, das eine selektive F&E-Strategie nahe legt (Krubasik 1982, S. 30).

Nachteilig bei der Verwendung dieses Ansatzes ist, dass *keine Trennung von Produkt- und Verfahrenstechnologien* vorgenommen wird (Abele/Freese/Laube 2002, S. 8). Dadurch ist es nicht möglich, eine sinnvolle Einordnung innerhalb des Marktportfolios zu erarbeiten, da Produkte in Bezug auf den externen Markt und Verfahren in Bezug auf den internen Markt, das Unternehmen, bewertet werden sollten. Darüber hinaus wird kein Hinweis auf die Ableitung entsprechender Technologiestrategien gegeben (Wolfrum 1994, S. 231).

Ferner werden Technologieportfolios häufig im Hinblick auf ihre *formale Gestalt* kritisiert. So werden keine Hinweise für die Wahl eines geeigneten Algorithmus zur Aggregation der Subkriterien zu einer Hauptmatrixachse gegeben (Gerpott 1999, S. 323). Des Weiteren basieren Technologieportfolios häufig auf theoretischen Konzepten (z.B. dem Technologielebenszyklusmodel oder der S-Kurve), deren *Allgemeingültigkeit bezweifelt* wird (Gerpott 1999, S. 323). Ein weiterer Nachteil ist, dass Technologieportfolios eine *mechanistische Verdichtung der vorhandenen Informationen* auf lediglich zwei Dimensionen vornehmen, was häufig nicht ausreicht, um die komplexen technologischen Zusammenhänge adäquat abzubilden. Zudem wird eine Technologie einer SGE zugeordnet. Auch dies reicht insbesondere vor dem Hintergrund von Querschnittstechnologien, die eine geschäftsbereichsübergreifende Anwendung haben, zur Abbildung der Realität nicht aus. Zudem bauen Technologieportfolios auf Marktportfolios und den mit diesen in Zusammenhang stehenden Konzepten wie der Erfahrungskurve auf, was nicht unproblematisch sein kann.

Zusammenfassend lässt sich festhalten, dass die mit diesem Instrument entwickelten Strategien nicht als unerschütterbar zu verstehen sind (Abele/Freese/Laube 2002, S. 8). Vielmehr ist darüber hinaus eine *kritische Reflexion der Ergebnisse notwendig*, eine zusätzliche Berücksichtigung möglicher Synergien sowie gegebenenfalls eine Berücksichtigung von wichtigen Einzelfällen. Die Stärke des Instruments liegt darin, eine Strukturierungshilfe für eine *sinnvolle Ressourcenallokation* auf Technologien bereit zu stellen, um somit Anhaltspunkte für die Entwicklung einer Innovationsstrategie aufzuzeigen.

4.5.4 Kundenportfolio-Modelle

Kundenportfolio-Modelle dienen der Analyse der Kundenstruktur (hier und nachfolgend Reinecke/Keller 2006, S. 265 ff.). Grundsätzlich spiegelt sich auf der einen Analysedimension die Unternehmenskomponente wider, während sich auf der anderen Dimension die Umfeldkomponente abbildet (Schmöller 2001, S. 138). Anhand des finanziellen Gleichgewichts und der Ausgewogenheit der Kundenkonzentrationen lassen sich somit optimale Kundenportfolios mit einer ausgeglichenen Risikoverteilung erkennen.

Ähnlich wie bei der ABC-Analyse (Kapitel B.4.4) und gängigen Marktportfolios werden beim Kundenportfolio-Ansatz Kunden oder Kundensegmente anhand von zwei Achsen visualisiert (Abbildung 51). Häufig werden die Dimensionen Kundenattraktivität und die eigene relative Wettbewerbsposition verwendet (Lessing 1982, S. 57, Schleppegrell 1987, S. 32 und Velte 1987, S. 130). Die Investitionswürdigkeit des Kunden wird dann vom kundenspezifischen Erfolg und von den relativen Erfolgschancen des Unternehmens abhängig gemacht (Link/Hildebrand 1997a, S. 167). Mögliche Variablen für die Attraktivität sind Umsatzwachstum oder die Entwicklung des Deckungsbeitrages. Im Rahmen des Kundencontrolling eignet sich jedoch auch der Kundenwert sehr gut, um diese Dimension zu repräsentieren. Für die externe Dimension lässt sich zudem das geografische Absatzpotenzial oder das Marktwachstum vorschlagen.

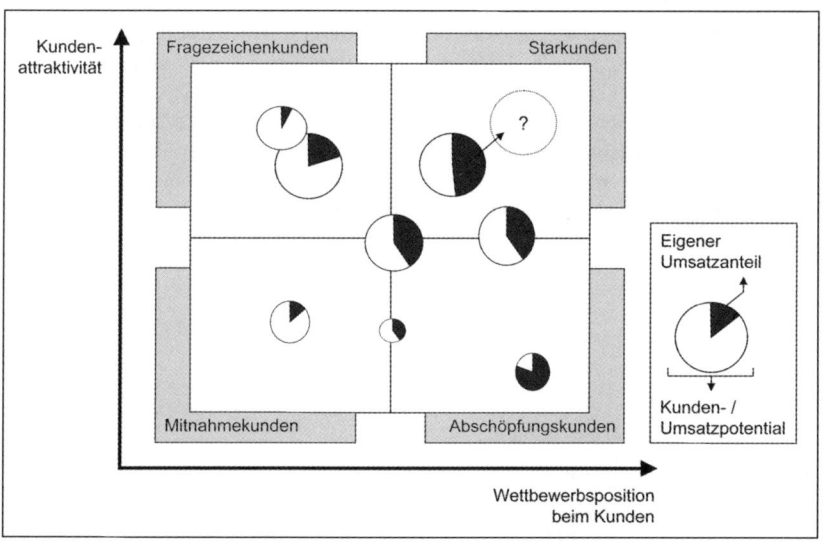

Abbildung 51: Beispiel eines Kundenportfolios mit illustrativem Soll-Ist-Vergleich bzw. Entwicklungstrend (Quelle: Reinecke/Keller 2006, S. 266; dort in Anlehnung an Homburg/Daum 1997, S. 396)

Die Kundenportfolio-Analyse ergibt leicht verständliche Heuristiken zum Ableiten von Kundenbearbeitungsstrategien. Teilt man die Portfolio-Matrix in vier Felder ein, so können beispielsweise die Kunden(segmente) mit einer hohen Attraktivität bei einer schwacher Wettbewerbsposition als „Fragezeichenkunden" bezeichnet werden. Bei diesen Kunden ist zu überprüfen, ob die Wettbewerbsposition durch zielgerichtete Maßnahmen verbessert werden kann. In der Regel empfiehlt sich eine klare Entscheidung zwischen maßgeblicher Investition oder dem vollständigen Verzicht auf Maßnahmen. „Abschöpfungskunden" lassen sich als weniger attraktiv charakterisieren bei einer relativ schwachen Konkurrenz. Marketinginvestitionen sollten hier daher in einem Ausmaß getätigt werden, die für die Verteidigung der eigenen Position erforderlich ist (Link/Hildebrand 1993, S. 53).

Als Erweiterung des zweifaktoriellen Kundenportfolio-Modells kann der multifaktorielle Ansatz verstanden werden, wonach Kunden auf Basis einer Vielzahl von Kriterien beurteilt werden. Zwar werden auch auf diese Weise die Kunden auf Basis von zwei Faktoren skaliert, jedoch ergeben sich die Koordinaten als Ergebnis aus mehreren, bewerteten und gewichteten Einzelkriterien (Götz/Diller 1991, S. 5). Eine Vorgehensweise zur Generierung der Portfolio-Erfolgsfaktoren gibt Schulz (1995, S. 128 ff.). Durch die Beurteilung der Kunden mittels mehreren Kriterien bekommt die Kundenportfolio-Analyse den Charakter nicht nur der Ergründung der Kundenstruktur, sondern auch der Bewertung der Kunden.

Aufgrund des Aggregationsgrades eignet sich die Methodik in besonderem Maße für Kundensegmente oder Unternehmen mit einer geringen Kundenanzahl. Dies ist Grund dafür, weshalb die Analyseform im Business-to-Business-Bereich weit verbreitet ist (Homburg/Schnurr 1998, S. 183). Allerdings ist auch eine mehrstufige Vorgehensweise denkbar, bei welcher beispielsweise zuerst alle Distributionskanäle (z.B. Fachhandel, Großhandel, Exporteure) und anschließend die Unternehmen eines Kanals (beispielsweise Fachhändler) im Einzelnen analysiert werden. Trotz der starken Komplexitätsreduzierung gibt die Methodik Impulse für die Zusammenstellung des Maßnahmenkatalogs und bietet Anregungen für strategische Zielkonzeptionen (Raffée 1989, S. 12).

5 Marketingbudgetierung

5.1 Begriff und Einordnung

Ursprünglich im staatlichen Haushaltswesen entstanden, ist die Budgetierung ein weit verbreitetes Managementinstrument zur Steuerung von Organisationen beziehungsweise Organisationseinheiten mittels periodischer Input- und Outputvorgaben in Form von Budgets (Horváth et al. 1985, S. 138, Siegwart 1996, S. 206f. und Steinmann/Schreyögg 2005, S. 392).

Dementsprechend kommt der Budgetierung traditionell auch für die Planung und das Management von Marketingmaßnahmen eine zentrale Bedeutung zu (Barzen 1990, S. 2). Wenngleich der Budgetbegriff in Wissenschaft und Praxis nicht einheitlich definiert wird, herrscht überwiegend Einigkeit darüber, dass Budgetierung und Planung eng miteinander zusammenhängen und sich Budgets insbesondere durch ihren formalzielorientierten Vorgabecharakter von allgemeinen Plänen unterscheiden (Wolbold 1995, S. 8 und Horváth 2006, S. 230). Nach einer weitläufigen, insbesondere auf Wild (1974a, S. 325) zurückgehenden Auffassung beziehen sich die in Marketingbudgets enthaltenen Vorgaben dabei ausschließlich auf monetäre Größen (z.B. Kiener 1980, S. 144, Barzen 1990, S. 9, Berndt 1995, Sp. 325f. und Diller 1998b, S. 185); einer weniger eng gefassten Ansicht zufolge beziehen sich Marketingbudgetvorgaben dagegen auf quantitative Größen (z.B. Wilson 1995, S. 277). Weil sich die monetäre Outputbewertung einzelner Marketingmaßnahmen aufgrund komplexer Wirkungszusammenhänge häufig als äußerst schwierig erweist (Reinecke 2004, S. 1f.) und die (monetäre) Formalzielorientierung von Budgets prinzipiell auch durch nichtmonetäre quantitative Zielvorgaben unterstützt werden kann (Wolbold 1995, S. 8), beschränkt sich die folgende Definition nicht auf monetäre Vorgabegrößen. So wird ein *Marketingbudget* verstanden als ein formalzielorientierter, in monetären beziehungsweise quantitativen Größen formulierter Plan, der einer Marketingorganisationseinheit für eine bestimmte zeitliche Dauer mit einem bestimmten Verbindlichkeitsgrad vorgegeben wird (Wild 1974a, S. 325 und Horváth 2006 S. 213).

Auf dieser Grundlage stellt die *Marketingbudgetierung* einen Prozess dar, der die Erstellung, Verabschiedung, Kontrolle und Abweichungsanalyse von Marketingbudgets umfasst (Steinmann/Schreyögg 2005, S. 393). Die Marketingbudgetierung bildet dabei einen integralen Bestandteil der gesamten Unternehmensbudgetierung und steht in einer engen Beziehung zu anderen Planungs- und Controllinginstrumenten (Kiener 1980, S. 144ff.).

5.2 Funktionen von Budgets

Der Budgetierung werden in Wissenschaft und Praxis traditionell diverse Funktionen zugeschrieben (Hansen/van der Stede 2004, insb. S. 418 ff.). Nach Steinmann/Schreyögg (2005, S. 393) lassen sich vier wesentliche Budgetfunktionen unterscheiden:

1. *Orientierungsfunktion:* Verpflichtung der budgetierten Organisationseinheiten auf bestimmte Ziele und Verdeutlichung ihrer Ergebnisverantwortung.
2. *Koordinations- und Integrationsfunktion:* Koordination und Integration sämtlicher Unternehmensbereiche durch horizontale und vertikale Budgetabstimmung zur zielgerichteten Allokation knapper Unternehmensressourcen.
3. *Kontrollfunktion:* Nutzung der quantitativen Budgetvorgaben als Maßstab zur Leistungsmessung und damit zur Kontrolle und Überwachung, in deren Rahmen auch Abweichungsursachen mittels Abweichungsanalysen zu erforschen sind.
4. *Motivationsfunktion:* Förderung der Motivation der budgetierten Organisationseinheiten, vor allem durch deren Beteiligung bei der Budgetfestlegung sowie durch Gewährung von Handlungsspielräumen.

5.3 Arten von Marketingbudgets

Marketingbudgets kommen in einer Vielzahl unterschiedlicher Arten vor, was mitunter zu sprachlichen Unschärfen hinsichtlich des Budgetbegriffs führen kann. Zu ihrer Unterscheidung eignen sich insbesondere die folgenden wesentlichen Merkmale (Abbildung 52; Wild 1974a, S. 330 f. und Horváth 2006, S. 215):

- Nach dem Merkmal *Organisationseinheit* erfolgt die Gliederung von Marketingbudgets einerseits horizontal, zum Beispiel nach Funktionen (wie Marketing und Verkauf), Marketingprozessen (wie Kundenakquisition und -bindung), Marketinginstrumenten (wie Werbung, Verkaufsförderung oder Sponsoring), Absatz-

Unterscheidungsmerkmale von Marketingbudgetierungsformen						
Organisations-einheiten	Wert-dimension	Geltungs-dauer	Verbindlich-keitsgrad	Flexibilitäts-grad	Budgetaus-richtung
• Horizontal • Vertikal	• Kostenvor-gaben • Leistungs-vorgaben	• Fix • Rollierend	• Starre Ober- bzw. Unter-grenze • Lediglich Orientierungs-größe	• Starr • Flexibel	• Strategisch • Operativ

Abbildung 52: Unterscheidungsmerkmale von Marketingbudgetierungsformen
(Quelle: Eigene Darstellung)

segmenten (wie Produkte, Kundensegmente, Marktregionen oder Distributionskanäle) oder Projekten (wie Corporate Events oder Messen) und andererseits vertikal nach Ebenen der Unternehmenshierarchie, zum Beispiel Marketingbudgets auf Konzernebene versus Marketingbudgets auf der Ebene strategischer Geschäftseinheiten.

- Im Hinblick auf das Merkmal *Wertdimension* lassen sich Marketingbudgets mit Kostenvorgaben von solchen mit Leistungsvorgaben (z.b. Umsatz-, Absatz-, Marktanteils- oder Deckungsbeitragsgrößen) abgrenzen. Im Sinne einer Profit-Center-Struktur sind beide Budgetarten möglichst aufeinander abzustimmen (Kiener 1980, S. 157 ff.).
- Anhand des Merkmals *Geltungsdauer* lassen sich zum Beispiel Monats-, Quartals-, Jahres- oder Mehrjahresbudgets unterscheiden. In einem engen Zusammenhang hierzu steht die Unterscheidung, ob die Marketingbudgetierung bezogen auf einen fixen Zeitraum (z.b. ein Jahr) oder rollierend (z.b. quartalsweise für die nächsten vier Quartale, wobei nur das zeitnahe erste detailliert budgetiert wird, die restlichen hingegen nur grob) erfolgt. Eine rollierende Marketingbudgetierung eignet sich dabei primär für ein unsicheres, dynamisches Umfeld, da sie der Gefahr entgegenwirkt, dass Budgetvorgaben vor Ablauf der Budgetperiode überholt sind (Wilson 1995, S. 279 f.).
- Auf Basis des Merkmals *Verbindlichkeitsgrad* können Marketingbudgets dahingehend differenziert werden, ob sie eine absolut starre Ober- beziehungsweise Untergrenze oder lediglich eine Orientierungsgröße vorgeben.
- Das Merkmal *Flexibilitätsgrad* bezieht sich auf die Anpassungsfähigkeit von Marketingbudgets in Abhängigkeit von Änderungen relevanter Bezugsgrößen, zum Beispiel der Branchenkonjunktur oder Wettbewerbsmaßnahmen. In dieser Hinsicht lassen sich starre (keine Anpassung) von flexiblen (Anpassung relativ zu Bezugsgröße) Marketingbudgets abgrenzen.
- Eine grundlegende Unterscheidung besteht ferner zwischen *strategischen* und *operativen* Marketingbudgets. So dienen strategische Marketingbudgets in erster Linie dazu, Marketingorganisationseinheiten die monetären Konsequenzen strategischer Marketingpläne aufzuzeigen, und fungieren als Rahmenvorgaben für die operativen Marketingbudgets (Barzen 1990, S. 25 ff. und Berndt 1995, Sp. 326). Dabei weisen sie im Vergleich zu operativen Marketingbudgets bei einer längeren (mehrjährigen) Geltungsdauer gewöhnlich einen geringeren Detaillierungs- und Verbindlichkeitsgrad auf (Horváth 2006, S. 217).

5.4 Prozess der Marketingbudgetierung

Bezüglich des Prozesses der Marketingbudgetierung können prinzipiell drei klassische Ansätze differenziert werden (Becker 2001, S. 769 und Weber/Schäffer 2006, S. 298 f.): Beim *Top-down-Ansatz* wird das Marketingbudget hierarchisch nachgelagerten Organisationseinheiten (z.B. Produktmanagement) durch das Top-Management vorgegeben. Dieser Ansatz ist strategiegerecht und vermeidet zeitintensive Abstimmungsprozesse, allerdings kann die mangelnde Beteiligung der budgetierten Organisationseinheiten zu Akzeptanzproblemen hinsichtlich der Budgetvorgaben führen. Beim *Bottom-up-Ansatz* verläuft die Marketingbudgetierung von unten nach oben, wobei die hierarchisch untergeordneten Organisationseinheiten Budgetvorschläge gemäß ihren Zielen und Plänen erarbeiten und diese dann mit dem Top-Management abstimmen.

Vorteilhaft erscheinen dabei insbesondere die Nutzung des Markt- und Kundenwissens bei der Festlegung der Budgetvorgaben sowie die erhöhte Motivation der budgetierten Einheiten durch deren Beteiligung an der Budgetfestlegung.

Von Nachteil sind die Gefahren eines hohen Koordinationsbedarfs sowie eines opportunistischen Verhaltens der budgetierten Organisationseinheiten (durch zu hohe Kostenbudget- und zu niedrige Leistungsbudgetforderungen). Im Rahmen des *Gegenstromverfahrens* werden Top-down- und Bottom-up-Ansatz miteinander kombiniert, wobei die Eröffnung entweder top-down oder bottom-up erfolgen kann.

5.5 Ansätze und Methoden der Marketingbudgetierung

Den ökonomischen Kern der Marketingbudgetierung bildet die *Ressourcenallokationsaufgabe*, die auf der Knappheit der verfügbaren Unternehmensressourcen basiert und auf die *Festlegung der Höhe* des Marketingbudgets sowie auf dessen *Verteilung* in sachlicher und zeitlicher Hinsicht fokussiert (Mantrala 2002, S. 409 f.). Aus der großen Vielzahl der in Wissenschaft und Praxis bestehenden Ansätze und Methoden zur Ressourcenallokation werden im Folgenden solche diskutiert, die in erster Linie die Festlegung der Budgethöhe im Bereich der Marketingkommunikation adressieren (Reinecke/Fuchs 2003, S. 25 ff.). Wie in Abbildung 53 dargestellt, lassen sich in diesem Zusammenhang grundsätzlich analytische sowie heuristische Ansätze und Methoden unterscheiden (Bruhn 2005, S. 239).

Bei *analytischen* Marketingbudgetierungsansätzen wird zunächst die *Reaktionsfunktion* einer Marketingoutputgröße (gewöhnlich Umsatz, Absatz, Deckungsbeitrag oder Marktanteil) in Abhängigkeit von den Marketinginputgrößen (in der Regel Marketingkostenbudgets oder Marketinginstrumente) entweder mit Hilfe von ökonometrischen Modellen, Experimenten oder subjektiven Schätzungen ermittelt, um dann auf dieser Basis mit Hilfe eines meist problemspezifischen Algorithmus die optimale Allokation zu bestimmen (Albers 1998, S. 211 f. und Mantrala 2002, S. 411). Um dem in der Realität existierenden komplexen Wirkungsverbund besser gerecht zu werden, berücksichtigen die in der Literatur existierenden Ansätze teil-

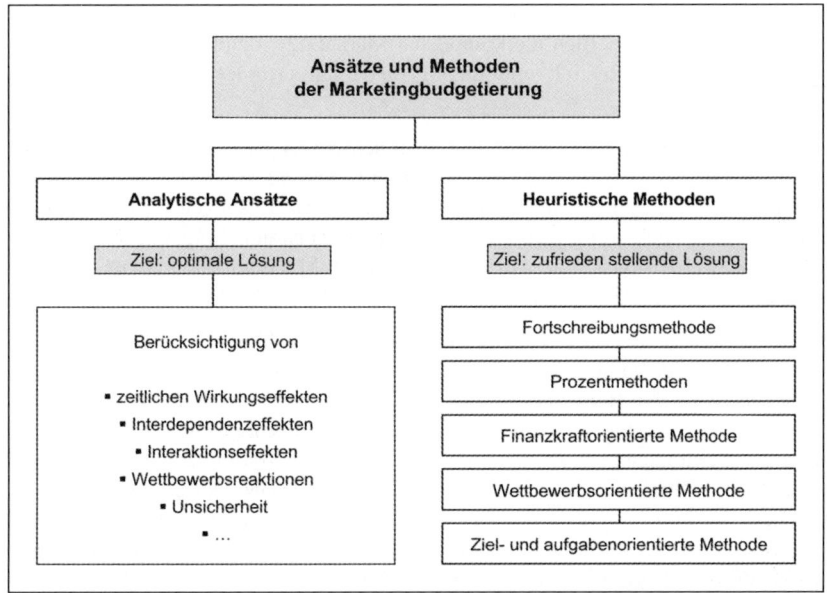

Abbildung 53: Ansätze und Methoden der Marketingbudgetierung (Quelle: Eigene Darstellung in Anlehnung an Bruhn 2005, S. 239)

weise zeitliche Wirkungseffekte über mehrere Perioden, Interdependenz- und Interaktionseffekte zwischen Marketinginstrumenten, Reaktionen von Wettbewerbern sowie Unsicherheit. Auf dieser Basis kann die Marketingbudgetierung – im Hinblick auf die Zielfunktion und im Rahmen der getroffenen Annahmen – durch die Anwendung geeigneter Lösungsverfahren (in der Regel Marginalanalyse oder Management Science-Verfahren) *optimiert* werden (z.B. Mantrala 2002, S. 410ff. für eine Darstellung und Würdigung solcher Modelle).

Obwohl einige erfolgreiche Anwendungen dieser Vorgehensweise berichtet werden (Doyle/Saunders 1990), muss man festhalten (Albers 1998, S. 212), dass in der Praxis vor allem Kennzahlen – häufig in Form von Daumenregeln – eingesetzt werden (Permut 1977, Patti/Blasko 1981, Blasko/Patti 1984, Piercy 1987, Lynch/Hooley 1990, Albers 1998, S. 212 und Mantrala 2002, S. 410). Als Gründe dafür identifiziert Albers (1998, S. 212) zum einen die früher schlechte Verfügbarkeit entsprechender Entscheidungsunterstützungssysteme sowie fehlendes Know-how, diese einzusetzen. Wichtiger jedoch erscheint ihm, dass in vielen Unternehmen die entsprechende Reaktionsfunktion nicht kalibriert werden kann, da das erforderliche statistische Know-how fehlt. Zudem sind sich selbst Fachleute nicht immer einig, welche Reaktionsfunktion zu unterstellen ist, obwohl die Allokationsempfehlungen stark von der Art des Funktionstyps abhängen und stochastische Reaktionsfunktionen schon prinzipiell nicht exakt zu schätzen sind (ausführlich Albers 1998). Weitere Gründe sind sicherlich die komplexen Marketingwirkungsbeziehungen in der unternehmerischen Realität und die Verfügbarkeit erforderlicher Daten (Bruhn 2005, S. 275 ff.).

Entsprechend dominieren in der Unternehmenspraxis nach wie vor *heuristische* Methoden der Marketingbudgetierung, die im Gegensatz zu analytischen Ansätzen keine optimalen, sondern lediglich *zufriedenstellende* Lösungen anstreben, dafür aber mit vergleichsweise geringem Kalkulationsaufwand. Folgende heuristische Methoden werden klassischerweise im Kontext der Marketingbudgetierung genannt (Meffert 2000, S. 785 ff., Kotler/Bliemel 2006, S. 907 ff., Bruhn 2005, S. 238 ff.):

- Bei der *Fortschreibungsmethode* orientiert sich die Marketingbudgetfestlegung am Budget der Vorperiode. Dem grundsätzlichen Vorteil einer schnellen und aufwandsminimalen Budgetbestimmung steht hier unter anderem der Nachteil einer mangelnden Strategie- und Wettbewerbsorientierung entgegen.
- Auf der Grundlage von *Prozentmethoden* erfolgt die Bestimmung des Marketingbudgets als Prozentsatz einer Bezugsgröße (z.B. Umsatz oder Deckungsbeitrag). Diese Methode zeichnet sich insbesondere dadurch aus, dass sie einfach und schnell anzuwenden ist und zudem der Budgetfinanzierbarkeit Rechnung trägt. Als prinzipiell kritikwürdig erscheint jedoch die fehlende Sachlogik dieser Methode: So wird das Marketingbudget von einer Bezugsgröße wie dem Umsatz bestimmt und nicht umgekehrt, was zu einer mitunter problematischen prozyklischen Marketingbudgetierung führt.
- Nach der *finanzkraftorientierten Methode („affordability-method")* richtet sich die Festlegung des Marketingbudgets nach den verfügbaren Finanzressourcen, die als Residualgröße nach Abzug der nicht dem Marketingbereich zurechenbaren Kosten sowie eines Mindestgewinns vom Erlös übrig bleiben. Ähnlich wie Prozentmethoden berücksichtigt diese Methode die Finanzierbarkeit von Marketingvorhaben, verkennt jedoch die kausale Beziehung zwischen Marketingbudget und Zielgröße, so dass Marketingmaßnahmen einseitig als Kosten betrachtet werden.
- Bei der *wettbewerbsorientierten Methode („competitive-parity-method")* orientiert sich die Marketingbudgetierung an den Budgets der Hauptwettbewerber. Dem liegt vor allem die Annahme zugrunde, dass sich dadurch der Marktanteil eines Unternehmens sichern lässt. Als problematisch erweist sich jedoch die fehlende Berücksichtigung unternehmensspezifischer Marketingziele sowie die häufig mangelnde Transparenz bezüglich der Marketingbudgets von Wettbewerbern.
- Im Rahmen der *ziel- und aufgabenorientierten Methode („objective-and-task-method")* werden die zur Erreichung der Marketingziele erforderlichen Marketingaufgaben beziehungsweise -maßnahmen kostenmäßig quantifiziert und budgetiert. Dies entspricht insofern einem sachlogisch-rationalen Vorgehen, als dass der kausalen Beziehung zwischen Marketingbudgets und Marketingoutputgrößen Rechnung getragen wird. Zentrale Voraussetzung ist dabei jedoch, dass diese Wirkungsbeziehungen zumindest in Grundzügen bekannt sind, was in der Unternehmenspraxis häufig nicht der Fall ist.

Insgesamt lässt sich festhalten, dass die *„optimale" Gestaltung der Marketingbudgetierung* wesentlich von der Kenntnis der funktionalen Wirkungsbeziehungen zwischen Marketinginputgrößen und -outputgrößen abhängt und somit in einem engen Zusammenhang mit dem Marketing Performance Measurement steht. Eine leistungsfähige Marketingbudgetierung erfordert daher grundsätzlich, dass Unternehmen nicht einseitig auf Kostenkontrollen fokussiert sind, sondern insbesondere auch die outputgenerierende Wirkung von Marketingmaßnahmen berücksichtigen. Vor diesem Hintergrund erscheinen die meisten der dargestellten heuristischen Methoden prinzipiell als problematisch, auch wenn sie sich durch eine verhältnismäßig einfache und schnelle Anwendbarkeit auszeichnen. Optimierungsorientierte analytische Ansätze erscheinen in dieser Hinsicht überlegen, jedoch basiert ihre Anwendbarkeit in der Unternehmenspraxis unter anderem auf einer umfassenden und validen Informationsbasis, die tendenziell eher in bestimmten Marketingbereichen wie dem Direktmarketing vorzufinden ist.

Von hoher grundsätzlicher Bedeutung erscheint in diesem Zusammenhang die Erkenntnis einer Reihe von Forschungsarbeiten, nach der – unter vereinfachten Modellannahmen – die Höhe des durch das Marketingbudget zu erzielenden Deckungsbeitrags weniger von der absoluten Höhe des Marketingbudgets als stärker von dessen Allokation auf die verschiedenen Absatzsegmente abhängt (Tull et al. 1986, Chintagunta 1993 und Mantrala/Sinha/Zoltners 1992). Gemäß dieses als *Flat Maximum-Prinzip* bezeichneten Sachverhalts nivellieren sich die Kosten und Umsatzwirkungen des Marketingbudgets in einem weiten Bereich um das Deckungsbeitragsmaximum. Dies impliziert, dass eine deckungsbeitragsmaximierende analytische Marketingbudgetierung nicht auf der aggregierten Marktreaktionsfunktion basiert, sondern auf den *disaggregierten Marktreaktionsfunktionen* der einzelnen Absatzsegmente (Mantrala/Sinha/Zoltners 1992, S. 163). Um den Deckungsbeitrag insgesamt zu maximieren, sollte das Marketingbudget nach Albers (1998, S. 232f.) proportional zum Deckungsbeitrag multipliziert mit der entsprechenden Elastizität auf die verschiedenen Absatzsegmente verteilt werden. Entsprechend hängt die optimale Verteilung des Marketingbudgets auf die verschiedenen Absatzsegmente nicht nur von deren jeweiliger Deckungsbeitragshöhe, sondern auch von der jeweiligen Wirkung von Marketingbudgetänderungen in Form der Elastizität ab.

Zur Sicherstellung von Marketingeffektivität und -effizienz sollte die Anwendung bestimmter Marketingbudgetierungsmethoden grundsätzlich unter *Berücksichtigung situationsspezifischer sowie Kosten-Nutzen-Vergleichs-bezogener Aspekte* erfolgen. So mutet beispielsweise die Nutzung einfacher Prozentmethoden in marketingschwachen Branchen mit geringer Marktkomplexität und -dynamik als rational an, während die vergleichsweise kostenintensive Implementierung von computergestützten analytischen Ansätzen in wettbewerbs- und marketingintensiven Branchen als gerechtfertigt erscheinen kann. Erschwert wird die Beurteilung von Marketingbudgetierungsmethoden jedoch durch deren vielfältigen Eigenschaften und Funktionen, die es situativ abzuwägen gilt. In diesem Kontext sind insbesondere auch verhaltensorientierte Aspekte der jeweiligen Methoden zu berücksichtigen. So erscheint beispielsweise der verbreitete Fortschreibungsansatz als geeignet, Konflikte zwischen verschiedenen Interessensgruppen innerhalb eines Unternehmens zu vermindern, da er zum Erhalt bestehender ressourcenbasierter Machtstrukturen beiträgt (ausführlich v. a. Piercy 1986b zu verhaltensorientierten Aspekten der Marketingbudgetierung).

5.6 Better Budgeting und Beyond Budgeting

Wenngleich die Budgetierung in ihrer Rolle als primärem Steuerungsinstrument in plankoordinierten Unternehmen auf eine lange Tradition der Kritik zurückblicken kann, sieht sie sich seit einiger Zeit insbesondere angesichts verschärfter Wettbewerbsbedingungen einer mitunter grundlegenden Kritik gegenüber (Schäffer 2003 und Weber/Linder 2005, S. 217ff.). Im Wesentlichen wird dabei kritisiert, dass die Budgetierung in ihrer klassischen Form (Neely et al. 2001, S. 1 f.)

- zeit- und kostenintensiv ist,
- der unternehmerischen Reaktionsfähigkeit, Flexibilität und Veränderungsfähigkeit entgegenwirkt,
- häufig nicht (ausreichend) mit der Strategie abgestimmt ist,
- wenig Wert schafft, insbesondere vor dem Hintergrund des hohen Ressourcenaufwands,
- auf Kostenreduzierung und nicht auf Wertschöpfung fokussiert,
- die vertikale Steuerung und Kontrolle verstärkt,
- nicht der zunehmenden Netzwerkorganisation von Unternehmen entspricht,
- dysfunktionale Verhaltensweisen (z.B. „Budgetspiele") fördert,
- einen zu starken Jahresbezug und damit einen zu geringen Aktualitätsgrad aufweist,
- auf unfundierten Annahmen und Intuition basiert,
- Abteilungsbarrieren statt übergreifendes Wissensmanagement verstärkt,
- bewirkt, dass sich Mitarbeiter „unterschätzt" fühlen.

Als Antwort auf diese Problembereiche der klassischen Budgetierung sind in der jüngeren Vergangenheit vor allem zwei Lösungsansätze von Seiten der Unternehmenspraxis beziehungsweise von Unternehmensberatern propagiert worden: Während der *Better Budgeting*-Ansatz auf eine *Reform des Budgetierungsprozesses* abstellt, strebt der *Beyond Budgeting*-Ansatz eine *vollständige Abschaffung der Budgetierung* an (Weber/Linder 2003). Weil beide Ansätze grundsätzlich auch für die Steuerung des Marketingbereichs relevant sind, werden sie nachfolgend zunächst knapp charakterisiert und abschließend gesamthaft gewürdigt.

Die verschiedenen Konzepte zur Verbesserung der Budgetierung, die dem *Better-Budgeting*-Ansatz zuzuordnen sind, zeichnen sich durch folgende zentrale Merkmale aus (Weber/Linder 2003, S. 14f. sowie die dort angegebene Literatur):

1. *Koordination durch Budgets (Pläne):* Beibehaltung der Budgetierung als Koordinationsinstrument.
2. *Dezentralisierung*: Verkürzung und Flexibilisierung der Budgetierung durch einen vereinfachten sowie verstärkt dezentralen Budgeterstellungs- und Verabschiedungsprozess.
3. *Fokussierung und Entfeinerung:* Fokussierung der Budgetierung auf erfolgskritische Prozesse (dadurch Verringerung der Anzahl von Budgets und Vorgabegrößen) sowie Übergang von detaillierten Budget- auf schnelle Vorschaurechnungen.
4. *Analytische Neuplanung* statt vergangenheitsorientierter Fortschreibung, gegebenenfalls unter Nutzung von Verfahren wie dem Zero-Base Budgeting oder dem Activitity-Based-Budgeting.
5. *Relative, benchmarkorientierte Zielvorgaben* anstelle innenorientierter, absoluter Budgetvorgaben.
6. *Strategieorientierung:* Stärkere Verknüpfung von Strategie und Budgetierung, zum Beispiel mittels Balanced Scorecard oder strategischer Budgets.
7. *Rollierende Prognose* statt fixem Jahresbezug.
8. *Selbstkontrolle:* Verringerung der Anzahl und Häufigkeit von (fremdkontrollierten) Budgetkontrollen zugunsten von Selbstkontrollen und damit Fokussierung des Berichtswesens.
9. *Reduktion dysfunktionaler Effekte:* Entkoppelung der Budgeterreichung von der Vergütung zur Vermeidung dysfunktionaler Verhaltensweisen (Budgetpolster, Manipulation) und zur Verbesserung der Prognosegüte.
10. *Stärkere Unterstützung des Planungsprozesses durch Planungswerkzeuge:* Stärkere Nutzung spezialisierter Planungs- und Kontrollsoftwaresysteme zur Beschleunigung des Planungsprozesses sowie zur Verringerung des Planungsaufwands.

Der *Beyond Budgeting*-Ansatz verzichtet auf die Budgetierung zur Unternehmenssteuerung und ersetzt sie durch ein umfassendes Managementkonzept (Fraser/Hope 2001 und Hope/Fraser 2003). Dieses basiert auf zwölf Prinzipien, von denen sich die erste Hälfte auf die Unternehmenskultur und -struktur und die zweite Hälfte auf den Management- und Controllingprozess bezieht (Weber/Linder 2003, S. 21 ff. sowie die dort angegebene Literatur):

1. *Gemeinsame Werte und Self-Governance:* Schaffung einer verstärkten Dezentralisierung der Unternehmenssteuerung durch gemeinsame Werte und Self-Governance, so dass die dezentralen Manager schneller agieren und reagieren können, ohne an starre zentrale Vorgaben und Prozesse gebunden zu sein.
2. *Empowerment dezentraler Manager:* Einrichtung möglichst vieler Profit Center sowie Übertragung erforderlicher Ressourcen zur Realisierung der verstärkt dezentralen Steuerung.
3. *Dezentrale Ergebnisverantwortung:* Delegation der Verantwortung an die dezentralen Manager für Ergebnisse relativ zu Wettbewerbern oder anderen Profit Centern.

4. *Netzwerkorganisation* statt klassischer multidivisionaler Organisationsform zur verbesserten Zuordnung von Humanressourcen, höherer Flexibilität und verbessertem Wissensmanagement.
5. *Marktähnliche Koordination* anstelle einer plan- beziehungsweise budgetbasierten Koordination, so dass sich die einzelnen Profit Center auch intern als Kunden respektive Dienstleister verstehen.
6. *Coaching und Challenging:* Unterstützung der dezentralen Manager durch erforderliche Werkzeuge (z.B. Informations- und Früherkennungssysteme) und Schulungen (z.B. hinsichtlich Managementwerkzeugen und Personalführung) sowie durch Coaching.
7. *Relative Zielvorgaben:* Zielvorgaben orientieren sich an der Performance relevanter Wettbewerber und passen sich damit laufend der Umfeldentwicklung an.
8. *Rollierender Strategieentwicklungs- und -durchsetzungsprozess:* Dezentrale Überprüfung und Aktualisierung der Strategie auf Geschäftsbereichsebene in unterjährigen Zyklen, insbesondere auf Basis der Balanced Scorecard.
9. *Früherkennung und rollierende Prognose:* Laufende Anpassung von Strategien beziehungsweise Taktiken durch die dezentralen Manager anhand rollierender Prognose, wobei Früherkennungssysteme die Aktualität der Inputs sicherstellen.
10. *Flexible Ressourcenallokation:* Autonome Entscheidung über Investitionsprojekte durch die dezentralen Manager auf Grundlage eines durch die Zentrale vorgegebenen Kalkulationszinsfußes.
11. *Selbstkontrolle:* Übergang von Fremd- zu Selbstkontrolle, wobei die dezentralen Manager im Rahmen ihrer Problemlösung bei Bedarf (subsidiär) durch die Zentrale unterstützt werden.
12. *Relative, teambasierte Vergütung:* Teambasierte Vergütung auf Basis relativer Erfolgsgrößen (ex post Sicht); dabei Trennung von Prognose und Vergütung zur Vermeidung von Manipulation.

Im Rahmen einer knappen *Gesamtwürdigung* lässt sich abschließend festhalten, dass die potenzielle Vorteilhaftigkeit der beiden Ansätze gegenüber der Budgetierung wesentlich vom unternehmensspezifisch-situativen Kontext abhängt und insofern keiner der Ansätze als universell überlegen erscheint (Oehler 2002, S. 154 f., Schäffer/Zyder 2003, S. 104 ff. und Weber/Linder 2003, S. 32 ff.). Zur Beurteilung der Effektivität und Effizienz der verschiedenen Ansätze ziehen Weber und Linder (2003, S. 32 ff.) die beiden Kriterien Komplexität und Dynamik (jeweils bezogen auf das Unternehmen und sein Umfeld) heran. Auf dieser Grundlage lässt sich zusammenfassend festhalten, dass sich die klassische Budgetierung – entgegen der mitunter pauschalen Kritik – nach wie vor als geeigneter Ansatz in einem begrenzt dynamischen Umfeld erweist. Der Better Budgeting-Ansatz eignet sich dagegen besser für eine Anpassung an einen dynamischeren Kontext, wobei der insbesondere durch die verstärkte analytische Neuplanung bedingte erhöhte Budgetierungsaufwand eine Fokussierung der Budgetierung erfordert und dabei die Bewältigung von Komplexität einschränkt. Der Beyond Budgeting-Ansatz erscheint aufgrund seiner marktähnlichen Koordinationsform schließlich am besten für einen dynamischen Unternehmenskontext geeignet, nicht dagegen für ein komplexes Umfeld. Bei der vergleichenden Beurteilung der Ansätze sind neben konzeptionellen Aspekten (Eignung der Ansätze zur Prognose, Koordination und Motivation) auch implementierungsbezogene Aspekte zu berücksichtigen, die sich weitergehend in

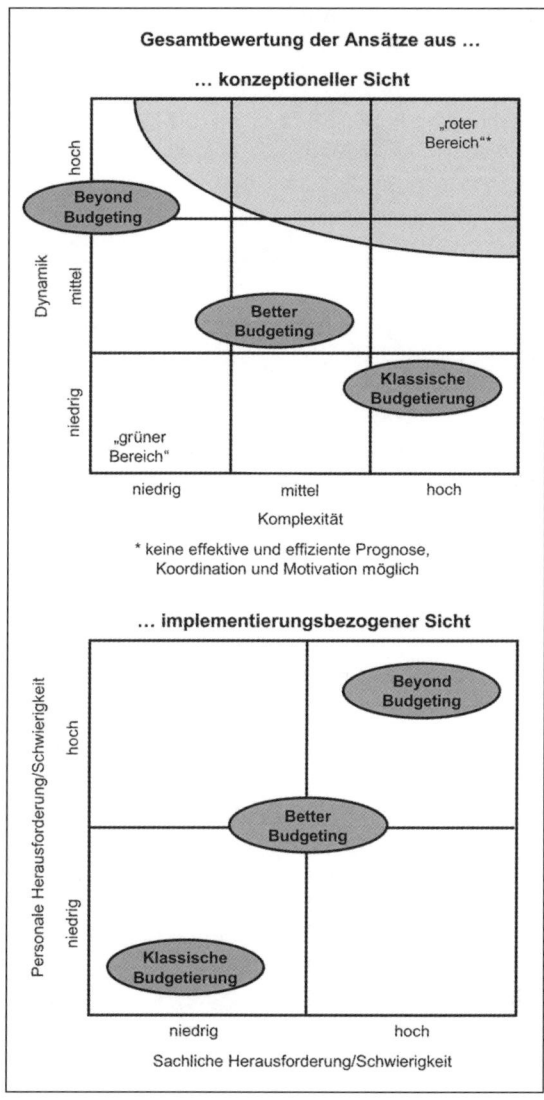

Abbildung 54:
Gesamtbewertung der Ansätze in konzeptioneller und implementierungsbezogener Hinsicht (Quelle: Eigene Darstellung in enger Anlehnung an Weber/Linder 2003, S. 51 und 58)

personale (bezogen auf Fähigkeiten, Motivation sowie Selbst-/Weltbilder der Mitarbeiter) und sachliche Aspekte (bezogen auf erforderliche technische Ausstattungen und Controllinginstrumente) gliedern lassen (Weber/Linder 2003, S. 52 ff.). Die Implementierung (jeweils im Hinblick sowohl auf personale als auch sachliche Aspekte) der klassischen Budgetierung scheint dabei am leichtesten, die des Better Budgeting-Ansatzes vergleichsweise schwieriger und die des Beyond Budgeting-Ansatzes am schwierigsten zu sein. Abbildung 54 zeigt die vergleichende Gesamtbewertung der drei Ansätze in konzeptioneller und implementierungsbezogener Hinsicht in grafischer Form.

Teil C: Überwachung des Marketing – Kontrollen und Audits

1 Strategische Überwachung	143
2 Marketingaudits	146
2.1 Verfahrensaudit	151
2.2 Strategienaudit	151
2.3 Marketing-Mix-Audit	152
2.4 Kompetenz- und Organisationsaudit	152
2.5 Markenaudit	154
3 Marketingkontrollen: Ablauf- und Ergebniskontrollen	156
3.1 Effektivitätskontrollen	159
3.2 Effizienzkontrollen	160
3.3 Kosten- und Budgetkontrollen	171
4 Kontrolle der Marktleistungsgestaltung	173
4.1 Ansatzpunkte	173
4.2 Kontrolle konsumenten- und konkurrenzgerichteter Zielgrößen	176
4.3 Kontrolle handelsgerichteter Zielgrößen	200
5 Kontrolle der Preisgestaltung	205
5.1 Ansatzpunkte und Aufgaben	205
5.2 Ausgewählte Instrumente	210
6 Kontrolle der Marktbearbeitung und Kommunikation	219
6.1 Grundlagen und Übersicht	219
6.2 Kontrolle der Werbung	237
6.3 Kontrollen und Audits der Produkt-PR, von Sponsoring und Marketingevents	271
6.4 Kontrolle der Verkaufsförderung	281
6.5 Kontrolle des persönlichen Verkaufs	287
6.6 Kontrolle des Direct Marketing	293
6.7 Kontrolle des Online-Marketing	308
7 Kontrolle der Distribution	315
7.1 Ansatzpunkte	315
7.2 Determinanten des Distributionscontrollings	319
7.3 Distributionskontrolle auf der Mikroebene: Einkanalsystem	321
7.4 Distributionskontrolle auf der Makroebene: Distributionssystem	326
8 Optimierung und Kontrolle des Marketing-Mix	334
8.1 Grundlagen: Marketingzielsystem und Interdependenzen	334
8.2 Ansätze	337

Die Marketingplanung ist eng mit der Marketingüberwachung verknüpft: Ziel der Überwachung ist die Optimierung der Planung und Realisierung. Als Teilgebiet des Marketingcontrollings dient sie somit der Sicherstellung der Rationalität des Marketingmanagements (Teil A und Böcker 1991, S. 106).

Das *Aufgabengebiet der Überwachung* umfasst grundsätzlich Kontrollen und Prüfungen (Audits und Revisionen), wobei in der Marketingpraxis die Unterscheidung nach der durchführenden Person in Kontrollen (durchgeführt von am Prozess beteiligten Personen) und Prüfungen (durchgeführt von externen, nicht am Prozess beteiligten Personen) im Gegensatz zum Beispiel zum Wirtschaftsprüfungs- und Treuhandwesen weniger üblich ist (Köhler 1993, S. 392). Im Marketing spielt vielmehr eine Unterscheidung nach Sachinhalten der Überwachung eine zentrale Rolle: Dementsprechend wird im Marketing vor allem zwischen

- *Kontrollen* (Soll-Ist-Vergleiche bzw. Vergleiche von Plan- und Ergebnisgrößen) und
- *Audits* (v. a. Überwachung der Prämissen und Rahmenbedingungen der Planung)

unterschieden (Köhler 1993, S. 392), welche sich gegenseitig zum Aufgabenbereich der Überwachung ergänzen. In der Marketingpraxis werden Kontrollen dabei auch von Externen und Audits auch von Prozessbeteiligten durchgeführt (Köhler 1993, S. 393), so dass die Trennung hier verschwimmt.

Da die Überwachung der Planungsoptimierung dient, gibt die Planung die Ansatzpunkte für die Überwachung vor. Somit greift eine Kontrolle, die allein auf den im *Regelkreismodell* in Abbildung 55 dargestellten Vergleich von Soll- und Ist-Werten abzielt, für die Sicherstellung der Rationalität des Marketingmanagements zu kurz:

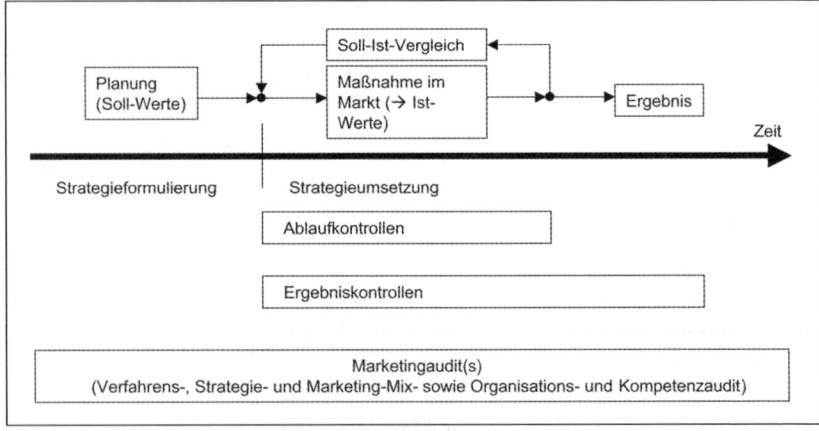

Abbildung 55: Regelkreismodell von Marketingplanung, -kontrollen und -audits (Quelle: Eigene Darstellung in Anlehnung an Böcker 1991, S. 106 und Steinmann/Schreyögg 2005, S. 280)

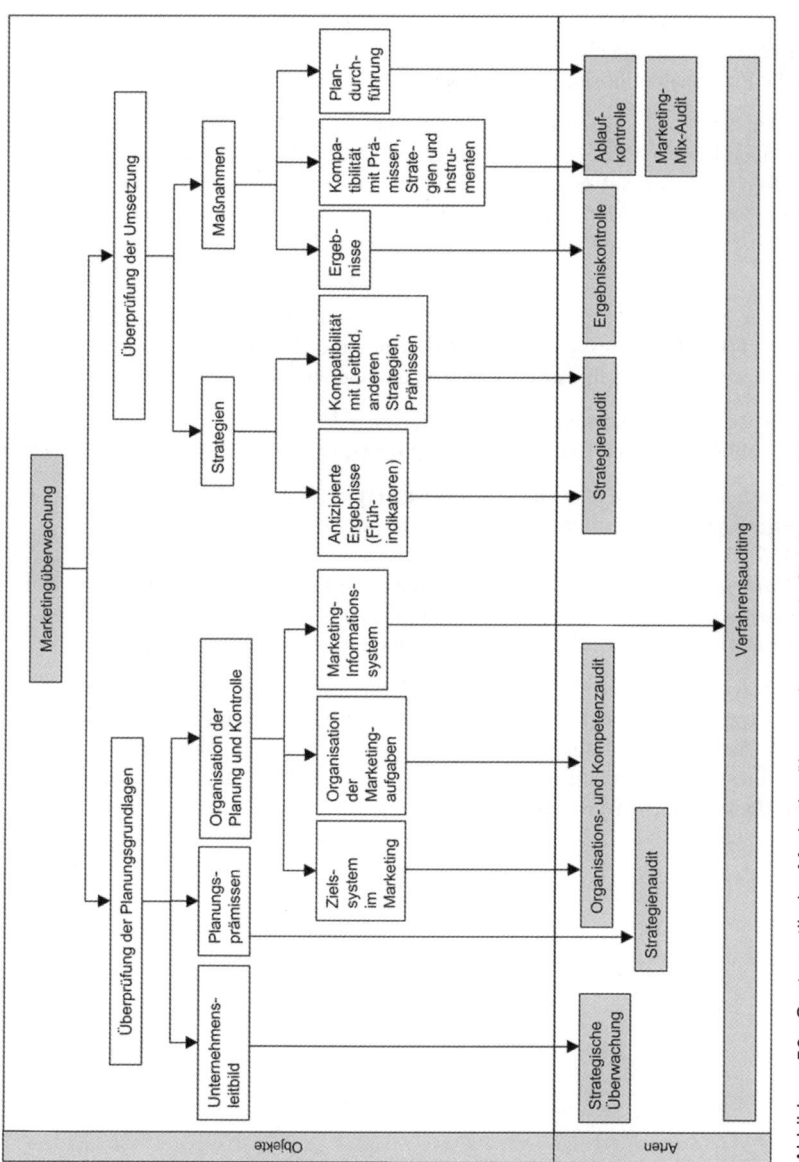

Abbildung 56: Systematik der Marketingüberwachung nach Objekten und Arten (Quelle: Eigene Darstellung in Anlehnung an Böcker 1991, S. 112)

Es unterbleibt eine systematische Analyse der Abweichungsursachen und eine zielgerichtete Durchsicht der Planungsgrundlagen und der Planungssystematik. Soll-Ist-Vergleiche sind folglich nur im Rahmen der ganzheitlichen Überwachung ein sinnvoller Kontrollmechanismus, weil nur dann sichergestellt wird, dass der strategische Plan insgesamt sinnvoll ist (Böcker 1991, S. 106).

Dementsprechend müssen Ergebniskontrollen durch *Marketingaudits* ergänzt werden (auch Böcker 1988, S. 49). Im Vergleich zu Ergebniskontrollen setzen sie sachinhaltlich gesehen auf einer Metaebene an, da nicht die Abläufe und Ergebnisse selbst, sondern das Marketingsystem und dessen Rahmenbedingungen Gegenstand der Überwachung sind (ausführlich u.a. Böcker 1988, Köhler 2006 und Töpfer 2006).

Darüber hinaus sollte eine permanente *strategische Überwachung* erfolgen, um mittels Früherkennungssystemen kontinuierlich die Unternehmens- und Umweltsituation auf Stärken, Schwächen, Chancen und Gefahren zu überprüfen.

Somit weist die Systematik einer *umfassenden Überwachung* folgende Elemente auf (Abbildung 56 und Böcker 1991, S. 106, Köhler 1993, S. 392 und Köhler 2006):

- *Ergebniskontrollen* als konkrete Soll-Ist-Vergleiche (einschließlich Effektivitäts-, Effizienz- sowie Kosten- und Budgetkontrollen),
- *Ablaufkontrollen*,
- *Marketingaudits* (einschließlich Verfahrens-, Strategien-, Marketing-Mix-, Kompetenz- und Organisationsaudit und Markenaudit) und die
- *strategische Überwachung* (als offener, ungerichteter Beobachtungsradar).

Nachfolgend wird auf alle Formen der Marketingüberwachung eingegangen. Der Schwerpunkt liegt dabei auf der Kontrolle der Marketinginstrumente und somit vor allem (jedoch keinesfalls ausschließlich) dem operativen Marketingcontrolling, weil diesbezüglich die Informationsnachfrage der Marketingpraxis nach einem Überblick in einem Werk am ausgeprägtesten ist.

1 Strategische Überwachung

Mit Hilfe von Kontrollen und Audits kann sichergestellt werden, dass ein Unternehmen auf den ausgewählten Märkten die richtigen Wettbewerbspositionen (Geschäftsbereichsebene) definiert und die dafür notwendigen Strategien richtig umsetzt (Funktionsebene). Die Aufgabe der strategischen Überwachung besteht unter anderem darin zu überprüfen, ob das Unternehmen die richtigen Märkte ausgewählt hat, um den Unternehmenserfolg langfristig sicherzustellen (Böcker 1991, S. 111 und Jenner 2003, S. 185). Diese soll als ungerichtetes und nach allen Seiten offenes Radar kontinuierlich die Umwelt- und Unternehmenssituation auf Stärken, Schwächen, Chancen und Gefahren hin analysieren (u.a. Böcker 1991, S. 111 und Jenner 2003, S. 186). Der ungerichtete Charakter der strategischen Überwachung soll auf diese Weise die gerichteten Kontrollen und Audits sozusagen als Auffangnetz ergänzen, um abschließend sicherzustellen, dass unternehmensrelevante Entwicklungen und Ereignisse erfasst werden (Steinmann/Schreyögg 2005, S. 280f. und Schreyögg 2006, S. 107f.). Das Verhältnis dieser Überwachungsformen wird in Abbildung 56 deutlich. Hilfsmittel der strategischen Überwachung sind Früherkennungssysteme (nachfolgend), SWOT- und Szenario-Analysen (ausführlich Kapitel B.4).

Die strategische Überwachung ist somit nicht von vornherein auf ein konkretes Kontrollobjekt bezogen (Steinmann/Schreyögg 2005, S. 281). Um dennoch Kontrollinformationen gewinnen zu können – denn ohne Maßstab kann keine Information vorliegen –, wird die potenzielle Bestandsbedrohung des Unternehmens zum Maßstab erklärt, an dem die Bewährung der gewählten Strategie gemessen wird (Schreyögg/Steinmann 1987 und hier und im Folgenden Steinmann/Schreyögg 2005, S. 281). Diese Kontrollvorstellung erscheint auf den ersten Blick paradox, denn nach herkömmlicher Auffassung bedarf es eines präzisen Kontrollmaßstabs, um Kontrollhandlungen veranlassen zu können. Dass die praktische Handhabung der strategischen Überwachung dennoch möglich ist, liegt an folgender Einsicht: Die Bestandsbedrohung ist zwar unbestimmter als die Strategie; in der konkreten Situation entspricht sie jedoch der Krise. Unter dem Druck dieser Situation muss meist umgehend gehandelt werden. Deshalb sollte versucht werden, durch Frühwarninstrumente oder ein Issue Management die Krise oder ihre Signale in einem frühen Stadium zu erkennen, um einen hinreichenden Handlungsspielraum sicherstellen zu können (Krystek/Müller-Stewens 1993, Preble 1997 und Hammer 1998; auch Schreyögg 2006, S. 107f.).

Dem Faktor Zeit kommt im Rahmen der Informationsversorgung aus Marketingsicht somit eine besondere Bedeutung zu. *Frühwarn-* beziehungsweise *Früherkennungssysteme* sind erforderlich, um schneller als die Konkurrenz agieren zu können. Krystek und Müller-Stewens (1993, S. 21) unterscheiden entsprechend ihrer historischen Entwicklung folgende Systeme (Abbildung 57):

- *Frühwarnung*: Hierbei handelt es sich um kennzahlen- und hochrechnungsintensive Ansätze, die dazu dienen, vor elementaren Bedrohungen frühzeitig zu warnen. Eine solche Warnung erfolgt bei Abweichungen festgelegter Indikatoren von vordefinierten Schwellenwerten. Dabei lassen sich globale Zielindikatoren wie Return on Investment (ROI), differenzierte Zielindikatoren wie Umsatz oder Deckungsbeitrag pro Produkt oder umfassende Ursachenindikatoren wie Konjunkturkennziffern unterscheiden (Kühn/Walliser 1978, S. 223 ff.). Frühwarnsysteme erlauben allerdings trotz des hohen Aufwands aufgrund der großen Zahl potenzieller Ursachenindikatoren häufig nur unsichere Rückschlüsse (Kühn/Fasnacht 2001, S. 94).
- *Früherkennung*: Bei diesen Systemen geht es nicht nur darum, Bedrohungen zu erkennen; vielmehr wird aktiv nach latenten Chancen und Gefahren gesucht. Dazu ist es erforderlich, kritische Umfeldbereiche zu definieren, die systematisch, aber offen nach schwachen Signalen (Ansoff 1976, Kühn/Fasnacht 2001, S. 95 ff.) abgesucht werden (Environmental Scan im Sinne eines 360-Grad-Radars); ferner wird in konkret abgegrenzten Feldern gezielt nach spezifischen Informationen gesucht (Monitoring) (Krystek/Müller-Stewens 1993, S. 175 ff.).
- *Frühaufklärung*: Die Frühaufklärung ist handlungsorientiert; sie strebt nicht nur danach, Trends möglichst frühzeitig zu erkennen, sondern vielmehr danach, diese

	Frühwarnung			Früh-erkennung	Frühaufklärung
Ziel	Frühzeitiges Orten von Bedrohungen ...			... und Chancen	... sowie Initiieren von Gegenmaßnahmen
Art der Problem_ Indikatoren	Globale Ziel-Indikatoren	Differenzierte Ziel-Indikatoren	Ursachen-Indikatoren	Schwache Signale	Zusätzlich Sensibilisierung des Managements gegenüber · weichen Faktoren, Umsetzung von Früherkennungsinformationen in Aktionsprogramme
Frühzeitigkeit der Problementdeckung	– –	–/0	+	+ +	
Sicherheit und Präzision der Problementdeckung	+	+ +	–	– –	
Kosten	+ +	+	–	– –	

– – großer Nachteil 0 weder Vorteil ++ großer Vorteil
– Nachteil   noch Nachteil + Vorteil

Abbildung 57: Frühwarnung, Früherkennung, Frühaufklärung (Quelle: Reinecke 2004, S. 58; dort in Anlehnung an Raffée/Wiedmann 1988, S. 2 ff., Krystek/Müller-Stewens 1993, S. 21 und Kühn/Fasnacht 2001, S. 97)

gewonnenen Früherkennungsinformationen in Strategien umzusetzen, um dadurch Chancen zu nutzen beziehungsweise Gefahren abzuwehren. Die Sensibilisierung des Managements ist somit eine der Hauptaufgaben der Frühaufklärung (Müller-Stewens/Lechner 2005, S. 151).

Sowohl in der strategischen Überwachung als auch in Marketing Performance Measurement-Systemen sollten diese drei Aspekte der Frühwarnung, -erkennung und -aufklärung berücksichtigt werden.

2 Marketingaudits

Marketingaudits wurden aufgrund der Einsicht entwickelt, dass Kontrollen, die nur quantifizierbare Tatbestände erfassen, nicht die mit einer Kontrolle anzustrebenden Ziele erreichen. Diese Lücke sollte durch Audits beziehungsweise das Auditing als kritische Durchsicht bestehender Sachverhalte (Böcker 1988, S. 48) geschlossen werden, so dass seit den 1950ern zahlreiche Marketingauditingkonzepte im englisch- und deutschsprachigen Raum entwickelt wurden (eine Auflistung findet sich bei Böcker 1988, S. 48). Wegweisend waren dabei insbesondere die Konzepte von Kotler (1977) und Kotler, Gregor und Rogers (1977) sowie jüngere Konzepte von Köhler (1981b), Nieschlag, Dichtl und Hörschgen (1985), Böcker (1988, S. 48f.) und Töpfer (1995).

Das Auditkonzept von Kotler

Bis zu der Entwicklung von Kotlers Konzept konnten sämtliche Auditkonzepte als eine systematische, kritische und unparteiische Analyse und Evaluation aller Marketingmaßnahmen definiert werden (hier und im Folgenden Böcker 1988, S. 48ff.). Auch wurden dabei die Planungs- und Organisationsstrukturen berücksichtigt und die Analyse war sowohl rückwärts- als auch vorwärtsgerichtet. Kotler (1977) und Kotler, Gregor und Rogers (1977) banden den Marketingauditgedanken erstmalig nur an die strategische Kontrolle, wobei ihnen die Selbstkontrolle jeden Managers mittels Audits wichtig war. Kotler definiert Marketingaudit dementsprechend bis heute als ein Konzept zur Überprüfung der Hauptentscheidungsbereiche des Marketing, das sich an eindeutige Regeln halten sollte: „A marketing audit is a *comprehensive*, *systematic*, *independent*, and *periodic* examination of a company's – or business unit's – marketing environment, objectives, strategies, and activities with a view to determining problem areas and opportunities and recommending a plan of action to improve the company's marketing performance" (Kotler/Gregor/Rogers 1977, S. 50, Hervorhebungen im Original und Kotler 1999, S. 202). Vier Elemente sind nach Kotler (auch Kotler/Bliemel 2006, S. 1305f.) wesentlich, damit man von einem Marketingaudit sprechen kann: umfassend (also nicht nur auf ein Marketinginstrument bezogen), systematisch (d.h. methodengeleitet), unabhängig (d.h. nicht weisungsgebunden bzw. nicht nur durch das zuständige Management selbst) und periodisch (d.h. regelmäßig). Die Teilbereiche des Audits bezeichnen Kotler und Bliemel (2006, S. 1306f.) heute mit den Begriffen Audit des Marketingumfelds, Audit der Marketingstrategie, Audit der Marketingorganisation, Audit der Marketingsysteme (zur Analyse, Planung, Kontrolle und Produktinnovation), Audit der Marketingproduktivität und Audit der Marketingfunktionen. In einer Art Checkliste haben sie Fragen zusammengefasst, um diese Dimensionen zu überprüfen (Kotler/

Kundenorientierung
- Bedürfnisorientierung (Wichtigkeit)
- Marktsegmentierung (Einsatzintensität)
- Marketing-Systemperspektive bzgl. Kunden, Lieferanten, Wettbewerbern, Umfeld (gegeben - nicht gegeben)

Adäquate Marketinginformationen
- Einsatz von Marktforschung (Häufigkeit und Intensität)
- Kenntnis von Umsätzen, DB bzgl. Produkten Kunden(-gruppen), Gebieten, Absatzwege usw. (Qualität)
- Wirksamkeitskontrollen bzgl. der diversen Marketingaufwendungen (Häufigkeit und Intensität)

Strategische Orientierung
- Formale Verankerung der Marketingplanung (Umfang der Nutzung)
- Marketingstrategie (Qualität)
- Einsatz von Szenariotechnik und Eventualplanung (Ausmaß)

Operationale Effizienz
- Verankerung/Kommunikation/ Umsetzung der Marketingperspektive (Qualität)
- Wirksamkeit des Marketing-Mix (Grad)
- Reagibilität bzgl. plötzlicher Veränderungen (Schnelligkeit und Effizienz)

Integrierte Marketingorganisation
- Hierarchieebene/formale Bedeutung des Marketing in der Organisation (Möglichkeit der integrierten Steuerung wichtiger Marketingfunktionen gegeben - nicht gegeben)
- Kooperation zwischen Marketing und anderen Funktionsbereichen (Qualität)
- Produktentwicklungsprozess/Innovationsmanagement (Grad der Systematik)

Abbildung 58: Prüfliste zur Bewertung der Marktorientierung der Unternehmensstrategie (Quelle: Eigene Darstellung in Anlehnung an Kotler 1977, S. 67 ff. und Kotler/Bliemel 2006, S. 1295 ff.)

Bliemel 2006, S. 1307 ff.). Daneben hat Kotler (1977, S. 67 ff.) eine Frageliste zur Überprüfung der Marktorientierung der Unternehmensstrategie und somit der Marketingeffektivität entwickelt (Kotler/Bliemel 2006, S. 1295), welche sich ebenfalls als Auditinstrument eignet (Abbildung 58).

Das Auditkonzept von Köhler

Auch aufgrund einiger Unstimmigkeiten in Kotlers Konzept entwickelte Köhler (Köhler 1981 und 1982, S. 207 sowie Sommer 1984, S. 103 zit. nach Böcker 1988, S. 50) vier Jahre nach Kotlers Konzept ein modifiziertes Marketingauditkonzept. Köhler sieht die Aufgaben eines Marketingaudits im Grunde ähnlich wie Kotler, ohne den Ablauf allerdings so stark wie Kotler zu reglementieren. Gemäß Köhler setzen Marketingaudits auf der Metaebene an, weil die Rahmenbedingungen des Planens, Kontrollierens und Steuerns im Vordergrund stehen und nicht monetäre Planungs- und Ergebnisgrößen (Böcker 1988, S. 50). Marketingaudits gelten somit dem marktorientierten Führungssystem im Ganzen: „Es wird also gefragt, ob die Planungs-, Koordinations- und Kontrollmethoden sowie die Organisation des Marketingbereichs den aktuellen Anforderungen und dem allgemein verfügbaren Know-how entsprechen" (Köhler 1992, Sp. 1270). Marketingaudits dienen „einer rechtzeitigen und umfassend koordinierten Anpassung des marktbezogenen Führungssystems an Umweltveränderungen unter Berücksichtigung der sich ständig weiterentwickelnden Informations- und Planungstechnologien" (Köhler 1981b, S. 662). Der Vorteil dieses Konzepts ist laut Böcker (1988, S. 50) in der *konsequenten Umsetzung der strategischen Orientierung* und der Behebung von Unstimmigkeiten im Detail zu sehen.

Köhler (1992, Sp. 1277) unterscheidet *Verfahrensaudits* (Prüfung der Planungs- und Kontrollverfahren sowie der Informationsversorgung), *Strategienaudits* (Prüfung der zugrunde gelegten Prämissen, der strategischen Ziele und der Konsistenz der Schlussfolgerungen), *Marketing-Mix-Audits* (Prüfung der Vereinbarkeit mit strategischen Grundkonzeptionen, der wechselseitigen Maßnahmenabstimmung und der Mittel-Zweck-Angemessenheit) sowie *Organisationsaudits* (Prüfung der vollständigen Berücksichtigung von Marketingaufgaben, der aufgabenentsprechenden Organisationsform sowie der Koordinationsregelungen). Für Köhler fallen Marketingaudits in das Aufgabengebiet des Marketingcontrollings, sind also ein Teilgebiet dessen (Köhler 1996, S. 521; ähnlich Krulis-Randa 1990, S. 269 und ter Haseborg 1995, Sp. 1548 f.).

Das Auditkonzept von Nieschlag, Dichtl und Hörschgen

Nieschlag, Dichtl und Hörschgen (1985, S. 875 ff.) präzisierten Köhlers Konzept vier Jahre später weitergehend und modifizierten es gleichzeitig: Sie unterteilten die Marketingkontrolle in ergebnisorientierte Marketingkontrollen (auf Ergebnisse gerichtet) auf der einen Seite und Marketingaudits (mit Fokus auf Früherkennung planungs- und systembedingter Risiken und Fehlentwicklungen) auf der anderen Seite (Böcker 1988, S. 50 f.). Später wurden dementsprechend folgende Formen des Marketingaudits näher bestimmt (Nieschlag/Dichtl/Hörschgen 1985, S. 894 ff.): Prämissenaudits, Ziel- und Strategienaudits, Maßnahmenaudits sowie Prozess- und Organisationsaudits.

Vergleicht man diese drei Auditsysteme, wird deutlich, dass bei Letzterem die dominierende strategische Orientierung (Kotler) und die Verortung als Meta-Analyse (Köhler) aufgegeben wurden (Böcker 1988, S. 50 f.).

Das Auditkonzept von Töpfer

Töpfer (1995) verwendet eine zu Köhler kompatible, jedoch sehr weite Definition: „Unter einem Marketingaudit versteht man die Überprüfung der inhaltlichen und organisatorischen Marketingmaßnahmen im Unternehmen" (Töpfer 1995, Sp. 1533 f. sowie die dort zitierte Literatur; auch Töpfer 2006). Marketingaudit „ist vorwiegend zukunftsorientierte Überwachung [...] und hat eine strategische Überprüfung der grundsätzlichen Effizienz als Ergebnis-Einsatz-Relation und der Effektivität als Ergebnis-Ziel-Relation oder auch einer Weg-Ziel-Relation zum Gegenstand" (Töpfer 1995, Sp. 1534). Töpfer unterscheidet folgende Teilbereiche des Marketingaudits: Informations- und Instrumentenaudit, Markt- und Umweltaudit, Ziel- und Strategienaudits, Organisations- und Führungsaudit sowie das Marketing-Mix-Audit (Töpfer 1986, S. 261 und Töpfer 1995, Sp. 1534 ff.). Diese fasst er in einem Marketing-Audit-Propeller grafisch zusammen (Abbildung 59).

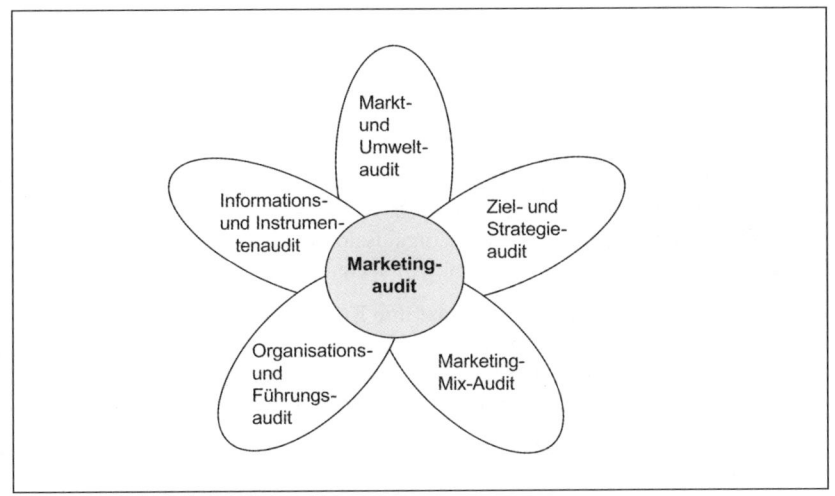

Abbildung 59: Der Marketing-Audit-Propeller von Töpfer (Quelle: Töpfer 1995, Sp. 1535)

Er weist darauf hin, dass sein Begriff des Marketingaudits als strategische Bilanz am ehesten mit dem Verständnis eines strategischen Marketingcontrollings vergleichbar ist (Töpfer 1995, Sp. 1534 und Töpfer 1986, S. 261). Den Ausdruck Marketingcontrolling vermeidet Töpfer jedoch weitgehend.

Status-Quo, Marketingauditformen und -objekte

Marketingaudits werden im Folgenden in einer Art Synthese so verstanden, dass sie einen umfassenden Charakter haben und der Überprüfung von Prämissen, Rahmenbedingungen und Inhalten der Marketingplanung, der Untersuchung der Leistungsfähigkeit von Methoden und Verfahren und vor allem auch der Überprüfung aller auf Inhalte und Instrumente bezogenen Prozesse und Systeme dienen (Töpfer 1995, Sp. 1536; ausführlich u.a. Töpfer 1986 und 2006). Hierbei ist von Interesse, ob Informations-, Planungs-, Koordinations- und Kontrollmethoden sowie die Organisation des Marketing den aktuellen Anforderungen und dem verfügbaren Know-how entsprechen (Köhler 1993, S. 392 und 2001, S. 656). Marketingaudits sind somit als umfassender „Health Check" zu verstehen. Mit Hilfe von Audits können Fehlentwicklungen frühzeitig aufgedeckt werden, so dass rechtzeitig auf Veränderungen in der Umwelt reagiert werden kann (Nieschlag/Dichtl/Hörschgen 2002, S. 1167f.). Audits haben einen noch stärker ausgeprägten Feed-forward-Charakter als Kontrollen. Ferner ist der Vergleichsmaßstab bei Marketingaudits oft nicht als Plangröße vorgegeben, sondern wird meist erst während des Auditing definiert, wobei das Sachwissen des Prüfers zugrunde gelegt wird (Köhler 1993, S. 393).

Marketingaudits beziehen sich vor allem auf vier *Objekte*. Analog lassen sich vier *Auditformen* unterscheiden (Abbildung 60 sowie Köhler 1993, S. 398 und Köhler 2006): Die Überwachung

- des Gesamtsystems der marktgerichteten Planungs- und Kontrollverfahren (Verfahrensaudit),
- der Grundlinien der verfolgten Marketingstrategie (Strategienaudit),
- der Grundlinien des Marketing-Mix-Ansatzes (Marketing-Mix-Audit) und
- der Marketingkompetenzen und der organisatorischen Verankerung der Marketingzuständigkeiten im Unternehmen (Kompetenz- und Organisationsaudit).

Diese Auditobjekte werden zum einen auf ihre Kompatibilität mit bestimmten Wissens- und Gestaltungsstandards und zum anderen auf ihre Kosten- und Nutzenkonsequenzen überprüft. Mit anderen Worten: Sie werden aus *Konsistenz- und Wirtschaftlichkeitsgesichtspunkten* geprüft (Köhler 1993, S. 398).

Zusätzlich können Markenaudits durchgeführt werden, die sich auf die Markenführung richten (Tomczak/Reinecke/Kaetzke 2004, S. 1843 ff.). Sie stellen allerdings lediglich eine besondere (markengerichtete) Perspektive auf die dargestellten Auditformen dar. Grundzüge eines Marktforschungsaudits werden in Kapitel B.3.2 aufgezeigt.

Marketingaudits	
Form	**Objekte bzw. Überwachungsziel**
Verfahrensaudit	Planungs- und Kontrollverfahren
	Informationsversorgung
Strategienaudit	Zugrunde gelegte Prämissen
	Strategische Ziele
	Konsistenz von Schlussfolgerungen
Marketing-Mix-Audit	Kompatibilität mit der strategischen Grundkonzeption
	Wechselseitige Maßnahmenabstimmung
	Mittel-Zweck-Angemessenheit
Organisations- und Kompetenzaudit	Kompetenz/Fähigkeiten/Ressourcen
	Vollständige Berücksichtigung von Marketingaufgaben
	Aufgabenentsprechende Organisationsform
	Koordinationsregelungen

Abbildung 60: Formen und Objekte von Marketingaudits (Quelle: Eigene Darstellung in enger Anlehnung an Köhler 2006)

2.1 Verfahrensaudit

Das Verfahrensaudit entspricht einer *formalen Beurteilung der Verfahrenskonzeptionen und der verwendeten Techniken*. Es überprüft im Allgemeinen, ob die Informations-, Planungs- und Kontrolltechniken des Unternehmens auf dem aktuellen und unternehmensspezifisch angemessenen Stand sind. Mittels Verfahrensaudit könnte beispielsweise die Zweckmäßigkeit der bislang eingesetzten Methoden und Modelle beurteilt oder untersucht werden, welche Planungs- und Kontrollprozesse durch entsprechende (formale) Hilfsmittel unterstützt werden könnten. Als Grundlage dient dabei eine Übersicht der typischen Planungs- und Kontrollprobleme im Marketingbereich des Unternehmens, die auch Auskunft über innerbetriebliche und marktbezogene Kontextfaktoren gibt. Des Weiteren umfasst das Verfahrensaudit die Überprüfung der vorhandenen Informationssysteme und Überlegungen zur verbesserten Nutzung des Informationsangebots (Köhler 1993, S. 398 f.). Dementsprechend ist auch die Kontrolle strategischer Pläne in formaler Hinsicht Gegenstand des Verfahrensaudits: Zum Beispiel wird evaluiert, ob geeignete Such- und Bewertungstechniken eingesetzt werden.

2.2 Strategienaudit

Im Gegensatz zum Verfahrensaudit, das der Überprüfung strategischer Pläne in formaler Hinsicht dient, ist das Strategienaudit vor allem auf *inhaltliche Aspekte* und insbesondere auf deren Konsistenzprüfung ausgerichtet.

Gegenstand von Strategienaudits sind vor allem drei Aspekte: Erstens erfolgt eine *kritische Beurteilung der Planungsprämissen*, die in Strategieentwürfe eingegangen sind, da sie unvollständig sein könnten und situativen Änderungen unterliegen (auch Prämissenaudit genannt; ausführlich Böcker 1988, S. 69 ff.). Dabei lässt sich der Begriff Planungsprämissen nicht eindeutig abgrenzen. Grundsätzlich sind Planungsprämissen jedoch Hypothesen, „die entweder als Tatbestandsbeschreibungen (Bestandsdaten) oder als Wenn-Dann-Aussagen (Reaktionsdaten) in die Unternehmensplanung eingehen" (Böcker 1988, S. 70). Folgende Annahme kann beispielsweise eine Planungsprämisse sein: „Die Zahl potenzieller Käufer von Sonnenbrillen beträgt unabhängig von der Wetterlage zwischen 50 000 und 100 000" (ausführlich Böcker 1988, S. 70). Die Planungsbedingungen sollten im Allgemeinen den Kriterien Vollständigkeit, Relevanz, Präzision und Aktualität in einem hohen Maß gerecht werden. Ein kontinuierliches Audit kann zur ständigen Verbesserung der getroffenen Annahmen hinsichtlich dieser Anforderungen beitragen (Böcker 1988, S. 70 ff. und Köhler 1993, S. 399).

Zweitens werden die *strategischen Marketingziele* analysiert. Die Prüfung konzentriert sich hierbei auf die *Vereinbarkeit der Ziele* mit den angenommenen Umwelt- und Unternehmensdaten sowie -entwicklungen, die *Widerspruchsfreiheit der Marketingziele* untereinander sowie die Übereinstimmung der Ziele mit dem Gesamtzielsystem des Unternehmens.

Drittens können die getroffenen Annahmen, die Ziele und das geplante Vorgehen insgesamt hinsichtlich ihrer *Konsistenz* beurteilt und entsprechende *Konsequenzen* formuliert werden (Köhler 1993, S. 399).

2.3 Marketing-Mix-Audit

Im Rahmen des Marketing-Mix-Audits wird die inhaltliche Planung des Mitteleinsatzes im Hinblick auf drei Aspekte geprüft. Liegen spezifische Strategie- und Zielangaben vor, kann in einem ersten Schritt beurteilt werden, inwieweit bestimmte Maßnahmen mit der Strategie und der Zielsetzung übereinstimmen. Beispielsweise sollten in diesem Zusammenhang teure Verkaufsförderungsmaßnahmen mit dem Ziel der Marktanteilssteigerung kritisch hinterfragt werden, wenn das entsprechende Produkt zu einem Geschäftsfeld gehört, welches nur ein geringes Marktwachstum verspricht: Denn eigentlich wäre für dieses Geschäftsfeld ein defensives Vorgehen als Normstrategie vorgegeben. Eine weitere Aufgabe des Audits ist die Prüfung der *wechselseitigen zeitlichen und inhaltlichen Abstimmung und Widerspruchsfreiheit aller Marketinginstrumente*, die in einem bestimmten Produkt-Markt-Zusammenhang eingesetzt werden sollen. Auf diese Weise kann sichergestellt werden, dass die einzelnen Marketinginstrumente zielkonform aufeinander abgestimmt werden. Schließlich ist zu beurteilen, ob die Planung des Mitteleinsatzes *Effizienzgesichtspunkte* berücksichtigt. Hierbei sollten insbesondere diejenigen Marketinginstrumente kritisch beleuchtet werden, deren Budgets meist einfach kontinuierlich fortgeschrieben oder in Abhängigkeit vom Umsatz festgelegt werden. An dieser Stelle überschneidet sich das Marketing-Mix-Audit mit dem Verfahrensaudit, grundsätzlich sind jedoch Planungsinhalte Gegenstand des Marketing-Mix-Audit (Köhler 1993, S. 399 f.; ausführlich auch Kapitel C.8).

2.4 Kompetenz- und Organisationsaudit

Beim Organisationsaudit wird zum einen der Frage nachgegangen, ob alle Marketingaufgaben ausreichend in einer integrierten Marketingorganisation zusammengefasst sind. So ist es zum Beispiel auch heute in vielen Unternehmen nicht selbstver-

Abbildung 61:
Der Analyseprozess des Behavioral Branding
(Quelle: Eigene Darstellung in enger Anlehnung an Tomczak et al. 2005b)

1. *Kriterien-Analyse:* Zuerst ist zu untersuchen, in welchen Formen und welchen Ausprägungen sich Behavioral Branding ausdrückt. Zum Beispiel: Was bedeutet Commitment bei einem Verkäufer und wie drückt es sich aus?
2. *Definition des Soll-Zustands:* Aufbauend auf der Kriterien-Analyse kann der Soll-Zustand des Behavioral Branding festgelegt werden. Welche Dispositionen, Fähigkeiten und Verhaltensweisen erwartet das Unternehmen von seinen Mitarbeitern im Rahmen des Behavioral Branding? Hier ist es empfehlenswert, die Sollvorgaben nach Markenwerten und Stellenprofilen zu differenzieren.
3. *Messung des Ist-Zustandes:* In einem dritten Schritt ist der Ist-Zustand des Behavioral Branding im Unternehmen oder bei einzelnen Mitarbeitergruppen zu messen. Im Vorfeld müssen eine geeignete Messmethode ausgewählt und ein Erhebungsplan definiert werden.
4. *GAP- und Ursachenanalyse:* Ein Vergleich zwischen dem Soll- und dem Ist-Zustand des Behavioral Branding ermöglicht es, bedeutende Gaps zu identifizieren. Eine anschließende Ursachenanalyse kann Hinweise darauf liefern, worauf die Diskrepanzen zurückzuführen und wie sie zu beheben sind.
5. *Entwicklung von Instrumenten:* Auf Basis der Ursachenanalyse können schließlich Instrumente entwickelt werden, um das Behavioral Branding bei den Mitarbeitern nachhaltig zu fördern.

ständlich, dass offizielle Stellen für eine systematische Markterkundung oder für die formelle Marketingplanung geschaffen werden. Zum anderen richtet sich das Organisationsaudit neben der *Prüfung der Gesamtverankerung von Marketingzuständigkeiten* in Unternehmen auf alle *marktbezogenen Organisationseinheiten*. Diese Organisationseinheiten werden samt zugeordneten *Kompetenzen* (Kompetenzaudit) insbesondere dahingehend beurteilt, ob sie den Merkmalen des Marktleistungsportfolios und der Marktbeziehungen entsprechen. Dabei geht es insbesondere um die Prüfung, ob die für die definierte Marketingstrategie benötigten Fähigkeiten bezüglich Kundenakquisition, Kundenbindung, Leistungsinnovation und Leistungspflege vorhanden sind (z.B. Einfühlungsvermögen, Kreativität, Führungskompetenz). Schließlich erfolgt im Rahmen dieses Audits die Beurteilung der *Koordinationsregelungen*, die den Informationsaustausch und die Abstimmung der Stellen innerhalb des Marketingbereichs sowie des Marketing mit allen übrigen Organisationseinheiten umfassen (Köhler 1993, S. 400 f.).

In diesem Zusammenhang spielt ferner der Ansatz des Behavioral Branding (Tomczak et al. 2005a, S. 28 ff.) eine wichtige Rolle: Mitarbeiter müssen den Markenwerten entsprechend geführt und ihr Verhalten entsprechend überprüft werden. Denn: Das Verhalten von unternehmensinternen Personen wie Mitarbeitern und anderen externen Anspruchsgruppen vermittelt neben weiteren markenbezogenen Kommunikationsmaßnahmen die Markenidentität des Unternehmens und beeinflusst das Image der Marke bei allen externen Anspruchsgruppen. Unter *Behavioral*

Branding werden alle Maßnahmen verstanden, „die dazu geeignet sind, den Aufbau und die Pflege von Marken durch zielgerichtetes Verhalten und persönliche Kommunikation zu unterstützen" (Tomczak et al. 2005a, S. 28 ff.; ferner Kernstock/Brexendorf 2004, Tomczak et al. 2005b und Henkel et al. 2006).

Im Hinblick auf Kompetenz- und Organisationsaudits ist das Behavioral Branding vor allem als Analyseinstrument interessant. Der Analyseprozess des Behavioral Branding, der zu Auditzwecken übernommen werden kann, wird in Abbildung 61 kurz zusammengefasst.

2.5 Markenaudit

Mit einem Markenaudit wird das Ziel verfolgt, möglichst umfassende Analysen sämtlicher Einflussgrößen des Markenwerts zu erstellen, um Hinweise für die strategische Markenführung zu erhalten (u.a. Keller 1998, S. 373 ff.). Ein Markenaudit sollte (ebenso wie Markentrackings, Kapitel C.6.2.8.3) regelmäßig durchgeführt werden, um Informationen über die Markenentwicklung zu gewinnen (bspw. um zu überprüfen, ob bestimmte Assoziationen verstärkt wahrgenommen werden, nachdem sie in der Kommunikation betont wurden). Bei einem Markenaudit sind sowohl die unternehmensinterne („Welche Produkte werden unter der Marke angeboten?", „Welchen Umsatz und welche Margen erzielen Sie?", „Wie wird die Marke kommuniziert?", ...) als auch die konsumentenorientierte Perspektive („Bei welchen Gelegenheiten wird die Marke benutzt?", „Welche Assoziationen verbinden Konsumenten mit der Marke?", „Welche Marken werden ähnlich wahrgenommen?", ...) zu berücksichtigen, um ein umfassendes Bild von Performance und Wahrnehmung der Marke zu gewinnen.

Auch der so genannte *Markentrichter* (*Brand Funnel*; Braun/Kopka/Tochtermann 2003, S. 19 ff. und Riesenbeck/Perrey 2004, S. 100 ff.) kann als Instrument des Markenaudit eingesetzt werden. Der Markentrichter ist ein verhaltensorientierter Ansatz, um unterschiedliche Marken eines Unternehmens oder auch Konkurrenzmarken miteinander zu vergleichen. Der Markentrichter baut auf der AIDA-Formel auf und gliedert den Prozess von Kundenakquisition und -bindung für jedes Zielgruppensegment in die fünf Schritte Bekanntheit, Interesse, Versuch, Präferenz und Loyalität (Abbildung 62).

Der Trichter visualisiert dabei Schwachstellen im Kundenprozess: An welcher Stelle gehen im Benchmarkingvergleich besonders viele (potenzielle) Käufer oder Kunden verloren? Der Markentrichter ist ein einfaches, auf Effektivität ausgerichtetes Instrument, das danach strebt, dem Top-Management Hinweise für den wirkungsvollen Einsatz (knapper) Marketingressourcen zu geben. Voraussetzung für dessen Anwendung sind allerdings zuverlässige Marktforschungsdaten; auch müssen die Zielsegmente klar abgegrenzt sein, um aussagekräftige Vergleiche zu ermöglichen. Eine segmentspezifische Analyse und Interpretation sind zwingend, weil eine aggregierte Betrachtung bezogen auf alle Kundengruppen zu Fehlschlüssen führen kann. Für ein umfassendes Markenaudit muss der Markentrichter ferner durch einstellungsorientierte Verfahren ergänzt werden, die das Markenwissen differenzierter messen (ausführlich Kapitel D.4.2).

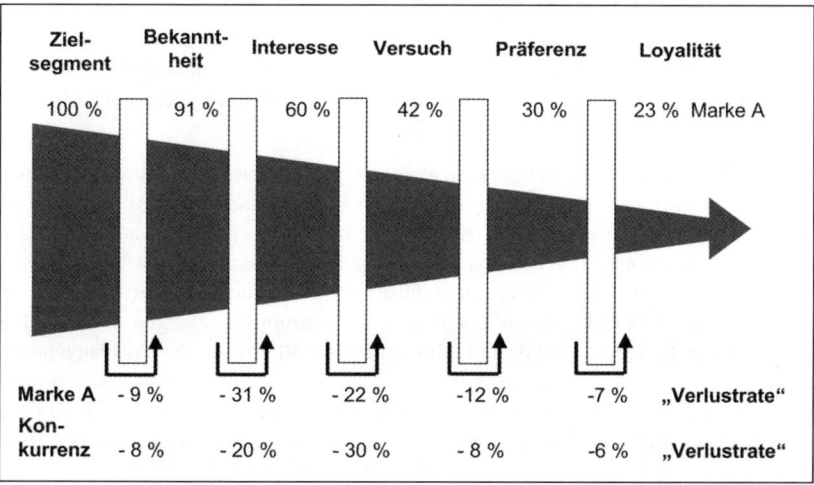

Abbildung 62: Markentrichter (Quelle: Eigene Darstellung in enger Anlehnung an Braun/Kopka/Tochtermann 2003, S. 19)

3 Marketingkontrollen: Ablauf- und Ergebniskontrollen

Als Teilbereich der Marketingüberwachung sind Marketingkontrollen ein zentrales Aufgabengebiet von Marketingcontrolling und Marketingmanagement (Kapitel A.4), wobei sich ihre Rolle unterschiedlich einordnen lässt: Zum einen wird sie als unverzichtbarer Bestandteil der Planung, zum anderen als deren Gegenpart angesehen. Gleichzeitig sind Kontrollen und Planungen sowohl Voraussetzungen als auch Instrumente der Koordination (Horváth 2006).

Ziel der Kontrolle ist die Erkenntnisgewinnung; sie ist entweder darauf gerichtet, die Erreichung eines Ist-Werts sicherzustellen (Feed-back-Kontrolle) oder darauf, Anpassungen des (strategischen) Sollwerts anzustoßen (Feed-forward-Kontrolle; Weber/Schäffer 2006, S. 314). Kontrolle verfolgt somit nicht nur das Ziel, Abweichungen zwischen Antizipation und Realisation zu ermitteln, sondern strebt auch danach, diese Abweichungen mit nachfolgenden Führungshandlungen zu verbinden (Schäffer 2001, S. 51). Damit sind Marketingkontrollen auch der Ausgangspunkt für notwendige Veränderungen (bspw. Ziel-, Strategie- oder Maßnahmenanpassungen). Darüber hinaus kommen der Kontrolle zwei weitere Funktionen zu, so dass *Aufgaben der Marketingkontrolle* wie folgt zusammengefasst werden können (Böcker 1988, S. 35 ff., Schäffer 2001 und Kuß/Tomczak 2004b, S. 278):

- *Sicherheitsfunktion:* Vorgesetzte wollen sicherstellen, dass delegierte Aufgaben tatsächlich erfüllt werden und zu dem jeweils angestrebten Ergebnis führen. Mitarbeiter sind daran interessiert, dass die vorgesetzten Stellen Tätigkeiten und Erfolge wahrnehmen.
- *Initiierungsfunktion:* Durch Kontrollmaßnahmen werden Informationen bereitgestellt, die dazu führen können/sollen, dass Entscheidungen getroffen und Maßnahmen ergriffen werden. Diese können sich auf eine Korrektur bisher unbefriedigend laufender Prozesse oder auf neue Maßnahmen beziehen.
- *Lernfunktion:* Durch eine systematische Analyse der Wirkungen bisheriger Maßnahmen soll deren Planung für vergleichbare Situationen (z.B. andere Produkte oder künftige Perioden) verbessert werden.

Dem Marketingcontrolling kommt hierbei die Aufgabe zu, Effektivität und Effizienz des Kontrollprozesses und gleichzeitig die Rationalität der auf den Kontrollergebnissen basierenden Entscheidungen sicherzustellen.

Marketingkontrollen können sich sowohl auf Abläufe als auch auf Ergebnisse beziehen, so dass zwischen

- Ablauf- beziehungsweise Durchführungskontrollen und
- Ergebniskontrollen

unterschieden wird (Köhler 1993, S. 329). Beispielsweise können Terminpläne oder Außendienst-Fahrtrouten kontrolliert werden (*Ablaufkontrollen*). *Ergebniskontrollen* liefern Informationen, inwieweit (*Wirkungskontrollen*), wie effizient (*Wirtschaftlichkeitskontrollen*) und mit welchem Grad der Budgeteinhaltung (*Kosten- und Budgetkontrollen*) die Marketingziele mit den verfolgten Strategien und eingesetzten Maßnahmen erreicht wurden: Im Kern entsprechen sie einem Vergleich von geplanten Soll-Größen mit tatsächlichen Ist-Größen.

Klassischerweise wird zudem je nach Kontrollebene zwischen operativen und strategischen Marketingkontrollen differenziert. *Operative Marketingkontrollen* betreffen insbesondere die Kontrolle der Absatzsegmente, der Marketingorganisationseinheiten, der einzelnen Marketinginstrumente sowie des Gesamtmix (Köhler 1992, Sp. 1272). *Strategische Marketingkontrollen* umfassen in Anlehnung an Schreyögg und Steinmann (1985) die Durchführungskontrollen („Wird die Marketingstrategie auch richtig umgesetzt?"), eine Prämissenkontrolle (Überprüfung der der Marketingstrategie zugrundeliegenden Annahmen) sowie eine ungerichtete strategische Überwachung.

Ähnlich dem Marketingaccounting (Kapitel B.2) können sich Kontrollen aus Sicht des Marketing ferner auf die folgenden drei *Objekte* beziehen (Abbildung 63 und Köhler 2006):

- Produkt-Markt-Beziehungen (Absatzsegmente),
- Marketingmaßnahmen (z.B. Kommunikationsmaßnahmen) und
- marketingspezifische Organisationseinheiten (z.B. die Kundendienstabteilung).

Marketingkontrollen
(Soll-Ist-Vergleiche bzw. Ergebniskontrollen)

Kontrolle der

Produkt-Marktbeziehungen (Absatzsegmente)	Marketingorganisations- einheiten	Marketingmaßnahmen
z. B. in Bezug auf:	z. B. in Bezug auf:	z. B. in Bezug auf:
• Marktleistungen (Produkte, Dienstleistungen und Rechte), Marktleistungsgruppen • Kunden, Kundengruppen (konsumenten- und absatzmittlerbezogen) • Verkaufsgebiete und Regionen • Absatzwege • Auftragsarten oder –volumina	• Marktleistungsmanagement • Key Account Management • Verkaufsbüros • Außendienststellen • Kundendienstabteilungen • Kompetenzen	• Marktleistungsgestaltung • Preisgestaltung • Marktbearbeitung/ Kommunikation • Distribution (akquisitorische und physische)

Abbildung 63: Kontrollobjekte im Marketing (Quelle: Eigene Darstellung in Anlehnung an Köhler 1993, S. 394 und Bruhn 2004c, S. 300)

Eine wichtige Funktion des Marketingcontrollings besteht darin, zu entscheiden, wann *welche Form der Kontrolle* zu wählen ist. Da das primäre Rationalitätsobjekt die Zielerreichung (= substantielle Rationalität) ist (Weber/Schäffer/Langenbach 2001, S. 75), sind im Marketing in der Regel Ergebniskontrollen vorzuziehen, um dadurch die Probleme einer „Marketingprogrammierung" zu vermeiden. *Prozess-* oder *Inputkontrollen* sollten subsidiär im Rahmen umfassenderer Marketingaudits sowie in Situationen erfolgen, in denen quantifizierte Zielvorgaben nicht sinnvoll oder möglich erscheinen. Ferner sind Kontrollen nur sinnvoll, wenn daraus auch *Konsequenzen* abgeleitet werden können (Reinecke 2004, S. 64 ff.).

Ablaufkontrollen

Die Ablauf- beziehungsweise Durchführungs- oder Tätigkeitskontrolle entspricht der *Kontrolle der zeitlichen Abläufe, Verfahren und eingesetzten Maßnahmen in den einzelnen Durchführungsschritten*: Die jeweiligen Phasen werden während der Durchführung kontinuierlich überprüft und beurteilt. Auf diese Weise soll sichergestellt werden, dass ein oder mehrere Projekte/Maßnahmen korrekt und zeitgerecht durchgeführt werden, das heißt, dass die richtigen Personen zum richtigen Zeitpunkt die richtigen Dinge am richtigen Ort realisieren (Mast 2006, S. 157). Somit können frühzeitig Fehlentwicklungen erkannt und gegebenenfalls rechtzeitig abgewendet werden. Ablaufkontrollen werden in verschiedenen Teilbereichen des Marketing eingesetzt, häufig jedoch bei der Neuproduktplanung, der Planung und Durchführung von Kommunikations- und Verkaufsförderungsmaßnahmen sowie bei der Durchführung von Marktforschungsstudien (Bruhn 2004c, S. 304). Auf diese Weise lassen sich beispielsweise die Einhaltung von Besuchsnormen des Außendienstes oder Terminpläne bei Neuprodukteinführungen kontrollieren (Köhler 1993, S. 392). Als Methoden werden meist Verfahren der Netzplantechnik (Methoden des Projektmanagements) und eine informationstechnisch-gestützte Terminüberwachung eingesetzt, da diese Verfahren es ermöglichen, Zeitpläne und kritische Tätigkeiten kurzfristig zu kontrollieren (Bruhn 2004c, S. 304).

In einem strategischeren Sinne wird unter Durchführungskontrollen auch verstanden, dass *Ergebniskontrollen während der Durchführung* eingesetzt werden – ebenfalls um zu vermeiden, dass Abweichungen von den Planvorgaben zu spät erkannt werden. Zu diesem Zweck werden zeitlich gestaffelte Zwischenziele (Meilensteine) definiert, deren Erreichung mittels Ergebniskontrollen ermittelt wird. Zentral ist hierbei eine korrekte Definition der Zwischenziele und eine richtige Schätzung der künftigen Entwicklung (Jenner 2003, S. 184 f.). Hierzu zählt beispielsweise der Einsatz einer Balanced Scorecard beziehungsweise eines Marketingkennzahlensystems (Kapitel D.2.) zur Überprüfung der Umsetzung einer (Marketing-) Strategie.

Ergebniskontrollen im Überblick

Ergebniskontrollen sind die in der Marketingpraxis am häufigsten angewendete Kontrollform. Sie entsprechen einer *Gegenüberstellung von Ist-Größen* beziehungsweise von Ergebnissen *und vorgegebenen Soll-Größen*. Als Soll-Größen dienen dabei sowohl monetäre Größen (bspw. Gewinne, Deckungsbeiträge oder Kosten; ausführlich Kapitel D.2) als auch nichtmonetäre Kennzahlen (z.B. der Grad der Markenbekanntheit im Kommunikationsbereich oder der Distributionsgrad im Bereich der Distributionsgestaltung; Köhler 1993, S. 392 und Köhler 2006). Ergebniskontrollen haben einen *Feed-back-Charakter*, da der Zielerreichungsgrad rückblickend beurteilt wird. Andererseits kommt ihnen auch eine *Feed-forward-Funktion* zu, weil sie als iterative Prozesskette von Planung und Kontrolle als Grundlage für den nächsten Planungszyklus dienen. Werden die Soll-Größen nicht im Voraus definiert, kann nicht von Ergebniskontrollen, sondern lediglich von Ergebnisanalysen gesprochen werden (Köhler 1993 S. 329). Dies ist jedoch suboptimal: Idealerweise umfasst ein Planungsprozess die Aufnahme der Ist-Situation und die Bestimmung von Soll-Größen. *Formen der Ergebniskontrolle* sind:

- Effektivitätskontrollen,
- Effizienzkontrollen sowie
- Kosten- und Budgetkontrollen.

Anstelle des Begriffs Effektivität (Wirksamkeit) werden teilweise auch die Begriffe Erfolg und Wirkung verwendet.

3.1 Effektivitätskontrollen

Kern der Effektivitätskontrollen stellt die *Überprüfung der Zielerreichung beziehungsweise des Zielerreichungsgrads* in Form eines Soll-Ist-Vergleichs dar. Als *Kontrollgrößen* dienen dabei die im Rahmen der Marketingplanung festgelegten monetären und nichtmonetären Marketingziele (ausführlich Kapitel C.4 bis C.7 zu den Kontrollgrößen der einzelnen Marketingbereiche).

In der Praxis erfolgt diese Überprüfung meist in Form von Wochen- und Monatsberichten (eher Umsätze, Absatzmengen und Marktanteile) und Jahresberichten (eher nichtmonetäre Zielgrößen und Profitabilität) oder in grafischer Form mittels Cockpits (Reinecke/Geis 2004). Die jeweiligen Ergebnisse werden dann einer Abweichungsanalyse unterzogen, wobei eine *Analyse der Abweichungsursache*n zentral ist (bspw. Kapitel C.5.2.2 und Bruhn 2004c, S. 299).

Die *in der Kostenrechnung bereits vorhandenen Erfolgsanalysen* nehmen bei der Durchführung von Effektivitätskontrollen eine wichtige Rolle ein (ausführlich Kapitel B.2). Diese sollten so weit wie möglich nach marketingspezifischen Merkmalen aufbereitet und im Hinblick auf marketingrelevante Fragestellungen ausgewertet werden. Auf diese Weise können beispielsweise differenzierte Deckungsbeitragsrechnungen erstellt werden. Auf Basis dieser Rechnungen können den Marketingverantwortlichen beispielsweise je nach Hierarchieebene unterschiedliche Deckungsbeitragsgrößen als Ziele vorgegeben werden: So kann zum Beispiel ein Marketingleiter anhand des Deckungsbeitrags III gemessen und ein Produktmanager nach dem Deckungsbeitrag II beurteilt werden, da Letzterer im Vergleich zur Marketingleitung im Allgemeinen keinen Einfluss auf die fixen Marketing- und Verkaufskosten ausüben kann. Die Angabe der einzelnen Deckungsbeiträge kann in absoluten Werten, in Prozentwerten einer Maßgröße (z.b. in Prozent des Brutto-Umsatzes) oder auf der Grundlage einer Bezugsgröße erfolgen (ausführlich Kapitel B.2.3.2). Aus Marketingsicht sind dabei vor allem folgende Bezugsgrößen interessant: Marktleistungen und Marktleistungsgruppen, Kunden und Kundengruppen, Verkaufsgebiete und Regionen, Distributionskanäle sowie Aufträge und Auftragsvolumina. Diese theoretisch attraktive Vorgehensweise lässt sich in der Praxis jedoch nicht immer umsetzen, da das Rechnungswesen mancher Unternehmen dem Marketingmanagement teilweise (noch) keine Daten wie Deckungsbeiträge je Kunden bereitstellen kann.

Ferner sind *Aktionserfolgsrechnungen* möglich, bei denen versucht wird, die Wirkung von Marketingmaßnahmen (z.B. Preisreduzierungen) zu messen (u.a. Kapitel C.6.2.7.2, Marktreaktionsfunktionen).

3.2 Effizienzkontrollen

Wirtschaftlichkeitsbeurteilungen sind eine der zentralen Aufgaben des Controllings. Dies ist vor folgendem Hintergrund zu sehen: Wirtschaften steht für eine planmäßige Disposition über knappe Ressourcen (hier und im Folgenden Herdzina 2005, S. 21). Planmäßige Disposition bedeutet, dass eine Zielhierarchie aufgestellt, Rechenschaft über die zur Verfügung stehenden Mittel abgelegt und ein rationaler Wirtschaftsplan aufgestellt wird, in welchem den jeweiligen Zwecken entsprechende Mittel zugeordnet werden. Die Effizienz beziehungsweise Wirtschaftlichkeit dieses Plans wird dadurch sichergestellt, dass nach dem Wirtschaftlichkeitsprinzip verfahren wird. Dieses fordert, dass

- mit vorgegebenen Ressourcen (Input) das maximale Ergebnis (Output) erreicht wird (Maximumprinzip), oder
- das vorgegebene Ergebnis (Output) mit minimalem Ressourcenaufwand (Input) erreicht wird (Sparsamkeits-/Minimumprinzip), oder allgemein
- die Erfolg-Einsatz-Relation maximiert wird (allgemeines Extremumprinzip).

In der Praxis spielt vor allem Letzteres eine Rolle, da häufig über die Frage entschieden werden muss, ob sich ein begrenzter Mitteleinsatz nicht lohnen könnte, wenn er einen überproportionalen Erfolg mit sich bringen würde (Herdzina 2005, S. 21).

Wesentlich für das Marketingcontrolling ist jedoch, dass alle drei auf einen Prozess ausgerichtet sind, bei dem Mittel eingesetzt (Input) und durch Transformation Ergebnisse (Output) erzielt werden. Das Verhältnis zwischen erreichtem Ergebnis (Output) und dafür benötigtem Mitteleinsatz (Input) wird dem im Marketing am weitesten verbreiteten Konzept zufolge als *Effizienz* definiert (Bonoma/Clark 1988, S. 3). *Marketingeffizienz* wird im Folgenden somit allgemein als Maßstab zur Messung der relativen Marketingleistung verstanden. Die Wirtschaftlichkeit lässt sich erhöhen, indem man ein möglichst günstiges Verhältnis zwischen Zielerreichung und Mitteleinsatz anstrebt und erreicht. Grundlage von *Effizienzkontrollen* ist dementsprechend ein Output-Input- beziehungsweise Nutzen-Kosten-Vergleich, der den Nutzen respektive die Wirkungen von Marketingmaßnahmen zu den dafür eingesetzten Mitteln in Beziehung setzt (Bruhn 2004c, S. 26f.). Als Vergleichsmaßstab können dabei geplante beziehungsweise virtuelle (Soll-Effizienz) oder realisierte Einheiten (Ist-Effizienz) dienen.

Eine Abgrenzung der Effizienz von der Effektivität (S. 38ff.) und das Aufzeigen des Verhältnisses von Effizienz und Produktivität helfen, den Charakter und die Bedeutung von Wirtschaftlichkeitsanalysen zu präzisieren. Die Abgrenzung der Effektivität (Wirksamkeit) zur Effizienz (Wirtschaftlichkeit) verdeutlicht Drucker (1974) mit einem einfachen Wortspiel. Demnach kommt es darauf an, zum einen das Richtige zu tun („doing the right things" i.S.d. *Effektivität*) und zum anderen relevante Maßnahmen auch richtig auszuführen („doing things right" i.S.d. *Effizienz*). Während sich die Effizienz auf die Relation zwischen Output und Input bezieht, fokussiert die Effektivität auf die erzielten Outputs relativ zu der Erreichung a priori festgelegter Ziele der Marketingstrategie.

Die *Produktivität* ist in der Leistungsfähigkeit der Marketingprozesse und in der Ergiebigkeit der Faktorkombination verankert (Gutenberg 1958, S. 28). Der Unterschied zwischen Produktivität und Effizienz kann im unterschiedlichen Fokus auf die betrachteten Einheiten gesehen werden. Die Marketingeffizienz wird im Rahmen des prozessorientierten Denkens entlang mehrerer Dimensionen positioniert, die sowohl in qualitativer als auch quantitativer Gestalt vorliegen können: Qualität, Kosten, Effektivität und Schnelligkeit der Prozesse (Diller 2002b, S. 8). Die technische Wirtschaftlichkeit, wie die Produktivität auch bezeichnet wird, wird am *mengen*mäßigen Einsatz von Inputfaktoren im Verhältnis zum *mengen*mäßigen Ertrag gemessen (Wöhe 2005, S. 53). Solche technischen Produktivitätskennzahlen werden jedoch kritisiert: Ohne eine Bewertung der eingesetzten Produktionsfaktoren in Geldeinheiten – also ohne ein Gleichnamigmachen – ist keine Aussage über die Beachtung des Rationalprinzips möglich (Wöhe 2005, S. 53f.).

Somit wird Produktivität häufig umfassender als *Output-Input-Relation* (ausführlich Daum 2001, S. 8f.) definiert und auf diese Weise mit dem zuvor definierten Effizienzbegriff gleichgesetzt.

Mögliche Output- und Inputgrößen können qualitativ oder quantitativ sein:

- *finanziell zu finanziell* (bspw. das Verhältnis Deckungsbeitrag zu Marketingkosten oder die Relation Ertrag zu Aufwand);
- *finanziell zu nichtfinanziell* (z.b. Umsatz pro Marketingmitarbeiter, Kosten pro Verkäufer);
- *nichtfinanziell zu finanziell* (bspw. das Verhältnis von Kundenzufriedenheitsindex und Marketingkosten oder die Relation Marktanteil zu Marketingkosten);
- *nichtfinanziell zu nichtfinanziell* (z.b. das Verhältnis Kundenzufriedenheitsindex zu Anzahl beschäftigter Mitarbeiter).

Aus einer anderen Perspektive dienen Kennziffern der Marketingeffizienz als Maßstäbe für Effizienzvergleiche, welche bestimmte Marketingzielgrößen (z.B. Umsatz, Gewinn oder Deckungsbeitrag) in Relation zu anderen Bezugsgrößen setzen, die die knappen Kapazitäten der verschiedenen Bereiche darstellen (wie etwa Kapital, Zeit, Personal, Lagerraum oder Verkaufsfläche; z.b. Bruhn 2003b, S. 302). So können auch spezifische Kennzahlen für einzelne Bereiche entwickelt werden, die sich auf die spezifischen Leistungskriterien der einzelnen Abteilungen in einem Unternehmen (z.b. Kundendienst) beziehen oder als Maßstab für die Kundenbindung (z.b. Deckungsbeitrag pro Kunde oder Customer Lifetime Value) herangezogen werden. Dabei können zur Feststellung der Wirtschaftlichkeit insbesondere folgende Vergleiche vorgenommen werden:

- Plan-, (Soll-Ist-Abweichungen von Kennzahlen),
- Betriebs-,
- Maßnahmen- oder
- Zeitvergleiche (Vergleiche zwischen verschiedenen Zeitpunkten oder Planungsperioden).

Die Verwendung von Wirtschaftlichkeitskennzahlen ist allerdings mit einem *Grundproblem* behaftet: Hinter jeder Wirtschaftlichkeitskennzahl steckt die *Vermutung eines Ursache-Wirkungszusammenhangs*, welche so nicht in jeder Situation zu halten ist (ausführlich Kapitel D.2.1.1). Dies heißt allerdings nicht, dass im Marketing keine Wirtschaftslichkeitsanalysen durchgeführt werden sollten – das Gegenteil ist der Fall, zumal diesbezüglich ein hoher Nachholbedarf festzustellen ist (Daum 2001, S. 184). So kommt mehrstufigen Absatzsegmentrechnungen (Geist 1974, Reichmann 2006, S. 443 f. und Fickert 1995) eine hohe Bedeutung für entscheidungsbereichsbezogene Kennzahlenkonzeptionen zu (Gritzmann 1991, S. 120). Insbesondere die Kundendeckungsbeitragsrechnung (Fickert 1995, S. 188 ff.) ist zentral, denn die Kundenprofitabilität kann nicht allein aus Umsatz- oder relativen Kostengrößen abgeleitet werden (ausführlich Fischer/von der Decken 2001). Gerade bei der Absatzsegmentrechnung sowie etwaigen darauf basierenden Produktivitätskennzahlen sind jedoch mehrdimensionale Betrachtungen erforderlich, um einseitige Fehlinterpretationen zu vermeiden (Röhrenbacher 1985, S. 84 ff.). Wirtschaftlichkeits- und Produktivitätsanalysen müssen deshalb umfassend und mehrdimensional erfolgen.

Eine selektive Aufnahme einzelner Wirtschaftlichkeitskenngrößen in Kennzahlensysteme ohne nähere Analyse der Ursache-Wirkungszusammenhänge erscheint dagegen fragwürdig (dies gilt auch für finanzwirtschaftliche Effizienzkennzahlen wie den Return on Investment; diese Größe sollte stets im Gesamtzusammenhang interpretiert werden). Dies birgt die Gefahr, dass die Aussagekraft der Kennzahlen unzureichend reflektiert und nicht im Gesamtzusammenhang interpretiert wird.

Trotz des skizzierten, sehr weit verbreiteten Verständnisses der Effizienz als Maßstab zur Messung der *relativen* Marketingleistung in der Theorie, wird die Marketingleistung in der unternehmerischen Realität leider sehr oft lediglich dadurch beurteilt, dass Input- und Outputseite separat voneinander betrachtet werden. Nachfolgend werden deshalb Verfahren der Leistungsevaluation und insbesondere die Data Envelopment Analysis vorgestellt.

3.2.1 Verfahren der Leistungsevaluation

Die Kategorisierung von Verfahren der Leistungsmessung durch die Komponenten Input und Output hat sich als besonders zweckdienlich erwiesen (Boles/Donthu/Lohtia 1995, S. 32 ff.). Im Allgemeinen lassen sich Methoden zur Leistungsevaluation in folgende Klassen einteilen (Abbildung 64):

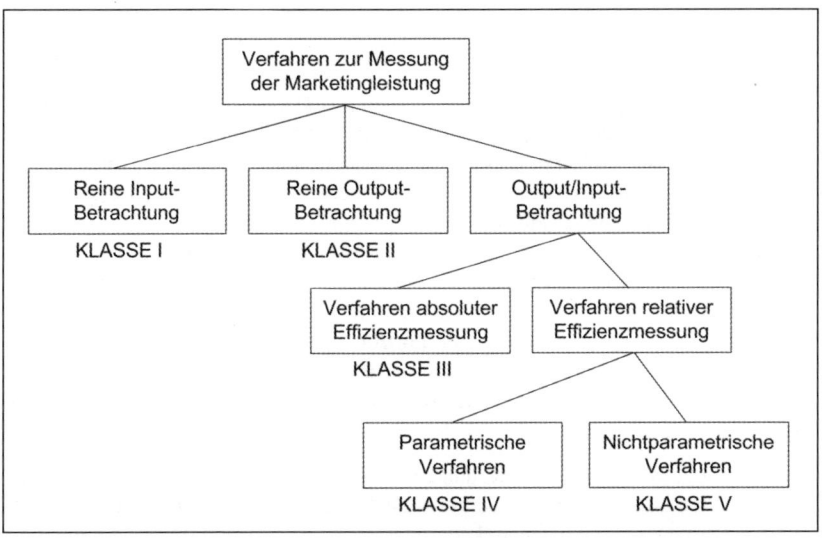

Abbildung 64: Verfahren zur Messung der Marketingleistung (Quelle: Diller/Metz/Keller 2006; dort in Anlehnung an Boles/Donthu/Lohtia 1995, S. 32 und Bauer/Hammerschmid/Garde 2004, S. 9 ff.)

- Verfahren der reinen Input- oder Outputbetrachtung (Klassen I und II),
- Verfahren absoluter Effizienzmessung (Klasse III) sowie
- parametrische und nichtparametrische Verfahren relativer Effizienzmessung (Klassen IV und V; Bauer/Hammerschmidt/Garde 2004, S. 9 ff.).

Verfahren der Klassen I und II: Reine Input- oder Outputbetrachtung

In der ersten und zweiten Klasse werden Verfahren zusammengefasst, die sich auf eine *Ein-Kennzahlen-Betrachtung* beschränken (Boles/Donthu/Lohtia 1995, S. 32 f.). *Klasse I* bezieht sich ausschließlich auf *Kennzahlen des Outputs*, *Klasse II* auf *Kennzahlen des Inputs*. Angesichts dessen können keine Effizienzaussagen getroffen werden, weil nur eine Seite der Effizienz betrachtet wird. Die Leistungsevaluation führt nicht über eine Bildung von Rangfolgen der erstellten Informationen hinaus (Bauer/Hammerschmidt/Garde 2004, S. 9). Als Kennzahlen können beispielsweise Kosten, (relative) Produktqualität, (relativer) Preis und Betriebsmitteleinsatz als Größen des Inputs (Klasse I) sowie Umsatz, Absatzmenge Marktanteile und Kundenzufriedenheit als Größen des Outputs (Klasse II) angeführt werden. Gewinn und Deckungsbeitrag sind zwar Klasse II zuzurechnen, jedoch enthalten diese Kennzahlen bereits ein wesentliches Element des Inputs, die Kosten. Exemplarisch für Verfahren der Klassen I und II können zudem die Gap-Analyse, die ABC-Analyse, die SWOT-Analyse oder Rankings angeführt werden (ausführlich Kapitel B.4).

Verfahren der Klasse III: Absolute Effizienzmessung

Verfahren absoluter Effizienzmessung werden aus *Output/Input-Relationen* einzelner Kennzahlen gebildet (Boles/Donthu/Lohtia 1995, S. 33 ff.). Zwar richtet sich die Sichtweise bei Verfahren dieser Klasse sowohl auf die Input- als auch auf die Outputseite, jedoch wiegt dies den Nachteil nicht auf, dass hieraus lediglich eine absolute Kennzahl hervorgeht, die durch einzelne Kennzahlen gebildet wird und sich nur auf ein Objekt bezieht. Auch mehrdimensionale Rankings, wie sie zum Beispiel bei Portfolio-Analysen erstellt werden, besitzen für Effizienzbeurteilungen prinzipiell wenig Aussagekraft, weil es sich nicht um eine ganzheitliche Effizienzmessung handelt. So werden bei der Portfolio-Analyse zwar mehrere Entscheidungseinheiten im Hinblick auf zwei Dimensionen abgebildet, jedoch findet hierbei keine ganzheitliche Betrachtung unter Berücksichtigung mehrerer Input- und Outputmerkmale zugleich statt.

Werden jedoch Kennzahlen der ersten, zweiten und/oder dritten Klasse so miteinander vernetzt, dass sie die innere Verbundenheit betrieblicher Zusammenhänge in einem Gesamtkontext einbeziehen, kann man darin ein aussagekräftiges Steuerungsinstrumentarium für das Management sehen (Lachnit 1979, S. 261 oder Bürgi 1991, S. 161). Bei einem derartigen Kennzahlensystem (ausführlich Kapitel D.2) kann die Verknüpfung entweder rechentechnisch gestützt sein, durch sachliche Zusammenhänge begründet werden oder auf Basis der Marketingziele entstehen (Böcker/Kotzbauer 2001, S. 763 und Reinecke 2004, S. 75 ff.).

Für die Bestimmung der Gesamtmarketingeffizienz existiert des Weiteren eine Vielzahl von Kriterien, die eine Systematisierung der Analyseverfahren sinnvoll ermöglichen. Versucht man ein Kennziffernsystem für das Marketing zu erstellen, so umfasst dieses in der Regel sowohl monetäre Kennzahlen (z.b. Kennzahlen der Profitabilität) als auch nichtmonetäre Kriterien (z.b. Stärke des Wettbewerbs oder Kaufpotenzial der Kunden; ausführlich auch Kapitel D.2).

Verfahren der Klasse IV und V: Relative Effizienzmessung

Da der Aussagewert absoluter Kennzahlen limitiert ist (Wolf 1977, S. 36), sind Verfahren, die den Grad der Effizienz an der Distanz von Benchmarks (Kapitel B.4.1) festmachen, bei der Auswahl eines zielgerichteten Verfahrens der Effizienzmessung zu priorisieren. Hier setzen Verfahren relativer Effizienzmessung an. Diese werden durch die Klassen IV und V repräsentiert (Boles/Donthu/Lohtia 1995, S. 43). Als Referenzeinheiten werden Entscheidungseinheiten (Decision Making Units) in Bezug auf ihren Einsatz von Inputs zur Produktion von Outputs gegenübergestellt.

Verfahren der Klassen IV und V haben gemeinsam, dass sie alle Input- und Outputfaktoren mit Hilfe einer Funktionsgleichung *simultan bewerten*. Die Festlegung, inwieweit die einzelnen Einflussfaktoren in die Effizienzmessung eingehen, erfolgt in beiden Fällen über Gewichtungsparameter. Der Unterschied zwischen den Verfahren liegt letztlich in der parametrischen Vorgehensweise bei Klasse IV beziehungsweise in der nichtparametrischen Gestalt der Verfahren aus der Klasse V:

Bei *parametrischen Verfahren (Klasse IV)* werden a priori Annahmen bezüglich der Verteilung und somit bezüglich des Funktionstyps beziehungsweise des Verhaltens des Unternehmens zur Berechnung der Effizienz getroffen (Heilemann 2004, S. 591). Die Anzahl der berücksichtigten Outputs ist jedoch aus methodischen Gründen limitiert. Als typische Vertreter dieser Verfahrensgruppe können die Analyse nach dem Econometric Frontier Estimation-Ansatz (EFE) (Aigner/Lovell/Schmidt 1977 und Meeusen/van den Broeck 1977), die Stochastic Frontier Analysis (SFA) (Aigner/Chu 1968, Afriat 1972 und Richmond 1974) beziehungsweise die Regressionsanalyse und die Diskriminanzanalyse angesehen werden.

Wird die Funktion hingegen implizit bestimmt, so spricht man von einem *nichtparametrischen Vorgehen (Klasse V)*. Da die Effizienzfunktion auf Basis der Extrempunkte tatsächlich empirisch vorliegender Beobachtungen errechnet wird, muss der Funktionstyp nicht ex ante vorgegeben werden. Als Referenzpunkte dienen somit die Einheiten mit den maximalen Output- und Inputkombinationen. *Die Data Envelopment Analysis (DEA)* (Charnes/Cooper/Rhodes 1978 und Banker/Charnes/Cooper 1984) ist das am weitesten verbreitete nichtparametrische Verfahren; sie ist nicht-stochastischer Natur.

3.2.2 Verbesserung durch Benchmarking: die Data Envelopment Analysis (DEA)

Die Data Envelopment Analysis (DEA) ist ein nichtparametrisches Verfahren zur Messung der relativen Effizienz (Klasse V) bestimmter Entscheidungseinheiten beziehungsweise Leistungsobjekte im Unternehmen, auch Decision Making Units (DMUs) genannt. Im Rahmen eines unternehmensinternen Vergleichs können dies beispielsweise Verkaufsregionen sein.

Je nach zugrunde gelegtem DEA-Modell kann die Berechnung der Effizienz *outputorientiert* (Verbesserungspotenzial beim Output unter Konstanthaltung des Inputs), *inputorientiert* (vice versa) oder *simultan output- und inputorientiert* erfolgen (Kleine 2002, S. 182). Ferner erweitert die DEA traditionelle kennziffernbasierte Erfolgs- und Effizienzmessverfahren, weil sie die Output/Input-Relationen empirisch vorliegender Fälle relativ zu einem Benchmark bewertet.

In diesem Zusammenhang lässt sich *Benchmarking* allgemein als der ständige Prozess des Strebens eines Unternehmens nach Verbesserung klar definierter Leistungen und Prozesse durch Orientierung an den jeweiligen internen oder externen Bestleistungen beschreiben (Camp 1994, S. 18 ff. und Sabisch 1994, S. 58). Im engeren Sinn kann Benchmarking auch als eine Methode zur Effizienzanalyse gesehen werden. Sie schließt auch die Implementierung der gewonnenen Erkenntnisse in die Unternehmenspraxis ein. Als Wesentlich ist im Zusammenhang mit der DEA die präzise Definition der *Benchmarkingobjekte* anzusehen: Leistungs- beziehungsweise Vergleichsobjekte können wie beim Benchmarking im Allgemeinen Strategien, Produkte, Methoden, Funktionen und Prozesse sein. Beim Prozessbenchmarking kann wiederum allgemein unterschieden werden, ob die organisatorische Einbettung oder die technologische Umsetzung der Prozesse beurteilt wird. Sind die Vergleichsobjekte bestimmt, müssen die *Vergleichsdimensionen* festgestellt werden: Vorstellbar sind allgemein und im Zusammenhang mit der DEA Dimensionen wie Kosten, Zeit, Qualität und Ergebnis.

Die DEA weist diverse *Vorteile* auf, mittels derer sie grob charakterisiert und von anderen Methoden der Effizienzmessung abgegrenzt werden kann. Diese lassen sich wie folgt zusammenfassen:

- Die DEA ist in der Lage, mehrere, teilweise unterschiedlich skalierte Inputs und Outputs gleichzeitig zu betrachten. So werden beispielsweise im Marketing unterschiedliche Ressourcen (z.B. verschiedene Arten von Kommunikationsaufwendungen, Personalkosten und Distributionskosten) eingesetzt und innerhalb eines durch exogene Faktoren bestimmten Umfelds in verschiedene Ergebnisse (z.B. Umsatz, Kundenzufriedenheit und Image) transformiert.
- Die DEA errechnet eine aggregierte Kennzahl, die alle Dimensionen des Transformationsprozesses vereint und im Vergleich zu Verfahren der Klassen I bis IV ein eindeutiges Ranking der Entscheidungseinheiten zulässt.
- Bei der DEA muss weder die Art des Zusammenhangs der Variablen im Vorhinein (a priori) festgelegt werden noch ist eine Gewichtung der Variablen erforder-

lich (nichtparametrischer Ansatz). Die DEA basiert auf Grundregeln der Produktionstheorie, so dass Subjektivität aufgrund der impliziten Bestimmung von Funktionsverlauf und Gewichtungsfaktoren vermieden werden kann.
- Es entsteht ein Effizienzmaß, das auf den „Klassenbesten" (Best Practice) basiert. Aufgrund realer Beobachtungen entsteht keine isolierte Effizienzmessung. Im zweidimensionalen Fall (ein Input- und ein Outputfaktor) lassen sich die DEA-Ergebnisse anschaulich illustrieren (Abbildung 66, S. 147).
- Darüber hinaus bietet die DEA Informationen für Handlungsimplikationen. Verbesserungspotenziale werden nicht nur identifiziert, sondern auch quantifiziert. Dadurch können zukünftige Potenziale prognostiziert werden.

Im Detail stellt sich die DEA formal wie folgt dar: Die Effizienz eines Leistungsobjekts, gemessen durch den Leistungsindex θ, wird anhand des Output/Inputverhältnisses operationalisiert. Mittels linearer Programmierung werden den Output- (y) und Inputfaktoren (x) einer Entscheidungseinheit Gewichte (u und v) zugeteilt, so dass die Effizienz der betrachteten Einheit im Vergleich zu allen anderen Einheiten entlang den Leistungsdimensionen maximal ist. Ist die Entscheidungseinheit technisch effizient und skaleneffizient, so erhält sie einen Leistungsindex von 100 Prozent. Bei der Skaleneffizienz wird hierbei beurteilt, ob die Leistungsausbringung einer Einheit aufgrund ihrer Größe Skaleneffekte ausnutzt oder nicht. Die effizienten Organisationseinheiten sind Referenzeinheiten beziehungsweise Best-Practice-Einheiten, mit welchen die ineffizienten Einheiten (Leistungsindex kleiner als 1 bzw. 100 Prozent) verglichen werden.

Formalisiert gestaltet sich das Quotientenprogramm der DEA so, dass der Leistungsindex, bestehend aus dem Verhältnis von gewichteten Output- zu Inputfaktoren, unter den gegebenen Nebenbedingungen (*NB*) maximiert wird:

Quotientenprogramm

$$\max_{u,v} \quad \theta = \frac{u_1 y_{10} + u_2 y_{20} + \ldots + u_s y_{s0}}{v_1 x_{10} + v_2 x_{20} + \ldots + v_m x_{m0}} \quad \text{Leistungsindex}$$

$$\text{unter} \quad \frac{u_1 y_{1j} + u_2 y_{2j} + \ldots + u_s y_{sj}}{v_1 x_{1j} + v_2 x_{2j} + \ldots + v_m x_{mj}} \leq 1 \quad (j=1, \ldots n) \quad NB\ 1$$

$$v_1, v_2, \ldots, v_m \geq 0 \quad NB\ 2$$

$$u_1, u_2, \ldots, u_s \geq 0 \quad NB\ 3$$

θ *Leistungsindex* (≤ 1 bzw. $\leq 100\ \%$)
u_s, v_m *Gewichtungsfaktoren für Output/Inputfaktoren*
y_{sj}, x_{mj} *Output/Inputfaktoren für Entscheidungseinheiten j*

Die DEA ist jedoch *kein Allheilmittel* für die benchmarkorientierte Bewertung der Effizienz. Der größte Kritikpunkt an der DEA ist die hohe Sensitivität in Bezug auf Datensatz, Datenfehler und Ausreißer. Zudem bestehen hohe Anforderungen an die Variablen. Um valide und reliable Ergebnisse aus einer DEA zu erhalten, sind große

Stichproben, Zusatzinformationen bei kleinen Stichproben oder Zeitreihendaten notwendig (Cherchye/Post 2003, S. 433). Aufgrund der deterministischen Natur der DEA können ferner keine Aussagen über die allgemeine Güte der Schätzer getroffen werden. Im Zusammenhang mit der Definition von Entscheidungseinheiten und Input- und Outputvariablen muss auch das Problem der Periodenabgrenzung berücksichtigt werden (Scheel 2000, S. 18). Das Problem der zeitlichen Wirkungszuordnung, das Problem der Ausstrahlungseffekte (Spill-Over-, Carry-Over-, Time-Lag-Effekte) und das Problem externer Störeinflüsse erschweren zudem eine valide Messung. Da die DEA mehrere Input- und Output-Variablen zur Effizienzmessung benutzt, besteht die Herausforderung darin, die zeitlichen Wirkungen der Input-Variablen im Transformationsprozess durch die Auswahl der zweckmäßigen historischen Daten zu modellieren.

Anwendungsbereiche und Beispiele der DEA

Praktische Anwendungen in einer Vielzahl unterschiedlicher Umgebungen beweisen die Anpassungsfähigkeit der DEA (Abbildung 65). Weiterentwicklungen der DEA-Basismodelle (z.B. Cooper/Seiford/Zhu 2004a, S. 19 oder Schefczyk 1996, S. 175) ermöglichen darüber hinaus bessere Anpassungen an den Anwendungskontext und verbessern die Ergebnisinterpretationen.

Um die Methode und Ergebnisse der DEA anschaulicher zu machen, ist es hilfreich, diese grafisch herzuleiten. Als Grundlage der DEA-Effizienzbewertung dient eine Randproduktionsfunktion, die anhand der Input- und Outputkombinationen der besten Vergleichseinheiten (Best Practice) errechnet wird. Die Funktion bildet sodann einen Satz potenzieller Referenzpunkte und repräsentiert die Summe aller effizienten Strategien. Für die ineffizienten Einheiten dient diese Referenzfunktion der Bestimmung individueller Referenzeinheiten.

In der ursprünglichen Operationalisierung der DEA nach Charnes, Cooper und Rhodes (1978) wird nicht zwischen technischer Effizienz und Skaleneffizienz unterschieden (CCR-Modell). Beim später entwickelten BCC-Modell, benannt nach Banker, Charnes und Cooper (1984), werden Skaleneffekte rechnerisch neutralisiert. Im Vergleich zur CCR-DEA wird bei der BCC-DEA eine konvexe Hülle um die Daten gelegt, welche sich besser an die Daten anpasst und somit mehr Entscheidungseinheiten als effizient ausweist.

Beispielsweise ließe sich die DEA zur Messung der Verkaufseffizienz einzusetzen. Die einzelnen Verkaufsregionen des Unternehmens würden dann beispielsweise die Organisations- beziehungsweise Vergleichseinheiten (DMU) darstellen. Würde man untersuchen wollen, ob manche Regionen mehr Umsatz generieren, gemessen an der Anzahl der eingesetzten Außendienstmitarbeiter, so würde man den ersten Faktor als Output und den zweiten Faktor als Input in die DEA einbeziehen. Anhand der Output-Input-Kombination lassen sich für jede Region schließlich die Koordinaten im Schaubild bestimmen. Die DEA-Randfunktion würde so dann durch diejenigen

Autor	Einsatzbereich und Studientitel	Einsatzbereich
	Marktleistung	
Bauer/Staat; Hammerschmidt (2000)	Produkt-Controlling - Eine Untersuchung mit Hilfe der Data Envelopment Analysis (DEA)	PKW-Markt
Doyle/Green (1991)	Efficiency and cross efficiency in DEA: Derivations, meanings and uses	Computerdrucker
	Preis	
Kamakura/Ratchford/ Agrawal (1988)	Measuring Market Efficiency and Welfare Loss	Batterie-Markt und PKW-Markt
Cherchye/Post (2003)	Methodological Advances in DEA: A survey and an application fort he Dutch electricity sector	Holländischer Strommarkt
	Kommunikation	
Luo/Donthu (2001)	Benchmarketing Advertising Efficiency	US-Top-100 der Werbungtreibenden
Büschken (2003)	Determinants of Brand Advertising Inefficieny – Evidence from the German Car Market	Werbung der Automobilhersteller
	Verkauf und Distribution	
Boles/Donthu/Lohtia (1995)	Salesperson Evaluation using relative Performance Efficiency: The Application of Data Envelopment Analysis	Verkaufsmitarbeiter einer Werbeagentur
Bauer/Hammerschmidt/ Garde (2004)	Marketingeffizienzanalyse mittels Efficient Benchmarking	Pharma-Außendienst-Teams

Abbildung 65: Ausgewählte Einsatzbeispiele zu den Marketing-Mix-Instrumenten (Quelle: Eigene Darstellung; basierend auf Keller 2005)

Regionen gebildet werden, die im Verhältnis zu Regionen mit der gleichen Anzahl an Verkaufsmitarbeitern am meisten Umsatz erzeugen und somit am effizientesten sind.

Abbildung 66 zeigt im Fall eines Input- und eines Outputfaktors den möglichen Verlauf einer Randfunktion nach dem CCR- und nach dem BCC-Modell. Zusätzlich werden technische Ineffizienz und Skalenineffizienz dargestellt. Ferner können folgende Tatbestände anhand der Grafik abgeleitet werden:

- Die Entscheidungseinheit 1 (DMU 1) ist zu 100 Prozent CCR- und BCC-effizient, da sie sowohl auf der CCR als auch auf der BCC-Randfunktion liegt. Für das zuvor genannte Beispiel würde dies bedeuten, dass die Verkaufsregion hinsichtlich ihrer Anzahl an Außendienstemitarbeitern verhältnismäßig den meisten Umsatz erzeugt. Dies gilt sowohl bei Berücksichtigung als auch bei der Nichtberücksichtigung der Größe der Verkaufsregion.
- Die Entscheidungseinheit 2 (DMU 2) ist BCC-effizient (100 Prozent), aber CCR-ineffizient ($\leq$ 100 Prozent), da sie auf der BCC-Randfunktion, jedoch nicht auf der CCR-Randfunktion liegt. Daraus kann man schlussfolgern, dass eine ausschließliche Skalenineffizienz vorliegt. Nähme man diesen Fall für unser Bei-

spiel an, so wäre die Verkaufsregion ausschließlich aufgrund ihrer Größe ineffizient.
- Zwar ist die Entscheidungseinheit 3 (DMU 3) CCR- und BCC- ineffizient, jedoch lässt sich hier die Ineffizienz auf eine rein technische Ineffizienz zurückführen. Die Entscheidungseinheit 1 (DMU 1) dient als Referenzpunkt. Übertragen auf das zuvor genannte Beispiel hieße dies, die Verkaufsregion müsste für ihre Anzahl an Mitarbeitern relativ gesehen mehr Umsatz generieren. Skaleneffekte sind jedoch keine Ursache für die Ineffizienz.
- Die Entscheidungseinheit 4 (DMU 4) ist CCR- und BCC-ineffizient, da sie nicht auf einer der Randfunktionen liegt. Zudem können sowohl eine technische Ineffizienz als auch eine Skalenineffizienz abgelesen werden, da der Referenzpunkt auf der CCR-Randfunktion mit dem auf der BCC-Randfunktion auseinander fällt. Folglich würde dies für das zuvor genannte Beispiel heißen, dass die Verkaufsregion in Bezug auf die Generierung von Umsatz ineffizient ist. Zudem müsste die Verkaufsregion aufgrund ihrer Größe mehr Umsatz realisieren.

Es ist deutlich geworden, dass die DEA ein leistungsfähiges Verfahren der relativen, benchmarkbasierten Effizienzbewertung ist, das sich nicht nur für Analysen, son-

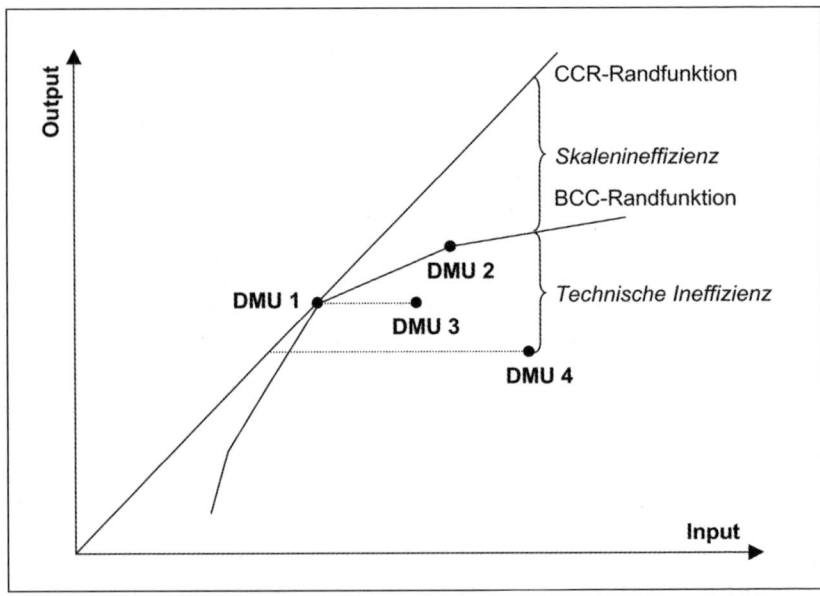

Abbildung 66: CCR- und BCC-Randfunktion im Ein-Input-Fall/Ein-Output-Fall
(Quelle: Eigene Darstellung inAnlehung an Diller/Metz/Keller 2006)

dern auch für Prognosen und eine dementsprechende Steuerung der betrachteten Entscheidungseinheiten eignet. Eine Methode, deren Anwendung in vielen Unternehmen noch aussteht, deren Entwicklung es jedoch zu beobachten gilt.

3.3 Kosten- und Budgetkontrollen

Die Kosten- und Budgetkontrolle ist neben der allgemeinen Ergebniskontrolle die in der Praxis am stärksten verbreitete Kontrollform und gleichzeitig das mit Abstand am häufigsten eingesetzte Instrument des Marketingcontrollings (für die Schweiz konnte dies in einer Studie von Rosset und Reinecke 2005 nachgewiesen werden, zit. nach Reinecke/Herzog 2006, S. 93); dies unter anderem, weil sie – zumindest bei formal und nicht inhaltlich ausgerichteten Kontrollverfahren – verhältnismäßig unaufwändig durchgeführt werden kann (Böcker 1988, S. 153).

Objekte der Kosten- und Budgetkontrolle im Marketing sind Marketingkosten und -budgets. Ferner sind vor allem solche Budgets Gegenstand der Kontrolle, die geplant werden können beziehungsweise Budgets, die nicht durch gesetzliche oder vertragliche Vorschriften festgelegt werden (hier und im Folgenden Böcker 1988, S. 153). Somit sind die wichtigsten der hier interessierenden Kosten und Budgets Gehälter, Reisespesen, Kommunikationsbudgets, Marktforschungs- und Produktentwicklungsbudgets sowie Kosten für Absatzmittler. Ziel der Kosten- und Budgetkontrollen ist es, Abweichungen zwischen Soll- und Ist-Werten festzuhalten und die Ursachen zu identifizieren. Dabei ist eine Abgrenzung zwischen Kosten- und Budgetkontrolle im Einzelfall häufig nur schwer möglich, jedoch ist diese meist auch nicht notwendig. Im Folgenden wird die Abgrenzung beider dem allgemeinen Sprachgebrauch entsprechend vorgenommen: Wenn die Kosten pro Mengeneinheit Gegenstand der Kontrolle sind, wird dies als *Kostenkontrolle* definiert. Sind kumulierte Kosten pro Zeiteinheit Gegenstand der Überprüfung, wird dies als *Budgetkontrolle* definiert.

Budgets stellen im Grunde ein Ergebnis des Planungsprozesses dar, das gleichzeitig Ausgangspunkt für die Realisierung von Plänen und Maßnahmen ist. Bei der *Budgetierung* werden im Allgemeinen wertmäßige Größen (insbesondere Kosten und Erlöse) zu Zielen und Maßnahmen zugeordnet (ausführlich Kapitel B.5).

Zur Kontrolle von Marketingbudgets (ausführlich u.a. Höller 1978, S. 237, Böcker 1988, S. 153 ff., Krsyteck/Zumbrock 1993, S. 98 und Weber 2005, S. 85 f.) können formale und inhaltliche Kontrollen durchgeführt werden. Im Rahmen einer *formalen Budgetkontrolle* werden lediglich die Planbudgets an dem Grad ihrer Einhaltung gemessen. Dies ist in der Praxis gängig, jedoch weist diese Vorgehensweise den Nachteil auf, dass es sich um eine reine Kostenbetrachtung handelt und Aussagen über die Zweckmäßigkeit oder die sachliche Verwendung der Budgethöhe nicht möglich sind.

Im Gegensatz dazu werden bei der *inhaltlichen Kontrolle* dem Budget auch marketingrelevante Erfolgs- und Effizienzgrößen gegenübergestellt (u.a. Böcker 1988, S. 155 f.). Dies ist meist mit Abweichungs- (Preis- oder Mengenabweichungen) und Wertanalysen (z.B. mittels Gemeinkostenwertanalyse) verbunden, wobei Letztere der Bestimmung der Angemessenheit der Höhe des Marketingbudgets und der Aufdeckung von Kostensenkungspotenzialen dienen. Leider wird das Augenmerk dieser Analysen in der Praxis zum Teil auf reine Kostenkontrollen reduziert, was den Instrumenten nicht gerecht wird und an der Zielsetzung der Verfahren vorbeigeht.

4 Kontrolle der Marktleistungsgestaltung

4.1 Ansatzpunkte

Entscheidungen und Maßnahmen im Bereich der Marktleistungsgestaltung werden in der Regel intensiv durch das Controlling unterstützt, wobei sowohl Planungs- (Kapitel B.4) als auch Kontrollinstrumente eine zentrale Rolle spielen. Die *Marktleistungsgestaltung* („Produktgestaltung") umfasst dabei alle Entscheidungen, welche sich auf die marktgerechte Gestaltung der Leistungen (Produkte, Dienstleistungen und Rechte) eines Unternehmens beziehen (Weinhold-Stünzi 1999, S. 173). Aufgabe des *Controllings der Marktleistungsgestaltung* ist die Sicherstellung der Effektivität (Wirksamkeit) und Effizienz (Wirtschaftlichkeit) der Marktleistungsgestaltung, wobei Ziele (Soll- und Ist-Größen), Aufgaben und Instrumente der Marktleistungsgestaltung als Ansatzpunkte der Kontrollen dienen.

Im Vergleich zu den Kontrollen anderer Marketinginstrumente kommt der Kontrolle der Marktleistungsgestaltung aufgrund der besonderen Bedeutung der Marktleistungsgestaltung für den Leistungs- und letztlich den Unternehmenserfolg eine hohe Wichtigkeit zu: Eine Leistung wird als Kombination vielfältiger objektiver (funktionaler) und subjektiver (bspw. das durch Kommunikationsmaßnahmen steuerbare *erwartete Problemlösungspotenzial)* Merkmale wahrgenommen. Erst die durch sämtliche Marketingmaßnahmen geprägte Gesamtheit von Wahrnehmung, Erfahrung, Einstellungen und Werten lässt im Bewusstsein des Endabnehmers eine „Leistung" entstehen. Diese wird von Konsumenten im Zuge eines Kosten-Nutzen-Vergleichs dem zu zahlenden Preis (bzw. allen Kosten, die mit Erwerb und Verwendung verbunden wären) gegenübergestellt (Herrmann 2001, S. 1412). Im Folgenden wird jedoch primär die *Marktleistungsgestaltung im engeren Sinne* berücksichtigt, die die funktionale Gestaltung der Leistung umfasst (Hansen/Henning-Thurau/Schrader 2001, S. 11). Das Thema Marke wird aufgrund seiner übergeordneten Bedeutung separat behandelt (Kapitel D.4).

Insbesondere bei der Marktleistungsgestaltung muss zwischen einer Erfolgskontrolle *vor* (Entstehungsphase) und *nach* der Markteinführung unterschieden werden: Die Ziele der Marktleistungsgestaltung hängen grundsätzlich alle mit der Gestaltung von Leistungsmerkmalen zusammen, über die in der *Entstehungsphase* einer Leistung entschieden wird (Friedl 2002, S. 821). Während der Marktphase kann der Erfolg einer Leistung somit nur sehr begrenzt und nur in bestimmten Fällen beeinflusst werden, da die Leistung bereits gestaltet wurde. In dieser Phase kann tatsächlich nur aus Abweichungen gelernt werden. Angesichts dessen kommt der Kontrolle *vor* der Markteinführung eine zentrale Bedeutung für die Sicherstellung des Erfolgs zu. Dies bedeutet jedoch nicht, dass die Kontrolle *nach* Markteinführung, wie von Friedl (2002, S. 821) gefolgert, unzweckmäßig ist und vollständig durch eine Kontrolle in der Planungsphase ersetzt werden sollte. Vielmehr ist die *Planung als iterativer Prozess* zu sehen, in dem der Kontrolle nach der Markteinführung immer eine Funktion der Unterstützung des nächsten Planungszyklus zukommt. Dementsprechend können viele Planungsinstrumente der Marktleistungsgestaltung auch als Kontrollinstrumente eingesetzt werden. Vor diesem Hintergrund werden die nachfolgend beschriebenen, zentralen Kontrollinstrumente nicht explizit einem Einsatzzeitraum zugeordnet. Ein Instrument, das jedoch ausschließlich der Planungsunterstützung und nicht der Planungskontrolle dient, ist das Target Costing, obwohl es natürlich eine auf Kostenkontrollen reduzierte Erfolgskontrolle ermöglicht (Friedl 2002, S. 822; ausführlich Teil B).

4.1.1 Aufgaben und Instrumente der Marktleistungsgestaltung

Die Marktleistungsgestaltung im engeren Sinne umfasst zum einen die Zusammenstellung verschiedener Leistungen im Rahmen der *Produktprogrammgestaltung* (bei produzierenden Unternehmen) und der *Sortimentsgestaltung* (bei Handelsunternehmen). Innerhalb dieser können bei Herstellern die einzelnen Produktlinien (Gruppen von meist eng zusammenhängenden Leistungen) und im Handel die einzelnen Warengruppen wie ein Portfolio strategischer Geschäftseinheiten behandelt werden. Je nach Kontrollergebnis kann das Management folgende Entscheidungen treffen, welche die wichtigsten *Aufgabenbereiche der Marktleistungsgestaltung* darstellen (Meffert 1988, S. 115, Herrmann 1998, S. 3 ff. und Tomczak 2007): Kern der Marktleistungsgestaltung ist das Produkt (hier stellvertretend für Güter und Dienstleistungen), das in seinem Produkt-Leistungskern, aber auch in den begleitenden Diensten zunächst kreiert (Produktgestaltung), auf dem Markt eingeführt (Produkteinführung), gepflegt (Produktpflege), bei Bedarf modifiziert (Produktvariation), differenziert (Produktdifferenzierung) und gegebenenfalls eliminiert (Produkteliminierung) wird.

Aufgabe der Marktleistungsgestaltung ist zum anderen die *Gestaltung des individuellen Produkts*. Diese umfasst folgende *Instrumente* (u.a. Herrmann 1998, S. 5): die Produktgestaltung einschließlich Produktqualität, Produktfeatures, Produktausstattung und Produktstil sowie in einem weiteren Sinne die Marken-, Verpackungs- und Dienstleistungsgestaltung.

Produktinnovationsmanagement als Management der Entwicklung und Einführung neuer Produkte ist demnach als Teilbereich der Marktleistungsgestaltung anzusehen, wird in diesem Buch jedoch nicht ausführlich behandelt. Ferner sind Marktsegmentierung, Produktpositionierung, Wettbewerbsstrategie und Technologiemanagement Themen, die zwar eng mit der Marktleistungsgestaltung verzahnt sind, jedoch eher den Charakter von Querschnittsfunktionen tragen. Aufgrund dessen fließen sie teilweise in die nachfolgenden Ausführungen ein, werden jedoch nicht vertieft.

4.1.2 Ziele der Marktleistungsgestaltung

Abgeleitet aus den Unternehmenszielen sollten Marketingziele immer auch auf die Erreichung oberster Unternehmensziele wie Wachstum, Profitabilität oder Risikominimierung ausgerichtet sein. Vor diesem Hintergrund können konkrete Ziele (Sollgrößen) für die jeweiligen Marketingbereiche und somit für die Marktleis-

Zielkategorie	Konkrete Zielgröße

Konsumentengerichtet	• Monetäre, vor allem:
	  • Umsatz, Absatz, Deckungsbeitrag,
	  • Altersstruktur
	• Nichtmonetäre:
	  • Bewertung mittels Käuferurteilen:
	    • Anmutungsqualität,
	    • Produktbeurteilung,
	    • Produktpositionierung
	    • Einstellung und Zufriedenheit,
	    • Präferenz (hinsichtlich Preis und Qualität),
	    • Kaufabsicht
	  • Bewertung mittels Testverfahren (Marktadäquanz der Leistungen)

Konkurrenzgerichtet	• Alleinstellung (Unique Selling Proposition) • Imitationsstrategie (Partizipation am Erfolg führender Wettbewerber) • Kooperationen

Handelsgerichtet	• Handelsseitige Sortimentsaufnahme des Produktes; Kennzahlen vor allem bezüglich folgender Ziele:
	  • Produktdeckungsbeiträge und Abverkaufsgeschwindigkeit optimieren,
	  • Erfüllung weiterer Qualitätsanforderungen des Handels an Artikel,
	  • Distributionsgrad
	• Adäquate Produktbehandlung durch den Handel (Kongruenz mit Herstelleraktivität: fachgerechte Pflege, Kundenberatung einschließlich Qualitätsbeurteilung usw.)

Gesellschaftsgerichtet	• Als Mittel zum Zweck der ökonomischen Zielerreichung • Als eigenständiges Ziel

Abbildung 67: Zielkategorien und Ziele der Marktleistungsgestaltung (Quelle: Eigene Darstellung in Anlehnung an Hansen/Henning-Thurau/Schrader 2001, S. 91 ff.)

tungsgestaltung situationsspezifisch definiert werden. Dabei geht man grundsätzlich davon aus, dass der ökonomische Erfolg eines Anbieters umso höher ist, je besser die von ihm angebotene Leistung ein bestimmtes Bedürfnis(-bündel) befriedigt (Weinhold-Stünzi 1999, S. 127 ff.). Dementsprechend können die Größen Deckungsbeitrag, Stückgewinn oder Absatz eines Produkts unter Berücksichtigung von Markt- und Konkurrenzfaktoren grundsätzlich als Indikator dafür dienen, wie gut die Leistung die Bedürfnisse der Konsumenten befriedigt. Analog dazu können Absatzziele und *monetäre Ziele* für Produkte und Produktprogramme formuliert und dementsprechend Produkte und Produktprogramme nach diesen Kriterien bewertet werden.

Gleichzeitig ist es in vielen Situationen notwendig, auch nichtmonetäre Ziele bezüglich Größen wie Preiszufriedenheit oder Preisimage zu formulieren und zur Bewertung der Marktleistungsgestaltung heranzuziehen (Nieschlag/Dichtl/Hörschgen 2002, S. 638).

Dementsprechend existieren *vier Zielkategorien,* die sowohl monetäre als auch nichtmonetäre Zielgrößen beinhalten: Grundsätzlich lassen sich konsumentengerichtete, konkurrenzgerichtete, handelsgerichtete und gesellschaftliche Ziele unterscheiden, wobei Letztere nicht ausführlich behandelt werden (Abbildung 67, ausführlich Hansen/Henning-Thurau/Schrader 2001, S. 91 ff.). Diese Systematik liegt den Ausführungen zu den Kontrollinstrumenten der Marktleistungsgestaltung zugrunde.

4.2 Kontrolle konsumenten- und konkurrenzgerichteter Zielgrößen

Ansätze und Methoden zur Bewertung der Marktleistungsgestaltung können in drei Kategorien zusammengefasst werden: Bewertung mittels

- Produkt- und Programmanalysen (Kapitel 4.2.1),
- Käuferurteilen (Kapitel 4.2.2) und
- Testverfahren (4.2.3).

4.2.1 Produkt- und Programmanalysen

Produkt- und Programmanalysen basieren zum einen auf nichtmonetären und zum anderen auf monetären Informationen (Nieschlag/Dichtl/Hörschgen 2002, S. 659 f.).

Die Ausrichtung, die auf *nichtmonetären Informationen* über die Umwelt fußt, berücksichtigt Informationen, welche aus verschiedenen Gründen nicht im betrieblichen Rechnungswesen abgebildet werden können. Dies sind vor allem Ergebnisse der Marktforschung wie Informationen über Marktstruktur, Wachstumsraten, Konkurrenten, Marktnischen und so fort (ähnlich Nieschlag/Dichtl/Hörschgen 2002, S. 660). Für Analysen von Chancen, Gefahren oder langfristigen Marktveränderungen sind diese Erkenntnisse zentral. Entsprechende Instrumente, die sowohl im Rahmen der Planung als auch der Kontrolle eingesetzt werden können, werden in Kapitel B.4 behandelt.

Für die *monetäre Bewertung* von Produkten und Programmteilen werden unterschiedliche Bezugsgrößen und verschiedene *Bewertungskriterien* eingesetzt. Als *Erfolgsmaßstab* werden vor allem die Größen Umsatz, Absatz und Deckungsbeitrag sowie die Umschlagsgeschwindigkeit herangezogen. Als *Bezugsgrößen* dienen in erster Linie Produkte, Kunden(-gruppen), Auftragsgrößen und (einzelne oder kombinierte) Absatzkanäle (Nieschlag/Dichtl/Hörschgen 2002, S. 660). Dementsprechend sind die Methoden der Umsatzstrukturanalyse und der Deckungsbeitragsstrukturanalyse zentrale Instrumente für die quantitative Bewertung von Produkten und Produktprogrammen (hierzu ausführlich Kapitel B.2).

Ferner werden die folgenden zentralen Planungsmethoden der Marktleistungsgestaltung regelmäßig zur Analyse der bestehenden Produkt(programme) eingesetzt, um diese zu steuern und zu planen (ausführlich auch Hüttel 1998, S. 143 ff. und Hansen/Henning-Thurau/Schrader 2001, S. 218 ff.):

- die Programmstrukturanalyse einschließlich Umsatzstruktur-, Deckungsbeitragsstruktur-, Altersstruktur- und Kundenstrukturanalyse (ausführlich nachfolgend),
- die Produktlebenszyklus-Analyse (ausführlich z.B. Kuß/Tomczak 2004b, S. 17 ff.),
- die Gap-Analyse (Kapitel B.4.2) und
- die Produktportfolio-Analyse (BCG-Matrix und Weiterentwicklungen; ausführlich Kapitel B.4.5).

Ziele, Prozess und Instrumente von Programmstrukturanalysen

Im Rahmen der Programmstrukturanalyse werden Vergangenheitsdaten der Struktur eines Produktprogramms analysiert, um Stärken und Schwächen zu identifizieren und gegebenenfalls Anpassungen des Produktprogramms vorzunehmen sowie Prognosen über in der Zukunft zu erwartende Zielbeiträge zu treffen. Zur Entscheidung über Maßnahmen der Marktleistungsgestaltung müssen in der Regel eine Vielzahl weiterer Kriterien wie rechtliche Rahmenbedingungen, lieferantenbezogene Gesichtspunke sowie detaillierte ertragspolitische, kunden- und konkurrenzbezogene Kriterien herangezogen werden (Hüttel 1998, S. 171). Die Basisdaten stellt das betriebliche Rechnungswesen zur Verfügung. Angesichts ihres strategischen Charakters haben Programmstrukturanalysen häufig über die Marktleistungsgestaltung hinaus Auswirkungen auf das Gesamtunternehmen (Hüttel 1998, S. 163 ff.).

Programmstrukturanalysen erfolgen *in mehreren Schritten*: Umsatzstrukturanalyse, Deckungsbeitragsstrukturanalyse, Portfolio- oder Altersstrukturanalyse und Kundenstrukturanalyse. Dabei werden verschiedene gängige Verfahren wie die ABC-Analyse (Kapitel B.4.4) oder die Deckungsbeitragsrechung (Kapitel B.2.3.2) eingesetzt (hier und im Folgenden Hüttel 1998, S. 163 ff. und Diller 2001e, S. 1429).

Beispielsweise werden in einer ABC-Analyse die Anteile der einzelnen Produkte oder Programmteile am Gesamtumsatz (*Umsatzstruktur*) und ihr jeweiliger Beitrag zur Deckung der Fixkosten (*Deckungsbeitragsstruktur*) berechnet. Ferner ist die Stellung der Programmteile im Lebenszyklus von strategischer Bedeutung, was im Rahmen der *Altersstrukturanalyse* oder umfassender Portfolio-Analysen untersucht wird. Konzentrations- und Altersanalysen können sowohl auf Deckungsbeiträge als auch auf Umsätze ausgerichtet werden (Böcker 1988, S. 125). Im Rahmen der - *Kundenstrukturanalyse* wird untersucht, wie viel Prozent des Umsatzes oder des Deckungsbeitrags auf wie viel Prozent der Kunden entfällt. Des Weiteren kann die Fertigungstiefe beziehungsweise das Verhältnis von eigenproduzierten und fremdbezogenen Produkten analysiert werden.

Die Umsatzstrukturanalyse

Obwohl der Umsatz als reine Wachstumsgröße nicht als alleinige Erfolgsgröße ausreicht, ist er für die Produkt- und Programmbewertung eine zentrale Größe, weil (Nieschlag/Dichtl/Hörschgen 2002, S. 660)

- der Umsatz Bestandteil anderer relevanter Kenngrößen ist,
- Umsatzwerte, auch die der Konkurrenz, verhältnismäßig leicht, kostengünstig und präzise ermittelt werden können und der Umsatz ein einfacher Indikator für das unternehmerische Wachstum ist und ferner
- Umsatzpläne als Vorgaben für andere Bereich dienen (bspw. für Einkauf und Produktion).

Die Analyse der Umsatzstruktur sollte die absolute und relative Bedeutung einzelner Produkte und Produktgruppen als Umsatzträger widerspiegeln und Wertabweichungen hinsichtlich Plandaten und Daten vorangegangener Jahre aufzeigen (hier und im Folgenden Hüttel 1998, S. 164 ff. und Nieschlag/Dichtl/Hörschgen 2002, S. 660 ff.). Dies kann zum Beispiel Hinweise auf notwendige Portfolio-Ausweitungen oder einzelne Produkteliminationen geben. Zu diesem Zweck können vor allem Konzentrationsanalysen und insbesondere die so genannte *ABC-Analyse* (Kapitel B.4.4) eingesetzt werden, die ein einfaches, aber wirkungsvolles Analyseinstrument ist.

Die Deckungsbeitragsstrukturanalyse

Die Kosten- und Leistungsrechnung ist eines der klassischen Hilfsmittel zur Bewertung von Produkten und zur Gestaltung von Produktprogrammen (hier und im Folgenden Nieschlag/Dichtl/Hörschgen 2002, S. 662). Obwohl zu diesem Zweck grundsätzlich Rechensysteme eingesetzt werden können, die sich entweder an der Voll- oder der Teilkostenrechnung orientieren, hat sich die Kosten- und Leistungsrechnung auf Vollkostenbasis als Instrument der programmgestalterischen Steuerung in der Praxis nicht bewährt. Da die Vollkostenrechnung auf den ersten Blick und rein theoretisch überzeugt, sei an dieser Stelle noch einmal betont, dass sich die Deckungsbeitragsrechnung zur Bewertung von Produktprogrammen als flexibler und diesbezüglich als leistungsfähiger erwiesen hat. Sie dient der Entscheidungsvorbereitung und soll es ermöglichen, eine Rangfolge von Produkten nach Deckungsbeitragshöhe aufzustellen. Produkte mit negativem Deckungsbeitrag sind potenzielle Eliminationskandidaten. Eine endgültige Entscheidung hierüber muss jedoch sorgfältig geprüft und Faktoren wie Cross- und Up-Selling-Potenzial oder Verbundkäufe berücksichtigt werden. Auch müssen nicht unbedingt jene Produkte favorisiert werden, die den höchsten Deckungsbeitrag erwirtschaften, weil diese eventuell auch die meisten Ressourcen benötigen und binden.

Die Altersstrukturanalyse

Die Analyse der Altersstruktur eines Produktprogramms ist ein klassisches Instrument des Marketingcontrollings zur Steuerung der Programmgestaltung, das heute zunehmend durch Portfolio-Analysen ergänzt wird (Abbildung 68; hier und im Folgenden Jaspersen 1992, S. 92 ff. und 1999, S. 349 sowie Diller 2001a, S. 44). Mittels der Altersstrukturanalyse können Erkenntnisse über den Produktlebenszyklus von Produkten in die Analyse einbezogen werden. Zunächst müssen die Produkte den jeweiligen Phasen des Produktlebenszyklus zugeordnet und für jede Phase der entsprechende Umsatz- und Bruttoerfolgsbeitrag berechnet werden. Die

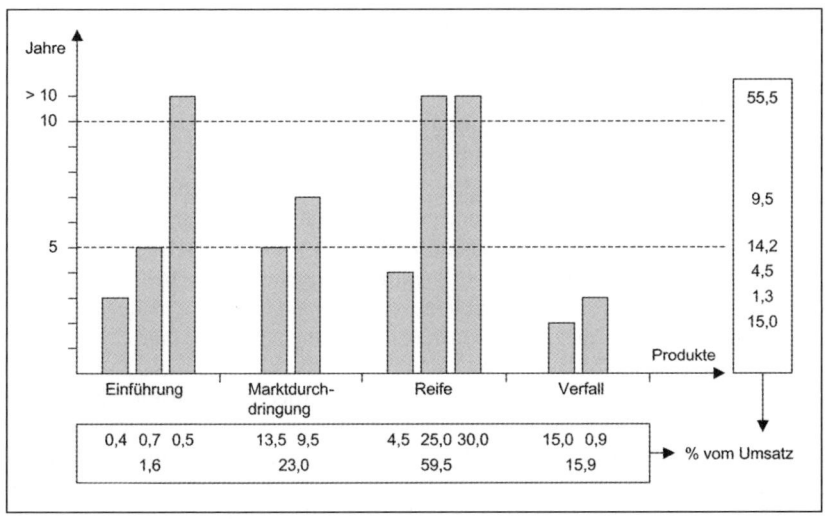

Abbildung 68: Altersstrukturanalyse (Quelle: Hüttel 1998, S. 168)

Altersstrukturanalyse ist umso aufschlussreicher, je mehr Produkte das Programm umfasst. Ist der Umsatzanteil der Produkte in der Sättigungs- und Degenerationsphase (sehr) hoch, ist die Umsatzstruktur beziehungsweise deren Zukunftspotenzial ungünstig. Dem kann beispielsweise mit höheren Innovationsraten beziehungsweise schnellerer Marktpenetration begegnet werden. Eine Bauchlastigkeit der Altersstruktur ist demgegenüber eher als positiv anzusehen.

4.2.2 Bewertung mittels Käuferurteilen

Bewertungen nach Käuferurteilen orientieren sich an den Zielen der Marktleistungsgestaltung. Die *konsumentengerichteten Ziele* lassen sich zu diesem Zweck weitergehend aufschlüsseln (ausführlich Nieschlag/Dichtl/Hörschgen 2002, S. 638 ff.): Handlungen beziehungsweise der Kaufakt stehen am Ende einer Reihe von Prozessen, die innerhalb des Konsumenten ablaufen, so dass sich Ziele der Marktleistungsgestaltung auf jeden einzelnen Prozessschritt richten können. Somit ist eine Leistung dann marktgerecht, wenn sie

- bedürfnis- (Antriebsebene),
- bedarfs- (Ebene der Objektausrichtung; Einstellungen usw.) und
- nachfragegerecht (Ebene bei der aus Bedarf marktwirksame Nachfrage entsteht, indem der Konsument Beschaffungsdispositionen trifft) ist.

Dieser *Prozess der Bedürfniskonkretisierung* kann als psychischer Vorgang nicht direkt beobachtet werden. Vielmehr werden zu dessen Erfassung je nach Grad der Bedürfniskonkretisierung unterschiedliche psychische Konstrukte eingesetzt, die sich dadurch unterscheiden, dass sie mit zunehmender Nähe zum Kaufakt stärker kognitiv (gedanklich) kontrolliert werden. Analog können die folgenden Ziel- und Messgrößen unterschieden werden:

- Auf der Antriebsebene interessiert das Aktivierungspotenzial eines Produkts, das als Anmutung bezeichnet wird. Die *Anmutungsqualität* kann auf motorischer, physiologischer und verbaler Ebene gemessen werden (analog Kapitel C.6.4.1).
- Auf der Bedarfsebene werden Leistungen wahrgenommen, beurteilt und mit Prädikaten versehen. Auf dieser Ebene entstehen Präferenzen. Zur Erfassung dieser Vorgänge dienen als Mess- und damit Zielgrößen vor allem die folgenden:
  - die *reine Produktbeurteilung* als kognitive Informationsverarbeitung,
  - *Einstellungen* im Sinne von subjektiv wahrgenommener Produktqualität,
  - wobei über diese auch die *Produktpositionierung* in Produkt-Markträumen abgefragt wird und
  - *Kundenzufriedenheit* als Grad der Bedürfnisbefriedigung (ausführlich Kapitel B.3.1).
- Das auf Einstellungen aufbauende Entstehen von Nachfrage kann mit Hilfe des Konstruktes *Kaufabsicht* erfasst werden. Auf dieser Ebene der Ressourcenallokation spielen auch Faktoren wie Länge des Beschaffungswegs oder Verfügbarkeit, die bei der Einstellungsbildung außen vor bleiben, eine Rolle.

4.2.2.1 Produktbeurteilung und Conjoint Measurement

Die Einordnung der Produktbeurteilungsmessung erfordert die Unterscheidung der Begriffe Produktbeurteilung und Einstellung: Die *Produktbeurteilung* ist speziell auf die Wahrnehmung von (real oder visuell präsentierten) Produkten beziehungsweise deren Attributen bezogen und kommt durch ein Ordnen und Bewerten von Produkt*informationen* (kognitiv) zustande (Kroeber-Riel/Weinberg 2003, S. 279). Sie dient häufig als Fundament von Einstellungen zu einem Produkt, welche in diesem Zusammenhang zunächst definiert werden können als „das gelernte und verfestigte, (gespeicherte) Ergebnis von vorausgegangenen Wahrnehmungsvorgängen" (Kroeber-Riel/Weinberg 2003, S. 279).

Zur Analyse der Produktbeurteilung wurden zahlreiche Methoden entwickelt, von denen dem Conjoint Measurement und den Multiattributmodellen die größte Bedeutung zukommt (Kroeber-Riel/Weinberg 2003, S. 310 ff. und Herrmann 1998, S. 169 ff.). An dieser Stelle sei hervorgehoben, dass man mit Multiattributmodellen nicht „messen" kann, sondern dass diese vielmehr auf der Messung mittels der nachfolgend geschilderten Skalen wie dem Semantischen Differential, Likert-Skalen oder Guttman-Skalen aufbauen.

Conjoint Measurements werden eingesetzt, um die Frage zu beantworten, „wie" beziehungsweise mit welchen Merkmalen ein Produkt zu gestalten ist, um den Marktbedürfnissen optimal zu entsprechen: Mittels Conjoint Measurement kann bestimmt werden, welchen Beitrag verschiedene Komponenten (z. B. im Fall von Sonderausstattungen) zum Gesamtnutzen eines Objekts wie beispielsweise eines Automobils leisten (ausführlich Backhaus et al. 2006, S. 558 ff. und Hillig 2006). Dabei wird unterstellt, dass sich der Gesamtnutzen additiv aus den Teilnutzen der Komponenten zusammensetzt. Teilnutzenwerte können somit als relative Wichtigkeiten interpretiert werden. Conjoint Measurements werden in diversen Bereichen angewendet: Neben der reinen Marktleistungsgestaltung wird dieses Verfahren häufig im Rahmen der Preisgestaltung (auch Kapitel C.5.2.1) und zur Messung der Einstellung eingesetzt. Der Begriff *Conjoint Measurement* umfasst im Gegensatz zu dem Ausdruck *„Conjoint-Analyse"* nicht nur das Analyseverfahren, sondern auch das notwendige

Vorteile	Nachteile
• Sehr leistungsfähige Ermittlung der Nutzenwerte und Wünsche der Konsumenten • Ermöglicht eine kundennutzenorientierte Leistungsgestaltung • Hohe Validität der Ergebnisse, weil nur indirekte Fragen • Informationstechnologisch gestützte Auswertung sehr gut möglich	• Sehr zeit- und kostenintensiv • Genaue Kenntnis der Leistung bei der Konzeption der Conjoint-Analyse erforderlich, da Ergebnisse sonst nicht verwertbar/zuverlässig • Teilweise subjektive Selektion relevanter Eigenschaften

Abbildung 69: Beurteilung des Conjoint Measurement (Quelle: Eigene Darstellung)

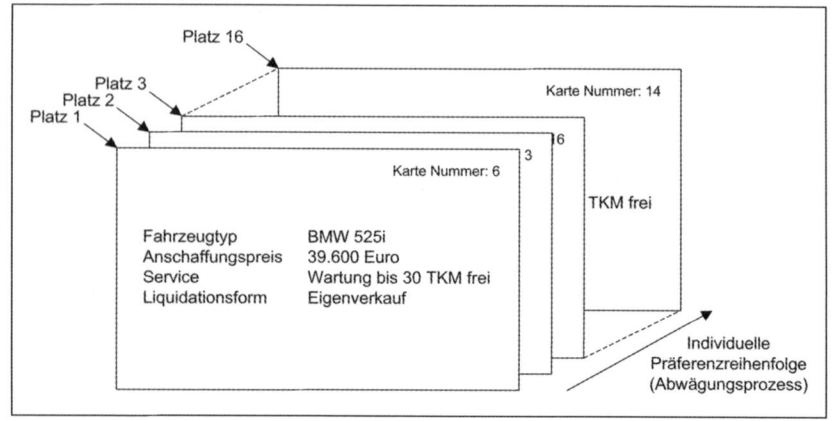

Abbildung 70: Karten und Datenerhebung bei der Conjoint-Analyse (Quelle: Büschken 1994, S. 78)

Erhebungsdesign zur Messung der Präferenzurteile der Konsumenten. Vor- und Nachteile des Conjoint Measurement werden in Abbildung 69 kurz zusammengefasst.

In der Praxis wird häufig die „Full-Profile-Methode" des Conjoint Measurements verwendet (zu alternativen Untersuchungsansätzen Backhaus et al. 2006, S. 610 ff.), bei der Stimuli gebildet beziehungsweise Karten (meist in der Größe von Spielkarten) erstellt werden, die alle Eigenschaften des Untersuchungsobjekts gleichzeitig umfassen, wobei die Ausprägungen der betrachteten Eigenschaften variiert werden: zum Beispiel (1) Fahrzeugtyp = BMW XY, (2) Fahrzeugtyp = Audi XY und so fort (Abbildung 70). Die Testpersonen müssen bei der anschließenden Betrachtung und Präferenz-Rangreihung der Karten somit alle Eigenschaften (z. B. Fahrzeugtyp, Anschaffungspreis, Service und Liquidationsform) gleichzeitig heranziehen. Dies kommt dem realen Kaufverhalten sehr nahe (hier und im Folgenden ausführlich Büschken 1994 und Backhaus et al. 2006, S. 557 ff.).

Die Ergebnisse einer Conjoint-Analyse (bei einem Befragten) werden in Abbildung 71 beispielhaft dargestellt. Mittels Schätzverfahren können die Teilnutzenwerte für die Eigenschaftsausprägungen ermittelt werden. Auf Basis dieser lassen sich weiterhin die relativen Gewichte der Eigenschaften bei der Auswahlentscheidung errechnen, die sich aus der Spanne der Teilnutzenwerte für die jeweiligen Ausprägungen ergeben. Diese Spanne ist ein Maßstab für die prozentuale Veränderung der Teilnutzenwerte, die sich durch die Veränderungen bei der Ausprägung einer Eigenschaft bewirken lassen (Büschken 1994, S. 79). Eine Eigenschaft fällt bei der Auswahlentscheidung umso stärker ins Gewicht, je größer diese Veränderung aufgrund der Spanne zwischen dem niedrigsten Wert für eine Ausprägung dieser Eigenschaft (der für die individuell befragten Personen wegen der Standardisierung stets 0 beträgt) und dem höchsten Wert ist (Büschken 1994, S. 79).

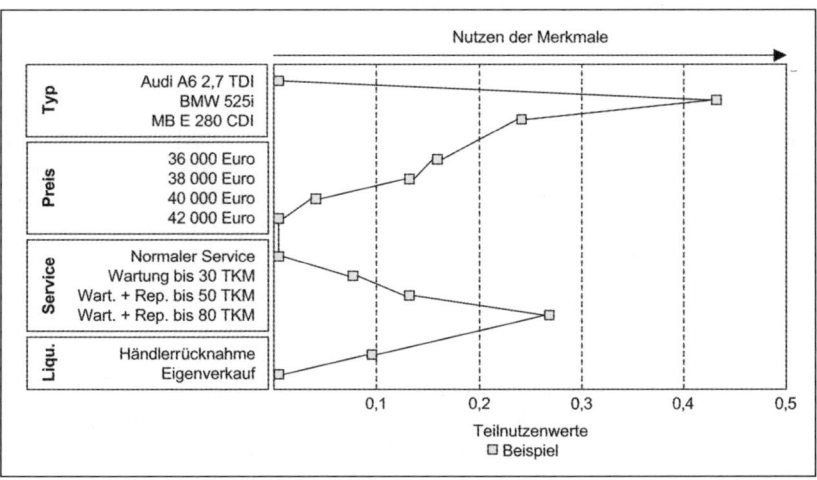

Abbildung 71: Ergebnis der Conjoint-Analyse (Automobil-Beispiel) (Quelle: Büschken 1994, S. 79)

Als Ergebnis der Conjoint-Analyse kann festgestellt werden, welche Alternative (als Kombination von Eigenschaftsausprägungen) aus Sicht jedes Befragten welchen Präferenzrang einnimmt (Büschken 1994, S. 79). Dies kann als Basis für die Planung und Realisierung von optimal an die Präferenzen der Kunden angepassten Produkten dienen.

4.2.2.2 Einstellungs- und Imagemessung

Einstellungen nehmen eine entscheidende Rolle im Kaufentscheidungsprozess ein, so dass sie als eine zentrale Messgröße dienen, um zukünftiges Kaufverhalten (zuzüglich Weiterempfehlung usw.) zu prognostizieren: Sie determinieren vor allem, welche Informationen in die einzelnen Gedächtnisspeicher (ausführlich Kapitel C.6.1.2.4) gelangen und welche Wirkungen diese Informationen dort jeweils haben. Allgemein ist ihre Rolle vereinfachend so zu verstehen, dass eine Leistung, gegenüber der eine positive Einstellung besteht beziehungsweise die grundsätzlich positiv bewertet wird, eher gekauft wird als eine Leistung, die grundsätzlich eher negativ bewertet wird (Neumann 2003, S. 135). Einstellungen stehen dabei in direktem Zusammenhang mit Bedürfnissen: Entsprechen Objekte den eigenen Bedürfnissen, werden positive Einstellungen gegenüber diesen entwickelt. Frustrieren Objekte die eigenen Bedürfnisse, entwickeln sich negative Einstellungen (Neumann 2003, S. 135).

Die beiden Begriffe Einstellung und Image werden nicht selten fälschlicherweise synonym verwendet. Der Begriff *Image* steht grundsätzlich für die Gesamtheit aller relevanten Einstellungen (Neumann 2003, S. 135). Gleichzeitig weisen die beiden

Begriffe auf unterschiedliche *Perspektiven* hin: Aus der Perspektive von Personen wird von Einstellungen gesprochen, die diese gegenüber bestimmten Objekten besitzen. Betrachtet man dem gegenüber ein Objekt (wie ein Produkt oder ein Unternehmen), dann wird von dem Image gesprochen, das dieses Objekt bei einer Person hat, wobei das Image sämtliche relevanten (bzw. auf dieses Objekt bezogenen) Einstellungen dieser Person bezeichnet (zur Messung von Imageprofilen auch Kapitel D.4.2.1). Im Marketing dominiert die Messung von Einstellungen, weil diese präziser gemessen werden können (u.a. Kroeber-Riel/Weinberg 2003, S.198 und Neumann 2003, S.135).

Einstellungen können prinzipiell als zeitlich relativ stabile Bereitschaften, auf ein bestimmtes Objekt *wertend* zu reagieren, verstanden werden und sind dementsprechend in vielen Fällen nur langfristig zu verändern (u.a. Kroeber-Riel/Weinberg 2003, S. 54ff.). Der Begriff Einstellung ist jedoch nicht einheitlich definiert; es gibt mehrere anerkannte Einstellungskonzepte wie die populäre *Drei-Komponenten-Theorie*. Attraktiv ist diese Theorie vor allem, weil sie sich als heuristisches Organisationsschema für die Untersuchungen der Einstellungen eignet: Sie umfasst die wesentlichen drei Dimensionen der Einstellung, die entsprechend einzeln gemessen werden können. Dies sind die

- kognitive (Wissen, z.B. „Ich kenne das Produkt/Ich kenne das Produkt nicht"),
- die affektive (Gefühle, z.B. „Ich mag das Produkt/Ich mag das Produkt nicht") und
- die konative (Handlungsbereitschaft, z.B. „Ich werde das Produkt kaufen/Ich werde das Produkt nicht kaufen")

Komponente beziehungsweise das Denken, Fühlen und Handeln, das meist aufeinander abgestimmt ist (ausführlich Trommsdorff 2003a, S.149ff., Kroeber-Riel/Weinberg 2003, S.169ff. und Neumann 2003, S.136ff.). Es wird davon ausgegangen, dass sich diese Komponenten unterschiedlich stark gegenseitig beeinflussen. Beispielsweise spielt die kognitive Komponente bei dem Kauf eines Investitionsguts wahrscheinlich eine größere Rolle als die emotionale (Neumann 2003, S.137). Insbesondere wirken die kognitive und die affektive auf die konative Komponente, so dass diese häufig als Resultante dieser beiden gesehen wird (Neumann 2003, S. 137).

Einstellungen und Produktbeurteilungen

Die zuvor beschriebenen Produktbeurteilungen (kognitiv) und Einstellungen (kognitiv, affektiv und konativ) hängen wie folgt zusammen: Urteile über einzelne Attribute dienen häufig als Basis für die Bildung von Einstellungen: Kognitive, nicht wertende „beliefs" (Kardes 2002, S. 85) gegenüber einzelnen Aspekten können – neben anderen Aspekten – zu einer globalen Gesamteinschätzung der Marke oder des Produkts, den Einstellungen, führen. Die Produktbeurteilung kann somit zum einen isoliert (Kapitel C.4.2.2.1) oder als Bestandteil der Einstellung (bzw. als kognitive Komponente; wie im Folgenden) gemessen werden.

Ziel und Zweck der Einstellungsmessung

Einstellungswerte können im Marketing zu verschiedenen Zwecken eingesetzt werden (Kroeber-Riel/Weinberg 2003, S. 212):

- zur Feststellung des Ist-Zustands im Markt („Analyse und Diagnose"), für Empfehlungen von Maßnahmen zur Veränderung von Einstellungen der Konsumenten („Therapie") und
- zur Empfehlung von Soll-Zuständen für den Markt.

Die Messung von Einstellungen dient zum einen der Erklärung und Prognose des Konsumentenverhaltens und zum anderen der Wirkungsanalyse (Erfolgskontrolle) bereits durchgeführter Marketingmaßnahmen (hier und im Folgenden Kroeber-Riel/Weinberg 2003, S. 212 ff. und Böhler 2004, S. 115 ff.; dort auch ausführlich). Einstellungsänderungen als Ziel- und Kontrollgrößen können vor allem darauf zurückgehen, dass der Konsument bei der Produkteinschätzung

- von anderen Eigenschaften des Produkts als bisher ausgeht,
- sein Wissen über die Produkteigenschaften verändert (kognitive Dimension) oder
- die Produkteigenschaft anders als bisher bewertet (affektive Dimension).

Dabei können Maßnahmen zur Einstellungsänderung sowohl an der Wahrnehmung einzelner Produktmerkmale (Produktbeurteilung) als auch an der Gesamtbeurteilung der Produkte ansetzen. Die Einstellungsmessung ist insbesondere auch für die Konzepte der Marktsegmentierung nach Einstellungen und des Imagetransfers (ausführlich Schweiger 1995) zentral.

Um zu bestimmen, welche Einstellungswerte als Zielgrößen (Soll-Werte) angestrebt werden sollten, eignet sich die Bestimmung eines von Konsumenten – bezüglich der Fähigkeit der Produkteigenschaften, die Bedürfnisse optimal zu befriedigen – als *ideal angesehenen Produkts* (Idealprodukt) als Orientierungsmaßstab (hier und im Folgenden Kroeber-Riel/Weinberg 2003, S. 217 ff.). Das Einstellungsmodell von Trommsdorff (1975; nachfolgend eingeordnet) umfasst dies als zentrale Größe. Entsprechende Strategien können zum einen darauf abzielen, das Angebot an die Einstellungen (über Veränderung der Produkteigenschaften) oder die Einstellung an das Angebot anzupassen (bspw. mittels Kommunikationsmaßnahmen). Beides sind Strategien, um den Abstand zwischen bestehenden und idealen Eigenschaften aus Zielgruppensicht zu verringern. Dieses Ziel kann mithilfe der *Produktpositionierung* (u.a. Kapitel 4.2.2.3 nachfolgend) erreicht werden.

Grundlagen der Einstellungsmessung

Die zahlreichen verfügbaren Verfahren zur Einstellungsmessung können grundsätzlich danach differenziert werden,

(1) wie viele (ein bis drei) und welche (affektiv, kognitiv, konativ) Einstellungsdimensionen,

(2) welche Art der Indikatoren (auf psychobiologischer Ebene, auf Beobachtungsebene oder auf der Ebene der subjektiven Erfahrungen) und
(3) welche Skalen

verwendet werden. Abbildung 72 fasst diese Aspekte zusammen.

Häufig werden Verfahren der Einstellungsmessung danach unterschieden, ob sie eine oder maximal drei *Dimensionen* (kognitiv, affektiv und konativ) berücksichtigen, wobei häufig zumindest die affektive Dimension erhoben wird. Diese drückt sich in einer zustimmenden oder ablehnenden Haltung gegenüber dem Untersuchungsobjekt aus (Kroeber-Riel/Weinberg 2003, S. 191).

Dementsprechend können grundsätzlich zwei Arten der Einstellungsmessung unterschieden werden (u. a. Kroeber-Riel/Weinberg 2003, 189 ff., Kuß/Tomczak 2004b, S. 51 ff.): Die

- *eindimensionale* (v. a. Likert-Skala, Lost-Letter-Technik und Laddering-Technik bei der Means-End-Analyse) und die
- *mehrdimensionale Einstellungsmessung* (v. a. mit Hilfe des Semantischen Differentials, Polaritätsprofilen sowie multiattributiven Modellen nach Rosenberg 1956, Fishbein/Ajzen 1975 und Trommsdorff 1975).

Als Nachteil der Messung nur einer Dimension wird häufig angeführt, dass dies nicht ausreiche, um das komplexe Konstrukt Einstellung adäquat zu erfassen. Demgegenüber wird als Vorteil der eindimensionalen Messung herausgestellt, die Mes-

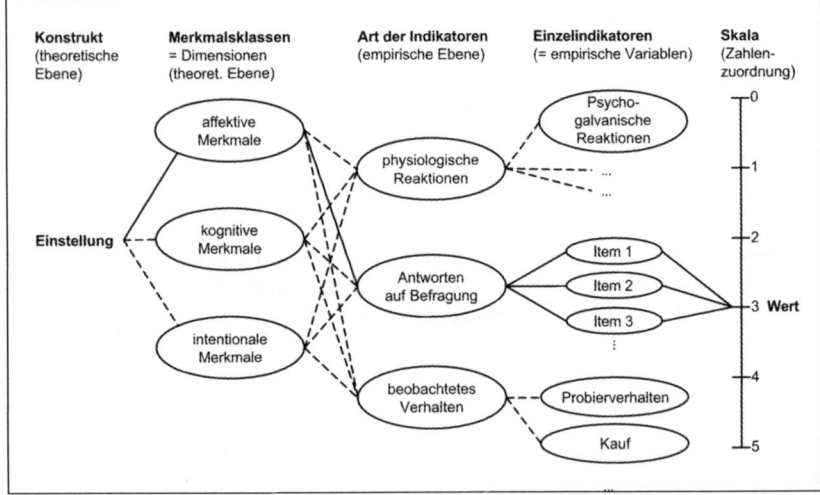

Abbildung 72: Hauptaspekte der Einstellungsmessung (Quelle: Eigene Darstellung in enger Anlehnung an Kroeber-Riel/Weinberg 2003, S. 190)

sung eines Gesamturteils entspräche dem tatsächlichen Charakter der Einstellung als Gesamthaltung besser. Welche Art der Einstellungsmessung eingesetzt wird, sollte stets fallspezifisch und in Abhängigkeit von Faktoren wie dem Untersuchungsziel, den zur Verfügung stehenden Ressourcen und den Produkten entschieden werden.

Die *Indikatoren* der Einstellungsmessung lassen sich in drei Gruppen zusammenfassen: Indikatoren, die im Rahmen von psychobiologischen Messungen (z.B. Messung einer Veränderung des elektronischen Hautwiderstands einer Person; ausführlich Kapitel C.6.2.4.1), Beobachtungen (Mimik, Gestik) oder der Messung von subjektiven Erfahrungen (v.a. Befragungen) eingesetzt werden (hier und im Folgenden Kroeber-Riel/Weinberg 2003, S. 191 f.). Da Beobachtungen des Verhaltens relativ zeit- und kostenintensiv sind, dominieren in der Praxis Befragungen. Diese können sowohl für eindimensionale als auch für mehrdimensionale Einstellungsmessungen eingesetzt werden (ausführlich nachfolgend).

Skalen sind die Instrumente, die im Rahmen von Befragungen eingesetzt werden, um die Einstellungen der Befragten zu erfassen. Die Einstellungsmessung bedient sich sowohl einfacher Ratingskalen als auch etablierter Skalierungsverfahren wie der Likert- oder Guttman-Technik beziehungsweise -Skala (ausführlich nachfolgend und Kroeber-Riel/Weinberg 2003, S. 194 ff. sowie Kuß/Tomczak 2004b, S. 52 f.). Die Thurstone-Skala gleicherscheinender Intervalle wird heute kaum eingesetzt (Kroeber-Riel/Weinberg 2003, S. 195). Für eindimensionale Einstellungsmessungen wird in der Regel die Likert-Skala empfohlen (Kroeber-Riel/Weinberg 2003, S. 196), während für mehrdimensionale Messungen vor allem das Semantische Differential verwendet wird, welches Ratingskalen einsetzt (ausführlich nachfolgend).

Sowohl Produktbeurteilungen als auch Einstellungen können mittels Skalen gemessen werden, wobei *Produktbeurteilungsskalen* auf spezifische Attribute und Vorteile (z.B. lange Haltbarkeit) ausgerichtet sind, während *Einstellungsskalen* generell und beurteilend gehalten sind (z.B. „insgesamt mag ich Produkt X sehr gerne"; auch Abbildung 73; Kardes 2002, S. 87).

Wie aufgezeigt, sind Einstellungen *wertende* Urteile, so dass bei der Einstellungsmessung zwei Aspekte gemessen werden können: *Richtung* (z.B. gut, schlecht, positiv oder negativ) und *Stärke* (z.B. gut, ziemlich gut, sehr gut, extrem gut) der Einstellung (Kardes 2002, S. 85 sowie die dort angegebene Literatur).

Die meisten Verfahren der Einstellungsmessung berücksichtigen ferner den Aspekt der *subjektiv wahrgenommenen Leistungsfähigkeit* statt jenen der objektiven Produktqualität. Es wird somit angenommen, dass Konsumenten abwägen, wie gut ein Produkt sich für einen bestimmten Verwendungszweck eignet (Stichwort: Means-end-analysis, ausführlich z.B. Kroeber-Riel/Weinberg 2003, S. 169).

Eindimensionale Einstellungsmessung

Die Einstellungen von Konsumenten können relativ einfach eingeschätzt werden, indem nach ihrer allgemeinen Meinung oder konkret nach der Einschätzung der Produktqualität gefragt wird (hier und im Folgenden Solomon/Bamossy/Askegaard 2001, S. 167 und Kroeber-Riel/Weinberg 2003, S. 197 ff.). Zu diesem Zweck wird häufig die *Likert-Skala* eingesetzt (Abbildung 73), die es ermöglicht, die Zustimmung beziehungsweise die Gefühle des Befragten gegenüber spezifischen Aspekten zu erfassen (stimme zu – stimme nicht zu Skala mit unterschiedlichen Ausprägungen der Zustimmung).

Zudem zählen zu diesen Verfahren auch bipolare Adjektiv-Skalen, so genannte - *Semantische Differentiale*. In der Praxis werden sie zwar meist im Rahmen der mehrdimensionalen Einstellungsmessung eingesetzt. Sie können jedoch auch für die eindimensionale Messung verwendet werden: Dann beziehen sich die Eigenschaftswörter nur auf eine der drei möglichen Einstellungsdimensionen (Kroeber-Riel/Weinberg 2003, S. 199).

Ferner können *Guttman-Skalen* eingesetzt werden (Kardes 2002, S. 87): Diese bestehen aus einer Skala mit nach Stärke geordneten Aussagen, zu denen die Befragten angeben können, ob sie zustimmen oder nicht. Dabei nehmen die Aussagen in ihrer Stärke meist zu (z. B. Produkt X ist schön, Produkt X ist sehr schön).

Mehrdimensionale Einstellungsmessung und Multiattributmodelle

Für mehrdimensionale Einstellungsmessungen wird meist mit *Semantischen Differentialen* gearbeitet (hier und im Folgenden Solomon/Bamossy/Askegaard 2001, S. 168 und Kroeber-Riel/Weinberg 2003, S. 198 ff.). Bei einem klassischen Semantischen Differential wird dem Befragten eine Menge gegensätzlicher Adjektive zu einem Meinungsgegenstand vorgegeben. Er kann angeben, inwieweit ein vorgegebenes Eigenschaftswort seine Assoziation zum Meinungsgegenstand wiedergibt: Bei der Automarke BMW könnte dementsprechend beispielsweise das Adjektiv sportlich bis unsportlich abgefragt werden. Anschließend kann man die Mittelwerte der angekreuzten Skalenwerte vertikal verbinden und erhält ein Vorstellungs*profil* von dem jeweiligen Meinungsgegenstand. Dementsprechend können beispielsweise die Einstellungen zu verschiedenen Meinungsgegenständen oder die Profile bei Konkurrenten zu demselben Meinungsgegenstand visuell und rechnerisch miteinander verglichen werden.

Polaritätenprofile sind Weiterentwicklungen dieser Methode, die ebenfalls mehrere Dimensionen erheben, da auch sie sowohl emotionale Eindrücke wie erregend-ruhig als auch sachliche wie groß-klein berücksichtigen, also zwei Dimensionen der Einstellung, die affektive und die kognitive gemessen werden.

Ausgehend von der Annahme, dass einzelne Urteile gegenüber einzelnen Attributen die Basis für Einstellungen (hier und im Folgenden Kardes 2002, S. 86 f.) darstel-

	1	2	3	4	3	2	1	
Unkomfortabel	o	o	o	o	o	o	o	Komfortabel
Teuer	o	o	o	o	o	o	o	Nicht teuer
Unmodisch	o	o	o	o	o	o	o	Modisch

Likert (Stimme zu - stimme nicht zu Skala)

	Stimme voll und ganz zu	Stimme zu	Weder noch	Stimme nicht zu	Stimme ganz und gar nicht zu
Schuhe der Marke X geben der Ferse optimalen Halt	o	o	o	o	o
Schuhe der Marke X verhindern unangenehme Gerüche	o	o	o	o	o
Schuhe der Marke X sind langlebig	o	o	o	o	o

Guttman Skala (Rangordnungs-Aussagen)

	Stimme zu	Stimme nicht zu
Schuhe der Marke X sind irgendwie stylish	o	o
Schuhe der Marke X sind stylish	o	o
Schuhe der Marke X sind sehr stylish	o	o

Einstellungsskalen

Semantisches Differential (bipolare Adjektivskala)

Schuhe der Marke X sind:	1	2	3	4	3	2	1	
Schlecht	o	o	o	o	o	o	o	Gut
Gefallend	o	o	o	o	o	o	o	Nicht gefallend
Nicht akzeptabel	o	o	o	o	o	o	o	Akzeptabel

Likert (Stimme zu - stimme nicht zu Skala)

	Stimme voll und ganz zu	Stimme zu	Weder noch	Stimme nicht zu	Stimme ganz und gar nicht zu
Insgesamt sind die Schuhe der Marke X begehrenswert	o	o	o	o	o
Mein Gesamteindruck der Schuhe der Marke X ist, dass sie mir gefallen	o	o	o	o	o
Insgesamt mag ich die Schuhe der Marke X sehr gerne	o	o	o	o	o

Guttman Skala (Rangordnungs-Aussagen)

	Stimme zu	Stimme nicht zu
Schuhe der Marke X sind irgendwie gut	o	o
Schuhe der Marke X sind gut	o	o
Schuhe der Marke X sind sehr gut	o	o

Abbildung 73: Dominierende Skalen der Einstellungsmessung (Quelle: Eigene Darstellung in enger Anlehnung an Kardes 2002, S. 86)

len, wurden Modelle entwickelt, die beschreiben, wie Einzelurteile zu Gesamteinschätzungen kombiniert oder integriert werden. Zum Beispiel die „Theory of Reasoned Action" von Fishbein und Ajzen (1975). Diese Modelle werden *Multiattributmodelle* genannt.

Grundsätzlich sind dies Modelle, die eine Vielzahl von Produkteigenschaften (Attributen) und mehr als eine Einstellungsdimension berücksichtigen. Sie werden sowohl für die Ermittlung von Produktbeurteilungen als auch für die Ermittlung von Einstellungen eingesetzt (Kroeber-Riel/Weinberg 2003, S. 311 f.), wobei die für diese Zwecke verwendeten Modelle nicht ganz identisch sind (u.a. Kroeber-Riel/Weinberg 2003, S. 314).

Die Produktqualität wird in einzelne Elemente beziehungsweise Eigenschaften und Merkmale zerlegt und es wird nach diesen gefragt (hier und im Folgenden Nieschlag/Dichtl/Hörschgen 2002, S. 642 ff.). Bei den *nicht-kompensatorischen* Verfahren kann ein negativer Eindruck eines Elements (wie geringe Präzision einer Werkzeugmaschine) nicht mit einem positiven Eindruck eines anderen Elements ausgeglichen werden (wie niedriger Preis). Die Mehrzahl der Studien zur Wahrnehmungsforschung setzt jedoch *linear-kompensatorische* Regeln ein, bei denen eine sachliche Information und deren Bewertung multiplikativ miteinander verknüpft werden.

Damit stellen Multiattributmodelle eine spezielle Technik der mehrdimensionalen Einstellungsanalyse dar (hier und im Folgenden Solomon/Bamossy/Askegaard 2001, S. 167 ff. und Kroeber-Riel/Weinberg 2003, S. 200 ff.). Die bekanntesten dieser Modelle sind das *Rosenberg*-Modell, das *Fishbein*-Modell und das *Trommsdorff*-Modell, die jeweils nach ihren Entwicklern benannt wurden (Rosenberg 1956, Fishbein/Ajzen 1975 und Trommdorf 1975). Gemein ist allen drei Modellen, dass sie eine affektive und eine kognitive Komponente berücksichtigen, wobei alle drei jeweils verschiedene Modellkomponenten verwenden und diese unterschiedlich multiplikativ oder additiv miteinander verknüpfen.

Multiattributmodelle können strategisch angewendet werden, wie die folgenden Beispiele illustrieren (Solomon/Bamossy/Askegaard 2001, S. 171):

(1) Nehmen Konsumenten den Befragungsergebnissen zufolge ein Attribut einer Marktleistung (z.B. ökologische Nachhaltigkeit) nicht ausreichend wahr, kann diesem kommunikativ entgegengesteuert werden.

(2) Wird dem Produkt ein neues Merkmal hinzugefügt, kann vorher anhand von Konkurrenzvergleichen mittels Multiattributmodellen ein einzigartiges Attribut identifiziert werden, das eine Differenzierung erlaubt.

(3) Zudem kann versucht werden, die Ratings der Konkurrenz zu beeinflussen – beispielsweise, indem man in der Marketingkommunikation einen Konkurrenzvergleich mit bestimmten Attributen durchführt.

4.2.2.3 Positionierungsmodelle

Die Positionierung der eigenen Leistung oder Marke im Markt berücksichtigt das Dreieck Eigenes Produkt-Konkurrenz-Kunde, wobei davon ausgegangen wird, dass Kunden diejenigen Leistungen wählen, „deren wahrgenommenen Eigenschaften ihren (Nutzen-)Erwartungen am besten entsprechen" (Kuß/Tomczak 2004b, S. 161). Positionen von Leistungen oder Marken können mittels *Positionierungsmodellen abgebildet werden*: Rein formal stellt die *Produktpositionierung* eine Anordnung von Marktleistungen in einem mehrdimensionalen Positionierungsraum dar (Trommsdorff/Bookhagen/Hess 2000, Brockhoff 2001b, S. 1275 und Kuß/Tomczak 2004b, S. 161 ff.; ausführlich auch Berekoven/Eckert/Ellenrieder 2006, S. 356 ff.). Der Positionierungsraum wird durch Achsen gebildet, die den zentralen kaufentscheidungsrelevanten Produkteigenschaften entsprechen. Sind diese objektiv messbar, wird von einem *Produkteigenschaftsraum* gesprochen und von einem *Produktmarktraum*, wenn diese Eigenschaften subjektiv erlebten Wahrnehmungen entsprechen.

In der Praxis werden aus Gründen der Komplexitätsreduktion in Positionierungsmodellen häufig wenige Dimensionen, in der Regel zwei bis drei, berücksichtigt. Ein Verfahren zur Entwicklung von Positionierungsmodelle, welches es erlaubt, mehr als zwei Leistungseigenschaften, die Positionen der Konkurrenten sowie die Idealpunkte von verschiedenen Marktsegmenten zu berücksichtigen, ist das Verfahren der Multidimensionalen Skalierung (MDS; Kroeber-Riel/Weinberg 2003, S. 220). In Abbildung 74 wird ein dreidimensionales Positionierungsmodell am Beispiel von Fluggesellschaften dargestellt. Die Beschränkung auf wenige Dimen-

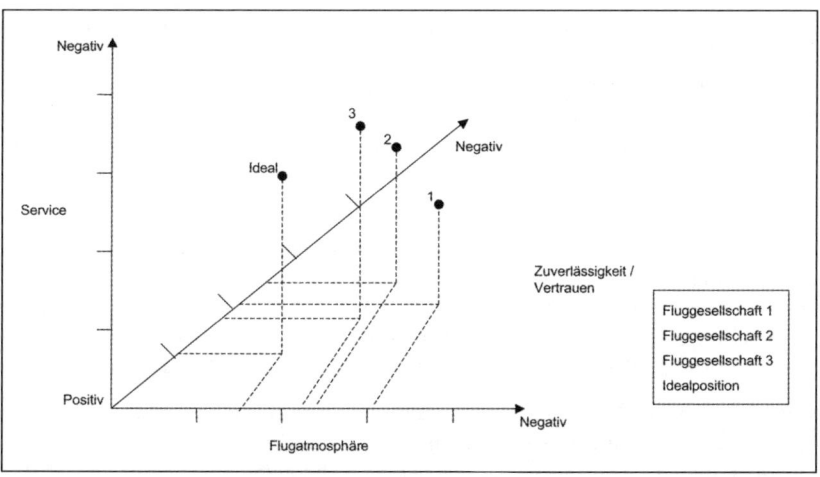

Abbildung 74: Dreidimensionales Positionierungsmodell – Beispiel Fluggesellschaften (Quelle: Trommsdorff 1992, S. 330)

sionen stellt zwar eine starke Vereinfachung der Realität dar, jedoch steht diesem „Nachteil" der Vorteil gegenüber, dass auf diese Weise eine gut fassbare Positionierung entwickelt werden kann, welche sich im Markt entsprechend gut durchsetzen lässt (Kroeber-Riel/Weinberg 2003, S. 219 f.).

Positionierungsmodelle werden sowohl zur Analyse der tatsächlichen Positionierung anhand von Realmarken als auch zur Unterstützung zukünftiger Zielpositionierungen durch Visualisierung potentieller Marktsegmente eingesetzt. Zu diesem Zweck können auch Idealmarken erhoben werden, die die Idealvorstellungen (Präferenzen) bestimmter Kundensegmente im relevanten Markt bündeln (u.a. Kuß/Tomczak 2004b, S. 161 f.). Die räumliche Distanz zu anderen Marken gibt Aufschluss über die Einzigartigkeit der eigenen (Ziel-)Positionierung.

Im Detail basieren *Positionierungsmodelle, die Idealvorstellungen integrieren,* auf zwei Teilmodellen: einem Präferenzmodell und einem Verhaltensmodell (Brockhoff 2001a, S. 756 f.). *Präferenzmodelle* wie das *Idealpunkt-* oder *Idealvektormodell* erklären die Bildung von Präferenzen aus nutzenstiftenden Produkteigenschaften (auch Herrmann 1998, S. 155 ff.). Das *Verhaltensmodell* erklärt, mit welcher (Kauf-) Wahrscheinlichkeit ein Käufer eines von mehreren Objekten wählen wird.

Klassische Positionierungsmodelle weisen somit vier Kernelemente auf (v.a. Wind 1982, Freter 1983, S. 34 f. sowie Kuß/Tomczak 2004b, S. 161 ff. und Freter 2007):

- Eigenschaften beziehungsweise kaufentscheidungsrelevante, leistungsspezifische (Nutzen-)Erwartungen der Konsumenten.
- Positionen von Produkten oder Dienstleistungen.
- Positionen von Kunden: Positionierungsmodelle sind zwar an sich markt- und damit kundenspezifisch, einzelne Kunden- beziehungsweise Marktesegmente können jedoch zusätzlich abgebildet werden, da einzelne Segmente bezüglich Bedürfnissen homogen sind. In Abbildung 74 wird beispielsweise der durchschnittliche Idealpunkt eines Segments wiedergegeben.
- Distanzen zwischen Real- und Idealpositionen: Die zentralen Hypothesen zu diesen Distanzen lauten, dass a) die Kaufwahrscheinlickeit zunimmt, je geringer die Real-Ideal-Distanz ist und dass b) die Leistung mit der geringsten Real-Ideal-Distanz präferiert wird.

Ziel strategischer Positionierungen muss es somit sein, die Distanz zwischen Real- und Idealwert zu verringern. Dies kann einerseits durch eine Anpassung der Leistungen an die Nutzenerwartungen und andererseits durch eine Anpassung der Nutzenerwartungen an die Leistungen (beispielsweise durch Kommunikationsmaßnahmen) erfolgen (Kuß/Tomczak 2004b, S. 162 f. und Jenner 2003, S. 136 f.).

Methoden, um die Markträume zu ermitteln, sind zum einen die direkte Abfrage der Präferenzen und Wahrnehmungen, zum anderen verschiedene multivariate Verfahren (hier und im Folgenden Hansen/Henning-Thurau/Schrader 2001, S. 100 ff.). Letztere lassen sich grundsätzlich in kompositionelle und dekompositionelle Verfahren unterscheiden. *Kompositionelle Verfahren,* wie zum Beispiel die Faktorenanalyse oder die multiple Diskriminanzanalyse, setzen eine Kenntnis der relevanten Produktmerkmale voraus. Bei *dekompositionellen* Verfahren wie insbesondere der Multidimensionalen Skalierung (MDS) werden die Dimensionen des Marktraums aus der Beurteilung ganzheitlicher Produktkonzepte abgeleitet. Mittels Multidimensionaler Skalierung lässt sich die subjektive Wahrnehmung von Objekten räumlich abbilden (ausführlich Backhaus et al. 2006, S. 626 ff.). Als Nachteile von Positionierungsmodellen, welche mittels MDS oder explorativer Faktorenanalyse entwickelt werden, sieht Trommsdorff (1995 und Kroeber-Riel/Weinberg 2003, S. 223; dort ausführlich) vor allem in der nicht ausreichend differenzierten Betrachtung der relativen Position zum Wettbewerb. Nach ihm wäre eine stärkere Berücksichtigung der einzelnen Eigenschaften sowie eine Eingrenzung auf die Marken im Evoked Set wünschenswert.

Am häufigsten werden die Multidimensionale Skalierung, die Faktorenanalyse und die einfache Skalierung eingesetzt, wobei Letztere aufgrund der mit ihr verbundenen Nachteile nur verwendet werden sollte, falls der Einsatz der anderen Verfahren nicht möglich ist (ausführlich Neumann 2003, S. 217; z.B. Backhaus et al. 2006).

4.2.2.4 Messung der Kaufabsicht

Die Kaufabsicht („intention to buy") wird definiert als geistiger Zustand, der den Plan eines Kunden reflektiert, eine festgelegte Menge eines bestimmten Produkts in einem festgelegten Zeitraum zu kaufen (Howard 1994, S. 41). Diese Größe ist dem tatsächlichen Verhalten näher, so dass die Kaufabsicht heute zunehmend in Ergänzung zur Einstellungsmessung ermittelt wird (Kroeber-Riel/Weinberg, 2003, S. 54 und S. 176): Die *Kaufintention* umfasst neben den Einstellungen auch die subjektive Einschätzung der antizipierten Kaufsituation wie die Einschätzung des zum Kaufzeitpunkt zur Verfügung stehenden Einkommens oder des voraussichtlich gewählten Händlers. Die Einstellung als eine auf einen bestimmten Gegenstand bezogene Haltung wird somit für eine ganz bestimmte Handlungssituation differenziert und präzisiert. Zum Beispiel kann aus der Einstellung „Ich schätze das Produkt X sehr" die Kaufabsicht „Ich beabsichtige, das Produkt X für den Preis P noch in diesem Jahr zu kaufen" werden.

Sie kann auf unterschiedliche Weise ermittelt werden (Kroeber-Riel/Weinberg 2003, S. 176 ff. und Kuß/Tomczak 2004b, S. 146 ff.): Zum Beispiel über einfache Ratingskalen, mit projektiven Techniken oder mittels komplexer Messmodelle. Eines der bekanntesten Modelle zur Messung der Kaufabsicht stammt von Ajzen und Fishbein (u.a. 1969 und 1973). Im Zusammenhang mit der Marktleistungsgestaltung werden häufig Konstantsummenverfahren eingesetzt, bei denen die Befragten einen bestimmten Geldbetrag auf verschiedene Produkte verteilen sollen. Der für ein Produkt aufgewendete Geldbetrag soll die Absicht widerspiegeln, diese Produkte in einer realen Angebotssituation tatsächlich zu erwerben.

4.2.3 Bewertung mittels Testverfahren

Die Marktadäquanz von Produkten lässt sich mittels zahlreicher Verfahren *testen*: Über naturwissenschaftliche Tests hinaus, die der Sicherstellung der technischen Qualität eines Produkts dienen, können diese eingesetzt werden, um meist vor, teilweise jedoch auch nach Markteinführung die *marktgerichtete und marktgerechte Qualität der Leistungen* zu überprüfen (Haedrich/Tomczak 1996a, S. 200). Diese Testverfahren sind nicht quantitativ, sondern sachlich orientiert, während die eigentliche Evaluationsentscheidung bei einer Neuprodukteinführung auf quantitativen Verfahren wie denen der Investitionsrechnung und kombinierten Verfahren wie der Nutzwertanalyse basiert (ausführlich z.b. Haedrich/Tomczak 1996a, S. 209 ff.). Neben der Marktgängigkeit neuer Produkte kann ferner die Wirksamkeit einzelner Marketingmaßnahmen oder -strategien mittels Testverfahren überprüft werden (Hüttel 1998, S. 288 ff.): Testverfahren werden in der Literatur zwar vor allem im Zusammenhang mit der Marktleistungsgestaltung behandelt. Da Kunden Leistungen jedoch als die Summe der Wirkungen aller Marketinginstrumente wahrnehmen, werden sämtliche entsprechenden Größen getestet. Insbesondere bei großen Konsumgüterherstellern werden heute intensive Testreihen durchgeführt, die die Wirkung mehrerer Marketinginstrumente überprüfen (auch Kapitel C.6.2.7.1).

Üblicherweise werden die folgenden Verfahren unterschieden (Hüttel 1998, S. 288 ff., Berekoven/Eckert/Ellenrieder 2006, S. 158 ff. und Kuß 2004, S. 135 f.):

- Produkttest,
- Store-Test,
- Testmarkt,
- Testmarktersatzverfahren wie Mini-Testmärkte (z.B. GfK-Erim-Panel, GfK-BehaviorScan oder ACNielsen-Telerim-Panel) und Testmarkt-Simulationen.

Diese lassen sich vor allem auf Konsumgütermärkten einsetzen, können jedoch zum Teil auf Investitionsgüter- und Dienstleistungsmärkte übertragen werden (Haedrich/Tomczak 1996a, S. 200). Bei Investitionsgütern eignen sich eher Produkterprobungen oder öffentliche Vorstellungen im Rahmen von Messeauftritten oder Ausstellungen, um mehr über Reaktionen und Kaufinteresse in Erfahrung zu bringen. Der zentrale Vorteil von Tests ist die Verminderung des Risikos der Einführung in den Gesamtmarkt, weil etwaige Änderungen aufgrund von Testergebnissen wesentlich kostengünstiger sind als Modifikationen, Rückrufe oder eine vollständige Eliminierung kurz nach der Markteinführung.

4.2.3.1 Produkttests

Produkttests sind experimentelle Untersuchungen, in denen Personen, die nach bestimmten Kriterien meistens aus der Zielgruppe selektiert werden, unentgeltlich bereitgestellte Produkte probeweise ge- oder verbrauchen. Anschließend werden sie nach ihren subjektiven Wahrnehmungen und Beurteilungen des gesamten Produkts oder einzelner Produktbestandteile befragt (Bauer 1981, S. 157 und Haedrich/Tomczak 1996a, S. 200). Obwohl Produkttests vor und nach Markteinführung eingesetzt werden können, wird die Mehrzahl der Produkttests in der Planungs- und Entwicklungsphase durchgeführt, um das Floprisiko zu reduzieren (Haedrich/Tomczak 1996a, S. 200).

Konkrete *Testziele vor der Markteinführung* sind (Bauer 1981, S. 331 f. und Berekoven/Eckert/Ellenrieder 2006, S. 160):

- Ermittlung von Produktvarianten oder marktbezogene Beurteilung und Eingrenzung von konkretisierten Produktmöglichkeiten,
- Überprüfung der Übereinstimmung von Produktrealisation und Produktkonzept,
- Überprüfung der Angemessenheit von Produktkern, Produktbezeichnung, Packungsgestaltung, Preisstellung usw. sowie
- Überprüfung der qualitätsbezogenen oder der „realen" Marktchancen marktreifer Neuproduktentwicklungen (im Hinblick auf Gebrauchstauglichkeit und Imagewirkung).

Konkrete *Testziele nach Markteinführung* sind (Bauer 1981, S. 331 f. und Berekoven/Eckert/Ellenrieder 2006, S. 160):

- Überprüfung der „realen" Marktchancen im Vergleich zu Konkurrenzprodukten,
- Ursachenanalyse bei eventuellen Marktanteilsverlusten,
- Überprüfung der Wirkungen von Änderungen des Produkts als Ganzes oder einzelner Produktbestandteile (z.B. Produktvariation, Produktdifferenzierung, Relaunch).

Dementsprechend existiert eine Vielzahl von Testvarianten, die sich nach folgenden Kriterien gliedern lassen (Berekoven/Eckert/Ellenrieder 2006, S. 160 ff.):

- *Testumfang:* Je nachdem, ob das Produkt als Ganzes oder Teilkomponenten wie Preis, Packung oder Geschmack usw. Gegenstand des Tests sind, wird zwischen *Volltests* und *Partialtests* unterschieden.
- *Darbietungsform:* In Abhängigkeit von der äußeren Gestaltung des Testgegenstands beziehungsweise in Abhängigkeit davon, welche Einflussfaktoren kontrolliert oder isoliert werden sollen, wird zwischen *Blindtests* (keine Hinweise auf Hersteller, Marke usw.), *identifizierten Tests* (mit marktüblicher Verpackung) und *teilanonymisierten* Tests (nur einzelne Merkmale werden anonymisiert) unterschieden.
- *Zeitdauer:* Die Zeit, die den Befragten zur Bewertung zur Verfügung steht, kann variiert werden, so dass man *Kurzzeittests* (einmalige, kurze Konfrontation mit dem Testobjekt und Abfrage spontaner Eindrücke und Empfindungen, was eher einem späteren Einkauf entspricht) und *Langzeittests* (mehrmalige längere Verwendung des Produkts und Abfrage fundierter Produkterfahrungen, was eher einem Wiederholungskauf entspricht) unterscheidet, wobei beide Testarten kombiniert werden können.
- *Anzahl einbezogener Produkte:* Vergleichen die Befragten das Testprodukt ausschließlich mit der eigenen Erfahrung und den eigenen Kenntnissen, wird dies als

Einzeltest (monadischer Test) bezeichnet. Findet ein Vergleich zwischen mindestens zwei Produkten statt, wird dies als *Vergleichstest* (diskriminierender Test) bezeichnet. Die Wahl der Testart sollte sich daran orientieren, welche Situation der realen Einkaufssituation am ehesten entspricht.

- *Testort:* Die Tests können entweder so durchgeführt werden, dass die Testpersonen das Produkt über längere Zeit in einer realen Atmosphäre zu Hause testen können und anschließend einen Fragebogen ausfüllen und einsenden. Dies wird als *Haushaltstest* oder Home-use-Test bezeichnet. Bei *Studiotests* wird die Testperson häufig auf der Straße angesprochen, der Test wird in einem Restaurant oder speziellen Räumlichkeiten durchgeführt, und die Ergebnisse über eine mündliche Befragung erhoben. Letztere Testart hat den Vorteil, dass die Testbedingungen kontrolliert und unterstützende Techniken wie das Tachistoskop beziehungsweise Augenkameras (Kapitel C.6.2.4) oder Schnellgreifbühnen eingesetzt werden können.
- *Informationsbedarf:* Grundsätzlich lassen sich fünf Grundtypen unterscheiden. Mittels *Diskriminationstests* soll ermittelt werden, ob und in welchem Ausmaß die Testpersonen Unterschiede zwischen dem normalerweise konsumierten Produkt und dem Testprodukt wahrnehmen. Inwiefern sie dem Testprodukt den Vorzug geben, wird im Rahmen von *Präferenztests* ermittelt. *Deskriptionstest* prüfen, welche Produktmerkmale in welcher Intensität wahrgenommen werden und wie wichtig diese im Sinne einer Rangliste sind. Zu diesem Zweck werden heute vor allem *Conjoint-Analysen* (Kapitel C.4.2.2.1) eingesetzt; ebenso bei *Evaluationstests*, bei denen es darum geht, herauszufinden, wie das Produkt oder einzelne Merkmale bewertet werden und wie die Preisbereitschaft der Konsumenten ist. *Akzeptanztests* dienen der Ermittlung der konkreten Handlungsabsicht (ob und wie intensiv) der Testpersonen.

4.2.3.2 Storetests

Mittels Storetests wird die Wirksamkeit sämtlicher Marketingmaßnahmen einschließlich Preis, Verpackung oder Point-of-Sales-Maßnahmen in ausgewählten Einzelhandelsgeschäften überprüft (hier und im Folgenden Berekoven/Eckert/Ellenrieder 2006, S. 166 f. und Hammann/Erichson 2004, S. 212 f.).

Sie können von Herstellern oder Handelsunternehmen vorgenommen werden, welche in der Regel Marktforschungsinstitute mit der Durchführung beauftragen. Gibt man diesen die gewünschte Region und die Anzahl der Testgeschäfte an, übernehmen sie die gesamte Abwicklung von Transport und Platzierung über Displays bis hin zur permanenten Kontrolle. Die Dauer eines Storetests sollte sich an der Umschlagsgeschwindigkeit der zu testenden Objekte orientieren. Der Erklärungsgehalt der rein quantitativen Storetests kann durch begleitende Käuferbeobachtungen und -befragungen erhöht werden, da zusätzlich Informationen über Einkaufsverhalten, Bereitschaft zum Wiederkauf, Kaufmotive usw. erfasst werden. Zwar werden mit Storetests keine repräsentativen Ergebnisse angestrebt, jedoch liefern diese relativ kostengünstig und schnell marktnahe Erkenntnisse.

4.2.3.3 Testmärkte

Bei der Überprüfung der Marktchancen von Produkten weisen Ergebnisse aus Testmärkten die größte Realitätsnähe auf, weil das neue Produkt in einem realen, jedoch regional abgegrenzten Teilmarkt eingeführt und sämtliche für die Markteinführung vorgesehenen Maßnahmen (einschließlich Testwerbung) eingesetzt werden (Hammann/Erichson 2004, S. 210 ff.). Idealerweise sollte der ausgewählte Teilmarkt in seiner Struktur dem Gesamtmarkt entsprechen, insbesondere hinsichtlich Bevölkerungs-, Bedarfs-, Handels-, Medien- und Wettbewerbsstruktur.

Trotz dieser unumstrittenen Vorteile von Testmärkten weisen sie doch eine Reihe von *Nachteilen* auf (u.a. Berekoven/Eckert/Ellenrieder 2006, S. 173 f.):

- Die Abgrenzung geeigneter Testmärkte ist schwierig.
- Der Einsatz der Testwerbung ist nicht immer problemlos realisierbar.
- Sowohl das Produkt als auch die gesamte Marketingkonzeption können der Konkurrenz bekannt werden; Testmärkte sind anfällig für Störaktionen und Manipulationen.
- Testmärkte kosten verhältnismäßig viel und verursachen Zeitverluste sowie hohe Opportunitätskosten, weil sie über eine Dauer von zirka sechs bis zwölf Monaten durchgeführt werden, um stabile Ergebnisse zu erhalten.

Aufgrund dieser Nachteile wurden die nachfolgend beschriebenen Testmarktersatzverfahren entwickelt, die heute beispielsweise von großen Konsumgüterherstellern intensiv genutzt werden.

4.2.3.4 Testmarktersatzverfahren

Um die zuvor genannten Schwächen von Testmärkten zu umgehen, werden vor allem Mini-Testmärkte und Testmarkt-Simulationen eingesetzt. Sie eignen sich für die Optimierung von Marktleistungen und Kommunikationsmaßnahmen sowie für die Optimierung des Marketing-Mix und Verkaufsprognosen. Dementsprechend werden sie sowohl im Bereich der Marktleistungsgestaltung als auch im Bereich der Kommunikation eingesetzt (auch Kapitel C.6.2.7).

Mini-Testmärkte

Mini-Testmärkte eignen sich vor allem für Tests mit schnelldrehenden Konsumgütern, die zumeist über den Lebensmitteleinzelhandel verkauft werden, da bei diesen unter anderem die Anzahl der potenziellen Käufer groß genug und die Kaufzyklen kurz genug sind, um in einem vernünftigen Zeitrahmen aussagekräftige Ergebnisse zu erhalten (hier und im Folgenden Berekoven/Eckert/Ellenrieder 2006, S. 168 ff.). Grundsätzlich werden bei diesem Verfahren Elemente des Storetests und der Haushaltspanel (einschließlich des Fernsehpanels mittels GfK-Meter) mit teilweiser Werbeerfolgskontrolle verbunden, um Aussagen über den Erfolg bestimmter Marktleistungen treffen zu können.

Zu diesem Zweck werden in einem Testgebiet Handelsunternehmen zur Teilnahme angeworben und aus deren Kundenkreis ein repräsentatives Kundenpanel rekrutiert, dessen Kaufverhalten beobachtet wird. Mini-Testmärkte werden heute umfassend elektronisch unterstützt, so dass auch von elektronischen Mini-Testmärkten gesprochen wird. Dabei erfolgt die Erfassung des Kaufverhaltens über Scannerkassen oder zu Hause über elektronische Datenerfassungsgeräte. Ferner können alternative Kommunikationsmaßnahmen für verschiedene Verbrauchergruppen gesteuert und so unterschiedliche Wirkungen auf das Kaufverhalten (insbesondere Absatz- und Umsatzveränderungen) umgehend an den Scanner- beziehungsweise Paneldaten abgelesen werden (auch Kapitel C.2.7). Diese Ergebnisse können durch weitergehende Befragungen von Haushalten und Marktleitern ergänzt werden. Insbesondere die folgenden Fragen können mittels Mini-Testmärkten beantwortet werden:

- Wie erfolgreich wird ein neues Produkt sein?
- Wer kauft das neue Produkt?
- Wie wirkt TV-Werbung auf den Absatz?
- Welches Media-Spending-Level ist optimal?
- Welche TV-Werbung steigert den Absatz am stärksten?

Zentrale Vorteile von Mini-Testmärkten sind die gute Kontrollierbarkeit der einzelnen Parameter und der Testbedingungen, wodurch relativ exakte Ursache-Wirkungsanalysen möglich sind. In Deutschland haben sich die Mini-Testmärkte GfK-Erim-Panel (nahe Berlin, Hannover, Köln und Nürnberg), GfK-BehaviorScan (in Haßloch) und das Telerim Panel (in Buxtehude und Bad Kreuznach) von ACNielsen fest etabliert (ausführlich Berekoven/Eckert/Ellenrieder 2006, S.168ff.). In der Schweiz hat die IHA-GfK bis 2005 einen Mini-Testmarkt in Langenthal angeboten, diesen mangels Nachfrage jedoch eingestellt (laut IHA-GfK Februar 2006).

Testmarkt-Simulationen

Testmarkt-Simulationen werden aufgrund der mit den anderen Testmarktformen verbundenen Nachteile wie Dauer, Kosten, mangelnde Geheimhaltung und Widerstände im Handel durchgeführt. Zudem lassen sich auch Konkurrenzprodukte testen (Berekoven/Eckert/Ellenrieder 2006, S.175). Führender Anbieter weltweit ist Bases, weitere Testmarktsimulationen werden unter den Namen Sensor, Assessor, Designor und TeSi (GfK) angeboten (Berekoven/Eckert/Ellenrieder 2006, S.174).

Simuliert werden dabei reale Wahrnehmungs- und Einstellungsbildungsprozesse, so dass eine Werbekontrolle sowie eine Überprüfung des Kauf- und Wiederkaufverhaltens möglich sind (hier und im Folgenden u.a. Berekoven/Eckert/Ellenrieder 2006, S.173ff.). Zu diesem Zweck wird zumeist eine zielgruppenspezifisch ausgewählte Stichprobe von Konsumenten (bei der GfK zirka 300) im Rahmen eines mehrstufigen Experiments mit Elementen der Marketingkonzeption des Testprodukts konfrontiert. Durch Beobachtungen und Befragung werden Informationen gewonnen, um Aussagen über Penetration (Erstkäuferrate), Wiederkaufwahrscheinlichkeit, Eigenschafts- und Anwendungsprofile, Substitutionsbeziehungen und letztlich Marktanteilsprognosen (z.B. mittels der Parfitt/Collins-Methode berechnet: Erstkaufpenetration x Wiederkaufrate x Kaufindex = Marktanteil für das Testprodukt) treffen zu können. Dies bedeutet, dass Antworten auf folgende Fragen gegeben werden können: Welchen Marktanteil/welches Marktvolumen erreicht das neue Produkt im ersten und zweiten Jahr? Wo liegen die Stärken und Schwächen des Produkts? Denkbare Situationen sind Neueinführungen, Relaunches, Line-Extensions und Änderungen im Marketing-Mix.

Mittels Werbe- und Kaufsimulationen wird dabei ein realitätsnahes Umfeld geschaffen. Auf Basis der so ermittelten Ergebnisse können strategische Marketingentscheidungen getroffen werden:

- Zum Beispiel kann bestimmt werden, ob und wie viele Käufer bei der Veränderung der Packungsgestaltung gewonnen oder verloren werden.
- Ferner wird ermittelt, welche Durchsetzungskraft die neue Packung im Regal hat
- und ob die Markierung wirkt.
- Zusätzlich werden Gründe für den Kauf beziehungsweise Nichtkauf aufgezeigt.

Das Hauptproblem dieser Tests liegt in der Fraglichkeit der externen Validität, also der Übertragbarkeit auf reale Marktsituationen, weil die Tests im Studio stattfinden. Wird dies bei der Auswertung der Informationen berücksichtigt, scheinen diese Tests jedoch sehr marktnahe Anhaltspunkt zu liefern.

Ein solcher Test läuft in der Regel wie folgt ab (bspw. Haedrich/Tomczak 1996a, S. 206; ferner Hüttel 1998, S. 294 ff. und Berekoven/Eckert/Ellenrieder 2006, S. 174):

- *Studiotest 1:*
- – Zunächst wird mit jedem Probanden ein *Interview* durchgeführt, um dessen soziografische Daten sowie Präferenz- und Einstellungsdaten (inklusive Letztkauf und Stammmarke) zu der betroffenen Produktklasse festzuhalten. Häufig werden dabei Markenbekanntheit und -verwendung abgefragt. Auf diese Weise wird der Status Quo ermittelt, wobei insbesondere das individuelle Relevant Set (Kapitel C.6.2.4.4) interessiert.
- – Dann wird das Testprodukt in einer *Werbesimulation* eingeführt (zumeist in einem Studio-Kinosaal), um die Awareness zu testen.
- – Dem schließt sich eine *Kaufsimulation* an. Zu diesem Zweck werden die Testpersonen direkt aus dem Raum der Werbesimulation in einen kleinen, nur zu Testzwecken erstellten Supermarkt oder an ein Regal geführt, das die wichtigsten beworbenen Konkurrenzprodukte und das Testprodukt enthält. Den Testpersonen wird dabei ein Bargeldbetrag zur Verfügung gestellt, der den Preis des teuersten Produkts leicht übersteigt und den sie frei verwenden dürfen, um ein Produkt ihrer Wahl zu kaufen (zum Teil dürfen auch mehrere Produkte gekauft werden). Daraus ergeben sich Hinweise auf das Erstkaufverhalten.

- *Home-use-Test:* Im Anschluss daran haben die Testpersonen die Möglichkeit, das Produkt über einen realitätsnahen Verwendungs- oder Wiederkaufszeitraum zu Hause zu testen und eine Einstellung gegenüber diesem zu entwickeln.
- *Studiotest 2:*
  - In einem Nachinterview werden alle Testpersonen erneut ins Studio eingeladen, wobei in der Regel zirka 80 Prozent der Einladung folgen.
  - Dort werden die Testpersonen zunächst zu ihrem Verwendungsverhalten befragt, um Hinweise auf Verbesserungsmöglichkeiten zu erhalten.
  - Anschließend werden sie erneut zu ihren Präferenzen und Einstellungen befragt, um das Wiederkaufverhalten prognostizieren zu können.
  - Nach einer erneuten Kaufsimulation beziehungsweise Kaufmöglichkeit ist die Überprüfung des gesamten Marketing-Mix möglich:
    a) die Beobachtung von Käuferwanderungen (einschließlich Grad der Kannibalisierung bei Line-Extensions und Grad der Loyalität),
    b) die Bestimmung von Wiederkaufraten und
    c) die Prognose des Marktanteils.

Vorteile eines solchen Verfahrens sind:
- Die Erstkaufrate wird im direkten Wettstreit mit den Konkurrenzprodukten an einem realistischen Kaufregal und unter Einsatz von Werbung ermittelt.
- Durch das Testen im Wettbewerbsumfeld erfährt man, in welchem Maß welche Marke durch das eigene Produkt substituiert wird.
- Promotion- und Werbewirkungen oder Me-too-Maßnahmen der Wettbewerber können vor deren Realisierung berücksichtigt werden.
- In der Regel liegen die Ergebnisse eines klassischen Testaufbaus schnell beziehungsweise in etwa acht bis zehn Wochen nach Antrag vor (laut GfK, o.V 2006d).

Zusätzlich werden von der GfK eine Fülle von Ergebnissen wie Likes und Dislikes, erlebte Werbeinhalte, Eigenschaftsbeurteilung, soziodemografische Daten sowie eine Positionierungsanalyse angeboten. Insgesamt lassen sich auf diese Weise mehrere Fragestellungen zu einem Testprogramm mit individuellem Zuschnitt verknüpfen.

4.3 Kontrolle handelsgerichteter Zielgrößen

4.3.1 Kennzahlen der Sortimentskontrolle

Ziele und Kontrollgrößen von Handelsunternehmen können Herstellern als Orientierung für die eigene Marktleistungsgestaltung dienen.

Wesentliches *Ziel* der Sortimentskontrolle ist zu überprüfen, ob das Sortiment den Bedürfnissen der Konsumenten entspricht und ob diese Sortimentsleistung effizient erbracht wird (Hüttel 1998, S. 382 f.). *Kennzahlen* zur Beurteilung von Sortimentsteilen lassen sich grob in drei Kategorien aufteilen: absatz- und umsatzbezogene, deckungsbeitragsbezogene und Rentabilitätskennzahlen. Die zentralen Kennzahlen werden in Abbildung 75 zusammengefasst (in Anlehnung an Müller-Hagedorn 2005, S. 193 ff. und Rudolph 2005, S. 151 ff.). Der Auflistung in Abbildung 75 liegt eine einfache Systematik zugrunde (ausführlich Müller-Hagedorn 2005, S. 193 ff.): Ausgehend vom Umsatz können die übrigen

	Definition	Andere Bezeichnungen
Umsatz	Absatzmenge – Verkaufspreis	Umsatzkraft
Spanne	Betragsspanne = absolute Differenz von Umsatz (bereinigt um MwSt) und Wareneinkauf (EK) der abgesetzten Artikel	Warenrohertrag Bruttoertrag Ertragskraft
	prozentual als Abschlagsspanne oder als Aufschlagsspanne	Varianten: Stück-, WG-, Betriebsspanne
Umschlagshäufigkeit	$\dfrac{\text{Umsatz (zu Einkaufspreisen)}}{\varnothing \text{ Warenbestand (zu Einkaufspreisen)}}$	Umschlagsgeschwindigkeit Lagerumschlag
Kapitalumschlag	$\dfrac{\text{Umsatz (zu Verkaufspreisen)}}{\varnothing \text{ Warenbestand (zu Einkaufspreisen)}}$	
Bruttorentabilität	$\dfrac{\text{Bruttoertrag}}{\varnothing \text{ Warenbestand (zu Einkaufspreisen)}}$	Bruttorentabilitätskraft Bruttonutzen
	$= \dfrac{\text{Aufschlagsspanne} - \text{Umsatz (EK)}}{\varnothing \text{ Warenbestand (zu EK)}}$	
	$= \text{Aufschlagsspanne} - \text{Lagerumschlag}$	
	$= \dfrac{\text{Bruttoertrag}}{\text{Umsatz (zu EK)}} \cdot \dfrac{\text{Umsatz (zu EK)}}{\varnothing \text{ Warenbestand (zu EK)}}$	
Deckungsbeitrag	Umsatz - Wareneinkauf - weitere zurechenbare Kosten	
Nettorentabilität	$\dfrac{\text{Deckungsbeitrag}}{\varnothing \text{ Warenbestand}} \cdot 100$ oder	
	$\dfrac{\text{Deckungsbeitrag}}{\text{Beanspruchte Verkaufsfläche}} \cdot 100$	
Direkter Produktprofit/ Direkte Produktrentabiliät	Deckungsbeitrag eines Produkts ./. durch Umlage zugeordnete Kosten	Direkter Produktprofit (DPP)
	$\dfrac{\text{Direkter Produkt Profit}}{\varnothing \text{ Warenbestand (zu EK)}} \cdot 100$	Direkte Produktrentabilität (DPR)

Abbildung 75: Klassische Kennzahlen zur Beurteilung der Vorteilhaftigkeit einzelner Sortimente (Quelle: Müller-Hagedorn 2005, S. 195)

Kennzahlen erschlossen werden. So entspricht die Handelsspanne der Differenz von Umsatz und Wareneinsatz. Die Umschlagshäufigkeit entspricht dem Quotienten aus Umsatz dividiert durch durchschnittlichen Warenbestand. Die Brutto-Rentabilität berücksichtigt zusätzlich zum Umsatz zwei weitere Einsatzfaktoren und so fort.

Zusätzlich werden häufig folgende Kenngrößen eingesetzt: Umsatzentwicklung, Umsatzstruktur (Umsatz je Warenbereich und/oder Warengruppe), Handelsspanne (für das Gesamt-Sortiment und einzelne Sortimentsbereiche), durchschnittlicher Einkaufsbetrag pro Kunde („Einkaufsbon"), Limitrechnung (Soll-Lagerbestand), Artikelanzahl und Artikeldichte (durchschnittliche Zahl der Artikel pro Sorte), Anzahl Fehlartikel („out of stock"-Artikel) und Umsatz pro qm (Verkaufsflächen-Produktivität). Darüber hinaus können Instrumente wie beispielsweise Kundenlaufstudien eingesetzt werden.

4.3.2 Kennzahlen aus Herstellersicht

Ziele der Marktleistungsgestaltung (Kapitel 4.1.2), die sich auf den Handel richten, lassen sich grob in zwei Dimensionen teilen:

- Erstens das Ziel der Aufnahme in das Sortiment des Handels und
- zweitens die adäquate Behandlung des Produkts durch den Handel (dies kann jedoch nur am Point-of-Sale stichprobenartig kontrolliert werden).

Jedes Unternehmen, das seine Produkte über den Handel absetzt, muss bei der Gestaltung der Marktleistung sowohl den Mehrwert für den Konsumenten als auch den Mehrwert für den Handel im Auge behalten. Angesichts der in vielen Märkten stark gewachsenen Handelsmacht herrscht ein regelrechter Kampf der Hersteller um Regalplatz, der mit verschiedenen Maßnahmen wie beispielsweise Produktvarietäten, Produktrelaunches oder Produktinnovationen geführt wird. Dabei sind sowohl die reine Quadratmeterzahl als auch die Platzierung selbst entscheidend.

Die Bereitschaft des Handels zur Aufnahme eines Produkts in das Sortiment hängt entscheidend davon ab, ob mit dem Produkt die Ziele des Handels erreicht werden können. Grundsätzlich muss es somit Ziel der Marktleistungsgestaltung im Rahmen ihrer Möglichkeiten sein, sowohl die *Deckungsbeiträge* als auch die *Abverkaufsgeschwindigkeit* der Produkte zu maximieren (auch Kapitel C.4.1.2).

Als zentrale Kennzahl galt lange Zeit die direkte Produktprofitabilität (DPP), bei der dem Verkaufspreis eines Artikels neben dem Wareneinstandspreis auch Prozesskosten gegenübergestellt werden (Müller-Hagedorn 2005, S. 197). Obwohl dieses Verfahren wieder an praktischer Relevanz verloren hat, da die Erhebung der notwendigen Parameter sehr aufwändig ist (Müller-Hagedorn 2005, S. 197), wird die DPP im Folgenden kurz skizziert, weil sie das Hersteller-Handelsverhältnis intensiv beeinflusst hat. Die *direkte Produktprofitabilität (DPP)* kann sowohl dem Handel als auch den Herstellern als Grundlage bei zahlreichen Entscheidungen wie Bereinigung des Produktprogramms oder als Hinweis bei der Steuerung der Kommunikation und der Verpackungsgestaltung dienen. Sie gibt den im Handelsunternehmen anfallenden Erfolgsbeitrag jedes einzelnen Artikels an (hier und im Folgenden Behrends 2001, S. 307 f.). Es handelt sich um eine Marktsegmentrechnung, die der Prozesskostenrechnung ähnelt (Tomczak/Lindner 1992 und nachfolgend Köhler 1993, S. 305 f.; ausführlich Lindner 1992 zu dem verwandten Konzept direkte Produktrentabilität [DPR] und dessen Einsatzmöglichkeiten, die ähnlich für die DPP gelten). Dabei wird danach gestrebt, ein genaueres Bruttoergebnis pro Artikeleinheit zu ermitteln, indem die Kosten beispielsweise über artikelgenaue Zeit-, Flächen- und Volumenmessungen geschlüsselt werden. Der Ansatz entspricht einer Teilkostenrechnung, die allerdings zum Teil nicht nur proportionale, sondern – im Gegensatz zur klassischen Deckungsbeitragsrechnung – auch fixe Kosten wie Personalkosten aufteilt. Der Ausdruck „direkt" ist somit nicht ganz korrekt und verstößt streng genommen auch gegen das genannte Prinzip der Veränderungsrechnung (Köhler 1993, S. 305). Dennoch kann diese Rechnung wichtige Signal- und Steuerungsaufgaben bezogen auf Engpasseinheiten übernehmen.

Die DPP wird in retrograder Schrittfolge errechnet, indem von dem (um die Mehrwertsteuer und evtl. Nachlässe und Erlösschmälerungen bereinigten) Verkaufspreis eines Artikels nacheinander der Netto-Netto-Einstandpreis und die Direkten Produkt-Kosten, die DPK (als dem einzelnen Artikel zurechenbarer Teil der Handlungskosten), abgezogen werden. Das Zwischenergebnis dieser Rechnung vor Abzug der DPK ist identisch mit der als Stückspanne verstandenen Handelsspanne. Das Endergebnis, die DPP, ist nichts anderes als der Beitrag zur Deckung der nicht zurechenbaren Handlungskosten und des Gewinns. Die Kennzahl *Direkte Produkt-Rentabilität (DPR)* wird aus dem DPP abgeleitet: Sie wird als Produkt aus Umsatzprofitabilität (DPP in Prozent des Einstandspreises) und Lagerumschlaghäufigkeit berechnet und zeigt als relative Größe den DPP eines Artikels in Prozent des im durchschnittlichen Lagerbestand dieses Artikels gebundenen Kapitals. Wie bei allen relativen Kenngrößen ist bei der Interpretation der DPR aufgrund von Manipulationsmöglichkeiten jedoch Vorsicht geboten (ausführlich Kapitel D.2).

Weitere Ziele ergeben sich aus den Anforderungen des Handels an die einzelnen Artikel (Hansen/Henning-Thurau/Schrader 2001, S. 31 f.): Beratungsintensität, Transport- und Lagerhaltungsqualität, Präsentationsqualität, Servicequalität (bezüglich Reparatur- und Wartungsleistungen) und Redistributionsqualität (z.B. die Kompatibilität von Flaschen mit vorhandenen Leergutrücknahmesystemen).

Die zentrale Kennzahl der Distributionsgestaltung, der *Distributionsgrad* (u.a. Kapitel C.7.1.2), kann in diesem Zusammenhang dazu verwendet werden zu kontrollieren, ob die Maßnahmen zur Förderung der Aufnahme in das Sortiment erfolgreich waren. Nur wenn Ubiquität beziehungsweise Überallerhältlichkeit angestrebt wird, bezieht sich diese Größe auf den Gesamtmarkt. Andernfalls gibt sie die Relation zwischen tatsächlich einbezogenen und erwünschten Absatzmittlern an und kann somit zur Erfolgskontrolle verwendet werden.

Zusammenfassend lässt sich festhalten, dass sich die Kontrolle der Marktleistungsgestaltung trotz vielfältiger Zielsetzungen und – auf Effektivität und Effizienz gerichteter – Instrumente stets an dem Leitmotto der Planung orientieren sollte: „Einen Nutzen erreicht eine Leistung nur dann, wenn sie ein Bedürfnis befriedigt. Jeder Teil einer Leistung der an Teilen von Bedürfnissen vorbeigeht, ist nur teilweise nützlich." (Weinhold-Stünzi 1999, S. 175f.).

5 Kontrolle der Preisgestaltung

5.1 Ansatzpunkte und Aufgaben

Eine einprozentige Senkung des Preises kann den Gewinn drei- bis viermal stärker senken als ihn eine einprozentige Fixkostensenkung positiv beeinflusst (Homburg/Beutin/Jensen 2005, S. 22). Ferner können Fehler im Preismanagement auch negative Folgen auf Unternehmenskommunikation und -erfolg haben, wie die Umstellung des Preissystems der Deutsche Bahn AG im Dezember 2002 deutlich macht (Weber/Florissen 2005, S. 57). Diese Beispiele unterstreichen nicht nur die Relevanz, sondern auch das Potenzial der Preisgestaltung als strategischem Managementinstrument sowie die Relevanz deren Unterstützung durch das Controlling. Aufgabe des *Preiscontrollings* ist es, die Wirksamkeit und Wirtschaftlichkeit des Preismanagements sicherzustellen.

Preisgestaltungskontrollen können an sämtlichen Phasen des Preismanagementprozesses ansetzen (ausführlich Kapitel 5.2; Weber/Florissen 2005, S. 13). Die Preisgestaltung im engeren Sinne umfasst alle von den Zielen des Anbieters geleiteten und gesteuerten Maßnahmen und Instrumente zur Suche, Auswahl und Durchsetzung von Preisen (Entgelt-Leistungsumfang-Relationen) und die damit verbundenen Problemlösungen für Kunden (Diller 2000, S. 27). Analog lassen sich die Entscheidungsbereiche des Preismanagements und somit die Gestaltungsbereiche des Preiscontrollings aufteilen in die Festlegung und Kontrolle von Preiszielen, Preisinstrumenten und Preisprozessen.

5.1.1 Ziele der Preisgestaltung

Bei der Preisbildung sind grundsätzlich zwei Aspekte beziehungsweise Ebenen zu berücksichtigen: Einerseits die wettbewerbsstrategische Rolle des Preises innerhalb des Dreiecks Unternehmen-Konkurrenz-Kunde und andererseits die konkrete Wirkung des Preises auf Absatz und Gewinn (hier und im Folgenden Simon 1992, S. 29 ff.).

Die strategische Rolle des Preises ergibt sich aus folgenden Fragestellungen, zu deren Beantwortung auf die gesamte Bandbreite der Marktforschungsinstrumente und Marktdatenbanken zurückgegriffen werden kann (eine nützliche Übersicht zu externen Marktdatenbanken findet sich z.B. bei Böhler 2004, S. 83 f.):

- Welche Bedeutung kommt dem Preis als Parameter im Vergleich zu anderen Leistungsparametern zu? Zur Beantwortung dieser Frage können beispielsweise Techniken wie das Conjoint Measurement (Kapitel C.4.2.2.1 und ausführlich

Backhaus et al. 2006, S. 558 ff.), ein Analytic Hierarchy Process, direkte Abfragetechniken und die Price Sensitivity Measurement-Methode (van Westendorp 1976) eingesetzt werden.
- Wie und wo setzen Konkurrenten den Preis als Wettbewerbsvorteil ein?
- Wie sehen langfristige Preisstrategien im eigenen Markt aus (z.B. unter Berücksichtigung von Kosten- und Wettbewerbsdynamik, Trends im Verbraucherverhalten, Handelsmacht und Globalisierung)?

Antworten auf diese Fragen stellen den Hintergrund dar, vor dem die konkrete Preisbildung erfolgen sollte. Ferner sollte stets der Gesamtkontext des Marketing-Mix berücksichtigt werden beziehungsweise sollten Preisziele immer an den aus den Unternehmenszielen abgeleiteten Gesamtmarketingzielen anknüpfen. Insbesondere die intensive Abstimmung mit der Marktleistungsgestaltung ist zentral, da der Preis aus betriebswirtschaftlicher Sicht bereits rein definitorisch Leistungsentscheidungen betrifft: Letztlich ist er eine Relation aus Entgelt (Preiszähler) und Leistungsumfang (Preisnenner).

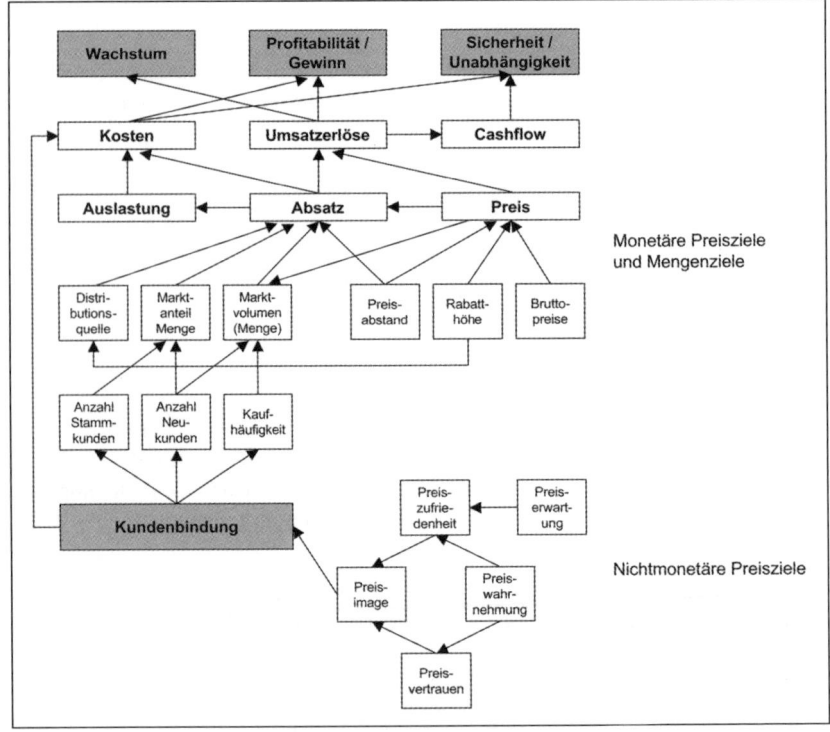

Abbildung 76: Das preispolitische Zielsystem (Quelle: Eigene Darstellung in enger Anlehnung an Diller 2000, S. 45)

Das preispolitische Zielsystem in Abbildung 76 umfasst somit – ohne Anspruch auf Vollständigkeit – die für ein Grundverständnis preispolitischer Wirkungen/Ziele wesentlichen Größen (in Anlehnung an Diller 2000, S. 45). Die einzelnen, in Abbildung 76 aufgezeigten Zielgrößen werden im Folgenden kurz dargestellt.

Monetäre Preisziele

Bewährt hat sich in der Marketingwissenschaft, wie in Abbildung 76 gezeigt, die Unterscheidung der Zielkategorien Wachstum (Umsatz, Marktanteil), Profitabilität (langfristig, kurzfristig), Sicherheit beziehungsweise Risikominimierung und im Zusammenhang damit Auslastung, Kosten (als Nebenbedingung), Absatz und Preis als preispolitische Oberziele (Diller 2000, S. 45 f. und Becker 2001, S. 53 ff.). Die Gewichtung hängt dabei insbesondere von der Unternehmenssituation und dem Risikoprofil der Eigentümer ab, wobei in der Realität in der Regel Profitabilitäts- beziehungsweise Gewinnziele am stärksten priorisiert werden (Tomczak et al. 1998). Je nach Lebenszyklus der Branche, des Unternehmens und seiner Marktleistungen werden diese Ziele unterschiedlich stark gewichtet, was sich maßgeblich in der Preisgestaltung niederschlägt (hier und im Folgenden Reinecke/Hahn 2003, S. 341). In relativ neuen Märkten wie beispielsweise der Telekommunikationsbranche kommt dem Wachstum und damit dem Umsatz eine relativ höhere Bedeutung zu, während in reifen Branchen die Profitabilität stärker im Mittelpunkt steht. Im Rahmen der Preisplanung wird festgelegt, mit welchen Marktleistungen bei welchen Kunden welche Umsätze und Deckungsbreiträge erwirtschaftet werden sollen.

Nichtmonetäre Preisziele

Da allein der subjektiv wahrgenommene und nicht der objektive Preis kaufentscheidend ist und oft erhebliche Unterschiede zwischen empfundenem und objektivem Preisniveau bestehen (Simon 1992, S. 591 und Schindler 1998, S. 3), sind neben den monetären auch nichtmonetäre Ziele zu berücksichtigen. Diese umfassen (v. a. Diller 2000, S. 51): Preisimage, Preiserwartung, Preiszufriedenheit (aktuell) und Preisvertrauen (langfristig). Daneben werden vor allem Preisgünstigkeit (Einschätzung des absoluten Preises), Preiswürdigkeit (Einschätzung des Preis-Leistungsverhältnisses), Preisschätzung, Preisempfindung, Preisbereitschaft, Preistransparenz, Preissicherheit und langfristige Preiszuverlässigkeit als Zielgrößen genannt (Diller 1997, S. 16 ff. und Diller 2000, u. a. S. 197 ff.).

Laut Diller (2000, S. 51; auch nachfolgend) wird der entscheidende Zusammenhang der Größen Preisimage, Preiszufriedenheit, Preisvertrauen und Preiserwartung über den Preisimage-Effekt hergestellt: Demnach beeinflusst das Preisimage eines Anbieters die Kundenbindung positiv (Abbildung 76). *Preisimage* meint dabei die Einstellung der Kunden gegenüber allen subjektiv wahrgenommenen Preis(fehl)leistungen. Sie wird selbst von der Preiszufriedenheit und dem Preisvertrauen beeinflusst, wobei *Preiszufriedenheit* das Ergebnis eines Abgleichs zwischen Preiserwartungen und wahrgenommenen Preisleistungen ist (kognitiv geprägt). Das *Preisvertrauen* wird demgegenüber von langfristigen Erfahrungen und auf diese Weise gebildeten Sympathien beeinflusst (emotional bzw. affektiv geprägt). Beide Größen beziehen sich nicht nur auf die Preishöhe, sondern auf alle damit verbundenen Parameter wie zum Beispiel das Preis-Leistungsverhältnis und die Preistransparenz.

5.1.2 Instrumente der Preisgestaltung

Preisinstrumente geben zunächst den Rahmen vor, in dem sich Preisgestaltungskontrollen bewegen (z.B. Simon 1992 und Diller/Herrmann 2000, 2003). Darüber hinaus dienen einige Preisinstrumente wie beispielsweise das Conjoint Measurement nicht nur der Planung, sondern auch der Kontrolle der Preisgestaltung (ausführlich Kapitel C.5.2).

Preisinstrumente umfassen grundsätzlich (Abbildung 77; Fassnacht 1996 und Diller/Hermann 2003, S. 12)

- Informationsinstrumente (Erhebungsinstrumente, Analyseinstrumente, Entscheidungsmodelle und Informationssysteme),
- Aktionsinstrumente (taktisch-operative und strategische) und
- Organisationslösungen (Strukturen und Abläufe).

Die einzelnen Instrumente werden idealerweise koordiniert und zielorientiert innerhalb einer bestimmten *Preisstrategie* eingesetzt, die sich am strategischen Dreieck von Unternehmen-Kunde-Wettbewerb orientiert. Somit lässt sich eine Preisstrategie grundsätzlich als Ziel- und Handlungskonzept charakterisieren, dessen Ausrichtung auf sämtlichen Stufen der strategischen Preistreppe nach Diller (2000, S. 368) durch Ressourcen, Kunden und Wettbewerber bestimmt wird (Abbildung 78).

1 Kurzfristige Preisstellung	2 Preis- differenzierung	3 Preis- variation	4 Preislinien- gestaltung	5 Preis- durchsetzung
• Listenpreis • Endverbraucherpreis • Handelsspanne • Grundpreis • Pauschal • Barter	• Rabatte • Konditionen • Nichtlineare Tarife • Preisbaukästchen • Kontingentierung (Yield Management) • Pauschalen	• Zeitliche Preiszonen • Kurzfristige Preisaktionen • Dauerhafte Preisänderungen	• Preisobergrenzen • Preisabstände zwischen Produkten bzw. Packungsgrößen • Preisbündelung	• Preisinformation • Preisoptik • Preisgarantien • Preisgleitklauseln • Preisbindung/-empfehlung • Preisverhandlungen • Absatzfinanzierung • Preispflege

Abbildung 77: Aktionsinstrumente der Preisgestaltung (Quelle: Diller 2003, S. 12)

Preiskonzept				
Preis-leistungskonzept	Preis-differenzierungskonzept	Preis-variationskonzept	Preis-linienkonzept	Preis-durchsetzungskonzept
Preisdominanz USP Preispositionierung	Ausmaß der PD Art der PD Preisbaukästen	Ausmaß der PV Art der PV Preisdynamik im LZ	Preislagenabdeckung Ausmaß der Mischkalkulation	Preisinformationsstil Preiswerbestil Preisabsicherung
Kundennutzen-Konzept				
Preissegmentierung		Preis-Dominanz	Unique Price Proposition	Preisvertrauen
Wettbewerbskonzept				
Preisaggressivität		Preisprofilierung		Preisimage
Strategisches Zielkonzept				
Preismoral		Zeithorizont	Stakeholder-Interessen	Risikotoleranz

Abbildung 78: Preisstrategische Zielkonzepte („Strategische Preistreppe") (Quelle: Diller 2000, S. 368)

5.1.3 Aufgaben von Preiscontrolling und Preisgestaltungskontrolle

Ein effektives und effizientes Preismanagement benötigt differenzierte, situationsspezifische Kunden-, Kosten, Wettbewerbs- und Ziel- beziehungsweise Strategieinformationen. Das *Preiscontrolling* stellt dem Preismanagement diese zum einen zur Verfügung, wie Abbildung 79 zeigt, und zum anderen stellt es den Fluss dieser Informationen sicher: zum Beispiel durch Auswahl und Empfehlung geeigneter Analysemethoden (z.B. Kapitel B.4). Das Ermitteln von Informationen mittels quantitativer und qualitativer Methoden gehört dabei ebenso zu den Aufgaben des

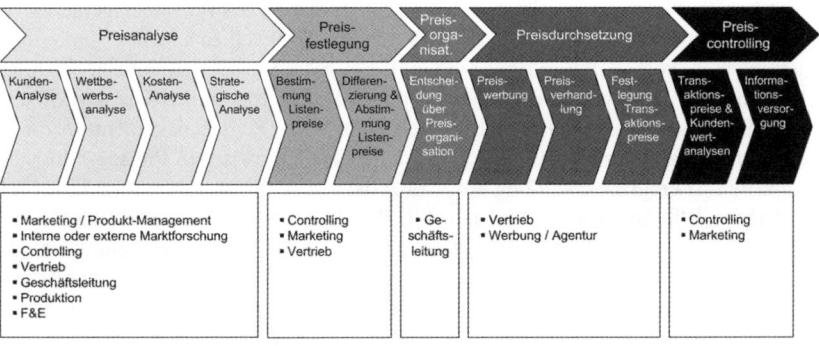

Abbildung 79: Teilprozesse der Preisgestaltung (Quelle: Diller 2003, S. 25)

Preiscontrollings wie die Analyse und (je nach Aggregationsbedarf) Verdichtung von Informationen, um dem Marketingmanagement Preisentscheidungshilfen zur Verfügung zu stellen.

Ferner wird in Abbildung 79 deutlich, dass das Preiscontrolling zum einen die Unterstützung von Planungsaufgaben und zum anderen die Beobachtung und Steuerung beziehungsweise die Kontrolle der tatsächlich erreichten Zielgrößen (Kapitel C.5.1.1 für eine Übersicht möglicher Zielgrößen) umfasst. Wie in Kapitel A.2.2.2 aufgezeigt, stellen Planung und Kontrolle korrespondierende Elemente einer Einheit dar, so dass Preisplanung und Kontrolle nicht unabhängig voneinander betrachtet werden dürfen. Auch müssen das Marketingaccounting (Kapitel B.2) und das Marketingcontrolling insgesamt dem Preismanagement die notwendigen Kostendaten und Preisfindungsinstrumente (Stichworte sind z.B. Target Costing, Absatzsegment-/Deckungsbeitrags- und Prozesskostenrechnung) zur Verfügung stellen.

An den Zielen und Instrumenten der Preisgestaltung setzen die Instrumente der Preisgestaltungskontrolle an.

5.2 Ausgewählte Instrumente

Die Preisgestaltungskontrolle als Wirkungskontrolle und somit als Soll-Ist-Vergleich richtet sich zum einen auf monetäre und zum anderen auf nichtmonetäre Zielgrößen (ausführlich hier und im Folgenden vor allem Köhler 2003, S. 371 ff. und Diller 2000). Preisgestaltungskontrollen dienen vor allem dem Lernen aus Abweichungen. Dies umfasst auch das Lernen Einzelner und die Beeinflussung des Verhaltens der an der Preisgestaltung beteiligten Akteure (Weber/Florissen 2005, S. 13).

Ferner können sich die Preisgestaltungskontrollen auch auf die Managementprozesse beziehungsweise auf alle bereits genannten Phasen des Preismanagementprozesses beziehen (Weber/Florissen 2005, S. 13). Im Vergleich zu anderen Marketinginstrumenten, kommt diesen Prozessen im Bereich der Preisgestaltung eine zentrale Bedeutung zu. Dies wird in dem Preiskontrollensystem von Weber/Florissen (2005, S. 12) berücksichtigt, welches sich an den Phasen des Preismanagementprozesses orientiert. Weber/Florissen (2005, S. 13) unterscheiden zwischen Preisgestaltungskontrolle I, II und III (Abbildung 80), wobei die Preisgestaltungskontrolle I die hier behandelte Effektivitätskontrolle darstellt. Preisgestaltungskontrolle II umfasst einen Vergleich zwischen den operativ gebildeten Preisen und den Handlungsvorgaben für die Preisausführungsebene, so dass Aussagen über die Implementierungsqualität getroffen werden können. Preisgestaltungskontrolle III umfasst einen Vergleich zwischen den gebildeten Preisen und der Preisstrategie beziehungsweise der Preispositionierung und erlaubt Aussagen darüber, ob die operative Preisbildung

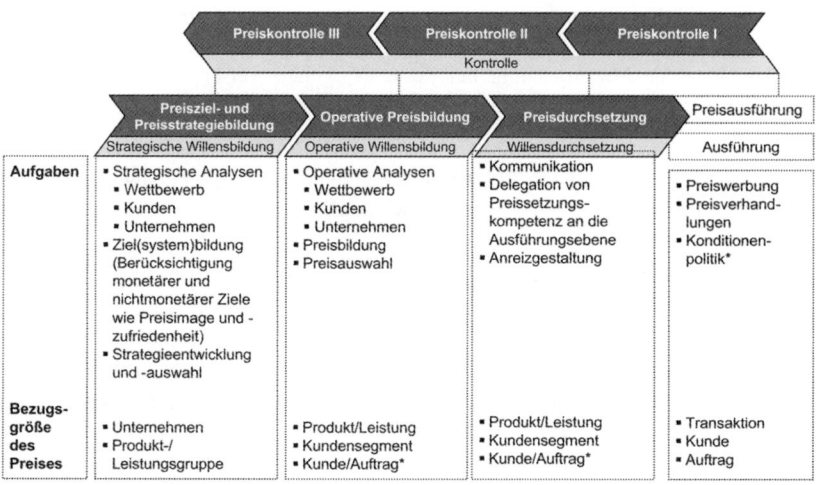

Abbildung 80: Preismanagementprozess (Quelle: Eigene Darstellung in enger Anlehnung an Weber/Florissen 2005, S. 12)

in Übereinstimmung zur Strategie erfolgt ist. Anhand der Ergebnisse dieser drei Preiskontrollen kann die Gültigkeit der Preisstrategie und deren Eignung als Rahmen für die nachgelagerten Phasen beurteilt werden.

In diesem Sinne werden Effizienz- beziehungsweise Wirtschaftlichkeitskontrollen hier nicht behandelt. Bemerkenswert ist jedoch, dass in der Praxis der Preisgestaltungskontrolle häufig erfolgreich versucht wird, Entscheidungen und Maßnahmen wirtschaftlich zu gestalten beziehungsweise deren Komplexität zu reduzieren, indem das Pareto-Prinzip befolgt wird. Dieses drückt aus, dass 80 Prozent des Erfolgs durch 20 Prozent des Einsatzes erklärt werden können: Angesichts einer zu großen Vielzahl an einzelnen Aspekten des Gesamtpreises kann nicht jeder einzelne Preisaspekt in der Planung und Kontrolle berücksichtigt beziehungsweise gesteuert werden. In diesen Fällen hilft ein Fokus auf die wichtigsten 20 Prozent der Aspekte beziehungsweise fokussiert sich die Planung auf die wichtigsten 20 Dimensionen, da mit diesen 80 Prozent des Erfolgs erzielt werden können. In diesen Fällen wird häufig eine relative Preisspanne und kein exakter Einzelpreis angestrebt (auch Lauszus/Kalka 2006, S. 499 ff.). Zum Beispiel ist es für die Controller in der Zentrale eines großen europäischen Reifenherstellers aufgrund der Marken- und Sortimentskomplexität nicht sinnvoll, die Reifenpreise exakt je Land beziehungsweise je Markt zu planen und zu kontrollieren. Zwar existieren detaillierte Preislisten, jedoch sind Rabatte in dieser Branche so üblich, dass es notwendig ist, ein internationales Preisgefüge beziehungsweise relative Preise zu bestimmen: So wird bestimmt, welcher Reifen in allen Ländern der billigste ist und welcher der teuerste ist. Durch Einführung dieser Vorgehensweise konnte die langfristige Planung bezüglich Produktion und Logistik bei diesem Reifenhersteller erheblich verbessert werden. Zentrale Voraussetzung bei dieser Vorgehensweise ist jedoch, dass die Ziele klar definiert werden, entlang derer die wichtigsten 20 Prozent bestimmt werden.

Für die Preisgestaltungskontrolle stehen verschiedene Instrumente und Erhebungsverfahren zur Verfügung, von denen die wichtigsten im Folgenden ausführlich behandelt werden:

- Instrumente der Preisgestaltungsplanung beziehungsweise Instrumente zur Ermittlung der Preisabsatzfunktion, welche auch zu Kontrollzwecken eingesetzt werden (Kapitel C.5.2.1).
- Ergebniskontrollen, die sich auf *monetäre Ziele* richten, werden im Wesentlichen durch folgende Instrumente realisiert (hier und im Folgenden Diller 2001c, S. 1304 und Köhler 2003, S. 372 ff.):
  – *Deckungsbeitragsflussrechnungen der Preisgestaltungskontrolle beziehungsweise allgemein Abweichungsanalysen* von Erlösen, Kosten, Deckungsbeiträgen und Prozesskosten (Kapitel B.2.3). Abweichungsanalysen als Soll-Ist-Vergleiche, die Erfolgsentwicklungen im Zeitablauf aufzeigen (Link/Gerth/Vossbeck 2000, S. 235 ff. und Diller 2000, S. 426 ff.), sind ein allgemeines Instrument des Marketingcontrollings und nicht auf das Preiscontrolling beschränkt. Im Rahmen der Kontrolle der Preisgestaltung umfassen sie die zuvor genannten Abweichungsanalysen von Erlösen, Kosten, Deckungsbeiträgen und Prozesskosten.
  – Ferner die weniger verbreiteten, aber nützlichen *Transaktionspreisanalysen* (Kapitel 5.2.4) und
  – *Kundenwertanalysen* (Kapitel D.5.2).

Neben diesen dienen auch Experimente beziehungsweise Testmärkte (ausführlich Kapitel C.4.2.3) grundsätzlich als Informationsinstrumente der Preisgestaltung.

5.2.1 Methoden zur Ermittlung der Preisabsatzfunktion

Ein für den Preiscontroller zentraler Zusammenhang ist die vom Preis beeinflusste Nachfrage (bzw. Absatz), welcher grafisch als *Preisabsatzfunktion* dargestellt wird. Trotz der Vielzahl an Instrumenten und Strategien der Preisgestaltung und zahlreicher moderner Instrumente zur Preisbestimmung wie Target Costing (Kapitel B.2.3.1) ist dies bis heute der Ausgangspunkt der meisten Preisoptimierungen: Es muss dem Preiscontroller bekannt sein, welche Mengen sich bei unterschiedlichen Preissetzungen im Markt absetzen lassen (hier und im Folgenden Lauszus/Kalka 2006, S. 490 ff.). Die *Preiselastizität* steht für die Wirkung einer Preisänderung auf die Absatzmenge und entspricht der Absatzänderung in Prozent dividiert durch die Preisänderung in Prozent. Zur Ermittlung dieser Funktion bestehen grundsätzlich folgende Möglichkeiten (Anwendungsbeispiele finden sich u.a. bei Wübker 2006, S. 71 ff.):

- Die Bestimmung der Preisabsatzfunktion auf Basis von *Marktdaten* stützt sich auf Informationen über in der Vergangenheit realisierte Preise und entsprechende Absatzmengen.
- Liegen keine brauchbaren historischen Marktdaten vor, ist die Schätzung der Preisabsatzfunktion auf Basis von *Expertenwissen* eine preiswerte und kurzfristig einsetzbare Möglichkeit: Experten schätzen die Mengenauswirkungen von Preisänderungen. Die Ergebnisse werden anschließend im Rahmen von Plausibilitätsdiskussionen zusammengeführt und verabschiedet.
- Ferner können Preisexperimente durchgeführt werden. Diese sind grundsätzlich im Labor oder im Feld möglich, wobei in der Praxis häufig Experimente in Teilen des relevanten Marktes durchgeführt und die getesteten Preise bei positiven Ergebnissen im Gesamtmarkt eingeführt werden.
- *Kundenbefragungen* liefern oft aufschlussreiche Ergebnisse. Zum einen kann man direkt danach fragen, ob ein bestimmtes Produkt oder ein bestimmter Service zu einem bestimmten Preis gekauft werden würde. Diese Abfragetechnik hat jedoch gravierende Nachteile. Dadurch, dass man das Produkt nicht als Ganzes betrachtet, sondern isoliert nach der Wichtigkeit des Preises fragt, wird der Stellenwert des Preises in Relation zu den übrigen Faktoren der Kaufentscheidung tendenziell überschätzt (Nessim/Dodge 1995, S. 72). Zudem führen direkte Abfragen nach vorhandenen Preisbereitschaften aus taktischen Gründen häufig zu niedrigen Angaben des Befragten (Monroe 1990, S. 112). Bisher konnte jedoch noch nicht eindeutig geklärt werden, welche Methode – direkte Preisabfragen oder indirekte wie das Conjoint Measurement – als überlegen einzustufen ist (Backhaus et al. 2005, S. 439). Angesichts der bereits genannten Nachteile empfiehlt Simon (1992, S. 116) jedoch, direkte Befragungsmethoden zum Preis nicht ausschließlich, sondern vielmehr *in Kombination mit anderen „indirekten"* Verfahren einzusetzen. Beispielsweise lassen sich die genannten Nachteile durch den Einsatz des Value-Based Pricing, einem Verfahren zur Messung von Preisabsatzfunktionen (Lauszus/Sebastian 1997) vermeiden. *Value-Based Pricing* basiert auf modernen Methoden zur Messung des Kundennutzens. Dabei wird der Tatsache Rechnung getragen, dass ein Kunde niemals für ein Produkt oder eine Dienstleistung selbst zahlt, sondern immer für die Befriedigung seiner Bedürfnisse. Die Kernfrage lautet somit stets: Welchen Nutzen verbindet der Kunde mit der Leistung eines bestimmten Produkts, und wie hoch ist seine resultierende Zahlungsbereitschaft (ausführlich Reinecke 1996, S. 154 ff.). Nur wenn die Differenz aus dem vom Produkt gestifteten Nutzengewinn und dem aus dem Preis resultierenden Nutzenverlust einen Nutzenvorteil für den Kunden bietet, wird er kaufen (Anderson/Narus 1999). Die Kundenabwägungen werden dabei auf systematische Weise erfasst, wobei häufig das *Conjoint Measurement* eingesetzt wird (ausführlich Kapitel C.4.2.2.1). Ähnlich der realen Kaufentscheidungssituation werden dem Kunden mehrere alternative Produktprofile (mit Preis) zur Wahl angeboten. Aus diesen „Kaufentscheidungen" lassen sich dann mithilfe eines Computermodells Nutzenwerte für alle relevanten Eigenschaften berechnen. Auf dieser Basis werden mittels eines speziellen Simulationsmodells Preisabsatz-

funktionen abgeleitet (Simon 1994). Liegen relevante Kosteninformationen vor, können entsprechende Gewinnfunktionen und damit das profitoptimale Preisniveau ermittelt werden. Die Conjoint Analyse ist sehr leistungsfähig, jedoch auch zeit- und kostenintensiv. Eine Alternative zur Ermittlung der Preis-Absatz-Funktion mittels indirekter Befragung ist die von van Westendorp entwickelte *Price Sensitivity Measurement Methode*, auch als *Preismeter* bezeichnet (van Westendorp 1976). Hierbei wird den Konsumenten das Produkt genau beschrieben und es werden anschließend vier Fragen gestellt: Ab welchem Preis erachten Sie das Produkt

- als günstig (als ein richtig gutes Geschäft)?
- als teuer, aber zumindest eine Überlegung wert?
- als zu günstig, so dass die Qualität fragwürdig ist?
- als zu teuer, so dass Sie es nicht mehr kaufen würden?

Auf Basis der jeweiligen Antworten lassen sich der akzeptable Preisbereich, der optimale Preis aus Konsumentensicht sowie die Preis-Absatz-Funktion beziehungsweise die Preiselastizitäten ableiten. Letztere dienen als Grundlage für die quantitative Schätzung der Wirkungen von Preismaßnahmen und somit als Basis für die Bestimmung des optimalen Preises.

Teilweise werden Preisentscheidungen trotz der bereits aufgezeigten Bedeutung des Nachfragerverhaltens jedoch *einseitig kostenorientiert* getroffen, indem Preise als Reaktion auf gestiegene Kosten erhöht werden oder als Reaktion auf Preissenkungen der Wettbewerber gesenkt werden (Köhler 2003, S. 364). In diesem Fall sollte das Marketingcontrolling auf eine stärkere zusätzliche Ausrichtung an Nachfragereaktionen bei der Preisplanung achten.

Der Begriff Reaktion bezieht sich wie zuvor betont nicht nur auf Marktreaktionen, die in Preis-Absatz-Funktionen abgebildet werden können, sondern auch auf nichtmonetäre Reaktionsgrößen wie Preiszufriedenheit oder Preisimage, welche bei der Preisplanung und somit auch bei der Kontrolle berücksichtigt werden sollten (Köhler 2003, S. 364).

5.2.2 Erlös-Abweichungsanalyse

Die Erlös-Abweichungsanalyse als Instrument der Kontrolle der Erreichung des Preisziels Erlös (Erlös ./. Kosten = Gewinn) soll überprüfen, ob die erreichten Ist-Erlöse den geplanten Soll-Erlösen entsprechen oder ob Abweichungen bestehen, und gegebenenfalls helfen, die Ursachen für die Abweichungen aufzuzeigen (hier und im Folgenden vor allem Albers 1989, S. 637 ff. und Albers 2001, S. 428 f.). Auf diese Weise werden zum einen Verbesserungspotenziale in der Erlösplanung, vor allem in der Einschätzung der Preis-Absatz-Funktion, und zum anderen Informationen zur Leistungsbewertung von Erlösverantwortlichen (z. B. Produktmanager) bereitgestellt. Liegt eine Erlös-Abweichung vor, muss eine entsprechende *Abweichungsursachenanalyse* vorgenommen werden, die von Albers (1989) detailliert und formalisiert dargestellt wird – jedoch nur, um „Anhaltspunkte für Fehlerursachen" aufzuzeigen (Albers 1989, S. 652). Denn laut Köhler (2003, S. 373) ist es schwierig, die einzelnen Ursachen der Abweichungen rechnerisch eindeutig zuzuordnen, da die exakten Wirkungsbeziehungen sehr komplex und noch zu wenig erforscht sind. Im Folgenden werden jedoch die möglichen Ursachen genannt, weil das Preiscontrolling laut Köhler (2003, S. 373) bereits durch das Aufzeigen möglicher Ursachen und somit von Verbesserungspotenzial eine wichtige Funktion ausübt.

Dabei sind vor allem Preis- und Mengeneffekte relevant: Abweichungsursachen können aufgrund der per definitionem multiplikativen Verknüpfung von Preis und Menge (bzw. von Marktvolumen und Marktanteil) nicht isoliert betrachtet werden. Vielmehr ist zu beachten, ob sich nur eine Größe oder beide (Interaktionseffekt) geändert haben. Dementsprechend werden ein Preis- und ein Mengeneffekt ausgerechnet, die jedoch nur *Symptome* darstellen (ausführlich u.a. Albers 2001, S. 428). *Ursachen* für Veränderungen liegen vielmehr in Marketingmaßnahmen oder Marktereignissen. Preisänderungen können zum Beispiel leicht entstehen, wenn während der Planperiode Preisverhandlungen geführt werden und Sonderkonditionen gewährt werden müssen. Insbesondere bei solchen Abläufen ist das Preiscontrolling gefordert, Sonderkonditionen transparent zu machen und dessen Erlös- beziehungsweise Erfolgsauswirkungen deutlich zu kommunizieren (Köhler 2003, S. 372f.). Daneben gibt es noch einen Struktureffekt, der zum Beispiel bei der Ansprache mehrerer Zielgruppen zeigen kann, ob die dort realisierten Preis-Mengenkombinationen zwischen den Zielgruppen stark differieren. Dieser Effekt kann in jede Abweichungsanalyse integriert werden (Albers 1989, S. 639).

- *Exogen bedingte Abweichungsursachen:* Veränderungen des Marktvolumens und des Branchenpreises werden als exogene Ursachen bezeichnet. Konkurrenzeffekte liegen vor, wenn Erlösabweichungen auf Preisänderungen zurückzuführen sind, die aufgrund von Konkurrenzmaßnahmen vorgenommen wurden. Ferner können zum Beispiel politische oder technische Entwicklungen das Marktvolumen verändern. Angesichts dieser zahlreichen Einflussfaktoren, die nicht mit dem eigenen Handeln zusammenhängen, muss sichergestellt werden, dass nur die Wirkungen des eigenen Handelns verantwortet werden müssen. Laut Albers (1989, S. 644) ist dem Marketingcontroller bereits geholfen, wenn abgeschätzt werden kann, auf welche Ursachen diese Teil-Erlösabweichungen zurückzuführen sind. Beispielsweise ist es wesentlich, ob eine Erlössteigerung durch ein mengenmäßiges Wachstum des Marktvolumens unterstützt wurde, oder ob sie nur der inflationsbedingten Steigerung des Branchenpreises entspricht. Zu diesem Zweck kann der wertmäßige Marktvolumeneffekt in seine Komponenten Branchenpreisabweichung, Marktvolumenabweichung und Interaktionsabweichung zerlegt werden.
- *Endogene Abweichungsursachen:* Diese können mit Hilfe einer Marktreaktionsfunktion herausgefiltert werden (Albers 2001, S. 428). Damit lässt sich zum Beispiel der mengenmäßige Marktanteil in Abhängigkeit vom eigenen Preis in Relation zum Branchenpreis darstellen. So lässt sich die Effektivität der Ent-

scheidungen des Produktverantwortlichen aufzeigen und berechnen, welche Erlösabweichung dadurch zustande gekommen ist, dass gegebenenfalls ein anderer als der Planpreis realisiert wurde. Interessant daran ist, ob mit dem Abweichen von Soll- und Ist-Preis durch Wahl eines anderen Ist-Preises ein höherer Erlös erwartet werden konnte, und inwiefern es gelungen ist, den Ist-Preis wirksam an den Branchenpreis anzupassen. Zu diesem Zweck sollten die wertmäßigen Marktanteile für verschiedene interessierende Preis-Mengen-Konstellationen berechnet werden, um aus den Differenzen dieser, bewertet mit dem wertmäßigen Soll-Marktvolumen, auf Abweichungsursachen zu schließen (Albers 1989, S. 645). Ferner umfassen sie Marketing-Mix-Effekte, da sich Abweichungen eventuell auch auf außerplanmäßiges Verhalten in den Entscheidungsbereichen der anderen Marketinginstrumente zurückführen lassen. Zudem sollte nach Albers (1989, S. 645) ermittelt werden, inwieweit die Abweichung auf bei der Bestimmung der Planungsprämissen nicht vorhersehbare Ereignisse zurückgeht.

5.2.3 Kosten-, Deckungsbeitrags- und Prozesskosten-Abweichungsanalyse

Ähnlich wie bei der Erlös-Abweichungsanalyse sind bei der Kosten-, Deckungsbeitrags- und Prozesskosten-Abweichungsanalyse die Ursachen für eine aufgetretene Differenz zwischen Ist- und Sollwerten zu klären.

Bei der *Kosten-Abweichungsanalyse* sind wie bei der Erlös-Abweichungsanalyse ein Preis- und eine Mengeneffekt zu unterscheiden und die dem Planobjekt zurechenbaren beziehungsweise die variablen Kosten zu kontrollieren. Bei Planabweichungen ist zu prüfen, ob die Ursachen innerhalb oder außerhalb des Marketingbereichs zu suchen sind (hier und im Folgenden Köhler 2001a, S. 831 f. und 2003, S. 373 f.). Dies lässt sich in einer Absatzsegmentrechnung (Kapitel B.2.3.2) gut erkennen.

Abweichungen können zum Beispiel durch Maßnahmen von Marketing und Verkauf verursacht werden, wenn beispielsweise der Umsatz-Provisionssatz für Außendienstmitarbeiter geändert wird. Ursachen können jedoch auch in einer Veränderung bei Produktion oder Einkauf liegen. In diesem Fall wären die Verantwortlichkeiten für die Planabweichungen zu klären.

Wurden Erlösabweichungen berechnet, ist es durch Zuordnung der entsprechenden Kosten auch möglich, *Deckungsbeitragsabweichungen* zu berechnen (hier und im Folgenden Albers 2001, S. 429) und auch hier Abweichungsursachen zu analysieren, wobei Marketingbudgets sowie mengen- und somit marketingabhängige Stückkosten besonders zu beachten sind.

Ferner kann eine *Prozesskosten-Abweichungsanalyse* vorgenommen werden, falls diese Kosten in die Planung einbezogen wurden. Jedoch ist der Aufwand für diese verhältnismäßig hoch, so dass hier Kosten und Nutzen sorgfältig abgewogen werden sollten (Kapitel B.2.3.3 und Reckenfelderbäumer 2006, S. 776).

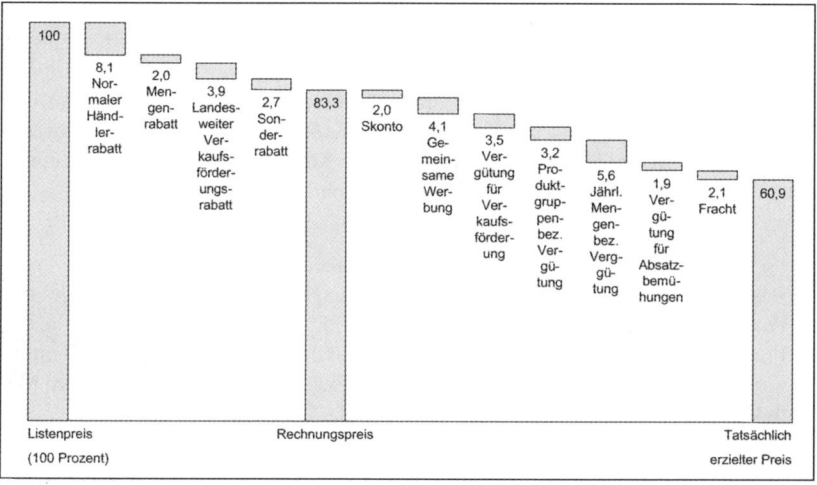

Abbildung 81: Transaktionspreisanalyse (Quelle: Diller 2000, S. 45)

5.2.4 Transaktionspreisanalyse

Die Transaktionspreisanalyse ist ebenfalls ein Verfahren der Analyse von Abweichungen zwischen geplanten Soll- und erreichten Ist-Werten, in deren Rahmen geplante Listenpreise mit realisierten Transaktionspreisen für jeden einzelnen Geschäftsabschluss überprüft werden (hier und im Folgenden Diller 2000, S. 428 f.). Obwohl dieses Verfahren sehr aufwändig ist, wird es durch das Aufzeigen und Analysieren teils hoher Erlöseinbußen gerechtfertigt, die in der Praxis häufig dadurch entstehen, dass sich reale Preise beispielsweise durch Rabatte schrittweise immer weiter vom Listenpreis entfernen. Eine solche „Preistreppe" stellt Listenpreis, Rechnungspreis und tatsächlich erzielten Preis in Relation zueinander (Abbildung 81).

Angesichts teils hoher Erlösunterschiede je Kunde und erwähnter hoher Erlöseinbußen sollte die Preistreppe, die Listenpreis, Rechnungspreis und tatsächlich erzielten Preis in Relation zueinander stellt, unter Offenlegung sämtlicher kundenspezifischer Vereinbarungen auf aggregierter und disaggregierter Ebene analysiert werden, um Möglichkeiten für eine bessere Preisdurchsetzung identifizieren zu können. Diese Informationen können ebenfalls in der Kundenwertrechnung verwendet werden.

5.2.5 Kontrolle nichtmonetärer Zielgrößen der Preisgestaltung

Maßnahmen zur Überprüfung der Erreichung nichtmonetärer Ziele sind denen der Einstellungsmessung (ausführlich Kapitel C.4.2.2.2) sehr ähnlich. Beispielsweise können Preisimages und daraus entstehende konkurrenzbezogene Preispositionierungen festgestellt und mit Planvorstellungen verglichen werden. Hierbei müssen Interdependenzen mit anderen Preiszielen im Auge behalten werden: Positionierungsziele (z.B. Preis/Mengen- oder Präferenzführerschaft) müssen beispielsweise stets vor dem Hintergrund des beabsichtigten Kosten- und Erlösniveaus bewertet werden. In der Regel werden vor allem Tests zur Messung folgender Größen eingesetzt (ausführlich Diller 2000, S. 197 ff. und Busch 1992):

- Preisschätzung (mittels einfacher Befragung),
- Preisempfindung (Messung der Preisgünstigkeit oder auch subjektiver Preisschwellen; teilweise mittels einfacher Befragungen oder integriert in Image- und Positionierungsstudien),
- Preisbereitschaft (Ableitung von Kaufwahrscheinlichkeiten; häufig mittels multinominaler Logit-Modelle und Conjoint-Analysen sowie der van Westendorp Methode) und
- Preiswürdigkeit (heute im Grunde mittels Conjoint-Analysen).

Da das Preisimage alle anderen psychologischen Konstrukte (Kapitel C.5.1.1) integriert, ist eine professionelle Messung dieses Faktors für die strategische Steuerung sowie das Controlling jeden Unternehmens zentral (hier und im Folgenden Reinecke/Herzog 2005a). Hierzu bieten sich auch multivariate statistische Verfahren an – insbesondere die *Kovarianzstrukturanalyse* (auch Kausalanalyse genannt).

6 Kontrolle der Marktbearbeitung und Kommunikation

6.1 Grundlagen und Übersicht

Angesichts der strategischen Bedeutung der Kommunikation als Instrument zur Durchsetzung der Positionierung im Markt sowie angesichts des häufig hohen Anteils des Kommunikationsbudgets am Marketingbudget kommt dem Kommunikationscontrolling und damit der Sicherstellung und insbesondere der Kontrolle der Effektivität und Wirtschaftlichkeit der Marktkommunikation eine zentrale Bedeutung für ein erfolgreiches Marketingmanagement zu.

Die schwierige Zurechenbarkeit von Kommunikationsmaßnahmen zu Erfolgsgrößen sowie der anspruchsvolle Nachweis des Beitrags eingesetzter Kommunikationsbudgets zum Unternehmenserfolg haben in der Praxis bisher jedoch nicht selten zu der Haltung geführt, der Kommunikationserfolg sei nicht oder nur begrenzt nachweisbar. Weit verbreitete Auffassungen wie „Die Wirkung der Kommunikation auf den Markterfolg kann man nicht messen" haben den Einsatz vorhandener Instrumente häufig verhindert. Dementsprechend fehlen in vielen Unternehmen Erfolgsnachweise und managementrelevante Kennzahlen, um Kommunikationsbudgets zu rechtfertigen. Berücksichtigt man, dass dies aufgrund des variablen Charakters von Kommunikationsbudgets häufig mit dessen Kürzung oder Streichung einhergeht, wird deutlich, welche negativen Konsequenzen ein mangelndes Kommunikationscontrolling beispielsweise für die Sicherstellung eines strategischen Kommunikationsmanagements haben kann: In solchen Fällen kann die langfristige sowie stabile Durchsetzung und Vermittlung der Positionierung am Markt nicht sichergestellt werden (ausführlich S. 366ff.).

Vor diesem Hintergrund wird *Marketingkommunikation* im Folgenden als „Übermittlung von Informationen und Bedeutungsinhalten zum Zweck der Steuerung von Meinungen, Einstellungen, Erwartungen und Verhaltensweisen bestimmter Adressaten gemäß spezifischer Zielsetzungen verstanden" (Bruhn 2005, S. 1). Dementsprechend umfasst das Kommunikations*management* sämtliche Entscheidungen über Ziele und Maßnahmen zur Ausrichtung und Gestaltung der Kommunikation (Bruhn 2001, S. 390 und Kuß/Tomczak 2004b, S. 232). Die zentralen Kommunikationsinstrumente werden in Abbildung 82 zusammengefasst. Public Relations (PR) wird dabei zwar aufgeführt, jedoch nicht als Teilbereich des Marketing, sondern als eigenständige Funktion verstanden. Lediglich Produkt-PR, nicht jedoch Public Relations im Allgemeinen, ist deshalb Gegenstand der Ausführungen in diesem Buch.

	Kommunikationsinstrumente	Erscheinungsformen
Above the line	Mediawerbung/ klassische Werbung	Fernsehen Radio Printmedien Außenwerbung
	Produkt-PR	
Below the line	Verkaufsförderung	Direkt, konsumentengerichtet Indirekt, konsumentengerichtet Handelsgerichtet
	Messen und Ausstellungen	Universalmessen Spezialmessen Branchenmessen Solo- und Monomessen Fachmessen
	Direct Marketing	Passiv Reaktionsorientiert Interaktionsorientiert
	Sponsoring	Sport Kultur Gesellschaft und Umwelt
	Multimediakommunikation	Online Offline
	Event Marketing	Anlassbezogen Markenorientiert Anlass- und markenorientiert
	Persönliche Kommunikation	Direkt Indirekt

Abbildung 82: Kommunikationsinstrumente im Überblick (Quelle: Eigene Darstellung in Anlehnung an Bruhn 2005, S. 234)

6.1.1 Systematik der Kommunikationskontrollen und -audits

Die Kontrollen und Audits im Kommunikationsbereich entsprechen grundsätzlich den allgemeinen Formen der Marketingüberwachung (ausführlich Kapitel C.1 bis C.3). Da im Kommunikationsbereich jedoch weitere Dimensionen und Aspekte zu berücksichtigen sind, werden diese im Folgenden auf Basis des Systems der Kommunikationsüberwachungs-Formen (Abbildung 83) kurz beschrieben.

Die *Ergebniskontrollen* lassen sich bei sämtlichen Kommunikationsmaßnahmen grundsätzlich mittels der in Abbildung 84 zusammengefassten Dimensionen nach Inhalt, Zeitpunkt, Gegenstand und Ort der Kontrolle unterscheiden.

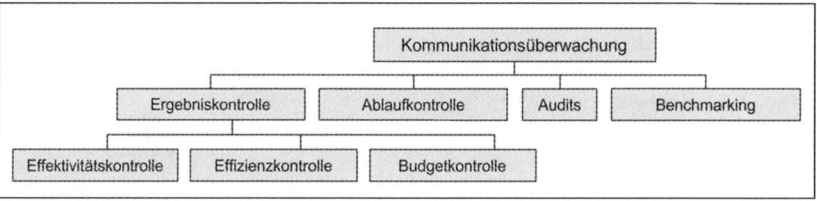

Abbildung 83: Formen der Kommunikationsüberwachung (Quelle: Eigene Darstellung)

Innerhalb dieser Unterscheidungskriterien kommt der Differenzierung nach Inhalten eine besondere Bedeutung zu. Zwar könnten die anderen Formen der Ergebniskontrolle theoretisch sowohl bei der Effektivitäts- als auch bei der Effizienz- oder Budgetkontrolle greifen, jedoch wäre dies teilweise nicht zielführend: Beispielsweise macht es keinen Sinn, Budgetkontrollen vor Durchführung der Kampagne vorzunehmen. Zu beachten ist, dass Trackings im Hinblick auf die verwendeten Verfahren im Grunde zu den Posttests gerechnet werden könnten. Da sie jedoch begleitend, kontinuierlich und mit einer anderen Zielsetzung als Posttests durchgeführt werden, werden beide nachfolgend explizit unterschieden (u.a. Trommsdorff 2003b, S. 5).

Ziel von *Effektivitätskontrollen* ist es, die monetären und nichtmonetären (insbesondere psychologische) Kommunikationswirkungen (ausführlich Kapitel C.6.1.2) durch den Vergleich zwischen geplanten und realisierten Werten zu ermitteln. *Verfahren* zur Durchführung von Effektivitätskontrollen der Marktkommunikation können nach verschiedenen Kriterien unterschieden werden:

Dimension	Art der Ergebniskontrolle
Inhalt	Effektivitätskontrolle (Soll-Ist-Vergleich, Zielerreichungskontrolle) Effizienzkontrolle (Output-Input-Vergleich) Budgetkontrolle
Zeitpunkt	Vor der Durchführung (Pretest) Nach der Durchführung (Posttest) Kontinuierlich (Tracking)
Gegenstand	Kommunikations-Mix Gesamte Kampagne (Kampagnentest) Einzelne Maßnahmen (Sujet-Test, Motiv-Test)
Ort	Laborbedingungen Im Feld

Abbildung 84: Formen der Ergebniskontrolle im Kommunikationsbereich
(Quelle: Eigene Darstellung)

- Grundsätzlich lassen sie sich *analog zu den einzelnen Wirkungsstufen* der Kommunikation differenzieren. Diese Vorgehensweise liegt auch Kapitel C.6.2 zugrunde, in dem die einzelnen Verfahren der Kommunikationskontrolle am Beispiel der Werbewirkungskontrolle ausführlich dargestellt werden.
- Ferner werden in der Praxis mehrere *Untersuchungsdesigns* (ausführlich Kapitel C.6.2.8) unterschieden, in deren Rahmen die in Kapitel C.6.2.3–C.6.2.7 dargestellten Messverfahren Anwendung finden (Kloss 2003, S. 161). Nach dem Zeitpunkt der Messung werden diese Designs, wie in Abbildung 84 ersichtlich, grundsätzlich unterschieden in: *Pretests* (vor dem Einsatz am Markt) und *Posttests* (nach dem Einsatz am Markt) sowie *Trackings* (während des Einsatzes am Markt und über einen längeren Zeitraum). Zusätzlich können Untersuchungsdesigns danach unterschieden werden, wie die Testpersonen ausgewählt wurden (recruited vs. self-selected), ob die Tests in der On-Air- vs. Off-Air-Phase durchgeführt werden, ob mehrmalige oder einmalige Werbemittelkontakte geplant sind, ob es sich um In-Program- oder Naked-Testumgebungen handelt und ob ein Pre- und ein Posttest oder nur ein Posttest durchgeführt werden (Haley/Baldinger 2000, S. 114). Bei *In-Program-Testumgebungen* werden Werbemittel getestet, die in das Programm oder weitere Werbungen eingebettet sind; bei *Naked-Testumgebungen* nur das spezifische Werbemittel ohne Kontext.
- Bei den verschiedenen *Arten von Messverfahren* lassen sich Befragungen, Beobachtungen und apparative Messverfahren unterscheiden (ausführlich Kapitel C.6.2):
  – *Befragungen* spielen im Rahmen der Kommunikationskontrolle vor allem in Form von Fragen zu Wahrnehmungen, Einstellungen und Erinnerungen eine Rolle (Homburg/Krohmer 2006, S. 851 ff.).
  a) Bei Befragungsmethoden kann weitergehend zwischen *direkter Beurteilung* (z.B. Befragung zu einer bestimmten Anzeige) und
  b) *Portfoliotests* differenziert werden (die zu untersuchende Anzeige ist nicht besonders gekennzeichnet und wird in einem Portfolio von zu betrachtendem Material vorgelegt; Kotler/Keller 2006, S. 583 f.).
  – Bei *Beobachtungen* wird ferner zwischen der
  a) *Beobachtung von Verhaltensabläufen* (z.B. Beobachtung der Reaktion von Kunden auf Werbung am Point of Sale/in Einzelhandelsgeschäften) und
  b) der *Beobachtung von Verhaltensergebnissen* (z.B. der Beobachtung von Abverkaufszahlen anhand von Scannerkassendaten) unterschieden.
  – *Apparative Messverfahren* unterstützen die Kommunikationswirkungskontrolle, indem sie körperliche Konsequenzen der Kommunikation aufzeigen (v.a. Aufmerksamkeit, Wahrnehmung und spontane Zuwendung). In der Praxis können sie in Kombination mit anderen Kenngrößen wie Recall oder Recognition wertvolle Interpretationshilfen liefern. Zu den apparativen Verfahren zählen:
  a) Verfahren der Aktivierungsmessung (einschließlich Pulsmessung, Messung der psychogalvanischen Hautreaktionen [PGH] beziehungsweise der elektrodermalen Hautreaktion [DER] und das Elektromyogramm [EMG]),

b) das Tachistoskop zur Messung der Prägnanz,
c) die Blickaufzeichnung zur Analyse der bewirkten Aufmerksamkeit und das Compagnon-Verfahren als getarnte Verhaltensbeobachtung zur Messung der Wirksamkeit von Werbemitteln und Werbemittel-Elementen sowie
d) der Programm-Analysator zur Messung der spontanen Akzeptanz dynamischer Werbestimuli (ausführlich u.a. Kroeber-Riel/Weinberg 2003, S. 33, 90 ff. und 109, sowie Neumann 2003, S. 50 ff.).

Demgegenüber beurteilen *Effizienzkontrollen* die Erfolge einer Kommunikationsmaßnahme unter wirtschaftlichen Nutzen-Kosten- beziehungsweise Output-Input-Aspekten, um die Vorteilhaftigkeit einer Kommunikationsmaßnahme verglichen mit alternativen Maßnahmen festzustellen. Hierzu eignen sich insbesondere Kennzahlen, die quantitativ erfassbare Sachverhalte in konzentrierter Form relevant und knapp festhalten. In Anlehnung an die zentralen Stufen des Werbewirkungsprozesses lassen sich grundsätzlich drei Ansatzpunkte für die Entwicklung eines Kennzahlensystems (weitergehend Bauer/Meeder/Jordan 2000b, S. 15 ff.) beziehungsweise für drei Werbekennzahlenebenen unterscheiden (Behrens 1996, S. 147 und S. 275 sowie Bauer/Meeder/Jordan 2000b, S. 15 ff.):

- *Kostenbezogene Kennzahlen* setzen Kontaktgrößen, psychologische Größen und/oder Ertragsgrößen in Bezug zu den eingesetzten Kommunikationskosten (z.B. Gross Rating Points/Schaltkosten oder erzielte Markenbekanntheit/Streukosten plus Werbemittelkosten).
- *Kontaktgrößenbezogene Kennzahlen* drücken das Verhältnis von psychologischen und/oder Ertragsgrößen zu den erzielten Kommunikationskontakten mit der Zielgruppe aus (z.B. Anzahl der Personen, die die Marke wechseln/Nettoreichweite).
- *Kennzahlen bezogen auf die psychologische Wirkung* setzen Ertragsgrößen oder einzelne psychologische Größen in Bezug zu zielrelevanten psychologischen Wirkungsgrößen: Bei der Beurteilung von Kommunikation unter Effektivitäts- und Effizienzgesichtspunkten lässt sich der Werbeerfolg als Maßgröße für die Zielerreichung (Ziel-Output-Verhältnis) beschreiben, während Werbeeffizienz als eine Maßgröße für die Werbewirtschaftlichkeit (Output-Input-Verhältnis) beschrieben werden kann (z.B. Kaufbereitschaft (%)/Bekanntheitsgrad (%); Bauer/Meeder/Jordan 2000a, S. 5).

Bei Budgetkontrollen (ausführlich Kapitel C.3.3) und *Kommunikationsaudits* (ausführlich Kapitel C.2 zu Audits) sind im Bereich der Marktkommunikation kaum Besonderheiten im Vergleich zu der grundsätzlichen Bedeutung und Durchführung dieser Überwachungsformen zu berücksichtigen.

Kommunikations-Ablaufkontrollen umfassen die Fortschritts- und Terminüberwachung bei der Entwicklung und Durchführung einer Kommunikationskampagne und somit auch die Überwachung der Organisationseinheiten (Bauer/Meeder/Jordan 2000b, S. 28). Diese Aufgaben sind im Kommunikationsbereich häufig aufwändiger und komplexer als in anderen Bereichen, da es zahlreiche Schnittstellen zu koordinieren gilt: zum Beispiel unternehmensinterne Schnittstellen auf Auftraggeber- und Agenturseite sowie zwischen Auftraggeber, Agentur und weiteren Organisationen wie Media-Agenturen oder Produktionsstudios. Gleichzeitig tragen reibungslose Abläufe beispielsweise nicht unwesentlich zum Erfolg einer Werbekampagne bei, weil bei diesen auch die Qualität beziehungsweise die Ausführung eine große Rolle spielt.

Darüber hinaus kommt dem *Kommunikationsbenchmarking* eine zunehmend wichtige Bedeutung zu, so dass dieses in Kapitel C.6.2.9 beispielhaft anhand des Werbebenchmarking dargestellt wird.

6.1.2 Ziele der Marktkommunikation als Kontrollgrößen

6.1.2.1 Nichtmonetäre vs. monetäre Zielgrößen

Per definitionem richten sich die Ziele der Kommunikation stets auf die Beeinflussung des Verhaltens auf dem Markt. Auch in der Praxis wird der Nachweis des Beitrags der Kommunikation zu der Erreichung von unternehmenserfolgsrelevanten Zielgrößen wie Wachstum (Umsatz [Preis x Absatzmenge], absoluter und relativer Marktanteil) sowie Profitabilität (Gewinn, Deckungsbeitrag) gefordert, welche durch das Marktverhalten beeinflusst werden. Insbesondere im Kommunikationsbereich ist jedoch die Unterscheidung in nichtmonetäre, vor allem psychologische, und monetäre Zielgrößen zentral:

- Ziele des Marketing, die mittels Kommunikation erreicht werden sollen, wie die Einführung eines neuen Produkts, die Erhaltung des Kundenstamms, die Umsatzstabilisierung, ein bestimmtes Preisniveau oder die Vergrößerung von Marktanteilen, lassen sich häufig nicht direkt realisieren. Vielmehr ist zur Erreichung dieser Ziele der Einsatz diverser Einzelmaßnahmen notwendig, die zieladäquat ausgewählt werden müssen. Für diese müssen instrumentenspezifische Ziele formuliert werden. Zum Beispiel müssen zur Erhöhung des Umsatzes, insofern dies überhaupt rein kommunikativ möglich ist, verschiedene Kommunikationstechniken (und -instrumente) eingesetzt werden: Beispielsweise die emotionale Konditionierung eines Markennamens durch einen TV-Spot, die Veränderung des Images durch die Argumentation einer Anzeige (Schnittstelle von Werbung und Produkt-PR) oder die Verstärkung vorhandener Verhaltensweisen durch einen einprägsamen Erinnerungsslogan. Nur wenn konkrete Kommunikationsziele als Subziele formuliert werden (ausführlich nachfolgend), kann Kommunikation geplant durchgeführt und ihre Wirkung anhand des Zielerreichungsgrads kontrolliert werden (Kroeber-Riel/Weinberg 2003, S. 611f.).
- Dies hängt gleichzeitig damit zusammen, dass sich zwischen der Kommunikation als Input und dem Kaufverhalten als Output eine Reihe psychologischer Vorgänge abspielt, denen zum einen eine Prädikatorfunktion für das nachfolgende Kaufverhalten zukommt. Zum anderen ist der direkte Nachweis der Wirkung einer Kommunikationsmaßnahme auf das Verhalten aufgrund zahlreicher nicht-

kontrollierbarer Einflussfaktoren grundsätzlich schwierig. Gleichzeitig werden nichtmonetäre Zielgrößen wesentlich weniger von anderen Unternehmens- oder Konkurrenzmaßnahmen sowie weiteren Umweltfaktoren beeinflusst, so dass hier eine direktere Messung und Ursache-Wirkungs-Zuordnung möglich ist.

Dementsprechend werden im Rahmen der Effektivitätskontrolle der Kommunikation häufig nur nichtmonetäre Zielgrößen beziehungsweise Kontaktgrößen und psychologische Wirkungsgrößen berücksichtigt. Erfolgreiche Kommunikation sollte grundsätzlich jedoch auch hinsichtlich übergeordneter monetärer Ziele wirksam sein (ausführlich Kapitel C.6.2.7). Dies bedeutet, dass sich die Kommunikationskontrolle nicht ausschließlich auf nichtmonetäre Zielgrößen beziehen sollte. Eine Werbung, die zwar die Bekanntheit der beworbenen Leistung erhöht, jedoch nicht zu einem werbebedingten Mehrumsatz führt, kann insofern kaum als erfolgreich bewertet werden (auch Blair/Schroiff 2001, S. 52f.). Anders herum gilt jedoch dasselbe: Der Erfolg von Kommunikationsmaßnahmen ist aufgrund zahlreicher Störfaktoren nur schwer an Verkaufszahlen ablesbar. Es gilt also, einen vernünftigen Mittelweg zu finden: Beispielsweise kann die Relation zwischen Kommunikationsmaßnahme und Absatzentwicklung bei Vorliegen von Zeitreihendaten wesentlich besser interpretiert werden. Zumindest werden Unregelmäßigkeiten im Zeitablauf sichtbar, woraufhin eine Ursachenanalyse durchgeführt und die Ursachen idealerweise behoben werden können.

6.1.2.2 Zielformulierung

Die Verwendung geeigneter Kommunikationsziele und deren exakte sprachliche Formulierung sind wesentliche Voraussetzungen einer sinnvollen Kommunikationskontrolle: Die Kontrolle der Wirksamkeit der Kommunikationsmaßnahmen orientiert sich als Soll-Ist-Vergleich an den Zielen als Vergleichsgrößen. Sie sind die Messlatte, an der der Kommunikationserfolg abgelesen werden kann. Bei unkonkreten Zielformulierungen in Form von Absichtserklärungen wie „Verbesserung des Markenimages" ist eine Beurteilung des Erfolgs einer Maßnahme nicht möglich (ausführlich Steffenhagen/Siemer 1996 zu untauglichen Werbzielformulierungen).

Daher müssen Kommunikationsziele im Kommunikationsplanungsprozess durch geeignete Messgrößen *operationalisiert* und hinsichtlich der folgenden Objekte vollständig und exakt beschrieben werden:

- Zielart (z.B. Bekanntheitsgrad),
- angestrebtes Zielausmaß (z.B. Erhöhung um 10 Prozent),
- Zeitbezug (z.B. innerhalb von sechs Monaten),
- Objektbezug (z.B. Produktmarke X) sowie
- umworbene Zielgruppe (u.a. Steffenhagen/Siemer 1996, S. 47 und Reinecke 2004, S. 329).

Im Werbebereich wird zu diesem Zweck auch die *DAGMAR-Methode* eingesetzt (*D*efining *A*dvertising *G*oals for *M*easured *A*dvertising *R*esults): Erhöhung der Bekanntheit (Zielinhalt) der Marke Y bei der Zielgruppe X (Zielgruppe) von derzeit 15 Prozent auf 25 Prozent (Zielausmaß) im Zeitraum Z (Zielperiode; Bruhn 2004d, S. 890).

Des Weiteren müssen Kommunikationsziele eindeutig, aktuell, widerspruchsfrei, durchsetzbar, transparent und für den Kommunikationsverantwortlichen realisierbar beziehungsweise beeinflussbar sein (Rogge 1982, S. 44).

Kommunikationswirkungsmodelle können im Rahmen einer strategischen Kommunikationsplanung dabei helfen, die Ziele präzise zu definieren und diese in ein mit der Marketing- beziehungsweise Kommunikationsstrategie konsistentes System einzuordnen, um auf diese Weise Kommunikationskampagnen und insbesondere - maßnahmen konsequent auf strategische Kommunikationsziele auszurichten.

6.1.2.3 Kommunikationswirkungsmodelle als Ordnungsrahmen

Um die komplexen Kommunikationswirkungen zu erfassen, wesentliche Wirkungszusammenhänge aufzuzeigen und diese nachvollziehbar und steuerbar zu machen, werden so genannte Kommunikations- und insbesondere Werbewirkungsmodelle eingesetzt. Diese Modelle sind eine wichtige Grundlage der Wirkungsmessung: Fast jeder Messung von Kommunikationswirkungen liegt ein solches Modell mehr oder weniger explizit zugrunde. Obwohl sich diese Modelle vor allem auf Werbewirkungen beziehen, lassen sie sich mit entsprechenden Anpassungen auch auf andere Bereiche des Kommunikations-Mixes wie Events, Sponsoring oder Public Relations übertragen.

Stufenmodelle

Die bis heute in der Werbewirkungsforschung entwickelten Ansätze und Modelle unterscheiden sich im Hinblick auf ihre Komplexität und Struktur deutlich, wobei die Stufenmodelle beziehungsweise die hierarchischen Modelle die bekannteste und bislang einflussreichste Kategorie darstellen (zu einem Überblick über Werbewirkungsmodelle z.B. Vakratsas/Ambler (1999) und zu Stufenmodellen Janßen 1999, S. 22). Die wichtigsten hierarchischen Stufenmodelle werden in Abbildung 85 zusammengefasst. Diese Modelle unterscheiden in der Regel zwischen verschiedenen Stufen der angestrebten Wirkungen beim Kunden, welche grob in drei Ebenen gegliedert werden können: (1) rationale Erkenntnisebene (kognitive Ebene), (2) Gefühlsebene (affektive Ebene) und (3) Verhaltensebene (konative Ebene).

Ein klassisches und in der Praxis (trotz berechtigter Kritik) aufgrund seiner Einprägsamkeit am weitesten verbreitete Stufenmodell (Ambler 2000b, S. 299) ist das *AIDA-Modell*. Diesem liegt die folgende von Lewis 1898–1910 entwickelte Formel zugrunde (zit. nach Töpfer 2005, S. 865f.): Kommunikation muss zunächst die *A*ttention (Aufmerksamkeit) der Zielgruppe erregen, bevor sie *I*nterest (Interesse)

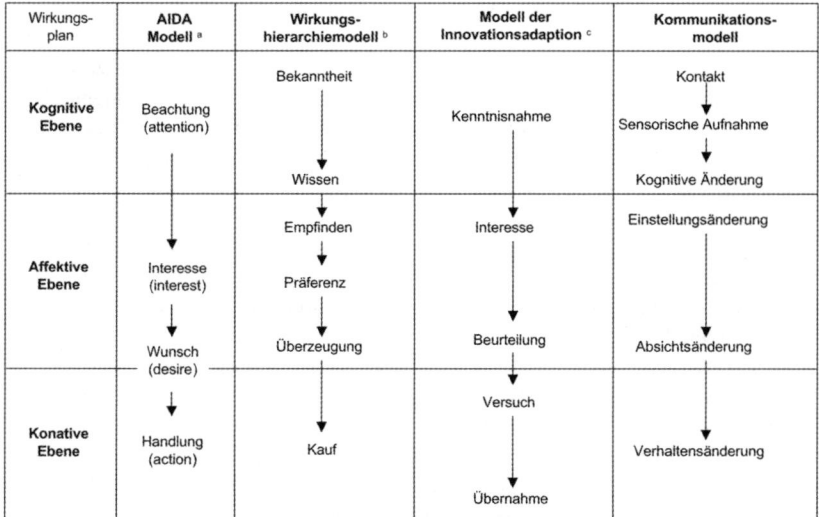

Abbildung 85: Hierarchische Wirkungsmodelle (Quelle: Reinecke 2004, S. 265; dort in Anlehnung an Kotler/Bliemel 2006, S. 892 sowie a) Lewis 1898, b) Lavidge/Steiner 1961, S. 61), c) Rogers 1962, S. 79 ff.)

für die beworbene Leistung und schließlich *Desire* (Kaufwunsch) und *Action* (Kaufhandlung) auslösen kann (Kroeber-Riel/Weinberg 2003, S. 612). Lewis ging dabei davon aus, dass Kommunikation auf diesen Stufen wirkt und sie nacheinander durchlaufen werden müssen.

Kritik am AIDA-Modell und neuere Entwicklungen

Insbesondere diese letzte Annahme des Modells, die Wirkungsstufen müssten nacheinander durchlaufen werden, wurde heftig kritisiert und wird heute nicht mehr aufrechterhalten (Aaker/Day 1974, S. 281 und 283 ff. sowie Janßen 1999, S. 23). Zudem wurde die im Modell angenommen Richtung der Wirkung kritisiert, da man davon ausgehen muss, dass die Einstellung in bestimmten Situationen durch das Verhalten bestimmt wird und nicht umgekehrt (Kiesler/Collins/Miller 1970 und Krugmann 1965; auch nachfolgend). Als Lewis vor über 100 Jahren das AIDA-Modell entwarf, bezog er dies auf ein Verkaufsgespräch, bei welchem dem Verkäufer ein gewisses Mindestmaß an Aufmerksamkeit entgegengebracht werden muss. Im Zeitalter der Massenkommunikation und Informationsflut ist das Maß an Aufmerksamkeit, welches die Konsumenten aufbringen, jedoch meist wesentlich geringer. Weitere Kritik zielt darauf, dass *Bedingungen der Wirkung* wie das *Involvement* des Konsumenten nicht in das Modell integriert werden. Dabei ist dieses Konstrukt heute zentral für die Erklärung des Konsumentenverhaltens, bei dem man grundsätzlich zwischen Low- und High-Involvement als dem Ausmaß der inneren Beteiligung beziehungsweise des persönlichen Engagements, mit dem sich die Konsumenten zum Beispiel der Kommunikation oder einem Produkt zuwenden, unterscheidet. Je nach Grad des Involvements laufen die Werbewirkungen unterschiedlich ab. Zum Beispiel nehmen die Adressaten die dargebotene Information bei geringem Involvement nur flüchtig und mit geringer Aufmerksamkeit war, so dass sie weniger einstellungs- und verhaltenswirksam werden kann (u.a. Behrens 1996, S. 182f. und Kroeber-Riel/Weinberg 2003, S. 370ff.). Zudem hat sich gezeigt, dass die aktive Markenbekanntheit bei einem geringen Involvement (bezüglich der Leistung) die höchste Verhaltensrelevanz aufweist, während das Kaufverhalten bei hohem Involvement in erster Linie durch die Markeneinstellung des Konsumenten bestimmt wird (Janßen 1999, S. 34). Neuere Modelle integrieren diese Erkenntnisse und werden den herrschenden Rahmenbedingungen und der Komplexität der Werbewirkung besser gerecht, indem sie den Verlauf der Werbewirkung heute meist in Abhängigkeit vom Kontext modellieren: Insbesondere wird differenziert, ob es sich um High- oder Low-Involvement-Bedingungen handelt oder ob die anvisierte Zielgruppe aus *Verwendern oder Nichtverwendern* der Marke besteht (Kroeber-Riel/Esch 2004, S. 158ff.). Dabei werden heute neben einseitigen auch gegenläufige Wirkungsbeziehungen abgebildet: Beispielsweise wird berücksichtigt, dass die Einstellung wie angesprochen nicht nur einseitig das Kaufverhalten beeinflusst, sondern dass auch das *Kaufverhalten die Einstellung beeinflusst* – beispielsweise durch die Nutzung der gekauften Leistung oder einen Probekauf. Der Theorie des „reinforcement" beziehungsweise der so genannten ATR-Theorie (Ehrenberg 1974) zufolge, die vor allem für Low-Involvement-Situationen postuliert wird, wirkt Werbung folgendermaßen: *A*wareness followed by *T*rial thereafter *R*einforced by advertising (Ehrenberg 1974, 1994, Pechmann/Stewart 1989 und Kroeber-Riel/Weinberg 2003, S. 173f.). Das Besondere an diesem Modell ist, dass es auf der Annahme beruht, Werbung sei nicht persuasiv und Ziel der Werbung könnte nicht Persuasion sein, sondern nur Verstärkung – es wird demnach von einer geringeren „Macht" der Werbung ausgegangen. Interessanterweise wird Werbung in den USA jedoch der Persuasion gleichgesetzt (Ambler 2000b, S. 299f.).

Weiterentwicklungen der Stufenmodelle

Ferner wurden die klassischen Stufenmodelle weiterentwickelt: Beispielsweise haben Kroeber-Riel/Esch (2004, S. 158f.) das *Modell der Wirkungspfade* eingeführt, welches nicht nur das Involvement, sondern auch verschiedene Arten der Werbung (informativ, emotional oder gemischt) integriert.

Das *Wirkungshierarchiemodell von Lavidge/Steiner* (1961), auch eine Weiterentwicklung des Stufenmodells, basiert auf der damaligen Vorstellung der Funktionsweise der Werbung, die auch dem AIDA-Modell zugrunde liegt: „Advertising may be thought of as a force, which must move people up a series of steps" (Lavidge/Steiner 1961, S. 59). Das Modell unterscheidet sechs solcher Stufen, die grundsätzlich nicht stark vom AIDA-Modell abweichen (awareness, knowledge, liking, preference, conviction und purchase).

Das *Elaboration-Likelihood-Modell von Petty und Cacioppo* (1986) ist heute eines der wichtigsten (Werbewirkungs-)Modelle zur Erklärung der Einstellungsänderung von Konsumenten (Kardes 2002, S. 216 ff.). Zentral ist bei diesem Modell die Höhe des Elaboration Likelihood (Verarbeitungswahrscheinlichkeit einer Botschaft). Die Autoren unterscheiden zwei Routen der Informationsverarbeitung: Die zentrale (hohe Verarbeitungswahrscheinlichkeit) und die periphere (niedrige Verarbeitungswahrscheinlichkeit) Route, wobei es von der Motivation (hier auch Involvement genannt) und der Fähigkeit des Adressaten abhängt, auf welcher Route die Verarbeitung stattfindet. Bei hoher Motivation und Fähigkeit findet nicht nur ein flüchtiges „sich Befassen" mit der Botschaft statt, so dass die zentrale Route relevant ist, auf welcher eine höhere Einstellungsbeeinflussung und das Entstehen starker Einstellungen möglich sind. Welche Route greift, hängt vor allem von der Prädisposition des Adressaten ab. Für das Kommunikationsmanagement ist dieses Modell unter anderem deshalb interessant, weil je nach Route andere Aspekte betont werden müssen: So kommt es bei der peripheren Route darauf an, wie etwas gesagt wird und weniger darauf, was vermittelt wird (ausführlich u.a. Kardes 2002, S. 216 ff.).

Ein gemeinsames Charakteristikum der Wirkungsmodelle ist, dass kontaktbezogene und psychologische Kommunikationswirkungen als nichtmonetäre Wirkungen dem monetären Kommunikationserfolg vorgelagert sind. Wie alle Modelle vereinfachen diese Wirkungsmodelle die Wirklichkeit stark: In der Realität kann keinesfalls von einem Wirkungsautomatismus ausgegangen werden, denn zwischen einer positiven Einstellung und einer Kaufabsicht beziehungsweise dem tatsächlichen Verhalten können Störfaktoren liegen: Positive Einstellungen gegenüber mehreren Leistungsangeboten derselben Kategorie, mangelnde finanzielle Voraussetzungen oder soziale Einflüsse wie gesellschaftliche Wertvorstellungen oder Erwartungen von Bezugsgruppen sind Beispiele hierfür (u.a. Zeithaml/Berry/Parasuraman 1996a, S. 33).

6.1.2.4 Zielgrößen der Marktkommunikation im Überblick

Durch die Strukturierung des Wirkungsverlaufs eignen sich das AIDA-Model und dessen Weiterentwicklungen trotz der dargelegten, berechtigten Einwände, um Ansatzpunkte für die Messung der Kommunikationswirkung aufzuzeigen sowie Kontrollgrößen der Kommunikation zu systematisieren. Dementsprechend wird den folgenden Ausführungen ein Stufenmodell zugrunde gelegt (auch Abbildung 86), um die zentralen Ziel- und damit Kontrollgrößen der Kommunikationskontrolle strukturiert vorzustellen. Anhand der Werbewirkungskontrolle werden diese und die entsprechenden Messverfahren in Kapitel C.6.2 ferner ausführlich beschrieben.

Der Kommunikationsaufwand beziehungsweise das *Kommunikationsbudget sowie die Kommunikationsqualität (1)* (insbesondere hinsichtlich Kommunikationsinhalt,

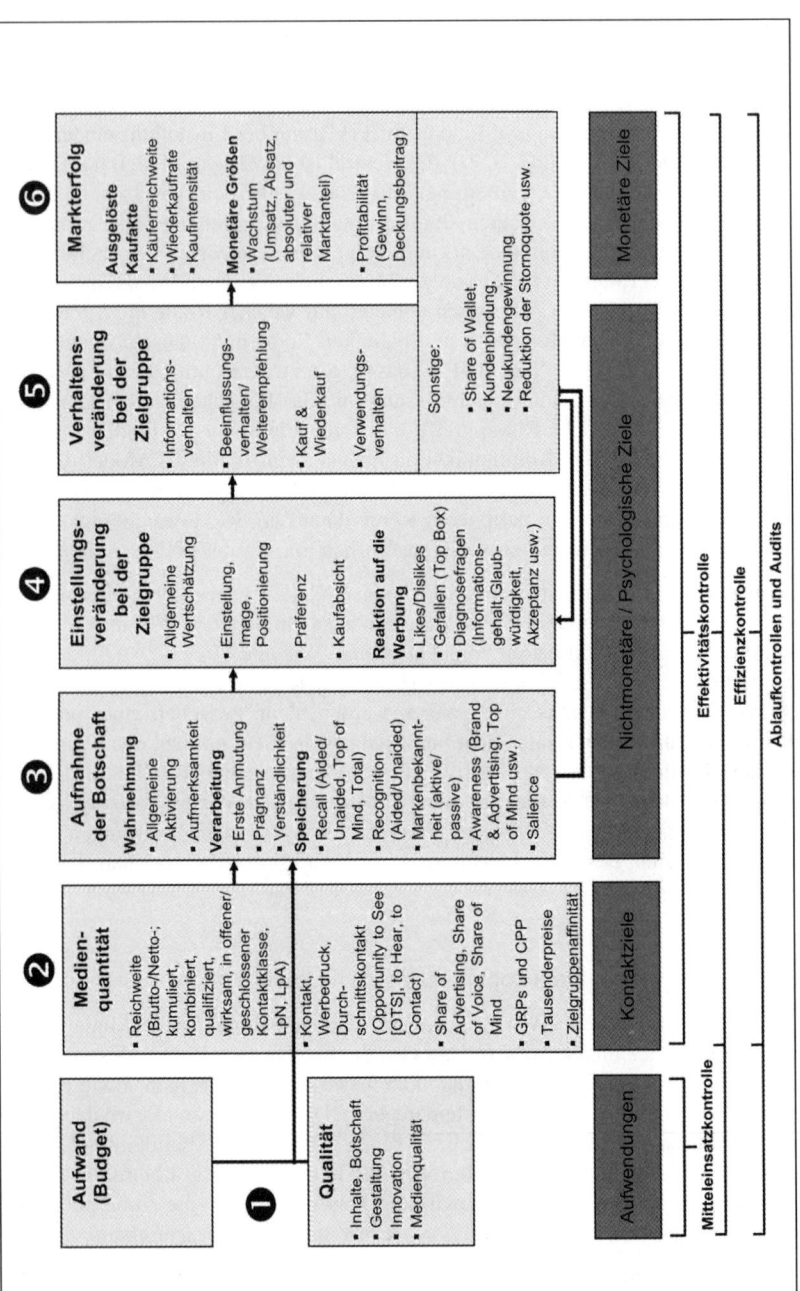

Abbildung 86: Wirkungen und Zielgrößen der Kommunikation (Quelle: Eigene Darstellung in Anlehnung an Bauer/ Meeder/Jordan 2009, S. 27, Ellinghaus 2000, S. 13ff., Lachmann 2006, S. 514 und Kroeber-Riel/Weinberg 2003 u.a. S. 50ff.)

-botschaft und -gestaltung sowie Innovation und Medienqualität) stellen in diesem Modell (Lachmann 2006, S. 513 ff.) die unabhängigen (Input-)Variablen dar. Die Qualität der Werbung im Hinblick auf kreative Idee und Umsetzung ist eine Größe, die in der Diskussion um Werbewirkungen jedoch teilweise außer Acht gelassen wird, obwohl es effizienter ist, die Zielgruppe seltener, jedoch mit effektiverer beziehungsweise „besserer" Werbung zu erreichen, als sie mit bedeutungslosen Bildern und Ideen zu bombardieren (Ambler 2000b, Cramphorn 2004, S. 171; auch Kapitel C.6.2.3). Angesichts einer derartigen Steuerungslücke können seit wenigen Jahren Bemühungen großer Werbetreibender wie dem Konsumgüterhersteller Procter & Gamble beobachtet werden, auch den *Beitrag der Kreativität* zum Kommunikationserfolg im Rahmen der Kommunikationsplanung zu berücksichtigen: Im Jahr 2003 hat das Unternehmen entsprechende Kenngrößen (z.b. watchability scores) in seine Copy-Test-Protokolle aufgenommen (Neff 2005). Ferner sollen die Werbekampagnen laut Procter & Gamble so kreativ werden, dass sie bei dem jährlich stattfindenden Werbefestival in Cannes kurz- bis mittelfristig mehr Kreativ-Awards („Lions") gewinnen (Neff 2005).

Als Voraussetzung von Kommunikationswirkungen ist zunächst der Kontakt mit dem Werbemittel in den Medien oder zum Beispiel dem Event notwendig: Dies wird als Ebene der *Medienquantität/-kontakte und Zielgruppenkontakte (2)* bezeichnet.

Dem folgt die *Aufnahme der Werbebotschaft (3)* durch die Zielgruppe. Sie umfasst die Wahrnehmung, Verarbeitung und Speicherung der Werbebotschaft bei den Zielpersonen als Voraussetzung dafür, dass Wirkungen von gespeicherten Informationen (wie die Beeinflussung von Emotionen und Einstellungen) auf der nächsten Stufe stattfinden können. Dieser dritten Stufe liegt das *Dreispeichermodell der Informationsverarbeitung* zugrunde (dieses geht ursprünglich auf Atkinson und Shiffrin [1968, 1971] zurück; ausführlich u.a. Behrens 1996, S. 294 ff. und Kroeber-Riel/Weinberg 2003, S. 226 ff). Demnach erfolgt die gedankliche Verarbeitung von Reizen mittels folgender Gedächtnisstrukturen, die häufig als Speicher bezeichnet werden: (1) Sensorischer Informationsspeicher beziehungsweise Ultrakurzzeitspeicher, (2) Kurzzeitspeicher und (3) Langzeitspeicher (Kroeber-Riel/Weinberg 2003, S. 225 ff.).

Wesentlich ist, dass die Zielperson Kontakt mit einem Reiz haben muss, dieser nicht nur mit den Sinnesorganen erfasst (sensorischer Informationsspeicher) wird, sondern auch so viel *Aufmerksamkeit* erzeugen muss, dass er als Reiz wahrgenommen wird. Dadurch kann er in das Bewusstsein beziehungsweise den Kurzzeitspeicher gelangen, wo er verschiedene Wirkungen auslösen kann, von denen die folgenden hervorzuheben sind (hier und im Folgenden Kroeber-Riel/Weinberg 2003, S. 225 ff. und Neumann 2003, S. 18 ff.):

- Die Informationen können die Person in einen Zustand ungerichteter Erregung, die *allgemeine Aktivierung,* versetzen, welche notwendig ist, damit die Vorgänge in den anderen Speichern – die Informationsaufnahme, -verarbeitung und -speicherung – effizienter ablaufen (Kapitel C.6.2.4.1).

- Bei der im Kurzzeitspeicher stattfindenden *Informationsverarbeitung* (Kapitel C.6.2.4.3) muss zwischen emotionaler und kognitiver Verarbeitung unterschieden werden. Die ins Bewusstsein gelangenden Informationen werden zum einen in unterschiedlicher Intensität *wahrgenommen* (flüchtig bis klar und bewusst) und *emotional bewertet*. Zum anderen werden die Informationen *kognitiv*, das heißt gedanklich, *verarbeitet* beziehungsweise in die vorhandenen Gedankenstrukturen eingeordnet.

Des Weiteren ist wesentlich, dass nur wenige Informationen aus dem Kurzzeitspeicher in den Langzeitspeicher gelangen und viele im Kurzzeitspeicher wieder verloren gehen (u.a. Kuß/Tomczak 2004a, S. 24f.). Informationen, die in den Langzeitspeicher gelangen, sind gelernt beziehungsweise langfristig gespeichert und zwar in der messbaren Form von

- *Wissen (Bekanntheit, Erinnerung/Recall (Aided/Unaided), Wiedererkennen/Recognition (Aided/Unaided), Top of Mind* usw.; ausführlich Kapitel C.6.2.4.4),
- *Gefühlen* (Emotionen als ungerichteter Zustand und Einstellung als Emotion verbunden mit Zielorientierung in Bezug auf Verhalten und Gegenstandsbeurteilung; Kroeber-Riel/Weinberg, 2003, S. 53f.; ausführlich Kapitel C.6.2.5 und C.4.2.2.2) und/oder
- Motiven beziehungsweise *Verhaltensintentionen* (Neumann 2003, S. 19 u. Kroeber-Riel/Weinberg, 2003, S. 53f. ; ausführlich Kapitel C.6.2.5 und C.4.2.2.4).

Durch eine gezielte Steuerung dieser Lernprozesse (mittels Vermittlung von Wissensinhalten oder unterschiedlichen Arten von Konditionierung) können vorhandene Einstellungen und Handlungsabsichten modifiziert oder neu geschaffen werden, da Einstellungen ein Ergebnis dieser Lernprozesse sind (ausführlich Neumann, 2003, S. 19 und 98; Kapitel C.4.2.2.2 zur Drei-Komponenten-Theorie der Einstellung). Dementsprechend ist der Gegenstand der nächsten Wirkungsstufe auch die *Einstellungsänderung und die Änderung von Handlungsabsichten (4)* bei der Zielgruppe, insbesondere im Hinblick auf die allgemeine Wertschätzung des Angebots, die prinzipielle Kaufbereitschaft, die bevorzugte Markenwahl/Markenpräferenz, den Grad, mit dem das Angebot in Erwägung gezogen wird („Evoked Set") sowie die Kaufabsicht. *Einstellungen* sind eine zentrale Messgröße, um zukünftiges Verhalten (Kaufverhalten, Weiterempfehlung usw.) zu prognostizieren (ausführlich Kapitel C.4.2.2.2), da sie eine entscheidende Rolle im (Kauf-)Entscheidungsprozess einnehmen: Einstellungen determinieren, welche Informationen in die einzelnen Speicher gelangen und welche Wirkungen diese Informationen dort haben. Einstellungen bestimmen das (Kauf-)Verhalten der Person wesentlich (Neumann, 2003, S. 135). Sie werden als zeitlich relativ stabile Bereitschaften, auf ein bestimmtes Objekt wertend zu reagieren, verstanden und sind dementsprechend nur langfristig zu verändern (u.a. Kroeber-Riel/Weinberg 2003, S. 54ff.). Ihre Rolle ist allgemein so zu verstehen, dass eine Leistung, gegenüber der eine positive Einstellung besteht beziehungsweise die grundsätzlich positiv bewertet wird, eher gekauft wird als eine Leistung, die grundsätzlich eher negativ bewertet wird. Die Annahme, dass diese

Richtung der Kausalität immer gegeben ist, kann jedoch nicht mehr aufrechterhalten werden: Teilweise bedingen nicht nur Einstellungsänderungen Änderungen im Kaufverhalten, sondern auch umgekehrt. Bei Low Involvement-Produkten scheinen bei Erstkäufen Einstellungs- den Verhaltensänderungen, bei High Involvement-Produkten scheinen Verhaltens- den Einstellungsänderungen zu folgen (u.a. Kroeber-Riel/Weinberg, 2003, S. 173 ff.).

Seit einigen Jahren wird in der Konsumentenforschung ein Konstrukt diskutiert und verstärkt eingesetzt, das dem tatsächlichen Verhalten näher ist und dem deshalb eine zunehmende Bedeutung in der Werbewirkungsforschung zukommt (Nieschlag/Dichtl/Hörschgen 2002, S. 1114 f.): Die *Kaufintention* (auch Kapitel C.6.2.5 und C.4.2.2.4), die neben den Einstellungen auch die subjektive Einschätzung der antizipierten Kaufsituation wie die Einschätzung des zum Kaufzeitpunkt für den Konsum verfügbaren Einkommens („disposable income"), des voraussichtlichen Konsums oder des Händlers umfasst. Die Einstellung als eine auf einen bestimmten Gegenstand bezogene Haltung wird somit für eine ganz bestimmte Handlungssituation differenziert und präzisiert. Zum Beispiel kann aus der Einstellung „Ich schätze das Produkt X sehr" die Kaufabsicht „Ich beabsichtige, das Produkt X für den Preis P noch in diesem Jahr zu kaufen" werden. Deshalb wird die Größe Kaufintention beziehungsweise Kaufabsicht in Ergänzung zur Einstellungsmessung eingesetzt (Kroeber-Riel/Weinberg, 2003, S. 54 und S. 176).

Ferner wird die Reaktion auf die Werbung als Kenngröße der Werbewirkungskontrolle in Form von *Likes und Dislikes* und diagnostischen Fragen erhoben (Haley/Baldinger 2000, S. 116 ff.; ausführlich Kapitel C.6.2.5). Diese Größen spielen zum einen für die Vermeidung von Reaktanz und damit die Vermeidung des Abbruchs der Kommunikationsverarbeitung durch die Zielpersonen eine große Rolle. Zum anderen ist die Einstellung gegenüber der Werbung eine wichtige Determinante der Einstellung gegenüber der beworbenen Marke und der Kaufabsicht.

Der Einstellungsänderung folgt in der nächsten Stufe die *Verhaltensänderung der Zielgruppe (5)*, die sich u.a. im Kauf (direkt bei Spontankäufen und indirekt bei langwierigen Kaufentscheidungen), dem Einholen von Informationen, der Nutzung oder auch der Weiterempfehlung des Angebots zeigt, da Konsumentenverhalten als Informations-, Beeinflussungs-, Kauf- und Verwendungsverhalten betrachtet werden kann (Steffenhagen, 2000b, S. 215 f.; Kapitel C.6.2.6). Nicht selten wird das Verhaltensziel *Informationen einholen* angestrebt, das sich zum Beispiel in der Anforderung von Prospekten und Preislisten äußert. Weitere denkbare Informationswirkungen sind: Messebesuche beziehungsweise Besuche des Messestands, Aufsuchen einer Einkaufsstätte, Wahrnehmen eines persönlichen Beratungsgesprächs oder die Probefahrt eines Automobils. *Kauf und Wiederkauf* als zentrale Zielgrößen sind u.a. an den Absatzzahlen ablesbar, so dass es bei diesen Zielgrößen eine Überschneidung mit der letzten Wirkungsstufe gibt:

Mit der *Markterfolgskonsequenz (6)* für den Anbieter, die meist mittels des realisierten Ab- beziehungsweise Umsatzes gemessen wird. Weitere Ziele der Marktkommunikation können Größen sein wie Kundenbindung, „Share of Wallet" beziehungsweise Kundenanteil (Anteil der Gesamtausgaben für eine Produktgruppe, die ein Kunde bei einem bestimmten Anbieter ausgibt; Reinecke 2004, S. 272), Neukundengewinnung, Wiederkäufergewinnung oder Reduktion der Stornoquoten. Wie deutlich geworden ist, beruhen diese in der Regel nicht auf direkten Wirkungen der Kommunikation; sie sind damit keine direkten Zielgrößen der Kommunikation. Vielmehr müssen diese mittels geeigneter, oben aufgezeigter Indikatoren operationalisiert werden, um umgesetzt und kontrolliert werden zu können (Kapitel D.2.1).

Wie mehrfach betont wurde, ist die Richtung der Wirkung zwischen den verschiedenen Stufen des Modells nicht zwangsläufig einseitig, sondern kann auch rückwärts gerichtet sein wie zum Beispiel bei der Wirkung des Verhaltens der Zielgruppe auf deren Einstellungen, beispielsweise infolge der Nutzung der erworbenen Leistung. Die Wirkungen auf den einzelnen Stufen werden von weiteren Faktoren beeinflusst, die aus Gründen der Komplexitätsreduktion jedoch nicht in Abbildung 86 integriert wurden (auch Kapitel C.6.1.2.3): Grad des Involvement (High, Low), Art der Kommunikation (informativ, emotional oder gemischt), Persönlichkeitsmerkmale der Rezipienten wie Temperament, Werbeaffinität, Empfänglichkeit und Einstellung gegenüber Werbung, Gemütszustand, Werbekontext, bereits vorhandene Kauf- und Nutzungserfahrungen, Zeiteffekte, kulturelle Gegebenheiten und ganz allgemein die situativen Gegebenheiten der Umwelt (u.a. Kroeber-Riel/Weinberg, 2003, S. 614). In konkreten Testsituationen wird versucht, diese Größen weitgehend zu berücksichtigen und wenn möglich zu kontrollieren.

Zusammenhang von Kommunikationswirkungen und -strategien

Diese Detailausführungen können im Hinblick auf die unternehmerische Realität in einem größeren, allerdings stark vereinfachenden Zusammenhang gesehen werden: Grundsätzlich existieren analog den Kommunikationswirkungen folgende drei Basis-*Beeinflussungsziele* der Kommunikation: Aktualisierung, Emotion und Information (Kroeber-Riel/Esch 2004, S. 39 und 48 sowie Kuß/Tomczak 2004b, S. 233; dort ausführlich). Dementsprechend können grundsätzlich vier *Basistypen von Kommunikationsstrategien*, zur Positionierung eines Angebots beziehungsweise für eine Kommunikationskampagne eingesetzt werden:

- Positionierung durch Information (Kommunikation v.a. sachlicher Informationen).
- Positionierung durch Aktualität (bei geringem Involvement).
- Positionierung durch Emotion.
- Positionierung durch Emotion und Information (klassisches Schema; Es wird an ein Bedürfnis appelliert und gezeigt, dass das kommunizierte Angebot (am besten) geeignet ist, dieses Bedürfnis zu befriedigen).

6.1.3 Herausforderungen und Messfehler bei der Evaluation des Kommunikationserfolgs

In der Praxis ist bei der Messung des Kommunikationserfolgs mit einigen Schwierigkeiten und Fehlerquellen zu rechnen. Diese müssen bei der Interpretation der Kontrollergebnisse unbedingt berücksichtigt werden, um Fehlsteuerungen zu vermeiden.

Wesentliche *Herausforderungen*, die bei der Kommunikationskontrolle auftreten können, sind (Pepels 1996, S. 188 f.):

- *Interdependenzeffekte:* Grundsätzlich ist die Zuordnung der Wirkung der Kommunikation innerhalb des Marketing-Mix mit erheblichen Problemen verbunden, weil kaum bekannt ist, aufgrund welcher Marketingvariablen der Markterfolg einer Leistung zustande gekommen ist und welchen Anteil die Kommunikation daran hat. So kann die Wirkung einer sehr guten Kampagne gering sein, da gleichzeitig die Qualität, die Verfügbarkeit oder die Preisstellung der beworbenen Leistung unzureichend ist.
- *Ausstrahlungseffekte:* Diese entstehen, wenn Kommunikationsmaßnahmen für eine bestimmte Leistung auf die Einstellung oder das Verhalten der Konsumenten gegenüber einer anderen Leistung des Unternehmens wirken.

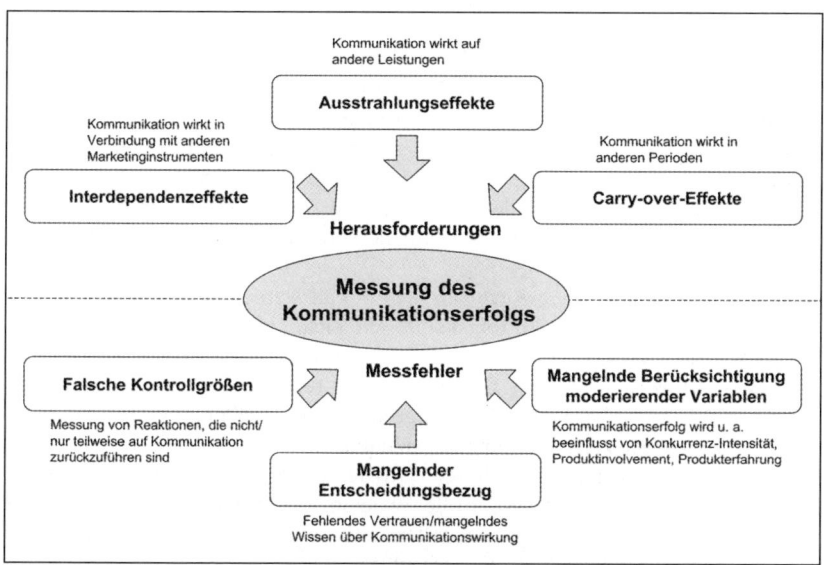

Abbildung 87: Probleme und Messfehler bei der Kommunikationserfolgsmessung (Quelle: Eigene Darstellung in Anlehnung an Behrens 1996, S. 153 und Janßen 1999)

- *Carry-over-Effekte:* Hierbei geht es um die Herausforderung der zeitlichen Abgrenzbarkeit der Kommunikationswirkung. Diese entsteht daraus, dass nicht bekannt ist, wann die Initiierung für einen Kommunikationserfolg, der sich irgendwann in Verhalten äußert, stattgefunden hat. Beispielsweise können länger zurückliegende Kommunikationskontakte zum Einstellungsaufbau geführt haben (Depoteffekt), welcher erst aktuell im Verhalten (z.B. im Kaufakt) zum Ausdruck kommt und somit nicht den gegenwärtigen Kommunikationsmaßnahmen zugerechnet werden darf. Gleichzeitig ist es möglich, dass aktuelle Kommunikationskontakte nicht sofort zur Handlung führen, sondern beim Konsumenten gespeichert werden und erst zu einem späteren Zeitpunkt verhaltensrelevant werden.

Ferner besteht bei der Evaluation des Kommunikationserfolgs die Herausforderung, richtig, das heißt ohne strukturelle Messfehler, zu messen. Andernfalls wird der ökonomische Nutzen von Erfolgskontrollen in Frage gestellt (Janßen 1999, S. 33). Zentrale Herausforderungen sind:

- *Falsche Kontrollgrößen:* Hierzu zählen einerseits Kontrollgrößen, die kaum (allein) auf den Einsatz von Werbung zurückzuführen sind, wie zum Beispiel das positive Weiterempfehlungsverhalten von Konsumenten im Hinblick auf die Qualität einer Dienstleistung. Das Weiterempfehlungsverhalten beruht in diesem Fall nicht primär auf den Kommunikationsmaßnahmen des Dienstleistungsanbieters, sondern eher auf den positiven Erfahrungen der Konsumenten mit der Dienstleistung. Andererseits erscheint es grundsätzlich problematisch, kommunikationsbezogene Größen, deren Relevanz für das Kaufverhalten der Konsumenten kaum nachweisbar ist, im Hinblick auf ihre Kaufverhaltensrelevanz zu überprüfen: Dies ist zum Beispiel bei Kontaktmaßzahlen der Kommunikation der Fall. So ist das Kaufverhalten eines Konsumenten selten direkt darauf zurückzuführen, wie beziehungsweise wie oft dieser mit der Werbung in Kontakt gekommen ist. Zu beachten ist dabei jedoch, dass ein Mindestwerbedruck beziehungsweise die relative Höhe des Werbedrucks (in Relation zur Konkurrenz mindestens gleich hoch) häufig wesentliche Voraussetzung für den Kommunikationserfolg ist.
- *Mangelnder Entscheidungsbezug:* In diesem Fall werden die Ergebnisse durchgeführter Kommunikationserfolgskontrollen nicht oder nur unzureichend zur Verbesserung von Kommunikationsentscheidungen genutzt, so dass die Kommunikationserfolgskontrolle im Extremfall zum reinen Selbstzweck verkommt. Gründe dafür sind beispielsweise: Aufgrund der Verwendung falscher Kontrollgrößen lassen sich keine Erkenntnisse ableiten, die für Kommunikationsentscheidungen nützlich wären. Mangelndes Vertrauen der Kommunikationsverantwortlichen in die Ergebnisse der Kontrolle sowie unzureichendes Wissen hinsichtlich der Kommunikationswirkung können ferner dazu führen, dass die Ergebnisse der Kommunikationserfolgskontrolle vernachlässigt werden.
- *Mangelnde Berücksichtigung moderierender Variablen des Werbeerfolgs:* Da der Erfolg einer Kommunikationsmaßnahme in der Regel maßgeblich von Faktoren abhängt, die das Unternehmen nicht oder nur bedingt beeinflussen kann (so ge-

nannte moderierende Variablen), müssen diese bei der Beurteilung des Kommunikationserfolgs berücksichtigt werden. Aus der Vielzahl solcher Faktoren sind beispielsweise die werbliche Wettbewerbsintensität, das Involvement des Konsumenten hinsichtlich der Leistung beziehungsweise Marke oder das Ausmaß der Produkterfahrung zu nennen.

6.2 Kontrolle der Werbung

Im Mix der Marktbearbeitungsinstrumente kommt der Werbung eine besondere Bedeutung zu: Als Instrument der Massenkommunikation ist sie in vielen Unternehmen eines der wichtigsten Kommunikationsinstrumente und nimmt insbesondere im Konsumgüterbereich häufig den größten Anteil am Kommunikationsbudget ein. Entprechend zentral ist die Kontrolle beziehungsweise die Sicherstellung der Effektivität und Effizienz der Werbung für ein erfolgreiches Kommunikationsmanagement.

Mediawerbung (klassische Werbung, Werbung) wird dabei verstanden als der Transport und die Verbreitung werblicher Informationen über die Belegung von Werbeträgern mit Werbemitteln im Umfeld öffentlicher Kommunikation gegen ein leistungsbezogenes Entgelt, um eine Realisierung unternehmensspezifischer Kommunikationsziele zu erreichen (Weinhold-Stünzi 1999, S. 291 ff. und Bruhn 2005, S. 277). *Werbeträger*, die bei der Mediawerbung in Frage kommen, sind: Insertionsmedien beziehungsweise Printmedien (Zeitungen, Zeitschriften), elektronische (audiovisuelle) Medien (Rundfunk, Fernsehen, Film) und Medien der Außenwerbung (Plakat und Verkehrsmittelwerbung) (Bruhn 2005, S. 277 f.). *Werbemittel* sind zum Beispiel einzelne Anzeigen oder TV-Spots.

6.2.1 Industriestandards zur Messung der Werbewirkung: PACT-Prinzipien

Um die Qualität der Werbewirkungsmessung sicherzustellen, haben sich die Marktforschungsdirektoren der 21 größten Werbeagenturen in den USA Anfang der 1980er auf neun Prinzipien geeinigt, die bis heute nicht an inhaltlicher Gültigkeit verloren haben (Abbildung 88; Haley/Baldinger 2000, S. 131 und Purvis/Burton 2002).

Eine zentrale Aussage dieser Prinzipien, die bei der Durchführung von Werbekontrollen stets berücksichtigt werden sollten, ist, dass Werbewirkung auf unterschiedlichen Ebenen und mit mehreren Kenngrößen bewertet werden muss, weil sie auch auf unterschiedlichen Ebenen wirkt. Diese Prinzipien sollten in sämtlichen Werbekontrollen berücksichtigt werden, um die Qualität der Daten und deren Managementrelevanz sicherzustellen.

Prinzip 1: Es sollten Messgrößen verwendet werden, die für die Werbeziele relevant sind.

Prinzip 2: Werbewirkungsmessung erfordert vor jedem Test eine Übereinstimmung darüber, wie die Ergebnisse verwendet werden sollen.

Prinzip 3: Werbewirkungsmessungen sollten mehrere Messgrößen einsetzen, da eine Beschränkung auf nur eine Messgröße in der Regel inadäquat ist.

Prinzip 4: Werbewirkungsmessung sollte auf einem theoretischen Modell „menschlicher Reaktionen auf Kommunikation" basieren. Insbesondere sollten folgende Aspekte berücksichtigt werden: Aufnahme eines Reizes, Verarbeitung eines Reizes, die Reaktion auf den Reiz.

Prinzip 5: Es sollte sorgfältig abgewogen werden, ob die Testpersonen einmal oder mehrfach dem Werbereiz ausgesetzt werden sollten.

Prinzip 6: Es sollte berücksichtigt werden, dass eine Copy desto sorgfältiger ausgewertet werden kann, je fertiger sie ist. Alternative Umsetzungen (executions) sollten jeweils in demselben Stadium der Fertigstellung getestet werden, um eine Vergleichbarkeit gewährleisten zu können.

Prinzip 7: Das Testsystem enthält Kontrollen, um den normalerweise in Testsituationen vorhandenen Bias zu vermeiden.

Prinzip 8: Die Werbewirkungsmessungen berücksichtigt grundlegende Überlegungen der Stichprobendefinition. Die Stichprobe sollte repräsentativ für die Zielgruppe sein.

Prinzip 9: Die Messungen sollten reliabel und valide sein. (Ein reliabler Test führt bei mehrfacher Durchführung zu konsistenten Ergebnissen. Ein valider Test misst tatsächlich das, was gemessen werden soll, in diesem Fall die Marktperformance).

Abbildung 88: PACT-Prinzipien (Quelle: Eigene Darstellung in Anlehnung an Haley/ Baldinger (2000, S. 131) und Purvis/Burton (2002))

6.2.2 Instrumente und Verfahren im Überblick

Grundsätzlich können Werbewirkungen auf jeder Stufe der Werbewirkungsmodelle gemessen werden: sowohl auf der Kontaktebene als auch auf der Erinnerungs-/Bekanntheitsebene und der Einstellungs-/Imageebene, welche alle als Prädikatoren für zukünftiges Kaufverhalten gelten (ausführlich Kapitel C.6.1.2). Die entsprechenden Verfahren sind mittlerweile fast unüberschaubar geworden, wie in Abbildung 89 deutlich wird. Auch die Existenz verschiedener Systematiken erschwert eine Annäherung an das Thema. Gleichzeitig haben sich in der Praxis nur wenige Verfahren und entsprechende Kennzahlen wirklich erfolgreich durchgesetzt, so dass eine Diskrepanz zwischen den theoretisch möglichen, in Abbildung 89 auszugsweise genannten, und den tatsächlich eingesetzten, praxisrelevanten Verfahren besteht. Dem entprechend kann Abbildung 89 nur einen Ausblick geben und ferner noch einmal aufzeigen, dass die Wirkungszusammenhänge, die in den meisten Modellen stark vereinfacht dargestellt werden, äußerst komplex sind.

Gegenstand der Ausführungen sind im Folgenden jedoch nur die zentralen und in der Praxis tatsächlich verwendeten Verfahren je Wirkungsstufe: Die wichtigsten *Kennzahlen der Kommunikationswirkungsmessung*, die sich in der Praxis durchgesetzt haben, wurden in Kapitel C.6.1.2.4 eingeführt, systematisiert und in Abbil-

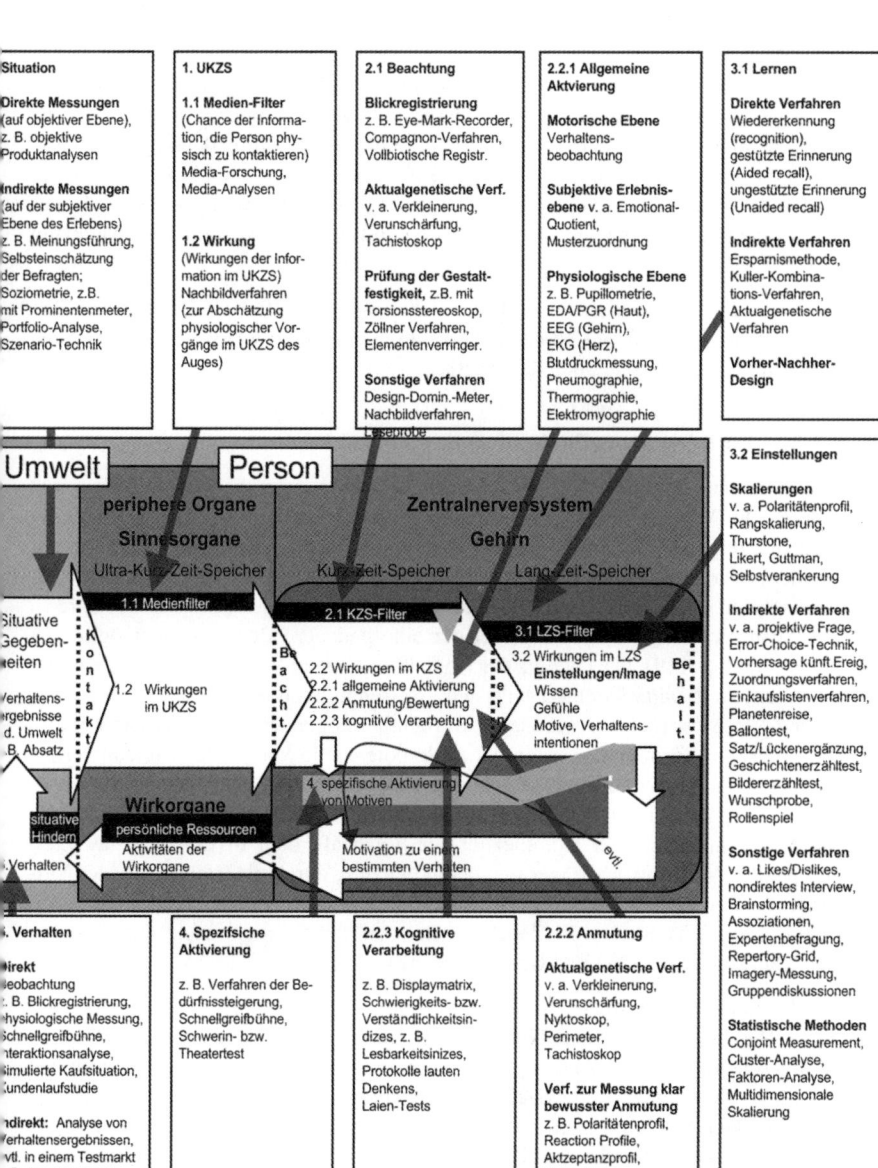

Abbildung 89: Mögliche Untersuchungsfelder und Verfahren der Kommunikationskontrolle (Quelle: Eigene Darstellung in enger Anlehnung an Neumann 2003, S. 274)

dung 86 (S. 207) grafisch zusammengefasst. Diese Kennzahlen und entsprechende Messverfahren werden im Folgenden (Kapitel C.6.2.3–C.6.2.7) *am Beispiel der Werbewirkungsmessung* ausführlicher dargestellt. Zu beachten ist hierbei, dass die ebenfalls in Abbildung 86 (S. Seite 207) aufgeführten Verfahren der Kontaktevaluation nicht der Überprüfung der Werbewirkungen, sondern der Überprüfung einer Wirkungsvoraussetzung dienen. Eine praktische Checkliste mit (teilweise ergänzenden) Fragen zu den einzelnen Kontrollstufen und -größen findet sich bei Neumann (2003, S. 279 ff.).

Die Besonderheiten der einzelnen Untersuchungsdesigns (Pretest, Posttest und Trackingverfahren), in deren Rahmen die Verfahren eingesetzt werden können, werden in Kapitel C.6.2.8 anschaulich dargestellt.

6.2.3 Verfahren zur Evaluation der Kontaktziele

Objektbereiche der Werbewirkungskontrolle sind zum einen die Kontaktebene, zum anderen die Wirkungsebene. Notwendige Voraussetzung für Werbewirkungen ist zunächst, dass die Zielgruppe mit der Werbebotschaft beziehungsweise zumindest mit dem Werbemittel Kontakt hat, wobei der Begriff *Kontakt* die Häufigkeit bezeichnet, mit der Zielpersonen kommunikativ erreicht werden (Kloss 2003, S. 132). Mit Ausnahme der TV-Werbung, bei der eine genauere Bestimmung möglich ist (Kloss 2003, S. 119), wird bereits der Kontakt mit einem Werbe*träger* gleichgesetzt mit einem Werbe*mittel*kontakt. Angesichts dessen müssen jedoch Hypothesen darüber aufgestellt werden, zu wie vielen Werbemittelkontakten diese Werbeträgerkontakte führen. Informationen dazu, wie viele potenzielle Verwender erreicht werden müssen, damit die Werbeziele erreicht werden können, sind mit Hilfe der Marktforschung zu gewinnen. Die erforderliche Kontakthöhe hängt dabei von Faktoren wie den Marketingzielen, der Komplexität der Botschaft, dem Involvement der Zielgruppe, der Art der Werbeträger und deren Nutzung durch die Zielgruppe, der Nutzung von Synergieeffekten in der Kommunikation und der Kontakthöhe im Konkurrenzvergleich (Stichwort „Werbedruck") ab (ausführlich nachfolgend sowie Yoo/Mandhachitara 2003 und Unger et al. 2004, S. 13)

Die Kontaktplanung sowie die Mediaplanung insgesamt (verstanden als der gesamte Prozess zur gezielten Nutzung von Medien für Werbezwecke) erfolgt in Media-Agenturen oder -Abteilungen. Diese erstellen auf Basis eines detaillierten Briefings – und unter Berücksichtigung der Fragen „wie", „wann", „wie lange", „mit welchen Medien", „auf welche Art (kontinuierlich oder mit Unterbrechungen)" soll „wer" erreicht werden – alternative Pläne zur Belegung von Werbeträgern, so genannte *Mediapläne*. Diese enthalten in der Regel Angaben über Werbeträger (z.B. Zeitschriftentitel), die Frequenzen (Anzahl Schaltungen je Werbeträger), den Schaltungszeitpunkt (Tag, gegebenenfalls Uhrzeit) und die Kosten je Belegung (Unger et al. 2004, S. 14 f.; ausführlich z.B. Wells/Burnett/Moriarty 2003, S. 205 ff. zum Thema Mediaplanung und -Buying; zur Zeitplanung, v.a. zum Thema pulsing oder flighting, z.B. Fill 2001, S. 366 ff.).

Mittels *Mediaselektionsmodellen* können Mediapläne unter Berücksichtigung der Kommunikationsziele bewertet werden (Behrens 1996, S. 245). Die wichtigsten Modellklassen sind mathematische Optimierungsmodelle, Evaluierungsmodelle und Rangreihen:

- Mathematische Optimierungsmodelle, in deren Zusammenhang in der Praxis von *Modelling* gesprochen wird, werden für die Beurteilung von Kampagnenleistungen und zur Optimierung des Werbeträgereinsatzes bei unternehmensindividuellen Fragestellungen eingesetzt. Im Grunde bezeichnet Modelling die Modellierung der Werbewirkung und sämtlicher fallspezifisch als wesentlich identifizierter Parameter. Zwar veröffentlichen die Media-Agenturen die den Modellen zugrunde liegenden Algorithmen und Verfahren meist nicht. Im Prinzip handelt es sich jedoch um ökonometrische Modelle, die mit Hilfe mathematischer Methoden (lineare, nichtlineare, dynamische, ganzzahlige und stochastische Programmierung) die Werbträgerauswahl unterstützen und Verteilungspläne zielorientiert errechnen, indem Vergangenheitsdaten analysiert und Prognosen für die Entwicklung abhängiger Variablen (z.B. Bekanntheit) im Zusammenhang mit einer bestimmten Marke getroffen werden. Voraussetzung der Berechnung ist, dass Kostenfunktionen, das Werbebudget und die Werbewirkungsfunktion bekannt sind. Bei fehlenden Informationen werden allerdings häufig vereinfachende und somit zum Teil unrealistische Annahmen getroffen (ausführlich Behrens 1996, S. 245 f., Feldmeier 2002 und Kloss 2003, S. 150 ff.).
- PC-Softwareprogramme, so genannte *Evaluierungsmodelle*, unterstützen Mediaplaner bei der Bewertung möglicher Streupläne: Die Mediaplaner geben die Plandaten ein und das PC-Programm errechnet spezifischen Kenngrößen wie Reichweiten, Kontakte, Kontaktverteilungen und Kosten. Mussten Mediaplaner diese Informationen früher einzeln aus den Mediadaten der Werbeträger heraussuchen, stellt die informationstechnologische Bündelung dieser medien- und werbeträgerspezifischen Daten inzwischen eine selbstverständlich genutzte Arbeitserleichterung dar (auch Behrens 1996, S. 245 f.).
- Eine klassische, jedoch einfache Methode, um im Rahmen einer Vorselektion der Mediaplanung einzelne Werbeträger zu bewerten, ist die Bildung von *Rangreihen* nach bestimmten Kriterien wie zum Beispiel Tausend-Nutzer-Preis, Nettoreichweite und Zielgruppenaffinität (ausführlich nachfolgend sowie Behrens 1996, S. 247 und Unger et al. 2004, S. 15 f.).

Um Mediapläne und/oder einzelne Werbeträger im Vorfeld der Schaltung zu vergleichen, werden in der Regel die folgenden *zentralen Kenngrößen* eingesetzt:

- Die Anzahl der mit einer Kommunikationsmaßnahme erreichten Bedarfsträger wird als *Reichweite* bezeichnet (Unger et al. 2004, S. 12): Bei mehreren Schaltungen eines Werbemittels ist anzunehmen, dass die Zusammensetzung der erreichten Personen pro Schaltung unterschiedlich ist, weshalb zwischen Kontakt und Reichweite unterschieden wird. Die Reichweite eines Werbeträgers gibt den Anteil (Prozentsatz) der Bevölkerung oder einer spezifischeren Zielgruppe an, die

zu einem bestimmten Zeitpunkt oder in einem bestimmten Zeitraum *Kontakt* mit einem bestimmten Werbeträger hatte.
- Bei mehreren Schaltungen lässt sich nur ein Durchschnittskontakt wie *Opportunity to See (OTS), to Hear (OTH) oder allgemein to Contact (OTC)* bestimmen: Dieser bezeichnet die Möglichkeit, aufgrund des Kontakts mit einem Werbeträger auch eine darin enthaltene Anzeige wahrgenommen zu haben (u.a. Koschnik 2003 und Unger et al. 2004, S. 12). Dies entspricht der Anzahl der Wiederholungen, der so genannten Kontakthäufigkeit (Unger et al. 2004, S. 12). Mit den Kennzahlen der Kontaktchance wird festgelegt, welche Personen wie häufig kontaktiert werden sollen.
- Mittels Informationstechnologie lässt sich bestimmen, wie viele Personen mindestens einmal mit der Anzeige erreicht wurden – dies wird als *Nettoreichweite* bezeichnet; sie gibt die Zahl der Personen an, die bei Einschaltungen in verschiedenen Medien von einem Werbemittel mindestens einmal erreicht wurden, unabhängig davon, wie viele Kontakte sie hatten und in welchen Werbeträgern beziehungsweise Werbeträgerkombinationen sich diese Kontakte ergeben haben. Dementsprechend wird jede Person nur einmal gezählt. Dabei ist als Reichweite – je nachdem, ob ein oder mehrere Medien eingesetzt und eine oder mehrere Einschaltungen vorgenommen werden – die Nettoreichweite, die *kumulierte Reichweite* (die Reichweite von mehreren Einschaltungen in einem Werbeträger) oder die *kombinierte Reichweite* (die Reichweite von mehreren Einschaltungen in mehreren Werbeträgern) einzusetzen (u.a. Koschnik 2003 und Unger et al. 2004, S. 16f.).
- Die *Bruttoreichweite* ist im Grunde keine „Reichweite", sondern die Bruttokontaktsumme. Sie enthält auch mehrfache Zählungen einer Person, da sie die Summe aller erreichten Personen aller Belegungen aller Werbeträger enthält. Sie ergibt sich durch Multiplikation der Reichweite mit der durchschnittlichen Kontakthäufigkeit. Probleme bei der Bestimmung der Bruttoreichweite ergeben sich aus der befragungsgestützten Reichweitenmessung und den damit verbundenen Messverzerrungen. Die beiden Kriterien Reichweite und Kontakthäufigkeit stehen einander diametral gegenüber, und es ist nicht möglich, beide Größen gleichzeitig zu maximieren. Ein Ziel, das sowohl der Reichweite als auch der Kontakthäufigkeit Rechnung trägt, stellt die *qualifizierte Reichweite* dar. Dabei werden nur Personen gezählt, die mit einer bestimmten Mindestkontaktzahl erreicht werden. Zentrale Begriffe der Reichweitenermittlung sind *Leser pro Nummer (LpN)* (bis 1969) beziehungsweise der *Leser pro Ausgabe (LpA)* (seit 1969; u.a. Scheler 1982a und 1982b sowie Kloss 2003, S. 134 und Unger et al. 2004, S. 12ff.). Zusätzlich wird die *wirksame Reichweite* unterschieden: Dies ist derjenige Teil der gesamten Reichweite eines Werbeträgers, durch den eine Zielgruppe zielgenau und ohne jegliche Streuverluste angesprochen wird, das heißt das Ergebnis der Verrechnung der Reichweite mit einer Kontaktbewertungsfunktion (u.a. Koschnik 2003 und Unger et al. 2004, S. 16f.).
- Neben der Bruttoreichweite haben sich die *Gross Rating Points (GRP)* als international verwendete Kenngröße durchgesetzt, um den mit einem Mediaplan er-

zielbaren Werbedruck zu beurteilen und damit als Kenngröße, um verschiedene Mediapläne zu vergleichen: GRP = [Kontaktsumme (Bruttoreichweite) des Mediaplans/Zielgruppengröße)] x 100. Somit drücken die GRPs die Bruttoreichweite in der Zielgruppe in Prozent aus (Schweiger/Schrattenecker 2005, S. 311).

- Das Preis-Leistungs-Verhältnis eines Mediaplans wird international durch die *Costs per Point (CPP)* ausgedrückt; die Kosten pro Gross Rating Point (Schweiger/Schrattenecker 2005, S. 313).
- Die verschiedenen Varianten des Tausenderpreises [Tausend-Nutzer-Preis, Tausend-Auflagen-Preis (TAP) und Tausend-Kontakte-Preis, (TKP)] zählen zu den wichtigsten Kontaktmaßzahlen. *Tausenderpreise* werden sowohl zur Beurteilung der Wirtschaftlichkeit der Schaltung in verschiedenen Werbträgern (Intra- und Intermediavergleiche) als auch der Wirtschaftlichkeit eines Mediaplans eingesetzt. Der Tausend-Nutzer-Preis [Tausend-Nutzer-Preis = (Preis für die Belegung eines Werbeträgers x 1000)/Reichweite absolut] gibt zum Beispiel an, wie viel es kostet, 1000 Personen der Zielgruppe mit einer Belegung des entsprechenden Werbeträgers zu erreichen. Der Tausend-Kontakte-Preis gibt an, wie viel das Erreichen von 1000 Kontakten mit einem bestimmten Werbeträger kostet, so dass die Preise der unterschiedlichen Werbträger verglichen werden können: TKP = (Preis für die Belegung eines Werbeträgers x 1000)/Reichweite absolut. In der Praxis wird hierzu in der Regel nicht die absolute Reichweite, sondern die Bruttoreichweite herangezogen: TKP = (Einschaltkosten x 1000)/(Reichweite absolut x durchschnittliche Kontakthäufigkeit) (ausführlich Behrens 1996, S. 233, Kloss 2003, S. 143, Koschnik 2003 und Unger et al. 2004, S. 15 ff.).
- Die *Zielgruppenaffinität* gibt den Anteil einer bestimmten Zielgruppe an der Gesamtnutzerschaft eines Werbeträgers an. *Streuverluste* sind umso geringer, je höher die Affinität ist. Die entsprechenden Informationen können den Verbraucheranalysen entnommen werden. Entspricht der Anteil der Zielgruppe an der Nutzerschaft eines Werbeträgers dem Durchschnitt der Gesamtbevölkerung, erhält dieser Werbeträger den Wert 100. Ist der Zielgruppenanteil niedriger als der Bevölkerungsdurchschnitt, erhält der Werbeträger einen Wert, der niedriger als 100 ist. Werbeträger mit hohen Werten beziehungsweise hoher Zielgruppenaffinität sollten bevorzugt werden (ausführlich Kloss 2003, S. 146 und Unger et al. 2004, S. 15).

Die Kontaktmöglichkeiten sind jedoch stets *in Relation zu den Werbekontakten und -maßnahmen der Wettbewerber* zu relativieren (hier und im Folgenden Kloss 2003, S. 154 ff.).

In diesem Zusammenhang spielt der Begriff *Werbedruck* eine zentrale Rolle: Soll die Kontakthöhe (in der Regel die Höhe der GRPs) bewertet werden, muss die Frage gestellt werden, ob die eigene Aktivität (Eigendruck) im Verhältnis zur Fremdaktivität (Fremddruck) überhaupt ausreichend ist beziehungsweise mindestens genau so hoch. Der Werbedruck für viele TV-Kampagnen liegt – in Abhängigkeit der Kampagnenziele und der Zielgruppe – zwischen 80 und 120 GRP je Woche.

Der Werbedruck ist eine der kritischsten Erfolgsgrößen der Werbung: Ohne den erforderlichen Werbedruck kann die beste Werbung wirkungslos bleiben. Umgekehrt kann eine Verringerung des Werbedrucks aus Kostengründen überproportionale Auswirkungen auf die Werbewirkung haben (Unger et al. 2004, S. 12). Gleichzeitig wird in der Regel angenommen, dass die Erhöhung des Werbedrucks im Fall von regelmäßig gekauften Produkten in reifen Märkten normalerweise nicht absatzsteigernd wirkt (Ackhoff/Emshoff 1975, Aaker/Carman 1982, Eastlack/Rao 1989, und MacInnis/Rao/Weiss 2002). An dieser Stelle gewinnt jedoch eine Größe an Bedeutung, die bei Diskussionen um die Kontrolle der Wirksamkeit der Werbung und die Höhe des Werbedrucks zu häufig außer Acht gelassen wird: die Qualität der kreativen Idee beziehungsweise des kreativen Konzepts und dessen Umsetzung. So hängt es von den kreativen Charakteristika und der entsprechenden Wirkung der Werbung bei den Konsumenten ab, ob die Erhöhung des Werbedrucks in der skizzierten Situation positiv auf den Absatz wirkt oder nicht (MacInnis/Rao/Weiss 2002, S. 391). Darüber hinaus ist es effizienter, die Zielgruppe seltener, jedoch mit wirksamerer beziehungsweise „besserer" Werbung zu erreichen, als sie mit bedeutungslosen Bildern und Ideen zu bombardieren (Ambler 2000b, Cramphorn 2004, S. 171; zum Thema Bedeutung der Kreativität in der Werbung sowie Definition und Messung der Kreativität auch Koslow/Sasser/Riordan 2003 und El-Murad/West 2004). In der Praxis versucht man, die Qualität der Werbung (wie starke Bilder und Storys) in der Mediaplanung zum Beispiel dadurch zu berücksichtigen, dass folgende Daumenregel gilt: Je größer die Kraft der Bilder ist (im TV-Bereich), desto geringer darf das Werbebudget sein, um ein bestimmtes Niveau an Werbeerinnerung zu erreichen.

Gleichzeitig haben sich für die *Beurteilung laufender Kampagnen unter Berücksichtigung der Wettbewerbskampagnen* folgende Messgrößen bewährt:

- Der *Share of Advertising (SoA)* bezeichnet den eigenen Werbeanteil an den gesamten Werbeaufwendungen der Produktkategorie. Da diese Zahl isoliert nur wenig aussagekräftig ist, wird zum Teil ein relativer Share of Advertising berechnet, indem der eigene Wert in Beziehung zum größten Wettbewerber gesetzt wird (Behrens et al. 2001, S. 344). In der Praxis wird mit Erfahrungswerten (je Produktkategorie oder Branche) operiert, welchen SoA eine Kampagne mindestens erreichen muss, um im Wettbewerbsvergleich überhaupt wahrgenommen zu werden beziehungsweise um die beabsichtigte Wirkung zu erreichen.
- Der *Share of Voice (SoV)* beziffert den zielgruppenspezifischen Kontaktanteil, also die Summe der Kontakte der eigenen Werbekampagne (Bruttoreichweite) in der Zielgruppe, bezogen auf die insgesamt von allen Wettbewerbern erreichten Kontakte innerhalb der eigenen Zielgruppe (Behrens et al. 2001, S. 344). Der SoV erlaubt eine Betrachtung der Effizienz der Streuung des Werbebudgets im Vergleich zur Konkurrenz. Die Zielgruppendefinitionen sind hierbei jedoch kritisch zu vergleichen, da der Share of Voice nur in derselben Zielgruppe aussagekräftig ist.
- Der *Share of Mind (SoM)* wird als Kenngröße nicht einheitlich definiert und angewendet (hier und im Folgenden u.a. Unger et al. 2004, S. 54f. und Schwei-

ger/Schrattenecker 2005, S. 184). Im Allgemeinen bezeichnet der SoM den Anteil am Bewusstsein beziehungsweise an der spontanen Erinnerung der Verbraucher. Teilweise wird diese Kenngröße auch als Maß für die Marken-Awareness herangezogen: In diesem Fall drückt sie den Anteil aus, den eine Marke an der Awareness einer gesamten Produktkategorie in einer Zielgruppe einnimmt. Relevant ist dabei die Marke, die die Zielpersonen als erstes nennen, wenn sie Marken einer Produktkategorie nennen sollen. Die Marke, die zuerst genannt wird, ist *Top of Mind* (Kapitel C.6.2.4.4).

6.2.4 Verfahren zur Evaluation der Informationsaufnahme, -verarbeitung und -speicherung

6.2.4.1 Messung der allgemeinen Aktivierung

Ist die Voraussetzung erfüllt, dass eine Zielperson Kontakt mit einem Werbemittel hatte, muss eine weitere Bedingung für Werbewirkungen auf den anderen Stufen erfüllt sein: Voraussetzung für die gedankliche Leistung beziehungsweise für die Informationsaufnahme, -verarbeitung und -speicherung von Zielpersonen sowie wesentlicher Einflussfaktor auf das emotionale Erleben dieser ist die *allgemeine Aktivierung*, ein zentralnervöser Erregungszustand (Kroeber-Riel/Weinberg 2003, S. 13). Ob und inwieweit ein Werbemittel eine ausreichende allgemeine Aktivierung bewirkt, kann auf drei verschiedenen Ebenen mit verschiedenen Verfahren gemessen werden (hier und im Folgenden Pepels 1996, S. 198 ff. und Kroeber-Riel/Weinberg 2003, S. 63 ff.):

- *Messung auf physiologischer Ebene*: Ermittlung körperlicher Funktionen, aus denen Aktivierung besteht, die mit ihr verbunden sind, oder die von ihr ausgelöst werden – zum Beispiel Messung der elektrischen Hautwiderstände (elektrodermale/psychogalvanische) mittels Elektroden (Sensoren) und einem Schreibgerät namens Polygraph, welches Kurven zeichnet. Diese Verfahren erlauben zwar die Bestimmung der Stärke der Aktivierung, nicht jedoch der Richtung.
- *Messung auf subjektiver Erlebnisebene*: Befragungen zum inneren Erregungszustand; beispielsweise mittels einer *Ratingskala*, auf der ein Erregungswert anzukreuzen ist oder mittels der *Zuordnung von Mustern* zu verschiedenen Reizen wie zum Beispiel einer Werbeanzeige.
- *Messung auf motorischer Ebene*: Ermittlung von unmittelbar beobachtbaren Verhaltensweisen, die bei der Aktivierung auftreten. Beispielsweise die Messung der Mimik beziehungsweise der Bewegungen der Gesichtsmuskulatur mittels Elektromyographie (EMG/Facial EMG; Pepels 1996, S. 205 und Hazlett/Hazlett 1999) sowie der Gestik oder der Kopfbewegungen bei Orientierungsreaktionen (Kroeber-Riel/Weinberg 2003, S. 63 ff.). Mit diesem Verfahren kann zwar die Richtung der Reaktion, nicht jedoch ihre Stärke gemessen werden.

Obwohl es sinnvoll wäre, Messungen auf allen drei Ebenen durchzuführen, da sich die Verfahren hinsichtlich Messung der Stärke und Richtung der Aktivierung ergänzen, ist eine sorgfältige Kosten-Nutzen-Abwägung erforderlich, weil alle Verfahren mit einem relativ hohen Aufwand verbunden sind. Falls nur ein Verfahren gewählt wird, wäre eigentlich die Messung auf der physiologischen Ebene am besten geeignet, um die Stärke der Aktivierung aufzuzeigen (Kroeber-Riel/Weinberg 2003, S. 63). In der Praxis werden bei der reinen Aktivierungsmessung jedoch vor allem Befragungen durchgeführt, also Messungen auf der subjektiven Erlebnisebene. Gleichzeitig ist das Verfahren der Facial EMGs das im Rahmen der Emotionsmessung am weitesten verbreitete Verfahren zur Messung der Aktivierung (Kroeber-Riel/Weinberg 2003, S. 105 ff.).

6.2.4.2 Messung der Informationsaufnahme und Informationswahrnehmung

Der Blickverlauf bei der Betrachtung eines Werbemittels und damit die *Informationsaufnahme* beziehungsweise die durch das untersuchte Werbemittel erzielte *Aufmerksamkeit* kann mit Hilfe verschiedener Verfahren bestimmt werden, wobei Aufmerksamkeit ein zentrales Konstrukt zur Erklärung von Wahrnehmungsleistungen ist: Sie bestimmt grundsätzlich, wie sehr das Verhalten eines Individuums überhaupt durch die Reize der Umwelt beeinflusst wird, und steuert die Wahrnehmung; es werden nur solche Reize bewusst wahrgenommen und effizient weiterverarbeitet, die Aufmerksamkeit erzeugen (Reizauswahl; Kroeber-Riel/Weinberg 2003, S. 60f. und S. 272f.). Angesichts der gestiegenen Informations- und Werbeflut erhält damit die Fähigkeit eines Werbemittels, einen bestimmten Grad an Aufmerksamkeit zu erzeugen, besondere Relevanz: Es können nicht alle Reize wahrgenommen werden, jedoch werden stärkere Reize im Allgemeinen bevorzugt, so dass Anzeigen oder Spots, die stärker aktivieren beziehungsweise eine höhere Aufmerksamkeit erzeugen, eher wahrgenommen werden als andere Reize (Kroeber-Riel/Weinberg 2003, S. 61 f.).

In der Regel werden für die Messung der Aufmerksamkeit beziehungsweise der Informationsaufnahmen vor allem Blickregistrierungsgeräte und die Leseverhaltensbeobachtung eingesetzt (hier und im Folgenden u.a. Pepels 1996, S. 206 ff.). Auf diese Weise können Fehler in der Werbemittelgestaltung aufgedeckt werden (z.B. bezüglich der Anordnung von Anzeigenelementen wie Bild zu Text oder Bild zu Markenname). Zudem können mit Hilfe dieser Verfahren die folgenden Fragen beantwortet werden: Wird die zu testende Anzeige im Umfeld tatsächlich beachtet? Wie intensiv setzt sich die Zielperson mit der Anzeige auseinander? Nutzen die Leser die verschiedenen Informationsangebote und Anzeigenelemente wie Absender, Bild, Headline oder Slogan? Wie gründlich werden die Texte spontan gelesen? Gibt es einen bestimmten Weg durch eine Anzeige/einen bestimmten Blickverlauf und welche Aspekte sollten optimiert werden?

Die Messung mittels eines apparativen Verfahrens beziehungsweise mittels eines *Blickaufzeichnungs-* oder *Blickregistrierungsgeräts* wird traditionell wie folgt durchgeführt: Die Versuchsperson setzt entweder eine Augenkamera (feldtauglich) oder eine Brille (nur labortauglich) auf, mit der der Blickverlauf anhand der Pupillenbewegungen registriert wird. Insbesondere können auf diese Weise Fixationen (das Verweilen des Blicks auf einem bestimmten Punkt) und Saccaden (Blicksprünge) gemessen werden. Eine Fixation ist eine notwendige Voraussetzung dafür, dass Informationen überhaupt aufgenommen werden beziehungsweise ins Kurzzeitgedächtnis gelangen können. Somit gibt die Messung der Fixationen und Saccaden Aufschluss darüber, welche Informationen überhaupt wahrgenommen werden. Diesen Erkenntnissen kommt eine wichtige Bedeutung für die Werbemitteloptimierung zu. In der Regel werden diese Tests auf Video (oder einem anderen Datenträger) aufgenommen, so dass sie anschließend detailliert ausgewertet werden können. Anwendung findet dieses apparative Verfahren, das seit den 1970ern stark an Popularität eingebüßt hatte, neuerdings wieder in der Beurteilung von Direct Marketing-Material und Web Sites: Für die Blickregistrierung auf Web Sites existieren jedoch technologisch weiterentwickelte Verfahren wie in Monitore eingebettete Kameras. Die Blickverlaufsmuster werden anschließend in Form von Wärmebildern oder Diagrammen dargestellt, die anzeigen, wie sich die Augen über die Web Site oder eine E-Mail bewegt haben (Creamer 2005).

Die Messung mittels *Leseverhaltensbeobachtung*, nach dem durchführenden Institut auch Compagnon-Verfahren genannt, erlaubt die Messung von Reaktionen auf in einer Zeitschrift enthaltene Anzeigen sowie die Messung von Fixationen und Saccaden. Die Testpersonen, Leser der zu testenden Zeitschrift, werden in einer Vorbefragung mittels Quotenregeln ausgewählt und in ein Teststudio gebeten. Dort lässt man sie mit der Bitte, sich noch ein wenig zu gedulden, mit einer aktuellen, jedoch noch nicht erschienenen Ausgabe der Zeitschrift, in die Testanzeigen montiert wurden, allein, um eine reale Lesesituation zu generieren. Während die Person sich mit der Zeitschrift beschäftigt, werden durch eine in die Leselampe eingebaute Kamera sowohl das Gesicht der Testperson mit den Blickbewegungen ihrer Augen als auch die gelesene Zeitschriftenseite gleichzeitig aufgenommen. Im Anschluss an diesen Test wird die Person zu Stärken und Schwächen der Testanzeigen befragt. Im Vergleich zu Augenkameras und Brillen hat dieses Verfahren den Vorteil der höheren Realitätsnähe, jedoch wird der Blickverlauf weniger präzise erfasst.

6.2.4.3 Messung der emotionalen und kognitiven Informationsverarbeitung

Bei der Messung der Informationsverarbeitung wird zwischen emotionaler (gefühlsmäßiger) und kognitiver (gedanklicher) Informationsverarbeitung unterschieden (Neumann, 2003, S. 47 ff.).

Die *emotionale Informationsverarbeitung* kann in verschiedenen Phasen gemessen werden; von einem gefühlsmäßigen ersten Eindruck bis hin zu einem klar bewussten Eindruck. Mithilfe eines *aktualgenetischen Verfahrens* (dies sind „Verfahren, welche den Prozess der Entstehung der Wahrnehmung (= Aktualgenese) untersuchen ..." Neumann 2003, S. 54), einem *Tachistoskop,* können Schnelligkeit und Genauigkeit von Wahrnehmungsprozessen festgestellt werden, wobei es vor allem bei der Messung und Bewertung der *ersten Anmutung* eingesetzt wird (Neumann 2003, S. 80 f.) Das Tachistoskop ist ein technisches Gerät, das es ermöglicht, Wahrnehmungssituationen zu standardisieren und dabei die Darbietung von visuellem Wahrnehmungsmaterial zeitlich zu begrenzen und systematisch (z.B. von wenigen Millisekunden bis zu Dauerexpositionen) zu variieren, um realitätsnahe Situationen zu simulieren. Mit Hilfe des Tachistoskops und anschließender Befragungen können vor allem Aussagen darüber getroffen werden, wie der erste spontane Eindruck bei flüchtiger Wahrnehmung oder das Verständnis sowie die Beurteilung bei genauerer Wahrnehmung sind.

Besonders geeignet ist es, um Aussagen über die *Prägnanz* eines Werbemittels zu treffen: Erkennt die Testperson Elemente der Kommunikationsbotschaft (z.B. den Markennamen oder ein Schlüsselbild) schon nach sehr kurzer Darbietung und somit nach flüchtiger Wahrnehmung, dann sind sie prägnant gestaltet und/oder sind für den Betrachter bedeutsam (u.a. Kroeber-Riel/Weinberg 2003, S. 277 und Neumann 2003, S. 57). Dies ist wesentlich, damit Informationen vom Ultrakurzzeitspeicher der Sinnesorgane in den Kurzzeitspeicher und damit – zumindest teilweise – in das Bewusstsein gelangen können (Neumann 2003, S. 47ff.).

Die *kognitive Verarbeitung* der vor allem in Texten dargebotenen Informationen wird mittels Verfahren wie *Protokollen lauten Denkens* (auch Kapitel D.4.2; Grunert 1990 und Esch 2005a, S. 949ff.) oder *Lesbarkeit- und Verständlichkeitsindizes* bewertet, um zu überprüfen, ob die Verständlichkeit der Werbebotschaft optimal ist und die Komplexität der Informationen an die Fähigkeiten der Zielpersonen angepasst ist (ausführlich Neumann 2003, S. 93ff.). Ferner können verschiedene *Befragungen* durchgeführt werden, um die emotionale Informationsverarbeitung zu messen (ausführlich Neumann 2003, S. 78ff.). Verständlichkeit der Kommunikation wird als Kenngröße „Hauptziel der Werbung (verstanden)" beispielsweise wie folgt abgefragt: „Natürlich war es das Ziel der Werbung, Sie zum Kauf des Produkts zu veranlassen. Was war abgesehen davon das Hauptziel der Werbung?" (Haley/Baldinger 2000, S. 116ff.)

In der Praxis haben sich vereinzelt nichtrepräsentative Laien-Tests etabliert (auch als „Ehefrauen"- oder „Putzfrauen-Tests" bekannt), deren Ergebnisse allerdings kaum valide sind (u.a. Neumann 2003, S. 96).

6.2.4.4 Messung der Informationsspeicherung (Awareness, Recall, Recognition, Bekanntheit)

Auf dieser Stufe wird das Wissen der Zielpersonen als eine Form der Gedächtnisinhalte (neben Einstellungen und Verhaltensabsichten) evaluiert. In diesem Zusammenhang ist die Kenngröße *Awareness* zentral, wobei zwischen der *Kenntnis des Werbemittels* (*Ad Awareness*) und der *Kenntnis der Marke* (*Brand Awareness* bzw. Markenbekanntheit) unterschieden wird (ausführlich z.B. Bergkvist 2000, S. 37ff.). Beides wird in der Regel über das (*Aided/ Unaided*) Erinnern (*Recall*) und das *Wiedererkennen* (*Recognition*) abgefragt (Ellinghaus 2000, S. 27ff.), so dass Ad Recall, Ad Recognition, Brand Recall und Brand Recognition die zentralen Kennzahlen der Awareness-Messung sind.

Zwar vertreten einzelne Autoren die Auffassung, Recognition würde nur bei Werbemitteln abgefragt (z.B. Erichson/Maretzki 1993, S. 547) und im Zusammenhang mit Marken und Produkten wird häufig nur der Recall erhoben. Grundsätzlich lässt sich jedoch auch die Recognition bei Produkten und Marken einsetzen (u.a. Bergkvist 2000, S. 37 ff.).

Ferner wird bei den Begriffen Recall und Awareness zwischen *Top of Mind* und *Total* (Recall/ Awareness) unterschieden (ausführlich im Folgenden). Ein weiterer Begriff der in diesem Zusammenhang gebräuchlich ist, ist die *Salience*. Diese Größe wird als Oberbegriff für Top of Mind Awareness, Unaided Awareness und Total Awareness (Unaided plus Aided) verwendet (Haley/Baldinger 2001, S. 116).

Interessant ist, dass Brand Awareness in der Praxis häufig selbstverständlich als Größe zur Beurteilung des Werbeerfolgs eingesetzt wird (viele Marktforschungsinstrumente berücksichtigen die drei Kenngrößen Ad Recall, Ad Recognition und Markenbekanntheit). Dies ist zwar nahe liegend, da die Kommunikation häufig mit dem Zi8el der Stärkung der Brand Awareness eingesetzt wird, genau genommen, ist sie jedoch kein direktes Maß der Werbewirksamkeit; in den meisten Studien wird als Größe zur Beurteilung des Werbeerfolgs die direktere Größe Ad Awareness herangezogen, während Brand Awareness eher in Studien zu Brand Equity herangezogen wird (Bergkvist 2000, S. 71 f.). Im Folgenden werden Recall- und Recognition-Messungen allgemein und sowohl für Ad Awareness als auch für Brand Awareness dargestellt. Besonderheiten der Messung der Markenbekanntheit (Brand Awareness) werden im Anschluss explizit aufgezeigt.

Recall und Recognition

Die Messung von Recall (Erinnern) und Recognition (Wiedererkennen) ist in der Praxis bis heute die bekannteste Methode, um Werbewirkungen zu ermitteln (ausführlich u a. Fenwick/Rice 1991, S. 23 und Krishnan/Chakravarti 1999, S. 4 ff.). Beide Größen finden sich in fast jedem Werbekontrollinstrument. Obwohl sie gelegentlich immer noch die einzigen Größen sind, die kontrolliert werden, werden diese Messungen immer häufiger mit weiteren Größen verbunden, um ein differenzierteres Bild zu ermöglichen (u.a. Nickel 2001, S. 70).

Recall- und Recognition-Messungen sind *direkte* Verfahren, um zu messen, ob und wie lange Informationen gelernt und behalten werden beziehungsweise welche Informationen in den Langzeitspeicher gelangen und wie lange sie dort behalten werden. Daneben existieren noch *indirekte* Verfahren wie die Ersparnismethode oder das Kuller-Kombinationsverfahren (ausführlich Neumann 2003, S. 132); in der Praxis haben sich diese jedoch nicht durchgesetzt.

Mittels standardisierter Befragungen werden die zentralen Kennzahlen

- *Unaided Recall* (ungestützte Erinnerung an ein bestimmtes Produkt, eine Marke oder ein bestimmtes Werbemittel usw.),

- *Aided Recall* (gestützte Erinnerung an ein bestimmtes Produkt, eine Marke oder ein bestimmtes Werbemittel usw.; Werberecall = Advertising Awareness) und
- *Recognition* (Wiedererkennen eines bestimmten Produkts, einer Marke oder eines bestimmten Werbemittels usw.) erhoben.

Will man beispielsweise untersuchen, ob eine bestimmte Anzeige im Gedächtnis (Langzeitspeicher) gespeichert wurde, kann man wie folgt vorgehen (Neumann 2003, S. 130 f.): Handelt es sich um eine medienspezifische Befragung, kann man nach einer Filterfrage („Haben Sie die gestrige Ausgabe der Zeitung X gelesen?") Folgendes abfragen (u.a. Neumann 2003, S. 130; indem zuerst nach dem Medium oder der Mediengattung gefragt wird, also eigentlich eine mediengestützte Abfrage durchgeführt wird, soll versucht werden, den teils überschätzten Einfluss des Fernsehens herauszufiltern, o.V 1997, S. 13):

- „Welche Anzeigen waren in der gestrigen Ausgabe der Zeitung X?" oder, medienunspezifisch, „Können Sie sich an Werbung für den Produktbereich Y erinnern?" (Unaided Recall),
- „War eine Anzeige eines Autoherstellers dabei?" oder, medienunspezifisch, „Können Sie sich an Werbung für die Marke X erinnern?"" (Aided Recall).
- Nachdem die entsprechende Anzeige ganz oder in Teilen vorgelegt worden ist – hier kann man die Erinnerungsstützen sukzessive vermehren – kann man zum Beispiel fragen: „War diese Anzeige dabei?" (Recognition).

„Erinnern" bedeutet hier, dass ausreichend Einzelheiten beschrieben werden können, um Verwechslungen ausschließen zu können. Die Unterscheidung zwischen Aided und Unaided Recall bezieht sich darauf, ob das Gelernte frei und ohne Unterstützung *(Unaided;* auch *Unprompted* oder *Spontaneous* genannt*)* oder mit Gedächtnisstützen *(Aided,* auch *Prompted* genannt), wie zum Beispiel Hinweise auf den Kontext des gelernten Materials, wiedergegeben werden kann. Die Marke, die bei einer Frage zur Überprüfung des Unaided Recall als erstes genannt wird (teils auch die beiden zuerst genannten Marken), ist *Top of Mind,* so dass in diesem Zusammenhang von *Top of Mind Recall* und *Top of Mind Awareness* gesprochen wird. Beim Wiedererkennen wird der befragten Person das gelernte Material (z.B. eine Werbeanzeige) zusammen mit anderem Material vorgelegt, und sie wird gefragt, an welches Material sie sich erinnert. Bei Marken erfolgt dies, indem den Testpersonen Listen mit bis zu 30 Marken vorgelegt werden und diese angeben, welche Marke sie kennen beziehungsweise von welcher sie schon einmal etwas gehört haben. Der Begriff „*Total*" (Total Recall oder Total Awareness) drückt die Summe von Aided und Unaided Werten aus.

Interpretation von Recall- und Recognition-Werten

Im Allgemeinen sind gute Recall- und Recognition-Werte notwendige, nicht jedoch hinreichende Bedingungen für positive Werbewirkungen. Bei der Interpretation sind folgende Aspekte zu berücksichtigen:

- Die Werte müssen stets in Relation zu angemessenen Vergleichsgrößen gesehen werden, da sie zum Beispiel stark von dem Verwenderanteil der Produkte und der Positionierung abhängig sind (Kloss 2003, S. 163). Insbesondere sollten sie nur im Zusammenhang mit Einstellungswirkungen gemessen werden, da hohe Recall- und Recognitionwerte beispielsweise auch im Zusammenhang mit negativen Emotionen stehen können (wie im bekannten Fall der Marke Benetton) (Nieschlag/Dichtl/Hörschgen 2002, S. 1114).
- Ferner müssen Gedächtniswerte, die sich bei den unterschiedlichen Methoden ergeben, differenziert interpretiert werden (Neumann 2003, S. 130), weil sie unterschiedliche gedankliche Abrufleistungen aus dem Gedächtnis erfordern (Kroeber-Riel/Weinberg 2003, S. 362): Der Wert des Unaided Recall ist am niedrigsten, der Recognition-Wert am höchsten, gleichzeitig korrelieren diese Werte stark (Stapel, 1998). Bei beiden ist jedoch zu beachten, dass die zeitliche Distanz zwischen Wahrnehmung und Befragung die Messergebnisse stark beeinflusst (Kloss 2003, S. 162).
- Insbesondere angesichts der weiten Verbreitung von Recall-Messungen ist es bemerkenswert, dass bis heute darüber diskutiert wird, ob sie valide und reliable Messungen liefern. Einigkeit besteht weitgehend darüber, dass Recall-Werte nur wenig aussagekräftig sind, wenn nicht gleichzeitig qualitative Aspekte berücksichtigt werden (Pepels 2001, S. 176). Angesichts der Diskussion um die Zuverlässigkeit und Aussagekraft der Recall-Werte existieren zudem Überlegungen, ob Recognition dem Recall als Kenngröße vorzuziehen ist. Da jedoch unterschiedliche Aspekte mit den beiden Verfahren gemessen werden und es sowohl Personen mit einem stärkeren Recall-Gedächtnis als auch Personen mit einem stärkeren Recognition-Gedächtnis gibt (Hossinger 1982, S. 71), werden weiterhin beide Verfahren eingesetzt.
- Die Hauptkritik an Recognition-Tests richtet sich darauf, dass die Korrektheit der Antworten nicht überprüft werden kann und es in diesem Zusammenhang zu stark überhöhten Werten kommt, weil Menschen im Zweifel eher zustimmend antworten. Dem kann durch den Einsatz fiktiver beziehungsweise unechter Werbemitteln begegnet werden (Erichson/Maretzki 1993, S. 548).
- Zudem können Recall-Werte mit den Ergebnissen apparativer Testverfahren kombiniert werden, wie das folgende Beispiel zeigt: Erzielt eine Anzeige einen Markenrecall von 40 Prozent, dann kann dies zunächst als normales Ergebnis interpretiert werden. Zeigt die Blickregistrierung jedoch gleichzeitig, dass die zentralen Markeninformationen von nur 60 Prozent der Leser beachtet wurde, weist dies darauf hin, dass die Gestaltung noch Optimierungspotenzial aufweist – der Beitrag der Anzeige zur Markenaktualisierung kann noch gesteigert werden (von Keitz 1997).

Choice Set-Analysen

Mehrere insbesondere bei limitierten Kaufentscheidungen relevante Kenngrößen stehen mit den zuvor beschriebenen Größen in Verbindung: Die *Präferenzbildung*

Kenngröße	Rolle im Kaufentscheidungsprozess
Total Set	Zunächst werden aus allen verfügbaren Angeboten (*Total Set*)...
Inept Set und Inert Set	...gedanklich die Alternativen eliminiert, die nicht in Frage kommen, da sie als nicht tauglich (*Inept Set*) eingestuft werden oder der Konsument zu wenig Informationen zu diesen besitzt (*Inert Set*).
Relevant Set	Es bleibt das *Relevant Set*, das üblicherweise nur 10 bis 15 % aller Alternativen ausmacht.
Evoked Set und Consideration Set	Anschließend werden mittels gespeicherter Informationen (v. a. Markenkenntnisse, Prädispositionen und Produkterfahrungen) die entscheidungsrelevanten, aktuellen Alternativen, aus denen die Auswahl getroffen wird beziehungsweise Alternativen des *Evoked Set*, auch *Consideration Set* genannt, geprüft. Dieses enthält Angebote aus dem Awareness Set (siehe unten), zu denen der Kunde aufgrund seiner kaufentscheidungsrelevanten Bedürfnisse gewisse Einstellungen entwickelt hat.
Awareness Set	Reichen diese dem Konsumenten bei der Entscheidung nicht, prüft er, ob er weitere bekannte, bisher jedoch nicht geprüfte, Alternativen kennt.
Action Set	Von den Angeboten werden wiederum nur einige ausgewählt (*Action Set*).
Share of Mind	In diesem Zusammenhang wird auch vom *Share of Mind* als relativem Anteil der Bekanntheit einer Leistung im Vergleich zu allen relevanten Leistungen im Markt gesprochen. Diese Kenngröße wird unterschiedlich definiert und verwendet.
Top of Mind	Für das bekannteste Angebot wird die Kennzahl *Top of Mind* verwendet.

Abbildung 90: Kenngrößen von Choice Set-Analysen (Quelle: Eigene Darstellung)

für ein bestimmtes Produkt erfolgt in mehreren Stufen (Abbildung 90) und orientiert sich vor allem an Preis- und Qualitätsmerkmalen, so dass es für das Marketingmanagement wesentlich ist, entsprechende Preisschwellen und bestimmte Mindestanforderungen zu kennen (hier und im Folgenden Spiggle/Sewall 1987, S. 99 f. und Kroeber-Riel/Weinberg 2003, S. 245, S. 385 f. und S. 393 f.).

Für Analysen dieser *Choice Sets* eignen sich Analysen, teilweise unpräzise auch Evoked Set-Analysen genannt, die Bekanntheits- und Imagemessungen mittels Befragung und Beobachtung kombinieren (ausführlich Spiggle/Sewall 1987, S. 100 ff. und Kapitel D.4.2).

Day-after-Recall-Tests

Recall-Messungen, die 24 Stunden nach Darbietung der Werbung durchgeführt werden, so genannte „Day-after-Recall"-Tests (DAR), sind vor allem im TV-Bereich aufgrund der Einfachheit und Kostengünstigkeit der Durchführung verbreitet. Beispielsweise werden beim TV-DAR Personen angerufen und befragt, ob sie einen entsprechenden Werbeblock gesehen haben und ob sie sich an Werbung X sowie eventuell bestimmte Elemente dieser erinnern (Kroeber-Riel/Weinberg, 2003, S. 363). Sie weisen allerdings große Validitätsprobleme auf: So sind unter anderem die Stichproben sehr klein und die Konkurrenz sowie Störfaktoren wie Sendezeit oder Stimmungslage können nicht berücksichtigt werden (Pepels 2001, S. 175). Aufgrund *fragwürdiger Reliabilität und Validität* werden sie teilweise als „tot" eingestuft (Zielske 1982 und Kroeber-Riel/Weinberg 2003, S. 363), auch wenn sie aufzeigen können, welche Werbemittel aufgrund geringer Überzeugungskraft ungeeignet wären.

Starch- und Gallup-Robinson-Tests

Erstmalig durchgeführt wurde ein Recognition-Test 1912 von dem amerikanischen Werbeforscher Strong (Nieschlag/Dichtl/Hörschgen 2002, S. 111). Seit den 1930ern fand der Recognition-Test in Form des „Survey of Reader Interest" des Instituts Gallup weite Verbreitung. Auf diese Zeit gehen besondere Formen von Wiedererkennungstests bei Printmedien zurück: der seit 1923 verwendete und weit verbreitete Starch-Test und der Gallup-Robinson-Test sowie auf diesen aufbauende Testverfahren (z.B. für TV-Tests; Kotler/Keller 2006, S. 583). Bei beiden werden Testanzeigen in verschiedenen Zeitschriften platziert, welche an Zielpersonen verteilt werden, die später zu den betreffenden Zeitschriften und Anzeigen befragt werden. Der Vergleich mit den in einer Datenbank gespeicherten bisherigen Starch-Tests erlaubt eine Einordnung der Leistung der einzelnen Anzeigen mittels Benchmarks. Der *Starch-Test* kann als *Ja-oder-Nein-Methode* bezeichnet werden, da vom Probanden stets ein Ja oder ein Nein bezüglich der Erinnerung an eine Anzeige oder einen Ausschnitt einer Anzeige erwartet wird (Zinkhan/Gelb 1986, S. 45). Die Ergebnisse der Erinnerung werden zudem wie folgt kategorisiert (Kotler/Bliemel 2006, S. 976):

1. Bemerkt beziehungsweise „noted" (Anzeige gesehen) = Anteil der Leser, die angeben, die Anzeige gesehen zu haben,
2. Gesehen und zugeordnet beziehungsweise „seen/associated" (Anzeige global betrachtet) = Anteil der Leser, die angeben, die Anzeige gesehen und teilweise gelesen zu haben und sich deutlich an den Namen des Werbeobjekts erinnern,
3. Zum Großteil gelesen beziehungsweise „read most" (Anzeige gelesen) = Anteil der Leser, die angeben, die Anzeige genau beziehungsweise zu mehr als 50 Prozent gelesen oder betrachtet zu haben.

Alternativ arbeitet der *AD*VANTAGE PRINT* Test der GfK nicht mit realen Zeitschriften, sondern mit Testheften, die eine standardisierte und kontrollierte Untersuchungssituation ermöglichen (Högl/Meyer/Gierl 2003 zur Validierung von AD*Vantage/Act als Werbewirkungsindikator).

Brand Awareness/Markenbekanntheit:
Besonderheiten der Messung und Interpetation

Für die Markenführung ist die Markenbekanntheit von besonderer Bedeutung, da sie als Anker von Assoziationen dient, Voraussetzung für das Entstehen von Vertrautheit und Zuneigung sowie ein Zeichen von Solidität und Engagement ist und vor allem bestimmt, ob die Marke im Awareness Set des Konsumenten ist bzw. bei der Kaufentscheidung in Betracht gezogen wird (Aaker 1992, S. 85).

Eine Besonderheit der Brand Recall- und Brand Recognition-Tests ist, dass die *aktive* und die *passive* Markenbekanntheit mittels Marken-Recall- (Messung der aktiven Markenbekanntheit) und Marken-Recognition-Tests (Messung der passiven Markenbekanntheit) erhoben werden (Kroeber-Riel/Weinberg 2003, S. 363 f. und Keller 2005b, S. 1316 f.). Bei Brand Recognition-Tests wird den Konsumenten in der Regel eine Liste mit Marken(-namen) einer bestimmten Kategorie vorgelegt, und sie werden gebeten, die ihnen bekannten Marken zu kennzeichnen.

Wie deutlich wurde, zeigt der *Markenrecall* die *aktive Markenbekanntheit* an. Diese kann das Erinnern des Namens, des Markenzeichens und bestimmter Verpackungselemente umfassen (Kroeber-Riel/Esch 2004, S. 97) und ist vor allem bei Entscheidungen relevant, die vor dem Kauf, zum Beispiel zu Hause statt im Geschäft, getroffen werden. So reicht es in diesem Fall nicht aus, wenn eine Marke eine hohe Bekanntheit hat. Die Aktualität der Marke muss ebenfalls hoch sein. Dies wird durch die aktive Markenbekanntheit ausgedrückt. Im Gegensatz zu passiven Kenntnissen werden Marken mit *aktiver Bekanntheit* sowohl eher als auch stärker nachgefragt. Die Erhöhung der aktiven Markenbekanntheit kann deshalb ein wichtiges Ziel sein, um die Nachfrage nach dieser zu erhöhen. In Situationen mit sehr geringem Involvement reicht hingegen in manchen Fällen eine passive Markenbekanntheit, da der Konsument erst im Geschäft über seine Entscheidung nachdenkt, so dass es reicht, wenn er eine Marke wiedererkennt. (Dies gilt jedoch beispielsweise nicht bei Versicherungsmarken, weil hier die Kaufentscheidung in der Regel nicht in einem „Geschäft" erfolgt.) Dementsprechend empfiehlt sich der Einsatz von Recognitiontests insbesondere (jedoch nicht ausschließlich), wenn ein relativ geringes Involvement vorliegt und daher die Entscheidung für eine bestimmte Marke in der Regel erst unmittelbar am POS getroffen wird. Wenn es sich jedoch um Kaufentscheidungen mit relativ hohem Involvement handelt, beziehen die Konsumenten bereits verschiedene Marken in ihren Entscheidungsprozess ein (Kapitel C.6.1.2.3), bevor sie eine Einkaufsstätte aufsuchen. Unter dieser Ausgangsbedingung eignen sich eher Recalltests, da hierbei überprüft wird, an welche Marken sich die Konsumenten ohne Vorgabe von Markennamen oder -logos aus dem Gedächtnis erinnern (Kroeber-Riel/Weinberg 2003, S. 362 ff. und Keller 2005b, S. 1316 f.).

Aaker (1992, S. 83 f.) fasst die verschiedenen Arten der Bekanntheit in einer Bekanntheitspyramide zusammen, die der unterschiedlichen Höhe der Aktualität Rechnung trägt (Abbildung 91): Sie reicht vom Boden der Pyramide von (1) die

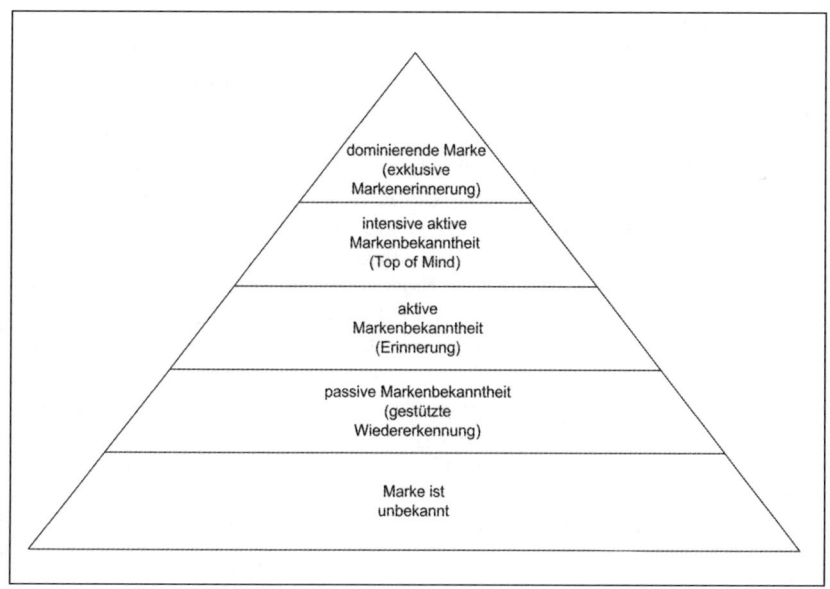

Abbildung 91: Die Markenbekanntheitspyramide (Quelle: Esch 2005a, S. 70 und Aaker 1992, S. 84)

Marke ist unbekannt, über (2) man erkennt die Marke wieder (passive Markenbekanntheit, gestützte Wiedererkennung), (3) die Marke fällt dem Befragten wieder ein (aktive Markenbekanntheit, ungestützte Erinnerung) und Stufe (4) die Marke fällt dem Befragten sofort beziehungsweise als Erstes ein (Top of Mind) bis hin zu Stufe (5), die Marke ist dominant und wird exklusiv erinnert.

In der Regel wird davon ausgegangen, dass die Markenbekanntheit zunimmt, wenn die Marke beworben wird und langsam abnimmt, wenn die Marke nicht mehr beworben wird. Dabei wirkt die Werbung über die aktuelle Periode hinaus. Ferner hängt der Grad der Zunahme der Bekanntheit von dem bereits erreichten Bekanntheitsniveau ab: Ist die Awareness bereits sehr hoch, ist es umso schwieriger, diese noch zu steigern (abnehmender Grenznutzen der Werbung; Kloss 2003, S. 150).

6.2.5 Verfahren zur Evaluation der Einstellung, Likes/Dislikes und Kaufabsicht

Als stark verhaltensrelevante Kenngrößen werden heute sowohl Einstellungen, ergänzt durch Fragen zur Reaktion auf die Werbung (v. a. Likes/Dislikes), als auch die Kaufintention gemessen (ausführlich Kapitel C.6.1.2.4 für eine Begriffsbestimmung und -abgrenzung).

Zur *Messung von Einstellungen* (ausführlich Kapitel C.4.2.2.2) können sämtliche Methoden der Einstellungsforschung angewendet werden, da die Kommunikationwirkungsforschung hier im Grunde keine eigenen Messansätze entwickelt hat. Gleichzeitig ist der Begriff Einstellung nicht einheitlich definiert, und es gibt mehrere anerkannte Einstellungskonzepte wie die populäre Drei-Komponenten-Theorie. Attraktiv ist diese Theorie vor allem, da sie sich als heuristisches Organisationsschema für die Untersuchungen der Einstellungen eignet: Sie umfasst die wesentlichen drei Dimensionen der Einstellung, die entsprechend einzeln gemessen werden können. Dies sind die kognitive, affektive und konative Komponente beziehungsweise das Denken, Fühlen und Handeln, das meist aufeinander abgestimmt ist (ausführlich Trommsdorff 2003a, S. 149 ff. und Kroeber-Riel/Weinberg 2003, S. 169 ff.). Grundsätzlich können, analog zu der Anzahl der berücksichtigten Einstellungsdimensionen (eine bis maximal drei), eindimensionale (v. a. Likert-Skala, Lost-Letter-Technik, Laddering-Technik bei der Means-End-Analyse) und mehrdimensionale Verfahren (v. a. das Semantische Differential, Polaritätenprofile und multiattributive Modelle nach Ajzen/Fishbein, Rosenbein und Trommsdorff) zur Einstellungsmessung unterschieden werden (ausführlich Kapitel C.4.2.2.2und Kroeber-Riel/Weinberg 2003, 189 ff.).

Ferner wird regelmäßig die *Reaktion auf die Werbung* als Kenngröße der Werbewirkungskontrolle erhoben (Haley/Baldinger 2000, S. 116 ff.), und zwar mittels Fragen zu Gefallen/Like und Dislike sowie diagnostischen Fragen.

- *Like/Dislike*: Auf die Frage „Wenn Sie an die Werbung denken, die Sie soeben gesehen haben, welcher der folgenden Kommentare beschreibt Ihre Gefühle am besten?", können folgende Antworten von „Sie hat mir sehr gut gefallen" („*top box*" genannt, da die oberste Box in diesem Fall angekreuzt wurde) bis „Sie hat mir gar nicht gefallen" gegeben werden.
- *Diagnose*: Neben den oben genannten Fragen werden weitere, so genannte diagnostische Fragen gestellt. Diese besitzen für sich genommen wenig Aussagekraft, können jedoch bei der Erklärung beziehungsweise Interpretation anderer Messergebnisse hilfreich sein.
  - Positiv formuliert zum Beispiel: Die Werbung teilt mir viele neue Aspekte zu dem Produkt mit. Die Werbung hilft mir, das Produkt zu finden, das ich suche. Die Werbung ist lustig oder clever. Ich finde diese Werbung künstlerisch. Diese Werbung kann man genießen.
  - Negativ formuliert (Items umgedreht): Das Produkt leistet nicht das, was die Werbung verspricht. Diese Werbung beleidigt die Intelligenz des Durchschnittskonsumenten. Diese Werbung ist langweilig. Diese Werbung beweist schlechten Geschmack.

Ein wichtiger Ansatz der Werbewirkungsforschung, der bei der Abfrage dieser Größen im Hintergrund steht, ist das „Attitude toward the ad"-Modell (Lutz/MacKenzie/Belch 1983; weiterentwickelt durch Lutz 1985 und MacKenzie/Lutz 1989). Demnach ist die Einstellung zu einer Werbemaßnahme eine zentrale vermittelnde

Variable zwischen den direkten Auswirkungen der Werbemaßnahme und der Einstellung zu der beworbenen Marke sowie der Kaufabsicht. Zudem soll Reaktanz und damit die Vermeidung des Abbruchs der Kommunikationsverarbeitung durch die Zielpersonen vermieden werden, so dass auch in diesem Zusammenhang die Haltung gegenüber der Werbung von Bedeutung ist.

Bei der *Messung der Kaufabsicht* wird die befragte Person gebeten, anzugeben, wie hoch die Wahrscheinlichkeit ist, dass sie ein bestimmtes Produkt innerhalb eines definierten Zeitraums erwirbt (auch Kapitel C.6.1.2.4; Schweiger/Schrattenecker, 2005, S. 346 f.). In der Regel soll sich die Person entscheiden, welches Element aus einem vorgegebenen Set von Alternativen sie wählen würde. Wird diese Messung nach Darbietung eines Kommunikationsmittels wiederholt, kann ermittelt werden, wie sich dieses auf die Kaufabsicht auswirkt (Nieschlag/Dichtl/Hörschgen 2002, S. 1115). Verschiedene Marktforschungsinstitute haben unterschiedliche Tests entwickelt, um die Kaufabsicht abzufragen (ausführlich z.B. o.V 1997, S. 20f.).

Ferner haben Bauer, Huber und Hägele (1998) trotz des traditionell produkt- und preisorientierten Charakters der Conjoint-Analye in einer innovativen Studie nachgewiesen, dass sich die *Conjoint-Analyse* grundsätzlich als Instrument der Werbemittelpretests eignet und somit eine präferenzorientierte Messung der Werbewirkung möglich erscheint: Mittels Conjoint-Analysen wird in der Regel ermittelt, welche Produkteigenschaften dem Kunden am wichtigsten sind und welche Merkmalskombinationen die höchste Kaufwahrscheinlichkeit haben (ausführlich Kapitel C.4.2.2.1). Kommunikationsmaßnahmen richten sich – stark vereinfacht ausgedrückt – häufig auf die Unterstützung des für die Konsumenten wichtigsten Produktmerkmals. Dass mit Hilfe der Kommunikation jedoch nicht nur das Wissen der Konsumenten über dieses spezifische Merkmal aktualisiert, sondern auch die Bedeutung der Ausprägung beim Kauf einer Produktgattung beeinflusst werden kann, wird selten thematisiert (Bauer/Huber/Hägele 1998, S. 181). Nach Bauer, Huber und Hägele (1998, S. 181) könnte die Conjoint-Analyse jedoch „als eine Methode zur differenzierten Ermittlung der möglichen Einflussnahme auf einzelne Merkmale und Ausprägungen (…) dienen, indem jeweils vor und nach dem erstmaligen Kontakt mit einem Werbemittel die befragten Personen ihre Präferenzen äußern" (Bauer/Huber/Hägele, S. 181). Auf diese Weise wäre eine getrennte Evaluation der Präferenzurteile der Konsumenten bezüglich Produkt und Marke möglich. Durchgeführt werden könnte diese Messung im Rahmen der produktorientierten Conjoint-Analyse, so dass Kostenvorteile genutzt werden könnten (Bauer/Huber/Hägele 1998, S. 192).

6.2.6 Verfahren zur Evaluation des Verhaltens

Wie in Kapitel C.6.1.2 dargestellt ist davon auszugehen, dass das Verhalten der Konsumenten durch die bisher beschriebenen Werbewirkungen zum Teil beeinflusst wird, so dass diese Zwischenwirkungen Zielgrößen der Kommunikation darstellen.

Langfristig sollten sich Kommunikationsmaßnahmen jedoch auch auf das Verhalten beziehungsweise auf das Informations-, Beeinflussungs-, Kauf-, Wiederkauf- und Verwendungsverhalten der Zielpersonen auswirken (Steffenhagen 2000a, S. 215 f.). Die Zurechnung solcher Wirkungen zur Werbung wird zum Beispiel erleichtert, wenn gewisse *Response-Elemente* (z.B. Coupons, Bestellkarten, Hotline und Gewinnspiele) eingebaut werden (Steffenhagen 2000a, S. 219).

Grundsätzlich kommen für die Evaluation von Verhalten mehrere Möglichkeiten wie Befragungen, Experimente oder Beobachtungen in Frage. Beobachtungen sind insbesondere bei Nutzungs- und Orientierungsverhalten relevant, wobei zwischen der *Beobachtung von Verhaltensabläufen* (z.B. Beobachtung der Reaktion von Kunden auf Werbung am Point of Sale/in Einzelhandelsgeschäften; auch videogestützt) und der *Beobachtung von Verhaltensergebnissen* (z.B. der Beobachtung von Abverkaufszahlen anhand von Scannerkassendaten) unterschieden werden kann. Ergänzend können die Konsumenten zu ihren Verhaltensabsichten (vor Betreten der Einkaufsstätte) und zu ihren Erlebnissen vor Ort befragt werden.

- *Verhaltensbeobachtungen am Point-of-Purchase* können zum Beispiel Antworten auf die folgenden Fragen liefern (von Keitz 1997, S. 40 ff.): Welches Zeitbudget wird vor dem Regal aufgewendet, das heißt, wie viel Zeit steht hier für die Marketingkommunikation (wie Verpackung und Verkaufsförderungsmaßnahmen) zur Verfügung? Welche Regalsegmente werden von wem in welcher Abfolge genutzt? Wann und wo verweilen die Konsumenten länger? Inwieweit werden Verpackungen in die Hand genommen? Wann kommt es zu Spontankäufen? In welchen Fällen werden Produkte trotz ursprünglich vorhandenen Interesses zurückgestellt?
- *Tests von Verkaufsförderungsaktionen*: Inwieweit weckt das Material das Interesse der Konsumenten? Inwieweit nutzen sie die zur Verfügung gestellten Informations- und Reaktionsmöglichkeiten? Welche Personengruppen werden mit der Aktion tatsächlich erreicht (von Keitz 1997, S. 40 ff.)?

Das Ziel *Informationen einholen* kann zum Beispiel über die Registrierung schriftlich eingehender Anfragen (Antwortkartenrücklauf), die Zählung persönlicher Informanten (z.B. Standbesucherzählung bei Messen oder Ausstellungen) oder die Erfassung der Abrufhäufigkeit elektronisch verfügbarer Informationen kontrolliert werden (Steffenhagen 2000a, S. 217 f.).

Kauf und Wiederkauf als zentrale Zielgrößen sind zum einen an den Absatzzahlen ablesbar, zum anderen an den Größen Produktklassenwahl, Markenwahl, Lieferanten- beziehungsweise Einkaufsstättenwahl, Kaufmenge je Kauf, Kaufhäufigkeit und Kaufzeitpunkt (Steffenhagen 2000a, S. 218). Geis (2003, S. 90 ff.; dort ausführlich) empfiehlt zu diesem Zweck die Größen Käuferreichweite, Marktpenetration, Wiederkaufrate, Bedarfdeckungsrate, Wiederkäuferpenetration und Anzahl der Einkäufe. Bei Neuprodukteinführungen kann zudem die *Stabilität der Einführung* mittels Dauer der Erhältlichkeit und Regelmäßigkeit der Einkünfte erfasst werden.

Eine Prognose zukünftiger Nachfrage auf freien Märkten ist trotzdem nicht einfach. Geeignete Prognosemethoden basieren auf (Schweiger/Schrattenecker 2005, S. 346 ff.)

- den geäußerten Kaufabsichten der Konsumenten (u.a. Kapitel C.6.2.5),
- Absatzzahlen der Vergangenheit (v. a. Panelerhebungen, Scannerkassendaten und Auftragseingangsstatistiken) oder
- dem unter Testbedingungen beobachteten Kaufverhalten (Markttests; ausführlich Kapitel C.4.2.3).

Wirkungen der Kommunikation auf das *Verwendungs- und Beeinflussungsverhalten* zum Beispiel in Form von Erhöhung der verwendeten Menge oder Änderung/Ausweitung der Verwendungssituationen (z.B. Verwendung eines längeren Zahnpastastreifens und Zähneputzen im Büro) lassen sich nur mittels speziell angelegter Befragungen erheben (Steffenhagen 2000a, S. 219 f.), wobei die Weiterempfehlungsabsicht häufig auch in Kundenzufriedenheitsbefragungen erhoben wird.

6.2.7 Verfahren zur Evaluation des Markterfolgs

Unternehmen beziehungsweise das Top-Management erwarten einen Beitrag von Kommunikationsmaßnahmen zur Erreichung unternehmenserfolgsrelevanter und damit letztlich monetärer Ziele. Gleichzeitig konnte zumindest für die Konsumgüterbranche nachgewiesen werden, dass effektive Werbung unmittelbare (bzw. in einem Zeitraum von sieben Tagen bis sechs Monaten auftretende) Absatzeffekte hervorruft und dass kurzfristige Effekte unbedingt erforderlich sind, um einen langfristigen Werbeerfolg nachweisen zu können: Demnach scheinen *kurzfristige Abverkaufserfolge notwendige Voraussetzung* für einen langfristigen Markterfolg zu sein (Abraham/Lodish 1990, Lodish et al. 1995, S. G137 ff. und Blair/Schroiff 2001, S. 52 ff.). Zudem hat sich mit der seit den 1980er Jahren zunehmenden Verbreitung von Scannerkassendaten die Verfügbarkeit und Qualität der Verhaltensdaten grundsätzlich verbessert: Konnte bis dahin nur auf Paneldaten zurückgegriffen werden, die alle ein bis zwei Monate erhoben wurden, sind Scannerkassendaten heute wöchentlich verfügbar, so dass Verkaufsinformationen kurzfristig und ereignisbezogen ausgewertet werden können (u.a. Jones 1995).

Erfolgreiche Werbung (ungeachtet dessen, für welche primäre Zielgröße wie Bekanntheit, Image oder Absatz sie kreiert wurde) muss sich somit auch als Markterfolg messen lassen (Vidale/Wolfe 1957, Mantrala/Sinha/Zoltners 1992, Eechambadi 1994, Naik/Mantrala/Sawyer 1998 und Blair/Schroiff 2001, S. 52 ff.). Als Maßgrößen kommen zu diesem Zweck vor allem Unternehmensziele wie Risikominimierung, Gewinn beziehungsweise Profitabilität (langfristig, kurzfristig), Unabhängigkeit und Wachstum (Umsatz, Absatz, Marktanteil) in Frage (hier und im Folgenden Lilien 1994, Reinecke 2004 S. 245 ff. und Nieschlag/Dichtl/Hörschgen 2002, S. 1105 ff.; auch Kapitel D.2.1.1). Eine valide Bestimmung des Beitrags einzelner

Elemente des Marketing-Mix und sonstiger Faktoren zu diesen Größen ist jedoch nur bedingt möglich. Dies ist der Grund für die bis heute zentrale Stellung der nichtmonetären Kommunikationswirkungen als Erfolgsgrößen der Kommunikation. Dennoch werden in der Praxis häufig Absatz- und Umsatzzahlen als Erfolgsgrößen eingesetzt. Auch haben sich Verfahren zur Messung der Wirkung der Kommunikationsmaßnahmen auf den monetären Erfolg am Markt fest etabliert: experimentelle und ökonometrische Ansätze beziehungsweise Marktreaktionsfunktionen (Erichson/Maretzki 1993, S. 537 ff.; dort auch ausführlich).

6.2.7.1 Experimentelle Ansätze

Mit Hilfe experimenteller Ansätze kann man versuchen, einen *Kausalzusammenhang* zwischen Input (Kommunikation) und Output (z.B. Umsatz) nachzuweisen. Diese werden in der Praxis aus Gründen der Kosten- und Komplexitätsreduktion teilweise derart durchgeführt, dass in einigen Verkaufsgebieten höhere Aufwendungen und in anderen Gebieten weniger Aufwendungen vorgenommen und anschließend die Ergebnisse verglichen werden (auch Kotler/Bliemel 2006, S. 978 ff.).

Aufgrund höherer Aussagekraft sind jedoch Instrumente (wie der BehaviorScan der GfK) zu bevorzugen, die das parallele Auswerten der Daten aus Mini-Testmärkten (Scannerkassendaten usw.) und Daten der elektronischen Fernsehpanels mittels Television-Meter (in Deutschland dem GfK-Meter) erlauben (ausführlich Kapitel C.4.2.3.4 zu Mini-Testmärkten). Im Grunde ist der BehaviorScan ein um die Werbewirkungskontrolle erweiterter Mini-Testmarkt. Auf diese Weise können unter anderem kommunikationsrelevante Fragen beantwortet werden: Wer kauft das neue Produkt? Wie wirkt TV-Werbung auf den Abverkauf? Welches Media-Spending-Level ist optimal? Welche TV-Werbung steigert den Abverkauf am stärksten? Ferner kann Folgendes bestimmt werden: Durchsetzungsfähigkeit gegenüber anderen Spots, Überzeugungskraft in der Zielgruppe, Kaufbereitschaft des Zielpublikums und Funktionieren des Botschaftstransports, weil Klarheit, Verständnis, Prägnanz und Produktpositionierung optimiert sind oder nicht.

Die *BehaviorScan-Haushaltspanels* sind repräsentativ für Deutschland und Frankreich. Die 3000 teilnehmenden Haushalte in Deutschland erhalten eine GfK-Identifikationskarte, die sie beim Bezahlen in den teilnehmenden Supermärkten vorzeigen. Auf diese Weise kann das Kaufverhalten präzise erhoben werden. Gleichzeitig kann gesteuert und kontrolliert werden, welche Werbung die teilnehmenden Personen im Fernsehen sehen: Mithilfe der Targetable TV-Technologie ist es möglich, bei einem Teil der Panelhaushalte die nationalen TV-Spots mit Testwerbung zu überstrahlen und einem anderen Teil der Panelhaushalte (der Kontrollgruppe) weiterhin die aktuelle Werbung zu zeigen, so dass neue Werbungen getestet werden können (o.V. 2006b).

In Deutschland werden neben dem GfK-BehaviorScan (in Haßloch) die Mini-Testmärkte GfK-Erim-Panel (nahe Berlin, Hannover, Köln und Nürnberg) und das Telerim Panel von ACNielsen angeboten (in Buxtehude und Bad Kreuznach; ausführlich Kapitel C.4.2.3 und Berekoven/Eckert/Ellenrieder 2006, S. 168 ff.).

6.2.7.2 Marktreaktionsfunktionen

Daneben haben sich Marktreaktionsfunktionen zur Effektivitäts- und Effizienzbewertung einzelner Marketinginstrumente durchgesetzt. Marktreaktionsfunktionen bilden das Kaufverhalten der Konsumenten bei unterschiedlichen Angebotsbedingungen ab, indem sie einen Zusammenhang zwischen Input- und Outputgrößen eines Marktes herstellen (auch Kapitel B.5 zu Marketingbudgetierung; Böcker 1982a, S. 6 und Balderjahn 1993, S. 30).

Im Marketing bilden sie den Zusammenhang zwischen den Inputgrößen „Einsatz von Marketinginstrumenten" und „Marketingaktivität der Konkurrenten" auf der einen Seite und abhängigen Größen beziehungsweise Outputgrößen wie Marktanteil oder Absatzvolumen unter Berücksichtigung gesamtwirtschaftlicher und situativer Faktoren auf der anderen Seite ab, so dass Prognosen bezüglich der Outputgrößen getroffen werden können (Kaas 1977, S. 14 und Balderjahn 1993, S. 30).

Mittels Marktreaktionsfunktionen sollen möglichst valide *Prognosen* über den Erfolg einzelner Marketinginstrumente getroffen werden, um die Entscheidungs- und Planungsqualität zu erhöhen (auch Balderjahn 1993, S. 31). Welcher Funktionstyp unterstellt wird, hängt davon ab, welche Theorien und somit welche Modelle berücksichtigt werden (ausführlicher nachfolgend bei Werberesponsefunktionen). Für die Berechnung der Marktreaktionsfunktionen werden multivariate Verfahren wie die Regressionsanalyse eingesetzt, so dass vereinzelt (z.B. Erichson/Maretzki 1993, S. 537) auch von einem ökonometrischen Ansatz gesprochen wird, wenn Marktreaktionsfunktionen im Marketing gemeint sind. Zu beachten ist hierbei, dass die *Regressionsanalyse* zwar ein häufig zur Berechnung der Marktreaktionsfunktionen vorgeschlagenes Verfahren ist, diese nach Steffenhagen (1978, S. 18) jedoch unzureichend ist. Sie reflektiert meist keine Erklärungsmodelle sondern nur Strukturen empirischer Regelmäßigkeit, da sie auf Stimulus-Response-Modellannahmen (SR-Modelle) basiert. Verfahren, die den Stimulus-Object-Response-Modellannahmen gerecht werden, sind dagegen die *Conjoint-Analyse* und die *diskrete Entscheidungsanalyse* (Balderjahn 1993, S. 32).

Die Preis-Absatz-Funktion ist beispielsweise eine sehr einfache Form der Marktreaktionsfunktionen. Sie ist gleichzeitig das bekannteste betriebswirtschaftliche Marktresponsemodell. Wurde früher vor allem von der Preis-Absatz-Funktion gesprochen, so wird heute vermehrt der Begriff Preisresponsefunktion verwendet: Dies trägt dem Umstand Rechnung, dass nicht nur der Absatz, sondern weitere Variablen wie der Marktanteil, die Anzahl der Käufer oder individuelle Kaufwahrscheinlichkeiten von der Variable Preis abhängen (Simon 1992 und Balderjahn

1993, S. 40). Die hier angesprochenen Funktionen sind jedoch weitaus komplexer als die Preis-Absatz-Funktion, da sie die Realität möglichst zuverlässig abbilden sollten und dementsprechend weitere Inputgrößen und Rahmenbedingungen berücksichtigen müssen.

- Erstens sind *alle auf den Markt gerichteten Maßnahmen* eines Unternehmens und der Konkurrenz zu berücksichtigen.
- Zweitens muss die Funktion *dynamisch* formuliert werden, da teilweise Carry-Over-Effekte zu berücksichtigen sind, so dass idealerweise Zeitreihendaten zur Verfügung stehen sollten.
- Drittens muss die Funktion stochastisch beziehungsweise eine *Wahrscheinlichkeitsfunktion* sein, da nicht alle Wirkungsgrößen berücksichtigt werden können und die unerklärten Größen als zufällige Störvariablen erfasst werden müssen (Hansmann/Diller 2001f, S. 1066f.). Zu berücksichtigen sind dabei zahlreiche Aspekte wie saisonale oder lebenszyklusbedingte Schwankungen der Kommunikationswirkungen.

Werberesponsefunktionen

Im Werbebereich werden Marktreaktionsfunktionen beziehungsweise Werberesponsefunktionen eingesetzt, um mit Hilfe von Beobachtungen und Analysen von Zeitreihen die Wirkung der Werbung auf den Markterfolg und teilweise sogar den Beitrag eingesetzter Budgets zum Markterfolg zu prognostizieren (ausführlich u.a. Stewarts [1989] Evaluation der Werberesponsefunktionen und ausführlich Steffenhagen 2000b, S. 195f. zu den unterschiedlichen Arten der Werberesponsefunktion).

Inputgrößen der Werberesponsefunktionen umfassen sowohl Größe und Schaltungsfrequenz als auch die Höhe des eingesetzten Werbebudgets. *Outputgrößen* umfassen unternehmenserfolgsrelevante Größen wie Umsatz und Absatz sowie nichtmonetäre Werbeziele wie Recall, Einstellungen oder Kaufabsicht (auch Kapitel B.5; Simon/Arndt 1980, S. 12 und Stewart 1989).

Grundsätzlich werden in der Werbewirkungsforschung vier verschiedene *Typen von Marktreaktionsfunktionen* unterschieden: lineare, exponentielle (konvexer Kurvenverlauf), degressive (konkaver Kurvenverlauf) und logistische (S-förmiger Kurvenverlauf), wobei vor allem die degressive und die S-förmige eine wichtige Rolle spielen (Nieschlag/Dichtl/Hörschgen 2002, S. 1105–1110, Bruhn 2005 S. 48ff. und Kotler/Bliemel 2006, S. 978ff.). Welche Funktion unterstellt wird, hängt von den jeweils zugrunde gelegten theoretischen Annahmen ab. Häufig wird davon ausgegangen, dass sich das Verhältnis von Kommunikationsbudget und Absatzentwicklung am besten durch einen *S-förmigen Verlauf* abbilden lässt, da dieser die folgenden, zentralen Annahmen berücksichtigt (Simon/Arndt 1980, S. 12f.): Erstens, dass ein Mindestwerbedruck und damit ein Mindestbudget erforderlich ist. Zweitens, dass im Werbebereich in der Regel von einem abnehmenden Grenzertrag bei zunehmender Kommunikationsintensität beziehungsweise Sättigungstendenzen und einer nur begrenzt steigerbaren Kaufbereitschaft, ausgegangen werden sollte (auch Kapitel C.6.2.3; Nieschlag/Dichtl/Hörschgen 2002, S. 1106 f.). Gelegentlich wird auch ein *degressiver (konkaver) Kurvenverlauf* unterstellt, der ebenfalls den abnehmenden Grenzertrag berücksichtigt (Simon/ Arndt 1980, S. 12 f.).

Bisher konnten jedoch noch keine verallgemeinerbaren Funktionsverläufe bestimmt werden, da diese stets stark von der jeweiligen Situation des Unternehmens und des Marktes abhängen. Daher empfiehlt es sich, den Zusammenhang zwischen kommunikativem Input und Markterfolg im Kontext von Zeitreihendaten zu interpretieren, da sie dann die größte Aussagekraft besitzen: Abweichungen können analysiert, Ursachen für Veränderungen identifiziert und gegebenenfalls erforderliche Maßnahmen eingeleitet werden.

Marktreaktionsfunktionen können theoretisch für die Evaluation der Wirkung der Budgethöhe auf den Markterfolg herangezogen werden (z.B. Rao/Miller 1975 und Little 1979 für eine Evaluation von Modellen, die den Zusammenhang zwischen Werbeausgaben und Absatz abbilden). Entsprechende Werberesponsemodelle wurden seit den 1950ern/1960ern entwickelt und häufig für die Werbebudgetierung empfohlen, wobei sich zwei große Traditionen identifizieren lassen: Zum einen a priori Modelle, die weniger auf Daten basieren, sondern eher die Intuition berücksichtigen, um eine generelle Wirkungsstruktur aufzuzeigen. Zu diesen Modellen gehören die Modelle von Vidale und Wolfe (1957), von Nerlove und Arrow (1962) sowie von Little (1966, 1975). Zum anderen die statistische oder ökonometrische Tradition mit Modellen, die in der Regel mit einer spezifischen Datenbasis wie Zeitreihen von Absatz oder Marktanteil und Werbung arbeiten. Zu diesen gehören beispielsweise die Modelle von Bass (2), Bass und Clarke (1972), Montgomery und Silk (1972) sowie Lambin (1976). Ferner liegen Mischmodelle vor, die von weiterentwickelten a priori Modellen ausgehen und versuchen, diese mittels statistischer Methoden zu bestätigen und zu evaluieren: beispielsweise die Modelle von Kuehn, McGuire und Weiss (1966 und Horsky 1977; zu den Modellen ausführlich Little 1979, S. 644 ff. und Kapitel B.5).

6.2.8 Untersuchungsdesigns: Werbe-Pretests, -Posttests und Trackingverfahren

In der Praxis werden mehrere *Untersuchungsdesigns* unterschieden, in deren Rahmen die bereits dargestellten Messverfahren Anwendung finden (Kloss 2003, S. 161). Nach dem Zeitpunkt der Messung werden diese Designs unterschieden in: (1) *Pretests* (*vor* dem Einsatz am Markt) und (2) *Posttests* (*nach* dem Einsatz am Markt) sowie (3) *Trackings* (*während* des Einsatzes am Markt und über einen längeren Zeitraum).

6.2.8.1 Werbe-Pretests

Ein Werbe-Pretest wird aus zwei *Gründen* durchgeführt (Abbildung 92 und z.B. Salcher 1995, S. 154 ff. und Schweiger/Schrattenecker 2005, S. 319):

- *Prognose:* Getestet werden entweder fertige („finished") oder aus Kosten- beziehungsweise Effizienzgründen nur teilweise ausgearbeitete (z.b. roughs, scribbles, animatics oder storyboards) Werbemittel (z.B. Inserat oder TV-Spot; abzugrenzen von Werbeträgern wie Zeitschriften), um sicherzustellen, dass die *zentrale Botschaft verstanden* wird und um die *Wirkungsweise der Werbemittel* zu messen und gegebenenfalls Elemente zu optimieren (zur Diskussion, ob animatics oder fertige Werbemittel vorzuziehen sind u.a. Reynolds/Gengler 1991). Dementsprechend spielen Pretests vor allem bei Kommunikationsinstrumenten eine große Rolle, bei denen kurzfristige Anpassungen nur schwer möglich oder teuer sind, wie dem Großteil der Mediawerbung. Ferner können *Positionierungen* und *Kreativideen* auf ihre Überzeugungsleistung und Durchsetzungskraft getestet werden, beispielsweise im Rahmen von Gruppendiskussionen beziehungsweise Fokusgruppen. Auch können die *Effekte der Schaltungshäufigkeit (Frequenz)* und der Mediaauswahl getestet werden. In der Regel sind Werbe-Pretests jedoch auf Werbemittel beschränkt.
- *Diagnose beziehungsweise Screening*: Hierbei werden verschiedene Varianten eines Werbemittels getestet, um diejenige zu identifizieren, die die höchste Wirkung in der Zielgruppe erreicht.

Bei der Betrachtung der Prognosekraft von Pretests ist unter anderem kritisch anzumerken, dass sie unter *Laborbedingungen*, also unter nicht marktrealen Gegebenheiten durchgeführt werden (zu typischen Testproblemen ausführlich Felser 1991, S. 30 ff.). Dies zieht diverse Probleme nach sich: Zum Beispiel eignen sich unfertige Testvorlagen, die in Pretests häufig verwendet werden, kaum für die Messung der Richtung und Stärke emotionaler Wirkungen. Zudem werden bei-

Mögliche Pretest-Designs						
Gründe	Prognose			Diagnose/Screening		
Ziele	Zentrale Botschaft verstanden?	Wirkung des Werbemittels	Positionierung	Kreatividee	Effekte der Schaltungshäufigkeit (Frequenz)	Effekte der Media-Auswahl
Objekte	Fertiges Werbemittel			Nur teilweise ausgearbeitet (z. B. roughs, sribbles, animatics, storyboards)		

Abbildung 92: Mögliche Pretest-Designs (Quelle: Eigene Darstellung)

spielsweise das Konkurrenzverhalten und der Umstand, dass einige Kommunikationswirkungen erst bei wiederholtem Kontakt mit der Werbung entstehen, nicht berücksichtigt.

Etablierte Pretest-Praxis

Obwohl Unternehmen bei Pretests fast auf das gesamte Angebot der in den vorhergehenden Kapiteln dargestellten Verfahren zurückgreifen könnten, werden selten alle verwendet. Abbildung 93 fasst etablierte Verfahren der Pretests zusammen (Trommsdorff 2003b, S. 148 f.).

Welches Verfahren eingesetzt wird, hängt unter anderem von den Zielgrößen ab, die es zu überprüfen gilt. Der Einsatz von Pretest-Instrumenten ist ferner abhängig von einer Vielzahl situativer Faktoren: Dementsprechend ist ein Pretest als ein Methodenpaket zu begreifen, das auf den Einzelfall zugeschnitten werden muss (Trommsdorff 2003b, S. 34). Viele Marktforschungsinstitute bieten mittlerweile Standardinstrumente für Pretests an, die in der Regel jedoch individualisiert werden können (für eine Übersicht Trommsdorff 2003b, S. 144 ff. und Schwaiger 2006, S. 543 f.).

Des Weiteren bestimmt natürlich die (wahrgenommene) Leistungsfähigkeit der Methoden ihren Einsatz: Einer Untersuchung von Trommsdorff (2003b, S. 32 ff.) zufolge sind sich viele Praktiker und Forscher heute weitgehend einig, was die einzelnen Methoden grundsätzlich leisten können:

- *Befragungen* sind die heute am häufigsten eingesetzte Form der Pretests, auch wenn die einsetzbaren *Befragungsmethoden* durchaus Optimierungspotenzial aufweisen.
- Zusätzlich sind *apparative Tests* gut geeignet, um Teilwirkungen der Werbung zu erfassen, um zwischen verschiedenen Werbemitteln auszuwählen (Diagnose) und um einzelne Elemente der Werbemittel zu optimieren (Prognose). Auf einen ergänzenden Einsatz von Befragungen sollte hier jedoch nicht verzichtet werden.
- *Pretesting als Labormethode* unterliegt dem Nachteil zwar hoher interner, aber geringer externer Gültigkeit: Zwar mögen die gemessenen Teilwirkungen zutreffen, jedoch können diese angesichts einer komplexen Realität nebensächlich sein oder bis zur Ungültigkeit überlagert werden.
- *Bestimmte Teilwirkungen* wie Wiederholungseffekte oder typische Low Involvement-Wirkungen wie der Berieselungseffekt lassen sich im Labor kaum messen.

Viele werbetreibende Unternehmen führen zudem eine andere Form der Pretests durch: Sie führen die Kampagne zunächst auf regionaler oder nationaler Ebene durch und beurteilen anschließend die erzielte Wirkung, bevor sie die Kampagne national oder international mit eventuellen Modifikationen einführen (hier und im Folgenden Kotler/Bliemel 2006, S. 970 ff.). Teilweise wird die Werbekampagne je-

Verfahren	Vorgehensweise	Vorteile	Nachteile
Befragung	Wird bei fast allen Pretests in verschiedenen Formen angewendet, auch als eigener Test	Einfach, billig, den Versuchspersonen gewohntes Verfahren, Akzeptanz und bewusste kognitive Wirkungen gut messbar	Unbewusstes muss erst bewusst gemacht werden, Verzerrungen, soziale Erwünschtheit
Hautwiderstandsmessung (PGR/DER)	Die physiologische Reaktion (Aktivierung) wird über Elektroden am Körper von Versuchspersonen aufgenommen	Schnell, sehr objektiv (Verzerrung durch Versuchspersonen kaum möglich), unbewusste Reaktionen können wahrgenommen werden	Versuchsperson ist durch den Versuchsaufbau in einer unnatürlichen Situation, Assoziation „Lügendetektor", nur Aktivierungsgrad, nicht -richtung messbar
Sonstige Physiologische Reaktionsmessungen	Elektroenzephalogramm (Elektroden am Kopf, Hirnstrommessung), Herz-, Atem-, Puls-Stimmfrequenzanalysen	Ähnlich wie PGR, differenziertere, auch kognitive Reaktionen messbar	Ähnlich wie PGR, sehr aufwändig und mangels praktikabler Theorie schwer zu interpretieren
Tachistoskop/Aktualgenese	Anzeigenwahrnehmung wird durch zeitliche Zerlegung des Prozesses „rekonstruiert" (Befragung)	Spontane Reaktionen können gemessen werden, entspricht tendenziell natürlicher Kontaktzeit	Versuchsperson ist durch Testsituation bereits hochaufmerksam, hohe Gefahr der Fehlinterpretation
Blickaufzeichnung	Mit einer speziellen Lesebrille werden die Bewegungen der Augen aufgenommen	Objektive Beobachtungstechnik misst Voraussetzung für Informationsaufnahme	Teurer und komplizierter Apparat, Versuchsperson ist physisch beeinträchtigt, keine Wiederholungswirkungen
Lautes Denken/Assoziationstest	Beim Betrachten einer Werbung soll Versuchsperson laut seine aktuellen Gedanken mitteilen	Bisher nicht bedachte (negative) Assoziationen können auftauchen, Versuchsperson wird nur wenig eingeschränkt	Problem der Bewusstmachung, soziale Erwünschtheit usw.
Kurzzeittest	Versuchsperson sieht für wenige Sekunden eine Anzeige, nach einer bestimmten Zeit (Minuten, Stunden, Tage, ...) Recall-Test	Aufmerksamkeits- und Lernwirkung abschätzbar, Rückschlüsse auf Prägnanz und Verständlichkeit	Versuchsperson hoch involviert, zwischen Exposition und Messung Informationsaufnahme und -verarbeitung künstlich verstärkt
Foldertest Print-DAR-Test Day-After-Recall	Wie Kurzzeittest: Versuchsperson sieht eine Mappe (Folder) oder Originalheft (Print-DAR) mit redaktionellen und Werbe-Seiten	Unkenntnis, was Versuchsperson sich merken soll, besonders abschätzbar ist die Aufmerksamkeitswirkung	
Lesebeobachtung	Versuchsperson wird mit versteckter Kamera oder persönlich (Einwegspiegel) beim Lesen/Zuschauen beobachtet	Natürliche Kontaktsituation	Subjektiv durch Wahrnehmung des Beobachters, auch bei Auswertung von Aufzeichnungen; nur äußeres Verhalten registrierbar
Imagery Differenzial	Auf Einstellungs- und Bilderskalen wird vorgelegte Werbung bewertet	Differenzierte Bewertung möglich, einfach anwendbar	Erhebliche Verzerrungen (soziale Erwünschtheit, Expertentum usw.)
Werbekauftest	Simulierte Kaufsituation nach Lesen von Zeitschriften usw. mit Anzeigen, anschließend Einkaufsgutscheine, Erfolg wird an verkauften Produkten gemessen	Tatsächliche Verhaltensbeeinflussung kann getestet werden	Teuer; partiell künstliche Situation durch Manipulation des Lesens und der Einkaufssituation
Verständlichkeitstest	Mit Formeln oder nach qualitativen Kriterien wird die Verständlichkeit (Lesbarkeit, Verarbeitbarkeit) von Texten analysiert	Nicht auf die Teilnahme von Versuchspersonen angewiesen, einfach handhabbar	Formeln sind zu pauschal, Verständlichkeit setzt inhaltliche Leser-Text-Interaktion voraus

doch auch – wie in Kapitel C.4.2.3.3 angesprochen – zunächst in einzelnen Städten oder Regionen durchgeführt, bevor sie national mit großem Budget anläuft. Zu diesem Zweck werden in Deutschland häufig das Saarland, Hessen oder das ehemalige Westberlin ausgewählt. Weniger aufwändig ist es jedoch, die Kampagne in *Mini-Testmärkten* oder *Testmarktsimulationen* zu überprüfen (ausführlich Kapitel C.6.2.6 und C.4.2.3).

6.2.8.2 Werbe-Posttests

Ziel von Werbe-Posttests ist die Ermittlung der Werbewirkung einer durchgeführten Kampagne im Markt, also im *Feld* und nicht im Labor. Die erhobenen Daten werden mit den Plangrößen beziehungsweise mit den Zielen verglichen, so dass der Erfolg beziehungsweise Zielerreichungsgrad der Werbung beurteilt werden kann. Dies ist grundsätzlich auf allen Wirkungsstufen und grundsätzlich mit allen in Kapitel C.6.2 dargestellten Verfahren möglich, so dass jede Auflistung von Werbetests als Übersicht über gängige Posttest-Verfahren verwendet werden kann. Die Tests der Erinnerungs-, Recognition und Bekanntheitswirkung scheinen in der Praxis jedoch zu überwiegen. Mögliche Nachteile dieser Vorgehensweise werden in Kapitel C.6.2.4.4 im Zusammenhang mit der Messung dieser Zielgrößen beschrieben. Auch im Rahmen von Posttests hängt der Einsatz der verschiedenen Verfahren natürlich von diversen Faktoren wie Ressourcen, Unternehmen, Marke oder Produkt ab. Zahlreiche Marktforschungsunternehmen bieten mittlerweile Standardinstrumente an, die sich in ihrer Anpassungsfähigkeit an individuelle Situationen unterscheiden. Obwohl sich in der Literatur keine Übersicht zu gängigen Posttest-Instrumenten der Marktforschungsunternehmen findet, bietet die Übersicht zu Trackinginstrumenten von Schwaiger (2006, S. 547 f.) auch einen guten Anhaltspunkt zu möglichen Anbietern und Abläufen von Posttests.

6.2.8.3 Werbetrackings

Ein weit verbreitetes Untersuchungsdesign der Werbewirkungskontrolle ist das Werbetracking (Steffenhagen 2000b, S. 199): Zeitlich gestaffelt (meist quartalsweise) werden mehrere Befragungen (so genannte Wellen) unter Beibehaltung der Methode, jedoch bei wechselnden Stichproben aus der Zielgruppe durchgeführt. Einem festen Befragungsdesign folgend werden die Testpersonen zu einer Vielzahl psychologischer Werbeziele (wie Recall, Recognition usw.) befragt. Je nach Zielsetzung und Budget können über Befragungen hinaus weitere Instrumente der Werbewirkungsforschung eingesetzt werden. Die dem Zeitraum entsprechenden Werbeaufwendungen (wie Kontaktgrößen und eingesetztes Budget) werden den aggregierten Messwerten anschließend gegenübergestellt.

Werbetrackings sind somit *In-between-Wirkungskontrollen*, die während der laufenden Kampagne stattfinden. Ferner handelt es sich im Grunde um *Wiederholungsbefragungen* beziehungsweise Mehrwellenbefragungen, wobei im Unterschied zu Panels nicht immer dieselben Personen befragt werden. Panels wären im Grunde ein ideales Instrument zur Beobachtung, Analyse und Kontrolle von werbebedingten Einstellungsveränderungen. Sie weisen jedoch den entscheidenden Nachteil auf, dass sie für die Befragten eine Atmosphäre schaffen, in der diese durch eine andauernde Exposition zu bestimmten Werbebotschaften so sehr konditioniert würden, dass dadurch die Gesamtergebnisse verzerrt würden (Koschnik 2003, „Werbe-Tracking"). Der große Vorteil von Werbetrackings im Vergleich zu Posttests liegt darin, dass Ergebnisgrößen im Zeitablauf und somit im Verhältnis zu Konkurrenzmaßnahmen und anderen Umwelteinflüssen bewertet werden können.

Trackings gehen in ihrer Zielsetzung über Posttests hinaus (Trommsdorff 2003b, S. 32): Neben der Ableitung von Aussagen und Empfehlungen zu Fragen der wirksamen Kampagnengestaltung können sowohl die *werbliche Leistungsfähigkeit* einzelner Werbekampagnen in Abhängigkeit von Mediaeinsatz und Störgrößen als auch die *Planung der optimalen Mediastrategie* (durch Inter- und Intramedienvergleiche sowie durch Bewertung von Spill-Over- und Carry-Over-Effekten) beurteilt werden. Trackings dienen nicht nur der Kontrolle, sondern insbesondere auch der Optimierung von Werbe- und Mediainvestitionen. Beziehen sie noch wichtige Einflussfaktoren der Umwelt ein, wird auch der Begriff Monitoring verwendet (Trommsdorff 2003b, S. 32).

Das durch Trackings generierte Langzeitwissen kann als Datenbasis für Querschnittsstudien dienen, mittels derer generalisierbares Wissen zur Wirkung von Werbe(streu)etats abgeleitet werden kann (u.a. Batra et al. 1995 und Steffenhagen 2001, S.1879). Im Idealfall können bereits während der laufenden Kampagne Anpassungen gemäß der Trackingergebnisse vorgenommen werden (eine Übersicht gängiger Trackinginstrumenten findet sich bei Schwaiger 2006, S. 547f.).

Im Bereich des *Markencontrollings* (Kapitel D.4) spielen Trackingstudien ebenfalls eine wichtige Rolle. Marken-*Trackingstudien* (Keller 2003, S. 399ff.) dienen primär dazu, Informationen über die Entwicklung von Marken sowohl aus unternehmensinterner als auch aus konsumentenorientierter Perspektive zu liefern. Im Gegensatz zu Markenaudits sind sie weniger umfangreich und konzentrieren sich auf die Analyse zentraler Größen; diese werden in regelmäßigen Abständen mittels standardisierter Befragungen erhoben beziehungsweise intern ermittelt. Nachfolgend werden vier Methoden exemplarisch dargestellt.

Die Gesellschaft für Konsumforschung, Nürnberg (GfK), stellt mit dem *Brand ASessment System (BASS)* (Hupp/Petke 2004, und o.V. 2006a; ausführlich auch Esch/Langner/Brunner 2005, S.1241) ein Instrument zur Verfügung, das ein mehrdimensionales Markencontrolling in regelmäßigen Abständen ermöglicht. Es basiert zum einen auf dem realisierten Erfolg einer Marke am Markt (mittels Verbraucherpanels bestimmt), zum anderen auf der Wahrnehmung der Marke (z.B. hinsichtlich Indikatoren wie die wahrgenommene Qualität oder die Markensympathie) durch die Konsumenten (mit Hilfe von Interviews ermittelt). Eine methodisch ähnliche Lösung wurde vom schweizerischen Institut für Marktanalysen (IHA-GfK) mit dem *Brand Health Check* entwickelt, welcher mit Testpanels arbeitet und sowohl Fragen zum tatsächlichen Kauf- und Nutzungsverhalten von Marken als auch zu den zugrunde liegenden Markenbekanntheitsgraden und -einstellungen umfasst. Der von dem Schweizerischen Marktforschungsinstitut Demoscope konzipierte *Market Radar* eignet sich ebenfalls zur Durchführung von Trackingstudien im Rahmen des Markencontrollings (http://www.demoscope.ch): Im Hinblick auf das Markencontrolling sind insbesondere die Darstellungen zur Segmentierung von Märkten und Positionierung von Marken auf Basis von Lifestyle-Typologien relevant. Persönliche Werthaltungen eignen sich besonders gut zur Entwicklung von Lifestyletypologien, weil sie von kurzfristigen situativen Änderungen relativ wenig beeinflusst werden (Meffert 2000, S. 200). Innerhalb eines durch die Achsen „Außen- versus Innenorientierung" sowie „progressive versus konservative Grundhaltung" markierten Raums werden bestimmte Werthaltungen eingeordnet. Auf Basis von Marktforschungsdaten lassen sich die Marken der betrachteten Produktkategorie in diesem Spektrum positionieren. Diese Analysen werden regelmäßig durchgeführt, so dass sich der Market Radar zum Brand Tracking eignet, beispielsweise zum Aufzeigen von Positionierungsveränderungen. Ferner liefern die von der Firma Sinus Sociovision entwickelten *Sinus Milieus* differenzierte Informationen über die Lebenswelten von Konsumenten (Sinus Sociovision 2006). Durch Analysen auf Basis der Sinus Milieus können Markenmanager spezifische Informationen über die Werthaltungen und Einstellungen ihrer Zielgruppen gewinnen, die über die Erhebung der üblichen soziodemografischen Daten hinausgehen. „Die Sinus Milieus fassen Konsumenten zusammen, die sich in Lebensauffassung und Lebensweise ähneln. Grundlegende Wertorientierungen gehen dabei ebenso in die Analyse ein wie Alltagseinstellungen zur Arbeit, zur Familie, zur Freizeit, zu Geld und Konsum. Sie rücken also den Menschen und das gesamte Bezugssystem seiner Lebenswelt ganzheitlich ins Blickfeld" (Sinus Sociovision 2000, S. 2).

6.2.9 Werbebenchmarking

Als *Instrument des Werbecontrollings* dient das Benchmarking (ausführlich Kapitel B.4.1) beispielsweise dazu, auf Grundlage von Vergleichs- und Richtwerten aus dem Werbebereich führender Unternehmen die eigene(n) Werbestrategie und -maßnahmen zu überprüfen und nachhaltig zu verbessern. Das Ziel dabei ist nicht die unkritische Übernahme von Werbepraktiken, sondern die Überprüfung der Übertragbarkeit anderer, gegebenenfalls branchenfremder, erfolgreicher Ansätze auf den eigenen Werbebereich. Kernfragen dabei sind beispielsweise (Bauer/Meeder/Jordan 2000a S. 32):

- Wer ist im Werbebereich besser als wir und warum? Was sind Best-Practice-Werte im Werbebereich? Welche werblichen Methoden und Prozesse stecken hinter diesen Best Practice-Werten?
- Wo können wir im Werbebereich besser werden? Wo liegen kritische Erfolgsfaktoren? Wo gibt es in unserem Werbebereich Ansatzpunkte für notwendige Verbesserungen?

Werbebenchmarking-Objekte
Werbestrategie • Beurteilen der strategischen Grundausrichtung des Werbemanagements. **Werbeprozess** • Beurteilen der Werbebetriebsabläufe. **Werbestruktur** • Beurteilen der organisatorischen Gestaltung der Betriebsabläufe.

Werbebenchmarking-Formen
Intern • Vergleich von Werbestrategien und -maßnahmen innerhalb des eigenen Unternehmens bzw. Konzerns, z.B. für verschiedene Produkt-/Kundengruppen oder Regionen. **Wettbewerbsorientiert** • Vergleich mit werblichen Leistungen der (direkten) Konkurrenz. **Funktional** • Branchenübergreifender Vergleich spezifischer Funktionen (z. B. kreative Werbemittelgestaltung oder Maßnahmen der Markt- bzw. Werbewirkungsforschung)

Abbildung 94: Objekte und Formen des Werbebenchmarking (Quelle: Eigene Darstellung in enger Anlehnung an BauerMeeder/Jordan 2000a, S. 32f.)

• Wie können wir dieses werbliche Niveau erreichen? Wo konkret sind welche Korrekturmaßnahmen, Innovationen oder Veränderungen vorzunehmen?

Grundsätzlich lässt sich das Werbebenchmarking hinsichtlich der *Benchmarkingobjekte* in Werbestrategie-, Werbeprozess- und Werbestrukturbenchmarking unterscheiden (Abbildung 94).

Beurteilt wird im Rahmen des Werbestrategiebenchmarking die strategische Grundausrichtung der Werbepolitik, beim Werbeprozessbenchmarking die Werbebetriebsabläufe und beim Werbestrukturbenchmarking deren organisatorische Gestaltung.

Entsprechend dem allgemeinen Konzept des Benchmarking (Kapitel B.4.1) lassen sich dabei je nach Art des Benchmarkpartners folgende *Benchmarkingformen* unterscheiden (Bauer/Meeder/Jordan 2000a, S. 32f.): das interne, wettbewerbsorientierte und das funktionale Werbebenchmarking (Abbildung 94).

Werbebenchmarking kann sowohl einmalig als auch als kontinuierlicher Prozess durchgeführt werden. Einmalig kann es zum Beispiel für die Entwicklung einer Werbestrategie für eine Neuprodukteinführung eingesetzt werden. In wettbewerbsintensiven Branchen sollte es jedoch kontinuierlich verwendet sowie als strategisches Instrument im Unternehmen verankert werden (Camp 1994, S. 13).

6.3 Kontrollen und Audits von Produkt-PR, Sponsoring und Marketingevents

6.3.1 Besonderheiten im Überblick: Zielgruppen, Evaluationsebenen und Instrumente

Die Durchsetzung der Positionierung beziehungsweise die Profilierung von Leistungen im Markt ist eine zentrale Aufgabe des Kommunikationsmanagements. Dabei können Kommunikationsverantwortliche neben der klassischen Mediawerbung heute auf eine Vielzahl von Kommunikationsinstrumenten (wie Events oder leistungsbezogene Public Relations) und neue technische Möglichkeiten (z.b. Split-Screens oder die UMTS-Technologie) zurückgreifen. Die neuen Instrumente werden nicht nur Entwicklungen wie einer zunehmenden Erlebnisorientierung und einer stärkeren Bedeutung von Marken teilweise besser gerecht, sondern dienen meist auch der Erfüllung anderer Primärziele (z.b. emotionale Kundenbindung über Sponsorenkarten bei der Fußball-Weltmeisterschaft). Gleichzeitig erfordert die Informationsflut bei den Konsumenten den Einsatz mehrerer Instrumente, um die Wirksamkeit sicherzustellen und zu erhöhen. Vor diesem Hintergrund haben Kommunikationsinstrumente wie leistungsbezogene Public Relations (Produkt-PR), Sponsoring und Marketingevents in den vergangenen Jahren an Bedeutung gewonnen und nehmen heute einen festen Platz im Kommunikations-Mix vieler Unternehmen ein.

Um diese Position zu sichern und weiter auszubauen, fehlen jedoch leider noch immer sinnvolle Kenngrößen in vielen Unternehmen. Zudem werden die entsprechenden Instrumente der Erfolgskontrolle oft zu sporadisch eingesetzt. Dafür kann es verschiedene Gründe wie das nächste anstehende Projekt, fehlende Ressourcen oder Widerwillen gegen Kontrollen geben. Auch wird teils bezweifelt, ob mittels Kontrollen und Audits Effektivitäts- und Effizienzsteigerungen erreichbar sind, mit denen die Höhe der durch die Kontrollen und Audits verursachten Kosten begründet werden kann.

Sollen jedoch Budgets gerechtfertigt werden, sind Erfolgsnachweise sowie die Sicherstellung der Wirksamkeit und der Wirtschaftlichkeit des Instrumenteneinsatzes dringend notwendig. Für *Audits und Kontrolle*n von Produkt-PR, Sponsoring und Marketingevents können grundsätzlich die Instrumente und Kenngrößen der Kommunikationskontrolle sowie insbesondere der Werbekontrolle (Kapitel C.6.1 und C.6.2) eingesetzt werden. Dabei sind jedoch drei Aspekte zu beachten, die nachfolgend eine explizite Darstellung der Formen, Spezifika und Probleme von Produkt-PR-, Sponsoring- und Marketingevent- Audits und -kontrollen erforderlich machen:

- Die Unterscheidung von direkten und indirekten Zielgruppen,
- eine spezifische Typologie der Evaluationsebenen sowie
- spezifische Instrumente und Kenngrößen.

Bei Produkt-PR, Sponsoring und Marketingevents sind stets eine *direkte* und eine *indirekte* beziehungsweise im Fall von Events und Sponsoring eine so genannte *Primär-* und eine *Sekundärzielgruppe* zu berücksichtigen. Sponsoringmaßnahmen und Events richten sich zum einen an die Personen vor Ort und zum anderen (insbesondere beim Sponsoring) an die Fernsehzuschauer, Radiohörer oder Leser bestimmter Publikationen, also an Personen, die nur über die Medien oder andere Multiplikatoren erreicht werden können (u.a. Kroeber-Riel/Weinberg 2003, S. 666ff. zu einstufiger und mehrstufiger Kommunikation). Direkte Zielpersonen von Events oder Sponsoringmaßnahmen können zum Beispiel mittels so genannter Hospitalitymaßnahmen, welche der Kundenpflege dienen, angesprochen werden. Zielpersonen sind meist Geschäftspartner, Investoren und hoch qualifizierte (potenzielle) Arbeitskräfte. Produkt-PR richtet sich mit direkten Maßnahmen unmittelbar an Kunden, mit indirekten Maßnahmen jedoch an Journalisten oder andere Multiplikatoren.

Angesichts dieser zweistufigen Kommunikation ergibt sich für die drei Kommunikationsinstrumente eine hohe Bedeutung der Erfolgskontrolle auf der so genannten Output-Ebene. Dies ist die erste von drei *Ebenen der Erfolgskontrolle*, wenn man einer, insbesondere im angloamerikanischen Raum im Bereich der nicht-klassischen Instrumente häufig verwendeten, Systematik folgt (auch von der Deutschen Public Relations-Gesellschaft empfohlen [DPRG]; DPRG 2001, S. 8; Lindenmann 1993, S. 8, Pfannenberg/Zerfaß 2005 sowie Mast 2006, S. 159ff.):

- *Output* umfasst die Wirkung in den Medien beziehungsweise die Medienresonanz als unmittelbare Wirkung von auf Medien gerichteten Maßnahmen.
- *Outcome* fasst die Wirkungen im Hinblick auf Wissen, Einstellungen und Verhalten der Zielpersonen zusammen (ausführlich Kapitel C.6.2.4 und C.6.2.5).
- *Outgrowth* bezeichnet Wirkungen auf den Absatz sowie monetäre Größen (ausführlich Kapitel C.6.2.6 und C.6.2.7).

Vor diesem Hintergrund stehen die nachfolgenden Ausführungen: Wenn Situation, Ziele und Instrumente dies erlauben, kann grundsätzlich auch bei der Überwachung der Produkt-PR, des Sponsoring und von Marketingevents auf die gängigen Kennzahlen und Instrumente der Kommunikationskontrolle (Kapitel C.6.2.ff.) zurückgegriffen werden. Dabei sind stets die genannten Besonderheiten zu berücksichtigen. Spezifische Instrumente und Kennzahlen werden nachfolgend aufgezeigt. Für Aspekte der *integrierten Kommunikation* wird aufgrund des Umfangs u.a. auf Bruhn 2006 verwiesen (zudem sind Aspekte des Marketing-Mix-Controlling in Kapitel C.8 teilweise auf den Kommunikations-Mix übertragbar).

6.3.2 Ansatzpunkte

6.3.2.1 Instrumente und Ziele der leistungsbezogenen Public Relations (Produkt-PR)

Public Relations (PR) umfasst die Analyse, Planung, Organisation, Durchführung und Kontrolle aller Maßnahmen eines Unternehmens mit dem Ziel, bei ausgewählten Anspruchsgruppen (Stakeholdern) wie Mitarbeitern, Aktionären, Lieferanten, Wirtschaftsverbänden oder Medienvertretern um Verständnis und Vertrauen zu werben und auf diesem Wege die Kommunikationsziele des Unternehmens zu erreichen. Ansatzpunkte der Kontrolle sind auch bei der Produkt-PR ihre Ziele und Instrumente beziehungsweise Aufgaben.

Somit unterscheidet sich die Public Relations in zwei Dimensionen von anderen Kommunikationsformen: Erstens steht bei der *Public Relations im Allgemeinen* nicht die Absatzförderung im Vordergrund, sondern die Gestaltung und Pflege der Beziehungen zur Öffentlichkeit sowie der Aufbau von Vertrauen (u.a. Bruhn 2005, S. 341). Zum anderen richten sich Maßnahmen der Public Relations auf andere beziehungsweise weitere Ziel- und allgemein Anspruchsgruppen von Unternehmen, nicht „nur" auf Marktpartner.

Die *Produkt-PR* stellt jedoch eine besondere Form der PR dar, die sich analog zu den anderen Kommunikationsinstrumenten stärker auf die Zielsetzung der Absatzförderung und die Kommunikation mit den Kunden fokussiert. So lassen sich prinzipiell drei *Formen der Public Relations* unterscheiden.

- Die *unternehmensbezogene* Public Relations bezieht sich auf das Unternehmen und die Unternehmensleistung im Allgemeinen. Ziel ist es, das Unternehmensbild in die Öffentlichkeit zu tragen und durch ein kontinuierliches Auftreten Vertrauen bei den Zielgruppen zu gewinnen.
- Bei der *gesellschaftsbezogenen* Public Relations werden diejenigen Tätigkeiten kommuniziert, die sich auf gesellschaftspolitische Ereignisse beziehen. Ziel ist es, dem Unternehmen als ein verantwortungsvoll handelndes Gesellschaftsmitglied Anerkennung und Geltung zu verschaffen (Bruhn 2005, S. 344).
- Bei der *leistungsbezogenen* Public Relations, der so genannten *Produkt-PR,* sollen die relevanten und zentralen Leistungseigenschaften im potenziellen Absatzmarkt und marktlichen Umfeld bekannt gemacht und möglichst eigenständig positioniert werden (Bruhn 2005, S. 343). Damit sollen Kaufentscheidungen und das Kaufverhalten der Konsumenten beeinflusst werden (Szyszka 2003, S. 45, Bruhn 2005, S. 343 und Mast 2006, S. 309 ff.; Mast 2006 auch ausführlich zum Thema Kundenkommunikation).

Produkt-PR steht im Folgenden im Vordergrund, da sich die Ausführungen in diesem Buch auf die Marktkommunikation beziehungsweise auf die Kommunikation mit Kunden beschränken. Im Rahmen der Produkt-PR steht den Unternehmen eine Vielzahl an Einzelmaßnahmen zur Verfügung. Hierzu zählen (Bruhn 2004c S. 234 f. und Mast 2006, S. 309 ff.) Instrumente der *indirekten,* da über die Presse vermittelten Kundenansprache wie die Instrumente der *schriftlichen* Medienarbeit (z.B. Pressemitteilungen, Pressemappen und die Bereitstellung von Informationen im Internet) und der *persönlichen* Medienarbeit sowie Maßnahmen des persönlichen Dialogs (wie Pressekonferenzen, Pressevorführungen, Pressereisen, Interviews, Fachtagungen oder Workshops, persönliches Engagement in Verbänden oder Vereinen sowie Vorträge an Hochschulen).

Daneben existieren Instrumente der *direkten Kundenansprache* wie *direkte Medienarbeit* (bspw. redaktionelle Artikel, Fachzeitschriftenartikel, Business TV wie das Sparkassen TV, teilweise Product Placement, Leserbriefe, Kundenzeitschriften, Erstellung von Unternehmensprospekten, Anwenderberichte), *Maßnahmen für ausgewählte Zielgruppen* (wie Aufklärungsmaterialien für Schulen oder Betriebsbesichtigungen), *Mediawerbung* (v. a. Anzeigen mit PR-Texten) und *unternehmensinterne Maßnahmen* (wie Mitarbeiterzeitschriften oder Informationsveranstaltungen mit Mitarbeitenden).

Wie bei jedem Kommunikationsinstrument können grundsätzlich langfristige und kurzfristige *Ziele (Sollgrößen der Erfolgskontrolle)* sowie monetäre und nichtmonetäre (bezogen auf Kontakte und psychologische Wirkungen) Zielinhalte unterschieden werden. *Langfristige Ziele* sind übergeordnete Ziele der Produkt-PR, die mittelbis langfristig im Sinne des Markterfolgs des Unternehmens stehen. Hierzu zählen in besonderem Maße das Schaffen von Vertrauen und Verständnis. *Kurzfristige Ziele* tragen zur Erreichung der langfristigen Ziele bei. Monetäre Zielgrößen eignen sich aufgrund der problematischen Zurechenbarkeit kaum als Produkt-PR-Ziele. Psychologische Ziele der Produkt-PR können wiederum nach kognitiv-orientierten, affektiv-orientierten sowie konativ-orientierten Zielen eingeteilt werden (ausführlich Kapitel C.6.1.2.4 und C.4.2.2.2; Bruhn 1997, S. 546f., ähnlich Dick 1997, S. 269ff.). *Kognitiv-orientierte Ziele* der Produkt-PR sind beispielsweise Steigerung der Bekanntheit des Produkts oder Erhöhung des Kenntnisstands über die Qualitätsmerkmale einer Innovation. Konkrete *affektiv-orientierte Ziele* sind häufig Einstellungsveränderung oder Aufmerksamkeit hinsichtlich der Unternehmensleistungen, konkrete *konativ-orientierte Ziele* sind beispielsweise Konsumentenanfragen zu Neuprodukten des Unternehmens oder die Anzahl der Besucher zum Tag der offenen Tür (Szyszka 2003, S. 45 und Bruhn 1997, S. 566).

6.3.2.2 Instrumente und Ziele des Sponsoring

Sponsoring hat sich in der Unternehmenspraxis und in der Fachliteratur mittlerweile als Kommunikationsinstrument etabliert (Drees 2003, S. 49; aktuelle Praxisbeispiele für Best Practices im Sponsoring u.a. bei Ahlert/Woisetschläger/Vogel 2006). Trotzdem stehen Sponsoringverantwortliche bei Fragen des Erfolgsnachweises noch vor großen *Herausforderungen* – und dies unabhängig davon, dass viele Unternehmen bereits Kontroll- und Controllinginstrumente wie Cockpits, Balanced Scorecards, Fact Sheets oder einzelne Kennzahlen auf den Sponsoringbereich anwenden: Beispielsweise wird die Qualität der Erfolgskennzahlen (z.B. Kontaktzahlen, Einstellungswirkungen) durch interne „Auftraggeber" wie Geschäftsführer häufig in Frage gestellt. Größen wie „Kontaktqualität" sind zentral, lassen sich jedoch bei Sponsoringmaßnahmen nur schwierig messen. Auch fehlt in der Regel ein einheitlicher Standard beziehungsweise eine „Währung", um den Erfolg verschiedener Sponsoringmaßnahmen vergleichen zu können. Zudem wird der Vergleich des Beitrags der klassischen Werbung gegenüber jenem des Sponsoring zur Zielerreichung häufig gefordert; jedoch wird dabei vergessen, dass das Sponsoring teilweise weniger den klassischen Zielen Bekanntheit und Image dient als insbesondere der Kundenbindung (Stichwort: Hospitality). Vor diesem Hintergrund kommt der Unterstützung des Sponsoring durch das Marketingcontrolling eine zentrale Bedeutung zu; zukünftig sollten weitere Instrumente und Kennzahlen für den Sponsoringbereich entwickelt werden (analog gilt dies auch für Marketingevents und die Produkt-PR).

Dabei setzt auch die Kontrolle des Sponsoring an dessen Zielen und Aufgaben an. *Sponsoring* umfasst „die Planung, Organisation, Durchführung und Kontrolle derjenigen Maßnahmen, die mit der Bereitstellung von Geld, Sachmitteln, Dienstleistungen zur Förderung von Personen und/oder Organisationen in den Bereichen Sport, Kultur, Soziales, Umwelt und/oder den Medien verbunden sind, um damit gleichzeitig die Ziele der Unternehmenskommunikation zu erreichen" (Bruhn 2003c, S. 5; zum Thema Sponsoringwirkungen und Sponsoringkontrolle ausführlich auch Brockes 1995 und 2006 sowie Cotting 2000 und Coppetti 2004). Sponsoring kann dabei durch folgende *sechs Merkmale charakterisiert* werden (ausführlich Bruhn 2003c, S. 7 f. sowie die dort angegebene Literatur): Prinzip von Leistung und Gegenleistung, Identifikation mit den Zielen des Gesponsorten (Fördergedanke), kommunikative Funktionen (vom Gesponsorten erbracht, durch Medien übermittelt oder vom Sponsor geschaffen), systematischer Planungs- und Entscheidungsprozess, Imagetransfer als zentrales Ziel, Bestandteil der integrierten Kommunikation. *Erscheinungsformen* des Sponsoring sind grundsätzlich Sport-, Kultur-, Umweltsowie Mediensponsoring, wobei weitere Kategorisierungsmerkmale zum Beispiel die Art der Sponsorenleistung (Geld, Sachmittel usw.) oder die Anzahl der Sponsoren (exklusiv oder kooperativ) sein können (ausführlich Bruhn 2005, S. 311 ff.).

Folgende *Ziele* des Sponsoring können unterschieden werden (Bruhn 1997, S. 627 und knapper Bruhn 2005, S.170 f.; ferner Coppetti 2004, S. 27):

- *Monetäre Sponsoringziele* sind insbesondere für Unternehmen bedeutsam, deren Produkte direkt mit dem entsprechenden Förderbereich in Verbindung stehen. Hierzu gehören beispielsweise Absatz- oder Umsatzsteigerungen für spezifische Produkte oder sonst schwer erreichbaren Zielgruppen.
- *Psychologische Ziele* sind insbesondere Bekanntheitssteigerung der Marke oder des Unternehmens, Imagestärkung oder -veränderung, Schaffung von Goodwill, Demonstration von Leistungsmerkmalen/Kompetenz, Mitarbeitermotivation sowie teilweise auch persönliche Motive des Top-Managements und Kontaktpflege, welche im Sponsoring- und Eventbereich in das häufig zentrale Ziel der *„Hospitality"* einfließt. Die Hospitality (ausführlich Coppetti 2004, S. 28) erstreckt sich dabei auf drei Ebenen: Erstens werden Kunden einmalige Erlebnisse ermöglicht, um den individuellen Markenwert zu stärken. Zweitens können Verkaufsmitarbeiter Sponsorenkarten beziehungsweise so genannte Hospitality-Programme nutzen, um Beziehungen zu pflegen. Drittens eignet sie sich für die Mitarbeiterbelohnung und -motivation.

6.3.2.3 Instrumente und Ziele von Marketingevents

Eventmarketing als systematische Planung, Organisation, Durchführung und Kontrolle von Marketingevents hat sich seit Anfang der 1990er Jahre zu einem bedeutenden Kommunikationsinstrument entwickelt (Zanger/Sistenich 1996, Zanger/Drengner 1999, S. 32 und Nickel 1998a, S. 5).

Voraussetzung für eine angemessene Leistungsbeurteilung dieses Instruments ist zunächst die Abgrenzung von anderen Instrumenten sowie die Definition möglicher Eventformen sowie der Eventziele. *Marketingevents* sind inszenierte Ereignisse, die den Adressaten, wie zum Beispiel Kunden, Händlern oder Mitarbeitern, firmen- beziehungsweise produktbezogene Kommunikationsinhalte erlebnisorientiert vermitteln und dazu dienen, die Marketingziele des Unternehmens zu erreichen (Zanger 2001, S. 439f.). Im Grunde steht der Begriff Eventmarketing somit für Marketing mit Events (Lasslop 2003, S. 16). Im Gegensatz zu Messen, die ebenfalls als Marketing mit Veranstaltungen verstanden werden, ist das direkte Umfeld von Messen jedoch fremdorganisiert (ausführlich Lasslop 2003, S. 16). Marketingevents lassen sich im Allgemeinen durch folgende *Merkmale* charakterisieren (Zanger 2001, S. 440): Events

- sind vom Unternehmen initiierte Veranstaltungen ohne vordergründigen Verkaufscharakter. Ziele des Eventmarketing sind nicht primär die Verkaufsförderung oder der kurzfristige Verkaufserfolg, sondern vielmehr die emotionale Bindung der Teilnehmer an das Unternehmen beziehungsweise die Marke.
- setzen die Kommunikationsbotschaft in tatsächlich erlebbare Ereignisse um. Somit wird die inszenierte Markenwelt emotional erlebbar.
- sind interaktionsorientiert. Die Kunden werden aktiv über die Verhaltensebene in die Kommunikationsstrategie einbezogen.
- unterscheiden sich bewusst von der Alltagswirklichkeit der Zielgruppe.
- sind zielgruppenfokussiert ausgerichtet. Dadurch können eine hohe Individualität und eine hohe Kontaktintensität erzielt werden.
- sollten inhaltlich in die Kommunikationsstrategie des Unternehmens integriert werden.

Events lassen sich hinsichtlich verschiedener Kriterien wie Zielgruppenbezug, Interaktionsform oder Exklusivität *klassifizieren*. Beispiele für Marketingevents sind Motivationsveranstaltungen, Aktionen am Point of Sale, Jubiläen und Road Shows (u.a. Viecenz 1995, S. 63 ff., Zanger 2001, S. 440f. und Bruhn 2005, S. 330f.).

Im Hinblick auf die Überwachung des Eventmarketing lassen sich *drei Zielebenen* unterscheiden (Zanger 1998, S. 78f.):

- *Kontaktziele* vor und während des Events können Anzahl der Anmeldungen oder Anzahl der Teilnehmer umfassen.
- *Monetäre Zielsetzungen* und Marktgrößen sind beispielsweise Umsatz- oder Marktanteilsveränderungen. Weil Events gemäß ihrer Merkmale nicht direkt verkaufsorientiert sind, sollten diese Ziele nicht allein im Vordergrund stehen.

- *Nichtmonetäre und insbesondere kommunikative Ziele* bilden den Schwerpunkt der Zielsetzung von Marketingevents (ausführlich Drengner 2006 zum Thema Imagewirkungen von Eventmarketing). Eine Besonderheit von Marketingevents ist die stark ausgeprägte (Leistungs-)Fähigkeit, langfristige Gedächtnisinhalte wie Wissen und Einstellungen zum Werbetreibenden und insbesondere zu der beworbenen Marke (Stichwort: Imagetransfer) beeinflussen zu können, da die Zielpersonen stark emotional involviert sind (auch Lasslop 2003, S. 89). Dementsprechend muss ein „optimaler" (nicht unbedingt maximaler) Fit zwischen dem Image des Events und dem Image des Unternehmens beziehungsweise der beworbenen Marke bestehen (Lasslop 2003, S. 97 ff. und S. 191). Gleichzeitig determinieren bereits vorhandene Einstellungen die Wirksamkeit von Events stark, so dass sich Events in besonderem Maße für junge, bisher weniger stark profilierte Marken oder Unternehmen eignen (Lasslop 2003, S. 196).

6.3.3 Spezifika der Kontrollen auf der Output-Ebene: Clippings, Medienresonanzanalyse und Kenngrößen

Analog zu den Kontaktkennzahlen im Bereich der klassischen Kommunikationsinstrumente kann die Medienresonanz (Output-Ebene) zentrale Voraussetzung für die Wirkungen auf den anderen Wirkungsebenen sein, wenn die Multiplikatoren eine große Rolle in der jeweiligen Kommunikationsstrategie spielen. In diesem Fall kommt den *medienbezogenen Evaluationsmethoden* eine entsprechend hohe Bedeutung bei der Kontrolle von Produkt-PR, Sponsoring und Marketingevents zu (ausführlich Mast 2006, S. 161 ff. und Masterman/Wood 2006, S. 283 ff.): Dies sind insbesondere

(1) das Ausweisen von *äquivalenten Mediakosten* (z.B. „was hätte eine entsprechende Anzeige gekostet"), wobei die höhere Glaubwürdigkeit von redaktionellen im Vergleich zu Werbebotschaften berücksichtigt werden muss (zur Quantifizierung von Sponsoring-, Produkt-PR- oder Marketingeventmaßnahmen z.B. Schweiger/Schrattenecker 2005, S. 35 ff.)
(2) *Clippings* (Sammlung und Auswertung hinsichtlich Umfang und Häufigkeit von Abdruckbelegen nach Abdruckdatum und Presseorgan; Clippings werden häufig in Form von Pressespiegeln aufbereitet) und
(3) *Medienresonanzanalysen* sowie
(4) entsprechende *Kenngrößen*.

Clippings sind im Grunde eine reine Auszählung von Pressebeiträgen beziehungsweise die Auszählung von Erwähnung der Leistungen des Unternehmens in den Medien. Wenngleich durch diese eine Vielzahl an Informationen gesammelt werden kann, beziehen sie sich lediglich auf die Verbreitung der Pressemitteilung. Somit wird lediglich ermittelt, ob die Mitteilungen für die Journalisten interessant waren beziehungsweise wie viele Rezipienten aufgrund der Reichweite diese Pressemeldungen aufnehmen konnten.

Im Rahmen der *Medienresonanzanalyse*, die vor, während und/oder nach der Durchführung von Produkt-PR- und Sponsoringmaßnahmen oder Marketingevents durchgeführt werden kann, können die Medienberichte zusätzlich im Hinblick auf ihren Aussagegehalt inhaltsanalytisch ausgewertet werden (Bruhn 1997, S. 597 f.). Mit Hilfe dieses in der Praxis entwickelten Instruments lässt sich die Berichterstattung in den Medien grundsätzlich in quantitativer und qualitativer Hinsicht analysieren und beurteilen (ausführlich Baerns 1997 und Mast 2006, S. 162 ff.). Über eine *quantitative Auswertung* kann beispielsweise die Häufigkeit und zeitliche Verteilung der medialen Verbreitung oder die Art der Quellen erfasst werden. Mittels einer *qualitativen Auswertung* auf Basis einer Inhaltsanalyse kann zudem ermittelt werden, inwiefern die Medien die durch das Event zu vermittelnde Botschaft aufgenommen und wiedergegeben haben (Drengner 2003, S. 183 f.). Medienresonanzanalysen geben Aufschluss über das Was, Wer, Wo und Wie der unternehmens-, themen-, oder leistungsspezifischen Berichterstattung (ausführlich u.a. Mast 2006, S. 162 ff.).

Kenngrößen, die sich im Rahmen von Medienresonanzanalysen bewährt haben, werden in Abbildung 95 zusammengefasst (ausführlich Mast 2006, S. 170 ff.). Diese geben Hinweise auf grundsätzliche Analysegebiete der Medienresonanzanalyse, die sich jedoch nicht immer in Kenngrößen abbilden lassen, wie die Identifikation kritischer Journalisten oder die Identifikation von neuen, für die eigenen Ziele relevanten Themen (Mast 2006, S. 164 f.).

Kenngröße	Beschreibung
Affinitätswert	Gibt die inhaltliche Nähe eines Meinungsträgers oder eines Mediums zu einer vorher definierten Position an
Akzeptanzquotient	Bezieht sich auf das Verhältnis positiver, neutraler oder negativer Medienbeiträge zu einem Thema
Durchdringungsindex	Gibt an, wie häufig ein Thema, ein Name, ein Akteur oder ein Produkt in den Medien genannt wird
Initiativquotient	Gibt das Verhältnis von selbst- vs. fremdgesteuerter Berichterstattung an
Resonanzquotient	Gibt Aufschluss über die Anzahl und Verteilung der Berichte in den verschiedenen Medienzielgruppen (den diversen Print- und AV-Medien)
Text-Bild-Quotient	Gibt das Verhältnis von Texten mit Illustrationen zu Texten ohne Illustrationen an
Themenquotient	Gibt die Anteile einzelner Themen an der gesamten Medienresonanz an
Transferquote	Entspricht dem Verhältnis der Nennungen einzelner Stichworte (Produktname, Botschaft, Unternehmen usw.) zur Gesamtzahl der Veröffentlichungen bzw. der Gesamtauflage
Verteilungswert	Zeigt die regionale Medienpräsenz an

Abbildung 95: Typische Kenngrößen bei Medienresonanzanalysen (Quelle: Eigene Darstellung basierend auf Mast 2006, S. 170 ff.)

6.3.4 Spezifika auf der Outcome- und der Outgrowth-Ebene

Zwar können für die Erfolgskontrolle auf der *Outcome-* und *Outgrowth-Ebene* wie aufgezeigt (Kapitel C.6.3.1) grundsätzlich sämtliche Kenngrößen und Instrumente der Kommunikationskontrolle eingesetzt werden, jedoch sind aufgrund spezifischer Zielgrößen und Einsatzbedingen einige Besonderheiten zu beachten; die wichtigsten Spezifika und Instrumente werden nachfolgend aufgezeigt (ausführlich v. a. Nufer 2002 zur Wirkung von Eventmarketing und z. B. Lasslop 2003 zur Effektivität und Effizienz von Marketingevents).

Besonderheiten bei Maßnahmen mit Eventcharakter

Die Überwachung von Marketingevents ist mit einer Reihe von Herausforderungen verbunden. So erscheint eine Befragung von Eventteilnehmern im Rahmen der Ablauf- oder Ergebniskontrolle während der Veranstaltung aufgrund technischer Aspekte wie Lautstärke oder Licht nicht sinnvoll. Vielmehr empfiehlt es sich, die Erhebung unmittelbar nach dem Event durchzuführen. Sofern die Adressen der Teilnehmer bekannt sind, bietet sich auch eine schriftliche Befragung einige Tage nach dem Event an. Allerdings besteht hierbei die Gefahr, dass das Ereignis zu diesem Zeitpunkt schon in Vergessenheit geraten ist. Die Kontrolle wird außerdem durch die hohe Komplexität des Eventmarketing erschwert, die sich in der Vielschichtigkeit der Events zeigt. So ist bei Events, die sich an eine breite, öffentliche Besuchergruppe richten, mit größeren Erhebungsproblemen zu rechnen als bei Events für einen geschlossenen, genau definierten Teilnehmerkreis. Außerdem ist es bei der Einbeziehung von externen Partnern wie Eventagenturen möglich, dass sie sich einer Evaluierung verweigern (Zanger/Drengner 1999, S. 32 ff.).

Insbesondere die Messung handlungsorientierter Zielgrößen ist bei Maßnahmen mit Eventcharakter schwierig. Zwar lassen sich relativ einfach Besucheranzahl oder Anfragen hinsichtlich Produkten auszählen, jedoch ist der Nachweis des Zusammenhangs dieser Größen und den eingesetzten Maßnahmen nicht leicht zu erbringen. Um dieses Problem abzumildern, können zusätzlich durch Befragungen Gründe oder der Anlass für einen Besuch oder die Anfrage ermittelt werden (Bruhn 1997, S. 600 f. und Müller/Kreis-Muzzulini 2005, S. 81 f.).

Daneben spielen *Ablaufkontrollen* (ausführlich Kapitel C.3.1) – insbesondere bei sämtlichen Maßnahmen mit Eventcharakter – eine zentrale Rolle für die Sicherstellung des Kommunikationserfolgs. So können bereits kleine Durchführungsfehler (z. B. beim Catering) zu einer dauerhaft negativen Beurteilung eines Events und somit des Unternehmens beziehungsweise des Produkts führen können (Zanger/Drengner 1999, S. 34 und Bruhn 2005, S. 331 f.). Aufgabe der Ablaufkontrolle ist es, Ursachen für die Erfüllung beziehungsweise Nichterfüllung der Eventziele zu ermitteln sowie mögliche Fehlentwicklungen während des Events frühzeitig zu identifizieren und zu beheben (Drengner 2003, S. 180 f.). *Instrumente* der Ablaufkontrolle wie *Befragungen, Netzplantechniken* oder *Checklisten* eignen sich in diesem Zusammenhang besonders, um zu erfassen, ob beispielsweise die erforderlichen Tätigkeiten vor und während des Events ordnungsgemäß durchgeführt werden (Inden 1993, S. 204 ff.). *Objekte* der Ablaufkontrolle können vor allem die Organisation und Durchführung des Ereignisses selbst, der flankierenden Pressearbeit und/oder der Bereitstellung von Werbematerialien und Produkten sein.

Das *Strategien- und insbesondere das Prämissenaudit* überprüft gezielt die unternehmensinternen und -externen Planungsbedingungen. Im Sponsoringbereich wird in diesem Zusammenhang beispielsweise die Affinität zwischen Sponsor und Gesponsortem beurteilt (Bruhn 2005, S. 182 ff.). Der *„Fit" zwischen den beiden Akteuren* lässt sich gemäß des Affinitätenkonzepts hinsichtlich der Zielgruppe, des Produkts, des Images, des Know-hows und der Region herstellen. Dem sollte sich ein Screening unternehmensexterner Rahmenbedingungen hinsichtlich des Eventangebots und der Eventnachfrage anschließen. Hierzu gehört zum Beispiel die Analyse der Bedürfnisse und Anforderungen der Zielgruppe. Des Weiteren erfolgt in der Regel eine Analyse der Eventmarketingziele auf ihre zeitliche und formale Abstimmung mit übergeordneten Kommunikationszielen (Drengner 2003, S. 176). Das *Marketing-Mix-Audit* kann beispielsweise die Überprüfung der Budgetverteilung auf die unterschiedlichen Arbeitsphasen und mit fortgeschrittener Konkretisierung eines Events die Kostenkalkulation für einzelne Event-Bestandteile umfassen. Des Weiteren wird geprüft, ob die Maßnahmen überhaupt zur Erreichung der definierten Ziele dienen. Im *Organisationsaudit* wird beispielsweise geprüft, inwieweit personelle Kompetenzen zur Erfüllung der einzelnen Arbeitsphasen vorhanden sind beziehungsweise ob gegebenenfalls Event-Agenturen für die Planung und Durchführung des Events einbezogen werden sollten. Des Weiteren sind Ansprechpartner, Projektleiter oder Projektteams auf ihre Kompetenzen und Entscheidungsbefugnisse zu beurteilen sowie Projektpläne zu prüfen (Drengner 2003, S. 178 ff.).

Herausforderungen bei der Erfolgskontrolle des Sponsoring

Die Kontrolltätigkeiten im Rahmen des Sponsoring sind mit einer Vielzahl methodischer und inhaltlicher Herausforderungen verbunden. Zunächst ist davon auszugehen, dass die Aufmerksamkeit der Zielgruppe eher auf das gesponserte Ereignis als auf das Markenzeichen des Sponsors gerichtet ist, womit dieses nur als „Randerscheinung" wahrgenommen wird. Aufgrund dessen führt das Sponsoringengagement lediglich zu einer *„sekundären Aufmerksamkeitswirkung"*. Des Weiteren beschränken sich die Botschaften durch die begrenzten werblichen Darstellungsmöglichkeiten im Rahmen des Sponsoring oftmals auf die Wiedergabe des Markenzeichens. Die Übermittlung von Produktinformationen ist demzufolge häufig nicht möglich (Bruhn 1997, S. 649). Zusätzlich sollten bei der Analyse der Sponsoringwirkungen folgende Aspekte berücksichtigt werden (auch Kapitel C.6.1.3 und Bruhn 1997, S. 649 f.):

Schwierigkeiten bereitet die Messung von *Imageveränderungen* bei der Zielgruppe. Insbesondere ist hier fraglich, ob die vom Sponsor beabsichtigten Imagetransfers überhaupt stattgefunden haben.

- Es müssen zudem die Wirkungen berücksichtigt werden, die bei mehrmaligen Kontakten mit der Kommunikationsbotschaft auftreten. In diesem Zusammenhang ist der *Werbe- und Sponsoringdruck zu berücksichtigen* (ausführlich Kapitel C.6.2.3).
- Weil Sponsoringmaßnahmen *nicht isoliert* durchgeführt werden, muss die Wirkung beziehungsweise Leistungsfähigkeit mit anderen Kommunikationsinstrumenten analysiert und verglichen werden.
- Mittel- bis langfristig muss der Einfluss des Sponsoringengagements auf die *Veränderung der Kaufbereitschaft* und des Kaufverhaltens gemessen werden.

6.4 Kontrolle der Verkaufsförderung

Die Verkaufsförderung, auch Promotion oder Sales Promotion genannt, umfasst „zeitlich befristete Maßnahmen mit Aktionscharakter, welche andere Marketingmaßnahmen unterstützen und den Absatz bei Händlern und Konsumenten fördern sollen" (Gedenk 2001b, S. 1756). Schwerpunktmäßig wird die Verkaufsförderung der Kommunikation zugerechnet, jedoch weist sie auch Dimensionen der Distributions-, Preis- und Marktleistungsgestaltung auf (Nieschlag/Dichtl/Hörschgen 2002, S. 991): Beispielsweise sind Werbekostenzuschüsse, Handzettel, Beilagen oder Inserate sowohl der Werbung als auch der Verkaufsförderung zuzurechnen, und Rabatte sind sowohl ein Instrument der Verkaufsförderung als auch der Preisgestaltung (Gedenk 2001b, S. 1575). Eine Kontrolle der Verkaufsförderung, die sich auf Kommunikationsmaßnahmen beschränkt greift demnach zu kurz. Vielmehr sollte sich auch die Kontrolle der Verkaufsförderung an deren Zielen und Aufgaben als Ansatzpunkte der Kontrollen orientieren: Die Kontrolle der Wirksamkeit setzt die Kenntnis der Ziele und Zielgruppen voraus, so dass diese im Folgenden kurz aufgezeigt werden.

Ziele und Instrumente der Verkaufsförderung

Mit Hilfe von Verkaufsförderungsmaßnahmen sollen häufig insbesondere neue Produkte in der Einführungsphase beim Konsumenten bekannt gemacht und der Erwerb bestimmter Leistungen durch die Verbraucher oder den Handel stimuliert werden. Meist werden die Maßnahmen unmittelbar am Point of Purchase (POP; Kaufort) oder am Point of Sale (POS; Verkaufsort) eingesetzt: Beispielsweise kann in der Nähe einer Supermarktkasse ein auffälliges Schokoladendisplay platziert werden, um Kunden in Kassennähe zu einem Impulskauf anzuregen (zu Wettbewerbsstrategien im Einzelhandel ausführlich Gröppel-Klein 1998). Im Gegensatz zu Werbemaßnahmen, die einen Kaufgrund vermitteln, geben Verkaufsförderungsmaßnahmen einen Anreiz, um den Kaufakt zu vollziehen oder den Kaufentscheidungsprozess voranzutreiben (Weinhold-Stünzi 1999, S. 159 ff. und Schweiger/ Schrattenecker 2005, S. 112 f.).

Unter dem Begriff konsumentengerichtete Verkaufsförderung lassen sich sämtliche Maßnahmen zusammenfassen, mit denen sich Hersteller (*Verbraucher-Promotion*) oder Händler (*Händler-Promotion*) an Konsumenten richten. Verkaufsförderungsmaßnahmen, mit denen sich Hersteller an Händler richten, werden als *Handels-Promotions* bezeichnet (hier und nachfolgend Gedenk 2006, S. 577 ff. und S. 583 ff.). Grundsätzlich können somit *handels-* und *konsumentengerichtete* Verkaufsförderungsmaßnahmen unterschieden werden. Diese Differenzierung ist in diversen Situationen relevant: Beispielsweise entscheidet der Händler über die Aufstellung von Aktionsdisplays in Zweitplatzierungen. Der Hersteller kann durch Rabatte Anreize für ihre Aufstellung schaffen. Auch sind für diese beiden Bereiche der Verkaufsförderung unterschiedliche Wirkungen, Kosten, Datenquellen und Modelle für die Erfolgsmessung relevant.

Instrumente der *konsumentengerichteten* Verkaufsförderungsmaßnahmen können in Preis-Promotions (Sonderangebote, Sonderpackungen, Treuerabatte, Coupons, Rückerstattungen usw.) und Nicht-Preis-Promotions unterschieden werden, wobei sich Letztere weitergehend in unechte (Aktionswerbung wie Handzettel/Beilagen/ Inserate, POS-Werbung und Werbung in anderen Medien, ferner Displays/Zweitplatzierungen, POS-Materialien, Aktionsverpackungen usw.) und echte Nicht-Preis-Promotions (Warenproben, Produktzugaben, Gewinnspiele, Events usw.) differenzieren lassen (ausführlich Gedenk 2001a, S. 1758).

Auch bei der Erfolgskontrolle von konsumentengerichteten Verkaufsförderungsmaßnahmen dienen die verschiedenen Wirkungen und somit die Ziele der Verkaufsförderung als mögliche Soll- beziehungsweise Kontrollgrößen (hier und im Folgenden Gedenk 2002, S. 103 ff. und Gedenk 2006, S. 585 ff.; dort auch ausführlich). Grundsätzlich können kurzfristige und langfristige Wirkungen konsumentengerichteter Verkaufsförderung unterschieden werden (Abbildung 96; ferner Kapitel C.6.1.2 zu Kommunikationszielen der Verkaufsförderung). Bei *kurzfristigen* sind dies: Geschäftswechsel, Produktwechsel (Markenwechsel, Kategorienwechsel) und Kaufbeschleunigung im Sinne eines Mehrkonsums und einer Kaufakzeleration im engeren Sinne (Mehrverbrauch oder Lagerhaltung). *Langfristige* Wirkungen sind vor allem Kaufbeschleunigung im engeren Sinne (Mehrverbrauch oder Lagerhaltung), Geschäftstreue und Produkttreue (Markentreue, Kategorientreue). Hierbei ist zu beachten, dass bei vermehrter Lagerhaltung im Grunde nur eine Vorverlegung von Käufen erfolgt und somit zu einem späteren Zeitpunkt mit einem Absatzeinbruch zu rechnen ist.

Ziele der *handelsgerichteten* Verkaufsförderung können ebenfalls in kurzfristige und langfristige Wirkungen auf die Liefermenge des Aktionsprodukts differenziert werden (ausführlich Gedenk 2002, S. 93 ff. und 2006, S. 577 ff.): *Kurzfristige* (Abbildung 97) sind vor allem die Umsetzung in Händler-Promotions („Pass-Trough"), Weiterverkauf an andere Händler („Diverting") und Lagerhaltung („Forward-Buy-

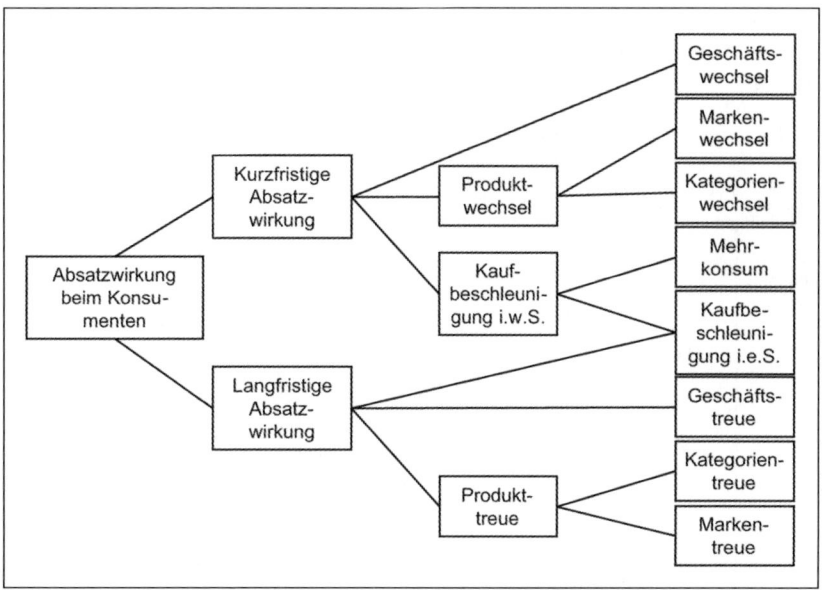

Abbildung 96: Wirkungen von konsumentengerichteter Verkaufsförderung auf den Absatz des Aktionsprodukts im Aktionsgeschäft (Quelle: Gedenk 2002, S. 104)

ing"). *Langfristige* (Abbildung 98) sind ebenfalls Lagerhaltung („Forward-Buying") und Listung des Aktionsprodukts.

Die diversen Ziele und Wirkungen von Verkaufsförderungsmaßnahmen erfordern eine differenzierte Erfolgsmessung. Komplex wird diese unter anderem dadurch, dass tatsächliche Absatzsteigerungen von reinen Absatzverschiebungen, zum Beispiel über die Zeit mittels Lagerhaltung, unterschieden werden müssen (Gedenk 2006, S. 575 ff.).

Messung des Erfolgs handelsgerichteter Verkaufsförderungsmaßnahmen

Für die Erfolgsmessung von handelsgerichteten Verkaufsförderungsmaßnahmen eignen sich grundsätzlich zwei verschiedene Ansätze (Blattberg/Neslin 1993, Gedenk 2002, S. 128 ff.; hier und im Folgenden in enger Anlehnung an Gedenk 2006, S. 583 ff.; dort auch ausführlich): Zum einen Verfahren, die vor allem mit Liefermengendaten arbeiten, zum anderen Verfahren, die Liefermengen- und Handelspaneldaten verwenden (Blattberg/Levin 1987).

So kann der Erfolg von Handels-Promotions zunächst über die Auswertung von Daten bezüglich eingesetzter Handels-Promotions und der Liefermengen an den

Handel bestimmt werden. Zu diesem Zweck werden häufig so genannte *Baseline-Verfahren* eingesetzt. Grundidee ist die Schätzung einer Baseline, welche die Liefermenge angibt, die ohne Verkaufsförderungsmaßnahmen erzielt werden würde. Durch den Vergleich der tatsächlichen Liefermenge mit der Baseline lässt sich die Wirkung einer Verkaufsförderungsmaßnahme erkennen. Obwohl dieser Ansatz zu-

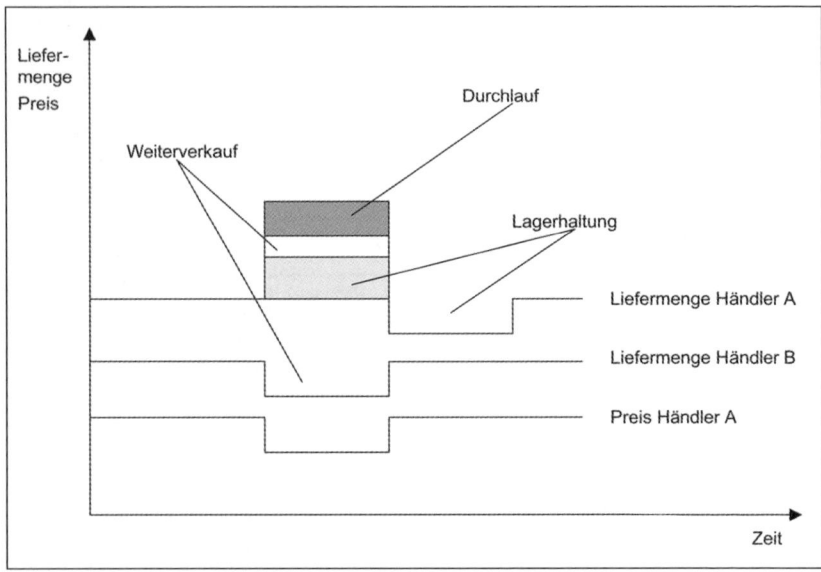

Abbildung 97: Kurzfristige Wirkungen handelsgerichteter Verkaufsförderung (Quelle: Gedenk 2002, S. 95)

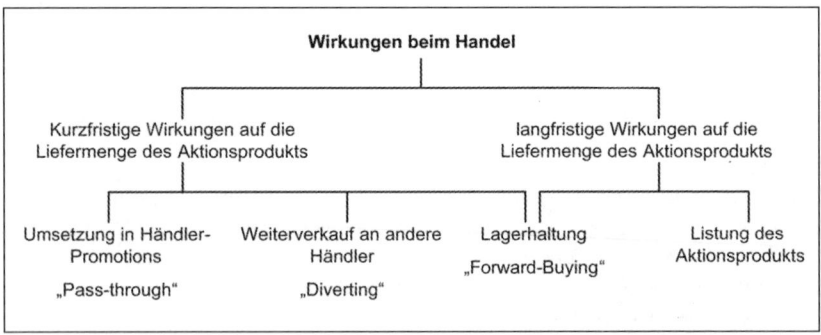

Abbildung 98: Wirkungen handelsgerichteter Verkaufsförderung auf die Liefermenge an den Handel (Quelle: Gedenk 2002, S. 93)

nächst einfach aussieht, stellt es ein komplexes Problem dar, eine geeignete Baseline zu eruieren, weil nur schwer zu bestimmen ist, welche Liefermenge ohne Verkaufsförderung erzielt werden würde. Eine Herausforderung kann darin liegen, dass einige Händler nur während Handels-Promotions einkaufen (Deal-to-Deal-Buying). Bei ihnen wird kein Einbruch der Liefermenge nach der Maßnahme (Post-Promotion-Dip) sichtbar, der auf Forward-Buying hindeutet. In solchen Fällen wird die Baseline unterschätzt und der Effekt der Handels-Promotion überschätzt (Gedenk 2006, S. 584).

Am einfachsten ist es, den Durchschnitt der Liefermengen in einigen Perioden (z. B. Wochen) vor einer Verkaufsförderungsmaßnahme als Baseline zu verwenden. Blattberg und Neslin (1990; dort im Detail) bezeichnen dies als *„Before-After-Analyse"*. Die Liefermengen vor einer Handels-Promotion bilden die Baseline, und die Liefermengen während und nach der Maßnahme werden mit dieser Baseline verglichen, um die Wirkung der Maßnahme zu bestimmen. Eine auf diese Weise bestimmte Baseline unterliegt jedoch großen Zufallsschwankungen.

Das von Abraham und Lodish (1987; dort auch im Detail) zur Bestimmung von Baselines entwickelte System *PROMOTER* scheint zwar aufwändiger, jedoch auch wesentlich zuverlässiger zu sein. Sie bereinigen zunächst die Zeitreihe der Liefermengen um die Einflüsse von Trend, Saison und besonderen Ereignissen. Anschließend werden in einem iterativen Verfahren die Perioden isoliert, deren Liefermengen nicht von handelsgerichteten Verkaufsförderungsmaßnahmen beeinflusst wurden. Neben den eigentlichen Aktionswochen werden hierbei auch Nachaktionswochen isoliert, die von Forward-Buying betroffen sind. Die Baseline wird anschließend auf Basis der nicht durch Promotions beeinflussten Liefermengen geschätzt. Dieses Verfahren läuft weitgehend automatisiert ab, so dass große Datenmengen für eine Vielzahl von Produkten und Maßnahmen verarbeitet werden können.

Wenn neben Liefermengen auch die vom Handel durchgeführten Händler-Promotions und der daraus resultierende Absatz an die Konsumenten berücksichtigt werden, können jedoch zuverlässigere Informationen über den Erfolg von Handels-Promotions gewonnen werden. Die zusätzlichen Daten geben Aufschluss über das Ausmaß des Durchverkaufens und erlauben es so, besser zu bestimmen, welcher Anteil des kurzfristigen Mehrabsatzes auf Forward-Buying zurückzuführen ist.

Einen entsprechenden Vorschlag für die Messung des Erfolgs von Handels-Promotions unterbreiten Blattberg und Levin (1987). Sie verwenden *Liefermengendaten und Daten eines Handelspanels*, das Auskunft über Händler-Promotions und Absatzmengen des Handels gibt. Auf dieser Grundlage schätzen sie ein Mehr-Gleichungs-Modell. Handels-Promotions beeinflussen darin die Liefermenge an den Handel sowie die Wahrscheinlichkeit, dass dieser seinerseits für die Konsumenten Händler-Promotions durchführt. Diese Händler-Promotions beeinflussen wiederum den Absatz des Handels an die Konsumenten. Darüber hinaus werden der Lagerbestand des Handels und sonstige Einflüsse berücksichtigt. Das Modell kann so genutzt werden, dass ein Hersteller errechnet, welche Liefermengen er ohne eine Handels-Promotion und mit einer Handels-Promotion erzielen würde. Die Differenz gibt die Wirkung der Aktion wieder.

Bei der Wahl zwischen dem Baseline-Ansatz PROMOTER und dem Model von Blattberg und Levin steht der Anwender insgesamt vor einem Trade-off zwischen Einfachheit und Aussagekraft (Blattberg/Neslin 1993). PROMOTER ist einfacher anzuwenden – vor allem da nur Liefermengendaten erforderlich sind. Durch Hinzuziehen von Handelsdaten im Modell von Blattberg und Levin lässt sich jedoch besser erkennen, wie hoch der Pass-Through ist und welcher Teil der Liefermengenerhöhung auf Forward-Buying des Handels zurückzuführen ist. Der Aufwand ist dafür deutlich höher. Zum einen wegen der Kosten der Datenbeschaffung und zum anderen wegen der zusätzlich erforderlichen Zeit für Datenaufbereitung und -analyse.

Messung des Erfolgs konsumentengerichteter Verkaufsförderungsmaßnahmen

Baseline-Verfahren können auch für die Erfolgsmessung konsumentengerichteter Verkaufsförderungsmaßnahmen eingesetzt werden (hier und im Folgenden Gedenk 2002, S. 144 ff. Gedenk 2006, S. 585 ff.; dort auch ausführlich). Als Datengrundlage können hierbei die verfügbaren Absatz- oder Handelspaneldaten (einschließlich Scannerpanels) dienen.

Langfristige Wirkungen wie Marken- und Geschäftstreue sowie Wirkungsursachen können auf diese Weise jedoch nur unzureichend ermittelt werden. Vielmehr empfiehlt es sich, zu diesem Zweck mit so genannten *Single-Source-Panels* zu arbeiten, die Kommunikationswirkungen, Absatzzahlen und gleichzeitig die Einkäufe einzelner Haushalte erfassen (Kapitel C.4.2.3). Ferner können *Experimente* zu Zwecken der Erfolgsmessung von Verkaufsförderungsmaßnahmen eingesetzt werden, da sie Ursache-Wirkungsbeziehungen am besten aufzeigen können.

Auch liegen in vielen Unternehmen Verhaltensdaten aus Bonusprogrammen vor (Gedenk 2006, S. 587). Zum Beispiel kann das Handelsunternehmen *real,-* über seine Payback-Daten verfolgen, wann Bonusprogrammteilnehmer bei *real,-* einkaufen und welche Produkte sie in welcher Menge wählen (Gedenk/Neslin/Ailawadi 2005). Der wesentliche Unterschied zu einem Panel besteht darin, dass nur Käufe in Geschäften beobachtet werden können, die am Bonusprogramm teilnehmen und keine Käufe bei Wettbewerbern.

6.5 Kontrolle des persönlichen Verkaufs

Sämtliche Maßnahmen, die dem Ziel dienen, den Vertragsabschluss über die angebotene Leistung mit dem Abnehmer zu realisieren, lassen sich unter dem Begriff *Verkauf* zusammenfassen (Schröder/Diller 2001f, S. 1749). Über den Verkaufsabschluss hinaus schließt dies als Tätigkeiten auch die Akquisition von Kunden, die Verkaufsunterstützung durch Beratung, Instruktion und Warenpräsentation sowie die Informationsgewinnung über Kunden ein. Eine Beschränkung der Kontrolle des persönlichen Verkaufs auf die reine Verkaufstätigkeit greift somit zu kurz. Vielmehr kann der Verkauf grundsätzlich sieben unterschiedliche Funktionen (Schröder/Diller 2001f, S. 1749 ff.) wahrnehmen, auf die sich Kontrollen erstrecken können, wobei die Schwerpunktsetzung von der Managementebene, der Branche und den angebotenen Marktleistungen abhängt: die Akquisitionsfunktion (Neukundengewinnung), die Kommunikationsfunktion (der Verkäufer als Dialogpartner; Stichwort persönlicher Verkauf), die Abschlussfunktion (im Sinne der Reduktion von Kaufwiderständen), die Servicefunktion (Dienstleistungen des Verkäufers wie Schulungen, Qualitätsüberprüfungen, Regal-Checks; z.T. übernimmt jedoch der Kundendienst oder das Merchandising diese Funktion), die Informationsfunktion (Sammlung, Analyse und Interpretation von für den Verkaufprozess notwendigen Informationen, um Verkaufsstrategien und -taktiken planen zu können), die Koordinationsfunktion (Koordination von Unternehmens- und Kundeninteressen; ggfs. Durchsetzung beider) und die Führungsfunktion (nicht verkaufsspezifisch, hier jedoch besonders erfolgskritisch).

Gleichzeitig kann je nach Form des Kontakts von Verkäufern und Kunden zwischen *persönlichem*, semipersönlichem (Telefon oder Videokonferenz) und unpersönlichem (Brief, Telefax usw.) Verkauf unterschieden werden (Schröder/Diller 2001f, S. 1751). Der persönliche Verkauf wird im Marketing-Mix dabei meist dem Kommunikations-Mix beziehungsweise der Marktbearbeitung zugeordnet. Dies erfolgt deshalb, weil die Aufgaben eines Verkaufsaußendienstmitarbeiters überwiegend mittels Kundenbesuchen und der persönlichen Kommunikation erfüllt werden. Der persönliche Verkauf ist jedoch auch für Fragen der Distributionsgestaltung relevant: Zum einen ist der Verkaufsaußendienst an der Lösung von Distributionsproblemen beteiligt. Zum anderen ersetzt er nicht selten unternehmensexterne Absatzmittler/-helfer (Specht/Fritz 2005, S. 37). Ferner bestehen Schnittstellen zu allen anderen Marketinginstrumenten, da Herausforderungen im Verkauf auch Auswirkungen auf die Marktleistungsgestaltung und die Preisgestaltung nach sich ziehen können.

Der mittels persönlichen Verkaufs erzielbare *Verkaufserfolg* ist im Allgemeinen abhängig von der *Wirksamkeit der verschiedenen Verkaufstechniken*, die sich im Verkaufsgespräch, der Verkaufsdemonstration, der Verkaufsargumentation einschließlich der Preisargumentation und der Technik im Verkaufsabschluss niederschlagen (Bänsch 2001, S. 1263). Entsprechend wurden insbesondere im Bereich der Kommunikationsforschung Modelle entwickelt, die den Verkauf als Kommunikationsprozess abbilden und die Optimierung unterstützen sollen (Kotler/Bliemel 2006, S. 1052 ff.; zum Controlling des Kundenmanagements ferner Diller/Haas/Ivens 2005b). Dies sind sowohl einfache Regeln der persönlichen Kommunikation, Dialektik (einschließlich Argumentationsregeln) und Rhetorik als auch Analysen der Gestik und Mimik im Verkaufsgespräch sowie ferner komplexe psychologische Kommunikationsmodelle und -ansätze (z.b. die neurolinguistische Programmierung). Besondere Bedeutung kommt in diesem Zusammenhang auf Investitionsgütermärkten dem Thema Beziehungsmanagement sowie Selling- und Buying-Centern (z.B. Büschken 1994) zu.

Ferner können diverse *Systeme und Modelle zur Planung und Optimierung* von Besuchszeiten, Rundreisen, Reisendenzuordnungen usw. eingesetzt werden. Gleichzeitig werden im persönlichen Verkauf insbesondere die folgenden Analysen durchgeführt, die sowohl Effektivitäts- als auch Effizienzaspekte berücksichtigen (Belz 1999, S. 333 f. und Kotler/Bliemel 2006, S. 1292):

- Zeitanalysen (z.B. Vorbereitungszeit im Vergleich zu aktiver Verkaufszeit, Besuchszeit pro Kontakt),
- Kostenanalysen (z.B. Bewirtungsspesen, Autospesen, Fahrtspesen, Gesamtspesen – alle absolut oder pro Besuch; Kosten der Verkaufsorganisation als Prozentsatz des Gesamtumsatzes),
- Ergebnisanalysen (z.B. Zahl der neuen Kunden pro Periode, Zahl der verlorenen Kunden pro Periode, Umsätze, Deckungsbeiträge, Gewinn),
- Output/Input-Analysen (Anzahl Telefonate pro Besuch, Anzahl der Kundenbesuche pro Verkäufer und Tag, erwirkte Aufträge pro einhundert potenzielle Kunden, Angebote zu Aufträgen, erzielter Umsatz pro Besuch usw.),
- konkrete Analyse der Absatzchancen (Beurteilung der kurz- und mittelfristigen Auftragseingänge),
- Produkt-, Sortiments- und Kundenanalysen (z.B. Marktpotenzial, Kundenstrukturen, Konkurrenz),
- Vertreteranalysen und Lohnanalysen sowie
- Analysen der Mitarbeiterzufriedenheit.

In der Praxis werden diese Größen häufig zur Erfolgsmessung eingesetzt. Dabei wird leider zu oft die Qualität beziehungsweise die Wirksamkeit der einzelnen Maßnahmen außer Acht gelassen. Ein sehr guter Verkäufer kann beispielsweise nicht unbedingt die höchsten Kontaktzahlen nachweisen, dafür jedoch in der Regel sehr qualifizierte; auch erzielt er eine höhere Abschlussrate. Dies macht erneut deutlich, dass stets beide Erfolgsgrößen, sowohl die Wirksamkeit (Effektivität) als auch die Effizienz, bei Zielfestlegung und Kontrolle im Auge behalten werden müssen.

Wie deutlich geworden ist, orientiert sich auch die Erfolgskontrolle des persönlichen Verkaufs an dessen Zielen. Ziele des persönlichen Verkaufs müssen auf dieser Basis situationsspezifisch bestimmt und mit den anderen Marketingzielen abgestimmt werden. *Primärziele des Verkaufs* im Allgemeinen sind dabei Umsatz- und/oder Deckungsbeitragsziele (hier und im Folgenden Weinhold-Stünzi 1999,

Aufgaben und Bewertungskriterien

1.1 Zielerreichung:
Wie gut hat er seine Ziele erreicht?
- Planerfüllung (Umsatz, ES, Sortimente)
- Zielvereinbarungen

1.2 Unternehmens- und Marktkenntnisse:
Wie gut kann er unsere Möglichkeiten im Markt beurteilen?
- Kenntnisse der Unternehmensmission und -stärken
- Kenntnisse eigener Produkte und Sortimente
- Kenntnisse Konkurrenz, Trends
- Kenntnisse Kunden und Kundenprojekte
- Kenntnisse Kundenbranchen: Trends und Probleme

1.3 Zusammenarbeit mit Kunden:
Wie arbeitet er mit Kunden zusammen?
- Gesprächsführung
- Erscheinung und Manieren
- Leistung/Gegenleistung (Mehrwert)
- Neukunden
- Verhalten in schwierigen Situationen (Reklamationen und Reparaturen)
- Mission vertreten und verkörpern können

1.4 Commitment:
Wie stark engagiert er sich?
- Zuverlässigkeit
- Engagement
- Fairness, Loyalität
- Zivilcourage
- Identifikation

1.5 Produkteinführungen:
Wie effektiv führt er neue Produkte und Leistungen in Märkten ein?
- Schnelligkeit
- Gründlichkeit
- Wirtschaftlichkeit

1.6 Administratives:
Wie weit hat er den Papierkrieg im Griff?
- Verkaufsunterlagen/Auto
- Kartei (Aktualisierung und Pflege des Kundenstamms)
- Berichte und Rapporte
- Bestellungen und Abläufe, Einsatz elektronischer Hilfen
- Technische Unterlagen

1.7 Zusammenarbeit:
Wie arbeitet er mit anderen zusammen?
- Meetings
- Meinungsbildung anderer Urlaubsvertretungen und Vakanzen

- Neueinführungen
- Markttests
- Anreissfunktion für andere Unternehmenssparten (Cross Selling)
- Zusammenarbeit mit internen Mitarbeitern und dem Centerleiter
- Effektivität und Wirtschaftlichkeit beim Einsatz interner Mitarbeiter

1.8 Langfristiger Marktaufbau:
Was tut er für die Umsätze von morgen?
- Planerarbeitung
- Vorstellungsveränderungen
- Schulungen und Vorführungen
- Kundenbearbeitung aufgrund langfristigen Überlegungen
- Unterstützung anderer interner Instanzen bei der Umsatzvorbereitung

1.9 Schwerpunktsetzung:
Setzt er Schwerpunkte dort, wo es für unser Unternehmen wichtig ist?
- Expresslieferungen
- Leihmaschinen
- Tätigkeiten wie Liefern und Beraten
- Selektive Kundenbearbeitung
- Produkte und Sortimente
- Einsatz interner Dienstleistungen
- Kontaktpersonen
- Neuprodukte

1.10 Beziehungen:
Inwieweit verfügt er über das für seinen Aufgabenbereich geeignete Beziehungsnetz?
- Kundenpersonen (Magaziner, Einkäufer, Anwender)
- Planer, Projektanten, Entscheidungsträger und Projektleiter
- Interne, evtl. konzernweite Marktorganisation
- Ausschöpfungsgrad

1.11 Zusatzaufgaben:
Wie groß ist seine Bereitschaft, Zusatzaufgaben zu übernehmen?
- Markttests
- Ausbildung neuer Mitarbeiter
- Neuprodukte – Einführung
- Cross Selling
- Mitarbeit in internen Projektteams
- Markttests

Gesamtbeurteilung:
Wie lassen sich das Verhalten und die Leistung des Mitarbeiters in wenigen Worten mit dem Idealbild seiner Funktion vergleichen und Abweichungen begründen?

Abbildung 99: Standortbestimmung für technische Mitarbeiter im Außendienst
(Quelle: Belz 1999, S. 336)

S. 280 f.; ausführlich ferner Diller/Haas/Ivens 2005b), ferner Marktanteile, Informationen, Kundenkontakte, Neukunden und Kundenzufriedenheit. *Sekundäre Ziele des Verkaufs* sind Wirtschaftlichkeits-, Organisations-, Personal-, Schulungs-, Rationalisierungs- sowie Dokumentations- und Informationsziele.

Ferner sind Determinanten des Erfolgs der persönlichen Kommunikation zu berücksichtigen. Dies sind insbesondere die Feldgröße (Größe des Verkaufsgebiets), die Kontaktquantität, -qualität und -periodizität, Kommunikationsmethoden, die Leistungsselektion, die Zielgruppenselektion und die situationsspezifische Bearbeitung der Kunden (ausführlich Weinhold-Stünzi 1999, S. 272 ff.).

In der Regel geht die Erfolgskontrolle im Verkauf mit der Leistungsbewertung einzelner Mitarbeiter einher (Belz 1999, S. 333). Häufig dient die Leistungsbewertung als Grundlage für leistungsabhängige Lohnanteile. Da die Erfolgskontrolle als Element eines iterativen Planungsprozesses zu verstehen ist, soll sie grundsätzlich ein Lernen aus Abweichungen ermöglichen. Somit spielen zum einen eine differenzierte Betrachtung der Leistung einzelner Mitarbeiter als auch Verkaufsschulungen und Coaching eine zentrale Rolle für einen erfolgreichen persönlichen Verkauf (ausführlich Belz 1999, S. 337 ff. und Huckemann et al. 2000, S. 159 ff.). Zur Standortbestimmung und differenzierten Bewertung eines Mitarbeiters im technischen Verkauf eignet sich beispielsweise das in Abbildung 99 dargestellte Schema (hier und im Folgenden Belz 1999, S. 335 ff.). Die Kriterien in dieser Abbildung können periodisch von Verkaufsleitern und Verkäufern diskutiert und bewertet werden, wobei eine Bewertungsskala (mit 1 = entspricht voll und ganz, 2 = entspricht weitgehend, 3 = entspricht teilweise dem Idealbild und 4 = große Abweichungen vom Idealbild) eingesetzt werden kann.

Ferner können verschiedene Marketingcontrollinginstrumente eingesetzt werden, um den persönlichen Verkauf zu optimieren und das Management des persönlichen Verkaufs zu unterstützen – sowohl bei Kaufentscheidungen einzelner Personen als auch bei multipersonalen Kaufentscheidungen in Buying-Centern (ausführlich Büschken 1994 und Backhaus 2003, S. 61 ff. und S. 71 ff.). Dies sind insbesondere

- Marketing- und Verkaufskennzahlensysteme (ausführlich Kapitel D.2), Cockpits (Kapitel D.2 und Diller/Haas/Ivens 2005b, S. 374 ff.), die auf den Verkauf angepasst werden,
- Verkaufsmanagementprozessmodelle mit fest definierten Meilensteinen (u.a. Belz/Bußmann 2002, S. 35) und
- Trichtermodelle, auch „Sales Pipelines" genannt (Abbildung 100; ausführlich z.B. Daly/O'Dea 2004 und Gutzwiller/Hugentobler/Liebich 2005, S. 21 ff.). Sie basieren auf Phasenansätzen zur Beschreibung von Beschaffungsprozessen (ausführlich Backhaus 2003, S. 67 ff.) und Stage-Gate-Prozess-Modellen (u.a. Reinecke 2004, S. 306). Trichtermodelle werden insbesondere eingesetzt, um die Planungssicherheit hinsichtlich Verkaufsabschlüssen und entsprechendem Umsatz und Deckungsbeitrag zu erhöhen, indem sichtbar gemacht wird, wann wie viele

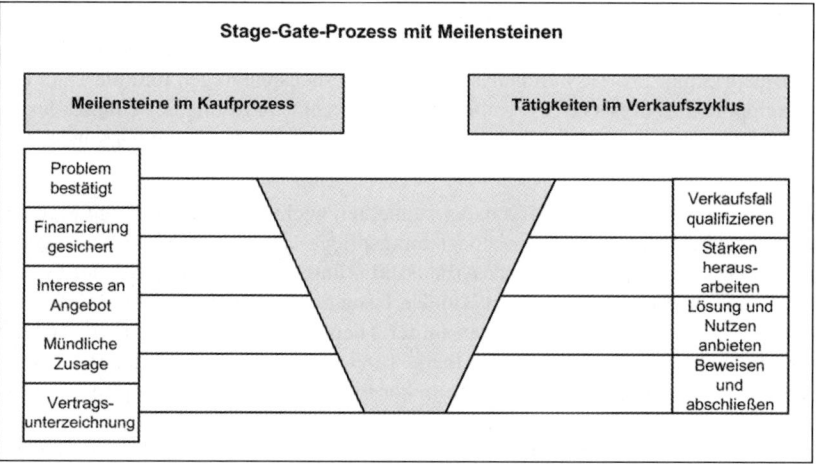

Abbildung 100: Beispiel eines Trichtermodells mit Meilensteinen (Quelle: Eigene Darstellung; u.a. basierend auf Sutton/Klein 2003, S. 197 und Daly/O'Dea 2004)

Projekte in welchem Stadium (erster Kontakt oder kurz vor Abschluss) beziehungsweise in der „Pipeline" sind. Auf diese Weise sind Prognosen der Geschäftsentwicklung sowohl kurz- als auch mittel- bis langfristig möglich. Der Einsatz dieser Modelle ist insbesondere auf Märkten mit längeren Akquisitionsphasen und Produktlebenszyklen sinnvoll.

- Grundsätzlich können im Rahmen des Controllings des persönlichen Verkaufs natürlich auch Kundenerfolgsrechnungen (und Prozesskostenrechnungen; Kapitel B.2.3) sowie
- Customer Lifetime Value-Rechnungen eingesetzt werden (Diller/Haas/Ivens 2005b, S. 346; ausführlich auch Kapitel D.5).
- Zudem besteht die Möglichkeit, Verkaufsprozesse in die Balanced Scorecard zu integrieren, um den Zusammenhang zum Zielsystem des Unternehmens herzustellen (z.B. Huckemann et al. 2000, S. 133 ff.).

Über diese regelmäßig eingesetzten Instrumente hinaus können die folgenden Methoden eingesetzt werden, um sowohl Ergebnisse als auch Prozesse und Potenziale zu kontrollieren und zu steuern (ausführlich Diller/Haas/Ivens 2005b, S. 346 ff.):

- Auf der Potenzialebene sind dies zum Controlling des *Kundenpotenzials* vor allem Kundenszenarios, das Conjoint Measurement, Zeitreihenanalysen und kundenbezogene Realoptionen, zum Controlling des *Humankapitals* die Messung von Kundenorientierung und Flexibilität der Mitarbeiter, zum Controlling des *Strukturkapitals* Benchmarking und zum Controlling des *Finanzkapitals* Deckungsbeitragsflussrechnungen.

- Auf der Prozessebene sind dies zum Controlling des *Inputs* das Objective-Forecast-Actual (OFA)-Modell, zum Controlling der *Prozesse* das House of Quality, Blueprinting, Prozesswertanalysen, Kundenbesuchsplanungen und die Data Envelopment Analysis (DEA; Kapitel C.3.2.2), zum Controlling des *Outputs* ferner Kundenstrukturanalysen, Preistreppen sowie Kundenzufriedenheits-/Kundenbindungsanalysen.

Kundenbesuchsplanungen sind dabei zum einen wichtig, um das richtige Maß der Kundenakquisition und Kundenbeziehungspflege zu realisieren. Zum anderen helfen sie, die knappe Ressource Arbeitszeit – unter Berücksichtigung der Fragen wie lange, wie häufig und wann Kunden besucht werden sollten – möglichst effektiv einzusetzen. Zwar existieren in der Theorie quantitative Planungsmodelle zur Besuchzeitallokation (u.a. Albers 1989, S. 142 ff. und Diller/Haas/Ivens 2005b, S. 358 f.), jedoch dominieren in der Praxis heuristische Verfahren und Erfahrungswerte: Zum Beispiel kann die Besuchshäufigkeit in Abhängigkeit von der Kundenbedeutung (bspw. im Hinblick auf Umsatz oder Deckungsbeitrag) festgelegt werden (hier und im Folgenden in enger Anlehnung an Diller/Haas/Ivens 2005b, S. 358 f.; dort auch ausführlich). Bei dieser Orientierung an Größen wie Umsatz oder Deckungsbeitrag wird jedoch vernachlässigt, inwiefern Kundenbesuche überhaupt einen Einfluss auf diese Größen haben. Um den durch Kundenbesuche generierbaren Deckungsbeitrag zu maximieren, sollten deshalb folgende Größen berücksichtigt werden (Albers 2002b, S. 180 f., zit. nach Diller/Haas/Ivens 2005a, S. 358 f.):

- die Deckungsbeitragsrate D (Deckungsbeitrag dividiert durch Umsatz),
- der bisherige Umsatz U,
- die Gewinnwahrscheinlichkeit P bei Interessenten, die definiert ist als inverser Wert der durchschnittlichen Anzahl von Neukundengewinnungsversuchen, die für eine erfolgreiche Neukundenakquise nötig sind, und für die vorhandenen Kunden 100 Prozent beträgt,
- die Besuchselastizität E (Veränderung des Umsatzes in Prozent dividiert durch Veränderung der Besuchshäufigkeit in Prozent), die man etwa auf Basis von Marktdaten (bspw. mittels Regressionsanalyse) oder Befragungen des Außendienstes schätzes kann,
- der Besuchszeitanteil B (Anteil der echten Besuchszeit beim entsprechenden Kunden an der Arbeitszeit),
- die Gesamt-Arbeitszeit A des betrachteten Mitarbeiters.

Die Besuchzeit t_i, die für den i-ten Kunden geplant werden muss, kann man mit der folgenden Formel berechnen:

$$t_i = B_i \; \frac{D_i \times U_i \times P_i \times E_i}{\sum D \times U \times P \times E}$$

Kunde i	D_i	U_i (Plan)	P_i	E_i	Kennzahl ($D_i*U_i*P_i*E_i$)	Arbeitszeit-anteil	B_i	t_i, z. B. in Std.
1	40 %	5 000 000	100 %	0,2	400 000	17,39 %	30 %	104,35
2	50 %	10 000 000	100 %	0,2	1 000 000	43,48 %	25 %	217,39
3	50 %	5 000 000	30 %	0,4	300 000	13,04 %	20 %	52,17
4	40 %	10 000 000	30 %	0,5	600 000	26,09 %	35 %	182,61
Summe					2.300 000	100,00 %		2 000

Abbildung 101: Kennzahlenberechnung für die optimale Besuchszeitenallokation (Quelle: Albers 2002b, S. 181 und Diller/Haas/Ivens 2005a, S. 359)

Die Anwendung dieser Formel wird in Abbildung 101 beispielhaft dargestellt. Durch die Division der Besuchszeiten t_i durch die mittleren Besuchslängen ergeben sich die Besuchshäufigkeiten.

Insgesamt ist deutlich geworden, dass die Kontrolle des persönlichen Verkaufs nicht losgelöst vom Verkaufsmanagement gesehen werden kann. Besondere Aufmerksamkeit muss dabei auf die Optimierung des Prozesses des persönlichen Verkaufs und die zielorientierte Steuerung der einzelnen Mitarbeiter gelegt werden. Schnittstellen zu anderen Kontrollbereichen gibt es insbesondere mit der Kommunikation, der Verkaufsförderung und der Distribution.

6.6 Kontrolle des Direct Marketing

6.6.1 Ansatzpunkte

Die Instrumente zur Kontrolle der Effektivität und Effizienz richten sich auch beim Direct Marketing vor allem auf die Ziele und die zur Zielerreichung notwendigen Aufgaben und Prozesse. Eine Definition des Direct Marketing nach Dallmer (2002a, S. 11) fasst diese Dimensionen prägnant zusammen: „Direct Marketing bedient sich direkter [einstufiger] Kommunikation und/oder des Direktverkaufs [und des Versandhandels], um Zielgruppen gezielt zu erreichen, und [direkter] mehrstufiger Kommunikation, um einen direkten Kontakt herzustellen."

6.6.1.1 Aufgaben und Instrumente des Direct Marketing

Im Direct Marketing stehen somit One-to-One-Interaktionen mit spezifischen Einzelkunden im Mittelpunkt, die sowohl im Bereich der Kommunikation als auch der

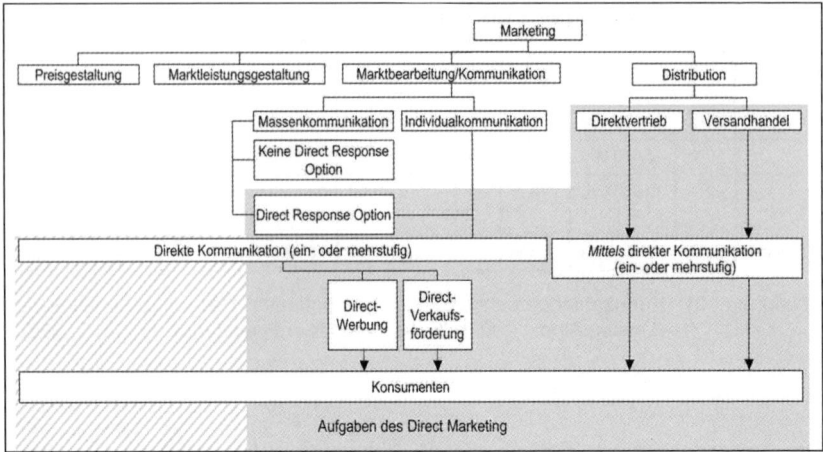

Abbildung 102: Aufgaben des Direct Marketing (Quelle: Eigene Darstellung basierend auf Dallmer 2002a, S. 9f.)

Distribution möglich sind (Abbildung 102): Bestimmte Distributionsaufgaben können nur über Direct Marketing-Maßnahmen realisiert werden (Stichworte: Direktverkauf und Versandhandel; ausführlich Dallmer 2002a, S. 7ff.). Somit erfüllt das Direct Marketing im Kern *Kommunikationsaufgaben*, nimmt jedoch auch *Distributionsaufgaben* sowie gegebenenfalls weitere Spezialaufgaben zur Unterstützung der Marktleistungsgestaltung oder der Preisgestaltung wahr (z.B. das Erreichen spezieller Zielgruppen bei einer Neuprodukteinführung). Darüber hinaus kann das Direct Marketing zur Unterstützung des Erreichens sämtlicher Marketingziele eingesetzt werden; beispielsweise, um Zielgruppen zu erreichen, die über andere Maßnahmen nicht angesprochen werden könnten.

Die direkte, gezielte, individuelle Kommunikation im Rahmen des Direct Marketing kann persönlich oder über ein Medium wie Telefon, Computer oder Brief erfolgen, wobei für eine schriftliche Ansprache im Rahmen des Direct Marketing die Adresse (Postadresse oder E-Mail-Adresse) bekannt sein muss (hier und im Folgenden Dallmer 2002a, S. 7ff. und Bruhn 2005, S. 301ff.). Medien und Maßnahmen der Massenkommunikation werden dem Direct Marketing unter dem Begriff Direct-Response-Marketing zugeordnet, wenn sie eine Rückkopplung durch den Empfänger anstreben und ermöglichen (Dallmer 2002a, S. 7). Somit lassen sich auch Coupon-Anzeigen, Beilagen sowie Banner-, Fernseh- und Radiowerbung als Direct Marketing-Maßnahmen einsetzen. Ferner lassen sich auch unadressierte Haushaltswerbung und Wurfsendungen mit Response-Elementen dem Direct Marketing zuordnen. In der Praxis wird in diesem Zusammenhang von Direct-Response-Marketing und konkret zum Beispiel von Direct-Response-Television (DRTV) gesprochen, da diese Werbung auf die Reaktion beziehungsweise Ant-

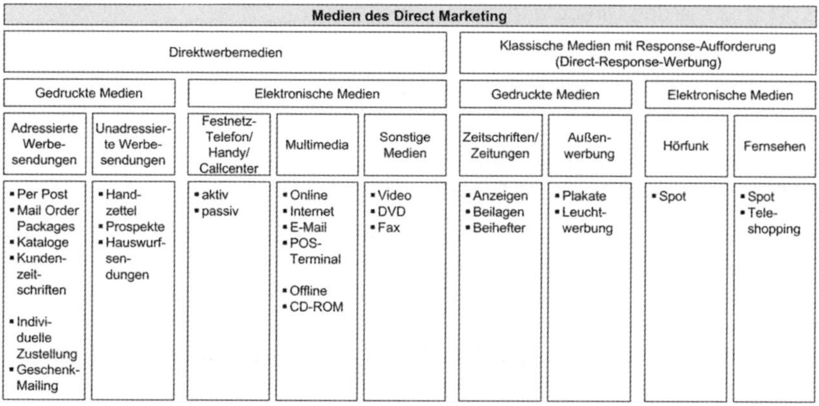

Medien des Direct Marketing						
Direktwerbemedien				Klassische Medien mit Response-Aufforderung (Direct-Response-Werbung)		
Gedruckte Medien		Elektronische Medien			Gedruckte Medien		Elektronische Medien
Adressierte Werbesendungen	Unadressierte Werbesendungen	Festnetz-Telefon/ Handy/ Callcenter	Multimedia	Sonstige Medien	Zeitschriften/ Zeitungen	Außenwerbung	Hörfunk	Fernsehen
• Per Post • Mail Order Packages • Kataloge • Kundenzeitschriften • Individuelle Zustellung • Geschenk-Mailing	• Handzettel • Prospekte • Hauswurfsendungen	• aktiv • passiv	• Online • Internet • E-Mail • POS-Terminal • Offline • CD-ROM	• Video • DVD • Fax	• Anzeigen • Beilagen • Beihefter	• Plakate • Leuchtwerbung	• Spot	• Spot • Teleshopping

Abbildung 103: Medien des Direct Marketing (Quelle: Eigene Darstellung basierend auf Bruhn 2005, S. 305; ferner Holland 2004, S. 23 f.)

wort/Response des Konsumenten ausgerichtet ist. Ziel dieser Maßnahmen ist unter anderem das Erheben von Interessenten- und Kundendaten.

Welche Medien zur Erfüllung der oben genannten Funktionen eingesetzt werden können, ist in Abbildung 103 ersichtlich, wobei für weitergehende Ausführungen auf die entsprechende Fachliteratur verwiesen sei (z.B. Dallmer 2002a, S. 5 f. oder Bruhn 2005, S. 301 ff.).

Teilbereiche des Direct Marketing und somit grundsätzlich Wirkunsgbereiche des Marketingcontrolling sind ferner das *Database Marketing* (dient der präzisen Zielgruppenansprache auf Basis von Kontakt-Datenbanken; ausführlich Huldi/Kuhfuss/Paul 2000, Ceyp 2002, S. 869 und Schleuning 1994, S. 64 f.), das *Dialogmarketing* (besonders hohes Maß an Dialog/zweiseitiger Kommunikation bei Schaffung eines Mehrwerts für den Kunden; ausführlich Schleuning 1994, S. 2 ff. und Link 2001b, S. 283), das *Mobile Marketing* (die Technologie und die damit verbundenen Möglichkeiten z.B. Mobilfunk, SMS stehen im Mittelpunkt; ausführlich z.B. Clemens 2003, Köppel 2004 und Giordano/Hummel 2005) und das *Permission Marketing* (umfasst Maßnahmen, für die der Empfänger sein Einverständnis gegeben hat; vor allem E-Mail-Newsletter und Maßnahmen im Mobilfunkbereich; Strauß/Diller 2001f, S. 1259). *Online-Marketing* (Suchmaschinenmarketing, Bannerwerbung usw.) gehört grundsätzlich nicht zum Direct Marketing, da die Botschaftsempfänger in der Regel anonym sind und die Maßnahmen nicht immer auf das Auslösen einer Dialogaufnahme ausgerichtet sind. Ist das Auslösen einer Dialogaufnahme in einem speziellen Fall jedoch beabsichtigt, kann das Online-Marketing – analog zum traditionellen Direct-Response-Marketing mittels TV oder Radio – dem Direct Marketing zugerechnet werden.

6.6.1.2 Ziele des Direct Marketing

Bei den Zielen (Sollgrößen) des Direct Marketing muss zwischen direkten Wirkungen einzelner Maßnahmen und den dahinter stehenden, strategischen Zielgrößen unterschieden werden.

Direct Marketing verfolgt *aus Unternehmenssicht* die folgenden strategischen Ziele (Huldi 1992, Link 2001, S. 308f., Meffert 2002, S. 44f. und Belz 2003, S. 56ff.):

- *Systematische Neukundenakquisition bei höherer Effizienz:* Direct Marketing erlaubt eine gezieltere Ansprache potenzieller Neukunden. Dies soll kurzfristig zu einer höheren Erstkäuferrate und niedrigeren Streuverlusten führen.
- *Optimierung der Kundenbeziehungen für eine höhere Kundenbindung:* Ein weiterer Vorteil ist die verbesserte Möglichkeit des Dialogs (zweiseitige Kommuni-

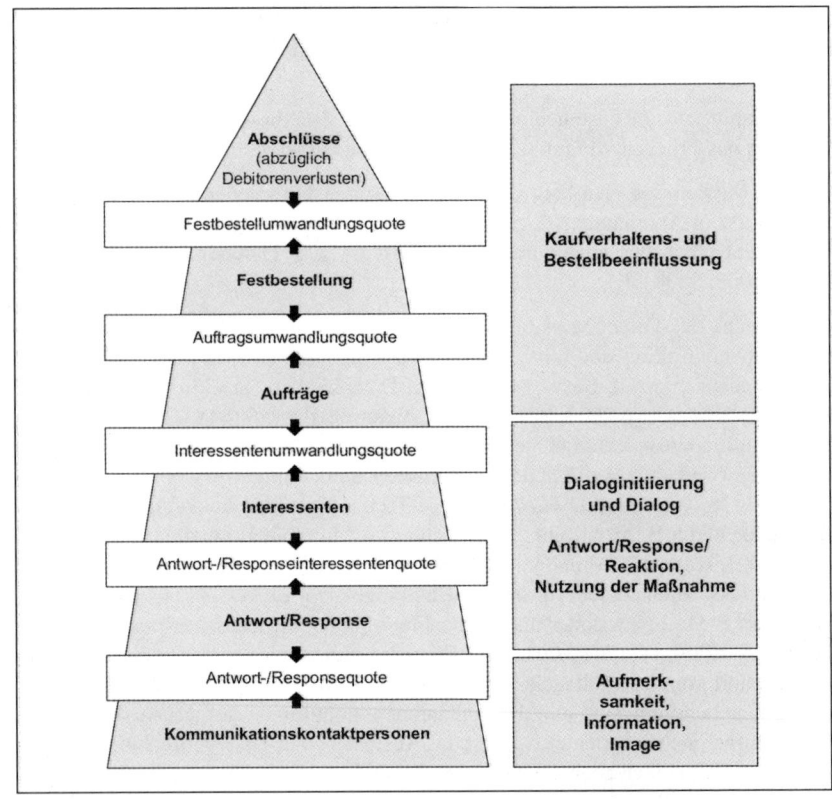

Abbildung 104: Wirkungstrichter des Direct Marketing (Quelle: Eigene Darstellung in enger Anlehnung an Link/Kramm (2006, S. 568) sowie basierend auf Staab 1997, S. 128f. und Bruhn 2005, S. 302ff.)

kation) mit den einzelnen Kunden (Dialogmarketing) und einer erhöhten Servicequalität (Belz 1997b, S. 287 ff.). Mittel- bis langfristig wird auf diese Weise eine höhere Kundenbindung angestrebt, die Vorteile wie eine erhöhte Weiterempfehlungsabsicht und höhere Cross- und Upselling-Potenziale impliziert.

- *Verbesserte Marktforschung:* Mittels Direct Marketing können qualitativ hochwertige Informationen über Konsumenten beziehungsweise (Neu-)Kunden gewonnen und somit deren Ansprache und das Leistungsangebot besser an die Bedürfnisse der einzelnen Segmente angepasst werden (Leistungsqualität).

Diese Vorteile lassen Direct Marketing insbesondere auch für kleine und mittlere Unternehmen mit begrenzten Kommunikationsbudgets attraktiv erscheinen (Evans/O'Malley/Patterson 1995, S. 16 und Holland 2004, S. 9 und 12 ff.). Bei der Entscheidung „für" oder „gegen" beziehungsweise über das „Wie" des Direct Marketing ist stets zu berücksichtigen, welchen Mehrwert dieses für den Kunden generiert (z.B. Befriedigung individueller Bedürfnisse, günstigere Preise, größere Auswahl und höhere Convenience) und welcher Individualisierungsgrad Erfolg versprechend ist (Meffert 2002, S. 44 ff.).

Kundenakquisition	Kundenbindung (Retention/Penetration)

• Gewinnung von
  • Wettbewerbsteilnehmern
  • Interessenten für bestimmte Produkte
  • Kataloganforderern
• Abwerbung von Konkurrenten
• Interessenten-Umwandlung/
  Neukundengewinnung (ungezielt, teilgezielt, gezielt)/Erhöhung der Erstkäuferrate
• Freundschaftswerbung
• Terminvereinbarung/Gewinnung für Beratungsgespräch (Leads für Außendienst)
• Erhöhung der durchschnittlichen Höhe einer Erstbestellung
• Außendienstunterstützung/Förderung und Entlastung des persönlichen Verkaufs
• Annahme von Einladungen (zu Messen, Tag der offenen Tür, Events usw.)
	• Individualisierte und kaufverhaltensspezifische Kommunikationsgestaltung
	• Kundenaktivierung (Kauf, kontinuierlicher Wiederkauf, Frequenzsteigerung, Cross- und Upselling, Kundenzurückgewinnung)
	• Senken der Abwanderungsquoten und Bindung an die Marke via Fragebogen, Gifts, Wettbewerben
	• Ermitteln von Kundendaten
	• Terminvereinbarung/Gewinnung für Beratungsgespräch (Leads für Außendienst)
	• Annahme von Einladungen (zu Messen, Tag der offenen Tür, Events usw.)

Leistungsinnovation	**Leistungspflege**
• Test von Produktneuheiten • Informationsgewinnung • Sampling • Beschleunigung der Produktadaption und -diffusion	• Informationsgewinnung • Verkaufsförderung (z. B. mittels Garantieprämien, Early Birds, Wettbewerben, Reduktionen, Sonderaktionen) • Erhöhung der Produktbekanntheit • Markenpflege • Unterstützung eines Relaunchs

Abbildung 105: Aufgaben und Ziele des Direct Marketing (Beispiele) (Quelle: Eigene Darstellung basierend auf Holland 2004, S. 20, Tomczak/Reinecke 1999 und Tomczak/Reinecke/Mühlmeier 2002)

Ferner lassen sich neben allgemeinen Kommunikationswirkungszielen die folgenden *vier Kategorien direkter Ziele* des Direct Marketing unterscheiden (Abbildung 104 sowie Staab 1997, S. 128 f. und Bruhn 2005, S. 302 ff.):

- Kommunikationsbezogene Ziele des Direct Marketing wie Aufmerksamkeit, Information bezüglich der Leistung des Unternehmens, Image und handlungsbezogene Ziele,
- Response/Reaktion/Antwortverhalten beziehungsweise Dialoginitiierung,
- Interaktion/unmittelbarer Dialog und
- Kaufverhaltens- beziehungsweise Bestellbeeinflussung.

Weitere Ziele sind zum Beispiel Gefühlstransfer, Imagekorrektur, Abonnementverlängerungen, Relaunchunterstützung oder Stammkundentransfer zu einem neuen Produkt (Fischer/Boessneck 1990).

Abbildung 105 fasst die Unternehmens- und Wirkungsziele des Direct Marketing hinsichtlich der vier Kernaufgaben des Marketing (Kundenakquisition und -bindung sowie Leistungsinnovation und -pflege) zusammen (Tomczak/Reinecke 1999 und Tomczak/Reinecke/Mühlmeier 2002).

6.6.2 Voraussetzungen und Rahmenbedingungen

Die Möglichkeit einer einfachen Erfolgsanalyse aufgrund der Response-Möglichkeit wird häufig als zentraler Vorteil des Direct Marketing gegenüber klassischen Kommunikationsarten genannt. Voraussetzung dafür ist jedoch, dass die Zuordnung eingehender Antwortkarten, Bestellscheine oder sonstiger Reaktionen auf Direct Marketing-Maßnahmen möglich ist (hier und im Folgenden Schaller 1997, S. 584 ff.): Dies erfolgt bei schriftlicher Kommunikation in der Praxis über *Werbecodes* auf den eingesetzten Materialien, die eine eindeutige Zuordnung einer Reaktion zu einer Maßnahme und somit die Erfolgskontrolle dieser Maßnahme erlauben. Werbecodes können unterschiedlich definiert werden, sollten jedoch folgende Informationen enthalten: Art des Werbemittels, Adressherkunft und Zielgruppe, die adressiert wurde. Ferner muss auch bei anderen Kommunikationsformen versucht werden, den Ursprung der Reaktion herauszufinden: Bei Direct-Response-Maßnahmen wie TV-Spots, Radio-Spots oder Direktwerbe-Anzeigen werden in der Regel maßnahmenspezifische Telefonnummern oder E-Mail-Adressen verwendet, so dass die Reaktionsdaten entsprechend den einzelnen Maßnahmen/Werbemitteln zugeordnet werden können und deren Wirksamkeit ermittelt werden kann. Diese Vorgehensweise wird insbesondere im Versandhandel und auch bei der Firma Dell im Personal Computer- und Elektronikbereich angewendet.

Damit eine umfassende Auswertung der Reaktions- beziehungsweise Responsedaten und somit der Einsatz von Kennzahlen zur Effektivitätskontrolle möglich ist, müssen mehrere *Voraussetzungen* erfüllt sein:

1. die Response muss eindeutig einer Maßnahme zugeordnet werden können.
2. der Großteil der tatsächlichen Reaktionen sollte erfasst werden können. Sollte es ungeplante und nicht erfassbare Reaktionen wie Anrufe statt einer Antwortkarte geben, sind gegebenenfalls geeignete Maßnahmen zu planen, wie die Zuordnung trotzdem gewährleistet werden kann: Zum Beispiel können die Mitarbeitenden beziehungsweise die Call Center dazu angehalten werden, am Telefon nach der Quelle für eine bestimmte Information zu fragen. Auch kann veranlasst werden, dass bei einer Bestellung über das Internet ein verschlüsselter Werbecode eingegeben wird.
3. die Daten müssen ordnungsgemäß erfasst sowie systematisch gespeichert und ausgewertet werden können (in der Regel mit Hilfe einer Datenbank und gegebenenfalls eines Data Warehouses).

Im Bereich des *Mobile Marketing* wird die Effektivitätskontrolle ebenfalls vor allem durch Rückantwortkanäle unterstützt (Clemens 2003, S. 77 ff.): Neben Gutscheineinlösungen sind dies insbesondere die Web-Domain- oder alternativ die Subpage-Weiterleitung (wie viele SMS wurden versendet und wie viele Page-Visits wurden auf der Domain oder der speziell zu Kontrollzwecken eingerichteten Subpage generiert) und Call-Center-Kontakte (Call-Center-Call-Rate: Anzahl der Reaktionen auf eine SMS in Form eines Rückrufs).

Sowohl die Effektivitäts- als auch die Effizienzkennzahlen lassen sich nicht nur für die Kontrolle, sondern auch als Plangrößen zum Beispiel im Rahmen einer Break-Even-Analyse zur Ermittlung der mindestens erforderlichen Reaktionsquote einsetzen (ausführlich Hölscher 2002, S. 459 ff.).

6.6.3 Kennzahlen und Instrumente

Eine *Effektivitätskontrolle* des Direct Marketing kann grundsätzlich auf jeder Stufe der Kommunikationswirkungen (Kapitel C.6.1) durchgeführt werden. Am ehesten gebräuchlich sind die Überprüfung der Informationsaufnahme und Wahrnehmung im Rahmen von Pretests (v. a. mittels Tachistoskop oder Augenkamera; ausführlich Kapitel C.6.2.4 und auch Vögele/Bidmon 2002, S. 444 ff.), des Recalls und der Recognition, der Anmutung (Werbemittelqualität) und des Mediennutzungsverhaltens.

In der Praxis dominieren die Maßnahmen- und Reaktionsdaten zur Bestimmung des Erfolgs konkreter Maßnahmen, da ihre Ermittlung einfach und kostengünstig ist: Zum Beispiel können Rücklaufquoten und die Anzahl der Bestellungen kundenindividuell, segmentspezifisch und maßnahmenbezogen analysiert werden (ausführlich im Folgenden und Link/Hildebrand 1997b, S. 26). Als zentraler Erfolgsmaßstab werden in der Regel die *Kennzahl* Antwortquote, auch Responsequote genannt, und weitere daraus abgeleitete Kennzahlen eingesetzt. Trotz der hohen Akzeptanz in der Praxis weist die ausschließliche Auswertung von Maßnahmen- und Reaktionsdaten jedoch einen großen Nachteil für eine zukunftsorientierte Planung auf: Es werden keine Informationen über Non-Respondents gewonnen, obwohl negative Effekte durch negativ wahrgenommene Direct Marketing-Maßnahmen für Unternehmen oder Produkte nicht zu unterschätzen sind.

Bereits vor einiger Zeit wurde aufbauend auf dieser Vorgehensweise ein weiterführender Ansatz zur Erfolgsbestimmung des Direct Marketing und insbesondere des Database Marketing entwickelt und in der Praxis etabliert (hier und im Folgenden Wilde/Hickethier 1997, S. 480): *Kundenbewertungsmethoden* (Kapitel 6.6.3.2 nachfolgend) und darauf aufbauend die *RFMR-Analyse* (Recency, Frequency and Monetary Ratio Analysis). Ein aktueller Überblick über weitere Modelle zur Optimierung von Direct Marketing-Maßnahmen findet sich bei Krafft und Peters (2005).

Ferner werden in der Praxis jedoch auch häufig *Tests* durchgeführt (Kapitel 6.6.3.3 nachfolgend), um die Wirksamkeit verschiedener Gestaltungsoptionen und Inhalte oder Adresslisten zu überprüfen.

6.6.3.1 Effektivitätskennzahlen

Sämtliche Reaktionen auf eine Direct Marketing-Maßnahme – unabhängig davon, ob sie positiv (Anfragen, Aufträge usw.) oder negativ sind („Nein"-Antworten) –

Kennzahl	Inhalt
Rücklaufquote	$\dfrac{\text{Anzahl der Reaktionen}}{\text{Anzahl der verbreiteten Werbemittel}}$
Bestellquote	$\dfrac{\text{Anzahl der Bestellungen}}{\text{Anzahl der verbreiteten Werbemittel}}$
Durchschnittlicher Bestellwert	$\dfrac{\text{Umsatzvolumen aller Bestellungen}}{\text{Anzahl aller Bestellungen}}$
Umwandlungs- / Konversionsrate	$\dfrac{\text{Anzahl der Bestellungen}}{\text{Anzahl der Anfragen}}$

Abbildung 106: Zentrale Effektivitätskennzahlen des Direct Marketing (Quelle: Eigene Darstellung basierend auf Gerth 2001c, S. 1493f.)

werden als Response bezeichnet. Dividiert man die Anzahl der Reaktionen auf eine Direct Marketing-Maßnahme durch die Anzahl der Aussendungen, so erhält man die *Antwort-* beziehungsweise *Responsequote*, welche in der Praxis unter anderem aufgrund der relativ einfachen Ermittlung eine zentrale Hilfsgröße für die Beurteilung des Erfolgs von Direct Marketing-Maßnahmen ist (Holland 2004 S. 361).

Reaktionen beziehungsweise der Response bilden auch die Grundlage der Effektivitätskennzahlen. So ist die Basiskennzahl *Rücklaufquote* definiert als Anzahl der Reaktionen (Anfragen/Bestellungen) dividiert durch die Anzahl der verbreiteten Werbemittel (Gerth 2001c, S. 1493 f.). Diese Kennzahl kann je nach Zielsetzung und Informationsinteresse weiter aufgeschlüsselt werden (Abbildung 106).

Ergänzend sind weitere Differenzierungen möglich: Zum Beispiel in reine Anfragequote, Rücklaufquote bei Stammkunden, nach Kundengruppen (u.a. Bruns 1998, S.126) oder in Bestellquoten nach sämtlichen Segmentierungskriterien (Alter, Geschlecht usw.). Somit sind Auswertungen nach Kriterien wie den folgenden möglich:

- Wie hoch waren die Responsequoten für die einzelnen Werbemittel je Zielgruppe?
- Welcher Kunde hat welches Produkt gekauft?
- Aufgrund welcher Werbemittel hat der Kunde gekauft?
- Gibt es (z.B. regionale oder zielgruppenspezifische) Unterschiede?

Abgesehen von der Maßnahmenerfolgskontrolle können die Reaktionsdaten auch weitergehend analysiert werden: Zum Beispiel können Profile von Reagierern und Nicht-Reagierern oder von Käufern mit hohen, mittleren, geringen oder keinen Umsätzen identifiziert und als Planungsgrundlage eingesetzt werden. Ferner können die Daten von mehreren Maßnahmen gleichzeitig ausgewertet und auf diese Weise zum Beispiel Aussagen über die optimale Kontaktfrequenz oder Abfolgen unterschiedlicher Kommunikationsformen getroffen werden (Link/Hildebrand 1997b, S. 26).

Führt man eine tagesindividuelle Responseerfassung durch, so lassen sich zudem bereits während der Maßnahmendurchführung Erkenntnisse über den wahrscheinlichen Erfolg der Maßnahme gewinnen. Sowohl die Länge als auch die Amplitude der Antwortkurve variieren zwar in Abhängigkeit von den jeweiligen Maßnahmenparametern, jedoch bleibt die Grundform der Kurve meist erhalten (Kehl 2000, S. 239). So wurde in empirischen Untersuchungen herausgefunden, dass in der Regel die Hälfte aller Rückläufe einer Direct Marketing-Maßnahme ein bis zwei Tage nach dem Maximum der Tages-Eingangskurve eingegangen sind (Vögele 2002, S. 346).

Grundsätzlich herrscht Einigkeit darüber, dass die Adressqualität Voraussetzung für eine hohe Rücklaufquote ist. Über eine *durchschnittlich zu erwartende Rücklaufquote* lassen sich jedoch kaum allgemeine Aussagen treffen, da diese von sehr vielen unterschiedlichen Faktoren abhängt – insbesondere von der Attraktivität des Angebots aus Kundensicht (Value Proposition). Hilfreich können hier Vergleiche mit Maßnahmen unter ähnlichen Bedingungen oder Erfahrungswerte sein.

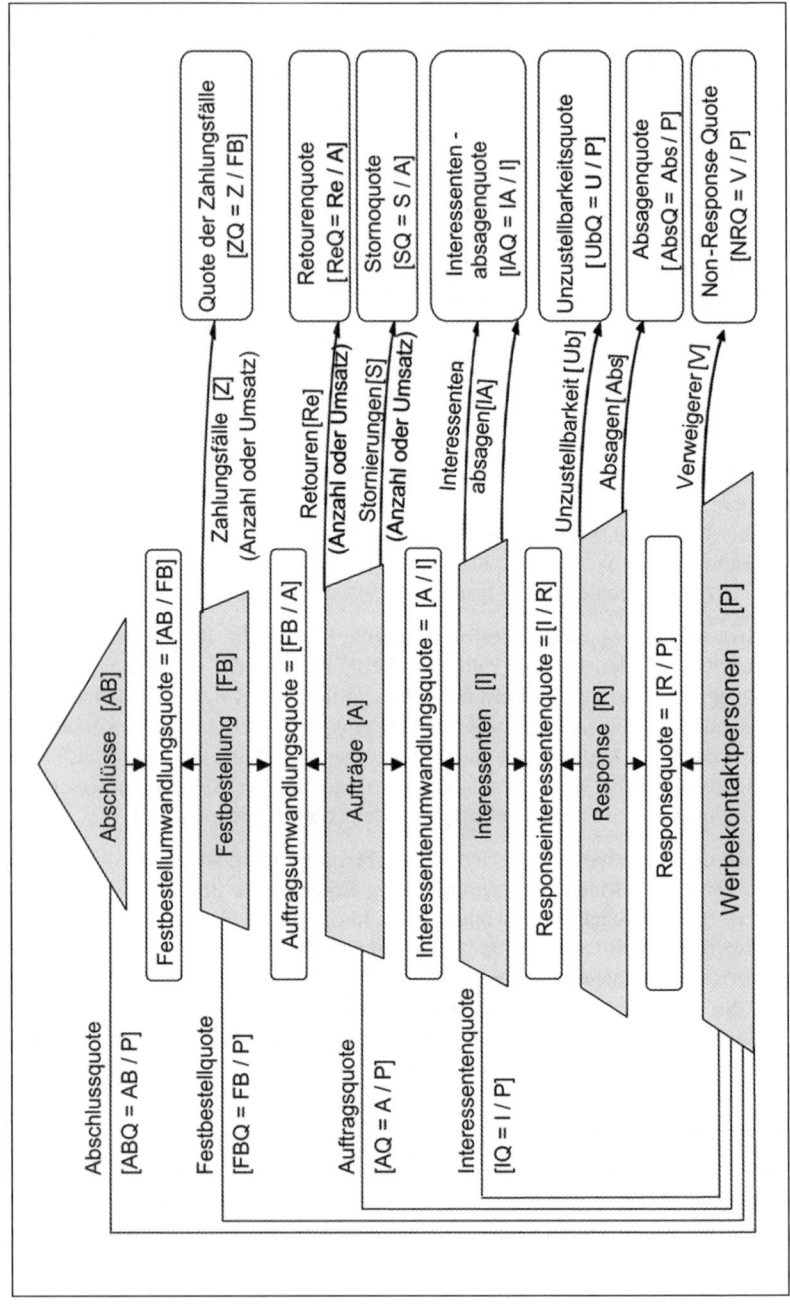

Abbildung 107: Erfolgskennzahlenpyramide des Direct Marketing (Quelle: In enger Anlehnung an Link/Kramm 2006, S. 568)

Des Weiteren ist die *Retourenquote* im Sinne von Adressretoure und Warenretoure insbesondere für den Versandhandel relevant (Anzahl Retouren dividiert durch die Gesamtzahl ausgegangener Sendungen). Im Versandhandel wird vor allem die Warenretoure intensiv kontrolliert, analysiert und gesteuert, da die hohen mit Retouren verbundenen Kosten die Erträge negativ beeinflussen (Gerth 2001d, S. 1495).

Link und Kramm (2006, S. 568) haben die Erfolgskennzahlen des Direct Marketing unter Berücksichtigung ihrer Beziehungen in einer Erfolgskennzahlenpyramide anschaulich zusammengefasst (Abbildung 107).

6.6.3.2 Kundenbewertungsmethodik und RFMR-Analyse

Ausgehend von dem Grundgedanken, dass nicht alle Kundenbeziehungen dieselben Kaufvolumina, Kaufhäufigkeiten und dieselbe Dauerhaftigkeit aufweisen, sollen individuelle Kundenbeziehungen mittels *Kundenbewertungsmethoden* absolut und relativ bewertet werden (hier und im Folgenden Wilde/Hickethier 1997, S. 480). Zur Erfolgskontrolle können diese Methoden in dem Sinne eingesetzt werden, dass der jeweilige Kundenwert vor Durchführung einer Maßnahme und nach Durchführung verglichen werden kann. Insbesondere im Rahmen der Zielgruppenplanung und der Steuerung der Kommunikationsmaßnahmen werden diese Methoden im Database Marketing heute regelmäßig eingesetzt (ausführlich Kapitel D.5).

Auf demselben Grundgedanken baut auch eine insbesondere im Versandhandel weit verbreitete Methode auf (Abbildung 108): die *RFMR-Analyse* (Recency, Frequency and Monetary Ratio Analysis). Nach dieser Methode wird zunächst der Umsatzverlauf eines Kunden bestimmt und darauf aufbauend letzter Kaufzeitpunkt (Recency; als Indikator für das Fortbestehen der Kundenbeziehung), Kaufhäufigkeit (Fre-

Faktoren						
Startwert	25 Punkte					
Letztes Kaufdatum	bis 6 Mon. +40 Pkt.	bis 9 Mon. +25 Pkt.	bis 12 Mon. +15 kt.	bis 18 Mon. +5 Pkt.	bis 24 Mon. -5 Pkt.	Früher -15 Pkt.
Häufigkeit der Käufe in den letzten Monaten	Zahl der Aufträge multipliziert mit dem Faktor 6					
Durchschnittlicher Umsatz der letzten 3 Käufe	Bis € 50 +5 Pkt.	bis € 100 +15 Pkt.	bis € 200 +25 Pkt.	bis € 300 +35 Pkt.	bis € 400 +40 Pkt.	über € 400 +45 Pkt.
Anzahl Retouren (kumuliert)	0-1 0 Pkt.	2-3 -5 Pkt.	4-6 -10 Pkt.	7-10 -20 Pkt.	11-15 -30 Pkt.	über 15 -40 Pkt.
Zahl der Werbesendungen seit letztem Kauf	Hauptkatalog je -12 Punkte		Sonderkatalog je -6 Punkte		Mailing je -2 Punkte	

Abbildung 108: Beispiel für die RFMR-Analyse (Quelle: Eigene Darstellung in enger Anlehnung an Dittrich 2002, S. 125 und Link/Hildebrand 1993, S. 49)

quency) und mittleres Bestellvolumen (Monetary Ratio) auf einer Punktskala bewertet und zu einer Gesamtpunktzahl für den Kunden zusammengefasst.

Sind die Direct Marketing-Maßnahmen erfolgreich, steigt der Punktwert des Kunden (Wang/Baker 1996, S. 25 ff.). Gleichzeitig können diese Analysen als Grundlage für zukünftige Maßnahmen dienen. Dies ist im professionellen Versandhandel heute Standard. Die RFMR-Analyse kann zur *FRAT-Methode* erweitert werden, die neben Frequency, Recency und der Umsatzhöhe (Amount of Purchase) noch den Sortimentsbereich berücksichtigt, aus dem gekauft wird (Type of Merchandise; Schaller 1988, S. 73 f.).

6.6.3.3 Testverfahren

Um den Erfolg von Direct Marketing-Maßnahmen zu messen, lassen sich eine Reihe von Testverfahren einsetzen, die in der Praxis intensiv genutzt werden: Nach Bird (2000, S. 287) stellt die Durchführung von Tests eine der elementaren Aufgaben für das Management des Direct Marketing dar. Diese Tests umfassen die Analyse der Wirkungen der Variation einer unabhängigen Variablen auf eine abhängige Variable (hier und im Folgenden Holland 2004, S. 51 ff.), so dass man im Grunde auch von *Experimenten* sprechen könnte. In der Praxis des Direct Marketing hat sich jedoch der Begriff Testverfahren durchgesetzt. Bei Direct Marketing-Maßnahmen entspricht die abhängige Variable dem Erfolg der Maßnahme, beispielsweise ausgedrückt in Responsequote oder Kosten pro Neukunde. Unabhängige Variablen sind zum Beispiel die Zielgruppe oder die Gestaltung der Ansprache.

Tests können entweder im Vorfeld der Hauptaussendung an einer kleinen Stichprobe oder während der laufenden Direct Marketing-Maßnahme durchgeführt werden, wobei beispielsweise folgende Aspekte überprüft werden können (Abbildung 109 und Holland 2004, S. 51 f.):

- Die Eignung eigener Adress-Segmente beziehungsweise Segmentierungskriterien für bestimmte Maßnahmen oder Gestaltungsoptionen,
- die Qualität externer Adresslisten vor Anmietung der gesamten Liste,
- die Produktakzeptanz (einschließlich Innovationen) oder Angebotsformen (z.B. ein Mini-Abonnement einer Zeitschrift oder eine dreimonatige Testzeit für eine Kreditkarte),
- Preise und Konditionen,
- Konzept, Gestaltungsoptionen, rücklaufverstärkende Maßnahmen (Anreize/Incentives für eine Bestellung),
- optimaler Zeitpunkt/Saisonalität und
- die Bestimmung der erfolgsträchtigsten Region.

In Abbildung 109 werden diese nach variierter Größe, Optimierungsart und -ziel systematisiert und zusammengefasst.

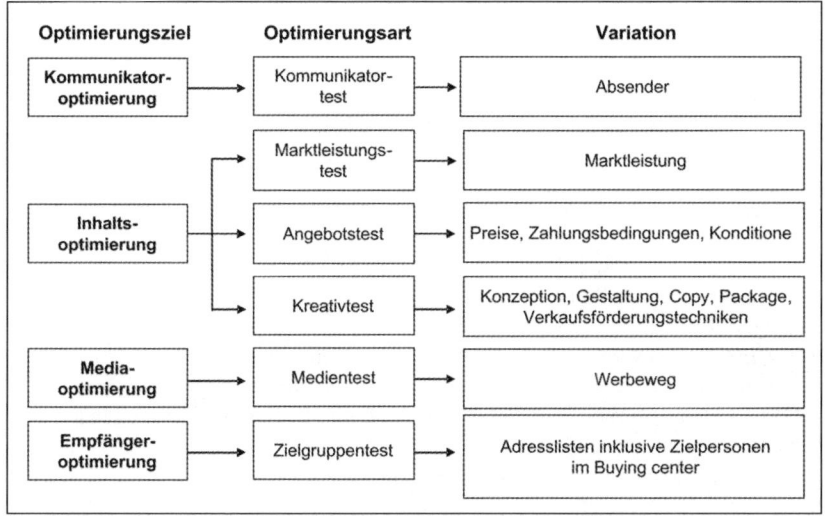

Abbildung 109: Optimierungsmöglichkeiten mittels Testverfahren (Quelle: Eigene Darstellung in enger Anlehnung an Link/Kramm 2006, S. 565 und Elsner 2003, S. 66)

Neben den allgemeinen Problemen der Werbewirkungsmessung (Kapitel C.6.1.3) bestehen die Probleme der Interpretation der Testergebnisse vor allem darin, dass nicht sichergestellt werden kann, dass alle Variablen, die den Erfolg der Maßnahme beeinflussen, konstant gehalten werden können (Ceteris-paribus-Problem; Link 2004, S. 245).

In der Praxis werden einige Testverfahren eingesetzt, um diese Aspekte zu überprüfen. Etablierte Testverfahren, um sowohl die Wirksamkeit verschiedener Gestaltungsoptionen und Inhalte bei vorhandenen Adresslisten als auch die Wirksamkeit der Maßnahmen bei neuen Adresslisten zu testen, sind (hier und im Folgenden Bird 1990, S. 372 ff., Mayer 1990, S. 65 ff. und Holland 2004, S. 51 ff.): der (A/B-)Split-Run-Test, Regionaltests, Split-Run-Inserts, Split-Run-Mailings, Teleskop-Tests, Test im Katalog, Kundenbefragung mittels Fragebogen/Fragebogen-Mailing und zur Unterstützung die Gold-Box-Technik.

Etablierte Testverfahren

Ein Test zur Überprüfung der Wirksamkeit unterschiedlicher Variablen beziehungsweise Gestaltungsoptionen oder Inhalte ist der so genannte *A/B-* oder *Split-Run-Test* (hier und im Folgenden Bird 1990, S. 372 ff., Mayer 1990, S. 65 ff. und Holland 2004, S. 51 ff.): Bei diesem Test wird das Mailing in zwei Gruppen geteilt, so dass die erfolgreichere von beiden Variablen ermittelt werden kann. Wenn vier unterschiedliche Anzeigen erstellt werden, wird dies als vierfacher Split bezeichnet. Die einzelnen Exemplare der Publikation, die die zu testende Anzeige enthält, werden bei A/B-Splits abwechselnd aus der Druckerpresse geworfen und bei vierfachen Splits hintereinander. Da diese gebündelt und dann ausgeliefert werden, ist eine gleichmäßige Streuung aller Motive möglich. Da nicht alle Verlage A/B-Splits anbieten, kann stattdessen auch auf *Regionaltests* zurückgegriffen werden: In diesem Fall können verschiedene Anzeigen in verschiedenen Postleitzahlengebieten getestet werden, wobei regional bedingte Unterschiede in den Reaktionen berücksichtigt werden müssen (z.B. über wöchentliche Rotationen).

Die Verwendung von Beilagen und Beiheftern, so genannten Inserts, hat gegenüber Anzeigen den Vorteil, dass die Produktion und Schaltung dieser insgesamt meist niedrigere Kosten verursacht. Deshalb ist es hier zum einen eher möglich, dieselben Inserts in verschiedenen Publikationen zu testen, um die am besten geeignete Publikation zu identifizieren. Zum anderen besteht eine Option darin, verschiedene Inserts in den Zielpublikationen zu verwenden, um die jeweiligen Inserts – beziehungsweise einzelne Variablen – zu testen und auf Basis dieser Ergebnisse zum Beispiel eine Anzeige oder das nächste Insert zu gestalten. Diese Tests werden als *Split-Run-Inserts* bezeichnet.

Split-Run-Mailings werden verwendet, um zu testen, welche Maßnahmen bei neuen Adresslisten wirken; ferner dienen sie dazu, neue Ansätze und deren Wirkung auf eine bestimmte Zielgruppe zu testen. Dabei ist es in den meisten Fällen wesentlich, nicht beides gleichzeitig in demselben Mailing zu überprüfen, um eine Ursache-Wirkungs-Beziehung nachvollziehen zu können.

Im Rahmen von *Teleskop-Tests* werden mehrere Tests kombiniert: In einer Publikation werden ein Regional- und ein A/B-Split-Test gleichzeitig durchgeführt. So kann zum Beispiel ein Split-Run-Test mit den Anzeigen X und Y und die Anzeigen X und Z in einer anderen Region getestet werden. Auf diese Weise lässt sich die erfolgreichste der drei Anzeigen ermitteln. Diese Erkenntnis kann noch weiter ausgeschöpft werden, wenn die wirksamste Anzeige als Vergleichsmaßstab für zwei weitere Anzeigenversionen verwendet wird.

Basierend auf der Annahme, dass die Angebote, welche bestehenden Kunden gefallen und die im Katalog erfolgreich sind, auch zukünftige Kunden ansprechen, werden in der Praxis echte Anzeigenmotive oder fiktive Anzeigen (in dem normalerweise verwendeten Format) *im Katalog* getestet. Allerdings sollte hier weniger von Tests als von Entscheidungshinweisen gesprochen werden, weil die Bedingungen nicht mit der realen Situation identisch sind.

Bei *Fragebogen-Mailings,* einer Kombination aus einer Mailing-Maßnahme mit einem standardisierten Fragenbogen, sollte darauf hingewiesen werden, dass die gewünschten Auskünfte wichtig sind, um die Serviceleistungen in Zukunft noch besser an die Bedürfnisse des Kunden anzupassen. Adressiert an bereits bestehende Kunden können hier regelmäßig hohe Rücklaufquoten realisiert werden. Abgesehen davon, dass die Leistungen tatsächlich auf Basis der Antworten optimiert werden können, helfen die auf diese Weise gewonnenen Erkenntnisse über die Höhe des Rücklaufs zumindest in der Startphase eines neuen Mailings, um grundlegende Entscheidungen zu treffen.

Zur Optimierung der Testqualität kann ferner die *Gold-Box-Technik* (aus den 1960ern/1970ern) nach Lester Wunderman verwendet werden, welcher in den USA als der „Vater" des Direct Marketing gilt: Ihm wird zugeschrieben, den Begriff „Direct Marketing" 1967 das erste Mal verwendet zu haben (Baker 2003, S. 565). Bei der Gold-Box-Technik wird in einem TV-Spot auf ein Kästchen in der Printanzeige hingewiesen, das in der Anzeige selbst nicht erwähnt wird. Füllt man dieses aus und gibt die Bestellung auf, erhält man ein Geschenk. Auf diese Weise kann ermittelt werden, wie viele Fernsehzuschauer veranlasst werden konnten, auf die Anzeige zu antworten beziehungsweise inwiefern sich der Spot als Handlungsauslöser eignet und die „Anspringer-Quote" erhöht hat.

6.6.3.4 Effizienzkontrolle mittels Kennzahlen

Die Kontrolle der Effizienz der einzelnen Direct Marketing-Maßnahmen als klassischer Output-Input-Vergleich erfordert eine Gegenüberstellung von Ergebnissen einzelner Maßnahmen mit den Kosten, die sie verursacht haben. Dementsprechend werden den oben aufgezeigten Effektivitätskennzahlen wie der Responsequote usw. bestimmte Kostengrößen gegenüber gestellt (Gerth 2001a, S. 312f. und Höl-

Kennzahl	Inhalt
Cost per Contact (CPC)	$\dfrac{\text{Gesamtkosten einer Aktion/Aussendung}}{\text{Anzahl hergestellte Kontakte}}$
Cost per Interest (CPI)	$\dfrac{\text{Gesamtkosten einer Aktion/Aussendung}}{\text{Anzahl der Interessenten/Anforderungen}}$
Cost per Order (CPO)	$\dfrac{\text{Gesamtkosten einer Aktion/Aussendung}}{\text{Anzahl der Aufträge}}$

Abbildung 110: Effizienzkennzahlen des Direct Marketing (Quelle: Eigene Darstellung basierend auf Gerth 2001a, S. 312f. und Hölscher 2002, S. 459ff.)

scher 2002, S. 459 ff.). Somit werden bei der Kostenkontrolle Kostenkennziffern (Cost per...) verwendet. Abbildung 110 fasst die bekanntesten Kenngrößen zusammen.

Die Effizienz verschiedener Direct Marketing-Maßnahmen – auch im Vergleich zu anderen Kommunikationsinstrumenten – lässt sich über zwei weitere Kenngrößen bestimmen (Clemens 2003, S. 77 f.): Erstens über den Vergleich der *Tausenderkontaktpreise (TKP)*. Dies erfolgt im Zuge der Planung, also vorab. Zweitens über den Vergleich der *Relation von TKP und Responserate*, so dass nach einer Maßnahme die kostengünstigste Alternative bezüglich *Preis pro Response* ermittelt und für zukünftige Maßnahmen eingesetzt werden kann (ausführlich Clemens 2003, S. 77 f.).

Direct Marketing wird insbesondere aufgrund der guten Mess- und Kontrollierbarkeit als Marketinginstrument geschätzt. Trotzdem oder insbesondere deshalb sollte jedoch stets berücksichtigt werden, dass sich dieser Kontrollvorteil vor allem auf den Bereich der Effektivität, nicht jedoch der Effizienz der Maßnahmen erstreckt. Ferner dürfen Non-Response-Effekte nicht vernachlässigt werden.

6.7 Kontrolle des Online-Marketing

Ursprünglich als militärisches Netzwerk entwickelt, schienen den Möglichkeiten des Internets und analog dem E-Commerce Ende der 1990er wenig Grenzen gesetzt (u.a. Fantapié Altobelli 1997, S. 5 ff. und Gupta 1997, S. 2 ff.). Nach einem Boom um die Jahrtausendwende und einer sich anschließenden Konsolidierungsphase werden die Chancen und Risiken heute jedoch realistischer und pragmatischer betrachtet: Die Möglichkeiten, die Online-Dienste im Hinblick auf E-Commerce, Mehrkanalstrategien in der Distribution und Online-Kommunikation bieten, können heute besser eingeschätzt werden als noch vor wenigen Jahren, da Wissenschaft und Praxis auf weitergehende Erfahrungen und Untersuchungen zurückgreifen können. Dennoch besteht nach wie vor ein relativ großes Professionalisierungspotenzial im Umgang mit den Möglichkeiten und Instrumenten des Online-Marketing. Beispielsweise werden Wirkungen und Wirkungsinterdependenzen der Online-Kommunikation noch nicht ausreichend beobachtet, so dass häufig keine Ziele, die den möglichen Wirkungen entsprechen, festgelegt werden können. Deshalb wird der Erfolg der Online-Kommunikation in der Praxis noch zu selten umfassend nachgewiesen. Entsprechend wird im Bereich des Online-Marketing häufig nach dem Trial-and-Error-Prinzip verfahren, so dass Budgets und Bedeutung der Online-Kommunikation begrenzt bleiben. Auch sind angesichts der anhaltenden Entwicklung neuer Online-Marketinginstrumente und -messverfahren selten alle Möglichkeiten des Online-Marketing bekannt. Somit besteht auch weiterhin noch ein hohes Potenzial zur Steigerung der Effektivität und Effizienz des Online-Marketing.

Unter *Online-Marketing* wird die systematische Nutzung der Internet-Dienste (z.B. E-Mail, Chat, World Wide Web [WWW], Newsgroups) und der kommerziellen Online-Dienste (z.B. AOL oder T-Online) für Marketingzwecke verstanden (Fritz 2004, S. 26). Online-Marketing kann jedoch nicht mit *Electronic Commerce* (E-Commerce) gleichgesetzt werden. Letzteres wird im weiteren Sinne definiert als „jede Art wirtschaftlicher Tätigkeit auf der Basis elektronischer Verbindungen" (Picot/Reichwald/Wigand 2003, S. 337) und bezieht sich somit vor allem auf das Internet als Basis virtueller Marktplätze und auf internetbasierte Geschäftsmodelle. Damit geht E-Commerce grundsätzlich über das im Amerikanischen häufig so bezeichnete „Marketing on the Internet" beziehungsweise das Online-Marketing hinaus (u.a. Strauss/Frost 1999).

Wird Online-Marketing somit als *Marketing mittels Internet-Diensten* definiert, betreffen Maßnahmen des Online-Marketing insbesondere die Marktforschung, die Produktentwicklung und -gestaltung, die Preisgestaltung, die Produktpräsentation, die Produktwerbung, den elektronischen Verkauf, die elektronische Auslieferung und den Nachkaufservice. Gleichzeitig eröffnen die Möglichkeiten des Online-Marketing auch neue Perspektiven für Geschäftsstrategien, Kundenmanagement und Markenmanagement. Die Grundlagen der Online-Marketing-Kontrolle werden im Folgenden jedoch unabhängig von den spezifischen „Anwendungsgebieten" des Online-Marketing dargestellt, da sie einen übergreifenden Charakter haben beziehungsweise grundsätzlich in allen für das Online-Marketing relevanten Bereichen Gültigkeit besitzen.

Datenquellen

Ein großer Vorteil des Internets ist die Möglichkeit, jeden Nutzungsvorgang im Hintergrund und in real time zu erfassen (hier und im Folgenden in enger Anlehnung an Bachem 2001, S. 571 ff.). Das Internet ermöglicht somit eine direktere, schnellere und umfangreichere Erfolgskontrolle als andere Medien.

Die Informationsaufnahme von Individuen kann mittels Protokollfunktion und entsprechender informationstechnologischer Unterstützung erfasst werden (Conrady/Diaz-Rohr 1997, S. 103). Beispielsweise werden Informationen zu Sequenzen des Informationsabrufs, abgefragte Inhalte, Expositionszeiten einzelner Inhalte und anschließendem Verhalten (wie z.B. Bestellungen) gesammelt. Kontrollmöglichkeiten und Entscheidungsgrundlagen heben sich im Hinblick auf höhere Wirtschaftlichkeit (wesentlich geringere Kosten der Datenerfassung), Aussagekraft (verbesserte Informationsgrundlagen für Botschaftsgestaltung und andere Marketing-Mix-Maßnahmen) und Validität (Datenerfassung und Echtzeit-Bedingungen) im Vergleich zu klassischen Marktforschungsmethoden deutlich positiv ab.

Je nach Aktion des Nutzers können die erfassten Daten dabei den Kategorien

- Information,
- Kommunikation,

- Transaktion und
- Beziehung

zugeordnet werden. Inhalte, die einem Nutzer online ohne weitere Einschränkungen zugänglich sind und die er sich interaktiv (also nach eigenen Vorgaben aktiv auswählend) aneignet, werden als *Informationen* bezeichnet. *Kommunikation* kann in diesem Kontext als ein dialogischer Austausch von Information zwischen Nutzer und Anbieter definiert werden. Abläufe wie Bestellungen oder Zahlungen, die von direkter Umsatzrelevanz für das anbietende Unternehmen sind, können unter dem Begriff *Transaktionen* zusammengefasst werden. Schließlich können bei wiederkehrenden Kunden *Beziehungs*daten gesammelt werden.

Informationsdaten werden aus Logfiles, Session-IDs, Logins und Cookies generiert, Kommunikationsdaten unter anderem aus E-Mails, Formulareinträgen und Transaktionsdaten aus Bestellungen (hier und im Folgenden in enger Anlehnung an Bachem 2001, S. 573 ff.). Diese Datenquellen werden im Folgenden kurz skizziert:

- *Logfiles* werden von World-Wide-Web (WWW)-Servern erstellt, um den Austausch von Informationsdaten logbuchartig zu protokollieren und den einwandfreien technischen Betrieb des Servers sicherzustellen. Logfiles enthalten alle Informationen, die während eines Nutzungsvorgangs von der Betrachtungssoftware (dem Browser) des Nutzers im so genannten http-Header an den Server übermittelt werden. Dies sind unter anderem die Adresse (Uniform Reserve Locator; URL) der Datei, die der Nutzer vom Server abruft, der Zeitpunkt des Abrufs, die Internet-Protocol (IP)-Nummer des vom Nutzer verwendeten Computers, Kerndaten zum Betriebssystem dieses Computers, Angaben zum vom Nutzer verwendeten Browser und gegebenenfalls die zuletzt vom Nutzer besuchte URL (Referrer URL). E-Mail-Adresse oder etwa Name des Nutzers werden nicht übermittelt. Logfiles sind demnach als hochgradig anonym anzusehen (nur in äußerst seltenen Fällen kann direkt aus der IP-Adresse auf einen Nutzer geschlossen werden).
- *Session-IDs* dienen der vorübergehenden Markierung des Browsers während eines Nutzungsvorgangs (Session), um die Weitergabe technischer Parameter zwischen zwei WWW-Servern oder innerhalb eines Servers sicherzustellen. Sie ermöglichen komplexe, nutzerindividuelle Abläufe, ohne dass der Nutzer sich beim Server identifizieren muss.
- *Cookies* sind kleine Textdateien im ASCII-Format, die vom Server auf die Festplatte des vom Nutzer verwendeten Computers geschrieben werden. Sie gestatten die Markierung eines Browsers über die Dauer einer Session hinaus und eignen sich insbesondere, um angebotsbezogene Präferenzen des Nutzers dauerhaft zu speichern, so dass dieser sich weder personalisiert bei einem WWW-Server anmelden noch seine Präferenzen bei jedem Besuch des Servers erneut eingeben muss.
- *Logins* bezeichnen die Daten (Nutzername und Passwort), die ein Nutzer eingeben muss, um sich personalisiert bei einem Server anzumelden. Hat sich ein Nutzer per Login in ein Angebot eingewählt, so können alle von ihm initiierten Nut-

zungsvorgänge innerhalb dieses Angebots in Form eines Nutzerprofils erfasst werden.

- *E-Mails* müssen – da sie losgelöst vom World Wide Web auf einem eigenen Internetdienst basieren und über eigene Protokolle verfügen – nach Daten und Metadaten unterschieden werden. Daten bezeichnen den eigentlichen Text einer E-Mail. Metadaten hingegen sind sozusagen die Logfiles der E-Mails. Sie enthalten unter anderem Angaben über das verwendete E-Mail-Programm, das Betriebssystem des Computers, auf dem das E-Mail-Programm installiert ist, die Betreffzeile der E-Mail und natürlich die E-Mail-Adresse von Absender und Empfänger.
- *Formulareinträge* sind wiederum in das World Wide Web eingebunden und verfügen demnach über keine eigenen Metadaten. Ihr Inhalt hängt von der Gestaltung des Formulars ab. In der Regel werden sie genutzt, um die Kommunikation mit dem Nutzer zu strukturieren, da dies über das offene E-Mail-Format kaum möglich ist. Formulareinträge enthalten daher oftmals weiterführende Angaben über den Nutzer, wie etwa Geschlecht, Geburtsdatum, spezifische Interessen und so fort.
- *Transaktionsdaten* werden in der Regel über Formulareinträge übertragen. Sie enthalten alle für eine Transaktion notwendigen Angaben, also Vor- und Nachnamen des Nutzers, Anschrift (Lieferadresse) sowie meistens E-Mail-Adresse und gegebenenfalls die Kreditkartennummer oder Kontoinformationen.

Zentrale Kennzahlen

Die Reichweite der Werbung ist sowohl Online als auch Offline eine zentrale Voraussetzung und wesentliche Determinante der Werbewirkung (Dannenberg/Wildschütz/Merkel 2003, S. 176 ff. und Kloss 2003, S. 132). *Reichweite* und *Frequenz* können im Internet für jede einzelne Person sehr präzise festgehalten werden: Anhand eines Cookies wird festgestellt, welche Werbungen die Person wie häufig gesehen hat (DoubleClick 2004a & 2004b). Probleme bei der Messung entstehen, wenn mehrere Personen einen Computer benutzen oder eine Person mehrere Computer nutzt. In diesem Fall funktionieren die Messungen nur näherungsweise.

Voraussetzung dafür, dass die Frequenz im Internet mittels Cookie webseitenübergreifend gemessen werden kann, ist der Einsatz eines zentralen AdServers, welcher die Werbung ausliefert (Werner 2000 S. 119). Ein „*AdServer*" ist ein Programm, welches beim Aufruf einer Werbefläche nach vorher fest definierten Kriterien stets live das situationsspezifisch passende Banner liefert. Der AdServer verwaltet dabei sämtliche Werbemittel und Platzierungen und erlaubt ein Tracking und Reporting für die gesamte Kampagne, einzelne Werbemittel und einzelne Werbeträger. Über den AdServer können Werbemittel innerhalb von wenigen Sekunden ausgetauscht werden (Roddewig 2000, S. 119 ff.). Ein zentraler AdServer ist auch für die Erhebung weiterer Kennzahlen und für die Optimierung der Kampagne unverzichtbar. Steht in der eigenen Firma kein zentraler AdServer zur Verfügung, bieten Mediaagenturen die Nutzung eines AdServers an. Zunehmend werden auch Banner im

Rahmen von Partner- beziehungsweise „Affiliate-Programmen" über den zentralen AdServer oder über spezifische „Affiliate-Engines" ausgeliefert.

Die Werbewirkung wird auch beim Online-Marketing mehrstufig erhoben. Bereits seit mehreren Jahren werden die Kennzahlen Views, Klicks und Leads/Sales standardmäßig bei weitgehend allen Kampagnen gemessen (Stolpmann 2001):

- *View* bezeichnet die Einblendung eines Werbemittels und entspricht damit der quantitativen Brutto-Reichweite.
- *Klicks* entsprechen der Anzahl der Interaktionen, bei denen das Banner angeklickt worden ist.
- *Sales* und *Leads* sind qualifizierte Kontakte, Bestellungen oder Anmeldungen auf der eigenen Homepage, die aus dem Kontakt mit dem Werbemittel resultieren.

Produkte, die nur online gekauft werden können, eignen sich besonders gut zu Kontrollzwecken, weil bei diesen die Werbeeinblendungen direkt mit den Bestellungen verknüpft werden können. Wird online für ein reines Offline-Produkt geworben, so fällt die Kontrollstufe des Verkaufs weg. Als Indikator können dann so genannte *Leads* wie Anzahl Kontaktanfragen, Anzahl Newsletteranmeldungen oder auch Gewinnspielteilnahmen verwendet werden. Wird ein Produkt sowohl online als auch offline verkauft, kann nur der Online-Teil der Werbewirkung direkt gemessen werden. Diese Einschränkungen sind bei den folgenden Ausführungen zu berücksichtigen. Bereits 1997 wiesen Briggs und Hollis darauf hin, dass die Erfassung des Werbeerfolgs über die Klicks und den daraus folgenden Absatz und Leads zu kurz greift. Ihrer Ansicht nach hängt die Klickrate vorwiegend damit zusammen, inwiefern ein Produkt für den Werbeempfänger unmittelbar von Relevanz ist. Da eine hohe Kaufabsicht selten mit dem Werbemittelkontakt einhergeht, eignet sich die *Klickrate* nur eingeschränkt als Indikator der Werbewirksamkeit.

DoubleClick (2004a und 2004b) führte deswegen den neuen Begriff View-Through ein. *View-Throughs* entsprechen der Anzahl der Personen, welche eine Webseite besuchen, nachdem sie die Werbung dazu gesehen haben, ohne dass sie das Banner angeklickt hätten. Die Personen merken sich also den Domain- oder Markennamen und suchen zu einem späteren Zeitpunkt die Seite selbständig auf. Diese View-Throughs lassen sich mit Hilfe von Cookies messen. Dabei ist zu beachten, dass zahlreiche Nutzer die Cookies regelmäßig löschen und somit die Anzahl der View-Throughs unterschätzt wird. Die View-Throughs und Klicks zusammen ergeben die Anzahl der Besucher einer Webseite, welche aus einer Werbekampagne resultieren. Dabei ist die Anzahl der View-Throughs gemäß DoubleClick (2004b) im Durchschnitt doppelt so hoch wie die Anzahl der Klicks. In der Praxis kann diese auch deutlich höher liegen. Darüber hinaus können auch Kennzahlen für die Effizienz der Werbung eingesetzt werden (Stolpmann 2001, S. 284): zum Beispiel der Tausenderkontaktpreis, die Costs per Click (CPC), die Conversion Rate (ConvR) und die Costs per Order (CPO). Die beschriebenen und weitere zentrale Kennzahlen werden in Abbildung 111 im Überblick dargestellt. Weitere Größen, an denen der

Erfolg des Online-Marketing abgelesen werden kann, sind Einträge in Mailinglisten, und Nutzerregistrierungen.

Für spezifische Aspekte der Kontrolle des Online-Marketing wird an dieser Stelle auf die weiterführende Literatur verwiesen: Eine ausführliche Beschreibung der Er-

Kennzahl	Beschreibung
Brutto-Reichweite I	Gesamtsumme der Kontakte (Abrufe) mit einer Web-Site (in der Regel mit der Homepage/Startseite der Site)
Netto-Reichweite I	Brutto-Reichweite I minus Mehrfachzugriffe einzelner Rechner auf die Site
Anzahl der Nutzer/User	Anzahl der Personen, die auf die Homepage einer Site zugegriffen haben
Identified User	Demografisch identifizierbare User
Visit (Besuch) oder Session (Sitzung)	Intensiver Nutzungsvorgang, der alle Seitenabrufe eines Users umfasst, die er während eines zusammenhängenden Nutzungsvorgangs (Abruf mehrer Seiten innerhalb von 15 Min.) vornimmt
Brutto-Reichweite II (Visits)	Gesamtsumme der Site-Besuche
Netto-Reichweite II (Unique Visits)	Brutto-Reichweite II minus Anzahl der mehrfachen Besuche
Site Stickiness	Zeit, die ein einzelner Visitor auf einer Web-Site verbringt
PageImpressions (früher PageViews; Seitenabruf)	Abrufe vollständiger Seiten (mit oder ohne Werbemittel) durch einen Rechner; gibt an, wie oft eine Homepage besucht wird und wie viele weiterführende Seiten des Web-Angebots aufgerufen wurden
View Time	Kontaktdauer (mit einer Web-Site insgesamt, einer einzelnen Seite oder einem werbeführenden Teil)
Hits	Abrufe von Seitenelementen bzw. Dateien (z. B. Text, Grafik oder Werbebanner)
AdImpression (Ad View)	Auslieferung eines Werbemittels durch einen AdServer (z. B. Banner oder Button)
Klick (Ad Click)	Klick auf einen Werbebanner oder -button (zur Messung des Abrufs und der Reaktion auf ein Werbemittel)
Banner Ad Reach	Netto-Reichweite von Werbebannern (Summe der Hits, AdImpressions oder AdClicks)
Click-Through-Rate (CTR)	Prozentanteil der Klicks auf ein Werbebanner im Verhältnis zu seinen gesamten Abrufen
Lead und Sale	Qualifizierte Kontakte, Bestellungen oder Anmeldungen auf der eigenen Homepage
Tausenderkontaktpreis (TKP) (Kosten pro 1 000 Werbekontakte)	$TKP = \dfrac{\text{Kosten der Werbemaßnahme}}{\text{Anzahl der AdImpressions}} \times 1\,000$
Cost per Click (CPC) (Kosten pro AdClick)	$CPC = \dfrac{\text{Kosten der Werbemaßnahme}}{\text{Anzahl der AdClicks}}$
Conversion Rate (ConvR) (Anteil der Online-Bestellungen an den AdClicks)	$ConvR = \dfrac{\text{Anzahl der Bestellungen}}{\text{Anzahl der AdClicks}}$

Abbildung 111: Kennzahlen des Online-Marketing (Quelle: Eigene Darstellung basierend auf Fritz 2004, S. 270 ff. und 279 sowie Strauss/El-Ansary/Frost 2003, S. 397)

folgskontrolle des *Suchmaschinenmarketing* findet sich zum Beispiel bei Stuber (2004, S. 106 ff.). Diese Erkenntnisse können mit Einschränkungen auch auf andere Bereiche der Online-Marketing-Kontrolle übertragen werden. Wie die Wirksamkeit von Websites insgesamt erhoben werden kann, haben unter anderem Dahlén, Rasch und Rosengren (2003) untersucht. Zudem haben sich Bauer, Mäder und Fischer (2003) mit der Wirkung von Online-Markenkommunikation auseinandergesetzt. Im Jahr 2002 hat Shen ferner bei Mediadirektoren der führenden Internet-Agenturen in den USA erhoben, wie sie Bannerwerbung gestalten (bezüglich Preisstruktur, Kenngrößen und Pretestmethoden). Danaher und Mullarkey (2003) haben untersucht, welche Faktoren den Recall von Online-Werbung beeinflussen. In den letzten Jahren wurden zudem mehrere Studien zur Wirkung von Online-Kommunikation in Verbindung mit klassischen Kommunikationsmaßnahmen durchgeführt.

Neben diesen überwiegend *passiv* erhobenen Kennzahlen der Erfolgskontrolle können auch *aktive* Methoden der Erfolgskontrolle des Online Marketing eingesetzt werden, um insbesondere qualitative Aspekte zu erheben. Dabei handelt es sich primär um Befragungen der Internet-Nutzer, Expertenbefragungen und Experimentalstudien.

Mit der Kontrolle des Online-Marketing besteht die Möglichkeit, nicht nur in Echtzeit und im Hintergrund Nutzungsdaten zu erheben, sondern erstmalig auch den gesamten *Marketingprozess* von der Information bis zur Transaktion bruchlos und unmittelbar mess- und steuerbar zu machen (ausführlich auch Reinecke/Köhler 2002 und Köhler/Reinecke 2003). Laut Bachem (2001, S. 583) stellt das Online-Marketing somit einen Schlüssel zu einem effizienteren und erfolgreicheren Marketing dar.

7 Kontrolle der Distribution

7.1 Ansatzpunkte

7.1.1 Aufgaben der Distribution

Der Begriff Distribution umfasst sämtliche Entscheidungen und Maßnahmen aller Akteure, die der langfristigen Sicherstellung der Markt- und Konsumreife beziehungsweise der bedürfnis- und unternehmenszielgerechten Bereitstellung von Produkten und Dienstleistungen für Endkunden dienen (Ahlert 1996, S. 10 und Weinhold-Stünzi 1999, S. 336 f.). Somit ist die Distribution das Bindeglied zwischen Produktion und Endkunde und umfasst nicht nur die Sicherstellung der physischen Verfügbarkeit von Leistungen (Gütern und Dienstleistungen) am richtigen Ort zur richtigen Zeit in der richtigen Anzahl und in der richtigen Qualität, sondern sämtliche rechtlichen, wirtschaftlichen, informatorischen und sozialen Aspekte, die mit der physischen Bereitstellung und dem Verkauf von Leistungen im Markt zusammenhängen. Die Aufgabe des Distributionscontrollings ist es, die Effektivität und Effizienz des Distributionsmanagements sicherzustellen; Distributionskontrollen setzen an den Zielen (Sollgrößen) des Distributionsmanagements an und bewegen sich dabei in dem durch dessen Aufgaben und Instrumente vorgegebenen Rahmen.

Entscheidungen und Maßnahmen des Distributionsmanagements lassen sich in zwei Bereiche einordnen (u.a. Specht/Fritz 2005, S. 48):

- die physische Distribution (Marketinglogistik; physische Warenverteilung) und
- die akquisitorische Distribution (Wahl der optimalen Absatzwege bzw. Akquisitionsmethode).

Die Aufgabe der *physischen Distribution* umfasst grundsätzlich sämtliche Aufgaben, die der Überbrückung von Raum und Zeit durch Transport und Lagerung dienen (Abbildung 112).

Die Funktion der *akquisitorischen Distribution*, auch Management der Distributionswege beziehungsweise Distributionskanäle genannt, umfasst im Kern die Auswahl, Abstimmung und Pflege geeigneter Absatzmittler und -kanäle, um die Chancen für den Absatz einer Leistung zu optimieren (Abbildung 112). Mit einem erfolgreichen Distributionssystem können erhebliche akquisitorische Wirkungen erzielt werden, die zu Wettbewerbsvorteilen gegenüber Konkurrenten führen können: Zum Beispiel kurze Lieferzeiten, hohe Termintreue, hohe Lieferqualität, geringe Lieferrisiken, jederzeitige Bestellmöglichkeit und gute fachliche Beratung in einem persönlich angenehmen Verkaufsgespräch (Diller 2001b, S. 328). Dieser Aspekt ge-

Aktionsbereiche des Distributionsmanagement

Logistische Distribution

Standortmanagement
- Unternehmensstandort
- Innerbetrieblicher Standort

Lieferbedingungen
- Lieferbereitschaft
- Lieferzeit

Marketinglogistik
- Warenlogistik
- Informationslogistik
- Geldlogistik

Akquisitorische Distribution

Vertriebswegemanagement
- Selektionsentscheidungen
- Aquisitionsentscheidungen
- Koordinationsentscheidungen

Verkauf und Außendienst
- Strukturierung
- Steuerung
- Selektion
- Schulung

Abbildung 112: Aktionsbereiche des Distributionsmanagements (Quelle: Eigene Darstellung in Anlehung an Piontek 1995, S. 36 und Weinhold-Stünzi 1999, S. 353)

winnt an Bedeutung, wenn man berücksichtigt, dass die Einkaufsstättenwahl beim Kaufprozess eine wesentliche Determinante des Kaufs oder Nichtkaufs ist. Insgesamt spielen bei der akquisitorischen Distribution Entscheidungen, die sich auf die Anbahnung des Kundenkontakts, des Verkaufs und der Kundenbindung beziehen, eine wichtige Rolle (Nieschlag/Dichtl/Hörschgen 2002, S. 883 f.).

Diese beiden Dimensionen der akquisitorischen und logistischen Distribution überschneiden sich mit der strategischen Entscheidung über das *Distributionsdesign* (Specht/Fritz 2005, S. 47 ff.), welche das Erfolgspotenzial der betroffenen Produkt-Markt-Kombination entscheidend beeinflusst. Dies betrifft Entscheidungen über:

- die *Länge der Absatzwege* einschließlich der Auswahl der Distributionsorgane und
- die *Anzahl der Absatzkanäle*.

Entscheidungen über die *Länge der Absatzwege* einschließlich der Auswahl der Distributionsorgane können über folgende Parameter getroffen werden: Die Summe aller Einheiten, die in den Weg vom Hersteller zum Endkunden eingeschaltet werden, bildet die *Handelskette*, während die einzelnen Einheiten als *Handelsstufe* bezeichnet werden (Piontek 1995, S. 32–37 und Specht/Fritz 2005, S. 162 ff.). Mögliche Handelsstufen beziehungsweise *Distributionsorgane* sind:

- Absatzorgane der Produzenten mit Distributionsaufgaben,
- Distributionsmittler (Absatzmittler im engeren Sinne) beziehungsweise selbständige Handelsbetriebe: Großhandels- oder Einzelhandelsbetriebe,
- Distributionshelfer (Absatzhelfer im engeren Sinne): Transport- und Lagerhausbetriebe (logistische Helfer), Agenturen, die den anderen Bereichen in Distributionskanälen bei der Erfüllung akquisitorischer Aufgaben helfen (akquisitorische Helfer),
- Beschaffungsorgane der Konsumenten.

In Abhängigkeit von der Zahl an Stufen zwischen Produktion und Endkunde und somit je nach Anzahl eingeschalteter Handelsstufen wird zwischen *direkter* (keine Stufe zwischen Hersteller und Endkunde) und *indirekter* Distribution (eine oder mehrere Zwischenstufen) unterschieden. Je nach *Anzahl* der von einem Hersteller für eine Produktgruppe benutzten *Distributionskanäle* existieren *Ein-* oder *Mehrkanalsysteme* (ausführlich Schögel 1997).

7.1.2 Ziele und Bedeutung der Distribution

Abgesehen von den beiden grundlegenden Funktionen, die dem Distributionsmanagement zukommen, sind sowohl die konkreten Aufgaben als auch die konkreten *Ziele* des Distributionsmanagements (bzw. die Größen an denen sich eine Erfolgskontrolle orientiert) situativ zu formulieren. Distributionsziele sollten grundsätzlich aus den Unternehmens- und Marketingzielen abgeleitet werden, orientieren sich jedoch auch an den Stärken und Schwächen der Organe, Kanäle und einzelnen Handelsstufen sowie den Endkunden und Wettbewerbern (Specht/Fritz 2005, S. 244 ff.). Dementsprechend umfassen *typische Zielaussagen* je nach Perspektive zum Beispiel folgende Aspekte (in Anlehnung an Tomczak 1993, S. 3):

- Im Hinblick auf die Markt- und Konsumreife der Leistungen: *Wo* kann der Kunde die Leistung des Herstellers beziehen? *Wie* soll die Präsentation der Leistung erfolgen? *Wer* soll für Präsentation und Beratung zuständig sein? *Welche* Leistungen sollen dem Kunden vor, während und nach dem Kauf angeboten werden?
- Aus Hersteller-Konkurrenz-Sicht: *Welche Unterschiede* bestehen zur Distribution der Konkurrenz, und welche *Kooperationen* sollen *mit Konkurrenten* eingegangen werden?
- Aus der Perspektive Hersteller vs. Absatzmittler und Kunde: Wie wird mit einer *Abhängigkeit vom Handel* umgegangen? *Welche Leistungen* werden *dem Handel* zur Verfügung gestellt, und welche *Kooperationen* werden *mit Absatzmittlern* eingegangen?

In Abbildung 113 ist ferner eine Auswahl *typischer Zielgrößen* der Distribution bei der Gestaltung und Führung von Distributionskanälen dargestellt, von denen insbesondere der Distributionsgrad in der Praxis eine wichtige Rolle spielt. Der *Distributionsgrad* wird häufig als die zentrale Kennzahl der Distributionsgestaltung betrachtet, wobei Folgendes zu beachten ist: Nur wenn Ubiquität beziehungsweise

Überallerhältlichkeit angestrebt wird, bezieht sich diese Größe auf den Gesamtmarkt. Andernfalls gibt sie die Relation zwischen tatsächlich einbezogenen und erwünschten Absatzmittlern an und kann somit zur Erfolgskontrolle verwendet werden.

Weitere typische strategische Ziele neben der Auswahl eines leistungsfähigen Distributionswegs für jedes Marktsegment und dem Erhalten beziehungsweise dem Steigern des Distributionsgrads sind nach Specht und Fritz (2005, S. 245): *Senken*

Zielkategorie	Konkrete Zielgröße
Grad der Funktionserfüllung der verschiedenen Absatzorgane	• Quantität der ausgeübten Handelsfunktionen • Qualität der ausgeübten Handelsfunktionen
Absatzkanalspezifische Erlöse und Kosten	• Absatzvolumen • Erzielbare Absatzpreise • Absatzstruktur (sachliche Zusammensetzung und Bestellrhythmus) • Kosten des Aufbaus und der Änderung des Vertriebswegs • Mit der Belieferung verbundene Kosten • Vertriebswegespezifische Marktbearbeitungskosten • Distributions-, Transport- und Lagerkosten pro Einheit
Marktpräsenz und Absicherung	• Distributionsgrad • Wachstumspotential der Absatzmittler • Bezugstreue der Absatzmittler • Kosten von „Out of Stock" Situationen • Anteil von „Out of Stock" Situationen
Image des Absatzkanals	• Image der Einkaufsstätte • Image der Vertriebslinie • Servicegrad pro Produkt, Absatzkanal und Kunde
Flexibilität des Absatzkanals	• Aufbaudauer • Anpassungsfähigkeit der Absatzmittler • Barrieren der Reorganisation eines Vertriebswegs
Beeinflussbarkeit des Absatzkanals	• Relative Machtposition und Machtverteilung • Kooperationsbereitschaft der Absatzmittler/Grad der Kooperation • Bindungsmöglichkeiten
Zugang zu Handelsinformationen über	• Lagerbestände • Abverkaufsdaten • Preisniveau • Promotiondaten

Abbildung 113: Auswahl von Distributionszielen (Quelle: Eigene Darstellung in Anlehnung an Ahlert/Schröder, 2001, S. 1810 und, S. 550)

der Logistikkosten, Wirkungen des Marketing gewährleisten sowie *Kontrolle* erlangen und/oder erhalten.

Es wird deutlich, dass das Distributionsmanagement ein komplexes Aufgabengebiet ist – insbesondere wenn man berücksichtigt, dass ein modernes Distributionsmanagement heute Bereiche wie Electronic Data Interchange (EDI), Branding (Einkaufsstättenwahl) oder Efficient Consumer Response (ECR) und Supply Chain Management umfasst (ausführlich auch Sauer 2005). Ferner bestehen starke Interdependenzen mit anderen Marketinginstrumenten: Zum Beispiel bestimmt die Wahl der Letztverkaufsstätte stark die Produkt- und Verpackungsgestaltung sowie die Preis- und Kommunikationsgestaltung. Auch ist die Distribution in vielen Unternehmen ein hoher Kostenfaktor: Nicht selten ist der Distributionsanteil an den Gesamtkosten beziehungsweise an den Produktpreisen heute höher als der Produktionsanteil. Die Zahlen schwanken je nach Branche und Wertschöpfungsstruktur zwischen 10 und 40 Prozent der Gesamtkosten (Ahlert 1996, S. 14 und Link et al. 2000, S. 294). Angesichts dessen besteht auch ein hoher Komplexitätsgrad für das Controlling und insbesondere die Kontrolle der Distribution.

7.2 Determinanten des Distributionscontrollings

Die folgenden Kapitel C.7.2 bis C.7.4 basieren insbesondere auf Schögel/Tomczak 2007.

Auch das Controlling der Distribution orientiert sich an konkret zu unterstützenden und zu kontrollierenden Aufgaben und Zielen, so dass

- analog zu den beiden zuvor dargestellten Arten von Distributionsaufgaben auf Unternehmensebene zwischen einem *Controlling der akquisitorischen* und *der physischen Maßnahmen* in der Distribution unterschieden wird (Link et al. 2000, S. 293). Die Leistungsmessung der physischen Prozesse findet im Rahmen eines Distributions-Logistikcontrollings statt. Alle anderen Bereiche, vor allem das Absatzkanalmanagement, sind Teil des Controllings der akquisitorischen Prozesse („Distributionscontrolling im engeren Sinne") und werden in der Literatur unter Einschluss des Verkaufscontrollings teilweise auch als „Vertriebscontrolling" bezeichnet (Fliess/Marra 1998, S. 214, Link et al. 2000, S. 294 und Krafft/Frenzen 2006, S. 611 ff.).
- Erfolgskontrollen orientieren sich dabei an den konkreten unternehmens- und situationsspezifischen Zielgrößen der Distribution, wobei in den folgenden Kapiteln die etablierten Kriterien und Instrumente der Erfolgskontrolle dargestellt werden.

Nach Rosenbloom beeinflussen die folgenden vier Faktoren die Entscheidung, in welchem Maße und in welcher Häufigkeit Leistungsmessungen in der Distribution durchgeführt werden (Rosenbloom 2004, S. 414; hierzu auch Specht/Fritz 2005, S. 423):

- *Grad der Abhängigkeit der Distributionsorgane vom Hersteller:* Strenge vertragliche Bindungen oder eine dominante Marktstellung der Produkte erlauben es einem Hersteller, seine Distributionsakteure in starkem Ausmaß zu kontrollieren.
- *Relative Bedeutung der Distributionsorgane:* Kommt den Absatzmittlern eine hohe Bedeutung in der Distribution eines Herstellers zu, steigt die Wichtigkeit einer Evaluation der Leistungen der Absatzmittler.
- *Produkteigenschaften:* Mit dem Wert und der Komplexität von Produkten wächst auch die Notwendigkeit, die Distributionsleistungen nachhaltig zu überprüfen.
- *Anzahl der Distributionsakteure:* Bei einer intensiven Distribution (d.h. viele Absatzmittler) beschränkt sich eine genauere Kontrolle des Herstellers oftmals auf diejenigen Distributionsakteure, die unterdurchschnittliche Leistungen erbringen.
- *Konfiguration des Distributionsmix:* Je nach Typ beziehungsweise Komplexität des Kanalmix (Schögel 2001b, S. 33) nimmt die Bedeutung einer Kontrolle des Distributionsmix als Grundlage für dessen optimale Gestaltung und Steuerung zu.

Rosset und Reinecke (2005) kommen in einer empirischen Studie zu dem Ergebnis, dass in der Praxis nur 30 Prozent der befragten Unternehmen Erfolgsanalysen in der Distribution regelmäßig einsetzen, 31 Prozent diese unregelmäßig und 31 Prozent gar nicht verwenden.

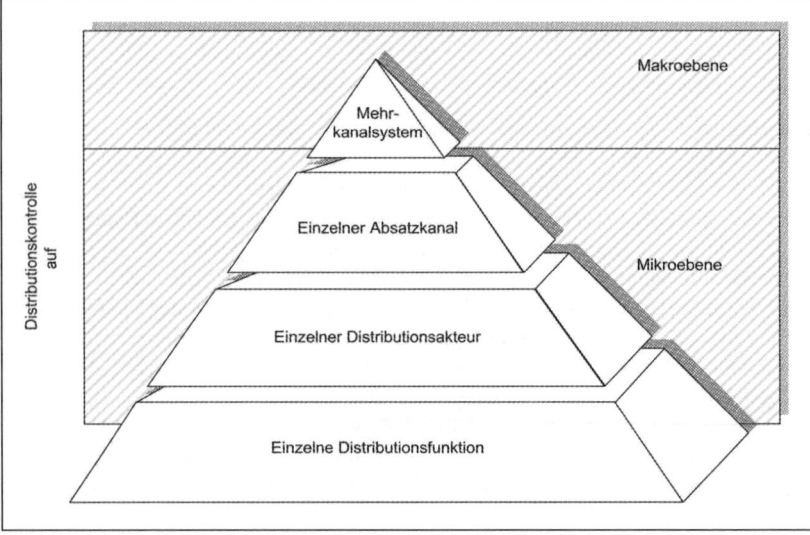

Abbildung 114: Abgrenzung der Distributionskontrolle auf Mikro- und Makroebene (Quelle: Eigene Darstellung in Anlehnung an Schögel/Tomczak 2007)

Dieses Ergebnis weist auf einen weiteren zentralen Faktor bei der Distributionskontrolle hin: die Anzahl der Absatzkanäle. Besitzt ein Unternehmen ein einfaches, direktes Distributionssystem, fällt eine Distributionskontrolle fast mit einer Verkaufserfolgsanalyse zusammen und kann sich unter Umständen erübrigen. Setzen Unternehmen hingegen komplexe Distributionssysteme ein, bei denen zum Beispiel mehrere direkte und indirekte Absatzkanäle kombiniert werden, ist auch eine Distributionskontrolle deutlich höher zu priorisieren. Die *Anzahl und Heterogenität der Absatzkanäle* beeinflusst somit die Intensität der Kontrolle. Im Folgenden wird daher zwischen einer Distributionskontrolle auf Mikroebene und auf Makroebene unterschieden, das heißt einer Kontrolle in einem Ein- oder Mehrkanalsystem (Abbildung 114).

7.3 Distributionskontrolle auf der Mikroebene: Einkanalsystem

Eine Distributionskontrolle auf der Mikroebene evaluiert die Leistungsfähigkeit einer einzelnen Funktion, eines einzelnen Distributionsakteurs oder eines einzelnen Absatzkanals im Distributionssystem. Zum einen sind hierfür allgemeine Kriterien zur Bewertung zu entwickeln, zum anderen stellen spezifische Kennzahlen das wichtigste Instrument für eine Distributionskontrolle auf der Mikroebene dar.

7.3.1 Allgemeine Kriterien zur Leistungsmessung in der Distribution

Um die Leistungsfähigkeit eines Absatzkanals oder eines spezifischen Distributionsakteurs zu überprüfen, sind zunächst *allgemeine Zielkriterien* zu entwickeln und zu selektieren, die dann maßgebend für die Ableitung spezifischer Kontrollmaßnahmen sind. Die folgenden Kriterien und Attribute sind in den meisten Kriterienkatalogen enthalten (Kumar/Stern/Achrol 1992, S. 251 f. und Rosenbloom 2004 S. 417 ff.):

- Verkaufserfolg/Beitrag zur Profitabilität,
- funktionale Leistungsfähigkeit (Lagerbestand/Service-Level),
- Verkaufskapazität und -kompetenz,
- Wettbewerbs- und Anpassungsverhalten sowie
- Wachstumsperspektive.

Der Beitrag zu den Verkäufen ist das am häufigsten verwendete Kriterium zur Leistungsbeurteilung eines Absatzkanals oder eines Distributionsakteurs. Der *Verkaufserfolg* beziehungsweise der Beitrag zur Profitabilität ist dabei immer in Relation zur Wettbewerbsintensität, zum Wirtschaftswachstum im Marktverantwortungsgebiet und sonstigen Umweltfaktoren zu bewerten. Ein Hersteller sollte immer die Abnahmemenge eines Absatzmittlers für die eigenen Leistungen mit der gesamten Absatzmenge eines Absatzmittlers bezüglich dieser Produktkategorie vergleichen. Bei Verkaufsdaten sind ferner die aktuellen Daten mit historischen Werten, die Daten eines Absatzmittlers mit denen vergleichbarer Absatzmittler und die aktuellen Daten mit den vereinbarten Verkaufsquoten abzuwägen. Streng voneinander zu unterscheiden sind die reine Höhe der Umsatzerlöse und die Profitabilität. In vielen Branchen nehmen Verkaufsförderungsmaßnahmen stetig zu, so dass die hohen Unterstützungsbeiträge die Umsatzerfolgsmeldungen relativieren.

Ein weiteres, zentrales Kriterium ist die *funktionale Leistungsfähigkeit* beziehungsweise die Fähigkeit eines Absatzmittlers oder -kanals, den funktionalen Erfordernissen der Distribution zu entsprechen. Zum einen drückt sich dies im *Lagerbestand* aus, das heißt in der Menge an Waren, die bei einem Distributionsakteur gelagert sind, um unmittelbar in den Markt zu gelangen. Meist besitzen Hersteller ein großes Interesse daran, dass auf Absatzmittlerebene vollständige und umfangreiche Lager vorhanden sind, um jederzeit alle Marktbedürfnisse zu erfüllen, während hingegen Absatzmittler zur Minimierung der Kosten und des Risikos versuchen, den Lagerbestand möglichst gering zu halten. Eine hohe funktionale Leistungsfähigkeit drückt sich auch darin aus, ob das vom Hersteller geforderte Niveau an Dienstleistungen und After-Sales-Services (*Service-Level*) adäquat gewährleistet werden kann.

Um die *Verkaufskapazität und -kompetenz* festzustellen, müssen die Anzahl des Verkaufspersonals, seine technischen Fähigkeiten und sein betriebswirtschaftliches Wissen sowie seine Motivation und Einstellung gegenüber den Produkten des Herstellers geprüft werden. Auch die Häufigkeit von Vertragsverletzungen sowie die Intensität von Uneinigkeiten und divergierenden Interessenslagen sind wichtige Bestandteile, wenn die Qualität der gemeinsamen Zusammenarbeit evaluiert wird.

Die Prüfung des *Wettbewerbs- und Anpassungsverhaltens* zielt auf die Sicherung der Wettbewerbsposition der Leistungen des Herstellers im Markt. Der Umgang mit scharfen Wettbewerbsbedingungen sowie Flexibilitäts- und Innovationspotenzial stehen hierbei im Mittelpunkt.

Wachstumsperspektive

Schließlich ist das Wachstumspotenzial für die Zukunft ein Gradmesser, um einen Absatzmittler oder einen Absatzkanal zu bewerten. Dabei sollten qualitative und quantitative Wachstumsindikatoren berücksichtigt werden. Auch die Frage nach dem individuellen Potenzial einzelner Absatzmittler, eine bestimmte Wachstumsstrategie aktiv mittragen zu können, sollte in diesem Zusammenhang eine Rolle spielen.

Anhand dieser Kriterien können einzelne Distributionsakteure oder Absatzkanäle auf dreierlei Weise einer Bewertung unterzogen werden (Rosenbloom 2004, S. 424 ff. und Specht/Fritz 2005, S. 433):

- *Einfache, separate Leistungsbewertung* anhand eines Kriteriums oder mehrerer Kriterien: Dieses Vorgehen ist unkompliziert und wenig aufwändig, allerdings wird die Gesamtperformance meist nicht vollständig erfasst.
- *Formlose Kombination mehrerer Kriterien* für die qualitative Messung der Gesamtleistung: Hier wird zwar durch die Verwendung einer Vielzahl von Kriterien eine breite Beurteilung möglich, allerdings kommt die relative Bedeutung einzelner Werte wegen der informellen Kombination nicht zum Tragen.
- *Formelle Kombination mehrerer Kriterien/Punktebewertungsverfahren* für die Bildung eines Index zur quantitativen Messung der Gesamtleistung: Diese Methode wird auch als Punktebewertungsverfahren zur Beurteilung von Distributionsorganen bezeichnet. Entsprechend ihrer Bedeutung für die Bestimmung der Gesamtperformance werden einzelne Kriterien gewichtet und gehen gemäß dieser Gewichtung in den Gesamtpunktwerte-Beurteilungsindex ein (Specht/Fritz 2005 S. 434). Die Umsetzung dieser Nutzwertanalyse ist jedoch sehr anspruchsvoll: Die Kriterien müssen vollständig und überschneidungsfrei (unabhängig) sein, damit sie verlässliche und hilfreiche Ergebnisse liefern kann. Andernfalls besteht die Gefahr der Scheinobjektivität.

7.3.2 Distributionskennzahlen

Die allgemeinen Kriterien zur Leistungsmessung in der Distribution werden zu Kontrollzwecken meist zu Kennzahlen verdichtet. Diese geben in verdichteter Form Auskunft über distributionsrelevante Fakten, Abläufe und Zusammenhänge. Dabei sind Kennzahlen isoliert betrachtet meist nicht sehr aussagekräftig. Erst in einem zeitlichen oder sachlichen Zusammenhang oder durch Vergleiche erhalten sie ihre Aussagekraft (ausführlich Kapitel D.2; Siegwart 2002, S. 13 f. und Hatip/Strehlau 2000, S. 251).

Um eine wirkungsvolle und verlässliche Kontrolle der Distribution unter Managementgesichtspunkten zu realisieren, bieten sich verschiedene Messgrößen an. Sie reichen von Lagerbestandsgrößen über Transportmengen und -volumina bis zu Service- und Lieferquoten. In der Praxis wird daher eine Vielzahl unterschiedlicher Kennzahlen eingesetzt. Link, Gerth und Vossbeck (2000, S. 296) nennen drei generische Typen von Distributions-Kennzahlen:

- *Produktivitätskennzahlen* (ausführlich Reinecke 2004, S. 249 ff.), die die Produktivität der Distributionsakteure, Verkaufsmitarbeiter und der technischen Einrichtungen messen sollen,
- *Wirtschaftlichkeitskennziffern*, bei denen Umsatzerlöse zu bestimmten Kostengrößen ins Verhältnis gesetzt werden sowie
- *Qualitätskennziffern*, die der Beurteilung des jeweiligen Grads der Zielerreichung dienen.

Abbildung 115 zeigt beispielhaft eine Aufstellung quantitativer und qualitativer Messgrößen zur Beurteilung und Überwachung der Markt- und Konsumreife der

Quantitative Kontrollgrößen	Qualitative Kontrollgrößen
• Distributionsgrad • Distributionsgrad pro Einheit • Transportkosten pro Einheit • Lagerkosten pro Einheit • Produktionskosten pro Einheit • Kosten von „Out-of-Stock" Situationen • Lagerüberschuss • Servicegrad pro Absatzkanal und Kunde	• Grad der Kooperation im Absatzkanal • Grad der Konflikt im Absatzkanal • Machverteilung im Absatzkanal • Flexibilität des Absatzkanals • Serviceniveau im Absatzkanal • Zugang zu Handelsinformationen über Lagerbestände • Abverkaufsdaten, Preisniveau und Promotionsdaten

Abbildung 115: Katalog quantitativer und qualitativer Kontrollgrößen im Distributionsmanagement (Quelle: In Anlehnung Stern/El-Ansary/Coughlan 1992, S. 526 f. und Schögel/Tomczak 2007)

Unternehmungsleistungen. Auf der Mikroebene beziehen sich diese Kennzahlen immer auf einzelne Distributionsfunktionen, einzelne Absatzmittler oder einen einzelnen Absatzkanal. Eine Übersicht über die Produktivitäts-, Wirtschaftlichkeits- und Qualitätskennzahlen für die Bereiche Lagerhaltung und Transportdurchführung hat Daduna (2003, S. 188 ff.) erstellt.

Neben diesen umfassenden Informationen konzentrieren sich die Analysen häufig auf wenige und praktikable Mess- und Kontrollgrößen. Von besonderer Bedeutung sind vor allem (Schögel/Tomczak 2007):

- der *Servicegrad*,
- der *Distributionsgrad* und
- das Konzept der *direkten Produktprofitabilität (DPP*; ausführlich Kapitel C.4.3.2).

Der *Servicegrad* erfasst die physische Distributionsleistung des Herstellers. Dabei steht die Kontrolle des Warenflusses im Mittelpunkt: Die richtigen Produkte sollen zur richtigen Zeit in der richtigen Menge in der richtigen Qualität am richtigen Ort zur Verfügung stehen. Um den Servicegrad als praktikable Kennzahl zu nutzen, bietet sich die Analyse und Kontrolle der Fehlmengensituation in der Distribution an (Weber 1995b, S. 201; auch Weber 2002c).

Der Servicegrad bezieht sich ausschließlich auf die Kontrolle der physischen Distribution. Aussagen oder Empfehlungen für die Gestaltung des Absatzkanals können nicht getroffen werden (Abbildung 116). Häufig reicht diese Betrachtung nicht aus, weil die korrekte Lieferung für viele Absatzmittler heute eine Selbstverständlichkeit ist.

Abbildung 116: Servicegrad als Ergebnis der Fehlmengenanalyse (Quelle: In Anlehnung Weber 1995b, S. 201 und Schögel/ Tomczak 2007)

Über den *Distributionsgrad* erfasst eine Unternehmung die Intensität der Marktpräsenz. Dabei wird das Verhältnis zwischen der angestrebten und der tatsächlich erreichten Verbreitung einer Leistung betrachtet: Der Distributionsgrad ist eine Kennzahl, die sich auf die absolute Verbreitung einer Leistung bezieht. Das Verhältnis von angestrebter und tatsächlicher Distribution drückt aus, wie umfassend die angestrebte physische Distribution bereits erreicht wurde (Weinhold-Stünzi 1999, S. 354 f.). Abbildung 117 zeigt zwei Kennzahlen, die geeignet sind, den Distributionsgrad einer Leistung zu erfassen. Zähler und Nenner bestehen stets aus absatzmittlerbezogenen Größen, wobei der Distributionsgrad in der Regel als Quotient aus der Anzahl der Einkaufsstätten (einer Branche, eines Betriebstyps oder eine Absatzgebiets), die das Produkt tatsächlich führen und der Gesamtheit aller Einkaufsstätten des gewählten Segments (Branche usw.) gebildet wird (u. a. Böcker 1988, S. 145 f. und Becker 2001, S. 67 f.).

Der Distributionsgrad wird vor allem bei der Einführung neuer Produkte und zur Überwachung indirekter Distributionssysteme eingesetzt. Zumeist wird der Distributionsgrad über Zeitreihenanalysen auf Basis von Paneldaten kontrolliert.

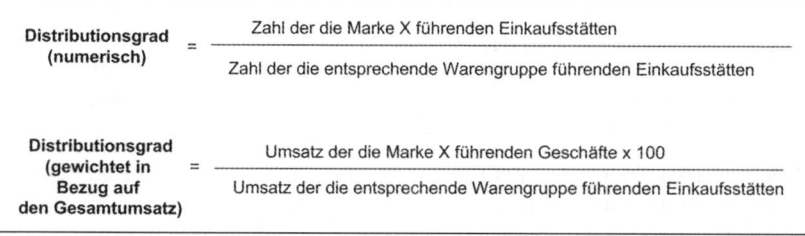

Abbildung 117: Kennzahlen zur Kontrolle des Distributionsgrads (Quelle: Eigene Darstellung in enger Anlehnung an Becker 2001, S. 68)

Beispielsweise erfasst der Lebensmitteleinzelhandelsindex (NLI) des Marktforschungsinstituts ACNielsen diese Kennzahlen regelmäßig und stellt damit ein wichtiges Planungs- und Kontrollsystem für Markenartikelhersteller bereit. Insbesondere für Unternehmen, die eine möglichst breite Verfügbarkeit ihrer Leistungen anstreben, ist der Distributionsgrad eine der zentralen Kennzahlen in der Distribution (Böcker 1988, S. 146; ausführlich Geis 2003, S. 192 f. zu den Auswirkungen der Distributionsquote auf die Nachhaltigkeit von Käufen).

In Anbetracht zahlreicher aktueller Herausforderungen des Distributionsmanagements sind die dargestellten Kennzahlen jedoch nur bedingt als Kontrollansatz geeignet. Sowohl dem Service- als auch dem Distributionsgrad liegt eine ex post Betrachtung zugrunde. Beide Kennzahlen lassen nur eine nachträgliche Reaktion zu. Trotzdem sind sie in der Praxis als Kontrollgrößen weit verbreitet, da sie sich einfach bestimmen lassen und erste Anhaltspunkte für weitere Analysen bieten. Reinecke und Reibstein (2001, S. 155) ermittelten in einer empirischen Erhebung für Deutschland und die Schweiz, dass der Distributionsgrad zu den Top 15 der Schlüsselkennzahlen in Marketing und Verkauf gehört und von rund 38 Prozent aller Unternehmen regelmäßig ermittelt wird.

7.4 Distributionskontrolle auf der Makroebene: Distributionssystem

Im Gegensatz zur Mikroebene evaluiert eine Distributionskontrolle auf der Makroebene die gesamte Leistungsfähigkeit des Distributionssystems. Im Mittelpunkt steht die Gesamtheit aller Absatzkanäle. Hierfür eignen sich einerseits Kennzahlensysteme, andererseits sind verschiedene Arten von Distributionskostenrechnungen und -analysen ein wichtiges Instrument für eine Distributionskontrolle.

7.4.1 Kennzahlensysteme

Im Gegensatz zu einzelnen Kennzahlen setzen Kennzahlensysteme an einer vertieften Analyse zentraler Zusammenhänge des Distributionsmanagements an (ausführlich Kapitel D.2). Sie verknüpfen verschiedene zumeist finanzwirtschaftliche Größen mathematisch oder sachlogisch zu einem in sich schlüssigen System (in Anlehnung an Hatip/Strehlau 2000, S. 252).

Palloks-Kahlen betont den empirischen und offenen Charakter von Kennzahlensystemen in der Distribution (Palloks 1995, Sp. 1138 f. und Palloks-Kahlen 2006, S. 288 ff.). Die konkrete Ausgestaltung eines Kennzahlensystems orientiert sich grundsätzlich an den jeweiligen Informations- und Analysezielen der Entscheider. Durch eine Strukturierung in verschiedene Analysebereiche (z.B. Strukturanalyse,

Wirtschaftlichkeitsanalyse oder Lageanalyse – wie in dem Beispiel in Abbildung 118) wird die Komplexität reduziert und trotzdem eine hinreichende Genauigkeit sichergestellt. Analog lässt sich ein Vertriebscontrolling-Kennzahlensystem aufbauen (ausführlich Reichmann/Palloks 1997, S. 462 ff.). Andere Varianten von Kennzahlensystemen lassen sich insbesondere zur Analyse der Rentabilität einsetzen (ausführlich Kapitel D.2). Insgesamt können mit derartigen Kennzahlensystemen insbesondere zwei Bereiche der Distributionskontrolle abgedeckt werden. Zum einen ermöglichen sie die Bewertung unterschiedlicher Absatzkanalmöglichkeiten im Hinblick auf ihren Erfolgsbeitrag für das Unternehmen. In Modellrechnungen können einzelne Varianten miteinander verglichen und

Vertriebs-Controlling-Kennzahlensystem

Strukturanalyse

Vertriebsstruktur	**Vertriebskostenstruktur:** variable Vertriebskosten/Vertriebskosten insgesamt * 100 **Umsatzstruktur:** Umsatz je Artikelgruppe/Gesamtumsatz * 100 **Auftragsstruktur:** Auftragseingänge je Artikelgruppe/Auftragseingänge * 100 **Rabattstruktur:** Rabatt vom Umsatz A-Artikel/Umsatz A-Artikel * 100
Marktstruktur	**Marktanteil:** eigener Umsatz/Branchenumsatz * 100 **Kundenstruktur:** Neukunden-, Inlands- bzw. Auslandskunden/Kunden insgesamt * 100 **Konkurrenzstruktur:** Marktvolumen der Konkurrenten/Gesamtmarktpotential * 100 **Preiselastizität des Marktes:** Umsatzdifferenz/Preisdifferenz

Wirtschaftlichkeitsanalyse

Erfolg der Vertriebsaktivitäten	**Verkaufsergebnis:** Nettoverkaufsgewinn/Umsatz * 100 **Deckungsbeitrag am Umsatz:** Deckungsbeitrag A-Artikel/Umsatz A-Artikel * 100 **Verkaufsförderung:** Umsatzdifferenz/Differenz der Verkaufsförderungskosten **Werbeerfolgskontrolle:** Werbekostendifferenz/Umsatzdifferenz
Effizienz der Vertriebsorganisation	**Personaleffizienz:** Umsatz/eingesetzte Mitarbeiter **Auftragseffizienz:** Umsatz/eingesetzte Akquisitionskosten * 100 **Budget/Kapitaleffizienz:** Umsatz/eingesetztes Budget/Kapital * 100 **Key Account Effizienz:** Netto-Auftragssumme/Akquisitionskosten * 100
Erfolgsträger (Segmente)	**Produktgruppenbezogene Umsatzanteile:** Umsatz A-Artikel/Gesamtumsatz * 100 **Kundengruppenbezogene Umsatzanteile:** Umsatz A-Kunde/Gesamtumsatz * 100 **Regionenbezogene Umsatzanteile:** Umsatz Verkaufsgebiet X/Gesamtumsatz * 100 **Betriebsformbezogene Umsatzanteile:** Umsatz Fach-, Einzel- bzw. Grosshandel/Gesamtumsatz * 100

Lageanalyse

Lageanalyse	**Marktanteilsentwicklung:** Marktanteil der Periode t/Marktanteil der Basisperiode * 100 **Umsatzentwicklung:** Umsatz der Periode t/Umsatz der Basisperiode * 100 **Auftragsentwicklung:** Auftragseingänge Periode t/Auftragseingänge Basisperiode * 100 **Entwicklung der strategischen Geschäftseinheiten:** relatives Marktwachstum (%), relativer Marktanteil (%), Deckungsbeitragsvolumen

Abbildung 118: Ausgestaltungsmöglichkeit eines Kennzahlensystems zum Distributionscontrolling (Quelle: Eigene Darstellung in Anlehnung an Reichmann/Palloks 1997, S. 469)

ihre Wirtschaftlichkeit überprüft werden. Zum anderen kann mit derartigen Kennzahlensystemen die Effizienz der Gesamtheit aller Absatzkanäle kontrolliert werden. Einzelne Einflussfaktoren lassen sich identifizieren und Korrekturen einleiten. Kennzahlensysteme allein können jedoch nicht den Informationsbedarf in der Distribution decken und weisen zudem auch spezifische Stärken und Schwächen auf, die es zu berücksichtigen gilt (ausführlich Kapitel D.2).

7.4.2 Distributions-Kostenrechnungen und Wirtschaftlichkeitsanalysen

Kostenrechnungen und Wirtschaftlichkeitsanalysen können in unterschiedlichem Umfang im Distributionsmanagement eingesetzt werden. Die hierfür erforderlichen Informationen und Daten werden zu einem Großteil im betrieblichen Rechnungswesen ermittelt und können von dort bereitgestellt werden (in Anlehnung an Stahl 1989, S. 29). In einigen Fällen ist der Einsatz spezifischer Distributionskontrollmethoden nur beschränkt möglich, weil dafür eine umfassende Informationsbasis notwendig ist, die häufig nicht vorhanden ist.

Wertvolle Erkenntnisse für die Distribution können wie in jedem Marketingbereich grundsätzlich aus der Betriebsbuchführung gewonnen werden (ausführlich Kapitel C.2 und z.B. Freidank 2001, Schweitzer/Küpper 2003, Fandel/Heuft/Paff/Pitz 2004 oder Horngren/Datar/Foster 2005). Für die kostenrechnerische Unterstützung marktseitiger Analysen, das heißt also vor allem für die Absatz- und Distributionsseite, müssen innerhalb der Kostenartenrechnung adäquate und zielführende Kosten- und Erlösstrukturen sowie passende Kostenarten definiert werden (Schuster 2002, S. 82). Hierfür gibt es in zahlreichen Unternehmen erheblichen Verbesserungsbedarf. So sollten Marketing- und Distributionskosten nicht als eine Kostenart, in einer einzigen Kostenstelle oder bei einem Kostenträger zusammengefasst werden, sondern wesentlich differenzierter behandelt werden, um wirklich nützliche Aussagen zu generieren.

Drei für die Distributionskontrolle besonders geeignete Methoden zur Kosten- und Wirtschaftlichkeitsanalyse (Schögel 2001b, S. 48 ff.) sind:

- *Einnahmen-Ausgabenrelationen* zur Analyse der Wirtschaftlichkeit einzelner Maßnahmen und Aufgaben im Distributionssystem,
- *Absatzsegmentrechnungen* zur Analyse der kanalbezogenen Deckungsbeiträge und
- *Prozesskostenrechnungen* zur Identifikation und Verrechnung von Komplexitätskosten.

Im Folgenden werden ausschließlich distributionsspezifische Aspekte dieser Methoden aufgezeigt. Ausführlich werden die einzelnen Verfahren in Kapitel B.2.3 beschrieben.

Einnahmen-Ausgabenrelationen stellen den erzielten Umsätzen die jeweiligen Ausgaben im Distributionssystem gegenüber. Je nach Absatzkanal, Kundengruppe oder einzelnen Aufgaben lassen sich durch diese Methode Wirtschaftlichkeitskennzahlen ermitteln. Abbildung 119 zeigt ein Beispiel für eine Einnahmen-Ausgabenrechnung zur Analyse des Anteils der telefonischen Bestellungen bei IBM.

Der zentrale Vorteil der Methode sind ihre vielfältigen Einsatzmöglichkeiten. Im Kern können alle wirtschaftlichen Fragen in der Distribution mit dieser Methode analysiert werden. So lassen sich auch Verbundwirkungen und Rückkopplungen zwischen einzelnen Absatzkanälen berücksichtigen. Aufgrund der bekannten Stärken und Schwächen dieser Methode erscheint ihr Einsatz jedoch nur sinnvoll, wenn die Wirtschaftlichkeit der Distribution auf grundlegende Zusammenhänge untersucht werden soll. Insbesondere zur Analyse der zentralen Kostenelemente wie Außendienstaufwand, Ausgaben für Warenwirtschaft und Logistik sowie zur Analyse der Händlermargen bietet sich sein Einsatz an.

Um eine möglichst aussagekräftige Erfolgsanalyse zu erhalten, sollten in der Distribution *Absatzsegmentrechnungen* beziehungsweise eine absatzkanalbezogene Deckungsbeitragsrechnung eingesetzt werden (beispielhaft dargestellt in Abbildung 30, S. 70).

Spezifischer Vorteil einer absatzkanalbezogenen Deckungsbeitragsrechnung ist die explizite Berücksichtigung der Distributionskosten im Rechnungswesen des Herstellers. Dadurch werden Zeitreihenanalysen möglich und der wirtschaftliche Distributionserfolg kann jederzeit überprüft werden.

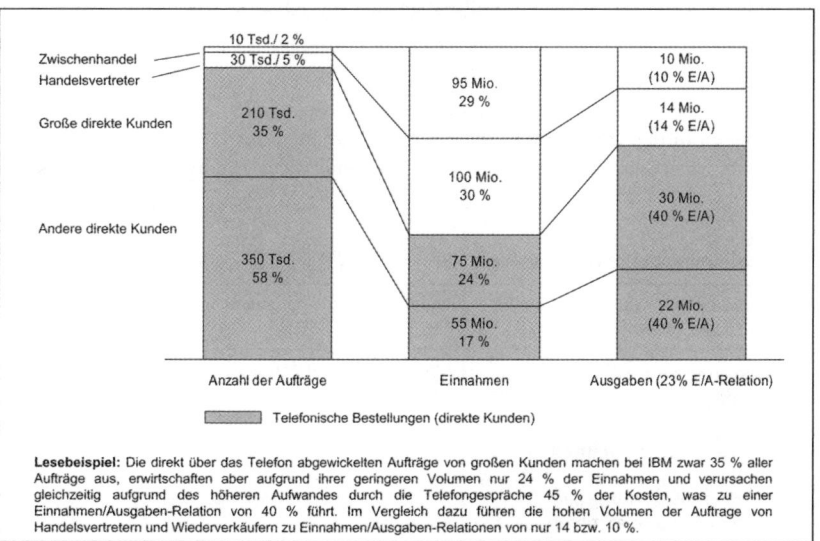

Abbildung 119: Einnahmen-Ausgaben-Analyse telefonischer Bestellungen (Quelle: Eigene Darstellung in Anlehnung an Corey/Cespedes/Rangan 1989, S. 71)

Klassische Kostenrechnungen führen teilweise zu gegenseitigen Quersubventionen von verschiedenen Produktkategorien und versperren dem Management teilweise die Sicht auf Stellhebel zur Effizienzverbesserung. Aus diesem Grund hat sich auch in der Distribution die *Prozesskostenrechnung* etabliert. Für die so genannten indirekten Bereiche in der Distribution werden Prozesse definiert (z.B. Auftragsabwicklung oder auch Warenversand) und die entsprechenden Gemeinkosten zugeordnet (Meyer 1990, S. 307). Im Ergebnis wird so eine quasi-verursachungsgerechte Verrechnung auf Produkte oder Service-Einheiten gemäß ihrer effektiven Nutzung der Ressourcen ermöglicht. Die Prozesskostenrechnung ist eine Sonderrechnung, die insbesondere zur Analyse von Kostentreibern in Mehrkanalsystemen eingesetzt werden sollte. Kostentreiber lassen sich dabei sowohl in der Administration als auch im Bereich der Warenwirtschaft bestimmen. Typische Prozesskostenanalysen in der Distribution können beispielsweise sein:

- Lagerhaltungskosten für verschiedene Produktvarianten,
- Transportkosten für die Distribution innerhalb einzelner Absatzkanäle,
- Kosten in der Auftragsabwicklung über mehrere Kanäle oder
- Doppelspurigkeiten zwischen verschiedenen Kanälen bei der Kundenbearbeitung.

Als Maß- und Bezugsgrößen bieten sich die jeweiligen Produkte, Marken und Kundengruppen ebenso an wie der eigentliche Absatzkanal oder eine einzelne Distributionsfunktion. Abbildung 120 zeigt den idealtypischen Ablauf einer Prozesskostenrechnung am Beispiel der Lagerhaltungskosten für verschiedene Handelskunden.

Insgesamt darf der Einsatz von Kosten- und Wirtschaftlichkeitsanalysen jedoch nicht dazu verleiten, Entscheidungen ohne die nähere Betrachtung „qualitativer" Aspekte des Distributionsmanagements zu fällen. Insbesondere zukünftige Entwicklungen in der Distribution, das Einkaufsverhalten der Kunden, die Einsatzbereitschaft zwischengeschalteter Absatzmittler und die Wirkung bisheriger Marke-

1. Anwendungsbereich auswählen	Lagerhaltungskosten
2. Kostentreibende Faktoren und Prozesse identifizieren	Hohe Bestände in einzelnen Kanälen
3. Maß- und Bezugsgrößen festlegen	Lagerhaltungskosten pro Kanal bzw. Kunde
4. Prozesskosten ermitteln	Lagerhaltungskosten für Handelskunden A, B, C usw.
5. Prozesskostensätze zur Verrechnung bestimmen	X % der Lagerhaltungskosten bei Handelskunde A

Abbildung 120: Prozesskostenrechnung am Beispiel von Lagerhaltungskosten
(Quelle: Eigene Darstellung in Anlehnung an Schögel/Tomczak 2007; dort in Anlehnung an Schmitt 1992, S. 45 f.)

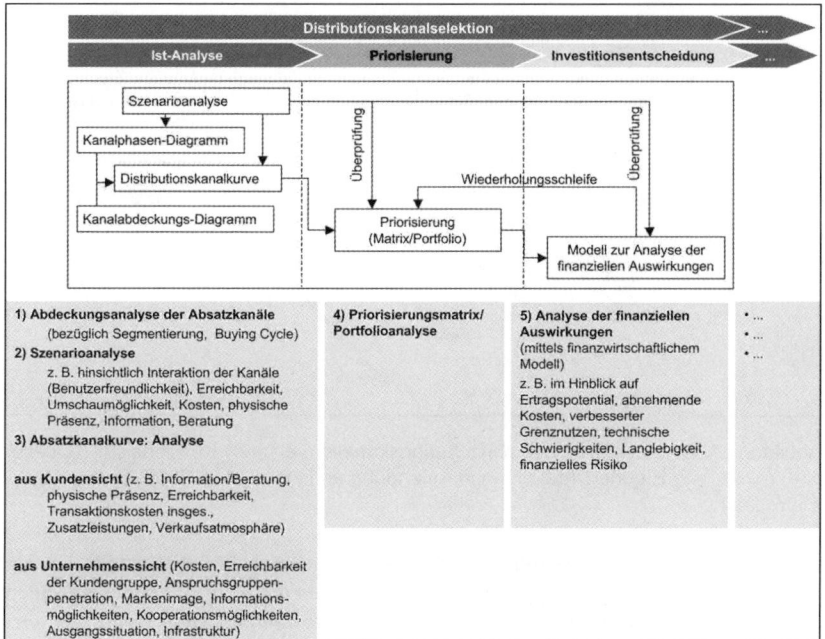

Abbildung 121: Distributionskanalselektion (Quelle: Eigene Darstellung basierend auf Hobbs et al. 2003)

tingmaßnahmen sind in die Überlegungen einzubeziehen (Kotler/Bliemel 2006, S. 1295). An diesen Punkten setzen Distributionsaudits an (allgmein Kapitel C.2 zu Marketingaudits): Insbesondere Potenzialanalysen zur Überprüfung der Marktabdeckung, Kundenzufriedenheitsanalysen, um die Kundenansprüche zu antizipieren und das externe Distributionscoaching, um das Verhalten der Absatzmittler und Absatzkanäle zu überwachen (Schögel 1997, S. 218f.).

Als umfassendes Konzept zur *Distributionskanalselektion* und Multichannelintegration schlagen Hobbs et al. (2003) ferner ein prozessorientiertes Konzept vor, in dessen Rahmen die einzelnen Instrumente des Distributionscontrollings zur Unterstützung des Distributionsmanagements koordiniert eingesetzt werden können. Sie identifizieren drei Phasen, in denen eine Distributionskanalentscheidung erfolgt: (1) die Phase der Ist-Analyse, (2) die Priorisierungsphase und (3) die Phase der Investitionsentscheidung (Abbildung 121). Zur Unterstützung der Vorgehensweise in diesen Phasen eignen sich unterschiedliche Ansätze und Instrumente, von denen Hobbs et al. (2003) die in Abbildung 121 dargestellten als hilfreich erachten.

In der Analysephase (ausführlich Hobbs et al. 2003, S. 6ff.) können zunächst *Distributionskanalphasen-Diagramme* und *Distributionskanalabdeckungs-Diagramme*

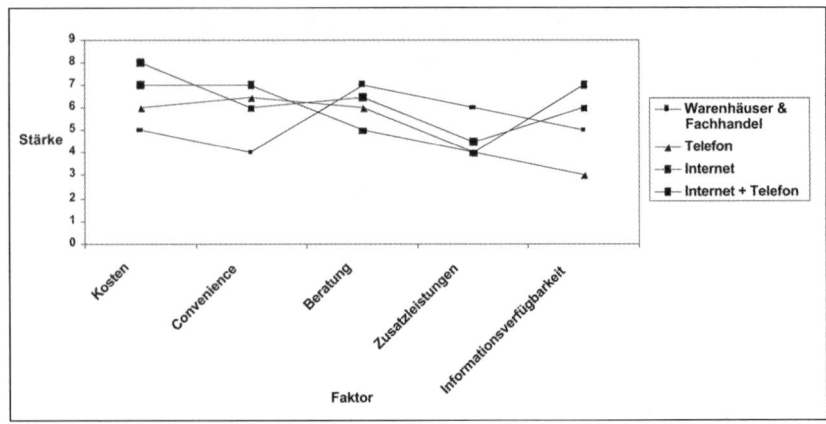

Abbildung 122: Beispiel einer Distributionskanalkurve aus Kundensicht (Quelle: Eigene Darstellung in Anlehnung an Hobbs et al. 2003, S. 9)

eingesetzt werden, die zusammenfassen, *wie* Konsumten die bestehenden Kanäle nutzen (ausführlich Hobbs et al. 2003, S. 6f.). *Warum* die Konsumten die einzelnen Kanäle nutzen, kann mittels des Konzepts der *Distributionskanalkurve („channel curve"*, Kim/Mauborgne 1999; Abbildung 122) abgebildet werden.

Auf Basis von Kaufverhaltensdaten und ermittelten kanalentscheidungsrelevanten Kriterien erlaubt diese Prognosen zu der Erfolgswahrscheinlichkeit neuer Kanäle oder bestimmter Kanalkombinationen. Dabei berücksichtigt sie die aktuellen Treiber des Kaufverhaltens und die Größen, die einen Wechsel zu einem anderen Kanal bewirken könnten und analysiert, inwiefern die verschiedenen Kanäle die Kaufkriterien der Zielpersonen erfüllen (Hobbs et al. 2003, S. 9ff.). Schließlich können *Szenarioanalysen* (mit Szenarios des Verhaltens typischer Kunden aus den einzelnen Zielsegmenten) eingesetzt werden, um verschiedene, mit Hilfe der Distributionskanalkurve ermittelte, Optionen zu testen sowie weitergehend zu präzisieren und gesamthaft zu durchdenken.

Nach diesem Prozess werden in den meisten Fällen mehr Änderungsoptionen oder Kanalinnovationen identifiziert als realisierbar sind, so dass eine Priorisierung notwendig ist (ausführlich Hobbs et al. 2003, S. 13ff.). Zu diesem Zweck kann eine *Portfolio-Analyse* (Kapitel C.4.5) beziehungsweise eine *Priorisierungsmatrix* eingesetzt werden, die die Attraktivität eines Angebots für die Kunden (z.B. operationalisierbar über Preis, funktionalen Vorteil oder Bekanntheit) sowie die Attraktivität für das Unternehmen (z.B. operationalisierbar über das Umsatzsteigerungspotenzial oder Kosten) berücksichtigt.

Die Analyse der finanziellen Auswirkungen der priorisierten Projekte/Optionen erfolgt in der Phase der Investitionsentscheidung, in der zum einen eine Neopositionierung in der Priorisierungsmatrix vorgenommen und zum anderen der Return on Investment (ROI) je Projekt ermittelt werden kann (ausführlich Hobbs et al. 2003, S. 16). In der Regel kann zu diesem Zweck ein *finanzwirtschaftliches Modell* eingesetzt werden, das Einnahmen und Ausgaben (kanalspezifisch und -unspezifisch) berücksichtigt und so Prognosen über die Einnahmen- und Ausgabenentwicklung je Projekt erlaubt.

Die endgültige Entscheidung basiert somit auf geschätzten Einnahmen und Ausgaben, gleichzeitig wird die Rationalität der Entscheidungsgrundlage jedoch mit Hilfe der Distributionskanalkurve erhöht – letztlich ist somit die Entscheidungskompetenz des Managements immer noch gefordert, die Unsicherheit der Entscheidung jedoch reduziert und entsprechend eine der zentralen Aufgaben des Controllings erfüllt.

8 Optimierung und Kontrolle des Marketing-Mix

8.1 Grundlagen: Marketingzielsystem und Interdependenzen

Im Rahmen der Marketing-Mix-Planung werden die Marketinginstrumente – beziehungsweise die Handlungsalternativen, zwischen denen das Unternehmen wählen kann, um Marketingziele zu erreichen – aufeinander abgestimmt, um einen *optimalen Zielerreichungsgrad* zu realisieren (Schweiger/Schrattenecker 2005, S. 73 f.; ausführlich u.a. Becker 2001, S. 481 ff.). Das Sicherstellen der Wirksamkeit und Wirtschaftlichkeit dessen ist Aufgabe des Marketing-Mix-Controllings, wobei sowohl eine Kontrolle jedes einzelnen Instruments (Kapitel C.4 bis C.7) als auch eine Planungsunterstützung des Managements hinsichtlich der Interdependenzen zwischen den Instrumenten erfolgen muss (u.a. Weinhold-Stünzi 1999, S. 152). Vor allem der Rolle des Marketingcontrollers als „contre rôle" (ausführlich Kapitel A.2) kommt in diesem Zusammenhang eine zentrale Bedeutung zu.

Die Marketing-Mix-Planung ist neben der marktorientierten Konzern- beziehungsweise Unternehmensplanung und der marktorientierten Geschäftsfeldplanung ein zentraler Teilbereich der *Marketingplanung* (Abbildung 123; Kuß/Tomczak 2004).

Im Zuge der *marktorientierten Geschäftsfeldplanung* wird der Rahmen für die Marketing-Mix-Planung beziehungsweise für die Planung einzelner Marketingmaßnahmen und deren Abstimmung festgelegt. Bei der *Planung des Marketing-Mix* spielen hingegen die Entwicklung von Maßnahmen, die Überprüfung/das Testen von Alternativen, das Festlegen der Einsatzintensität der jeweiligen Marketinginstrumente (auch Kapitel B.5) sowie die komplexe Koordination der Einzelmaßnahmen zu einem Marketing-Mix eine zentrale Rolle (Kuß/Tomczak 2004b, S. 11).

Zwar werden in der Marketingliteratur teilweise drei, vier, sieben oder mehr *Marketinginstrumente* unterschieden, jedoch hat sich eine Vierteilung in Wissenschaft und Praxis durchgesetzt, so dass unter dem Stichwort „4 P des Marketing" heute in der Regel folgende Instrumente zusammengefasst werden (ausführlich u.a. McCarthy 1960, Weinhold-Stünzi 1999, Becker 2001 und Kuß/Tomczak 2004b, S. 13 f. sowie die Kapitel zur Kontrolle der einzelnen Marketinginstrumente):

- Marktleistungsgestaltung (Produkt-, Dienstleistungs- und Sortimentsgestaltung),
- Preisgestaltung,
- Markbearbeitung beziehungsweise Kommunikation und
- Distribution.

Diese Kategorisierung ist zwar nicht immer trennscharf, jedoch haben sich diese (bzw. begrifflich verwandte) Bezeichnungen in Wissenschaft und Praxis etabliert; zudem eignen sie sich für die Zuordnung der jeweiligen Kerninstrumente (Kuß/ Tomczak 2004b, S. 13).

Markterfolg beziehungsweise monetäre Marketingziele lassen sich in der Regel nur erreichen, wenn bestimmte Positionierungsziele realisiert werden: Grundsätzlich können überdurchschnittliche Wachstums- oder Gewinnziele nur erreicht werden, wenn es gelingt,

- relevante Bedürfnisse beziehungsweise Probleme
- wirtschaftlich interessanter Kundensegmente
- mit maßgeschneiderten, effizienten und auf solider Kompetenz gründenden Angeboten
- nach Ansicht der Kunden
- besser als irgendein anderer Anbieter
- nachhaltig zu befriedigen beziehungsweise zu lösen (u. a. Simon 1988 und Kuß/ Tomczak 2004b, S. 126).

Abbildung 123: Der Prozess der Marketingplanung im Überblick (Quelle: Reinecke 2004, S. 224; dort in enger Anlehnung an Kuß/ Tomczak 2004, S. 15)

Das zentrale Marktziel der meisten Unternehmen ist deshalb die Positionierung des Angebots, so dass Positionierungsziele den Ausgangspunkt der gesamten Marketing-Mix-Planung sowie der Planung der einzelnen Marketinginstrumente darstellen: Die *Positionierung* steht für „alle Maßnahmen, die darauf abzielen, das Angebot so in die subjektive Wahrnehmung der Abnehmer einzufügen, dass es sich von den konkurrierenden Angeboten abhebt und diesen vorgezogen wird" (Kroeber-Riel/Esch 2004, S. 48 und ferner Kuß/Tomczak 2004b, S. 119). Grundsätzlich wird bei der Formulierung von Positionierungszielen somit festgelegt, wie ein bestimmter komparativer Konkurrenzvorteil (KKV) bei einer bestimmten Kundengruppe erzielt werden soll (u.a. ausführlich Backhaus 2003, S. 7 und Kuß/Tomczak 2004b, S. 82f.). Positionierungsziele müssen dementsprechend Folgendes umfassen: Aussagen über

- die Kunden (Marktsegmente), die erreicht werden sollen,
- deren Bedürfnisse (Probleme, Wünsche, Forderungen, Erwartungen), die befriedigt werden sollen,
- die Art und das Ausmaß des angestrebten Konkurrenzvorteils sowie
- die geplante Ausgestaltung des Leistungsangebots (Problemlösung), welches von den Kunden als zur Befriedigung ihrer Bedürfnisse am besten geeignet wahrgenommen werden soll (Kuß/Tomczak 2004b, S. 119).

Die Instrumente des Marketing sind alle auf den Markt gerichtet und weisen starke *Wechselbeziehungen* (Interdependenzen) auf, so dass sie nicht isoliert geplant werden können. Beispielsweise kann das Ziel einer schnellen Marktpenetration eines neuen Produkts (Marktleistungsgestaltung) mittels starker kommunikativer Unterstützung (Kommunikationsgestaltung) nur oder zumindest besser realisiert werden, wenn gleichzeitig im Rahmen der Distributionsgestaltung die erforderliche Erhältlichkeit garantiert werden kann. In der Regel werden vor allem drei Interdependenzebenen unterschieden: eine zeitliche, eine funktionale und eine hierarchische (ausführlich u.a. Becker 2001, S. 647ff. sowie hier und im Folgenden insbesondere Kuß/Tomczak 2004b, S. 243ff.):

- *Funktionale* Abhängigkeiten: Beispielsweise substituiert der Einsatz eines Instruments ein anderes Instrument (z.B. erlaubt ein durch Werbung aufgebautes Image einen reduzierten Einsatz des persönlichen Verkaufs) oder ergänzt es (bspw. ermöglicht ein profiliertes Angebot die Durchsetzung eines relativ hohen Preises). Auch existieren teils konkurrierende Beziehungen zwischen einzelnen Instrumenten (z.B. unterläuft eine Häufung von Verkaufsförderungsaktionen die eigentlich verfolgte Hochpreispolitik).
- *Zeitliche* Beziehungen: Grundsätzlich können Marketinginstrumente gleichzeitig, zeitlich versetzt, zeitlich unterbrochen oder sich gegenseitig ablösend eingesetzt werden.
- Zudem stehen Marketinginstrumente in einer bestimmten *Rangordnung* zueinander beziehungsweise können die Instrumente nach unterschiedlicher Wichtigkeit eingestuft werden. In der entsprechenden Literatur lassen sich instrumentell- und situativ-orientierte Ansätze der Hierarchisierung unterscheiden (Haedrich/Tom-

czak 1996b, S. 140ff.). *Instrumentell-orientierte* Ansätze postulieren eine generelle Rangordnung zwischen den Instrumenten. So stellen beispielsweise Produkt, Preis und Absatzweg/Absatzorganisation konstitutive Leistungen dar, die unbedingt zu erbringen sind, damit überhaupt eine Marktleistung zustande kommt; kommunikationspolitische Instrumente weisen hingegen eher akzessorischen Charakter auf (u.a. Becker 2001, S. 656). *Situativ-orientierte* Ansätze nehmen eine Stufung der Marketinginstrumente in Abhängigkeit von bestimmten Gegebenheiten vor, die zum Beispiel durch die Branche, die Wirtschaftsstufe, einzelne Märkte, die Produktgattung oder – im Rahmen der warenanalytischen Methode – durch einzelne Produkte definiert werden (u.a. Meffert 2000, S. 973f.).

Die Optimierung der Marketing-Mix-Planung wird ferner durch folgende Aspekte erschwert (auch Nieschlag/Dichtl/Hörschgen 1997, S. 890ff. und Kühn 1997, S. 11ff.): (1) Eine große Anzahl von Kombinationsmöglichkeiten der Marketinginstrumente. (2) Eine hohe Dynamik bei der Entwicklung neuer Instrumente und Instrumentaldimensionen (z.B. Online-Marketing, Events oder Community Marketing), um die Zielpersonen zu erreichen (Tomczak/Müller/Müller 1995, S.12ff.). (3) Ausstrahlungseffekte zwischen verschiedenen Geschäftsfeldern, (4) Unsicherheit hinsichtlich der Wirkung von Maßnahmen, (5) Ressourcenbeschränkungen und (6) Koordinationsprobleme zwischen unterschiedlichen Funktionsträgern.

Gleichzeitig müssten bei der Planung des Marketing-Mix (wie auch bei der Marketingbudgetierung, Kapitel B.5) einige Bedingungen erfüllt sein, um einen optimalen Marketing-Mix zu erreichen (Kaas 2001, S. 1002ff. und Wöhe 2005, S. 580ff.): Es müsste(n) sämtliche Marketingziele bekannt sein, alle denkbaren Kombinationen und Interdependenzen möglicher Marketinginstrumente beachtet werden, ein derart langfristiger Planungshorizont zugrunde liegen, dass auch die in späteren Perioden eintretenden Wirkungen berücksichtigt werden, sichere Informationen über die Zukunft vorliegen, die Kosten jeder Marketingmaßnahme und die Marktreaktionsfunktionen (Kapitel C.6.2.7.2) bekannt sein. Wären all diese Informationen, insbesondere die Kosten- und Ertragswirkungen jeder Marketingmaßnahme verfügbar, so würde der Marketing-Mix realisiert werden, dessen Grenzertrag größer/gleich den zugehörigen Grenzkosten ist.

8.2 Ansätze

8.2.1 Modellgestützte Optimierungsverfahren

Vor diesem Hintergrund können zu Zwecken des Controllings und der Kontrolle des Marketing-Mix zum einen modellgestützte Optimierungsmodelle und zum anderen heuristische Optimierungsregeln eingesetzt werden. Die bisherigen Ausführungen haben jedoch verdeutlicht, dass die erforderlichen Informationen nicht oder nur in wenig präziser Form vorliegen, so dass marginal-analytische Auswahlverfahren beziehungsweise Simultanplanungen im Rahmen eines Totalmodells in der Marketingpraxis unbrauchbar sind und auch in Zukunft illusorisch sein werden (Wöhe 2005, S. 581 ff. und Kuß/Tomczak 2004b, S. 245). Zu betonen ist allerdings, dass *modellgestützte Optimierungsverfahren*, wie zum Beispiel das so genannte Dorfmann-Steiner-Theorem (z.B. Kaas 2001), einen hohen didaktischen Nutzen besitzen, da sie die theoretische beziehungsweise logische Struktur der Optimierung des Marketing-Mix, wenn auch unter stark restriktiven Bedingungen, transparent machen. Zudem besitzen Optimierungsverfahren in gewissen Teilbereichen des Marketing inzwischen eine erhebliche und aufgrund des Fortschritts auf dem Gebiet der Informationstechnologie (u.a. zunehmende Verbreitung von Scanner-Systemen, verbesserte Rechenzeiten und Speicherkapazitäten) weiter zunehmende Bedeutung. Zu nennen sind hier beispielsweise Anwendungen im Rahmen der Mediaplanung, der Logistik und bei der Regalplatzoptimierung im Einzelhandel (zur Thematik der modellgestützten Optimierung u.a. Steffenhagen 2000a).

8.2.2 Heuristische Verfahren

Aufgrund der erheblichen Probleme bei der Anwendung modellgestützter Optimierungsverfahren ist die praktische Marketingplanung durch partielle, das heißt unvollständige Betrachtungen, sukzessive Festlegungen und (vielfach) nicht-quantitative Beurteilungen der Marketinginstrumente und -maßnahmen gekennzeichnet, wobei in Kauf genommen wird, dass unter Umständen (wenn überhaupt) nur eine brauchbare, eventuell jedoch nicht die beste Lösung gefunden wird (hier und nachfolgend Kuß/Tomczak 2004b, S. 244 ff.).

Um zu einer (zumindest) brauchbaren Lösung zu kommen, empfiehlt sich der Einsatz so genannter *heuristischer Verfahren* (Gussek 1992, S. 31 ff.). Den folgenden Ausführungen zu heuristischen Vorgehensweisen bei der Planung des Marketing-Mix sei ein Zitat von Wöhe zum Für und Wider des Einsatzes von Heuristiken vorangestellt: „Subjektivem Ermessen ist hierbei Tür und Tor geöffnet. Optimale Lösungen können (...) nicht erwartet werden. Andererseits gilt auch hier: Planvolles Wirtschaften ist nur begrenzt berechenbar. Wer vom Prinzip optimaler Entscheidungen keine Abstriche machen will, ist praktisch zum Nichtstun verdammt. Die Ergebnisse des Nichtstun sind aber meist schlechter als die Ergebnisse unzulänglichen unternehmerischen Handelns" (Wöhe 2005, S. 582).

Bei der Anwendung heuristischer Verfahren wird das Gesamtproblem der Bestimmung des Marketing-Mix in eine Folge sukzessiv zu bearbeitender Teilprobleme zerlegt, die schrittweise abgearbeitet werden, indem zuerst konzeptionelle Grundsatzentscheidungen und daran orientiert immer differenziertere operative Entscheidungen zu treffen sind (Kühn 1997, S.14f.).

Folgendes heuristisches Vorgehen bei der Planung des Marketing-Mix hat sich in der Praxis als zweckmäßig erwiesen:

- *1. Schritt:* Planung der Marketingstrategie (Kernaufgabenprofil und Positionierung) sowie Grobbudgetierung.
- *2. Schritt:* Instrumentelle Leitplanung des Marketing-Mix.
- *3. Schritt:* Detailplanung des Marketing-Mix und Detailbudgetierungen.

Der erste Schritt mit den Entscheidungsfeldern Marketingstrategie und Grobbudgetierung grenzt den für die Planung des Marketing-Mix zur Verfügung stehenden Entscheidungsraum bereits in einem gewissen Umfang ein. Allgemein kann davon ausgegangen werden, dass eine formulierte Marketingstrategie noch eine Vielzahl von Optionen offen lässt, das heißt es existieren noch zahlreiche mögliche Marketing-Mix-Kombinationen, die die gewählte Marketingstrategie mehr oder weniger gut umsetzen würden. Um sicherzustellen, dass tatsächlich ein klarer und konsistenter Marketing-Mix zum Einsatz kommt, ist es zweckmäßig (bevor die einzelnen Marketinginstrumentalbereiche detailliert geplant werden) einen weiteren Planungsschritt zwischenzuschalten, der die Detailplanung des Marketing-Mix über alle Instrumente hinweg koordiniert, die Planungskomplexität weiter reduziert und die Kernaufgabenorientierung und Positionierung einbezieht. Eine solche instrumentelle Leitplanung des Marketing-Mix übernimmt die Aufgabe, die Breite des durch das Kernaufgabenprofil und die Positionierung vorgezeichneten Strategiekanals weiter zu verringern und die Kreativität des Planers in festere Bahnen zu lenken. Die folgenden Ansätze lassen sich bei der instrumentellen Leitplanung isoliert oder auch kombiniert einsetzen:

- die zentralen Einsatzgrundsätze der Marketing-Mix-Planung von Weinhold-Stünzi (1999),
- das Dominanz-Standard-Modell von Kühn (1997),

8.2.3 Einsatzgrundsätze der Marketing-Mix-Planung

Eine Möglichkeit, die Wirksamkeit und Wirtschaftlichkeit der Marketing-Mix-Planung zu verbessern, ist die Berücksichtigung zentraler Einsatzgrundsätze der Marketinginstrumente nach Weinhold-Stünzi (1999). Diese Grundsätze werden zwar auch durch die vorgelagerten Planungsschritte beeinflusst, jedoch erweist sich eine bewusste Auseinandersetzung mit diesen sowie eine Berücksichtigung der Grundsätze im Sinne einer „Checkliste" häufig als Hilfe bei der Planung des Marketing-Mix. Wie angedeutet, spielt die Bedeutung des Marketingcontrollings als „contre rôle" bei dem Controlling des Marketing-Mix somit eine wichtige Rolle, da kritisch hinterfragen muss, ob diese Maximen beachtet wurden. Sie können vor allem dazu beitragen, die Entscheidungsunsicherheit zu reduzieren, die bei der Marketing-Mix-Planung aufgrund der Wirkungsinterdependenzen zwischen den Instrumenten iwe aufgezeigt sehr hoch ist (im Folgenden Weinhold-Stünzi 1999, S. 153 ff.; dort auch ausführlich):

1. *Schwergewichtsbildung*: Dieser Grundsatz dient der Komplexitätsreduktion und kann realisiert werden, indem eine bewusste Entscheidung darüber getroffen wird, auf welchem Marketinginstrument der Fokus liegt (analog das Dominanz-Standard-Modell von Kühn nachfolgend, S. 319 ff.). Zum Beispiel legen Discounter ihren Schwerpunkt auf das Preisinstrumentarium.
2. *Kombination*: Der Schwerpunkt kann nicht nur auf ein Instrument, sondern auch auf zwei Instrumente gelegt werden, so dass vor allem die Kombination dieser erfolgskritisch ist. Beispielsweise spielen die Instrumente der Marktleistungsgestaltung und des persönlichen Verkaufs (im Rahmen der Kommunikation) für das Marketing hoch entwickelter Investitionsgüter eine zentrale Rolle.
3. *Differenzierung*: Zwar kann die Differenzierung im Markt sowohl über Produkt- als auch über Preis- sowie ferner Kommunikations- und Distributionsvorteile erfolgen, jedoch hat jegliche Differenzierung über ein Instrument stets Auswirkungen auf die anderen Marketinginstrumente. Diese gilt es zu berücksichtigen. Eine besondere Bedeutung kommt hierbei ferner den Aspekten der Marktabgrenzung (z.B. im Hinblick auf international tätige Unternehmen und die Vermeidung von Reimporten) und der Zeitdifferenzierung zu (wie z.B. der Differenzierung von Telefontarifen nach Tageszeiten).
4. *Harmonisierung*: Die einzelnen Instrumente müssen insbesondere hinsichtlich Angebotsniveau (wie bspw. der Präsentation von Luxusgütern in angemessenen Auslagen und Verkaufsräumen) und Argumentationsketten aufeinander abgestimmt werden. Beispielsweise sollten Verkäufer sowohl über die aktuelle Marken- und Produktkommunikation als auch die darin gegebenenfalls verwendeten Verkaufsargumente informiert sein, um im Verkaufsgespräch nicht kontrovers zu argumentieren. Mit anderen Worten sollten bei diesem Beispiel die Positionierung und entsprechende Argumente in allen Kanälen bekannt und einheitlich sein. Dies gilt insbesondere für die Kommunikationsgestaltung, was unter dem Begriff „integrierte Kommunikation" zusammengefasst wird (ausführlich z.B. Bruhn 2005).
5. *Synchronisierung*: Diese Handlungsmaxime zielt auf die zeitliche Abstimmung der Instrumente. Dabei sind drei Aspekte wesentlich: Die Wahl des richtigen *Zeitpunkts* gemessen an den Marktverhältnissen (z.B. verkaufen sich MP3-Player, Spielekonsolen und Kameras im Weihnachtsgeschäft sehr gut), die Berücksichtigung von leistungsspezifischen *Inkubationszeiten* (Dauer eines Kaufentscheidungsprozesses von der ersten Idee bis zum tatsächlichen Kauf; z.B. beim Erwerb eines Automobils) und ein richtig *temperiertes Vorgehen* (z.B. Berücksichtigung von sehr langfristigen Entwicklungen in der Gesellschaft wie die „Vergreisung" vieler westlicher Demokratien und ein angemessen langer, begleitender Umstellungsprozess).

Werden diese Einsatzgrundsätze des Marketing bei der Abstimmung der Marketinginstrumente im Marketing-Mix berücksichtigt, kann die Effektivität und Effizienz des Marketing-Mix-Managements pragmatisch verbessert werden.

8.2.4 Das Dominanz-Standard-Modell von Kühn

Um die Herausforderung der simultanen Behandlung der Vielzahl möglicher Marketingmaßnahmen zu lösen, geht das Dominanz-Standard-Modell nach Kühn (1985 und 1997) von der Frage aus, „ob nicht Ansatzpunkte existieren, die es erlauben, bestimmte Marketinginstrumente in den weiteren Überlegungen in den Vordergrund zu stellen beziehungsweise eine Sequenz der Bestimmung der Instrumente des Marketing-Mix festzulegen" (Kühn 1997, S. 44). Hierzu wurde von Kühn eine Typologie entwickelt, die so genannte dominierende, komplementäre, marginale und Standardinstrumente unterscheidet (Abbildung 124).

Die Kategorien können wie folgt charakterisiert werden (Kühn 1997, S. 44 ff. und Kühn 1985):

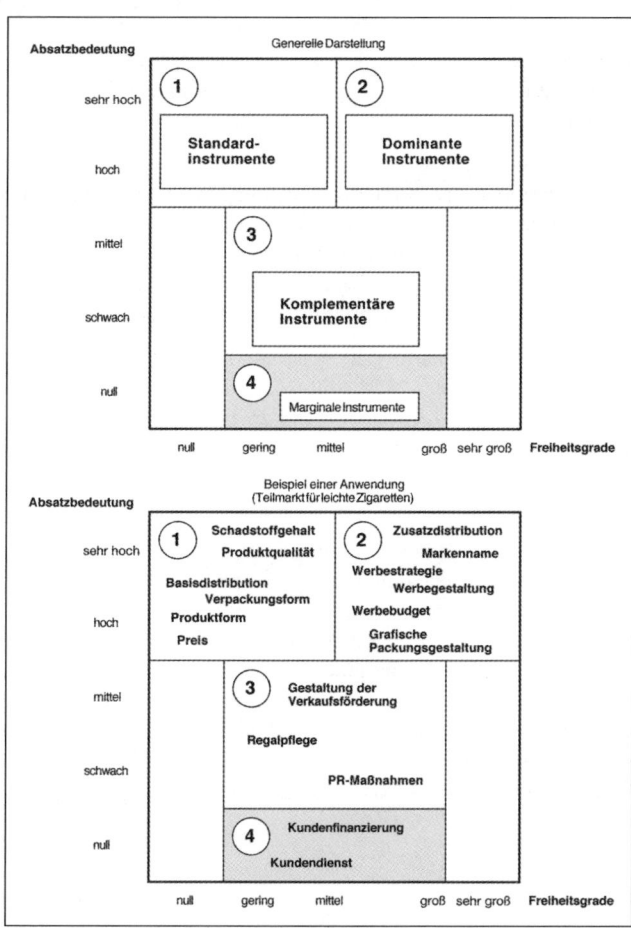

Abbildung 124:
Das Dominanz-Standard-Modell
von Kühn
(Quelle: Kühn 1997, S. 45)

- *Dominierende Instrumente* sind Instrumente, deren Ausgestaltung beziehungsweise Einsatz Freiheitsgrade enthält, für den Markterfolg gegenüber der Konkurrenz ausschlaggebend ist und hoher finanzieller, personeller oder intellektuell-kreativer „Investitionen" bedarf.
- *Komplementäre Instrumente* sind Instrumente, deren Ausgestaltung beziehungsweise Einsatz Freiheitsgrade enthält, für den Markterfolg von Bedeutung ist und sich zur Stützung der Wirkung der dominierenden Instrumente als notwendig oder zweckmäßig erweist.
- *Standardinstrumente* sind Instrumente, deren Ausgestaltung beziehungsweise Einsatz keine beziehungsweise geringe Freiheitsgrade enthält und einem durch die Marktsituation bestimmten Standard anzupassen ist, wobei die Nichterreichung des Standards mit an Sicherheit grenzender Wahrscheinlichkeit zu Misserfolgen führt, während ein Übertreffen des Standards entweder nicht möglich ist oder von den Kunden nicht honoriert wird.
- *Marginale Instrumente* sind Instrumente, deren Ausgestaltung beziehungsweise Einsatz für den Markterfolg in einer bestimmten Situation bedeutungslos ist und bleibt.

Diese Kategorien lassen sich nicht definitiv bestimmten Marketinginstrumenten zuordnen. Vielmehr wechselt ihre Bedeutung in Abhängigkeit von der jeweiligen Situation (Markt, Segment, Zeitablauf, Unternehmen usw.). Aufgabe des Marketingplaners ist es deshalb, in einem ersten Schritt – aufbauend auf einer fundierten internen sowie externen Analyse und orientiert an der Marketingstrategie – die potenziell zur Verfügung stehenden Marketinginstrumente zu kategorisieren.

In einem zweiten Schritt geht es darum, mit Hilfe der erarbeiteten Kategorisierung die Ausgestaltung des Marketing-Mix weiter zu konkretisieren. Zunächst werden die dominierenden Instrumente und an zweiter Stelle die komplementären Instrumente behandelt, während die Standardinstrumente keiner eigentlichen Entscheidungen bedürfen, da die Markt- beziehungsweise technischen Standards keine Freiheitsgrade aufweisen (Kühn 1997, S. 46).

Es ist deutlich geworden, dass die beiden vorgestellten heuristischen Verfahren dazu beitragen, die Entscheidungsunsicherheit bei der Planung des Marketing-Mix zu reduzieren. Damit gehen Lösungen, die auf Basis dieser Modelle gefunden werden, über Daumenregeln oder Bauchentscheidungen hinaus, auch wenn sie in der Regel „nur" zu brauchbaren oder guten Lösungen führen. Aufgabe des Marketingcontrollings ist es insbesondere, die Anwendung dieser Modelle zu fördern und die notwendigen Informationen bereitzustellen – insgesamt sollte es dem Marketingmanagement beratend zu Seite zu stehen und auf diese Weise die Effektivität und Effizienz der Markting-Mix-Planung erhöhen.

Teil D: Koordinationsfunktion und integrierende Aspekte

1 **Führungsübergreifende Koordinationsfunktion: Tätigkeiten abseits des Marketingroutinegeschäfts** 345
2 **Aufbau von Kennzahlensystemen für Marketing und Verkauf** .. 346
   2.1 Idealtypische Grundstruktur eines aufgabenorientierten Marketingkennzahlensystems 346
   2.2 Sicherstellen der Wirksamkeit eines integrierten Marketingführungszyklus 358
   2.3 Vorgehen bei der Einführung eines Marketingkennzahlensystems 373
   2.4 Grenzen von Kennzahlen und Kennzahlensystemen im Marketing 377
3 **Ausrichtung des Marketing auf Treiber des Unternehmenswerts** 380
   3.1 Der Shareholder Value-Ansatz und verwandte Konzepte 380
   3.2 Kritische Beurteilung des Shareholder-Value-Ansatzes 382
   3.3 Marketing als Treiber des Shareholder Value 386
   3.4 Effektsimulation von Marketingstrategien mit Hilfe des Shareholder-Value-Ansatzes 390
   3.5 Nutzenpotenziale des Shareholder Value-Ansatzes für das Marketingcontrolling 393
4 **Markencontrolling** 395
   4.1 Evaluation der Markenrelevanz – die Bedeutung der Markenführung 396
   4.2 Messung des Markenwissens 398
   4.3 Messung des Markenwerts 402
   4.4 Controlling von Markenerweiterungen 415
   4.5 Controlling der Markenarchitektur 418
5 **Wertorientiertes Kundencontrolling und Customer Equity** 420
   5.1 Begriffsabgrenzungen: Kundenwert und Customer Equity 421
   5.2 Messung des Kundenwerts 423
   5.3 Das Customer Equity-Modell von Rust, Zeithaml und Lemon .. 431
   5.4 Interdependenz von Kunden- und Markenwert 435

1 Führungsübergreifende Koordinationsfunktion: Tätigkeiten abseits des Marketingroutinegeschäfts

Die Koordinationsfunktion des Marketingcontrollings umfasst führungsübergreifende Koordinationsaufgaben, die in der Praxis zumeist aus konkreten Anlässen heraus auftreten (Weber 2002a, S. 389). Zumeist sind Tätigkeiten abseits des Marketingroutinegeschäfts betroffen (Weber 2002a, S. 404), so dass sich diese Funktion insbesondere in übergreifenden Marketing- oder gesamtunternehmensbezogenen Controllingprojekten niederschlägt, im Rahmen derer ein *explizites Veränderungsmanagement* erforderlich ist. Die geschilderten Koordinationsaufgaben weisen in der Regel nicht nur Projektcharakter auf, sondern implizieren häufig ein umfassendes Management von Veränderungsprozessen (Weber 2002a, S. 390). Marketingcontrolling erfüllt diesbezüglich insbesondere Beratungs-, „contre rôle"- und *Coachingaufgaben*.

Selbstverständlich ist es nicht möglich, diese Projekte abschließend darzulegen, weil sie zum großen Teil hoch situativ und unternehmensspezifisch sind. Exemplarisch sollen zunächst zwei typische Projekte geschildert werden, die in der Regel vom Marketingcontrolling begleitet werden: Zum einen die *Einführung von Marketingkennzahlensystemen*, zum anderen die *Ausrichtung von Marketing und Verkauf auf Aspekte einer wertorientierten Unternehmensführung*.

Beide Themen sind insofern übergreifend, als dass alle Funktionen des Marketingcontrollings betroffen sind. Beispielsweise erfüllen Kennzahlensysteme zum einen natürlich eine wesentliche Informationsfunktion, insbesondere wenn sie auf diagnostische Größen fokussieren. Als integrierte Kennzahlensysteme dienen sie zum anderen aber dazu, die strategische und operative Marketingplanung zu unterstützen und zu überwachen sowie insbesondere deren Umsetzung sicherzustellen. Mit anderen Worten: Die Einführung eines Kennzahlensystems lässt sich eindeutig der Koordinationsfunktion zuordnen, der Betrieb eines solchen Systems könnte funktional auf die anderen geschilderten Aufgaben des Marketingcontrollings aufgeteilt werden. Um aber eine in sich geschlossene Darstellung zu ermöglichen, wird das Thema nachfolgend ganzheitlich im Rahmen dieses Kapitels dargestellt.

Die Themen *Markencontrolling* und *wertorientiertes Kundencontrolling* werden in diesem Teil ebenfalls als in sich geschlossene Kapitel behandelt, um eine integrierte Darstellung zu gewährleisten. Dem Marketingcontrolling kommt bezüglich Teilaspekten dieser Themen gelegentlich eine Koordinationsfunktion abseits des Marketingroutinegeschäfts zu, beispielsweise bei der Berechnung des finanziellen Markenwerts aus Anlass einer Unternehmensübernahme oder einer Kooperation. Insgesamt betreffen die Ausführungen zu beiden Themen jedoch alle Funktionen des Marketingcontrollings: die Informationsversorgungs-, die Planungsunterstützungs-, die Überwachungs- und die Koordinationsfunktion.

2 Aufbau von Kennzahlensystemen für Marketing und Verkauf

„Betriebswirtschaftliche Kennzahlen [...] sind Zahlen, die in konzentrierter Form über einen zahlenmäßig erfaßbaren betriebswirtschaftlichen Tatbestand informieren" (Staehle 1967, S. 62). Wesensimmanentes Merkmal von Kennzahlen ist somit die Verdichtung quantifizierter Informationen (Wolf 1977, S. 11 und Gritzmann 1991, S. 30 f.). Dadurch reduzieren sie die Gefahr technischer und semantischer Kommunikationsstörungen auf dem Weg vom Sender zum Empfänger der Information auf ein Minimum (Staehle 1973, S. 223). Kennzahlen kommt somit im Rahmen des Marketingcontrollings eine hohe Bedeutung zu. Grundsätzlich erlangen sie allerdings nur durch Vergleiche Aussagekraft (Siegwart 1998, S. 13 ff.): Dies sind entweder innerbetriebliche Zeit-, Soll-Ist- oder Objektvergleiche, bei denen verschiedene Geschäftsbereiche oder Unternehmen zu demselben Zeitpunkt oder Zeitraum bezüglich der gleichen Kennzahlen untersucht werden (Küting 1983, S. 239).

Marketingkennzahlensysteme werden nachfolgend als zweckorientierte Gliederung von Kenngrößen einer marktorientierten Unternehmensführung verstanden. Es handelt sich um eine logische und/oder rechnerische Verknüpfung mehrerer Kennzahlen, die zueinander in einem Abhängigkeitsverhältnis stehen und sich gegenseitig ergänzen. Ähnlich wie Einzelkennzahlen erfüllen solche Kennzahlensysteme primär Informationsaufgaben; dabei lassen sich drei Funktionen unterscheiden (Geiss 1986, S. 104 ff. und Caduff 1981, S. 45 ff.): Analysefunktion (Beispiel: Kennzahlensystem zur Ermittlung der Markenstärke), Lenkungs- beziehungsweise Steuerungsfunktion (gewisse Kennzahlen werden als Normvorgaben verwendet, zum Beispiel Return on Investment, Marktanteil oder Kundenzufriedenheit) und Dokumentationsfunktion (Speichern von Plan- und Istgrößen).

2.1 Idealtypische Grundstruktur eines aufgabenorientierten Marketingkennzahlensystems

Die nachfolgenden Ausführungen beschreiben eine idealtypische Grundstruktur (Abbildung 125), auf deren Basis für ein Unternehmen beziehungsweise einen Geschäftsbereich ein situationsgerechtes, integriertes Marketingkennzahlensystem entworfen werden kann (für einen Überblick über weitere Kennzahlensysteme Reinecke 2004).

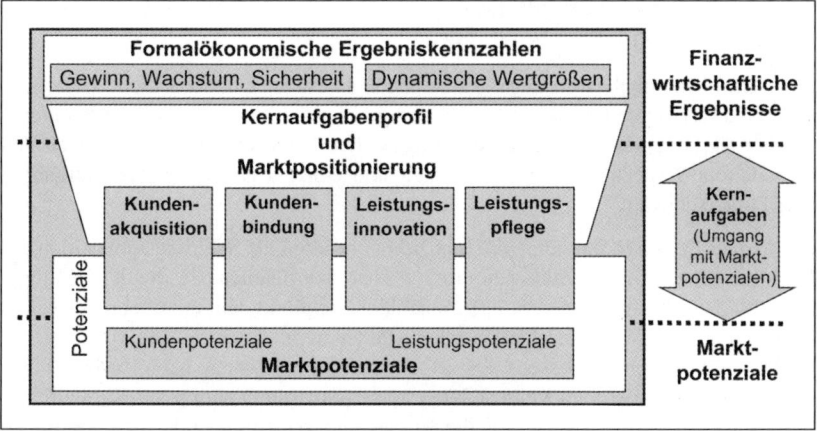

Abbildung 125: Aufgabenorientiertes Marketingkennzahlensystem – idealtypische Struktur (Quelle: Reinecke 2004, S. 384)

Die *erste Ebene* des Gesamtkennzahlensystems umfasst die *zentralen finanzwirtschaftlichen Ergebniskennzahlen*. Diese messen, inwiefern die festgelegten Gewinn-, Wachstums- und Sicherheitsziele eines Unternehmens beziehungsweise Geschäftsbereichs erreicht wurden; dabei erscheint eine Verbindung zu finanzwirtschaftlichen Werttreiberkonzepten erstrebenswert, um sowohl die Dynamik als auch eine bestmögliche Koppelung mit den gesamtunternehmerischen Zielen sicherzustellen. Die formalökonomischen Ergebniskennzahlen werden im Rahmen des so genannten Kernaufgabenprofils konkretisiert: Dabei wird definiert und gemessen, in welchen Aufgabenbereichen (Kundenakquisition und -bindung, Leistungsinnovation und -pflege) profitables Wachstum anzustreben ist beziehungsweise erzielt wurde.

Da finanzielle Kenngrößen allein weder inhaltliche Marketingresultate wiedergeben noch Strategien operationalisieren können, wird auf der *zweiten Stufe* der Umgang mit Kunden- und Leistungspotenzialen operationalisiert. Dabei sind insbesondere die Schlüsselkennzahlen der Marktpositionierung als qualitative Ziel- und Ergebnisgrößen von Bedeutung. Diese *aufgabenbezogene Ebene* definiert und konkretisiert die Marketingstrategie; die Gliederung orientiert sich am grundsätzlichen Planungs- und Steuerungs- beziehungsweise Ursache-Wirkungsprozess.

Die *dritte Ebene* im Kennzahlensystem bewertet die für das Marketing zentralen Marktpotenziale. Der Umgang mit Marktpotenzialen (2. Ebene) schlägt sich nicht nur in den finanzwirtschaftlichen Ergebnissen (1. Ebene) nieder, sondern wirkt sich auch auf die Potenziale selbst (3. Ebene) aus. Diese Auswirkungen von Veränderungen des Marken- und Kundenwerts sind zu berücksichtigen, um die langfristige Marketingeffektivität sicherzustellen (Maul 2000, S. 530 und Ambler 2003, S. 7).

2.1.1 Finanzwirtschaftliche Ergebniskennzahlen als erste Ebene des Kennzahlensystems

Die nachfolgenden Ausführungen richten sich an erwerbswirtschaftliche Unternehmen, so dass eine (vereinfachte) Ausrichtung auf den dynamisierten Unternehmensgewinn als angemessen und gerechtfertigt gelten kann. Dabei wird zwischen den formalökonomischen Ergebniskennzahlen und dem so genannten Kernaufgabenprofil unterschieden.

Die *formalökonomischen Ergebniskennzahlen* erfüllen als Schlüsselkennzahlen die Funktion einer Komplexitätsreduktion. Ferner übernehmen sie die Koppelungsfunktion zwischen dem Marketingkennzahlensystem und dem unternehmensweiten Controlling. Die Wahl der Schlüsselkennzahlen wird durch die Ausrichtung des Finanz- und Rechnungswesens des jeweiligen Unternehmens beeinflusst. Klassische finanzwirtschaftliche Kennzahlensysteme fokussieren häufig auf Kapitalrentabilitätsgrößen, beispielsweise auf die Eigenkapitalrentabilität oder den Return on Investment wie beim DuPont-System of Financial Control. Der Einsatz solcher Systeme ist möglich, wenn eigenständige Geschäftsbereiche wie beispielsweise Verkaufsniederlassungen betrachtet werden; bei einer funktionalen Sichtweise auf Marketing und Verkauf sind solche Größen allerdings weitgehend ungeeignet, weil sich marketingspezifische Kapital- und Vermögensgrößen kaum nach den Gesichtspunkten der Zurechenbarkeit und somit Kontrollierbarkeit ermitteln sowie sinnvoll zu Marketingergebnisgrößen in Beziehung setzen lassen (Kiener 1980, S. 168 und Köhler 1993, S. 288). Als Ausweg bieten sich – für das Accounting relativ anspruchsvolle (Kiener 1980, S. 169 f. und Palloks 1991, S. 247 ff.) – Spitzenkennzahlen wie die Umsatzrentabilität des Marketingbereichs (Verhältnis von Marketingdeckungsbeitrag zu Umsatz) oder auch der Marketingergebnisbeitrag (Marketingdeckungsbeitrag abzüglich der fixen Marketingkosten) an.

Bewährt hat sich in der Marketingwissenschaft (Diller 2001d, S. 6) die Unterscheidung der Zielkategorien Gewinn beziehungsweise Profitabilität, Wachstum und Sicherheit beziehungsweise Risikominimierung. Diese Ziele sind zum Teil komplementär, zum Teil aber auch konfliktär. Somit sind Zielpriorisierungen und -gewichtungen erforderlich. So verfolgen beispielsweise Aktiengesellschaften andere Zielsysteme als Personengesellschaften; dies wirkt sich deutlich auf die verwendeten Marketingkennzahlen aus. Wachstum gilt für börsennotierte Kapitalgesellschaften häufig als Leitmotiv der Unternehmensentwicklung, während Personengesellschaften die Risikominimierung stärker gewichten. Im Bereich Marketing und Verkauf fokussieren Unternehmen häufig stärker auf Wachstumsgrößen wie Umsatz oder Absatz als auf gewinn- und rentabilitätsorientierte Kennzahlen (Reinecke 2004, S. 136).

Die *Operationalisierung* der drei Zielbereiche Profitabilität, Wachstum und Risikominimierung ist über klassische finanzwirtschaftliche Kennzahlen möglich und soll hier nicht vertieft werden (hierzu Kiener 1980, Botta 1993, Reichmann/Palloks 1997 und Palloks-Kahlen 2006). Abbildung 126 fasst einige zentrale Kenngrößen der drei Zielkategorien zusammen; dabei wurde insbesondere auf jene Spitzenkenn-

Gewinn	• Güterwirtschaftliche Ergebniszielorientierung (Einperiodenbetrachtung): *Erfolg* (Saldo aus Ertrag und Aufwand), *kalkulatorischer Gewinn* (Saldo aus Erlösen und Kosten), *Ergebnisbeitrag des Marketing-, Verkaufs- bzw. Geschäftsbereichs* (Deckungsbeitrag abzüglich Fixkosten) • Relative Betrachtung im Verhältnis zum eingesetzten Kapital: *Return on Investment*, *Gesamtkapitalrentabilität* (Return on Assets, ROA) oder *Eigenkapitalrentabilität* (Return on Equity, ROE) • relative Betrachtung im Verhältnis zum erzielten Umsatz: *Umsatzrentabilität*, ggf. auch beschränkt auf Marketingbereich (Verhältnis von Marketingdeckungsbeitrag zu Umsatz) (Kiener 1980, S. 169 f. und Palloks 1991, S. 247 ff.) • *wertmäßige Wirtschaftlichkeit* (Verhältnis von Ertrag zu Aufwand)
Wachstum	• *Umsatz(-wachstum), wertmäßiger Marktanteil*: absolut, relativ zur Branche beziehungsweise zum Hauptwettbewerber • *Absatz(-wachstum), mengenmäßiger Marktanteil*: absolut, relativ (Branche oder Hauptwettbewerber) • *Kapitalumschlag*: Verhältnis Nettoumsatz zu Gesamtkapital • *Umschlagkoeffizient*: Verhältnis Nettoumsatz zu Lagerbestand
Sicherheit	• *Debitorenanalyse*: Debitorenverluste, -bestand, Kreditfrist in Tagen • *Liquiditätsgrade*: Barliquidität, Quick Ratio, Current Ratio, • *Einnahmeliquidität*: Verhältnis von Liquidität zu Einnahmen • *Unabhängigkeit*: Verschuldungsgrad bzw. Eigenfinanzierungsgrad

Abbildung 126: Ausgewählte formalökonomische Ergebniskennzahlen (Quelle: Reinecke 2004, S. 247)

zahlen zurückgegriffen, die in der Realität häufig zum Einsatz kommen (Reinecke 2004, S. 142 ff.). Der Deckungsbeitrag erfüllt in diesem Zusammenhang eine zentrale Schnittstellenfunktion (Becker 2001, S. 61).

Die Kennzahlen der drei Zielkategorien werden nicht zuletzt aufgrund ihres statischen Charakters häufig kritisiert (Reichmann 2006, S. 445). In der Theorie hat sich der Cashflow als Gradmesser sowohl für die Beurteilung der Finanz- als auch der Ertragslage durchgesetzt (Horváth 2006, S. 425). Der diskontierte Cashflow integriert alle drei Zielkategorien sowie den Faktor Zeit: Er ist fokussiert auf einen abdiskontierten Überschuss (*Gewinn;* zu Gewinn bspw. Weber 1999, S. 219 f., Wöhe 2002, S. 46 ff. und 2005, S 53), berücksichtigt dabei aber das *Wachstum* als Werttreiber. Das Ziel der *Risikominimierung* beziehungsweise Sicherheit spiegelt sich insbesondere in dem gewählten Zinssatz sowie den Wahrscheinlichkeiten der zugrunde liegenden Basisannahmen wider. Es erscheint somit sinnvoll, im Marketing den aus dem operativen Geschäft erwirtschafteten Cashflow stärker als Zielgröße zu gewichten. Derzeit nimmt diese Größe noch eine eher untergeordnete Stellung im Marketingbereich ein. So zählen in Europa nur 38 Prozent der Führungskräfte aus den Bereichen Marketing und Verkauf den Cashflow zu den drei unternehmerischen Spitzenkennzahlen; in den USA sogar lediglich 17 Prozent (Reinecke 2004, S. 144).

Aufgrund der zahlreichen mathematischen Möglichkeiten der Zerlegung und Verknüpfung finanzwirtschaftlicher Kennzahlen lassen sich fast unendlich viele Kenngrößen ableiten. Ein fokussiertes Kennzahlensystem kann die Wirtschaftlichkeitsanalysen des Rechnungswesens daher niemals ersetzen, sondern lediglich ergänzen. Unter *Produktivität* versteht man die technische Wirtschaftlichkeit, das heißt das Verhältnis von mengenmäßigem Ertrag zu mengenmäßigem Aufwand (Wöhe 2005, S 53 f.). Eine solche Mengenrechnung ist die einzig „wahre Form" der Produktivitätsmessung (Daum 2001, S. 8 f.). Solche technischen Produktivitätskennzahlen werden im Marketingbereich jedoch kritisiert: Ohne eine Bewertung der eingesetzten Produktionsfaktoren in Geldeinheiten – also ohne ein Gleichnamigmachen – ist keine Aussage über die Beachtung des Rationalprinzips möglich (Wöhe 2005, S 53 f. und Kapitel 3.3.2). Somit wird Produktivität häufig umfassender als Output-Input-Relation definiert, wobei sowohl die Output- als auch die Inputgrößen finanziell oder nichtfinanziell sein können.

Die Verwendung von Produktivitätskennzahlen ist allerdings nicht nur im Marketing mit einem Grundproblem behaftet: Hinter jeder Produktivitätskennzahl steckt die Vermutung eines Ursache-Wirkungszusammenhangs. Bildet man beispielsweise die Kenngröße „Umsatz pro Außendienstmitarbeiter", so steckt dahinter die (naheliegende) Annahme, dass der Umsatz durch die Anzahl Verkäufer beeinflusst wird. Auch wenn der Zusammenhang in diesem Fall nachvollziehbar ist, so verleiten solche Kennzahlen häufig zu unzulässigen Vergleichen: Beispielsweise lässt sich die Produktivitätsgröße „Umsatz je Außendienstmitarbeiter" zwischen zwei Regionen nur dann vergleichen, wenn auch die Potenziale der Gebiete vergleichbar sind (Krafft/Frenzen 2006, S. 623). Auch Daum 2001, S. 79 relativiert die Aussagekraft von Wirtschaftlichkeitskennzahlen mit nichtfinanziellen Input- und Outputgrößen). Diese Größe misst somit keineswegs primär die Wirksamkeit des Einsatzes der Außendienstmitarbeiter. Besonders kritisch sind Wirtschaftlichkeitskennzahlen zu beurteilen, wenn nichtfinanzielle Outputgrößen mit finanziellen Inputgrößen in Beziehung gesetzt werden, beispielsweise das Verhältnis Kundenzufriedenheit zu Kosten. Eine solche Kenngröße verleitet zu der Annahme eines einfachen linearen Zusammenhangs zwischen Kundenzufriedenheit und Kosten. Ebenso fragwürdig ist die beispielsweise bei Kiener aufgeführte Verhältnisgröße Umsatz zu Bekanntheitsgrad (Kiener 1980, S. 123). Selbst eine Beschränkung auf rein wertmäßige Produktivitäts- und damit Wirtschaftlichkeitskennzahlen wie beispielsweise das Verhältnis Ertrag zu Aufwand ist nicht unproblematisch, weil dabei letztlich Wirtschaftlickeits- und Rentabilitätsvorstellungen miteinander vermengt werden; so sinkt gemäß dieser Kennzahl beispielsweise die Wirtschaftlichkeit, wenn sich der Ertrag aufgrund externer Preiseinflüsse reduziert (Gutenberg 1958, S. 28).

Daher erscheint es sinnvoll, beim Einsatz von Produktivitätskennzahlen neben rein finanzwirtschaftlichen allenfalls gemischte Produktivitätskennzahlen mit nichtfinanziellem Input und finanziellem Output einzubeziehen, bei denen Ursache-Wirkungsbeziehungen inhaltlich begründet und nicht nur vermutet werden können. Selbst dann ist bei der Interpretation jedoch zu berücksichtigen, dass solche Kennzahlen nicht mehr als eine „Anregungsfunktion" übernehmen können (Reichmann 2006, S. 463; ergänzend Kapitel C.3.2).

Besonders kritisch sind Produktivitätskennzahlen zu beurteilen, wenn nichtfinanzielle Outputgrößen mit finanziellen Inputgrößen in Beziehung gesetzt werden (ausführlich Kapitel C.3.2). Daher erscheint es sinnvoll, beim Einsatz von Produktivitätskennzahlen neben rein finanzwirtschaftlichen allenfalls gemischte Produktivitätskennzahlen mit nichtfinanziellem Input und finanziellem Output einzubeziehen, bei denen Ursache-Wirkungsbeziehungen inhaltlich begründet und nicht nur

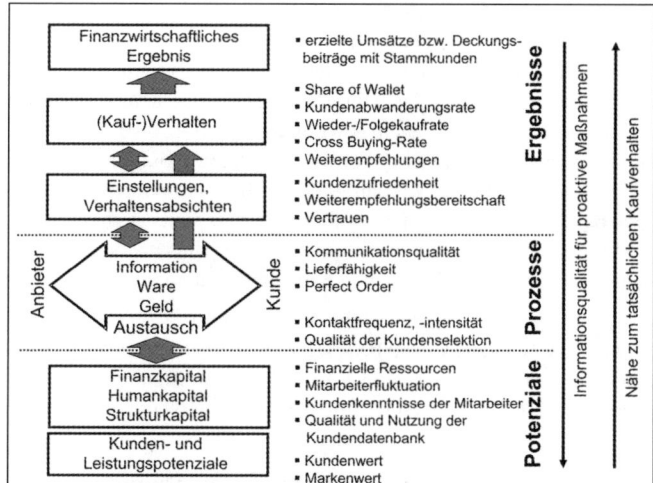

Abbildung 127:
Analyse des
Kernaufgaben-
profils (Quelle:
Reinecke
2004, S. 253)

vermutet werden können. Selbst dann ist bei der Interpretation zu berücksichtigen, dass solche Kennzahlen nicht mehr als eine „Anregungsfunktion" übernehmen können (Reichmann 2006, S. 463; ergänzend Kapitel C.3.2).

Ziel dieser Ausführungen ist es nicht, ein allgemeingültiges, rein finanzwirtschaftliches Kennzahlensystem für einen Marketing- beziehungsweise Geschäftsbereich aufzustellen; hier wurde von zahlreichen Autoren bereits wertvolle Arbeit geleistet (stellvertretend für viele: Kiener 1980, Palloks 1991, Botta 1993, Reichmann/Palloks 1997 und Palloks-Kahlen 2006); ein Rückgriff auf vorhandene Systeme wird somit ausdrücklich angestrebt. Folgende Aspekte sollen jedoch betont werden:

1. Das Festlegen der übergeordneten Unternehmensziele beeinflusst die Wahl der (Marketing-)Spitzenkennzahlen maßgeblich; diesbezüglich ist eine bewusste (Priorisierungs-)Entscheidung erforderlich, beispielsweise bezüglich der Gewichtung von Gewinn-, Wachstums- und Sicherheitszielen.
2. Die formalökonomischen Spitzenkennzahlen sollten das Zielsystem widerspiegeln. Aus empirischen Ergebnissen (Reinecke 2004, S. 134 ff.) lässt sich der Schluss ziehen, dass in der Regel die Gewinn- und Sicherheitsziele stärker als bisher in die Kennzahlensysteme zu integrieren sind. Die Wachstumsziele werden in der Regel bereits umfassend berücksichtigt.

Das *Kernaufgabenprofil* dient als „Scharnier" zwischen den formalökonomischen Größen einerseits und den noch ausführlich zu behandelnden psychografischen Kenngrößen des Kaufverhaltens andererseits: Letztere sind wichtiger Dreh- und Angelpunkt für das Marketing. Eine solche Verknüpfung erfolgt über eine aus Marketingsicht zentrale Größe: die realisierten Käufe (als Ergebnis des komplexen Kaufverhaltens) beziehungsweise die Verkäufe (als Treiber von Wachstum und Gewinn).

Das angestrebte Kernaufgabenprofil eines Unternehmens gibt an, welche der vier Kernaufgaben (Kundenakquisition, -bindung, Leistungsinnovation und -pflege) im Zentrum der Marketingplanung stehen sollten. Es kann beispielsweise mit Hilfe einer Umsatz- und einer Deckungsbeitragsanalyse geplant und kontrolliert werden, um neben wachstums- auch gewinnorientierte Größen zu berücksichtigen; ergänzend sind auch dynamische Wertberechnungen möglich. Das Beispiel in Abbildung 127 zeigt das typische Kernaufgabenprofil eines so genannten Potenzialausschöpfers, bei dem sowohl der Großteil des Umsatzes als auch ein noch größerer Teil des erwirtschafteten Deckungsbeitrags auf den Umsatz bestehender Marktleistungen (Leistungspflege) bei bisherigen Kunden (Kundenbindung) entfallen.

Das Kernaufgabenprofil kann durch ergänzende Kenngrößen präzisiert werden: So sind auf der Leistungsebene beispielsweise Absatz- beziehungsweise Mengenverhältnisgrößen (Neuproduktabsatz im Verhältnis zum Stammproduktabsatz), auf der Kundenebene Verhältnisgrößen wie die Relation von Neu- zu Stammkunden möglich.

2.1.2 Aufgabenbezogene Kennzahlenmodule als zweite Ebene des Kennzahlensystems

Die aufgabenbezogenen Kennzahlenmodule drücken den Umgang eines Unternehmens oder Geschäftsbereichs mit Kunden- und Leistungspotenzialen aus.

Dabei lassen sich zwei qualitative Kennzahlenbereiche unterscheiden:

- Erstens müssen Kennzahlen für den grundsätzlichen Umgang mit Kunden- und Leistungspotenzialen definiert werden. Diese qualitativen Kennzahlen operationalisieren somit die inhaltliche Marketingstrategie und drücken insbesondere die (angestrebte) *Marktpositionierung* aus.
- Zweitens sind *spezifische Kenngrößen je Kernaufgabe* sinnvoll. Diese versuchen die Frage zu beantworten, warum ein Unternehmen bezüglich der jeweiligen Kernaufgabe besonders erfolgreich ist beziehungsweise welche Maßnahmen geeignet sein könnten, damit die Kernaufgabe erfolgreich bewältigt werden kann. Dazu ist es zweckmäßig, je Kernaufgabe sowohl den Input als auch den Prozess und die angestrebten Ergebnisse zu operationalisieren.

Ohne ein strategisches Fundament sind wertorientierte Kenngrößen bedeutungslos. Die formalökonomischen Kenngrößen müssen daher durch marketingbezogene Schlüsselkennzahlen ergänzt werden. Gemeinsam kennzeichnen diese Marketingziele die dem Marketingbereich gesetzten Imperative beziehungsweise jene anzustrebenden Vorzugszustände (Meffert 2000, S. 76), die durch das operative Marketing erreicht werden sollen. Diese *nichtmonetären Marketingschlüsselkennzahlen* (Abbildung 128) stehen in sehr enger Beziehung zur Positionierung eines Unternehmens beziehungsweise Geschäftsbereichs.

Im Gegensatz zu den formalökonomischen Zielen sind bei den psychografischen Marketingkennzahlen formalmathematische Analysen nicht sinnvoll, weil sich die dahinter stehende Komplexität des Kaufverhaltens nicht „berechnen" lässt (Köhler

Kennzahl		Operationalisierung
Marktanteile	Mengenmäßig	Anteil des eigenen Absatzes an der Gesamtabsatzmenge aller Anbieter im relevanten Markt
	Wertmäßig	Anteil des eigenen Umsatzes am Gesamtumsatz aller Anbieter im relevanten Markt
	Feldanteil	Anteil der Zahl der eigenen Kunden an der Gesamtzahl der Bedarfsträger (beziehungsweise der angestrebten Kunden)
Preisstellung	Erzielter relativer Preis bzw. Preispremium	Verhältnis des wertmäßigen zum mengenmäßigen Marktanteil
	Preisbandeinhaltung (mengenmäßig)	Anteil des innerhalb des angestrebten Preisbands erzielten Absatzes am eigenen Absatz
	Preisbandeinhaltung (wertmäßig)	Anteil des innerhalb des angestrebten Preisbands erzielten Umsatzes am eigenen Umsatz
Marktdurchdringung	Numerischer Distributionsgrad	Anteil der Zahl der markenführenden Geschäfte an der Gesamtzahl aller die entsprechende Warengruppe führenden Geschäfte
	Gewichteter Distributionsgrad	Umsatzanteil der markenführenden Geschäfte am Gesamtumsatz aller die entsprechende Warengruppe führenden Geschäfte
Bekanntheit	Ungestützter Bekanntheitsgrad (Recall)	Anteil der Zielkunden, die die eigene Marke spontan nennen
	Gestützter Bekanntheitsgrad (Recognition)	Anteil der Zielkunden, die die eigene Marke wieder erkennen
Imageposition	(Marken-)Sympathie	prozentualer Anteil der Kunden im relevanten Markt, die das eigene Unternehmen bzw. die eigene Marke als sympathisch einstufen
	(Marken-)Status	Verhältnis von Bekanntheit, (Marken-)Sympathie und (Marken-)Verwendung
	(Marken-)Image	Art und Ausprägung der (Qualitäts-)Eigenschaften und Kompetenzen, die mit dem Unternehmen, der Marke oder den Leistungen verbunden werden
Kundenzufriedenheit	Kundenzufriedenheitsindex	Anteil der Kunden, die mit dem Unternehmen bzw. der Marke oder Leistung (sehr) zufrieden sind
	Relative Kundenzufriedenheit	eigener Kundenzufriedenheitsindex in Relation zum Kundenzufriedenheitsindex des Hauptkonkurrenten

Abbildung 128: Auswahl zentraler Schlüsselkennzahlen der Marktpositionierung (Quelle: Reinecke 2004, S. 258; dort in Anlehnung an Becker 2001, S. 65 ff.)

1981, S. 280, Meffert 2000, S. 76 und Becker 2001, S. 64). Bei der Operationalisierung der Positionierungsgrößen nach Inhalt, Ausmaß und Zeit ist der Bezug zum relevanten Markt wichtig (Meffert 2000, S. 79 und Steffenhagen 2000a, S. 71 f.).

Marktpositionierungsziele werden insbesondere durch die strategische Grundausrichtung des Unternehmens beeinflusst (Kuß/Tomczak 2004b, S. 123 f.). Ein allgemeingültiger Katalog ist nicht möglich.

Neben den Schlüsselkennzahlen der Marktpositionierung können *Kennzahlen für die vier Kernaufgaben Kundenakquisition und -bindung, die Leistungsinnovation und -pflege* definiert werden (ausführlich Reinecke 2004, S. 255 ff.).

Um eine gewisse Grundstruktur zu gewährleisten, ist es für jede der vier Kernaufgaben erforderlich, ein (einfaches) Modell zugrunde zu legen, das es ermöglicht, Ursache-Wirkungsanalysen durchzuführen. So kann beispielsweise die vereinfachte (kritisch: Reinartz/Krafft 2001) grundsätzliche *Wirkungskette der Kundenbindung* wie folgt zusammengefasst werden: Maßnahmen des Kundenbindungsmanagements führen zu Kundenzufriedenheit, Kundenzufriedenheit führt über positive Kundenverhaltensabsichten (Zeithaml/Berry/Parasuraman 1996a, S. 33 und Helm 1995, S. 29) zu Kundenbindung und Kundenbindung zu ökonomischem Erfolg

Prozesse	**Kontaktintensität:** Anzahl der Kontakte mit Stammkunden während einer definierten Periode **Offertgeschwindigkeit:** durchschnittliche Dauer der Offerterstellung **Anzahl Offerten:** Anzahl der für Stammkunden abgegebenen Offerten **Perfect Response:** Anteil bzw. Anzahl der Kundenanfragen, die vom Unternehmen unmittelbar beantwortet werden (können) **Verfügbarkeit bzw. Distributionsgrad:** Präsenz der Marktleistungen zu dem vom Kunden gewünschten Termin und am gewünschten Ort **Perfect Order:** Anteil bzw. Anzahl der Lieferungen, die zum vom Kunden gewünschten Termin vollständig und korrekt ausgeliefert wurden (Liefermenge, -qualität, -ort, -zeit und -rechnung korrekt)
Einstellung	**(Relative) Kundenzufriedenheit:** Vergleich der Kundenerwartungen mit den subjektiv wahrgenommenen Leistungen (im Konkurrenzvergleich) **Vertrauen:** Kundenwahrnehmung von Anbieterkompetenz und der Wahrscheinlichkeit, dass dieser auf opportunistisches Verhalten verzichtet **Wahrgenommene Abhängigkeit:** Einschätzung der Abhängigkeit von einem Anbieter aus Kundensicht **Wahrgenommene Preisgünstigkeit:** Einschätzung der Preisgünstigkeit der Angebote aus Sicht der Stammkunden **Wahrgenommenes Preis-/Leistungsverhältnis:** wahrgenommene Preiswürdigkeit der Angebote aus Sicht der Stammkunden
Verhaltens-absichten	**Kooperationsbereitschaft:** Bereitschaft des Kunden, mit dem Anbieter zu kooperieren (beispielsweise im Rahmen der Produktentwicklung) **Commitment bzw. Wiederkaufabsicht:** Absicht der eigenen Kunden, beim Anbieter erneut zu kaufen **Weiterempfehlungsbereitschaft bzw. -absicht:** (grundsätzliche) Bereitschaft bzw. tatsächliche Absicht der eigenen Kunden, den Anbieter weiterzuempfehlen **Wechselbereitschaft:** (grundsätzliche) Bereitschaft der eigenen Kunden, den Anbieter zu wechseln **Wechselabsicht:** Absicht der eigenen Kunden, den Anbieter zu wechseln
Kundenverhalten (außer Kauf)	**Kontakthäufigkeit:** Anzahl der kundeninitiierten Kontakte pro Zeiteinheit (per Telefon, per E-Mail, Besuche auf Webseite usw.; Ladenbesuche) **Beschwerde- bzw. Reklamationsanzahl:** Zahl der Beschwerden in einer Periode (ggf. aufgeschlüsselt nach Beschwerdearten) **Weiterempfehlungen:** Anzahl der Weiterempfehlungen in einer Periode t
(Kauf-)Verhalten	**Umsatz pro Kauf:** durchschnittlicher Kaufbetrag von Stammkunden **Kaufintensität:** Anzahl der Käufe pro Zeiteinheit **Wiederkaufrate:*** Anteil der Kunden am Gesamtkundenstamm, die Wiederkäufe getätigt haben *oder* Anteil des Umsatzes mit vorhandenen Kunden (mit mindestens einem Wiederkauf) am Gesamtumsatz

	Auftragsquote:* Aufträge in Relation zu Anfragen bei Stammkunden
	relative Zeitdauer seit letztem Kauf: Zeitdauer seit dem letzten Kauf bzw. erwartete durchschnittliche Zeitdauer bis zum Wiederkauf
	(gewichtete) Kundenbindungsrate:* Anteil der Kunden aus t_0, die in t_1 noch Kunde sind (pro Jahr oder nach Alter der Beziehung) (ggf. gewichtet nach Umsatz oder Deckungsbeitrag)
	angepasste Kundenbindungsrate:* Kundenbindungsrate, die um die nicht beeinflussbare Kundenabwanderung korrigiert wird (z. B. Todesfälle)
	(gewichtete) Kundenabwanderungsrate:* Anteil der Kunden aus t_0, die in t_1 nicht mehr Kunde sind (= Kundenfluktuationsrate bzw. „attrition rate" im Finanzdienstleistungs- oder „churn rate" im Telekommunikationsbereich) (ggf. gewichtet nach Umsatz oder Deckungsbeitrag)
	Kundenhalbwertszeit:* Zeitdauer, nach der die Hälfte aller neu akquirierten Kunden das Unternehmen wieder verlassen hat (bzw. haben würde) („Drehtürgeschwindigkeit")
	Rückgewinnungsrate:* Anteil der zurück gewonnenen Kunden an der Gesamtzahl der kontaktierten abgewanderten Kunden
	Rabattanteil am Umsatz: durchschnittliche Rabattgewährung am Umsatz mit Stammkunden
	(gewichtete) Stornoquote bei Stammkunden:* Anteil der stornierten Aufträge von Stammkunden an allen Aufträgen (ggf. umsatzgewichtet)
	Kundendurchdringungsrate: Anteil der Bedarfsdeckung des Kunden beim Anbieter in Relation zum (geschätzten) Gesamtbedarf des Kunden (= Share of Wallet, Kundenanteil, Kundenpenetrationsrate)
	relative Kundendurchdringungsrate: Anteil der Bedarfsdeckung des Kunden beim Anbieter in Relation zum Anteil des größten Konkurrenten
	Cross Buying-Rate: Zusatzkäufe nach Anzahl/Art, Umsatz pro Zeiteinheit
	Erschließungsgrad:* Zahl der eigenen Kunden im Verhältnis zur Zahl potentiell möglicher Nachfrager
Finanzwirtschaftliches-Ergebnis	**Umsatz mit Stammkunden:** erzielter Umsatz mit Nichtneukunden
	Kundendeckungsbeitrag mit Stammkunden: erzielter Kundendeckungsbeitrag mit Kunden, die bereits einmal gekauft haben
	Stammkundenanteil am Umsatz:* Anteil des Umsatzes mit Nichtneukunden am Gesamtumsatz
	Stammkundenanteil am Deckungsbeitrag:* Anteil des Deckungsbeitrags mit Nichtneukunden am Deckungsbeitrag aller Kunden
	Forderungsausfall: Höhe bzw. Anteil der Forderungsausfälle am Umsatz mit Stammkunden
	*Kennzahl ist ausschließlich auf aggregierter Ebene sinnvoll.

Abbildung 129: Ausgewählte Kennzahlen zur Messung der Kundenbindungsstärke (Quelle: Reinecke 2004, S. 282; dort angelehnt an DeSouza 1992, S. 25f., Jones/ Sasser 1995, S. 94, Dittrich/Reinecke 2001, S. 280 und Dittrich 2002, S. 204)

(Homburg/Bruhn 2000, S. 10 und ähnlich Bruhn/Georgi 2005, S. 589ff). Für eine Beurteilung der Kundenbindungsstärke ist somit eine Analyse der Kundenbindungsmaßnahmen (Prozesse zwischen Unternehmen und Kunde) sowie eine *intentionale Effektivitätskontrolle* (Indikatoren für das nur indirekt messbare beabsichtigte Kaufverhalten) und eine *faktischen Effektivitätskontrolle* (Messung des tatsächlichen Kaufverhaltens) erforderlich (Abbildung 129) (Diller 1996 und Homburg/Bruhn 2000, S. 27). Ergänzend sind Kennzahlen zu berücksichtigen, die die Kundenstruktur messen.

Abbildung 130 fasst die vereinfachte Ursache-Wirkungskette mit ausgewählten Kenngrößen der verschiedenen Ebenen zusammen. Diese können noch ergänzt werden mit Kennzahlen zur Messung der Kundenstruktur (bspw. Zielkundenanteil, Aktionskundenanteil, durchschnittliches Potenzial der Stammkunden) sowie durch ausgewählte, in der Regel anspruchsvolle Effizienzgrößen (bspw. Kundeneffizienz: Kundendeckungsbeitrag im Verhältnis zur Inanspruchnahme einer definierten Engpasskapazität).

Zu betonen ist jedoch, dass es in der Regel nicht darum geht, die Prozesse möglichst vollständig abzudecken, sondern dass eine *Fokussierung auf wenige Kennzahlen* erfolgen sollte, die möglichst verschiedene Aspekte der zugrunde gelegten Wirkungskette abdecken und für das jeweilige Unternehmen geeignete Steuerungsgrößen sind.

Die aufgabenbezogenen Kenngrößen operationalisieren die Marketing- und Positionierungsstrategie. Letztere wird durch Kennzahlenauswahl, -priorisierung und -definition konkretisiert. Ein Marketingkennzahlensystem ist unternehmens- und somit situations- und strategiespezifisch. So haben beispielsweise nicht alle Kernaufgaben

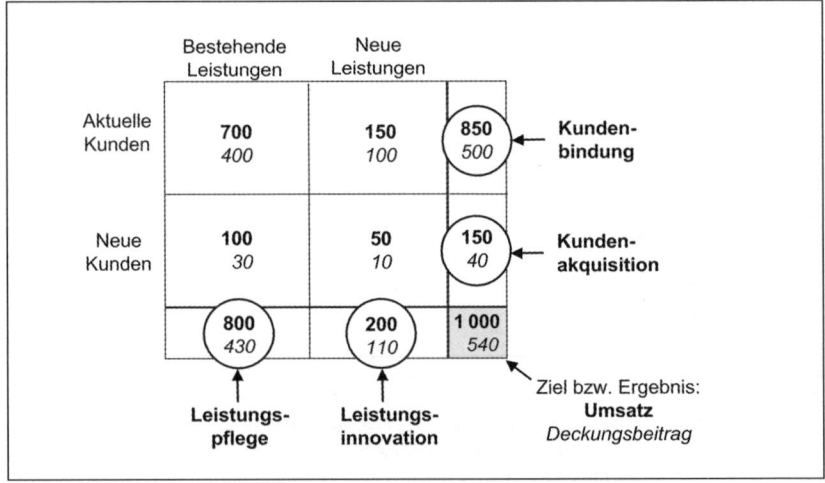

Abbildung 130: Wirkungskette zur Messung der Kundenbindungsstärke (Quelle: Reinecke 2004, S. 288; dort angelehnt an Dittrich 2002, S. 198)

Kundenakquisition	Kundenbindung
• Durchschnittlicher Umsatz beim Erstkauf • Anzahl Neukunden • Angebots- bzw. Offererfolgsquote • Kontaktfrequenz • Verkäuferqualifikation	• Kundenmigrationsquote • Share of Wallet • Wiederkaufabsicht • Relative Kundenzufriedenheit • Mitarbeiterzufriedenheit
Leistungsinnovation	**Leistungspflege**
• Anzahl eingeführter Leistungsinnovationen • Durchschnittliche Time to Market • Innovationserfolgsrate • Kundenakzeptanzindex der Innovationen	• Ungestützter Bekanntheitsgrad • (Marken-)Imageindex • Verfügbarkeit/ gewichteter Distributionsgrad • Marktanteilsveränderungen

Abbildung 131: Aufgabenorientierte Kennzahlen am Beispiel eines „Mehrkämpfers" (Quelle: Eigene Darstellung in enger Anlehung an Reinecke 2004, S. 332)

für jedes Unternehmen die gleiche Bedeutung; vielmehr hängt es von der Marktsituation und von den eigenen Kompetenzen ab, ob sich ein Unternehmen beispielsweise eher auf die Kundenakquisition oder auf die Kundenbindung fokussieren will. Daher ist es nicht sinnvoll, für die vier Kernaufgaben allgemeingültige „generische Kennzahlenmodule" vorzuschlagen. Ausdrücklich warnt Klingebiel (2000a, S. 304 ff.) vor einer solchen „One size fits all"-Mentalität, die sich beispielsweise in der Balanced Scorecard-Diskussion abzeichnet; vielmehr muss ein solches System auf die jeweilige Situation maßgeschneidert sein (für zahlreiche unternehmensspezifische Beispiele Reinecke 2004 und Reinecke/Geis 2004).

Abbildung 131 zeigt eine mögliche aufgabenorientierte Kennzahlenselektion für ein Industriegüterunternehmen, das über ein Direktverkaufssystem verfügt, als „Mehrkämpfer" agiert und somit alle Kernaufgaben stark gewichtet. Die ausgewählten Kennzahlen versuchen, die dargestellten grundsätzlichen Ursache-Wirkungszusammenhänge und sowohl Effektivitäts- als auch Effizienzaspekte zu berücksichtigen. Die Kennzahlen sind jeweils klar zu operationalisieren.

2.1.3 Bewertung von Marktpotenzialen als dritte Ebene des Kennzahlensystems

Sollen alle Maßnahmen darauf ausgerichtet werden, *Marktpotenziale* zu erschließen oder auszuschöpfen, müssen folgerichtig diese Potenziale bewertet werden, um dadurch die langfristige Effektivität aller Marketingmaßnahmen zu messen. So ist beispielsweise die Berechnung eines *aggregierten Kundenwerts* im Sinne eines Customer Equity prinzipiell möglich, aufgrund der Vielzahl an Einflussfaktoren jedoch aufwändig und unsicher. Es empfiehlt sich daher, diesen als langfristige strategische Größe und insbesondere in Fällen wie der Akquisition oder dem Verkauf eines Geschäftsbereichs zu erheben. Für das operative Management empfehlen sich dagegen beispielsweise Kundenflussrechnungen als Saldogrößen zur Bewertung von Kundenakquisitions- und Kundenbindungsmaßnahmen; ferner sind zielgruppenspezifische Kundenwertberechnungen für die Steuerung von Kundenselektion und bearbeitung sinnvoll (Reinecke 2004, S. 341 ff.; Kapitel D.5). Für den Markenwert gelten die Ausführungen in Kapitel D.4.3.

Ein Marketingkennzahlensystem ist wie jedes Kennzahlensystem durch gewisse Unschärfen und Kompromisse geprägt. Entscheidend für die Nützlichkeit ist insbesondere, ob es gelingt, das Kennzahlensystem umfassend in den Führungszyklus zu integrieren. Hierzu gehören insbesondere Fragen der Verwendung des Kennzahlensystems als regelmäßiges Reporting- und Kontrollinstrument sowie einer etwaigen Verknüpfung mit der Motivations- und Anreizgestaltung.

2.2 Sicherstellen der Wirksamkeit eines integrierten Marketingführungszyklus

Nachfolgend steht die Frage im Mittelpunkt, wie sich ein solches Marketingkennzahlensystem in den Willensbildungsprozess integrieren lässt, damit ein wirksamer Führungszyklus sichergestellt werden kann. Fünf zentrale Aspekte stehen im Mittelpunkt:

1. Ein Marketingkennzahlensystem dient nicht ausschließlich der Kontrolle. Vielmehr entfaltet es seine Wirksamkeit nur, wenn es mit der *Marketingplanung* und somit auch der *Marketingbudgetierung* gekoppelt wird.
2. Damit ein aufgabenorientiertes Marketingkennzahlensystem organisations- und benutzergerecht sein kann, sind *unterschiedliche Perspektiven* auf ein integriertes System erforderlich.
3. Das *Informations- und Berichtswesen* sollte an das Kennzahlensystem geknüpft sein und die Kenngrößen in adäquater Weise aufbereiten.
4. *Motivations- und Anreizsysteme* sind mit dem Kennzahlensystem abzustimmen.
5. Ein Marketingkennzahlensystem sollte keine isolierte Insel bilden, sondern vielmehr in ein *unternehmensweites Controllingsystem* integriert sein.

2.2.1 Verknüpfung des Kennzahlensystems mit der Marketingplanung und -budgetierung

Planung ist eine Voraussetzung für Controlling; die Wirksamkeit eines Kennzahlensystems als Teilaspekt des Controllings ist eingeschränkt, wenn dieses ausschließlich zur Kontrolle, nicht aber zur Planung eingesetzt wird.

Marketingplanung und Marketingkennzahlensystem hängen somit eng zusammen. Die jeweiligen Kennzahlen müssen situationsspezifisch geplant und festgelegt werden; sie dienen der Informationsversorgung, der Zieldiskussion, -vereinbarung und -durchsetzung sowie – auch, jedoch nicht nur – der Kontrolle.

Die definierten Kennzahlen des Systems sind somit Ziel- und Orientierungslinie für die *operative Marketingplanung*, insbesondere auch für die Planung des Marketing-Mix; dort werden konkrete Maßnahmen und Aktionsprogramme festgelegt, mit denen die strategischen Ziele erreicht werden sollen (auch Kaplan/Norton 2001, S. 259).

Die Planung muss wiederum eng mit der Marketing- und Verkaufsbudgetierung abgestimmt werden. Empirische Ergebnisse zeigen allerdings, dass dies in der Realität relativ selten der Fall ist: Die Marketingbudgetierung stützt sich überwiegend auf „Managementerfahrung" oder basiert auf fragwürdigen Methoden, ist aber selten an konkreten Marketingzielen oder angestrebten Ereignissen orientiert (Reinecke 2004, S. 149 ff.).

Die *Budgetierung* kann jedoch deutlich stärker prozess- und outputorientiert gestaltet werden und somit eine rein finanzielle Inputorientierung überwinden (hierzu Gleich/Kopp 2001, S. 431), wenn sie mit den auf der Basis des Kennzahlensystems definierten Zielen verbunden wird (ausführlich Reinecke 2004, S. 401 ff.). Auch wenn eine solche zielorientierte Budgetierung nicht alle Herausforderungen der Marketingbudgetierung löst, so liegt der wesentliche Vorteil in der transparenten Operationalisierung des unternehmerischen Nutzenbeitrags des Marketing. Sobald man sich auf Marketingziele und -budgets geeinigt hat, kann nachvollzogen werden, dass eine Veränderung der Budgethöhe auch angepasste Ziele erfordert und umgekehrt.

2.2.2 Organisatorische Perspektiven auf das Kennzahlensystem

Das Konzept eines aufgabenorientierten Kennzahlensystems bildet eine mögliche Basis für ein konsistentes und integriertes, auf die strategische Planung gestütztes Instrument zur Entscheidungsunterstützung für den Gesamtverantwortungsbereich Marketing und Verkauf. Das Kennzahlensystem dient somit zumindest nicht primär der Evaluation einzelner Marketinginstrumente, sondern vielmehr der Integration und Fokussierung. Dies ist auch aus Komplexitätsgründen erforderlich: Beispielsweise ist es für ein Unternehmen wie Nestlé unmöglich, Kennzahlen für jede einzelne ihrer zirka 8 500 Marken in insgesamt 200 Ländern auf Geschäftsleitungsebene zu berichten (Ambler 2000a, S. 91). Andererseits ist es gerade wegen dieser hohen Komplexität erforderlich, spezialisierte Stellen im Marketing zu schaffen. Insbesondere operative Marketingplanung und konkrete Marketingbudgetierung erfordern, dass ein Bezug der Kennzahlen zu den jeweiligen organisatorischen Stellen sichergestellt wird. Kennzahlen müssen somit stellenspezifisch aufbereitet werden, weil nicht nur Zielvorgaben, sondern auch sachlicher und zeitlicher Bezugsrahmen von Entscheidungssituationen daran geknüpft sind (Gritzmann 1991, S. 47 f.). So ist im Marketing beispielsweise häufig zwischen einer Verkaufs-, einer Produkt- und einer Kundensicht zu unterscheiden (Hofbauer 1999, S. 321), die sich in unterschiedlichen Zielen für verschiedene Stellen niederschlagen.

Letztlich hat ein aufgabenorientiertes Marketingkennzahlensystem einen *Kompromiss zwischen Integration und Stellenspezifität* zu gewährleisten. Weil ein Entscheidungsbereich allerdings in der Regel nicht von anderen unabhängig ist, gelingt eine solche Abstimmung nicht mit Hilfe mehrerer getrennter Subsysteme. Vielmehr sind unterschiedliche Blickwinkel auf ein integriertes System zu ermöglichen.

Allerdings ist es unrealistisch, für jede Abteilung oder Stelle (wie Werbeleiter, Brand Manager oder Key Account Manager) ein eigenes Kennzahlensystem vorzugeben. Vielmehr empfiehlt sich ein Rückgriff auf die *Grundprinzipien des Konzepts selektiver Kennzahlen* (Weber et al. 1997) sowie des Systems von Gritzmann (1991, S. 39ff.). Letzteres unterscheidet zwischen einem standardisierten und einem individuellen, maßgeschneiderten Teilsystem. Übertragen bedeutet dies, dass das aufgabenorientierte Kennzahlensystem die übergeordneten Größen umfasst; wie im Konzept selektiver Kennzahlen werden daraus jeweils wenige Größen als Topdown-Vorgaben ausgewählt, die für die konkreten Marketing- und Verkaufsstellen besonders relevant sind. Ergänzend wäre der jeweilige Stelleninhaber dafür verantwortlich, bottom-up weitere geeignete Treibergrößen zu bestimmen, die ihm dabei helfen, die vorgegebenen Kennzahlen zu erreichen. Dabei könnte er auch selbst entscheiden, wie diese Kennzahlen aufbereitet und strukturiert werden sollen. So ist die Unterscheidung der vier Kernaufgaben beispielsweise nicht für jede Stelle sinnvoll; unter Umständen kann eine Instrumenten- oder Prozessorientierung vorteilhafter sein. Im Mittelpunkt steht dabei, dass der jeweilige Mitarbeiter tatsächlich einen individuellen Nutzen in dem System erkennt, beispielsweise Entlastung von Routi-

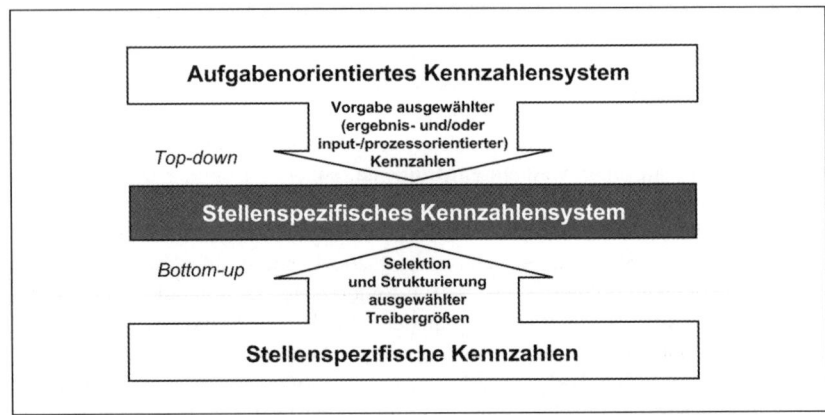

Abbildung 132: Konstruktionsprinzip stellenspezifischer Kennzahlensysteme (Quelle: Reinecke 2004, S. 406)

neaufgaben, aktuelleres Kundenwissen, Zeitersparnis oder verbesserte Prognosemöglichkeiten.

Abbildung 132 zeigt das Konstruktionsprinzip für stellenspezifische Kennzahlensysteme, das letztlich eine *Top-down- und eine Bottom-up-Perspektive* miteinander verbindet. Dabei besteht für das Management die Möglichkeit, situativ zu entscheiden, ob eine Stelle beziehungsweise Person eher ziel- und somit ergebnisorientiert oder vielmehr input- und prozessorientiert geführt werden soll (hierzu ausführlich Weber/Schäffer/Langenbach 2001). Ergebnisorientiert geführte Personen werden tendenziell wenige zentrale Kenngrößen als Vorgaben erhalten und somit über deutlich größere Freiheitsgrade verfügen als input- und prozessorientiert geführte Mitarbeiter. Letztere werden nicht nur Ergebnisgrößen, sondern vielmehr auch stellenspezifische Input- und Prozessgrößen vorgegeben bekommen.

Eine solche auf dem Baukastenprinzip beruhende Verbindung eines standardisierten, aufgaben- und strategieorientierten Kennzahlensystems mit einem stellenspezifischen, individuellen System gewährleistet die Abstimmung von objektivem stellenspezifischem Informationsbedarf, individueller Informationsnachfrage und verfügbarem Informationsangebot (Berthel 1975, S. 27 ff.; Abbildung 10, S. 36). Ferner kann das Management situations- und personenadäquat Input-, Prozess- oder Ergebnisrationalität in den Vordergrund stellen.

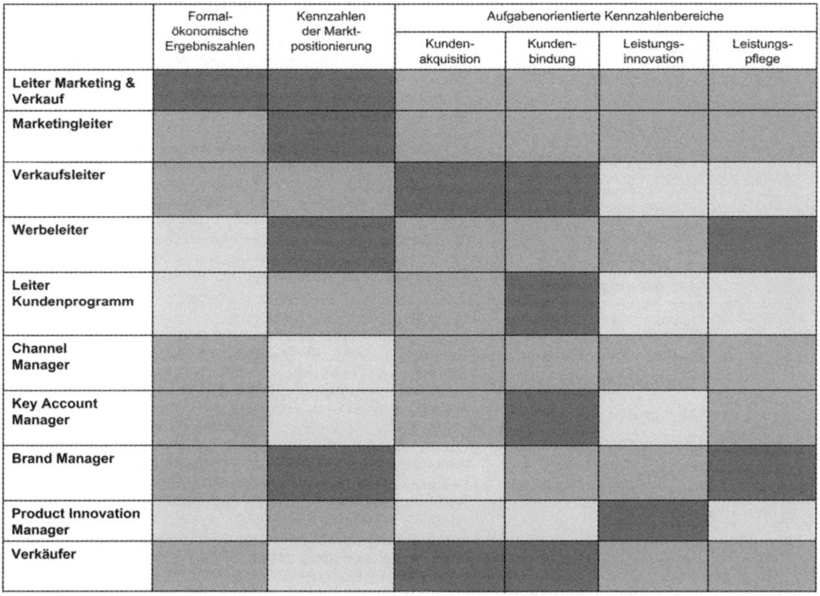

Abbildung 133: Stellenspezifische relative Bedeutung der Kennzahlenbereiche (Beispiel) (Quelle: Reinecke 2004, S. 407)

Abbildung 133 zeigt für klassische organisatorische Stellen in den Bereichen Marketing und Verkauf, welche der erörterten Kennzahlenbereiche tendenziell besonders relevant sind; dabei handelt es sich um eine relative, keinesfalls um eine absolute Einschätzung der Kennzahlenrelevanz. Die stellenspezifischen Systeme fokussieren im idealtypischen Fall insbesondere auf die jeweils dunkel hervorgehobenen Kennzahlenmodule. Im konkreten Fall werden sie jedoch auch maßgeblich durch das unternehmensspezifische Kernaufgabenprofil und somit die jeweilige Marketingstrategie geprägt.

Die Kennzahlen unterscheiden sich auch bezüglich Konkretisierung und Aggregationsgrad; dies gilt insbesondere für die formalökonomischen Ergebniszahlen. So ist beispielsweise der regionale Verkaufsleiter am Gebietsdeckungsbeitrag interessiert, während für den einzelnen Verkäufer der Auftragsdeckungsbeitrag und für den Key Account Manager der Kundendeckungsbeitrag besonders relevant ist. Abbildung 134 zeigt für ausgewählte Stellen aus den Bereichen Marketing und Verkauf mögliche Größen, von denen jeweils eine Auswahl im Rahmen stellenspezifischer Kennzahlensysteme zum Einsatz kommen kann. Dabei sei ausdrücklich auf den

Funktion/ Stelle	Aufgabenorientierte Kennzahlenvorgaben (top-down, Beispiele)	Ergänzende stellenspezifische Kennzahlen (bottom-up, Beispiele)
Verkäufer	Umsatz und Deckungsbeiträge, differenziert nach Absatzsegmenten Anzahl qualifizierter Neukunden Share of Wallet Kundenfluktuationsrate Nutzungsintensität Kundendatenbank	Segmentspezifische Marktpotenziale und Konkurrenzintensität, Share of Wallet-Anteile bei Schlüsselkunden Besuche (Anzahl, pro Tag, pro Kunde, geplant/ungeplant, von Neukunden), mittlere Besuchsdauer, Verhältnis der Verkaufs- zur Non-Selling-Zeit, Offertenfolgsquote, Anzahl eingereichter Berichte, Anzahl Kundenbeschwerden Umsatz/Deckungsbeitrag/Bestellmenge je Kunde, mittlere Auftragsgröße je Kunde/Verkäufer, durchschnittliche Rabattgewährung, Auftragsstornierungen, Kosten je Besuch/je Auftrag, Umsatzanteil der Verkaufskosten, Debitorenverluste
Verkaufsleiter	wie Verkäufer (jedoch aggregiert) Mitarbeiterfluktuation	wie Verkäufer, jedoch verkäufer-/gebietsspezifische Aggregation, ferner: Umsatzrentabilität des Verkaufsbereichs, Personalkostenanteil an Verkaufskosten, Mitarbeiterzufriedenheit
Werbeleiter	ungestützte Markenbekanntheit (insbes. Top-of-Mind) Markenbekanntheit Markeneinstellungen	Streumaße (Auflagen, quantitative und qualitative Mediareichweiten, Werbeträger- bzw. Werbemittelkontakte und -kontaktfrequenzen, Streuverluste), Werbedruck, -wahrnehmung, -durchsetzungsvermögen (Aktivierung, Einprägsamkeit, Anmutung), Verständnis/Glaubwürdigkeit/Relevanz/Akzeptanz der Werbebotschaft, Werbeerinnerung, ungestützte Markenbekanntheit, Top-of-Mind, Relevant Set, First Choice, Markensympathie, -assoziationen, -einstellungen, -präferenzen und -kaufabsichten, Direct Marketing-Größen (Rücklauf-, Response-, Interessenten-, Abschlussquoten; Kosten pro Kontakt/Response/Interessent/ Abschluss), Werbeelastizität (Verhältnis von Umsatz- zu Werbeaufwandsveränderung), Werbeträger- und Werbemitteleffizienzen, Werbeerfolg (Verhältnis Werbeaufwand zu -ertrag), Werbeproduktionskosten, Gemeinkosten Werbeabteilung

Abbildung 134: Beispiele ergänzender stellenspezifischer Kennzahlen
(Quelle: Reinecke 2004, S. 411 f. sowie die dort zitierte Literatur)

Funktion/ Stelle	Aufgabenorientierte Kennzahlenvorgaben (top-down, Beispiele)	Ergänzende stellenspezifische Kennzahlen (bottom-up, Beispiele)
Brand Manager	Markt-/Segmentanteil(e) Markenumsatz Markenloyalität Markeneinstellungen Markenbekanntheit relativer Preis	Eroberungs-/Erwägerraten, Markendistanz zu Hauptwettbewerbern, Distanz zwischen Soll- und Ist-Positionierung, Preispremium, Preis-/Leistungsverhältnis, Expansionspotential, Markenvertrautheit, -sympathie, -assoziationen, -zufriedenheit, -loyalität, -wiederkaufrate, Relevant Set, Händlerzufriedenheit bzw. -identifikation mit Marke, Regalplatz im Handel, Produktqualität, Marken-Know-how der Mitarbeiter, Mitarbeiteridentifikation
Leiter Kundenclub-/programm	Kundenzufriedenheit von Programmitgliedern Kundenfluktuation von Programmitgliedern Share of Wallet von Kundenprogrammteilnehmern	Kundenprogrammbekanntheit und -akzeptanz bei Zielgruppe, Mitgliedsanteil an Gesamtzielkunden, Nutzung des Programmangebots, Zufriedenheit mit Kundenprogramm, durchschnittliche Dauer der Mitgliedschaft, Fluktuationsrate, Vergleiche Mitglieder mit Nichtmitgliedern (bezüglich Umsätzen, Deckungsbeiträgen, Share of Wallet, Einstellungen), Kosten pro Mitglied, Kosten für Akquisition eines Neumitglieds, Return on Investment
Channel Manager	gewichteter Distributionsgrad Deckungsbeitrag des Distributionskanals ggf. Absatzmittlerzufriedenheit	Lieferzeit, -zuverlässigkeit, -flexibilität, -service, Lieferbeschaffenheit (Lieferzustand und -genauigkeit), Image des Distributionskanals, Kooperations- und Konfliktgrad im Distributionskanal, Beeinflussbarkeit und Kontrollierbarkeit des Kanals
Online Marketing Manager	Umsatz- und Deckungsbeitrag Onlinekanal Zufriedenheit Onlinekunden Kundenmigration von Onlinekunden Anteil der eigenen Kunden, der Onlinekanal nutzt	Kontakt- und Interaktionseffektivität und -effizienz, Anzahl Besuche (Visits) auf einer Webseite: Page-Impressions (Seitenabruf), Ad-Impressions (Werbekontakte), Ad-Clicks (Werbe-Mausklicks), Visits (Besuche), Visit Length (Verweildauer), Page View Length (Verweildauer pro Seite), User (Nutzer), Identified User (identifizierter Nutzer), Konversionsrate (von Besuchern zu Käufern sowie Käufern zu Wiederkäufern), Kaufabbruchraten, Kosten pro Ad-Click/Interessent/Kunde; je nach Stellendefinition auch selektive Kenngrößen des Kundenprogramm-, des Werbeleiters oder Channel Managers

exemplarischen Charakter der genannten Kenngrößen hingewiesen. Keinesfalls decken die Kennzahlen den gesamten Informationsbedarf der Stellen ab; so sind in der Regel ergänzende, qualitative Informationen erforderlich (Reichmann 2006, S. 539f.)

Eine strikte Vorgabe stellenspezifischer Kennzahlensysteme ist nicht sinnvoll, weil diese nur dann Nutzen stiften, wenn sie von den Mitarbeitern akzeptiert (Shrivastava 1987) und somit tatsächlich eingesetzt werden. Sind sie allerdings stellen(inhaber)spezifisch, können Informationsbedarf, -nachfrage und -angebot bestmöglich aufeinander abgestimmt werden. Insbesondere ergebnisorientiert geführte Mitarbeiter sollten daher die aus ihrer Sicht erforderlichen stellenspezifischen Kenngrößen mitbestimmen können. Aus übergeordneter Perspektive ist vielmehr entscheidend, dass die verschiedenen Systeme hinsichtlich der Kennzahlenvorgaben aus dem übergeordneten aufgabenorientierten Kennzahlensystem kompatibel sind; diese stellenübergreifenden Größen müssen deckungsgleich operationalisiert sein.

Zusammenfassend lässt sich feststellen, dass ein übergeordnetes (aufgabenorientiertes) Kennzahlensystem durch stellenspezifische Kennzahlensysteme ergänzt werden sollte, um die Top-down-Perspektive situationsgerecht mit einer Bottom-up-Sicht zu ergänzen. Dabei kann auf bewährte Prinzipien des Systems selektiver Kennzahlen zurückgegriffen werden. Nützlichkeit und Glaubwürdigkeit der Informationen werden durch stellenspezifische, aber dennoch fokussierte Kennzahlensysteme für den jeweiligen Benutzer erhöht.

2.2.3 Verwendung des Kennzahlensystems als Reporting- und Kontrollinstrument

Ein Mangel an Berichten und „Reports" besteht aus der Sicht von Marketingführungskräften sicherlich nicht. Dennoch bleiben viele wichtige Ergebnisse unberücksichtigt, weil sie unzweckmäßig aufbereitet sind: Berichte entstehen häufig absender- und nicht empfängerorientiert; ihr Inhalt spiegelt lediglich das wider, was für den Berichtsproduzenten relevant erscheint (Horváth 2006, S. 590) Oft entstehen Berichte auch dann noch regelmäßig, wenn sie eigentlich niemand mehr benötigt: Es ist weniger aufwändig, sie zu ignorieren als sie zu eliminieren (McKinnon/Bruns 1992, S. 128).

Aus einer umfassenden Analyse von Berichten leiteten McKinnon und Bruns (1992, S. 128) folgende *Kriterien für nützliche Berichte* ab: Sie

- enthalten Daten in einem für den Empfänger geeigneten Aggregationsniveau,
- weisen aus Sicht des Empfängers eine hohe Verlässlichkeit auf,
- beschränken sich auf eine einfache Darstellung einer beschränkten Anzahl Daten,
- werden zeitgerecht zur Verfügung gestellt,
- beziehen sich direkt auf den Verantwortungsbereich der jeweiligen Führungskraft,
- sind übersichtlich und somit für Analysen und Entscheidungsfindung geeignet.

Diese Kriterien unterstreichen – neben der bereits im vorhergehenden Abschnitt behandelten Bedeutung einer stellenspezifischen Kennzahlenauswahl – zwei zentrale Aufgaben des Berichtswesens: eine geeignete Verdichtung sowie eine adäquate Präsentation der Informationen (Horváth 2006, S. 590). Ferner ist eine ausreichende Kommentierung sicherzustellen, um die Berichte als dialogfördernde Instrumente wahrzunehmen. Auf diese Aspekte soll nachfolgend kurz eingegangen werden.

Aufbereitung der Informationen: Verdichtung und Visualisierung

Die *zeitliche Verdichtung* von Informationen hängt von den zu messenden Konstrukten ab. Simon schreibt Berichten eher eine *Erinnerungs- und Betonungsfunktion* zu; Berichte, die vollkommen überraschende und nicht nachzuvollziehende Informationen enthalten, erscheinen unglaubwürdig und werden abgelehnt (Simon et al. 1954, S. 22). Dies gilt insbesondere für die eigene Erfolgseinschätzung und -beurteilung. Daher ist es erforderlich, dass solche Evaluationsinformationen möglichst schnell aufbereitet werden (Forson 1997, S. 25).

Treibergrößen sollten grundsätzlich häufiger, trägere Ergebnisgrößen seltener berichtet werden (Hronec 1996, S. 161). Eine Größe wie beispielsweise die Kundenzufriedenheit wird selten häufiger als quartalsweise oder halbjährlich ausgewiesen. Interaktive Steuerungskennzahlen sollten in der Regel in kürzeren Abständen berichtet werden. Bleiben sie über einen längeren Zeitraum unverändert, so ist ihr Informationswert zu hinterfragen; gegebenenfalls kommt ihnen dann lediglich eine Diagnosefunktion zu. Sind dagegen gewisse Größen sehr volatil und schwanken somit stark, so ist zu überprüfen, ob es sich tatsächlich um geeignete, verlässliche Indikatoren handelt.

Ferner sollten die Marketingkennzahlen möglichst *konkurrenzbezogen* operationalisiert und aufbereitet werden; Bezugsgröße für eine marktorientierte Unternehmensführung sind immer auch die Tätigkeiten der Konkurrenz.

Zahlreiche Studien belegen, dass die Darstellung von Informationen die Nutzung beeinflusst: Eine *Visualisierung* mit Hilfe farbiger Grafiken kann die Informationsverarbeitung wirkungsvoll unterstützen (Blocher/Moffie/Zmud 1985). Ferner können mit Hilfe von Grafiken Trendinformationen schneller, wenn auch etwas ungenauer erkannt werden (Vessey 1991).

In der betriebswirtschaftlichen Realität dominieren allerdings Tabellen. Eine Koblenzer empirische Studie zeigt beispielsweise, dass 84 Prozent der Kostenstellenberichte als Tabelle aufgebaut werden; der Anteil grafischer Berichte beträgt lediglich 4 Prozent (Homburg et al. 1998, S. 20 und analog Homburg et al. 2000, S. 250). Diese sind für komplexe Aufgaben hilfreich (Blocher/Moffie/Zmud 1985), weisen jedoch Schwachstellen auf: Sie stellen lediglich die Entwicklung eines Indikators über verschiedene Erhebungseinheiten oder Betrachtungsobjekte dar und trennen häufig zusammenhängende Sachverhalte (Solbach 2000, S. 115 ff.). Der Mensch kann Text oder Zahlen nur mit hohem kognitiven Aufwand dekodieren, weil es sich dabei um ein verschlüsseltes Zeichensystem handelt (Bauer/Fischer/McInturff 1999, S. 805 ff.). Kroeber-Riel (1993, S. 53) sieht dagegen in Bildern „schnelle Schüsse ins Gehirn", weil ihr Informationsgehalt gegenüber Texten mit vergleichbarer Anzahl an Informationseinheiten wesentlich höher ist.

Abbildung 135 zeigt Chancen und Gefahren einer grafischen Darstellung von Kennzahlensystemen in Form so genannter *„Cockpits"*. Fokus, Übersichtlichkeit und Trenderkennung sind wesentliche Chancen, die bei einer einseitigen, schematischen und lückenhaften Anwendung auch zu Gefahren werden können.

Solche Cockpitdarstellungen erfüllen insbesondere zwei Aufgaben: Zum einen zeigen sie Entwicklungen auf; geeignete Cockpitdarstellungen verfügen in der Regel über eine Zeitachse und ermöglichen somit *Trendanalysen*. Zum anderen *visualisieren sie Ursache-Wirkungszusammenhänge*. Durch die gleichzeitige Abbildung von Treibern und Ergebnissen erleichtern sie das intuitive Erkennen von Zusammenhängen und somit vermuteten Mittel-Zweck-Beziehungen im Zeitablauf (Köhler 1981a, S. 280 und Fickert/Anger 1998, S. 59).

Chancen	Gefahren
• Fokussierung auf strategische Führungsgrößen • Herunterbrechen der strategischen Zielgrößen auf unterschiedliche Ebenen • Reduktion des Analyseaufwands durch Darstellung von Input-Output-Beziehungen • Übersichtlichkeit • Integration verschiedener Informationsquellen in einer Darstellung • Gute Vergleichsmöglichkeit verschiedener organisatorischer Ebenen • Spezifische Aufnahme relevanter Führungsgrößen für die verschiedenen Ebenen möglich • Darstellung von Eingriffsmöglichkeiten in die Prozesse mit Hilfe von Treibergrößen	• Fehlende Berücksichtigung der Auswirkungen auf Führungsprozess und Führungskultur • Beschränkung auf instrumentellen Charakter (Reporting) des Performance Measurements • Schematismus • Unzureichende Verknüpfung von strategischen Zielen und operativen Leistungsgrößen • Keine umfassende Darstellung von Ursachen und Wirkungen • Vernachlässigung wertorientierter Steuerungsgrößen

Abbildung 135: Bewertung von Cockpitdarstellungen (Quelle: Reinecke 2004, S. 417; dort in Anlehnung an Brunner et al. 1999, S. 25 und Solbach 2000, S. 117f.)

Eine internationale Analyse hat gezeigt, dass im Marketingbereich jene Unternehmen, die ein Cockpit beziehungsweise „Dashboard" einsetzen, zu 60 Prozent mit dem Controlling und dem Performance Measurement zufrieden sind; Unternehmen ohne solche Visualisierung sind dagegen mit 38 Prozent deutlich seltener zufrieden (Marketing Leadership Council 2001, S. 12.).

Jede Form der Visualisierung ist allerdings hinsichtlich ihrer Zweckmäßigkeit kritisch zu evaluieren. So verfügen beispielsweise zahlreiche Informationssysteme über so genannte Ampelsysteme: Die Kennzahlen werden rot, gelb oder grün hervorgehoben, je nachdem, ob sich die dazugehörigen Werte im jeweiligen Zielkorridor befinden oder nicht. Solche Visualisierungen sind hinsichtlich ihres Nutzens jedoch zu hinterfragen. Erstens droht dadurch ein massiver *Informationsverlust*: Ampeln sind digitale Systeme, die Informationen lediglich auf ordinalem Skalenniveau abbilden. Der Informationsverlust kann insbesondere bei Indexwerten erheblich sein, wenn sich beispielsweise der Gesamtindex im grünen Bereich befindet, gleichzeitig aber einzelne Indexkomponenten nicht im geplanten Bereich liegen. Töpfer (2000b, S. 92) fordert daher, dass Ampeln nicht zu spät von Grün auf Gelb umschalten sollten. Zweitens führen sie zu einer *Dialogreduktion*, weil sie den Fokus ausschließlich auf gelb oder rot markierte Größen lenken. Aber auch Kennzahlen, die auf Grün stehen, können wichtig und diskussionswürdig sein. Drittens bestehen Probleme bezüglich *Grenzwertfestlegung und -aktualität*: Die Grenzwerte für die verschiedenen Kenngrößen müssen im Rahmen der strategischen Planung permanent überprüft und angepasst werden, denn nicht aktuelle Grenzwerte können zu gravierenden Fehlinterpretationen führen. Ampelsysteme sind daher primär für diagnostische Systeme geeignet; dabei sind Sollgrößen und Toleranzgrenzen sowie die Art einer etwaigen Alarmmeldung sorgfältig festzulegen (Krystek/Müller-Stewens 1993, S. 61 f. und S. 105 ff.). Für dialogorientierte Steuerungskennzahlen sind sie eher ungeeignet.

Kommentierung: Förderung von Dialog und Interaktion

Kennzahlensysteme sollten grundsätzlich in doppelter Hinsicht kommentiert werden: Bei der Aufbereitung und der Nutzung.

Bereits bei der *Aufbereitung* gilt der Grundsatz: „Keine Zahl ohne Kommentar" (Horváth 2006, S. 585). Die für diese Controllingaufgabe Verantwortlichen müssen nicht nur Daten liefern, sondern diese auch analysieren und im Sinne von Diagnosen interpretieren.

Des Weiteren sollten Kennzahlensysteme Grundlage für Besprechungen sein und somit bei der *Nutzung* kommentiert werden. Je stärker das System auf Steuerungsaspekte ausgerichtet ist, desto wichtiger ist dessen Integration in den Führungsprozess. So stehen beispielsweise stufengerechte Cockpitdarstellungen bei der liechtensteinischen Firma Hilti (Befestigungs- und Abbautechnik) sowohl in Geschäftsleitungssitzungen als auch bei Besprechungen von Profit Center- und Verkaufsleitern mit ihren Vorgesetzten im Mittelpunkt. Durch eine solche Einbindung in den Führungsprozess gewinnen die Kennzahlensysteme auch aus Sicht der Mitarbeiter Relevanz.

Umstritten ist, ob solche Kennzahlensysteme und Cockpits das restliche Berichtswesen ergänzen oder ersetzen sollten. So fordert Ahn (2001, S. 459) beispielsweise für die Balanced Scorecard, dass diese das restliche Performance Measurement-System ablösen müsse, um eine ausreichende Relevanz im Managementprozess zu erhalten. Während dies für umfassende diagnostische Systeme sicherlich zutreffen kann, bedürfen interaktiv genutzte, fokussierte Kennzahlensysteme jedoch zusätzlicher interner und externer Informationen, die je nach Bedarf bereitgestellt werden müssen.

2.2.4 Informationstechnische Unterstützung des Marketingkennzahlensystems

Die Informationstechnologie stiftet insbesondere bei umfassenden diagnostischen Systemen Nutzen, während ihr bei fokussierten, auf die Steuerung ausgerichteten interaktiven Systemen nur eine sehr eingeschränkte Bedeutung zukommt (Mintzberg 1975 und Simons 1995, S. 186ff.).

Die Informationstechnologie kann den Nutzen von Kennzahlensystemen auf zwei Arten beeinflussen (Davenport 1993, S. 51 und Simons 1995, S. 186ff.):

1. Sie erhöht die *Kodifikation* der Informationen und präzisiert und konkretisiert damit deren Inhalte. Starre Informationstechnologie-Systeme wirken letztlich wie Input- und Prozessvorgaben. Dadurch lässt sich ein gewünschtes Prozessergebnis weitgehend unabhängig vom Ausbildungsstand des Mitarbeiters erreichen.
2. Informationstechnologie kann die *Diffusion* von Informationen innerhalb einer Organisation verbessern. Informationen können schneller, sicherer und breiter

distribuiert werden als beim klassischen Papierfluss; dies ist insbesondere für den Verkauf relevant, der sehr aktuelle Informationen fordert (McKinnon/Bruns 1992, S. 71 und 213). Ein hoher Integrationsgrad des Informationssystems führt zusammen mit der Möglichkeit einer stellenspezifischen Abrufmöglichkeit von Informationen dazu, dass Präzision und Konsistenz und damit letztlich auch die wahrgenommene Nützlichkeit der Informationen erhöht werden.

Informationssysteme müssen ausreichend flexibel sein. Außerdem sollten sie über eine integrierte Datenbasis verfügen, damit tatsächlich stellenspezifische Perspektiven auf ein Kennzahlensystem möglich sind, gleichzeitig aber dieselben Daten sowie eine einheitliche Operationalisierung verwendet werden. Moderne Informationssysteme bieten diese Flexibilität; insbesondere mit Hilfe des Online Analytical Processing (OLAP) ist es möglich, die Daten flexibel darzustellen: Typische Operationen sind Slice (einzelne Schichten werden isoliert betrachtet) und Dice (Schichten lassen sich zur Betrachtung rotieren) sowie Drill-up und -down (Änderung des Aggregationsgrads der Daten, das heißt Verdichten oder Detaillieren) (Hannig 2001, S. 723).

Trotz der Potenziale der Informationstechnologie (Davenport 1993, S. 51) sollten die menschlichen und kulturellen Aspekte Vorrang haben; dies gilt insbesondere für interaktive, auf Steuerung ausgelegte Kennzahlensysteme (Walsham 2001, S. 607). Ein nützliches Marketingkennzahlensystem ist primär keine Frage der Informationstechnologie (Reinecke 2004, S. 160f.).

2.2.5 Verknüpfung mit der Motivations- und Anreizgestaltung

Anreizsysteme bezeichnen alle aufeinander abgestimmten Maßnahmen, die dazu dienen, Dritte zu einem für den Anreizgewährer förderlichen Verhalten zu veranlassen (Drumm 2000, S. 525). Sie umfassen intrinsische und extrinsische Faktoren, nicht lediglich die Entlohnungssysteme.

Nachfolgend stehen zwei Fragen im Zentrum: Sollen Kennzahlensysteme mit Anreizsystemen verknüpft werden, und – wenn ja – was können sie leisten, um die Wirksamkeit dieser Anreizsysteme zu verbessern, um einen effektiven Führungszyklus zu gewährleisten?

Zentrale Aussagen der verhaltenswissenschaftlichen Entscheidungstheorie, insbesondere der Anreiz-Beitrags-Theorie (March/Simon 1958), gehen davon aus, dass Organisationen Individuen durch Anreize zur Teilnahme motivieren. Individuen leisten allerdings nur Beiträge, wenn sie die gebotenen Anreize als größer oder mindestens gleich groß wie ihre eigenen Beiträge wahrnehmen. Organisationen befinden sich nur so lange im Gleichgewicht, wie ihre Beiträge ausreichen, um so viele Anreize zu schaffen, dass die Individuen zu weiteren ausreichenden Beiträgen motiviert sind (hierzu Barnard 1938, S. 92f., March/Simon 1958, S. 84ff. und Simon 1976, S. 110ff. Einen Überblick geben Kieser und Kubicek 1999, S. 133ff.). Anreize können sowohl ergebnis- und somit erfolgs- als auch leistungsbezogen gewährt werden. Dabei besteht ein Zielkonflikt, weil sich Erfolge unter Umständen auch ohne eigene Leistung erzielen lassen (bspw. in einer Phase boomender Konjunktur), anderseits aber selbst qualifizierte Leistung nicht immer zum Erfolg führen muss (Becker 1997, S. 118).

Im Zusammenhang mit Kennzahlensystemen finden sich *zwei konträre Extrempositionen*, nämlich jene von finanzwirtschaftlichen Werttreibersystemen einerseits und jene von Qualitätsmanagementsystemen andererseits:

Bei shareholder-value-orientierten Werttreibersystemen (Kapitel D.3) wird eine enge Verknüpfung von Kennzahlen und finanziellen Anreizsystemen gefordert; es werden Maximalforderungen aufgestellt: Erstens seien Boni grundsätzlich nicht nach oben zu begrenzen; zweitens seien die zugrundeliegenden Ziele nicht auszuhandeln, sondern vielmehr für das nächste Jahr zu kalkulieren. Werttreiberhierarchien fordern reine Erfolgs- und keine Leistungsanreize („pay for results" statt „pay for performance") (Ehrbar 1998, S. 9 ff.).

Vertreter des *Total Quality Management-Ansatzes* sind dagegen skeptisch bezüglich erfolgs- oder leistungsorientierter monetärer Honorierung eingestellt (Deming 1994, S. 94): Solche Systeme könnten das erforderliche Anstrengungsniveau für unterschiedliche Ziele sowie die Gesamtkomplexität des Zielsystems nicht valide erfassen und würden dazu führen, dass die Mitarbeiter vom Kunden abgelenkt werden und sich nur noch mit den eigenen Zielen beschäftigen. Je formalisierter ein Entgeltsystem, desto größer sei die Wahrscheinlichkeit, dass es umgangen und somit überlistet werde (Ambler 2000a, S. 149 und Eccles/Nohria 1992, S. 167). Der Nutzen von Kennzahlen ist aber eng mit ihrer Glaubwürdigkeit verknüpft; diese sei gefährdet, wenn der Verdacht der Manipulation besteht (Ambler 2000a, S. 149). Individuelle Leistungsziele würden ferner die Teamarbeit behindern sowie Kreativität und Innovation hemmen. Monetäre Anreizsysteme honorierten in der Regel auch den Faktor Zeit zu stark; dies wirke sich negativ auf Qualitätsziele aus (Armstrong 1993, S. 84). Insbesondere wird die auf Taylor (1911) zurückgehende Grundannahme erfolgsorientierter Entgeltsysteme angezweifelt, dass sich Mitarbeiter nur bei Lohnanhebungen langfristig überdurchschnittlich anstrengen. Mitarbeiter strebten vielmehr auch nach anderen Formen der Anerkennung (McGregor 1960, Brown 1962, Beer 1994 und ausführlich Armstrong 1993, S. 75 ff.). Beer vertritt sogar die Auffassung, dass ein formales, monetäres Anreizsystem die intrinsische Motivation reduzieren könne (Beer 1984); solche Systeme drückten schließlich auch aus, welche Tätigkeiten nicht gemessen und honoriert werden (Eccles/Noriah 1992, S. 168).

Häufig werden daher *leistungs- und nicht erfolgsorientierte Anreizsysteme* als Kompromiss vorgeschlagen (Simons 1995, S. 118): Das Teilen von Informationen und organisationales Lernen würden somit gefördert; außerdem versuchten die Mitarbeiter dann, ihre Leistung dem Vorgesetzten gegenüber zu verdeutlichen. Auch sei es dadurch möglich, nicht vorhersehbare Anstrengungen nachträglich zu belohnen. Die Subjektivität von Leistungen kann jedoch die wahrgenommene Gerechtigkeit des Anreizsystems in Frage stellen, zumal Anstrengungen nicht zwangsläufig Erfolg nach sich ziehen müssen.

Die zahlreichen *empirischen Untersuchungen* zu diesem Thema kommen zu uneinheitlichen Ergebnissen. Während einige Studien Produktivitätszuwächse von 15 bis 35 Prozent auf die Einführung monetärer Anreizsysteme zurückführen (Lawler 1971, Guzzo et al. 1985, Nalbantian 1987 und Binder 1990), zweifeln andere an deren Wirksamkeit (Berlet/Cravsens 1991, Bevan/Thompson 1991 und Cannel/Wood 1992). Grundsätzlich kann aber Konsens darüber festgestellt werden, dass es eine große Herausforderung ist, ein angemessenes System aufzustellen, das nicht „überlistet" werden und tatsächlich eine motivierende Wirkung entfalten kann (Drucker 1974, S. 340, Schaffer 1991 und Simons 1995, S. 73).

Armstrong entwickelte auf der Basis mehrerer Untersuchungen eine umfassende Liste individueller und organisationaler Kriterien, die bei der Gestaltung wirksamer erfolgsorientierter Anreizsysteme berücksichtigt werden sollten (Armstrong 1993, S. 79 ff.). Abbildung 136 zeigt, welche der *individuellen Kriterien* mit Hilfe von Kennzahlensystemen maßgeblich beeinflusst werden können. Letztere helfen dabei, Ziele und Zielsysteme eindeutiger, transparenter und verständlicher zu kommunizieren. Außerdem fördern sie die Konsistenz (Verursachungsgerechtigkeit) und geben den Mitarbeitern Anhaltspunkte zur Verbesserung der Zielerreichung. Auch der Konstruktions- und Nutzungsaufwand für Anreizsysteme kann durch eine Koppelung mit einem dem Controlling dienenden Kennzahlensystem deutlich reduziert werden.

Die von Armstrong identifizierten *organisationalen Kriterien* (Armstrong 1993, S. 80 ff.) deuten in die Richtung, dass Anreizsysteme insbesondere im Verkauf sinnvoll sein können: Monetäre Anreizsysteme sind in der Regel in unternehmerisch ge-

Monetäre Anreizsysteme wirken individuell um so eher motivierend,	
<ul><li>je besser sie mit der Unternehmenskultur und dem zu verrichtenden Typ von Arbeit übereinstimmen,</li><li>je schneller die Belohnung bei Zielerreichung ausgezahlt wird,</li><li>je stärker die Mitarbeiter davon überzeugt sind, dass ihre Anstrengungen oder Leistungen tatsächlich auch ausreichend honoriert werden,</li><li>je klarer und eindeutiger die Anreize an die Anstrengung des Einzelnen beziehungsweise des Teams gekoppelt sind,</li><li>wenn dafür gesorgt wird, dass Anpassungen bei besonderen oder unvorhergesehenen Ereignissen möglich sind,</li><li>wenn sichergestellt ist, dass Mitarbeiter nicht unrechtmäßig hohe Belohnungen erzielen können, die nicht ihrer Anstrengung und Leistung entsprechen.</li></ul>	<ul><li>je eindeutiger Leistungsziele und -standards kommuniziert werden,</li><li>je einfacher die Konzeption des Anreizsystems zu verstehen ist,</li><li>je besser Mitarbeiter ihre eigene Leistung mit den Zielen und Standards vergleichen können,</li><li>je angemessener und konsistenter die Leistung gemessen werden kann,</li><li>je stärker die Mitarbeiter in der Lage sind, ihre Leistung durch Verhaltensänderungen zu beeinflussen,</li><li>wenn das Anreizsystem zuverlässig und stabil ist,</li><li>wenn die Mitarbeiter bei der Entwicklung und Umsetzung des Anreizsystems mitwirken können.</li></ul>
Faktoren, die unabhängig vom Einsatz eines Kennzahlensystems sind	Faktoren, die durch ein nützliches Kennzahlensystem beeinflusst werden können

Abbildung 136: Einfluss von Kennzahlensystemen auf die Effektivität von Anreizsystemen (Quelle: Reinecke 2004, S. 423; dort aufbauend auf Armstrong 1993, S. 79 ff.)

führten, zielorientierten Organisationen erfolgreicher, in denen die Kultur auf Individualität, harter Arbeit, Risikobereitschaft, Statussymbolen und Gelderwerb aufbaut. Sie können aber auch in partizipativ geführten Unternehmen zum Einsatz kommen, wenn die Ziele von Mitarbeitern und Vorgesetzten gemeinsam festgelegt werden. Armstrong weist jedoch darauf hin, dass viele Unternehmen diesen Spagat zwischen Individualität und Partizipation nicht meistern können. (Zu weiteren Anforderungen an Anreiz- und Belohnungssysteme in Marketing und Verkauf insbesondere Kossbiel 1994, S. 84 ff., Bastian 2000, S. 301 ff., Töpfer 2000c, S. 282 und Hamel 2001, S. 411.)

In vielen Unternehmen sind die Anreizsysteme nicht auf die strategischen Führungsfaktoren ausgerichtet, sondern stehen ihnen sogar entgegen (Becker 1997, S. 118). Beispielsweise kann sich eine einseitige Umsatzorientierung negativ auf andere Erfolgskennzahlen auswirken. Manche Unternehmen konstruieren sogar bewusst unausgewogene Kennzahlen- und Anreizsysteme, um gewisse Aspekte kurzfristig zu betonen. Drucker (1974, S. 344) kritisiert einen solchen abwechselnden Fokus auf unterschiedliche Kennzahlen, den er mit „Management by drives" bezeichnet: Dieser verleite zu Fehl- und Überreaktionen und sei ineffizient.

Weber und Schäffer (2000, S. 58) warnen davor, dass durch die Verknüpfung eines neuen Kennzahlensystems mit den Anreiz- und Movitationssystemen etwaige Konstruktionsmängel sofort evident und wirksam werden. Töpfer (2000b, S. 102) spricht sich daher dafür aus, ein Kennzahlensystem nicht sofort „scharf" zu machen, sondern bei dessen Einführung genügend Zeit für Lernen, Entwickeln und Verbessern zu lassen. Auch sollten die Mitarbeiter stark involviert werden, um Widerstände und Kontrollvorbehalte gegenüber Kennzahlen abzubauen (Bentz 1983, S. 182 f. und Gritzman 1991, S. 46).

2.2.6 Kennzahlensysteme: Gestaltung der Schnittstellen zum Unternehmenscontrolling

Die Einführung eines Marketingkennzahlensystems erfordert nicht nur eine enge Zusammenarbeit von Marketingcontrolling einerseits und Marketing- und Verkaufsmanagement andererseits. Vielmehr ist auch eine enge Abstimmung mit dem Unternehmenscontrolling erforderlich.

Immerhin wird gemäß der empirischen Studie des Marketing Leadership Council die Zusammenarbeit zwischen dem Bereich Marketing/Verkauf einerseits und dem Bereich Finanzen/Controlling andererseits in den meisten Unternehmen als „einigermaßen kooperativ" angesehen. In derselben Studie zeigte sich auch, dass das Marketingmanagement in jenen Unternehmen, in denen die Zusammenarbeit zwischen den beiden Bereichen kooperativ ist, deutlich zufriedener mit den Marketingkennzahlensystemen ist (Marketing Leadership Council 2001, S. 15). Eine bewusste Gestaltung der Schnittstellen zwischen Marketing- und Unternehmenscontrolling wirkt sich somit positiv aus.

Wie ausführlich dargestellt wurde, sind Kennzahlensysteme stark vom jeweils gewählten obersten Unternehmensziel (Gewinn, Sicherheit, soziale Verantwortung, Marktanteil, Unabhängigkeit, Kundenpflege, Wachstum, Prestige) abhängig (hierzu Horváth 2006, S. 129 f.). Wenn beispielsweise Shareholder Value das proklamierte Ziel der Unternehmensführung ist, so kann sich das Marketingcontrolling diesem Ansatz nicht entziehen. Ein etwaiges Marketingkennzahlensystem sollte in diesem Fall möglichst mit dem finanzwirtschaftlichen System gekoppelt sein; zumindest ist eine gemeinsame „Sprache" (= Kennzahlendefinitionen) anzustreben. Wenn dagegen das Gesamtunternehmen mit einer Balanced Scorecard (Kaplan/Norton 1996, 2001 sowie zu einer Darstellung und ausführlichen Kritik dieses Ansatzes Reinecke 2004, S. 108) geführt wird, dann macht ein isoliertes Marketingkennzahlensystem keinen Sinn.

Ein Marketingkennzahlensystem kann mit anderen Ansätzen wie der Balanced Scorecard oder Werttreiberhierarchien auf unterschiedliche Weise harmonisiert werden:

1. Liegt bereits ein integriertes Marketingkennzahlensystem vor, aber noch kein übergeordnetes Kennzahlensystem, so besteht die Möglichkeit, das Marketingcockpit zu einem *unternehmensweiten Performance Measurement-System* weiterzuentwickeln und insbesondere zusätzliche finanz- und personalwirtschaftliche Größen zu integrieren.
2. Ist bereits eine Entscheidung für Werttreiberhierarchien gefallen (bspw. für einen EVA-Kennzahlenbaum), so ist es sinnvoll, ein *Marketingkennzahlensystem in eine derartige Hierarchie einzufügen*. Entscheidend ist jedoch, dass zumindest im leistungswirtschaftlichen Bereich der Werttreiberhierarchie inhaltliche Ursache-Wirkungszusammenhänge Vorrang vor mathematischen Scheingenauigkeiten haben.
3. Eine weitere Möglichkeit besteht darin, das *Marketingcockpit* als umfassende „Kunden- und Konkurrenzorientierung" in die Balanced Scorecard aufzunehmen, beispielsweise *als eigene Perspektive*. Ob dies zweckmäßig ist, hängt vom Gesamtaufbau der Balanced Scorecard ab beziehungsweise davon, inwieweit die Gefahr besteht, dass Funktionsinteressen die Integrationskraft der Balanced Scorecard unterlaufen.

Insgesamt lässt sich festhalten, dass unterschiedliche Ansätze (Balanced Scorecard, Werttreiberhierarchien, Marketingkennzahlensystem) zwar in einer Art Ideenwettbewerb zueinander stehen, aber dennoch miteinander kombiniert werden können. Ein isoliertes Marketingkennzahlensystem widerspräche der Querschnittsfunktion des Marketing.

2.3 Vorgehen bei der Einführung eines Marketingkennzahlensystems

Wie bei jedem Konzept, so entscheidet auch bei Kennzahlen- beziehungsweise Performance Management-Systemen die Art und Weise, wie sie eingeführt wurden und wie das Management mit ihnen umgeht, über ihren späteren Nutzen (Müller-Stewens/Lechner 2005, S. 558). Aufgrund der Aktualität des Themas „Performance Measurement" liegen zahlreiche Vorschläge vor, wie die *Einführung eines Kennzahlensystems* erfolgen kann, das in ein umfassendes Performance Measurement integriert ist. Ähnlich wie der Ansatz von Kaplan und Norton (Kaplan/Norton 1996/2001 und Gleich 2001, S. 57 f.) orientieren sich die meisten Vorschläge an klassischen Planungsmodellen: Strategie und Zielsetzung basieren auf einer umfassenden Analyse; darauf aufbauend werden Kennzahlen anhand von Ursache-Wirkungszusammenhängen ausgewählt, operationalisiert und schließlich in den Planungs- und Steuerungsprozess integriert. Der Konkretisierungsgrad dieser Implementierungsmodelle ist sehr unterschiedlich; differenzierte Phasenmodelle zeigen beispielsweise Töpfer (2000b, S. 95) sowie die Unternehmensberatung Horváth & Partner (2000, S. 56).

Trotz einer grundsätzlichen Ähnlichkeit der meisten Implementierungsansätze zeigen sich dennoch gewisse Unterschiede. So betont das Modell von Gleich und Sei-

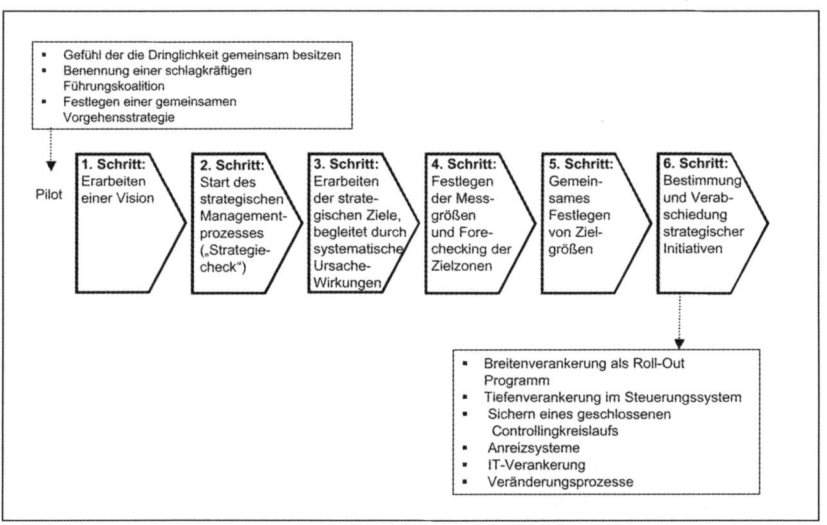

Abbildung 137: Schritte bei der Entwicklung eines Performance Measurement-Systems (Quelle: Seidenschwarz/Gleich 2006, S. 835; nach Seidenschwarz 1999, S. 254)

denschwarz (Seidenschwarz 1999, S. 254 und Seidenschwarz/Gleich 2006, S. 835) deutlich stärker Aspekte des *Unternehmenswandels*; beispielsweise werden Kultur- und Mitarbeiterorientierung ebenso wie Gesichtspunkte des Projekt- und Teammanagements hervorgehoben (Abbildung 137). Daher kann es als eine europäisierte Variante der tendenziell eher US-amerikanisch geprägten klassischen Top-down-Vorgehensweise angesehen werden. Einen empirischen Beleg für generalisierbare Phasenmodelle und deren Wirksamkeit gibt es allerdings nicht (u.a. Rüegg-Stürm 2002, S. 358 ff.).

Die Einführung eines umfassenden Performance Management-Konzepts ist gerade in den Bereichen Marketing und Verkauf mit einem *tief greifenden Wandel* verbunden; dies gilt um so mehr, je weniger vorher bereits kennzahlenorientiert geführt wurde und je stärker sich damit auch die Führungskultur ändert. Von zahlreichen Computer Aided Selling-Einführungsprojekten ist bekannt, dass der potenzielle Widerstand im Verkauf gegenüber neuen Informationssystemen besonders hoch ist (Schwetz 1998 und Hassmann 2000): Dies ist zum einen darauf zurückzuführen, dass Verkäufer Kontrollaspekte befürchten; zum anderen sind sie skeptisch gegenüber zusätzlichen Verwaltungsaufgaben.

Da die Einführung eines Kennzahlensystems nicht einfach als Projekt mit einem definierten Anfang und Ende charakterisiert werden kann, sind alle Phasenmodelle letztlich starke Vereinfachungen. Empirische Untersuchungen und Berichte (Schwetz 1998, Günther/Grünig 2000 und Ahn 2001) zu *Erfolgsfaktoren bei der Einführung* von Performance Measurement-Systemen (Abbildung 138) sowie von kennzahlenorientierten Computer Aided Selling-Systemen zeigen evidente Paralle-

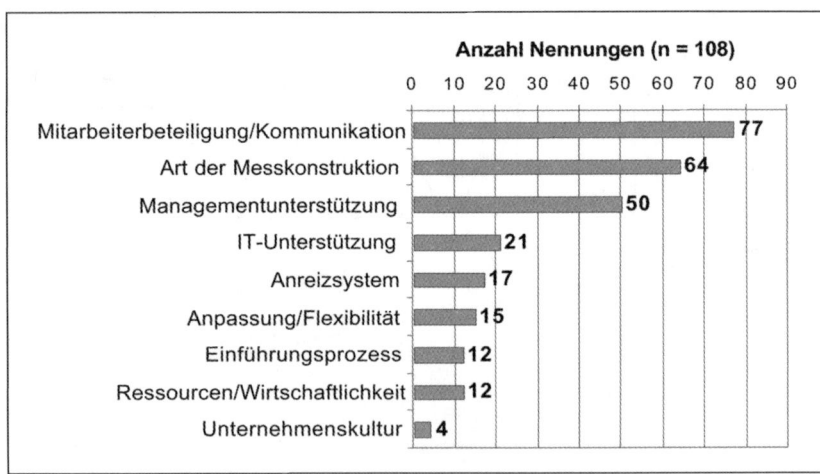

Abbildung 138: Erfolgsvoraussetzungen für die Einführung eines Kennzahlensystems (Quelle: Günther/Grüning 2000, S. 21)

len zu Forschungen im Bereich des Change Managements (ausführlich Müller-Stewens/Lechner 2005, S. 590 ff.). So offenbart eine Studie von Günther und Grüning (Günther/Grüning 2000, S. 21), dass nur einer der drei zentralen Erfolgsfaktoren spezifisch für das Performance Measurement ist, nämlich die Art der Messkonstruktion. Der wichtigste Erfolgsfaktor besteht aber darin, Mitarbeiter ausreichend einzubeziehen; ferner ist eine ausreichende Managementunterstützung erfolgsentscheidend. Auch andere Autoren betonen mit kleinen Abweichungsnuancen diese Aspekte (McCunn 1998, S. 35 und Brunner et al. 1999, S. 229 ff.). Mitarbeiter müssen vom Nutzen des Systems überzeugt sein, damit sie es aktiv nutzen (Günther/Grüning 2000, S. 23).

Im Zusammenhang mit der Einführung von Kennzahlensystemen ist auf Erkenntnisse des *Change Managements* zurückzugreifen (ausführlich Rüegg-Stürm 2002 und Müller-Stewens/ Lechner 2005, S. 577 f. mit Bezug auf Lewin 1943, 1958, 1963 und Nadler 1988). So müssen beispielsweise alle Beteiligten die Notwendigkeit des Wandels erkennen und frühzeitig aktiv beteiligt werden. Eine aufgebaute Veränderungsmotivation sollte möglichst zu einer Entscheidung führen, die ein formelles Commitment sicherstellt. Fortschrittskontrolle und schnelles Feedback beschleunigen den Veränderungsprozess. Letztlich sind insbesondere die Grundsätze eines erfolgreichen Wandelzyklus zu berücksichtigen, beispielsweise Auftauen („unfreezing"), Veränderung („moving") und Fixierung („refreezing"). Müller-Stewens und Lechner haben einen Bezugsrahmen zur Gestaltung eines solchen Wandelprozesses entwickelt, der auf die Einführung von Kennzahlensystemen übertragen werden kann. Eine anwendungsorientierte Checkliste für die Einführung von Kennzahlensystemen bietet auch Töpfer (2000b, S. 97).

Abbildung 139 präsentiert einen *Prozess für die Einführung eines Marketingkennzahlensystems*. Dieser Vorschlag integriert zahlreiche Gesichtspunkte der anderen geschilderten Prozessmodelle, setzt aber spezifische Schwerpunkte:

- Die *Phase der Zielsetzung* wird relativ stark gewichtet. Bevor die Entscheidung zur Einführung eines Kennzahlensystems fällt, ist zu klären, ob es sich um ein diagnostisches Informations- oder ein fokussiertes interaktives Steuerungssystem handeln soll sowie welche Funktionen die Kennzahlen erfüllen sollen (bspw. Frühwarnung, Zielplanung, Anreizgestaltung) (Blankenburg 1999, S. 141).
- *Aspekte des Change Managements* sind möglichst bereits zu Beginn und nicht erst am Ende des Einführungsprozesses zu berücksichtigen. Die Definition etwaiger stellenspezifischer Kennzahlensysteme basiert einerseits auf inhaltlichen Überlegungen; andererseits dient sie insbesondere auch dazu, die Mitarbeiter stärker in den Prozess zu integrieren und an der Entwicklung zu beteiligen.
- Ein aufgabenorientiertes Kennzahlensystem basiert inhaltlich auf dem aufgabenorientierten Ansatz. Marketingplanung und -controlling sind somit eng miteinander verzahnt. Die Einführung eines solchen Kennzahlensystems muss somit letztlich *durch das Management getragen werden*; sie kann nicht (allein) durch (Marketing-)Controller erfolgen.

- Der Einführungsprozess erfolgt *stufenweise*: Das Kennzahlensystem sollte in der Regel zunächst als begleitendes Reportinginstrument und erst später für Steuerungszwecke eingesetzt werden. Dadurch lassen sich anfängliche Kontrollängste reduzieren sowie Schwierigkeiten bei der Messung einiger Konstrukte lösen.

Die Art und Weise der Einführung eines Marketingkennzahlensystems entscheidet maßgeblich über dessen Nutzen und somit dessen Erfolg. Empirisch belegte Erfolgs- und Misserfolgsfaktoren zeigen deutliche Parallelen zu Forschungen aus dem Bereich des Change Managements: Erfolgsentscheidend sind insbesondere kommunikative Aspekte, die Beteiligung der betroffenen Mitarbeiter und ausreichendes Top-Management-Commitment. Die einzige wesentliche inhaltliche Erfolgsvoraussetzung ist die Notwendigkeit einer systematischen und eindeutigen Struktur für die Kennzahlendefinition und -operationalisierung.

Vorgaben und Zieldefinition	Vorgaben von der Unternehmensführung als Rahmenbedingungen für Marketingplanung und -controlling (beispielsweise Werttreiberhierarchien, Balanced Scorecard, spezifische Unternehmensziele)
	Analyse des bisherigen Marketingplanungs- und -controllingsystems (insbesondere hinsichtlich des derzeitigen Umgangs mit Kennzahlen)
	Festlegen der Ziele eines Marketingkennzahlensystems • Diagnostisches Informations- oder interaktives Steuerungssystem? • Angestrebter Grad einer stellenspezifischen Konkretisierung • Angestrebter Grad einer Integration in den Führungszyklus (Strategie- und Zieloperationalisierung, Budgetierung, Motivations- und Anreizsysteme, Marketingkontrollen und -überwachung) • Angestrebter Grad der informationstechnischen Unterstützung
	Change- und Projektmanagement: Zusammenstellen eines ausgewogenen Projektteams; Planung finanzieller und personeller Ressourcen, des Realisierungszeitraums, der erforderlichen Kommunikations- und Schulungsmaßnahmen sowie eines etwaigen Pilotprojekts.
Definition der Marketingstrategie	Analyse und Audit der bisherigen Marketingstrategie sowohl hinsichtlich Marktpotentialen als auch der eigenen Kompetenzen
	Strukturieren und Festlegen der formalökonomischen Ergebnisziele
	Marketingstrategie: Konkretisieren des angestrebten Kernaufgabenprofils und Definition der Schlüsselkennzahlen der Marktpositionierung
Auswahl aufgabenorientierter Kennzahlen	Analyse der relevanten Ursache-Wirkungsbeziehungen (in Abhängigkeit vom angestrebten Kernaufgabenprofil)
	Strukturierung und Visualisierung aufgabenspezifischer Treiber(größen)
	Ermitteln der Datenverfügbarkeit und -qualität potentieller Messgrößen
	Auswahl zentraler Treiber- und Kenngrößen
	Eindeutige Operationalisierung der gewählten Kennzahlen; Festlegen von Messhäufigkeit und -verantwortlichkeit sowie der Datenquellen
	ggfs. Definition ergänzender Kenngrößen zur langfristigen Evaluation von Marktpotentialen (beispielsweise Kunden- und Markenwert)
Auswahl stellenspezifischer Kennzahlen	Top-down-Festlegen der stellenspezifischen Kennzahlenvorgaben aus dem integrierten Marketingkennzahlensystem
	Bottom-up-Definition ergänzender Kenngrößen durch die jeweiligen Stelleninhaber

Abbildung 139: Idealtypische Phasen der Einführung eines Marketingkennzahlensystems (Quelle: Reinecke 2004, S. 430)

2.4 Grenzen von Kennzahlen und Kennzahlensystemen im Marketing

Berühmte Aussagen wie jene von Drucker (1974) „what you measure is what you get" unterstreichen die Bedeutung von Kennzahlen im Rahmen der Betriebswirtschaftslehre. Siegwart (1998, S. 127.) bezeichnet eine Planung ohne Kennzahlen sogar als „stumpfes Instrument". Somit muss auch die Marketingplanung auf Kennzahlen zurückgreifen.

Dabei ist allerdings zu berücksichtigen, dass Kennzahlensysteme lediglich eines von vielen Planungs- und Controllinghilfsmitteln sind. Ihre Anwendung ist maßgeblichen *inhaltlichen Einschränkungen* unterworfen und sehr anspruchsvoll; sie stößt in der Realität auch aufgrund von *formalen Fehlern* und Unzulänglichkeiten an ihre Grenzen (Reinecke 2000, S. 41 ff.).

2.4.1 Inhaltliche Einschränkung der Leistungsfähigkeit von Marketingkennzahlensystemen

Ein Kennzahlensystem ist ein wichtiges Instrument, um einen geschlossenen Marketingführungsprozess zu gewährleisten und somit einige der zentralen Herausforderungen des Marketingcontrollings zu bewältigen. Es kommt dabei insbesondere auch jenen Personen entgegen, die Controlling mit Quantifizierung und Zahlen gleichsetzen. Auch wenn Kennzahlensysteme einen wesentlichen Teil zur Befriedigung eines Informationsbedarfs beitragen (Bentz 1983, S. 180 f.), so werden dadurch andere Controllinginstrumente keinesfalls überflüssig.

Kennzahlensysteme sind lediglich *ein* Baustein eines umfassenden Controllingsystems (Vollmuth 1987, S. 52); sie ergänzen, aber ersetzen keinesfalls Instrumente wie Absatzsegmentrechnungen oder Investitionsrechnungen für Neuprodukteinführungen. Gerade im Marketing gibt es zahlreiche Bereiche, die *mit Kennzahlen nur unzureichend abgedeckt* werden können: Weder Stärken-/Schwächen- noch Gap-Analysen lassen sich vollumfänglich mit Kennzahlen ausdrücken. Auch „weiche", qualitative und somit nicht durch Kennzahlen quantifizierte Informationen sind nach wie vor relevant: Der Außendienstbericht eines Verkäufers, der sich gerade mit einem Großkunden getroffen hat, enthält unter Umständen sehr viele wichtige Informationen, die in einem Kennzahlenbericht untergehen (McKinnon/Bruns 1992, S. 204). Ein Dialog kann durch Kennzahlen somit lediglich unterstützt, nicht aber ersetzt werden. Somit hat der Albert Einstein zugesprochene Satz durchaus auch für das Marketing Bedeutung: „Sometimes what counts can't be counted, and what can be counted doesn't count (Albert Einstein, zitiert nach Schomann 2001, S. 1)."

Eine weitere natürliche Grenze von Kennzahlensystemen besteht darin, dass sie eine *ungerichtete strategische Überwachung* beziehungsweise eine Frühaufklärung nicht oder lediglich unzureichend gewährleisten können. Eine wirksame Frühaufklärung benötigt ergänzende Informationen (hierzu auch Krystek/Müller-Stewens 1993, S. 59 und S. 81; ausführlich Kapitel C.1).

Ein integriertes Kennzahlensystem ersetzt weder Marketingmanagement noch Marketingcontrolling: Kennzahlensysteme treffen keine Entscheidungen und interpretieren sich auch nicht selbständig. Ob Ziele in zufriedenstellendem Ausmaß erreicht wurden, ist keine Frage der Kennzahlen, sondern eine Frage der *Kennzahleninterpretation*; eine solche Interpretation kann ein Kennzahlensystem jedoch nicht vorwegnehmen (Gritzmann 1991, S. 42).

Jedem Kennzahlensystem sind aufgrund von Kompromissen bezüglich Aktualität, Geltungsbereich, Operationalität und Wirtschaftlichkeit (Galler 1969, S. 274) inhaltliche Grenzen gesetzt.

2.4.2 Formale Fehler bei der Arbeit mit Kennzahlen

Neben diesen *inhaltlichen Einschränkungen bezüglich der Reichweite* von Kennzahlensystemen ist auf typische Gefahren und *Fehler bei der Arbeit mit Kennzahlen* hinzuweisen. Der Einsatz von Kennzahlen ist durch individuelle Vorbehalte, unterschiedliche Qualifikationen und psychosoziale Phänomene gekennzeichnet. Wurden bereits einmal falsche Schlüsse aus methodisch fragwürdigen oder unklaren Zahlenkombinationen gezogen, so führt dies nicht selten zur Kennzahlenablehnung (Radke 1968, S. 148).

Hinsichtlich der formalen Fehler lassen sich Konstruktionsmängel, Fehler bei Datenerhebung und -verarbeitung (Staehle 1967, S. 71 f. und 1973, S. 228 als auch Wolf 1977, S. 57 f.) sowie Anwendungs- und Interpretationsmängel unterscheiden (Wissenbach 1967, S. 89 ff., Galler 1969, S. 48 ff., Staehle 1973, S. 228, Meyer 1976, S. 43 ff. und Wolf 1977, S. 55 ff).

Konstruktionsmängel liegen vor, wenn ein Kennzahlensystem falsch oder unzweckmäßig ist. Ein System kann als falsch bezeichnet werden, wenn beispielsweise Beziehungszahlen mathematisch inkorrekt gebildet werden oder formale Ursache-Wirkungszusammenhänge nicht zutreffen. Unzweckmäßig ist ein System, wenn es der jeweiligen Entscheidungssituation nicht gerecht wird.

Fehler bei der Datenerhebung und -verarbeitung können auf ungenügende Qualifikation, aber auch auf mangelnde Sorgfalt zurückzuführen sein. Ein Bericht ohne ausreichende Validität der Datenerhebung und -verarbeitung stiftet keinen Nutzen (McKinnon/Bruns 1992, S. 200).

Anwendungsmängel zeigen sich oft an dysfunktionalen Effekten (Simons 1995, S. 81 ff.): Beispielsweise werden im Rahmen der Planung „Spielräume" in die Kennzahlen eingesetzt, so dass Ziele auf jeden Fall erreicht werden können. Oder Kennzahlenabweichungen werden „geglättet", das heißt, Berichte werden bezüglich Zeitpunkt und -raum angepasst, ohne dass sich die Beobachtung verändert. Gelegentlich werden auch Berichte manipuliert, indem Ereignisse (bspw. Kundenbeschwerden) nicht mitgeteilt oder „einseitig beeinflusst" werden (bspw. einseitiges Melden positiver, nicht aber negativer Kundenreaktionen).

Die Gefahr von Manipulationen steigt, wenn Kenngrößen mit Anreizsystemen gekoppelt werden. Beispielsweise führte bei einer Bank die Einführung der Kennzahl „Prozentsatz von Kundenanfragen, die innerhalb von 59 Sekunden erledigt werden konnten" dazu, dass nicht die Leistung verbessert wurde, sondern dass Kunden nach 59 Sekunden nicht mehr bedient wurden, wenn man ihr Problem nicht lösen konnte (Neely 1998, S. 31).

Interpretationsfehler (Staehle 1973, S. 228, Siegwart 1998, S. 149 und Gritzmann 1991, S. 45) sind eine weitere Form von Anwendungsmängeln. Kennzahlen bestechen durch quantitative Exaktheit und verleiten daher zu Überreaktionen: Sie führen zu einer „Paralyse durch Analyse" oder dazu, dass man Kennzahlen als getreue Abbildung der Wahrheit sieht – ohne jegliche kritische Distanz (Quelch 1992, S. 4). Dabei wird vernachlässigt, dass Kennzahlen definitionsgemäß einen relevanten Sachverhalt verengen (Weber 1993, S. 205) und niemals vollständig wiedergeben (Eccles/Noriah 1992, S. 169).

Kennzahlensysteme schwächen zwar das Problem der isolierten Anwendung einzelner Kennzahlen bereits ab (Wolf 1977, S. 55 f. und Siegwart 1998, S. 147), bleiben aber immer interpretationsbedürftig.

Zusammenfassend lässt sich feststellen, dass Kennzahlensysteme kein Selbstzweck sind (Association Française des Conseillers de Direction 1965, S. 19). Kennzahlen liefern Informationsquellen für Entscheidungen, können und sollen Entscheidungen aber nicht ersetzen (Gaitanides 1979, S. 57). Drucker (1974, S. 208 f.) drückt dies wie folgt aus: „To make a control system take care of exceptions misdirects and undermines both the work process and the control system."

3 Ausrichtung des Marketing auf Treiber des Unternehmenswerts

Im Sinne einer stärkeren Betonung der Reflexion sind im Rahmen des Marketingcontrollings die Aspekte Zeitwert des Geldes und Risiko stärker zu gewichten. Der Shareholder Value-Ansatz bietet dem Marketingmanagement und dem -controlling zahlreiche Möglichkeiten, um künftige Marketingstrategien zu bewerten (nicht jedoch, um vergangene Performance zu beurteilen; Ambler 2004, S. 58). Dabei geht es darum, transparent zu machen, *wie sich Marketingmaßnahmen auf die zentralen Werttreiber auswirken* (Rappaport 1986 und Srivastava/Shervani/Fahey 1998, S. 9): Erhöhung des Cashflows, Senkung von Risiken bezüglich des Erzielens von Cashflows, Beschleunigung von Cashflows sowie der Erhöhung des Restwerts einer Investition.

Nachfolgend werden der Shareholder Value-Ansatz sowie verwandte Konzepte kurz charakterisiert und umfassend kritisiert. Es wird gezeigt, wie sich dieser Ansatz als Instrument zur ganzheitlichen Evaluation und Kommunikation von Marketingstrategien instrumentell einsetzen lässt. Dem Marketingcontrolling kommt dabei die Aufgabe zu, insbesondere in börsennotierten Unternehmen das Marketingmanagement dabei zu unterstützen, solche Werttreiberhierarchien im Sinne einer Steigerung der Reflexion einzusetzen, ohne jedoch die inhaltlichen Unzulänglichkeiten dieser Ansätze zu vernachlässigen.

3.1 Der Shareholder Value-Ansatz und verwandte Konzepte

Der Shareholder Value-Ansatz nach Rappaport (1986, 1998) verfolgt das Ziel einer *Steigerung des Unternehmenswerts*, indem die Gesamtorganisation auf das Ziel der Wertmaximierung ausgerichtet wird. Ferner liefert der Ansatz auch *die „richtige" rechentechnische Methode zur Projekt- und Unternehmensbewertung*: Wie kann man unter mehreren Strategien jene ausfindig machen, die den höchsten Unternehmens- und somit Aktionärswert verspricht?

Dabei verwendet Rappaport die Kapitalwertmethode unter Berücksichtigung des Zeitwerts des Geldes, der Risikoausprägung des Konzerns beziehungsweise des Geschäftsbereichs sowie eines zugehörigen Residualwerts (Wert des über den Planungszeitraum hinaus anfallenden Cashflows) (ausführlich VCI 1998, S. 64 ff. sowie Hahn/Hungenberg 2001, S. 192 ff.). Er bietet auch eine Methode an, mit der die entscheidenden Werttreiber („value driver") identifiziert und analysiert werden können. Unter *Werttreibern* versteht Rappaport Größen des operativen Geschäfts, die den Aktionärswert beeinflussen (Abbildung 140). Diese dienen dazu, die Berechnung des Barwerts eines Projekts nach der Kapitalwertmethode zu vereinfachen. Der Ansatz liefert *zwei Führungsregeln*:

1. Eine Strategievorauswahl erfolgt durch die Frage: „Wird Wert geschaffen oder vernichtet?" Grundsätzlich sollten nur Strategien verfolgt werden, die Werte schaffen.
2. Eine weitergehende Performancesteigerungsregel legt fest, dass die wertmaximierenden Strategien weiterverfolgt werden sollten.

Verwandt mit dem Ansatz von Rappaport ist das *Economic Value Added-Konzept (EVA)*. Es misst den wirtschaftlichen Wertzuwachs einer Investition. Der EVA-Ansatz geht von der Grundprämisse aus, dass nur dann zusätzlicher wirtschaftlicher Wert geschaffen wird, wenn über die Kapitalkosten für Eigen- und Fremdkapital hinaus Geld verdient wird (ausführlich VCI 1998, S. 74 und Hahn/Hungenberg 2001, S. 202 ff.). Die Mindestrenditeanforderungen für Unternehmen beziehungsweise Geschäftsbereiche werden somit von den Opportunitätskosten (= Marktkosten) für Eigen- und Fremdkapital bestimmt. EVA entspricht dem NOPAT (Net operating profit after tax, also dem operativen Geschäftsergebnis nach Steuern) abzüglich der gewichteten, risikogerechten Kapitalkosten für Fremd- und Eigenkapital.

Der Gesamtmarktwert eines Geschäftsbereichs besteht aus dem gegenwärtigen wirtschaftlichen Kapital zuzüglich der Summe aller zukünftigen, abdiskontierten EVA-Beträge (= Market Value Added, MVA).

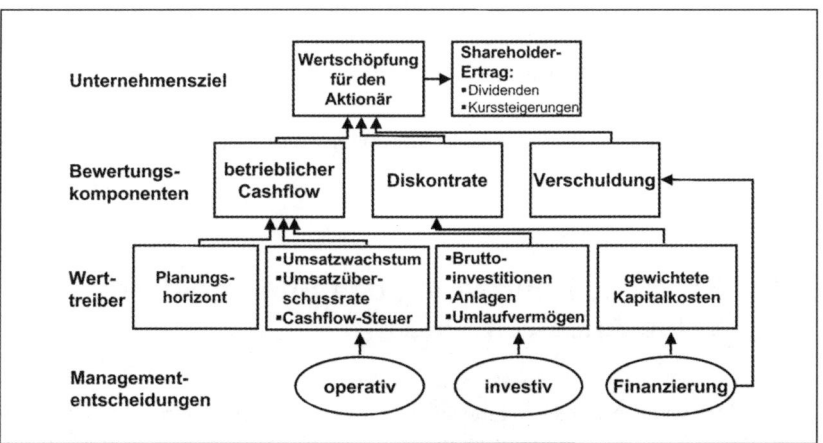

Abbildung 140: Shareholder Value-Ansatz nach Rappaport (Quelle: Rappaport 1995; Übersetzung in Anlehnung an VCI 1998, S. 67)

Charakteristikum	Art und Weise der Umsetzung
Zukunftsbezug	durch Berücksichtigung des aus dem Bewertungsobjekt (zum Beispiel aus einer Geschäftseinheit) fließenden zukünftigen Cashflows und durch den unendlichen Betrachtungszeitraum
Mehrperiodigkeit	durch Diskontierung eines Stroms zukünftiger Cashflows
Berücksichtigung des Zeitwerts des Geldes	durch Abdiskontierung nominaler Cashflows mit einem nominalen Diskontierungsfaktor
Zahlungsorientierung	durch Berücksichtigung von Cashflows anstatt zum Beispiel von Gewinnen
Berücksichtigung von Risiken	durch Abdiskontierung mit einem risikoangepassten Zinssatz
Marktorientierung	durch Verwendung von Zahlungsgrößen statt Buchgrößen, durch Bezug auf Marktwerte statt Buchwerte (zum Beispiel beim eingesetzten Vermögen)
Berücksichtigung des Finanzierungsbedarfs zukünftigen Wachstums	durch Abzug der Investition in das Anlagevermögen und in das Working Capital von den Cashflows

Abbildung 141: Merkmale eines unternehmenswertorientierten Controllings (Quelle: Günther 1997a, S. 204f.)

Letztlich nimmt EVA eine Mittelstellung zwischen der traditionellen Gesamtkapitalrendite und dem Shareholder Value nach Rappaport ein. Sie ist direkt auf einperiodische Wertzuwachsmessung ausgerichtet; dadurch werden die systematische Überprüfung der Zielerreichung sowie die daran geknüpfte etwaige erfolgsorientierte Vergütungsberechnung erleichtert (Günther 1997b, S. 21 und VCI 1998, S. 79). Befürworter von EVA führen zahlreiche Vorteile dieser „neuen" finanzwirtschaftlichen Kennzahl an (Ehrbar 1998, S. 6): Aufgrund eines engen Bezugs zwischen EVA und dem Aktienkurs eigne sich diese Größe, um die Interessen der Manager mit jenen der Unternehmenseigner abzustimmen, beispielsweise mit Hilfe von EVA-orientierten Motivationssystemen. Ferner wird angeführt, dass EVA eine sehr einfache und eindeutige Größe sei, die auf allen Ebenen – von der strategischen Planung bis zur Budgetierung – kommuniziert werden könne: Mehr EVA sei immer besser als weniger EVA.

Abbildung 141 fasst die Merkmale unternehmenswertorientierter Ansätze zusammen.

3.2 Kritische Beurteilung des Shareholder-Value-Ansatzes

Shareholder Value-Ansätze sind moderne Analyseverfahren, deren *Stärke* darin besteht, dass sie Führungskräfte dazu zwingen, alle Einflussfaktoren einer Strategie- oder Projektbewertung transparent zu machen und die finanziellen Auswirkungen aller Tätigkeiten konsequent zu erfassen. Sie fordern vom Management, sich auf das aus der Sicht des Shareholders Wesentliche *zu fokussieren*. Dennoch weisen diese Verfahren auch Defizite und Gefahren auf, die nachfolgend skizziert werden sollen (ausführlich VCI 1998; angewandt auf das Marketing Doyle 2000).

Ziel von Shareholder Value-Ansätzen ist es, Unternehmensführung und Kapitalmärkte besser zu verbinden. Ein Hauptproblem des EVA- und den Shareholder Value-Ansatzes liegt darin, dass *man nicht zwangsläufig von einer Symmetrie zwischen Management- und Kapitalmarktperspektive ausgehen kann*. Das Management kann zwar das Unternehmen direkt steuern, nicht aber unmittelbar die Bewertung seiner Tätigkeiten durch den Kapitalmarkt; letztere hängt sehr stark von Erwartungen miteinander kommunizierender Individuen ab, die keineswegs homogen und normalverteilt sind (VCI 1998, S. 96). So ist es unwahrscheinlich, dass Management einerseits sowie Aktionäre und Analysen andererseits die Verlässlichkeit von Informationen, den Wert intangibler Assets und den Nutzen von Synergien immer identisch einschätzen (Day/Fahey 1988, S. 54). Ebenso dürfte in der Regel die *Risikoeinschätzung* differieren, zumal häufig der Informationsstand von Management und Aktionären unterschiedlich ist. Die künftige Akzeptanz und somit auch die Problemadäquanz dieser Ansätze hängt somit stark von den Kursentwicklungen an den Kapitalmärkten ab.

Die Konsistenz der Systeme ist hoch. Shareholder Value-Ansätze weisen durch den hierarchischen Ableitungsbezug eine hohe Geschlossenheit auf. Bei der wertorientierten Planung besteht jedoch grundsätzlich die Gefahr von *Scheingenauigkeit* (die aufgrund der quantifizierten Darstellung suggerierte Genauigkeit bezüglich Detaillierung und Sicherheit ist höher als die tatsächliche) sowie von *Scheinreflexivität* (intuitive Urteile werden quantifiziert; garbage in − garbage out) (Weber/Knorren 1998, S. 15). Dies kann zu der illusionären, nicht ungefährlichen Annahme führen, dass sich Strategien mit Werttreiberhierarchien mehr oder weniger vollständig in Zahlen erfassen ließen (Weber/Schäffer 2000, S. 30).

In der Praxis herrscht selten Übereinstimmung darüber, welche Faktoren den Shareholder Value beeinflussen; Ursache-Wirkungszusammenhänge können nur ansatzweise abgebildet werden. Ferner hängt die Quantifizierung der zukünftigen Geldflüsse von zu vielen Annahmen und Grundsatzentscheidungen ab. So lassen sich beispielsweise bei der Anwendung von EVA die gesamten Zinskosten (Total Cost of Capital) eines Unternehmens nicht auf einfache Weise ermitteln. Dazu muss entschieden werden, ob Investitionen in Forschung & Entwicklung, Werbung und Mitarbeiterschulungen traditionell als Aufwand behandelt oder vielmehr als Kapital aufgefasst werden. (Slater/Olson 1996, S. 49.) Shareholder Value-Ansätze sind somit *manipulationsanfällig*: Letztlich kann man jedes strategische Projekt so rechnen, dass es prinzipiell die jeweils definierten Genehmigungsgrundsätze erfüllt. Ferner existieren in der Praxis mehrere Varianten der EVA-Kennzahl (bspw. als absolute oder als prozentuale Größe); auch berechnen viele Unternehmen EVA vor Steuern, was den Bezug zum Unternehmenswert beeinträchtigt, weil die Wertbeiträge dadurch zu hoch eingeschätzt werden (Afra/Aders 2001, S. 102).

Diese kritischen Anmerkungen bezüglich der wertorientierten Methoden beziehen sich allerdings eher auf die Anwendung der Verfahren, weniger auf die Grundprinzipien (Day/Fahey 1990, S. 156). So lassen sich die Probleme der Scheinobjektivität und -reflexivität sowie der Manipulationsmöglichkeit durch folgende Maßnahmen mildern (Weber/Knorren 1998, S. 16):

- Vorschalten einer ausführlichen qualitativen Analyse,
- Betonen der Bedeutung der Prämissen für das Ergebnis der wertorientierten Planung,
- Sicherstellen einer Dokumentation aller Prämissen und verwendeten Methoden.

Ferner können *Sensitivitätsanalysen* das schwierige Problem der Prognose gewisser finanzieller Größen wie beispielsweise des Cashflows mildern (Müller-Stewens/ Lechner 2005, S. 252.)

Problematischer sind für das Marketing allerdings *systematische Fehlbeurteilungen strategischer Optionen* (Doyle 2000, S. 65), die sich dadurch ergeben, dass Shareholder Value-Analysen zeitpunktbezogen erfolgen und die Dynamik durch Abzinsung berücksichtigen (Day/Fahey 1990 und 1988, S. 52 ff.):

- *Unterbewertung:* Investitionen in Zukunftsoptionen und Kundenbindung werden systematisch unterbewertet. Diese langfristigen Investitionen werden häufig zurückgewiesen, weil aufgrund der Unsicherheit ein hoher Zuschlag auf die Kapitalkosten kalkuliert wird. Dem Modell liegt die Annahme zugrunde, dass Entscheidungen einer Periode in späteren Perioden rückgängig gemacht werden können, beziehungsweise dass es möglich ist, Investitionen zu verschieben. Diese Prämisse widerspricht aber einigen Grundannahmen des strategischen Marketing: Häufig müssen strategische Fenster (bspw. temporäre Schwächen der Konkurrenz) genutzt werden, um das Unternehmen mit Optionen beziehungsweise Wahlmöglichkeiten auszustatten.
- *Überbewertung:* Andere Strategien werden dagegen systematisch überbewertet. Gelegentlich wird ohne Begründung das vorhandene Absatzniveau als gegeben angenommen. Dieses muss aber in der Regel mit einer Vielzahl von Maßnahmen zunächst einmal gehalten werden. Ferner erscheinen Gewinnmöglichkeiten meist in jenen Bereichen höher, in denen das Management weniger Erfahrungen hat (Day/Fahey 1988, S. 53) und somit die Risiken (und damit den entscheidenden Risikozuschlag) nicht richtig einschätzen kann.

Aufgrund dieser Verzerrungen sollten strategische Entscheidungen niemals ausschließlich auf Shareholder Value-Analysen beruhen.

Day und Fahey (1988, S. 55 f.) sehen das Hauptproblem wertorientierter Ansätze darin, dass sie unter Umständen *strategisches Denken unterdrücken* können oder dazu führen, andere attraktive Strategien zu übersehen. Werttreiberhierarchien seien ein anderer Blickwinkel; sie ersetzen strategisches Denken und das Suchen nach einer ausreichenden Zahl strategischer Optionen keinesfalls. Auch fokussieren sie häufig stärker auf das Reduzieren von Kosten als auf das Generieren realen Wachstums (Slater/Olson 1996, S. 52). Doyle (2000, S. 20) sieht daher *Shareholder Value-Analysen ohne Marketingstrategie als Tautologie* an. Empirische Ergebnisse stützen diese Erkenntnis: Selbst bei Unternehmen, die mit wertorientierten Kennzahlenansätzen erfolgreich waren, wirkten sich diese kaum auf die Innovationsfähigkeit aus (Haspellagh/Noda/Boulos 2001, S. 58.).

Die Flexibilität der Shareholder Value-Ansätze ist eher gering, auch wenn die Werttreiberhierarchien unternehmensspezifisch angepasst werden können. Grundidee und eingesetzte Bewertungsverfahren sind *rigide*. Im Gegensatz zum Top-Management hält sich der Enthusiasmus des operativen Managements bezüglich wertorientierter Konzepte aufgrund der Komplexität und der restriktiven Annahmen der Ansätze in Grenzen (Day/Fahey 1990, S. 156 f.).

Auch die Benutzeradäquanz ist allenfalls für die oberen Unternehmensebenen gegeben; letztlich hängt sie jedoch von der Umsetzung des Systems im Unternehmen ab. Aufgrund des häufig negativen Images des Shareholder Value-Ansatzes stoßen solche Ansätze in Deutschland bei der *Implementierung auf größere Widerstände* als andere. Die Berechnungsverfahren benötigen häufig Informationen in einer Aufbereitung, die in der Praxis nur schwer zu gewährleisten ist; so fordern Afra und Aders (2001, S. 104) sogar, unternehmensweit bis auf die Ebene der operativen Einheiten die Spitzenkennzahlen zu ermitteln – auch wenn eine entsprechende Standardsoftware derzeit noch nicht existiert. Der hohe Aufwand führt zu großer Unsicherheit bei der operativen Konzeptumsetzung (Horváth/Kaufmann 1998, S. 39 f.).

Zusammenfassend lässt sich somit feststellen, dass der Shareholder Value-Ansatz und verwandte Konzepte die Herausforderung nur scheinbar lösen, betriebswirtschaftliche Ursache-Wirkungszusammenhänge abzubilden. Insbesondere sind sie keine Alternative für eine einsichtige Prüfung der strategischen Positionierung (Day/Fahey 1988, S. 46) und somit kein Ersatz für das Entwickeln und Durchspielen möglichst zahlreicher strategischer Optionen. *Ohne ein strategisches Fundament sind wertorientierte Kenngrößen bedeutungslos* (Day/Fahey 1990, S. 162).

Wenn sich Marketingführungskräfte und -controller bei der Anwendung wertorientierter Verfahren allerdings deren Grenzen bewusst sind und versuchen, diese Unzulänglichkeiten zu reduzieren (Stichworte: Sensitivitätsanalysen, Prämissenkontrolle, sorgfältige Dokumentation der eingesetzten Techniken), so sind diese Verfahren auch und gerade für das Marketingmanagement sehr wertvoll. Shareholder Value-Verfahren sind moderne Analyseverfahren, die einen wichtigen *Beitrag zur dynamischen Quantifizierung* und somit zur Bewertung von Strategien leisten. Sie zwingen Führungskräfte dazu, alle Tätigkeiten konsequent auf ihre finanzwirtschaftlichen Implikationen zu überprüfen und sind somit eine wichtige Basis für eine weitergehende Strategiediskussion (Day/Fahey 1988, S. 56).

3.3 Marketing als Treiber des Shareholder Value

Wird die Unternehmensstrategie am Shareholder Value ausgerichtet, so hat dies *keine Neudefinition des Marketing* zur Folge. Dennoch kommt es zu einer gewissen Erweiterung und Akzentverschiebung (Abbildung 142), weil Ansprüche der Shareholder die zentrale Messlatte für die Effektivität einer Marketingstrategie werden. Das Marketingzielsystem wird somit insbesondere um geldflussorientierte Kenngrößen erweitert. Neben traditionellen finanziellen Größen wie Umsatz und Ertrag kommt dabei den Faktoren Zeit und Risiko ein besonderes Gewicht zu. Verfolgt ein Unternehmen das Ziel, den Shareholder Value zu erhöhen, so hat es grundsätzlich mehrere Möglichkeiten, um Hebelwirkungen zu erzielen: Das Unternehmen kann Kosten reduzieren, Preisprämien erzielen, Wettbewerbsbarrieren aufbauen, positive Auswirkungen auf die Produktivität anderer Ressourcen initiieren sowie Manager mit Optionen (Entscheidungsmöglichkeiten) ausstatten (Srivastava/Shervani/Fahey 1998, S. 6). All diese Maßnahmen wirken sich letztlich auf die Geldflüsse des Unternehmens aus; sie beeinflussen diese über folgende Treiber (Rappaport 1986 und Srivastava/Shervani/Fahey 1998, S. 9):

	Traditionelle Annahmen	Erweiterte Annahmen
Ziel und Zweck des Marketing	Kundennutzen schaffen	Potentiale erschließen und ausschöpfen, um Shareholder Value zu schaffen
Marketing-Stakeholder	Kunden, Konkurrenten, Partner	Shareholder und potentielle Investoren
Wahrnehmung von Kunden, Marktleistungen und Kanälen	Objekte, die von Marketingmassnahmen betroffen sind	Aktiva, die gepflegt und ausgeschöpft werden müssen
Verhältnis zwischen Marketing und Finanzen/Controlling	positive Marktergebnisse führen zu positiven finanzwirtschaftlichen Ergebnissen	Schnittstelle Marketing – Finanzwesen/Controlling muss systematisch gestaltet werden
Inputvariablen von Marketinganalysen	Verständnis von Kunden und Märkten	finanzielle Konsequenzen von Marketingentscheidungen
Beteiligte an Marketingentscheidungen	primär Marketingführungskräfte, ggf. unter Einbezug anderer Funktionsbereiche	alle Führungskräfte ohne Rücksicht auf Funktion oder Position
Gestaltungsbereiche des Marketing	Marketing-Mix	Umgang mit Kunden- und Leistungspotenzialen
Entscheidungsdurchsetzung	input- und prozessbezogene Anweisungen	zielorientierte Anweisungen, intensive Feedback_Diskussion
Bewertung von Marketingtätigkeiten	Ausgaben beziehungsweise Aufwand	Cashflow-beeinflussende Strategien, generierter Mehrwert
Messbereiche	Marktergebnisse, Marktleistungen, Kunden, Kanäle, Partner, Konkurrenten	finanzwirtschaftliche Auswirkungen der intangiblen Werte (Kunden- und Markenwert)
Kennzahlen	Umsätze, Deckungsbeiträge, Marktanteile, Kundenzufriedenheit, Umsatzrentabilität	Shareholder Value, abdiskontierte Cashflows

Abbildung 142: Annahmen bezüglich eines am Shareholder Value orientierten Marketing (Quelle: Reinecke 2004, S. 230; dort in Anlehnung an Srivastava/Shervani/Fahey 1998, S. 3)

- *Erhöhung des Cashflows* (höhere Einnahmen, geringere Ausgaben),
- *Senkung von Risiken* bezüglich des Erzielens von Cashflows (niedrigere Volatilität und geringe Verletzbarkeit von Geldflüssen reduzieren Kapitalkosten),
- *Beschleunigung von Cashflows* (Zeitanpassungen und Risiken reduzieren den Wert späterer Geldflüsse),
- *Erhöhung des Restwerts einer Investition* (bspw. Restlaufzeit eines Patents).

Marketing und Verkauf sind traditionell (zu) stark umsatzgetrieben (Churchill/Mullins 2001, S. 141); Risiken bezüglich zukünftiger Cashflows oder die Geschwindigkeit, mit der Cashflows erzielt werden, standen bisher nicht im Mittelpunkt. Diese Werttreiber sind jedoch nicht zu vernachlässigen. So kann beispielsweise ein Marketingziel darin bestehen, Zahlungsströme vorzuverlegen (Köhler 1993, S. 289). Daher setzen führende Unternehmen zunehmend sogenannte „velocity metrics" ein, um die langfristige Tragfähigkeit der Quellen ihrer Wettbewerbsvorteile zu messen (Srivastava/Shervani/Fahey 1999, S. 179).

Im Sinne einer stärkeren Betonung der Reflexion sind im Rahmen des Marketingcontrollings daher die Aspekte *Zeitwert des Geldes und Risiko stärker zu gewichten*. Abbildung 143 zeigt, wie sich der Umgang mit Kunden- und Leistungspotenzialen – also das Management der vier Kernaufgaben – auf alle Treiber des Shareholder Value auswirkt. Die Darstellung ist nicht abschließend, kann aber dabei helfen, wertsteigernde, bisher vernachlässigte Strategien zu identifizieren.

So hilft beispielsweise ein antizyklisches Produktportfolio dabei, die Volatilität von Cashflows zu reduzieren, weil die Geldflüsse negativ miteinander korrelieren. Dies reduziert Risiken und somit Kapitalkosten und erhöht damit den Unternehmenswert. Eine ähnliche Strategie verfolgt Procter & Gamble: Dauerniedrigpreise sollen hohe Preis- und Absatzschwankungen aufgrund einer unsteten Rabattgewährung vermeiden. Dadurch werden Cashflow-Schwankungen und somit Kapitalkosten reduziert (Srivastava/Shervani/Fahey 1999, S. 176).

Bei der Einführung von Marktleistungsinnovationen streben inzwischen zahlreiche Unternehmen danach, den Zeitraum „time to market" zu verkürzen. Allerdings berücksichtigen sie häufig nicht ausreichend die Barrieren der Marktakzeptanz, so dass Produktadoption und -diffusion und damit auch Cashflows verzögert werden (Srivastava/Shervani/Fahey 1999, S. 175; hierzu insbesondere auch Rogers 1995).

Die vier Kernaufgaben im Marketing (Kundenakquisition und -bindung, Leistungsinnovation und -pflege; Tomczak/Reinecke/Mühlmeier 2002) sind eine geeignete Möglichkeit, um eine Brücke zwischen dem leistungs- beziehungsweise realwirtschaftlichen Bereich des Marketing und dem finanzwirtschaftlichen Konzept des Shareholder Value zu bauen.

	Cash-flow beschleunigen	Cash-flow erhöhen	Risiken reduzieren	Restwert erhöhen
Kundenpotenziale erschließen (Kundenakquisition)	• Kooperationen • Franchising/ Lizensierung • Schnellere Kundenbedienung • Reduktion von Informations- und Entscheidungszeiten • Erhöhung der Bereitschaft zum Probekauf	• Bundlingangebote • Nichtverwender gewinnen • Niedrigere Akquisitionskosten • Ausschöpfung der Preisbereitschaft durch Target Pricing	• Risikodelegation an Agenten • Netzwerkverkauf • Reduktion von Debitorenrisiken durch bessere Kundenselektion • Reduktion potenzieller Kundenfluktuation durch bessere Kundenselektion • Erhöhung der Planungssicherheit durch bessere Marktinformationen	• Ausdehnung des Kundenstamms
Kundenpotenziale ausschöpfen (Kundenbindung)	• Schnellere Problemlösungsentwicklung • Mitgliedsbeiträge/ Grundgebühren • Schnellere Bestellabwicklung (JIT) • Mengenrabatte • Reduktion von Informations- und Entscheidungszeiten	• Cross Selling • Kundendurchdringung • Folgekäufe • Abschöpfung höherer Preisbereitschaft • Individuellere Kundenlösungen mit höherem Mehrwert • Bundlingangebote • Erhöhung der Eigenleistung des Kunden • Member get Member • Kundenrückgewinnung • Abbau unrentabler Kunden • Senkung der Kosten der Kundenbindungsmaßnahmen	• Leasing • Abonnements • Kontinuierliche Wiederkäufe garantieren (Systemgeschäft) • Wechselkosten erhöhen • Kundenschulung • Vermeidung von Kundenabwanderung • Reduktion von Debitorenrisiken durch bessere Kundenselektion • Antizyklisches Cross-Selling • Reduktion von Nachkaufdissonanzen • Vermeidung von Klumpenrisiken durch differenzierte Kundenportfolios • Erhöhung der Planungssicherheit durch bessere Kundeninformationen	• Höhere faktische und emotionale Bindung der Kunden des Kundenstamms • Qualität des Kundenstamms • Vertrauen • Commitment • Reputation • Verwertbarkeit relationaler Ressourcen

	Cash-flow beschleunigen	Cash-flow erhöhen	Risiken reduzieren	Restwert erhöhen
Leistungspotenziale erschließen (Leistungsinnovation)	• Frühzeitigere Trenderkennung • Schnellere Entwicklung von Problemlösungen/ Reduktion des Time to market • Erhöhung der Diffusionsgeschwindigkeit durch bessere Marktinformation • Penetrationspreisstrategie	• Skimmingpreispolitik durch ausgeprägtere Innovationshöhe • Reduktion der Entwicklungs- und Einführungskosten • Gezielte Förderung von Netzeffekten	• Pilotprojekte • Höhere Anzahl an Innovationsprojekten (Vermeiden von Klumpenrisiken) • Sicherstellung von Innovationsschutz/ Patenten • Planung von Produktwechseln • höhere Synergien im Projekt-/Produktportfolio • Technologieallianzen • Einplanung von Verbundvorteilen/ Systemeffekte • Erhöhung der Planungssicherheit durch bessere Marktinformationen	• Technologie-Potenziale (z. B. Restlaufzeit von Patenten)
Leistungspotenziale ausschöpfen (Leistungspflege)	• Erhöhung der Aktualität der Leistungen • Schnellere Produktwechsel • Multiplikation/ Wiederverwertung von Komponenten • Lizensierung	• Höhere Produktdifferenzierung • Produktvariationen/-differenzierungen • Bundling • Trading up • Premiumpreise • Kostenreduktion durch Baukastensystem/einfacheres Design • Effizienzsteigerungen durch Markenführung • Economies of Scale • Elimination unprofitabler Produkte	• Systemverbund • Revitalisierung • Antizyklisches Produktportfolio • Reduktion von Konflikten mit Distributionspartnern • Kontinuierliche Preisgestaltung • Nachfragegetriebene flexible Produktion • Outsourcing in Zeiten unsicherer Nachfrage • Nutzung von Synergien im Produktportfolio • Erhöhung der Planungssicherheit durch bessere Marktinformationen	• Markenwert • Distributionssystem

Abbildung 143: Einfluss der Kernaufgaben auf Treiber des Shareholder Value (Beispiele) (Quelle: Reinecke 2004, S. 232 f.; dort unter Rückgriff auf Srivastava/Shervani/Fahey 1998 sowie Stahl/Matzler/Hinterhuber 2001, S. 366 f.)

3.4 Effektsimulation von Marketingstrategien mit Hilfe des Shareholder-Value-Ansatzes

Mit Hilfe des Shareholder Value-Ansatzes lassen sich *künftige Marketingstrategien bewerten*. Profitables Umsatzwachstum ist eines der Hauptziele des Marketing. Kostensenkungen und Downsizing führen zwar kurzfristig zu einer Erhöhung des Cashflows, nachhaltig wirkt sich jedoch nur profitables Umsatzwachstum auf den Unternehmenswert aus. Ein 10-prozentiges *Umsatzwachstum* (bei konstanter Marge) schlägt sich bei Annahme eines Fünfjahreszeitraums in einer Steigerung des Unternehmenswerts von 32 Prozent nieder (Abbildung 144), bei einem 20-prozentigem Wachstum sogar um 78 Prozent. Kurzfristig sinken aber die Cashflows, weil ein Teil des Geldes zur Wachstumsstimulierung investiert wird.

Auch der *positive Einfluss starker Marken* auf den Unternehmenswert lässt sich mit Hilfe dieses Ansatzes belegen. Marktführende starke Marken erzielen häufig ein deutliches Preispremium von bis zu 40 Prozent; starke Marken weisen eine höhere Werbeelastizität und somit -wirksamkeit auf und sind durch erleichterte Marken- und Produktausweitungen gekennzeichnet (Doyle 2000 sowie die dort zitierte Literatur). Starke Marken werden auch mit niedrigem Risiko assoziiert. So beruht beispielsweise der Wirkungsmechanismus des Interbrand-Markenbewertungsverfahrens darauf, dass bei einer hohen Markenstärke ein niedrigerer Zinssatz für die Diskontierung angesetzt wird.

	Basis	Jahr 1	Jahr 2	Jahr 3	Jahr 4	Jahr 5
Umsatz	100,0	110,0	121,0	133,1	146,4	161,1
Umsatzrendite	10,0	11,0	12,1	13,3	14,6	16,1
Steuer (30 %)	3,0	3,3	3,6	4,0	4,4	4,8
Geschäftsergebnis nach Steuern (NOPAT)	7,0	7,7	8,5	9,3	10,2	11,3
Neuinvestitionen		4,0	4,4	4,8	5,3	5,9
Cashflow		3,7	4,1	4,5	4,9	5,4
Zinssatz (r = 10 %)		0,909	0,826	0,751	0,683	0,621
Diskontierter Cashflow (Barwert)		3,4	3,4	3,4	3,4	3,4

Kumulierter diskontierter Cashflow	16,8	Shareholder Value (Ausgang)	52,0
Diskontierter Restwert	70,0	Δ Shareholder Value (68,8 – 52,0)	16,8
Andere Investitionen	7,0	Implizierter Aktienpreis (bei 3 Mio. Aktien)	€ 22,93
Wert der Schulden	-25,0	Aktienpreis (Ausgang)	€ 17,33
Shareholder Value	68,8	Δ Shareholder Value	32 %

Abbildung 144: Shareholder Value-Berechnung der Muster AG (in Millionen €) (Quelle: Eigene Darstellung in Anlehnung an Doyle 2000, S. 301)

	Diskontierter Cashflow	Diskontierter Restwert	Shareholder Value	Δ Shareholder Value	Aktienpreis (in €)	Δ Shareholder Value in %
Kein Umsatzwachstum	26,5	43,5	52,0	0,0	17,33	0 %
Umsatzwachstum (+ 10 % p.a.)	16,8	70,0	68,8	16,8	22,93	32 %
Umsatzwachstum (+ 20 % p.a.)	2,2	108,2	92,3	40,3	30,76	78 %
Preiserhöhung (+ 10 %)	51,3	86,9	120,2	68,9	40,07	131 %
Senkung Geschäftskosten (- 10 %)	33,4	54,8	70,2	33,6	23,40	35 %
Senkung Investitionsrate (- 10 %)	30,2	43,5	55,6	3,6	18,53	7 %
Beschleunigung Cashflow (um 1 Jahr)	18,2	70,0	70,2	18,2	23,40	2 %[1]
Senkung Kapitalkosten (- 10 %)	27,2	45,5	54,7	2,7	18,23	5 %
Ausdehnung Wachstumsperiode (+ 1 Jahr)	20,5	70,0	72,5	20,5	24,17	5 %[1]

[1] Verglichen mit der Basisstrategie (10 %-Umsatzwachstum)

Abbildung 145: Effektsimulation von Marketingstrategien auf den Wert der Muster AG (in Millionen) (Quelle: Eigene Darstellung in Anlehnung an Doyle 2000, S. 304)

Das Beispiel in Abbildung 145 zeigt, dass sich der Unternehmenswert mehr als verdoppeln kann, wenn es gelingt, einen 10 Prozent *höheren Preis* durchzusetzen. „There is no more dramatic proof of the power of brands than simulation the effects of brand premiums on shareholder value on spreadsheet" (Doyle 2000, S. 303).

Kostensenkungen um 10 Prozent (bspw. aufgrund geringerer Listungsgebühren beim Handel) wirken sich zwar auch noch mit 35 Prozent sehr positiv, aber deutlich weniger intensiv auf den Unternehmenswert aus (Abbildung 145). Gelingt es, die Investitionen um 10 Prozent zu senken (bspw. durch eine Optimierung von Partnerschaften in der Distribution), dann schlägt sich dies noch mit 7 Prozent auf den Shareholder Value nieder.

Der *Restwert einer Investition* übertrifft in der Regel deutlich den Wert des Cashflows, der in der Planungsperiode (bspw. 5 Jahre) erwirtschaftet wird. Er wird stark beeinflusst durch die Annahmen, ob die erwirtschafteten Cashflows nach Ende des Planungshorizontes die Kapitalkosten übersteigen können, ob sie diesen gleichgesetzt werden oder diese sogar nicht mehr decken (z.B. aufgrund der Annahme intensivierten Wettbewerbs). Letztlich hängt dies von zwei Faktoren ab: der Nachhaltigkeit des eigenen Wettbewerbsvorteils (und somit auch der Markenstärke) sowie den generierten Realoptionen für Wachstum (Copeland/Antikarov 2001). Spezifisches Marketing-Know-how, beispielsweise einzigartige Produktentwicklungskompetenz, starke Kundenbeziehungen, exklusive Distributionssysteme und starke Marken (Reinecke 2004, S. 232 f.) beeinflussen den Cashflow maßgeblich (simuliert durch eine Verlängerung der Wachstumsperiode in Abbildung 145).

Mit Hilfe von Shareholder Value-Berechnungen sind Marketingcontrolling und -management nicht nur in der Lage, den positiven Effekt von marketinginduzierten profitablen Wachstumsstrategien zu belegen; vielmehr lässt sich ebenfalls zeigen, dass das Senken von Werbekosten zwar unmittelbar das Geschäftsergebnis erhöht, langfristig den Unternehmenswert aber reduziert.

Der direkte Einfluss der Werbung auf den Umsatz ist grundsätzlich gering; die größte festgestellte Werbeelastizität liegt bei 0,2, das heißt, eine Intensivierung der Werbung um 10 Prozent führt zu einer Umsatzsteigerung von 2 Prozent (Doyle 2000, S. 308). Vakratsas und Ambler (1999) zeigen in einem umfassenden Überblick zur Werbewirkungsforschung, dass sich grundsätzlich zwei unterschiedliche Werbewirkungstheorien unterscheiden lassen. Die *„aggressive Werbetheorie"*, die auch dem in vorgängig geschilderten Markentrichter zugrunde liegt, geht davon aus, dass Werbung danach strebt, Kunden zunächst zu informieren und dann zum Kaufen anzuregen. Die *„defensive" Low-Involvement-Theorie* sieht Werbung dage-

	Basis	Jahr 1	Jahr 2	Jahr 3	Jahr 4	Jahr 5
Absatz	100,0	90,0	85,5	83,4	82,3	82,3
Preis	1,00	0,99	0,98	0,97	0,96	0,95
Umsatz	100,0	89,1	83,8	80,9	79,0	78,1
Variable Kosten	66,7	60,0	57,0	55,6	54,9	54,8
Fixkosten	23,3	18,3	18,3	18,3	18,3	18,3
Geschäftsergebnis	10,0	10,8	8,5	7,0	5,8	5,0
Steuer (30 %)	3,0	3,2	2,6	2,1	1,7	1,5
Geschäftsergebnis nach Steuern (NOPAT)	7,0	7,5	5,9	4,9	4,1	3,5
Neuinvestitionen		-4,0	-1,8	-0,9	-0,4	0
Cashflow		11,5	7,7	5,7	4,5	3,5
Zinssatz (r = 10 %)		0,909	0,826	0,751	0,683	0,621
Diskontierter Cashflow (Barwert)		10,5	6,4	4,3	3,1	2,2
Kumulierter diskontierter Cashflow	26,4	Shareholder Value (Ausgang)				70,0
Diskontierter Restwert	21,6	Δ Shareholder Value (70,0 – 48,0)				22,0
Shareholder value	48,0	Δ Shareholder Value				31 %

Abbildung 146: Simulation der Streichung von Werbemaßnahmen auf den Shareholder Value (in Millionen €) (Quelle: Eigene Darstellung in Anlehnung an Doyle 2000, S. 309 und eigene Berechnungen)

gen eher defensiv, um den Marktanteil und das Preispremium einer Marke durch Bestätigen des Kundenkaufverhaltens zu erhalten (Beispiele: Marlboro, Coca-Cola und Ariel).

In Low-Involvement-Situationen kann der Druck auf Marketing- und insbesondere Werbebudgets durch das Top-Management besonders hoch sein, insbesondere wenn eine Zeitpunktanalyse zeigt, dass Kennzahlen der Markenstärke wie Bekanntheit und Imagewerte im grünen Bereich liegen. Der Anreiz, hier durch Einsparungen kurzfristig zu „melken", ist in solchen Fällen besonders groß, zumal zwei Drittel der Kosten variabel sind. Aufgrund der Berechnungen in Abbildung 146 wird jedoch offensichtlich, welchen deutlich negativen Einfluss es auf den langfristigen Unternehmenswert hat, wenn aus kurzfristigen

Kostenüberlegungen in einer solchen Situation die *Werbeausgaben* gestrichen werden (5 Millionen €) – auch wenn es das operative Geschäftsergebnis zunächst positiv beeinflusst. (Der Berechnung liegen folgende Annahmen zugrunde: 1. Die Werbeelastizität liegt lediglich bei 0,1; das heißt, dass ein vollständiger Verzicht auf Werbung den Umsatz lediglich um 10 Prozent reduziert. Dieser Effekt verlangsamt (halbiert) sich jedes Jahr. 2. Die geringere Absatzmenge führt dazu, dass das Preispremium sinkt, weil der Handel größere Rabatte durchsetzen kann.) Insgesamt reduziert sich der Unternehmenswert durch das Streichen der Werbeinvestitionen um fast ein Drittel. (Auch eine geringere Senkung der Werbeinvestitionen hätte einen negativen, jedoch abgemilderten Effekt auf den Unternehmenswert gehabt. Entscheidend bei der Berechnung ist insbesondere der mittelfristige Effekt auf das Preispremium.)

3.5 Nutzenpotenziale des Shareholder Value-Ansatzes für das Marketingcontrolling

Insgesamt lassen sich *fünf zentrale Gründe* nennen, warum Shareholder Value-Analysen als übergreifendes Instrument des Marketingcontrollings dem Marketingmanagement Nutzen stiften (Doyle 2000, S. 310 und Lukas/Whitwell/Doyle 2005, S. 416 ff.):

1. Der Shareholder Value-Ansatz hilft dem Marketingmanagement, die *Ziele eindeutig zu definieren* und zu operationalisieren. Marketing strebt somit nicht nach nichtprofitablem Wachstum und Marktanteilssteigerungen, sondern danach, den Unternehmenswert zu steigern.
2. Unternehmenswertanalysen bieten dem Marketingmanagement eine *starke theoretische Argumentationsbasis*, die mit der Sprache des Top-Managements und der Börse kongruent ist. Dadurch ist eine Koordination von Marketing mit den anderen Unternehmensfunktionen besser gewährleistet.

3. Der Shareholder Value-Ansatz ermöglicht es dem Marketingmanagement, den *Wert von „Marketing-Assets"* wie überlegenes Wissen und Fähigkeiten sowie Marken und Kundenbeziehungen besser zu dokumentieren.
4. Bei richtiger Anwendung belegen Shareholder Value-Analysen den *Nutzen profitabler Marketinginvestitionen*, weil Marketing nicht mehr wie im traditionellen Rechnungswesen als Kosten, sondern als Investition darstellbar und kalkulierbar ist. Gleichzeitig kann damit gezeigt werden, dass sich kurzfristige, opportunistische Budgetkürzungen langfristig sehr negativ auf den Unternehmenswert auswirken.
5. „Shareholder value analysis is tautological without a creative marketing strategy" (Doyle 2000, S. 309). Ohne ein strategisches Fundament, das zeigt, wie Wettbewerbsvorteile zu erzielen sind, sind wertorientierte Berechnungen bedeutungslos (Day/Fahey 1990, S. 162). *Marketing steht somit im Zentrum der Strategiediskussion*: Warum sollten Kunden es nachhaltig bevorzugen, beim eigenen Unternehmen und nicht bei der Konkurrenz zu kaufen?

Das Marketingmanagement kann somit mehrfach davon profitieren, wenn es den Ansatz des Shareholder Value-Konzepts als betriebswirtschaftliches Kommunikationsmittel akzeptiert (Abbildung 147). Insbesondere gelingt es Marketingführungskräften durch eine solche „Umarmungsstrategie", einen rein rhetorischen Einsatz des Shareholder Value-Konzepts zu entlarven. Der *Ansatz verlangt eine echte langfristige Perspektive* – andernfalls führt er ausschließlich zu Rationalisierung und Downsizing (Lukas/Whitwell/Doyle 2005, 439), nicht jedoch zu einer Steigerung des Unternehmenswerts. Und wer, wenn nicht Marketingmanager, sind in der Lage, die Nachhaltigkeit von Strategien im Wettbewerbsvergleich zu beurteilen?

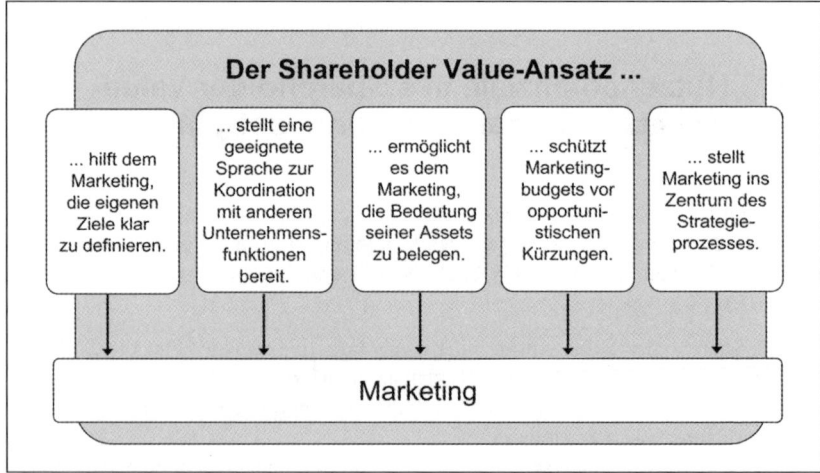

Abbildung 147: Nutzen des Shareholder Value-Ansatzes für das Marketing (Quelle: Eigene Darstellung in enger Anlehnung an Lukas/Whitwell/Doyle 2005, S. 416)

4 Markencontrolling

Markencontrolling ist eine integrierende, spezifische Sichtweise auf das Marketingcontrolling, die nachfolgend zusammenhängend erläutert wird. Aufgabe des Markencontrollings ist die Sicherstellung der Effektivität und Effizienz der Markenführung. Dieses muss sowohl verhaltenswissenschaftlich (Stichwort: Markenwissen) als auch finanzwirtschaftlich (Stichworte: Markenwert und Marketingaccounting) erfolgen. Die Messung und Kontrolle von Markenwissen (Kapitel D.4.2) und

Ansätze zur Messung des Markenwissens			
quantitative Methoden		**qualitative Methoden**	
Ansätze zur Messung der Markenbekanntheit:	Ansätze zur Messung des Markenimages:	1. Freie Assoziation	
		2. Projektive Techniken	
1. Recall-Tests	1. Imageprofile	3. Erheben von Markenpersönlichkeit und verbundener Werte	
2. Recognition-Tests	2. Innovative Ansätze	4. Protokolle lauten Denkens	
3. Evoked Set-Analysen		5. Messung innerer Bilder/Imagery	
Ansätze zur Messung des Markenwerts			
1. Globalmodelle (finanzwirtschaftlich): kostenorientierte, kapitalmarktbasierte und einkommensorientierte Markenwertberechnungen			
2. Kriterienorientierte Modelle (überwiegend verhaltenswissenschaftlich)			
Ansätze zur Messung der Wirkungen von Markenstärke und -wert			
1. Markenorientierte komparative Ansätze			
2. Marketingorientierte komparative Ansätze			
3. Conjoint Measurement			
Mehrdimensionale Ansätze des Markencontrollings			
1. Brand Audit		1. Trackingstudien, z. B. Brand Assessment System (GfK), Brand Health Check (IHA-GfK), Market Radar (Demoscope), Sinus Milieus (Sinus Sociovision)	
2. Markentrichter (Brand Funnel)			
3. Marken-Balanced Scorecard			
Markenspezifisches Marketingaccounting			
1. Markenerfolgsrechnung		1. Target Costing	
2. Prozesskostenrechnung		2. Direkte Produktprofitabilität	

Abbildung 148: Ausgewählte Ansätze des Markencontrollings im Überblick (Quelle: Eigene Darstellung in Anlehnung an Tomczak/Reinecke/Kaetzke 2004; dort in Anlehnung an Keller 1998 und 2000)

Markenwert (Kapitel D.4.3) stehen im Folgenden im Mittelpunkt. Beide werden in Abbildung 148 in die Ansätze des Markencontrollings eingeordnet, welche dabei helfen, die markenführungsspezifischen Rationalitätsengpässe (Tomczak/Reinecke/ Kaetzke 2004, S. 1824 f.) zu überwinden. Aufgrund ihrer hohen Praxisrelevanz werden nachfolgend zudem drei weitere Bereiche des Markencontrollings in Grundzügen dargestellt: Die Evaluation der Markenrelevanz (Kapitel D.4.1), das Controlling von Markenerweiterungen (Kapitel D.4.4) und das Controlling der Markenarchitektur (Kapitel D.4.5).

Mehrdimensionale Ansätze des Markencontrollings wie Markenaudits und der Markentrichter (McKinsey) werden in Kapitel C.2.5 behandelt (Balanced Scorecards kurz u.a. in Kapitel D.2.2.6). Markenspezifische Trackingstudien werden in Kapitel D.6.2.8.3 beschrieben. Ferner müssen die Instrumente des Marketingaccountings auf die Markenführung angepasst werden (Kapitel B.2.4).

„Marke" wird im Folgenden als Gesamtwahrnehmung einer markierten Angebotsleistung durch den Kunden verstanden (Schiele 1999, S. 11 ff. und Meffert 2000, S. 847). Die Bedeutung der Marke zeigt sich insbesondere, wenn man sie als Ressource auffasst, um nachhaltige Wettbewerbsvorteile zu erzielen. Eine Marke bewirkt unternehmerischen Mehrwert, indem sie *Risiken reduziert* (bspw. durch eine geringere Empfänglichkeit von Kunden gegenüber Konkurrenzmaßnahmen), *Cashflows beschleunigt* (z.B. durch eine verbesserte Handelsunterstützung bei Markenausdehnungen sowie eine schnellere Innovationsdiffusion), *Cashflows durch Mehreinnahmen erhöht* (u.a. aufgrund einer unelastischeren Preiselastizität), *Cashflows durch Ausgabeneinsparungen erhöht* (z.B. aufgrund einer höheren Effektivität und Effizienz der Marketingkommunikation) oder den *Restwert* der Markeninvestitionen am Ende des Betrachtungszeitraums erhöht (Srivastava/Shervani/Fahey 1998).

4.1 Evaluation der Markenrelevanz – die Bedeutung der Markenführung

Die innovative, kundenorientierte Größe „*Markenrelevanz*" kann als Maß eingesetzt werden, um zu bewerten, welche Bedeutung der Markenführung in einem Unternehmen zukommen sollte (Fischer/Meffert/Perrey 2004, S. 333). Zum einen dient die Markenrelevanz der groben Orientierung für Investitions- oder Desinvestitionsentscheidungen für bestimmte Branchen oder Produktgattungen (Fischer/Meffert/Perrey 2004, S. 351 ff.). Zum anderen könnte sie als Gewichtungsfaktor bei der Schätzung monetärer Markenwerte eingesetzt werden (Köhler 2005a, S. 446). Das Konzept der Markenrelevanz wird im Folgenden in Grundzügen vorgestellt.

Marken erfüllen verschiedene Funktion für Kunden und sind eine zentrale Determinante des Konsumenten- und insbesondere des Kaufverhaltens. Grundsätzlich können Konsumenten mithilfe von Marken funktionale, soziale und psychologische Risiken des Kaufs verringern (*Risikoreduktion*; Roselius 1971 und Keller 2003, S. 10). Marken erfüllen ferner eine *Informationsfunktion*, indem sie Informationen verdichten und zu mit ihnen verknüpften Assoziationen zusammenfassen (u.a. Kroeber-Riel/Weinberg 2003, S. 284). Zudem erfüllen sie eine Wiedererkennungsfunktion, erleichtern somit die Orientierung, schaffen Vertrauen und bieten emotionale Anker, indem sie Gefühle und Images vermitteln (*ideeller Zusatznutzen*; Esch/Wicke/Rempel 2005, S. 12).

Diesen Funktionen kommt jedoch nicht in allen Branchen und Produktgattungen dieselbe Relevanz für die Kaufentscheidung zu. An diesem Punkt haben Fischer/Meffert/Perrey (2004, S. 333) angesetzt und

1. den Begriff der Markenrelevanz als kundenorientiertes Maß für die Bedeutung der Markenpolitik eingeführt,
2. ein Konzept zur Erklärung der Markenrelevanz entwickelt, das auf den Funktionen von Marken für Konsumenten aufbaut und
3. die Relevanz von Marken in Konsumgütermärkten untersucht.

Zentrale Erkenntnisse dieser Studie für Werbe-Investitionsentscheidungen im Rahmen einer strategischen Markenführung lassen sich in einem Diagnosetool beziehungsweise einer Vier-Felder-Matrix (mit den Dimensionen Markenrelevanz und durchschnittliche Werbeintensität von Branchen) abbilden, wobei die folgenden Konstellationen den größten Handlungsbedarf signalisieren: Ist ein Unternehmen in einer Branche tätig, für die eine hohe Markenrelevanz, jedoch nur eine geringe Werbeintensität besteht, schöpft es möglicherweise nicht das gesamte Potenzial der (kommunikativen) Markenführung aus (Fischer/Meffert/Perrey 2004, S. 351 f.). Gleichzeitig gibt es Branchen wie Medien und Unterhaltung oder PC und Software, bei denen die Markenrelevanz eher niedrig, die Werbeintensität jedoch hoch ist, so dass Unternehmen in diesen Branchen in Deutschland über Höhe und Verteilung ihrer Werbeinvestitionen nachdenken sollten.

Dabei kann die Größe Markenrelevanz jedoch nur der groben Orientierung dienen; Markeninvestitionen sind stets *fallspezifisch* zu planen. Beispielsweise sind sowohl die Markenrelevanz als auch die Werbeinvestitionen in der deutschen Energiebranche eher gering. Einzelne Firmen haben – entgegen der Handlungsempfehlung auf Basis des Diagnosetools – jedoch immens in den Markenaufbau (z.B. e.on oder ENBW) investiert. Betrachtet man die Bekanntheits- und Imagewerte der entsprechenden Kommunikationsmaßnahmen, war insbesondere die e.on-Kampagne (2002) äußerst effektiv. Zieht man jedoch die Anzahl der akquirierten Neukunden sowie die Akquisitionskosten pro Kunde (20 500 € pro Neukunde bei zirka 60 € Jahresumsatz) in Betracht, ist die Effizienz beziehungsweise die Wirtschaftlichkeit in Frage zu stellen (Fischer/Meffert/Perrey 2004, S. 352).

4.2 Messung des Markenwissens

Verhaltenswissenschaftliche Ansätze (Aaker 1991, Esch/Geus 2005, S. 1275 ff. und Keller 1993, 2005a) gehen davon aus, dass eine Marke dann am Markt erfolgreich ist, wenn Konsumenten sich von ihr ein bestimmtes, mit positiven Assoziationen verbundenes Bild machen. Im Folgenden werden das Markenwissen der Konsumenten, die einzelnen Dimensionen dieses Wissens und Methoden zu dessen Messung behandelt.

Das *Markenwissen* der Konsumenten (Abbildung 149) lässt sich anhand zweier Dimensionen beschreiben beziehungsweise operationalisieren: der Markenbekanntheit (ausführlich Kapitel C.6.2.4.4) und des Markenimages (Keller 2005a, S. 1307 ff. und Esch/Geus 2005, S. 1270 ff.). In der Regel bezeichnet man die *Markenbekanntheit* als notwendige Bedingung für die Bildung eines spezifischen Images der Marke in den Köpfen der Konsumenten. Bei geringem Involvement und ähnlichen Images der verschiedenen Marken kann Markenbekanntheit unter Umständen sogar eine positive Kaufentscheidung bewirken (Esch/Geus 2005, S. 1271 und Keller 2005a, S. 1316 ff.). In vielen Fällen ist die Markenbekanntheit jedoch keine hinreichende, sondern lediglich eine notwendige Bedingung dafür, dass eine Marke im Kaufentscheidungsprozess bevorzugt berücksichtigt wird. Daneben spielt das Markenimage eine entscheidende Rolle.

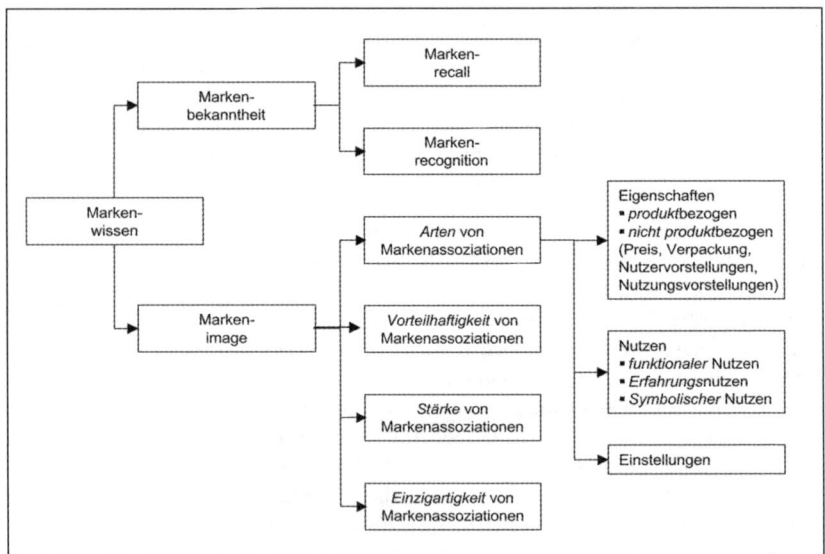

Abbildung 149: Operationalisierung des Markenwissens (Quelle: Tomczak/Reinecke/Kaetzke 2004, S. 1828; dort in Anlehnung an Keller 1993, S. 7)

Das *Markenimage* bezeichnet die „Wahrnehmung und Bevorzugung einer Marke auf der Basis verschiedener gespeicherter Markenassoziationen" (Keller 2005a, S. 1318). Bei der Bildung von Markenvorstellungen spielen bildliche Informationen häufig eine wichtigere Rolle als verbale Informationen, weil das Gedächtnis für Bildinformationen als leistungsfähiger gilt. Zudem werden konkrete beziehungsweise bildhafte Worte (z.B. Klavier) besser erinnert als abstrakte Worte (z.B. Musik). Somit ist die Konkretheit (Bildhaftigkeit) einer Information entscheidend dafür, wie gut eine Information behalten wird (Paivio 1971, S. 353 ff. und Kroeber-Riel/Weinberg 2003, S. 353 ff.). Insgesamt lässt sich das Markenimage anhand mehrerer Dimensionen charakterisieren (Esch/Geus 2005, S. 1275 ff. und Keller 2005a, S. 1318 ff.):

- *Arten* der Markenassoziationen: Markenassoziationen können auf konkreten produktbezogenen oder nicht produktbezogenen Eigenschaften, aber auch auf dem Nutzen der Marke oder bestimmten Einstellungen basieren. Beispielsweise beruht das Image der Marke Milka auf bestimmten produktbezogenen Eigenschaften wie etwa dem zarten Schmelz der Schokolade. Darüber hinaus sind auch nicht produktbezogene Eigenschaften wie die lilafarbene Verpackung und die Vorstellung einer intakten Alpenlandschaft bedeutsam für das Image der Marke Milka.
- *Vorteilhaftigkeit* der Markenassoziationen: Assoziationen, die die Marke gegenüber anderen Marken positiv abheben, können zu einem prägnanten Markenimage beitragen. Zu beachten ist, welche Assoziationen beziehungsweise deren Ausprägungen aus Sicht der Konsumenten als relevant und positiv eingeschätzt werden.
- *Stärke* der Markenassoziationen: Markenmanager können die Assoziationen und damit auch das Markenimage stärken, indem sie darauf achten, den Konsumenten ein im Zeitablauf möglichst konsistentes Bild der Marke zu vermitteln. Darüber hinaus kann sich auch ein hohes Involvement der Konsumenten positiv auf die Stärke der Markenassoziationen auswirken.
- *Einzigartigkeit* der Markenassoziationen: Wenn sich eine Marke durch eine herausragende Eigenschaft abhebt, trägt dies dazu bei, dass die Marke im Kaufentscheidungsprozess der Konsumenten weniger austauschbar erscheint.

4.2.1 Quantitative Methoden zur Messung des Markenwissens

Gegenstand der nachfolgenden Ausführungen sind zunächst ausgewählte *quantitative Methoden* zur Messung des Markenwissens (Markenbekanntheit und -image), die im Rahmen des Markencontrollings zum Einsatz kommen (Esch/Geus 2005, S. 1270 ff. und Keller 2005a, S. 1315).

Verfahren für die *Messung der Markenbekanntheit* werden in Kapitel C.6.2.4.4 ausführlich dargestellt. Grundsätzlich werden zu diesem Zweck Bekanntheitstests (gestützt/ungestützt) sowie Marken-Recall- und Marken-Recognitiontests eingesetzt.

Eine weitere Möglichkeit ist die Durchführung der Analysen von Choice Sets, auch *Evoked Set-Analysen* genannt, die Bekanntheits- und Imagemessungen mittels Befragung und Beobachtung kombinieren (ausführlich Kapitel C.6.2.4.4 und Spiggle/ Sewall 1987, S. 100 ff.).

Die *Erhebung von Imageprofilen* stellt die bekannteste Methode zur *Messung des Markenimages* dar (auch Kapitel C.4.2.2.2). Konsumenten werden gebeten, Marken einer bestimmten Kategorie anhand einer vorgegebenen Liste von Assoziationen zu beurteilen. Solche Imageprofile werden häufig zum Controlling der Markenpositionierung eingesetzt. Bevor derartige Untersuchungen durchgeführt werden können, ist es erforderlich, die relevanten Assoziationen zusammenzustellen, die Zielgruppe zu bestimmen (um geeignete Kunden für die Befragung auswählen zu können) und zu ermitteln, welche Marken in der betrachteten Kategorie in Konkurrenz zueinander stehen (Aaker 1991, S. 137 ff.). Auf Basis von Kunden- und Konkurrenzbetrachtungen ergibt sich eine längere Liste von Attributen. Dabei sollten nach Trommsdorff und Paulssen (2005, S. 1368 ff.) bei der Erhebung von Imageprofilen nur solche Markenassoziationen herangezogen werden, die (1) für die Bildung von Präferenzen für bestimmte Marken und für den Kaufentscheidungsprozess *relevant* sind, (2) durch den Einsatz der Marketinginstrumente *beeinflussbar* sind sowie (3) tatsächlich *differenzieren*, das heißt, die Marke von der Konkurrenz abheben.

Imageanalysen nach dem dargestellten Verfahren weisen im Vergleich zu qualitativen Verfahren den *Vorteil* auf, dass sie sich auf die zentralen Assoziationen konzentrieren und repräsentativ erhoben werden können. Zudem lassen sich die Ergebnisse anschaulich grafisch darstellen. Die *Defizite* entsprechen teilweise denen des „klassischen" Positionierungsmodells (Trommsdorff/Paulssen 2005, S. 1371 ff.). So sind die herangezogenen Assoziationen für die verschiedenen Marken häufig nicht von gleich hoher Relevanz. Zudem werden Wechselwirkungen zwischen konkurrierenden Marken kaum erfasst: Ist eine Marke beispielsweise hinsichtlich einer relevanten Assoziation aus Konsumentensicht besonders stark, so sind Konkurrenzmarken häufig gezwungen, auf andere Assoziationen auszuweichen. Des Weiteren lassen sich keine Rückschlüsse ziehen, wie sich das Imageprofil einer Marke auf die Veränderung von Markenpräferenzen und auf die tatsächlichen Kaufentscheidungen der Konsumenten auswirkt.

Innovative quantitative Ansätze versuchen, die Defizite klassischer Imagemessungen zumindest teilweise auszugleichen (Esch 2005c und Trommsdorff/Paulssen 2005, S. 1057 ff.). Beispielsweise ermöglicht der so genannte *LOCATOR-Ansatz* (Biel 2000, S. 82 ff.), Prognosen darüber zu treffen, wie die Markenpräferenzen – und damit letztlich das Kaufverhalten – der Konsumenten durch bestimmte Imageprofile beeinflusst werden. Basis des Ansatzes ist ein so genanntes Mikromodell: Die Untersuchung geht von einer individuellen Betrachtung des Markenimages aus. Zunächst wird ermittelt, welche Assoziationen in der betrachteten Kategorie relevant sind; basierend auf den Ergebnissen der Befragung einer Gruppe von Konsumenten wird eine Grafik zu diesen Assoziationen entwickelt, die darstellt, wie die in der Kategorie konkurrierenden Marken wahrgenommen werden. Dieselbe Gruppe wird in einer zweiten Befragung zu ihren Präferenzen befragt. Die Konsumenten werden gebeten, eine bestimmte Anzahl von Punkten ihren Präferenzen entsprechend auf die Marken einer Kategorie zu verteilen. Mittels Simulationsrechnungen lassen sich Ursache-Wirkungs-Zusammenhänge zwischen Markenimages und -präferenzen ableiten. Der LOCATOR-Ansatz liefert somit beispielsweise Empfehlungen, welche Assoziationen Markenmanager stärken sollten, um die Präferenz für ihre Marke zu erhöhen.

4.2.2 Qualitative Methoden zur Messung des Markenwissens

Neben den quantitativen Ansätzen existieren verschiedene *qualitative Methoden zur Messung des Markenwissens*. Gemein ist diesen Verfahren, dass sie besonders detaillierte Erkenntnisse über die emotionalen und kognitiven Prozesse liefern, die bei den Konsumenten bei der Bildung und Veränderung von Markenassoziationen ablaufen. In der Regel werden keine repräsentativen Ergebnisse angestrebt. Vielmehr werden qualitative Methoden häufig für Fragestellungen zur Vorbereitung (bspw. zur Auswahl von Assoziationen für klassische Imagemessungen; Keller 2005a, S. 1312 ff.) oder zur Vertiefung der Erkenntnisse quantitativer Untersuchungen eingesetzt.

Bei der Methode der *freien Assoziation* (Aaker 1991, S. 137 f. und Keller 2005a, S. 1312 f.) sollen Konsumenten ihren Gedanken freien Lauf lassen und möglichst alles angeben, was ihnen spontan zu bestimmten Marken einfällt. Ergänzend können vertiefende Fragen gestellt werden. Eine weitere Möglichkeit besteht darin, Konsumenten zu bitten, einen typischen Benutzer der betreffenden Marke zu charakterisieren und zu beschreiben, bei welchen Gelegenheiten er die Marke normalerweise nutzt beziehungsweise konsumiert. Das primäre Ziel der Methode der freien Assoziation ist, möglichst unverfälschte und detaillierte Aussagen darüber zu erhalten, wie Konsumenten Marken wahrnehmen und welche positiven und negativen Assoziationen sie mit den Marken verbinden.

Der Einsatz direkter Befragungsmethoden zur Messung des Markenwissens der Konsumenten ist nicht immer sinnvoll. So können oder wollen Konsumenten in einigen Situationen keine Angaben über ihre Einstellungen zu Marken machen: Beispielsweise, weil diese ihnen nicht bewusst sind oder weil sie der sozialen Erwünschtheit widersprechen. Zur Überwindung dieser Barrieren eignen sich indirekte, so genannte *projektive Techniken* (Aaker 1991, S. 137 ff. und Keller 2005a, S. 1313 f.).

Wertvolle Aussagen über die Markenwahrnehmung und das Markenwissen der Konsumenten liefern Untersuchungen zur *Markenpersönlichkeit* und den entsprechenden *Werten* (Aaker 1991, S. 137 ff. und Keller 2005a, S. 1315). Bei dieser Methode erhalten Konsumenten die Aufgabe, sich vorzustellen, dass die Marke eine Person wäre. Sie werden dazu aufgefordert, diese Persönlichkeit möglichst ausführlich zu charakterisieren (Aussehen, Kleidung, persönliche Werte, Beruf, soziales Verhalten usw.). Die Ergebnisse derartiger Befragungen liefern häufig Rückschlüsse darauf, wie Konsumenten die Marke erleben und wie sie ihre Beziehung zur Marke sehen.

Detaillierte Informationen über die Markenwahrnehmung der Konsumenten lassen sich durch *Protokolle lauten Denkens* gewinnen (Grunert 1990 und Esch/Geus 2005, S. 949 ff.). Beispielsweise werden Konsumenten gebeten, neben sprachlichen auch bildliche Assoziationen und emotionale Eindrücke (bspw. Genuss, Lebensfreude, Sicherheit) zu der betreffenden Marke zu beschreiben. Dadurch sollen möglichst viele Informationen über die unterschiedlichen Dimensionen des Markenwissens (sprachlich, bildlich, emotional, Markenvergleiche usw.) gewonnen werden. Die Ergebnisse lassen sich dazu nutzen, die Positionierung der Marke zu überprüfen sowie Vergleiche zwischen dem Wissen der Konsumenten über die eigene Marke und über konkurrierende Marken beziehungsweise über die Kategorie allgemein anzustellen.

Der Ansatz zur *Messung innerer Bilder (Imagery)* konzentriert sich auf die bildlichen Gedächtnisstrukturen der Konsumenten über Marken (Ruge 1988, Esch/ Geus 2005, S. 951 ff., Kroeber-Riel/Weinberg 2003, S. 352 ff. und Bekmeier-Feuerhahn 2005, S. 1331 ff.). Bei der Messung innerer Bilder wird primär deren Vividness (Lebendigkeit) und somit deren Klarheit, Deutlichkeit (Kroeber-Riel/Weinberg 2003, S. 352) beziehungsweise Zugriffsfähigkeit (Ruge 1988, S. 100 und Bekmeier-Feuerhahn 2005, S. 1336 ff.) erhoben. Daneben eignen sich folgende Dimensionen: Einzigartigkeit, Anziehungskraft, Aktivierungsstärke, psychische Nähe, Intensität, Qualität. Zur Erhebung visueller Markenvorstellungen können sowohl verbale Skalen als auch Bilderskalen eingesetzt werden.

Zusammenfassend lässt sich festhalten, dass in der Regel eine Kombination quantitativer und qualitativer Methoden zu empfehlen ist, um möglichst umfassende und repräsentative, aber auch profunde und unverfälschte Informationen über das Markenwissen der Konsumenten zu erhalten.

4.3 Messung des Markenwerts

Der Markenwert misst das Erfolgspotenzial einer Marke. Trotz seiner Bedeutung wird dieser Begriff allerdings sehr unterschiedlich verwendet. Die verschiedenen Definitionen von Markenwert sind insbesondere auf die unterschiedlichen Ziele der Bewertung von Marken zurückzuführen. Während einige Autoren eine monetäre Bewertung im Sinne eines Bilanzwerts anstreben, legen andere Wissenschaftler den Fokus eher auf die Markensteuerung und versuchen daher, Ursache-Wirkungszusammenhänge durch umfangreiche Kriterienlisten abzubilden.

Das Marketing Science Institute (zitiert nach Leuthesser 1988, S. 31) hat versucht, eine integrierende, tragfähige Definition zu liefern: „Brand equity can be defined as the Set of associations and behavior on the part of a brand's customers, channel members, and parent corporation that permits the brand to earn greater volume or greater margins than it could without the brand name; brand equity gives the brand a strong, sustainable, and differentiated advantage over competitors. This definition implies that brand equity involves a number of dimensions including perceptual or affective measures (for example, impressions of differentiation, image, strength of attachment), behavioral measures (willingness to pay more for the brand, unwillingness to switch, brand share), and financial measures (stability of income stream, above-average price margins, minimal drops in sales after advertising or sales promotion reductions)."

Die Definition unterstreicht, dass der Markenwert letztlich auf einer einstellungs- und verhaltensorientierten Kundensicht beruht. Andererseits impliziert der Ausdruck „Wert", dass diese Potenzialgröße in geeigneter Form finanzwirtschaftlich operationalisiert und möglichst dynamisch quantifiziert wird. Ein Modell von Srivastava und Shocker (1991) verbindet die verhaltens- und finanzwirtschaftliche Sicht. Die Autoren entwickelten die Definition des Marketing Science Institute weiter und unterscheiden im Rahmen eines übergeordneten Brand Equity-Konzepts die beiden Begriffe *„Markenstärke" (brand strength)* und *„finanzieller Markenwert" (brand value)*:

- „Brand strength may be defined as the Set of associations and behaviors on the part of a brand's customers, channel members, and parent corporations that permits the brand to enjoy sustainable and differentiated competitive advantages (i.e., brand strength results in barriers to competition and, therefore, some degree of monopolistic power to the firm controlling the brand)" (Srivastava/Shocker 1991, S. 9). Die Markenstärke hängt ab von der derzeitigen Performance und Profitabilität einer Marke, der Verlässlichkeit der Gewinnerwartungen und den Ausbau- und Wachstumspotenzialen. Diese drei Treiber werden wiederum insbesondere durch verhaltenswissenschaftliche Größen (bspw. Bekanntheit, Wertschätzung, Loyalität und Assoziationen) bestimmt. Ferner wirken spezifische Branchenfaktoren wie unter anderem die Konkurrenzintensität auf die Markenstärke.
- „Brand value is the financial outcome of management's ability to leverage brand strength via tactical and strategic actions in providing superior current and future profits and lowered risks. As such, it depends on the ‚fit' of the brand with the firm's objectives, resources (including synergy with other products), and competitive market conditions." (Srivastava/Shocker 1991, S. 9) Der finanzielle Markenwert hängt somit nicht nur von der Markenstärke, sondern insbesondere von der Fähigkeit des Managements ab, mit Hilfe geeigneter Maßnahmen die Markenstärke auch in einen höheren Unternehmenswert (= höhere und sicherere Geldflüsse) umzusetzen. Daher muss eine finanzielle Messung unternehmensspezifisch aus der Sicht des Eigentümers oder eines potenziellen Käufers erfolgen (Bekmeier-Feuerhahn 1998). So kann eine bestimmte Marke für ein anderes Unternehmen einen höheren finanziellen Wert haben, weil es über andere Ressourcen (z.B. eigene Distributionskanäle), Kompetenzen oder eine breitere Kundenbasis verfügt.

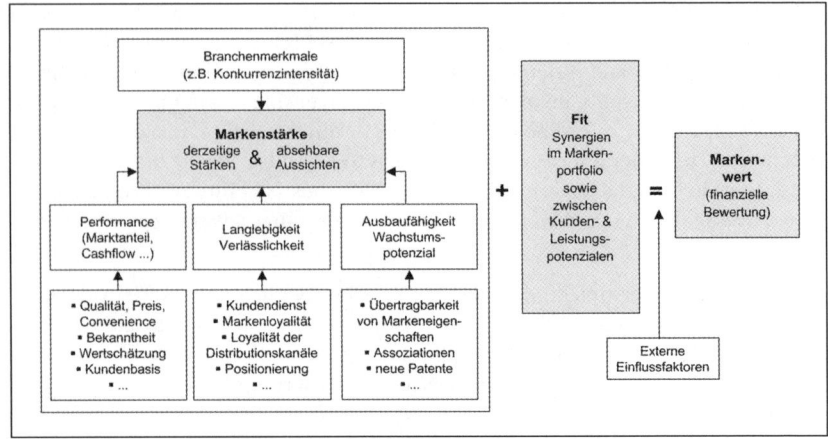

Abbildung 150: Markenwert und Markenstärke (Quelle: Reinecke 2004, S. 351; dort in Anlehnung an Srivastava/Shocker 1991, S. 7)

Das Modell deckt sich mit Forschungen im deutschsprachigen Raum, beispielsweise mit Ergebnissen von Bekmeier-Feuerhahn (1998). Auch Meffert und Koers (2001, S. 299f.) bauen auf dieser Terminologie auf. Eine besondere Stärke des Konzepts ist die Brückenbildung zwischen dem verhaltens- und wettbewerbsorientierten Marketing und dem am Shareholder Value orientierten Finanzwert (Abbildung 150).

Der Markenwert (Brand Equity) wird nachfolgend als finanzwirtschaftlich bewertetes Ergebnis einer vom Management aktiv gestalteten Markenstärke angesehen.

4.3.1 Notwendigkeit und Nutzen von Markenbewertungen

Für Markenbewertungen existiert eine Vielzahl von Anlässen, beispielsweise der Kauf eines Unternehmens, die Bestimmung der Höhe von Lizenzgebühren, die Aktivierung von Marken in Bilanzen sowie die Planung, Steuerung und Kontrolle von Marken (Kriegbaum 2001, S. 77ff.). Nachfolgend steht der Controllinganlass im Mittelpunkt. Der *Nutzen von Markenbewertungen* für Marketingplanung und -controlling ist in der Marketingwissenschaft relativ unumstritten (Aaker 2002, S. 303ff.):

- Markenstärke als *Tracking-Größe* ergänzt quantitative Marktgrößen wie Umsatz, Absatz und Marktanteil ideal (Franzen 1995, S. 563) und drückt unter anderem Veränderungen bezüglich Markenloyalität und Marktpositionierung aus (Cravens/Guilding 1999, S. 56). Erfolgt die Bewertung finanziell, ist eine Verbindung zum Konzept des Unternehmenswerts möglich.

- Markenbewertungen helfen bei *Budgetallokationen*, sind eine geeignete Grundlage für die Steuerung eines Markenportfolios (Meffert 1999) beziehungsweise für die Optimierung von Handelssortimenten (Franzen 1995, S. 563) und ermöglichen ein *Benchmarking* mit der Konkurrenz.
- Letztlich ist insbesondere der *Prozess der Markenbewertung* wertvoll. Daraus ergibt sich ein Erkenntnisgewinn bezüglich des Markenbildungsprozesses. Ferner können die Größen im Rahmen von Investor Relations-Maßnahmen genutzt werden.

Guilding und Pike (1994, S. 243 ff.) untersuchten die verhaltenswissenschaftlichen und organisatorischen Implikationen der Messung des Markenwertes: Aus welchen Gründen sollten Führungskräfte danach streben, den Wert von Marken zu analysieren? Die empirische Überprüfung zahlreicher Hypothesen auf der Basis einer Stichprobe von 140 Führungskräften ergab, dass der Nutzen der Markenbewertung eindeutig auf *langfristig-strategischer*, weniger jedoch auf operativer Ebene gesehen wurde. Dieses Ergebnis konnte auch von Kriegbaum (2001, S. 160) bestätigt werden. Ferner konnten sie zeigen, dass Marketingführungskräfte deutlich mehr Nutzen in einer Markenbewertung sehen als Führungskräfte aus den Bereichen Finanzen/ Controlling. Den Einfluss des Marketing auf den Markenwert bei ausgewählten Schweizer Dienstleistungsunternehmen hat beispielsweise Bamert (2005) untersucht und ausführlich dargestellt. Insgesamt belegt dies die internen politischen Ziele einer Markenbewertung – Marketingführungskräfte hoffen, dadurch ihre Interessen besser vertreten zu können (Guilding/Pike 1994, S. 248 ff.).

4.3.2 Modelle zur Messung des Markenwerts

Für die Bewertung des Markenwerts existiert kein allgemeines Modell, sondern vielmehr eine Vielzahl unterschiedlicher Methoden: Zurzeit werden schätzungsweise mehr als 30 Markenbewertungsmodelle regelmäßig eingesetzt. Dies hat zur Folge, dass Markenwerte, die mit unterschiedlichen Methoden ermittelt wurden, teils stark variieren. Eine 2004 von der Zeitschrift absatzwirtschaft (Sonderausgabe „Markenbewertung") in Zusammenarbeit mit PwC veröffentlichte Studie, in welcher alternative Ansätze von neun Instituten verglichen wurden, zeigt dies eindrucksvoll: Die Markenwerte für eine fiktive Marke lagen zwischen 173 Mio. und 958 Mio. €. Somit stellt der Markenwert bis heute leider noch keine tatsächliche, harte Währung dar; sowohl die Praxis als auch die Wissenschaft sind jedoch bemüht, hier gemeinsam einen Standard zu entwickeln, um Markenwerte in Zukunft vergleichbar zu machen. Nicht zuletzt seit Basel II (Abkommen zu: International Convergence of Capital Measurement and Capital Standards) und weil Marken seit 2005 bei Unternehmenszusammenschlüssen bilanziert werden müssen.

Eine einheitliche Systematik der Markenbewertungsmodelle besteht in der Literatur nicht; vielmehr haben sich parallel einige Kriterien zur Kategorisierung der verschiedenen Modelle etabliert (hier und im Folgenden in enger Anlehnung an Bentele/Buchele/Hoepfner 2003, S. 36ff. und 2005): Charakterisiert man die Ansätze auf einer ersten Ebene nach dem

- *Prozess der Markenwertermittlung*, so lassen sich nach Riedel (1996) Global- und Indikatormodelle, nach Kriegbaum (2001) ein- und zweistufige sowie nach Bekmeier-Feuerhahn beziehungsweise Sattler (Bekmeier-Feuerhahn 1998 und Sattler 1997) kompositionelle und dekompositionelle Modelle unterscheiden.
- Erfolgt hingegen eine Charakterisierung der Ansätze auf einer ersten Ebene nach dem *disziplinären Charakter der Modelle*, so können weitergehend drei Modellklassen unterschieden werden – eine Vorgehensweise, der häufig gefolgt wird (BBDO 2001, Bekmeier-Feuerhahn 1998, Heider 2001, ansatzweise schon Franzen/Trommsdorf/ Riedel 1994): Betriebswirtschaftliche Modelle, psychographische/verhaltensorientierte Modelle und betriebswirtschaftlich-verhaltenswissenschaftliche Kombinationsmodelle.

Da eine prozessorientierte Kategorisierung am anwenderfreundlichsten erscheint, wird im Folgenden eine Unterscheidung der Modelle nach den beiden Grundformen der Globalmodelle und der kriterienorientierten Modelle vorgenommen (Güldenberg/Franzen 1992, S. 38).

Globalmodelle versuchen, den (finanziellen) Wert einer Marke als Ganzes zu quantifizieren (Abbildung 151):

- *Kostenorientierte Verfahren* sind rückwärtsgerichtet und können eine zukunftsgerichtete Markenbewertung kaum gewährleisten.
- *Kapitalmarktbasierte Verfahren* sind zwar zukunftsorientiert, allerdings fragwürdig, solange Märkte für Marken nicht effizient sind. Ineffizienzen führen zu enormen und sachlich nicht zu rechtfertigenden Schwankungen.
- *Einkommensorientierte Markenwertberechnungen* schätzen den finanziellen Wert einer Marke. Untersuchungen in Großbritannien ergaben beispielsweise, dass der durchschnittliche „Mehrwert" der jeweils führenden Konsumgütermarke gegenüber einer Handelsmarke 40 Prozent und gegenüber der zweitstärksten Marke 10 Prozent beträgt (Crimmins 1992, S. 17). Die Verfahren geben allerdings allein kaum Gestaltungshinweise im Sinne einer Ursache-Wirkungsanalyse. Außerdem weisen sie das Problem der Reziprozität auf: Die Einschätzung zukünftiger Marketingmaßnahmen wirkt sich auf den heutigen Markenwert aus (Agarwal/Rao 1996, S. 237ff.). Ferner treten Probleme bei der Prognose des Zahlungsstroms, bei der Definition des betrachteten Zeithorizonts und bei der Bestimmung des Abzinsungsfaktors auf (Herrmann 1998, S. 493 und Sattler 2002, S. 225ff.).

Kriterienorientierte Modelle versuchen, die Markenstärke zu bewerten (Abbildung 152); nur wenige Ansätze quantifizierten die Markenstärke auch finanziell. Bei diesen Verfahren stellt sich die Frage, ob die in den einzelnen Markenwertmodellen verwendeten Indikatoren sowie deren Gewichtung prinzipiell tragfähig und insbesondere auf die unternehmensspezifische Situation anwendbar sind (Wiedmann

1994, S. 1320 und Esch/Andresen 1994, S. 217). Auch die Anzahl der eingesetzten Kriterien variiert stark. Agarwal und Rao (1996, S. 238 ff.) konnten zwar zeigen, dass die zehn wichtigsten Indikatoren für den Markenwert konvergieren – um aber Kaufentscheidungen möglichst vollständig zu erklären, benötige man dennoch alle. Je stärker die Aggregation, desto stärker sind daher die Zweifel, ob ein zusammenfassender Markenwert(index) beziehungsweise Aussagen über dessen Entwicklung ausreichen, um konkrete Handlungsempfehlungen abzuleiten (Wiedmann 1994, S. 1320 und Keller 2003, S. 501).

Kostenorientierte Verfahren: Grundidee und Bewertung	
Bewertung einer Marke auf Basis einer Kalkulation der mit dieser Marke verbundenen Kosten: a) Bewertung der Aufbaukosten (Kosten, die mit dem Aufbau einer Marke verbunden gewesen sind) b) Schätzung der Ersatzkosten (Kosten, die damit verbunden wären, einen vergleichbaren Namen und ein vergleichbares Geschäft aufzubauen)	• Rückwärtsgerichtet; ungenügende valide Informationen über historische Kosten • Kostenzurechnung schwierig; Problem der Trennung der Marketingkosten von anderen Kosten • Replikation einer Marke häufig aufgrund der Marktkapazität nicht möglich, ohne den Wert bestehender Marken zu beeinflussen
Kapitalmarktbasierte Verfahren: Grundidee und Bewertung	
Diese Verfahren versuchen zu evaluieren, zu welchem Preis eine Marke verkauft werden könnte.	• Echte Märkte für Marken existieren kaum • Indikatorenorientierte Markenbewertungen schwanken stark (Indiz für ineffiziente Märkte)
Einkommensbasierte Verfahren: Grundidee und Bewertung	
Diese Verfahren versuchen, den Markenwert aufgrund von Präferenzen zu berechnen, die nicht auf Produktunterschiede zurückzuführen sind: • Ermittlung abdiskontierter Cashflow-Unterschiede zwischen Marken- und Nichtmarkenprodukten durch Kalkulation von Absatzmengenunterschieden und des Preispremiums • Schätzung von Gewinnverlusten aufgrund von Präferenzdifferenzen, die entstehen, wenn Markennamen weggelassen würden • Bewertung abdiskontierter (potentieller) Lizenzeinnahmen	• Preispremium häufig praktikable, verständliche und daher akzeptierte Lösung • Differenzschätzung in Märkten ohne Nichtmarkenprodukte kaum möglich • Preispremiummodell führt in Märkten mit ähnlichen Preisen zur systematischen Überbewertung kleiner Präferenzmarken und Unterbewertung von Preis-Mengen-Marken; Marktabgrenzungsproblem • Trotz Diskontierung statische Modelle, die weder Markensteuerung noch mögliche Markenerweiterungen berücksichtigen • Bestimmung von Zeithorizont, Zinssatz und Prognose des Zahlungsstroms bei Cashflow-Berechnungen problematisch

Abbildung 151: Globalmodelle zur Markenwertmessung (Quellen: Tomczak/Reinecke/Kaetzke 2004, S. 1837 sowie die dort zitierte Literatur)

Nachfolgend soll beispielhaft lediglich ein Modell näher beschrieben werden: Das *Modell von Interbrand zur Markenwertmessung*, welches durch die jährliche Veröffentlichung einer Rangliste der wertvollsten Marken (nach ihrem finanziellen Wert) heute eines der bekanntesten Modelle zur Berechnung des Markenwerts ist (Schimansky 2004, S. 20). Eine aktuelle Übersicht zu gängigen Modellen und Verfahren

---

Kriterienorientierte Modelle: Ausgewählte Verfahren und Bewertung

Interbrand-Modell (Ward 1989; Aaker 1991, S. 29; Keller 1998, S. 363; Cravens/Guildung 1999, S. 59 f., Zintzmeyer&Lux 2006). Multiplikatormodell, bei dem der operative Gewinn mit einem branchenspezifischen Multiplikator gewichtet wird. Die Multiplikatorhöhe ergibt sich aus einer Bewertung der Markenstärke-Dimensionen im Vergleich zur Konkurrenz: Marktführerschaft (Leadership), Stabilität, Markt, Internationalität, Trend, kontinuierliche Marketingunterstützung, juristischer Markenschutz. Nicht-Markeneinflussfaktoren wie das Distributionssystem werden herausgerechnet.

Nielsen-Brand-Monitor (Franzen 1995, S. 564). Berücksichtigung kundenorientierter Größen: Marktattraktivität (Marktvolumen, -wachstum), Durchsetzungsstärke der Marke im Markt (Entwicklung des Marktanteils), Handelsakzeptanz (numerische und gewichtete Distribution), Konsumentenakzeptanz (Bekanntheit, relevant set).

icon Brand Trek-Modell (Esch/Andresen 1994, S. 217 ff. und Icon added value 2006). Verhaltenswissenschaftliche Messung des Markenwerts im Gedächtnis der Konsumenten mittels Markenbild (Markenawareness, Klarheit, Attraktivität des inneren Markenbilds, Eigenständigkeit, Einprägsamkeit, wahrgenommener Werbedruck) und Markenguthaben (Markensympathie, Markenvertrauen).

„Markenwissen" nach Keller (1993, S. 7 und 2003). Markenkenntnis (Erinnerung, Wiedererkennung) und -image (Arten, Vorteilhaftigkeit, Stärke, Einzigartigkeit der Assoziationen).

Brand Asset Valuator von Young & Rubicam (2000). Hierarchisches Vier-Kriterien-Modell: Differenzierung (Basis), Relevanz (Markenbedeutung), Wertschätzung (Qualität, Popularität), Wissen (Verständnis der Markenpersönlichkeit).

Brand Equity Ten nach Aaker (1996, S. 316 ff. und 2002): Preispremium, Zufriedenheit/Loyalität, wahrgenommene Qualität, Führerschaft/Popularität, wahrgenommener Wert, Unternehmensassoziationen, Markenpersönlichkeit, -bekanntheit (Wiedererkennung, Erinnerung, Top of mind, Markendominanz, -familiarität, -wissen), Marktanteil, -preis, Distributionsgrad.

Bewertung von Kriterienmodellen

- In der Regel hohe Praktikabilität und gute Eignung für Portfoliomodelle.
- Grundannahmen der Modelle sind häufig stark vereinfachend und selten empirisch gestützt, ungenügende Operationalisierung der Konstrukte.
- Zum Teil mangelnde Konsistenz, subjektive Kriterienauswahl und -gewichtung.
- Mit Ausnahme von Interbrand selten finanzwirtschaftliche Quantifizierung.

Abbildung 152: Kriterienorientierte Modelle zur Markenwertmessung (Quelle: Tomczak/Reinecke/Kaetzke 2004, S. 1838)

von Unternehmensberatungen, Marktforschungsinstituten und Agenturen findet sich beispielsweise in der Sonderausgabe zum Marken-Award 2005 der absatzwirtschaft (o. V, 2005, S. 148 ff.).

Der finanzielle *Markenwert* wird in der Regel als Kombination von Markengewinn und einem Maß für die Markenstärke, also mittels mehrstufigen Verfahren, berechnet (Frahm 2004, S. 90 und Wiedemann 2005, S. 64). Diese Modelle, zu denen auch das Interbrand-Modell gehört, lassen sich dabei nach der Art unterscheiden, wie diese beiden Größen (Markengewinn und Markenstärke) zur Berechnung des finanziellen Markenwerts kombiniert werden (Wiedemann 2005, S. 64). Der Markenwert ist laut Interbrand ferner definiert als gegenwärtiger Nettowert der zukünftigen Gewinne, die von der Marke allein generiert werden (hier und im Folgenden in enger Anlehung an o.V 2006c und Aaker 1996, S. 313f.).

Der Interbrand-Ansatz zur Messung dieses Werts beruht auf drei ökonomischen Funktionen der Marke: a) Der Schaffung von Kostensynergien, b) dem Erzeugen von Nachfrage nach den Leistungen und c) der Sicherstellung der zukünftigen Nachfrage, um so die operativen und finanziellen Risiken zu reduzieren. Die Methodik der Markenbewertung umfasst die fünf Schritte (Abbildung 153) Segmentierung, Finanzanalyse, Nachfrageanalyse, Analyse der Markenstärke und schließlich Berechnung des gegenwärtigen Nettowerts der Markenerträge:

- Segmentierung: Kaufverhalten und Einstellung der Konsumenten zur Marke unterscheiden sich je nach Marktsektor, und zwar weitgehend in Abhängigkeit

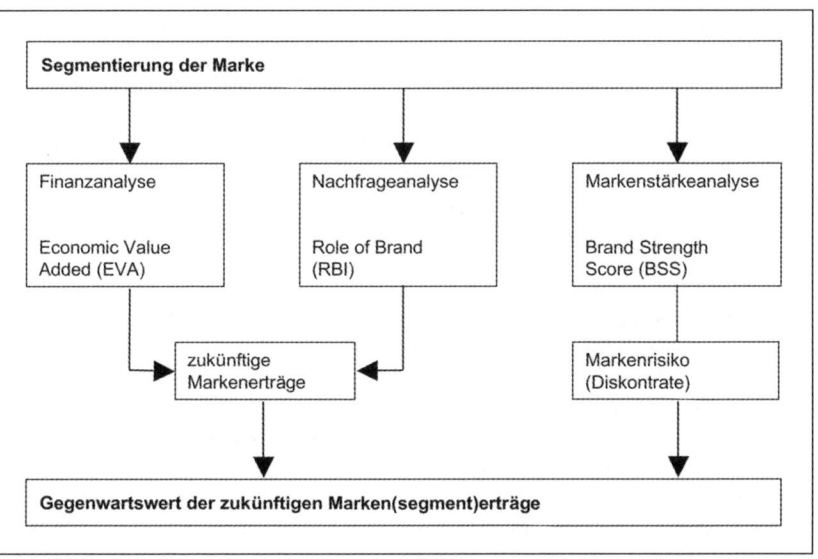

Abbildung 153: Interbrand-Modell der Markenbewertung (Quelle: o.V. 2006c)

von produkt-, markt- und vertriebsbezogenen Faktoren. Deshalb muss der Markenwert segmentspezifisch evaluiert werden.
- Finanzanalyse: Die Markenbewertung beginnt mit einer Einschätzung des Unternehmenswerts und bestimmt dann den Wert, den die Marke beiträgt. Der erste Schritt zu einer getrennten Erfassung des Markenertrags ist die Bestimmung des Economic Value Added (EVA) des jeweiligen markierten Geschäftsbereiches. Der EVA gibt an, ob ein Unternehmen in der Lage ist, Gewinne zu generieren, welche die Kosten des eingesetzten Kapitals übersteigen. Da sowohl die Wertgenerierung als auch ihr Gegenstück, das Risiko, in der Zukunft liegen, beruht die Analyse in der Regel auf einer Fünfjahresprognose der zukünftigen Erträge, die im bewerteten Markensegment erzeugt werden.
- Nachfrageanalyse: Bei diesem Schritt wird die Wertschöpfungskette der Marke anhand von Marktforschungsstudien analysiert und die Position der Marke in der Wahrnehmung der Kunden identifiziert. Um den Anteil der Marke am EVA zu ermitteln (markeninduzierte Wertschöpfung), wird untersucht, welche Faktoren die Nachfrage beeinflussen und die Kunden zum Kauf motivieren. Diese Faktoren werden gemäß ihrem Einfluss auf die Nachfrage gewichtet, und für jeden Faktor werden die Beiträge der spezifischen Assoziation mit der Marke statistisch berechnet. Die Summe dieser Beiträge der Marke an die Nachfragetreiber wird als Role of Brand Index (RBI) ausgedrückt, welcher durch Multiplikation mit dem EVA den Markenertrag ergibt. Je stärker der Kunde die Kaufentscheidung von der Marke abhängig macht, desto höher ist ihr Anteil an der Gesamtwertschöpfung.
- Analyse der Markenstärke: Je stärker eine Marke ist, desto geringer ist ihr Risiko, und desto gewisser sind daher die zukünftigen Markenerträge. Dieses Risiko wird durch eine Analyse der Markenstärke im Vergleich zu ihren Konkurrenten bestimmt – und zwar auf der Basis von sieben Faktoren (Markt, Stabilität, Markenführerschaft, Trend, Markenunterstützung, Diversifizierung und Schutz). Diese sieben Faktoren ergeben sich aus einer breiten Palette von gemessenen Attributen, welche im statistischen Vergleich (Standard Normalverteilung) mit den Wettbewerbsdaten gewichtet werden. Dies ermöglicht eine ganzheitliche Diagnose der Wettbewerbsposition einer Marke, welche sich im Brand Strength Score (BSS) ausdrückt.
- Berechnung des gegenwärtigen Nettowerts: Der ökonomische Wert zukünftiger Markenerträge korreliert negativ mit dem Markenrisiko, während dieses direkt mit der Markenstärke zusammenhängt. Die Umwandlung der Markenstärke in das Markenrisiko (beziehungsweise in den Diskontsatz) wird über eine S-Kurve bestimmt. Dieses Vorgehen spiegelt die Marktdynamik wider, wobei Markenrisiken an den Extrempunkten der Skala anders auf Veränderungen ihrer Stärke reagieren als Marken im mittleren Bereich. Bei den stärksten Marken wird der risikofreie Zins des Gesamtmarkts angewendet, während durchschnittlich starke Marken mit dem WACC (Weighted Average Cost of Capital, dt.: gewichtete durchschnittliche Kapitalkosten) der Branche (Eigenkapitalkosten bei Finanzdienstleistern) diskontiert werden. Aus den diskontierten Erträgen der Prognosejahre (Barwert) und der Kalkulation einer ewigen Rente (Residualwert) ergibt sich der Gesamtwert einer Marke.

Diese wertschöpfungsorientierte Vorgehensweise ist somit unabhängig von möglichen und wahrscheinlichen organisatorischen Veränderungen. Der Gesamtwert der Marke bildet sich aus der Summe der Segmentwerte (sum-of-the-parts).

4.3.3 Grundprobleme der Markenwertmessung

Warum bewerten zahlreiche Unternehmen trotz des geschilderten Nutzens in der Realität ihre Marken dennoch nicht? Von 79 Unternehmen, die Marken nicht bewerten, gaben in einer Studie von Kriegbaum (2001, S. 162) 36,7 Prozent an, dass keine geeignete Bewertungsmethode vorhanden sei; 31,9 Prozent beurteilten eine Bewertung zwar als sinnvoll, aber als zu kosten- und/oder zeitintensiv, und 19 Prozent sahen keinen sinnvollen Grund für eine Markenbewertung. Analysiert man die verschiedenen Formen der Markenbewertung, so werden folgende zentrale Herausforderungen offenkundig:

1. *Isolierbarkeit/Abgrenzbarkeit einzelner Marken:* Einige der Bewertungsverfahren setzen voraus, dass einer Marke Kosten und Erträge zugeordnet werden können. Sobald ein Unternehmen allerdings mehr als eine Marke anbietet, ist eine saubere Zurechnung der Gemeinkosten in der Realität kaum möglich (Aaker 1991, S. 20, Srivastava/Shocker 1991, S. 5, Franzen 1995, S. 565 und Keller 2003, S. 492).
2. *Monetäre Transformation von Markenstärke zum Markenwert:* Grundsätzlich besteht ein Trade-off zwischen einer finanzwirtschaftlichen eindimensionalen Markenbewertung und einer eher verhaltensorientierten mehrdimensionalen Markenbeurteilung (Sattler 1995, S. 678, Jenner 2001a, S. 57 und Kriegbaum 2001, S. 118 ff.). Zwar gibt es interessante Versuche, diese Trade-offs entweder wie beim Interbrand-Modell durch Multiplikatoren oder mit Hilfe von Brückenindikatoren (Kernstock et al. 2001, S. 35 f.) abzuschwächen; dennoch bleibt es ein idealtypischer Versuch, alle Einflussfaktoren auf den finanziellen Wert vollumfänglich und empirisch begründet einzufangen und zu gewichten.
3. *Berücksichtigung von Markenausdehnungen:* Die meisten Verfahren bewerten den Status Quo einer Marke. Aus Managementperspektive interessiert aber auch deren Erweiterungspotenzial, zumal zahlreiche Unternehmen dazu übergehen, gar keine neuen Marken mehr einzuführen, sondern ausschließlich vorhandene Marken auszudehnen (Sattler 1995, S. 668 und 678; auch Kapitel D.4.4). Das Transferpotenzial einer Marke ist als Realoption mitzubewerten (Jenner 2001a, S. 60 ff.): Bewertungskriterien hierfür sind Marktattraktivität, Wachstumsrate, Konkurrenzintensität sowie Ausmaß und Fit der Markenausdehnung (Jenner 2001a, S. 60). Diese Aspekte werden häufig vernachlässigt, was dazu führt, dass ein zu niedriger Markenwert ausgewiesen wird. Letztlich gilt aber auch hier: Solche Realoptionen lassen sich zwar mit Hilfe komplexer Bewertungsmodelle der Optionspreistheorie bewerten, doch wird aufgrund der Vielzahl subjektiver Einschätzungen eine gewisse Scheingenauigkeit vorgetäuscht (Jenner 2001a, S. 57). Alternativ bietet sich die Bewertung anhand von

Expertenurteilen an, die allerdings keinen exakt bestimmbaren Wert liefert (Jenner 2001a, S. 58).
4. *Kontextbezogenheit der Bewertung:* Die meisten Bewertungsverfahren versuchen, den Wert von Einzelmarken zu erfassen. In der Regel treten Unternehmen aber mit mehreren Marken am Markt auf, so dass eine umfassende Evaluation das gesamte Markensystem berücksichtigen müsste: Welche Synergien und Antinomien bestehen zwischen den Einzelmarken? Wie ist ihr Verhältnis zu einer etwaigen Dachmarke einzuschätzen? Dies unterstreicht wiederum die Unternehmensspezifität des Markenwerts: Die Ertragsquellen und somit auch der resultierende Wert einer Marke können variieren, je nachdem, welches Unternehmen die Marke in seinem Portfolio „besitzt" (Esch et al. 2004, S. 335f.). Das erklärt letztlich, warum es einen – wenn auch in der Regel nicht effizienten – Markt für Marken (und somit auch für Kundenbeziehungen) gibt.

4.3.4 Messung der Wirkungen von Markenstärke und -wert

Im Folgenden werden beispielhafte Ansätze zur Messung der Wirkungen von Markenstärke diskutiert, die einige der erläuterten Methoden kombinieren und/oder Erhebungen des Markenwertes und relevanter zugrunde liegender Dimensionen im Zeitverlauf ermöglichen.

Die Wirkungen des Markenwertes lassen sich mit komparativen Ansätzen (marken- bzw. marketingorientiert) oder durch Conjoint-Analysen (Kombination der beiden Ansätze) erheben. Bei den *markenorientierten komparativen Ansätzen* (Keller 2005a, S. 1323 ff.) handelt es sich um Vergleichsexperimente: Eine bestimmte Variable wird variiert und die Auswirkungen auf eine andere, konstant gehaltene Variable werden untersucht. In diesem Fall werden unterschiedliche Marken analysiert, wobei jeweils eine Maßnahme des Marketing-Mix konstant gehalten wird. Als Beispiel hierfür lassen sich Blindtests anführen. Dabei wird den Konsumenten ein und dasselbe Produkt in neutraler Verpackung vorgelegt, wobei jeweils unterschiedliche Markennamen und -logos verwendet werden. Bei derartigen Tests lassen sich häufig signifikante Unterschiede zwischen den Markenbeurteilungen der Konsumenten je nach Kennzeichnung beobachten. Eine weitere Variante der markenorientierten komparativen Ansätze besteht darin, die Auswirkungen verschiedener Marken auf die Preisbereitschaft der Konsumenten zu untersuchen. Schließlich können auch Kommunikationsarten und -inhalte getestet werden. Bei diesem Verfahren werden die Konsumenten aufgefordert, beispielsweise eine Zeitungsanzeige oder einen Werbespot zu beurteilen. Dieser ist jeweils gleich gestaltet und enthält die gleichen Inhalte, wobei die Marken entsprechend variiert werden.

Bei den *marketingorientieren komparativen Ansätzen* werden ebenfalls Vergleichsexperimente durchgeführt (Keller 2005a, S. 1325 f.). In diesem Fall werden die Auswirkungen unterschiedlicher Maßnahmen des Marketing-Mix analysiert, wobei jeweils die gleiche Marke betrachtet wird. Ein Verfahren besteht darin, Konsumenten zu ihrer Kaufbereitschaft für eine Marke bei unterschiedlichen Preisen zu befragen. Interessant wäre beispielsweise die Ermittlung von Preisober- und -untergrenzen für Haushaltsgeräte der Marke Miele. Hierbei könnte ermittelt werden, wie hoch der Rabatt beispielsweise für Waschmaschinen anderer Marken angesetzt werden müsste, damit die Konsumenten sich gegen die Qualitätsmarke Miele und für eine konkurrierende Marke entscheiden, oder welchen Preis die Konsumenten für die (subjektive) Qualität einer Miele-Waschmaschine zu zahlen bereit wären. Zu den marketingorientierten komparativen Ansätzen zählt auch die Durchführung von Testmärkten.

Als dritter Ansatz zur Messung der Wirkungen des Markenwerts ist das *Conjoint Measurement* zu nennen (Keller 2005a, S. 1326). Hierbei werden marken- und marketingorientierte komparative Ansätze durch den Einsatz multivariater Verfahren kombiniert. Somit werden sowohl mehrere Marken betrachtet als auch unterschiedliche Elemente des Marketing-Mix analysiert. Mit Hilfe des Conjoint Measurement werden insbesondere auch Probleme bei der Erhebung von Preisbereitschaften für Marken umgangen.

4.3.5 Integration des Markenwerts in das Marketingcontrolling

Welche handlungsorientierten Schlussfolgerungen können vor dem Hintergrund dieser Herausforderungen für die Messung des Markenwerts im Rahmen eines Marketingcontrollings gezogen werden? Das Konstrukt „Markenwert" sollte in keinem Fall mit einer einzigen Treibergröße oder der Markenstärke verwechselt werden. Vielmehr sollte die Messung in jedem Fall mehrdimensional und unter Verwendung unterschiedlicher Verfahren erfolgen. Rein ökonomische Messverfahren helfen zwar zu ermitteln, wie sich ein Markenwert entwickelt, erklären diesen aber nicht (Esch/Andresen 1994, S. 219). Andererseits erreichen rein verhaltenswissenschaftliche Messungen nur Marketingexperten; für andere Führungskräfte und die Finanzmärkte sind sie zu wenig aussagekräftig. Die größte Herausforderung ist der unterschiedliche Zeithorizont: Der Aufbau von Marken benötigt Zeit – und die meisten Unternehmen verfügen bei finanzwirtschaftlichen Aspekten nicht über die erforderliche Geduld. Folgende Empfehlungen können als Handlungsanleitung für eine Methodenkombination dienen:

1. Analyse der Markenrelevanz

Um zunächst den Rahmen abzustecken, innerhalb dessen sich das Markenmanagement im Unternehmen bewegt, kann die Bedeutung der Markenführung im Unternehmen mit Hilfe der Größe „Markenrelevanz" bewertet werden. Dieses Maß kann zum einen der Orientierung bei Investitionsentscheidungen für bestimmte Branchen oder Produktgattungen und zum anderen als Gewichtungsfaktor bei der Schätzung monetärer Markenwerte dienen.

2. Markenstärke als Basis für operative Entscheidungen

Informationen über die *zentralen Treiber der Markenstärke* sind unerlässliche Voraussetzungen für fundierte Markenentscheide. Daher sind kriterienorientierte Messverfahren erforderlich, die die wichtigsten verhaltenswissenschaftlichen Größen sowie marktorientierten Kennzahlen abdecken. Wichtig ist dabei eine kontinuierliche (Stichwort: Zeitreihenanalysen) konkurrenz- und kundenorientierte Messung: Insbesondere die Differenzierung einer Marke auf der Basis kundenrelevanter Aspekte ist eine notwendige Voraussetzung für einen langfristigen Markterfolg (Aaker 2002, S. 326 ff.).

Als eine mögliche aggregierte Spitzenkennzahl empfiehlt sich ein mehrdimensionaler Markenstärkeindex. Ein Vorschlag hierzu ist das Brand-Rating-Dreikomponenten-Modell (Spannagl 2001), das auf dem Brand Trek-Modell von icon zur Messung der qualitativen Markenstärke basiert. Dieses wird mit einem abdiskontierten Preisabstand und einem „Brand Future Score" kombiniert; letzterer soll das *Markenpotenzial* erfassen hinsichtlich Dehnung (Produktlinien-, Distributions-, Zielgruppen- und regionale Ausdehnung), Entwicklungstrend (Preis- und Mengenentwicklung, zukünftige Bedeutung) sowie Krisenanfälligkeit (rechtlicher Schutz, Missbrauchsgefahr). Auch wenn die Fundierung der Kriterienauswahl und ihre Verknüpfung (Addition?, Multiplikation?) kritisch hinterfragt werden muss, so ist das Modell ein erster Versuch für eine integrierte Bewertung. Aufgrund der Auswahl- und Gewichtungsprobleme ist eine solche Spitzenkennzahl allerdings nur im Zusammenhang mit den Einzelgrößen einzusetzen, so dass eine Untersuchung der Ursache-Wirkungszusammenhänge weiterhin stattfinden kann.

3. Messung des finanziellen Werts einer Einzelmarke in besonderen Fällen

Vor dem Hintergrund spezieller Situationen erscheint es sinnvoll, den finanziellen Wert einer Einzelmarke zu berechnen – beispielsweise bei Entscheidungen über Markenverkäufe und -lizenzierungen sowie insbesondere über etwaige Markenausdehnungen.

Die auf den kriterienorientierten Verfahren basierenden Multiplikatormodelle eignen sich eher für stabile Geschäftsbereiche, während einkommensorientierte diskontierte Geldflussanalysen für neue Geschäftsfelder zu bevorzugen sind, in denen man nicht auf umfangreiche Daten zurückgreifen kann (Ward 1989). Andererseits sind letztere nicht besonders sinnvoll, wenn Kundenloyalität und Wechselkosten gering sind, die Innovationsgeschwindigkeit hoch ist und sich die Marke in einer frühen Phase des Lebenszyklus befindet (Srivastava/Shocker 1991, S. 21). Aufgrund der Bewertungsunsicherheiten sind Sensitivitätsanalysen unverzichtbar.

Des Weiteren besteht auch die Möglichkeit, den finanzwirtschaftlichen Markenwert in ein diagnostisches Marketingkennzahlensystem zu integrieren. Wenn die Messung im Rahmen von Zeitreihenanalysen regelmäßig und mit Hilfe der gleichen Messinstrumente erfolgt, kann diese Größe insbesondere im Konkurrenzvergleich ein Indiz für die langfristige Entwicklung einer Marke sein. Ein solcher finanzwirtschaftlicher Markenwert sollte aber aufgrund der messbedingten Volatilität niemals als Steuerungs-, sondern lediglich als Diagnosekennzahl dienen.

Fazit: Die Schilderungen haben gezeigt, dass es „den" Markenwert als absolute und valide Einzelgröße nicht gibt. Vielmehr sollten Marketingführungskräfte danach streben, sich mit einem *Methodenmix* aus verhaltenswissenschaftlichen und finanzwirtschaftlichen Verfahren diesem Konstrukt zu nähern, um daraus Handlungsempfehlungen ableiten zu können. Übergeordnete Markenstärkeindizes sind geeignet, wenn sie durch Einzelindikatoren erklärt werden. Der finanzwirtschaftliche Markenwert sollte dagegen allenfalls als kontinuierliche Diagnose-, nicht aber als Steuerungskennzahl eingesetzt werden; in gewissen Sondersituationen (bspw. bei der Veräußerung von Markenrechten) kommt ihm jedoch eine wichtige Funktion zu. Insgesamt unterstützt eine solche Quantifizierung die reflexive Komponente im Rahmen der Willensbildung, die aber niemals ausschließlich zu berücksichtigen ist.

4.4 Controlling von Markenerweiterungen

Zur Erschließung strategischer Erfolgspotenziale kann das Markenmanagement entweder vorhandene oder neue Produkte einführen. Sollen vorhandene Produkte genutzt werden, wird von *Markendehnungen* gesprochen, die entweder durch *Produktlinienerweiterungen* (dies entspricht der Nutzung vorhandener Marken in bisherigen Produktkategorien) oder durch *Markenerweiterungen* (dies entspricht der Dehnung bzw. dem *Markentransfer* in neue Produktkategorien) erfolgen können (Esch et al. 2005a, S. 907; ausführlich auch Keller 2005a und Park/Milberg/Lawson 1991).

In der Unternehmenspraxis besteht bis heute eine sehr *hohe Unsicherheit bezüglich der Erfolgsaussichten eines Markentransfers* (Völckner 2003, S. 251), wobei die Gefahr einer negativen Rückwirkung einer neuen Transfermarke auf eine bislang erfolgreiche Marke besteht. Aufgrund dessen kommt der Unterstützung des Markenmanagements durch das Markencontrolling zur Reduzierung der Unsicherheit bei der Entscheidung über Markenerweiterungen eine besondere Bedeutung zu. Zentrale Aufgabe des Markencontrollings ist in diesem Zusammengang die Überprüfung des *Marken-Fits* respektive die Überprüfung der Stimmigkeit zwischen Ursprungs- und Transfermarke: Dieser hat sich bisher stets als der wichtigste Erfolgsfaktor des Markentransfers erwiesen (ausführlich Völckner 2003).

Zum Zweck der *Marken-Dehnungsanalyse* im Allgemeinen existieren jedoch diverse Ansätze, die sich grundsätzlich danach unterscheiden lassen (Esch et al. 2005a, S. 926),

(1) ob sie *Einflussfaktoren* für die Erweiterung einer Marke auf einen anderen Produktbereich analysieren oder
(2) ob sie grundlegende *Modelle zur Analyse der Erweiterungen* entwickeln.
(3) Ferner können zu diesem Zweck *Audits* (insbesondere Marketing-Mix- und Markenaudits; auch Kapitel C.2) eingesetzt werden (Köhler 2005a, S. 447).

Ad (1) Einflussfaktoren für Markenerweiterungen

Erfolgsfaktorenanalysen für Markenerweiterungen untersuchen, welche Faktoren den Erfolg einer Markenerweiterung determinieren. Der Erfolg wird dabei vor allem mit Hilfe von Qualitätseinschätzungen oder Kaufwahrscheinlichkeiten sowie eventuell einer Kombination aus beidem ermittelt (Sattler 2004; hier und im Folgenden Esch et al. 2005a, S. 926). In der Regel setzen diese Studien Regressionsfunktionen ein, wobei der Erfolg als abhängige Variable und die Erfolgsfaktoren als unabhängige beziehungsweise erklärende Variablen aufgefasst werden (Übersichten über Erfolgsfaktoren geben bspw. Klink/Smith 2001, Zatloukal 2002 und Völckner 2003; hier und im Folgenden Esch et al. 2005a, S. 926 ff.).

Zentrale Größen in diesen Modellen sind die Dehnbarkeit einer Marke sowie der so genannte Fit (wahrgenommene Übereinstimmung zwischen Marke und Transferprodukt), so dass insbesondere markenbezogene Faktoren mit Einfluss auf Erstere und Faktoren mit Einfluss auf Letztere identifiziert und untersucht wurden.

Zatloukal (2002) und Völckner (2003) haben zum ersten Mal simultan die meisten der bisher in der Forschung identifizierten Erfolgsfaktoren untersucht, wobei Völc-

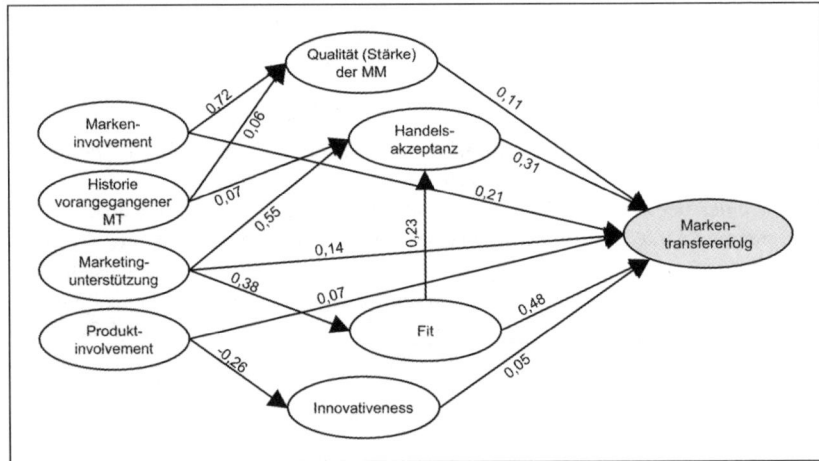

Abbildung 154: Beziehungsmodell der Erfolgsfaktoren von Markentransfers (Quelle: Völckner 2003, S. 231)

kner (2003) erstmalig reale Marken untersucht hat. Beide identifizierten den Fit (bzw. die globale Ähnlichkeit zwischen der Marke und dem Transferprodukt) als die herausragende, zentrale Determinante des Transfererfolgs. Die Bedeutung der von Zatloukal (2002) als weitere zentrale Determinante identifizierte Markenstärke (als Qualitätseinschätzung der Muttermarke) wird laut Völckner (2003) durch die Bedeutung der Handelsakzeptanz und das Markeninvolvement sowie indirekt die Marketingunterstützung relativiert (Abbildung 154).

Von geringerer Bedeutung sind die Faktoren Produktinvolvement, Innovativeness und Historie vorangegangener Markentransfers, jedoch sind auch diese vom Markenmanagement nicht zu vernachlässigen (ausführlich Völckner 2003, S. 233).

Ad (2) Modelle zur Analyse von Markenerweiterungen

Marken-Dehnungsanalysen können mit Hilfe von Modellen zur Messung von Markenerweiterungen durchgeführt werden (hier und im Folgenden Esch et al. 2005a, S. 929 ff.).

Dies kann mittels *direkter, ganzheitlicher Konsumentenbefragungen* zur Akzeptanz potenzieller Transferprodukte für eine Marke erfolgen. Auf diese Weise können Transferprodukte ermittelt werden, die als passender beziehungsweise unpassender zu einer Marke empfunden werden. Somit kann eine Rangfolge möglicher Transferprodukte erstellt werden. Diese Methode weist jedoch den Nachteil auf, dass keine Ursachen für die ermittelten Werte erhoben werden und somit in kritischen Fällen keine Anhaltspunkte zu Fit-Optimierungen zur Verfügung stehen.

Aus diesem Grund werden vermehrt Dehnungsanalysen durchgeführt, die zwar auch die beschriebene Gesamtabfrage enthalten, darüber hinaus jedoch einen diagnostischen Teil umfassen. Dies sind im englischsprachigen Raum vor allem Modelle, die auf *gedächtnistheoretischen Erkenntnissen* (insbesondere Schema- und Kategorisierungstheorien) basieren, wie die Dehnungsanalyse auf Basis der Gedächtnisstrukturen (ausführlich Esch et al. 2005a, S. 935 ff. und Keller 2005a). Im deutschsprachigen Raum sind dies *imagebezogene Erweiterungsmodelle* wie das *Imagetransfermodell von Schweiger* (1982) oder das *Imagetransfermodell von Meffert/Heinemann* (1990; ausführlich Esch et al. 2005a, S. 931 ff.). Beide Modellarten hängen jedoch inhaltlich zusammen, weil imagebezogene Aspekte im Grunde erst nach spezifischen Aspekten zu Marken und Transferproduktbereichen entscheidungsrelevant werden.

Nach der Überprüfung, ob sich eine Marke grundsätzlich für einen Markentransfer eignet, muss eine adäquate Positionierung für Transfer- und auch Muttermarke festgelegt und mittels entsprechender Marketingmaßnahmen realisiert werden (ausführlich Esch et al. 2005a, S. 938 ff.). Auch bei dieser Aufgabe ist das Markencontrolling gefordert, das Markenmanagement durch Optimierung der Entscheidungsrationalität zu unterstützen.

4.5 Controlling der Markenarchitektur

Die bisherigen Hinweise haben sich auf die Bewertung von Einzelmarken beschränkt. Letztlich wird aber der Wert jeder Marke auch durch das Markenportfolio beeinflusst. Bisher fehlen in der Marketingwissenschaft differenzierte Hinweise darauf, wie die *Interaktion zwischen verschiedenen Marken* zu bewerten ist. Lediglich erste Empfehlungen zum Management von Mehrmarkenstrategien (Meffert/ Perrey 1998) sowie zum kennzahlenorientierten Mehrmarkencontrolling liegen bis dato vor. Aaker (2002, S. 239 ff.) hat beispielsweise ein Rollenmodell entwickelt: Den einzelnen Marken eines Portfolios fallen dabei unterschiedliche Funktionen zu. Es ist zu erwarten, dass in Zukunft auch kriterienorientierte Bewertungsmodelle für Mehrmarkenstrategien entwickelt werden. Derzeit muss sich eine entsprechende Bewertung noch auf relativ einfache Instrumente wie Markenportfolios und Wanderungsanalysen beschränken; ferner sind Analogien zu Geschäftsfeldportfolios möglich.

Das Markencontrolling sollte ferner prüfen, ob und inwiefern die Erfolgsbedingungen von Markenarchitekturen eines Unternehmens erfüllt sind. Dies kann insbesondere mittels *Audits* (Kapitel C.2) und Kenngrößen der Marktbearbeitung und Markenführung sowie des Fits erfolgen (Köhler 2005a, S. 448).

Markenarchitekturen können grundsätzlich als die vertikale Anordnung von mindestens zwei Marken zur Markierung eines Angebots definiert werden, wobei diese Marken Über- und Unterordnungsverhältnisse aufweisen. Persil von Henkel oder Courtyard Hotels by Marriott sind typische Beispiele hierfür (hier und im Folgenden Bräutigam 2004 und 2006; zum Thema Markenstrategien ausführlich u.a. Becker 2005 oder Esch et al. 2005b verwiesen.). Zentrale Fragen bezüglich des Managements von Markenarchitekturen sind: Welche Rolle spielt die einzelne Marke für die Zielgruppe? Beeinflusst eine zusätzliche Marke – beispielsweise in Form einer Unternehmensmarke – die Wahrnehmung und Beurteilung des Produkts und der Produktmarke durch den Verbraucher positiv, oder stiftet sie eher Verwirrung und macht deshalb die Eigenständigkeit der Produktmarke notwendig? Welche Unterschiede ergeben sich aus den Eigenschaften der beteiligten Marken?

Um ein empirisch fundiertes Kriterienraster für die Wahl der optimalen Strategie zwischen der vollständigen Selbständigkeit der Produktmarken (*House of Brands*) und einer engen Anbindung der Marken über die Klammer einer starken Unternehmensmarke (*Branded House*) ableiten zu können, hat Bräutigam (2004 und 2006) ein Erklärungsmodell zur Wirkung von Markenarchitekturen entwickelt und empirisch überprüft. In einer vierstufigen Studienreihe zu komplexen Markenarchitekturen hat er sowohl

- die Stärke der betrachteten Produkt- und Dachmarken als auch
- die Relevanz der Dachmarke in der untersuchten Kategorie und
- die Wirkung der Breite der Dachmarke

auf die Wahrnehmung und Beurteilung mehrfach markierter Produkte analysiert.

Dieser Studie zufolge lässt sich für die Gestaltung von Markenarchitekturen zusammenfassend sagen, dass eine zweite Unternehmensmarke insbesondere für schwache Produktmarken einen Mehrwert darstellt, insofern sie „hinreichend im Markt etabliert ist und in den Augen der Verbraucher in der betreffenden Produktkategorie über Kompetenz und Passung verfügt. Sind diese Anforderungen nicht erfüllt oder ist die Produktmarke selbst sehr stark, kann eine zweite Marke kontraproduktiv wirken und im Extremfall sogar zu einer Verschlechterung der Produktbeurteilung führen" (Bräutigam 2006).

Vor diesem Hintergrund sollte das Markencontrolling dem Markenmanagement Informationen (insbesondere hinsichtlich Stärke-Relationen, Relevanz-Relationen, Fit und Breitenwirkung) zur Verfügung stellen, um die Rationalität des Managements von Markenarchitekturen zu optimieren.

5 Wertorientiertes Kundencontrolling und Customer Equity

Eine umfassende Marketingdiagnose und -steuerung ist nur dann ausreichend zuverlässig möglich, wenn nicht nur die unmittelbare Effektivität und die Effizienz der einzelnen Marketingmaßnahmen sowie die daraus resultierenden finanzwirtschaftlichen Größen berücksichtigt werden, sondern auch die Veränderung oder zumindest die Veränderungsrichtung der für das Marketing zentralen Marktpotenziale. Letztlich geht es darum, das (künftige) Marktpotenzial vor dem Hintergrund der Wettbewerbs- und Ressourcenposition des jeweiligen Unternehmens zu bewerten. Diese langfristige Größe dient in ihrer Entwicklung insbesondere auch als Gegengewicht zu den kurzfristigen finanzwirtschaftlichen Ergebnissen (Piercy 1986a, S. 13). Ein umfassendes „Marketing Asset Accounting" wurde erstmals explizit thematisiert bei Piercy (1986a), der auch die einseitige Fokussierung des Marketing auf Gewinn und Kosten als „Cost and Profit Myopia" (Piercy 1982) kritisiert hatte: „in the absence of explicit recognition and measurement marketing assets may be squandered" (Piercy 1986a, S. 16).

Derzeit besteht in der Marketingwissenschaft keine Einigkeit darüber, welches hierfür die zentrale übergeordnete strategische Kenngröße sein könnte. Gelegentlich findet sich die implizite Annahme, dass im Marketing letztlich der Marke diese zentrale Funktion zukomme (Ambler/Kokkinaki 1997). Brand Equity beziehungsweise Markenwert wird als eine solche Schlüsselgröße bezeichnet (Aaker 1992, 1996 und Keller 1998). So teilt Ambler beispielsweise das Marketing Performance Measurement in das Messen kurzfristiger, finanzwirtschaftlicher Ergebnisse einerseits und in ein Evaluieren der Markenwertentwicklung andererseits ein (2000a, S. 7).

Wissenschaftler aus anderen Forschungsteilgebieten, insbesondere aus den Bereichen Servicemanagement sowie Kundenzufriedenheits- und Kundenbindungsforschung, rücken dagegen eher den Kundenwert in das Zentrum der Betrachtung (Blattberg/Deighton 1996, Krafft 1997, 1999, 2002, Cornelsen 2000, Helm/Günter 2001, Rudolf-Sipötz 2001, Diller/Haas/Ivens 2005b). Gleichzeitig hat das Konzept *Kundenwert* im Zuge der Customer Relationship Management-Diskussion auch in der Praxis stark an Bedeutung gewonnen. Diesem Konzept liegt die folgende Idee zugrunde: Der aktuelle und zukünftige Wert von Kundenbeziehungen soll bewertet werden, um Strategien und Maßnahmen den unterschiedlichen Kundengruppen entsprechend steuern zu können.

Wofür der Begriff Kundenwert steht und wie man den Kundenwert messen kann, wird in Kapitel D.5 ausführlich beschrieben. Ferner existiert noch kein zusammenhängendes, allgemein anerkanntes System, das dazu beiträgt, die wichtigsten Marketingpotenziale zu unterscheiden und integriert zu bewerten. Eine Ausnahme bilden aktuelle Forschungen von Rust, Zeithaml und Lemon (2000 und 2004). Diese Autoren präsentieren ein auf dem Kundenwert basierendes System und zeigen, wie es erfolgreich für investitionsorientierte Marketingentscheide genutzt werden kann. Im Grunde dient es der Bewertung der Gesamtheit der Kundenbeziehungen eines Unternehmens, dem Kundenstammwert (Customer Equity). Eine kurze Vorstellung und kritische Würdigung dieses Systems erfolgen in Kapitel D.5.3.

5.1 Begriffsabgrenzungen: Kundenwert und Customer Equity

Versteht man unter „Wert" einen allgemeinen Maßstab für die Vorziehenswürdigkeit eines Subjekts, Objekts oder einer Aktion, so suggeriert der Begriff „Kundenwert", dass der Kunde eine Ressource mit einem bestimmten Wert sei. Rese (2001, S. 290) stellt allerdings klar, dass der Kunde selbst aus Sicht des Anbieters keineswegs ein Dispositionsobjekt ist. Dagegen können aus der resource-based View aber Geschäftsbeziehungen zum Kunden wie auch die Reputation eines Anbieters sehr wohl als Ressourcen aufgefasst werden (Freiling 2001, S. 95).

In Anlehnung an Cornelsen (2000, S. 43) wird der Kundenwert als ein Maß für die ökonomische Bedeutung von Kundenbeziehungen verstanden, das heißt deren direkten und/oder indirekten Beitrag zur Zielerreichung eines Anbieters (analog Diller/Haas/Ivens 2005b, S. 115). Negativ abgegrenzt entspricht dies dem Schaden, der eintritt, wenn diese Kunden abwandern, also dem drohenden Verlust von Erfolgspotenzialen (Plinke 1989, S. 316). Der Kundenwert ist situationsbezogen: So kann derselbe Kunde beziehungsweise dieselbe Kundengruppe für zwei unterschiedliche Unternehmen jeweils einen anderen Kundenwert aufweisen (Rudolf-Sipötz/Tomczak 2001, S. 14). Der Wert hängt somit nicht nur von den Kundeneigenschaften, sondern auch von den Zielen des Unternehmens ab. Der Kundenwert ist eine Kundenbewertung aus Unternehmenssicht und daher nicht mit Kundennutzen oder Customer Value (Wert aus Kundensicht) (Gale 1994, Parasuraman 1997, Woodruff 1997 und Anderson/Narus 1999) zu verwechseln.

In der Literatur gibt es zahlreiche Konstrukte, die versuchen, Kundenpotenziale zu bewerten; sie werden mit Begriffen wie Customer Lifetime Valuation (Dwyer 1989), Customer Lifetime Value (Berger/Nasr 1998), Customer Valuation (Wyner 1996), Customer Relationship Value (Wayland/Cole 1997) und Customer Profitability (Mulhern 1999) bezeichnet. Insgesamt scheint eine Unterscheidung von drei Dimensionen sinnvoll (Krüger 1997, S. 107, Cornelsen 2000, S. 39, Rudolf-Sipötz/Tomczak 2001, S. 9 und Helm/Günter 2001, S. 9):

1. *Sachdimension:* Cornelsen unterscheidet die Methoden der Kundenwertanalyse danach, welche Determinanten sie berücksichtigen (2000, S. 167): *Eindimensionale Kundenwertanalysen* streben danach, einen monetären Kundenwert auszudrücken, fokussieren aber letztlich nur auf einzelne Beziehungsausschnitte. *Mehrdimensionale Kundenwertanalysen* berücksichtigen zwar die ganzheitliche Perspektive von Geschäftsbeziehungen durch Einbezug nichtmonetärer Größen wie beispielsweise Referenz-, Innovations- und Synergiepotenzial eines Kunden (Canning 1982, S. 89 ff., Plinke 1989, S. 316 f., Rieker 1995, S. 57 ff., Schleuning 1997, S. 146 ff. und Rudolf-Sipötz/Tomczak 2001, S. 15 ff.); sie versuchen aber nicht, diesen ergebnisbezogen als eindimensionalen monetären Kundenwert auszudrücken.
2. *Zeitdimension:* Der Kundenwert lässt sich einerseits statisch und somit zeitpunktbezogen als Gewinn oder Deckungsbeitrag oder aber dynamisch und somit zeitraumbezogen messen (Dwyer 1989, 1997 und Blattberg/Deighton 1996, 1997). Gleichzeitig wird in diesem Zusammenhang auch von ein- und mehrperiodigen Kundenwertberechnungen gesprochen. Ein dynamischer Kundenwert wird in der Literatur als Customer Lifetime Value, Kundenlebens(zeit)wert oder Kundenkapitalwert bezeichnet (Übersicht bei Rudolf-Sipötz/Tomczak 2001, S. 8 ff., Krafft/Marzian 1997, Reinartz/Krafft 2001 und Krafft 2006). Die Beziehung zum Kunden wird demnach einem konsequenten Investitionskalkül unterworfen (hier und im Folgenden Reinecke/Keller 2006, S: 255 ff.). Der „Net Profit Value" beziehungsweise der gegenwärtige Netto-Wert eines Kunden wird über sämtliche Gewinnrückflüsse des Kunden über dessen gesamte Lebenszeit hinweg bemessen (Reichheld/Sasser 1990, S. 109 und Blattberg/Deighton 1996, S. 137 f.). Andererseits lässt sich ein Unterschied bei der Bewertungsgrundlage des Kundenwerts festmachen. Neben Kundenwertmodellen, die retrospektiv auf realisierten Größen basieren, existieren Kundenwertanalysen, die auf Erwartungsgrößen abstellen. Bei der zweiten Modellgruppe lässt sich wiederum unterscheiden, ob die Erwartungsgrößen mittels Schätzungen beziehungsweise Hochrechnungen von Werttreibergrößen errechnet werden oder ob stochastische Modelle zum Tragen kommen. Während es sich bei den einperiodigen beziehungsweise statischen Modellen um eine Gegenwartsaufnahme der aktuellen Kundenbeziehung handelt, wird bei mehrperiodigen beziehungsweise dynamischen Modellen die Länge der Kundenbeziehung berücksichtigt. Der Kundenwert ergibt sich über die Summe aller abdiskontierten Auszahlungsüberschüsse des Kunden. Was bei diesem verbreiteten Kapitalwertansatz jedoch oft vernachlässigt wird, ist die Tatsache, dass die Einzahlungen und Auszahlungen sowie die Lebenszeit eines Kunden stochastischen Schwankungen unterliegen.
3. *Objekt- beziehungsweise Subjektdimension:* Diese Dimension bezieht sich auf die Aggregationsebene, das heißt darauf, ob einzelne Kunden, Kundensegmente oder der gesamte Kundenstamm bewertet werden. Soll der Wert des Kundenstamms ausgedrückt werden, so wird im Englischen der Begriff *„Customer Equity"* verwendet (Dorsch/Carlson 1996, Blattberg/Deighton 1996, 1997, Rust/Zeithaml/Lemon 2000, S. 4).

Ferner können je nach Definition quantitative und qualitative beziehungsweise monetäre und nichtmonetäre Faktoren Bestandteile des Kundenwertes sein (hier und im Folgenden Reinecke/Keller 2006, S. 257). Zu den monetären Determinanten werden beispielsweise der Umsatz, der vollkostenrechnerische Kunden-Nettoerfolg oder der teilkostenrechnerische Kundendeckungsbeitrag gezählt. Soll der Kundenwert auch nicht-monetäre Wertbestandteile einschließen, so gibt es hierfür eine Vielzahl an Möglichkeiten. Zur Bewertung des Kundenpotenzials eignet sich die Integration von Kriterien wie Entwicklungs-, Austrahlungs-, Innovations-, Einfluss- und Kooperationspotenzial der Kunden (Rieker 1995, S. 58 f.). Auch kundenbezogene Verhaltenskomponenten, von denen Anbieter ebenfalls Nutzen davontragen, können integiert werden (Cornelsen 2000, S. 42). Hierzu zählen Elemente wie der Referenz-, der Informations- und der Cross-Selling-Wert (Cornelsen 2000, S. 171 f.). In der Praxis wird eher selten auf nichtmonetäre Kriterien zurückgegriffen, weil die Nutzenwirkungen sehr schwer zu quantifizieren sind. Wenngleich monetären Kriterien die wichtigste Planungs-, Steuerungs- und Kontrollfunktion für das Unternehmensmanagement zugeschrieben wird, stellen sie letztlich lediglich einen begrenzten Ausschnitt der Kundenbeziehung dar.

Je nach Sach-, Zeit- und Objektdimension gibt es unterschiedliche *Anlässe und Gründe für Kundenwertberechnungen*: Der aggregierte Kundenwert (Customer Equity) kann beispielsweise von Interesse sein, wenn der Verkauf des gesamten Kundenstamms (beziehungsweise präziser: der Beziehungen zu diesem Kundenstamm) geprüft wird. Segment- und einzelkundenspezifische Kundenwertberechnungen unterstützen insbesondere das operative Marketingmanagement, beispielsweise im Rahmen von Kundenportfolio- sowie Investitionsentscheidungen.

5.2 Messung des Kundenwerts

5.2.1 Customer Lifetime Value-Modelle

Mit Hilfe des (aggregierten) Kundenwerts wird versucht, den Wert eines Kunden (bzw. des gesamten Kundenstamms) dynamisch mit einer einzigen finanzwirtschaftlichen Größe zu bewerten. Ziel ist somit eine *(aggregierte) „Schlüsselkennzahl"*.

Die Grundidee der meisten dynamischen Bewertungsmodelle ist ähnlich. Sie greifen analog zu Blattberg und Deighton (1996) auf abdiskontierte Cashflows zurück: „Customer Equity is the total of the discounted lifetime values summed over all of the firm's customers." Ein solcher Customer Equity entspricht somit dem aggregierten Customer Lifetime Value aller Kunden eines Unternehmens beziehungsweise Geschäftsbereichs. Der deutsche Begriff Kundenwert wird nachfolgend als gleichbedeutend mit Customer Lifetime Value verwendet. Der deutsche Ausdruck kann sich entweder auf einen einzelnen Kunden beziehen oder als aggregierter Kundenwert auf den gesamten Kundenstamm (= Customer Equity). Je nach Modellannahmen (hierzu Rust/Lemon/Zeithaml 2000, S. 4f.) bezüglich des Kundenverhaltens beeinflussen folgende Faktoren den Customer Equity:

- Größe des Kundenstamms,
- Zuwachsrate des Kundenstamms,
- Abwanderungswahrscheinlichkeiten und -intensitäten,
- maximal erreichbarer Share of Wallet,
- Preisbereitschaft der Kunden,
- Kosten von Kundenakquisitions- und Kundenbindungsmaßnahmen sowie das
- Zahlungsverhalten und die Zahlungsrisiken der Kunden.

Der *aggregierte Kundenwert* eines Unternehmens hängt ferner insbesondere auch davon ab, wie viele Kunden die Beziehung zum Anbieter als langfristige Geschäftsbeziehung sehen (und somit den größten Teil ihres Bedarfs kontinuierlich bei dem Anbieter decken) und wie viele sie eher als Transaktionsbeziehung sehen (und somit bei niedrigeren Preisen eines anderen Anbieters unter Umständen sofort vollumfänglich wechseln) (Dorsch/Carlson 1996, S. 263).

Die Vielzahl von Vorschlägen in der Literatur zur Operationalisierung des Kundenkapitalwertes erschwert eine abschließende Erörterung der Modelle, weshalb nachfolgend nur eine Auswahl an Ansätzen vorgestellt wird (hier und nachfolgend Reinecke/Keller 2006, S. 269ff.).

Gemäß Dwyer (1997) lassen sich die Modelle in zwei Kategorien einteilen. Je nach Blickwinkel auf die Kundenbeziehung kann zwischen einer „Lost-for-good"- und einer „Always-a-share"-Situation unterschieden werden. Dem *„Lost-for-good"*-Kontext liegt der Beziehungsmarketingansatz zugrunde, weshalb die Modelle als kundenbindungsbasiert bezeichnet werden. Aufgrund des großen Commitments oder hoher Wechselbarrieren sind Kunden stark an einen Anbieter gebunden. Beenden die Kunden eine Beziehung mit dem Anbieter, dann wird angenommen, dass diese Kunden für alle Zeiten verloren sind. Bei *„Always-a-share"*-Situationen spricht man von kundenmigrationsbasierten Modellen, was dem Transaktionsdenken entspricht. Nach diesem Ansatz stehen Kunden mit mehreren Anbietern in einer Geschäftsbeziehung und entscheiden situativ, bei welchem Anbieter sie welchen Teil ihrer Einkäufe tätigen.

Kundenbindungsbasierte Modelle können auf Ebene des gesamten Kundenstamms oder mit kundenindividuellem Fokus definiert werden. Der „Net Profit Value" beziehungsweise der gegenwärtige Nettowert eines Kunden wird über sämtliche Gewinnrückflüsse (Barwerte) des Kunden über dessen gesamte Lebenszeit bestimmt (Reichheld/Sasser 1990, S. 109 und Blattberg/Deighton 1996, S. 137f.). Mit anderen Worten ergibt sich dieser investitionsrechnerische Kundenwert über die Summe aller abdiskontierten Auszahlungsüberschüsse des Kunden. Um den Customer-Lifetime-Value des gesamten Kundenstamms zu bestimmen, werden die einzelnen Kundenwerte addiert.

$$E[CLV] = \int_0^\infty E[v(t)] S(t) d(t) dt$$

$E[CLV]$: erwarteter Customer Lifetime Value
$E[v(t)]$: erwarteter Wert des Kunden zum Zeitpunkt t
$S(t)$: Abwanderungswahrscheinlichkeit eines/der Kunden
$d(t)$: Diskontierungsfaktor bzw. -funktion
t : Variable der Zeit

Abbildung 155: Berechnung des kundenbindungsbasierten Customer Lifetime Value (Quelle: Reinecke/Keller 2006, S. 270; dort angelehnt an Rosset et al 2003, S. 322)

Oft werden Kundenlebenszykluswerte auf Basis konstanter durchschnittlicher Kundenbindungsraten berechnet (bspw. Gupta/Lehmann/Stuart 2004). Bei diesem weit verbreiteten Kapitalwertansatz wird jedoch oft vernachlässigt, dass die Lebenszeit eines Kunden stochastischen Schwankungen unterliegt. Hinsichtlich einer Prognose sind auch Einzahlungen und Auszahlungen Zufallsgrößen. Ein angemessenerer Ausgangspunkt für die Berechnung des (erwarteten) Kundenlebenszeitwertes ist in Abbildung 155 dargestellt.

Von diesen kundenbindungsbasierten Ansätzen lassen sich die kundenmigrationsbasierten Modelle differenzieren. Die bekannteste Modellierung kundenmigrationsbasierter Ansätze ist jene von Dwyer (1997, S. 11 f.), welche unter Verwendung des Ansatzes von Courtheoux (1986) formuliert wurde. Wie bei den stochastischen kundenbindungsbasierten Modellen wird dabei versucht, die Kaufwahrscheinlichkeit eines Kunden zu quantifizieren. Dies geschieht bei dieser Methode über die Recency (Zeitpunkt der letzten Transaktion). Der Customer Lifetime Value wird so dann in zwei Etappen berechnet (Abbildung 156): Im ersten Schritt werden die potenziellen Kunden einer Zeitperiode berechnet. Danach wird im zweiten Schritt der durchschnittliche Lebenszykluswert pro Kunde bestimmt.

Customer Lifetime Value-Modelle haben den Vorteil, dass sie unter vorausschauender Betrachtung auf dem mit der Unternehmensexistenz unmittelbar verbundenen Kunden-Cashflows aufbauen (Cornelsen 2000, S. 140). Infolgedessen kann den Modellen eine hohe Relevanz beim strategischen Kundenwertcontrolling zugesprochen werden. Bedenkt man die Vielzahl der in der Literatur angeführten Berechnungsmodelle, besteht die Herausforderung in der Praxis nicht darin, überhaupt ein Modell zu finden, sondern vielmehr die für den strategischen Unternehmenskontext passende Operationalisierung zu wählen und situationsadäquate Annahmen zu tref-

$$CLV = \left\{ (GC) \cdot \left\{ C_0 + \left[\sum_{i=1}^{n} \left[\sum_{j=1}^{i} C_{i-j} \cdot P_{t-j} \cdot \prod_{k=1}^{j} (1 - P_{t-j+k}) \right] \right] \middle/ (1+d)^i \right\} \right\}$$

1. Schritt

2. Schritt

CLV	: erwarteter Customer Lifetime Value
GC	: Brutto-Deckungsbeitrag
C_0	: anfänglicher Kundenbestand
$C_{i,j}$	: Kundenbestand zum Zeitpunkt i bzw. j
$P_{t,j,k}$	: Kaufwahrscheinlichkeit zum Zeitpunkt t, j bzw. k
d	: Diskontierungsfaktor
t	: Variable der Zeit

Abbildung 156: Berechnung des kundenmigrationsbasierten Customer Lifetime Value nach Dwyer (Quelle: Reinecke/Keller 2006, S. 270; dort angelehnt an Berger/Nasr 1998, S. 26)

fen. Die „lost-for-good"- „always-a-share"-Klassifikation der Kundenbeziehung kann helfen, entsprechend den beabsichtigten strategischen Implikationen eine Modellauswahl vorzunehmen.

Letztlich wird der Kundenwert allerdings auch stark vom Angebot beeinflusst. Wird das *Leistungsangebot* beispielsweise durch einen Markentransfer, durch Produktinnovationen oder durch Kooperationen mit anderen Unternehmen ausgeweitet, so erhöht dies in der Regel automatisch den Kundenwert, weil einige Kunden zumindest einen Teil ihres Bedarfs zusätzlich mit den neuen Leistungen decken werden. Dies zeigt, dass der Kundenwert immer nur die eine Seite der Operationalisierung von Marktpotenzialen ist.

Die Messung eines aussagekräftigen, aggregierten Kundenwerts ist aufgrund der Vielzahl an Einflussfaktoren somit nur dann sinnvoll, wenn einige Grundsätze im Voraus klar und ausdrücklich festgelegt werden, beispielsweise: Bewertung vor dem Hintergrund des bisherigen Leistungsangebots und Ausklammern neuer Marktleistungen, Annahme eines unveränderten Kaufverhaltens, Beschränkung auf einen Fünfjahreszeitraum. Um einen aggregierten Kundenwert im Sinne eines Shareholder Value-Konzepts finanzwirtschaftlich „korrekt" zu ermitteln, sind folgende *Anforderungen an die Berechnung* zu erfüllen (Stahl/Matzler/Hinterhuber 2001, S. 354ff.):

- Sämtliche aus einer Beziehung resultierenden Kosten müssen den einzelnen Kunden beziehungsweise Kundengruppen verursachungsgerecht zugeordnet werden können.
- Sämtliche monetären und nichtmonetären Erträge sind zu bewerten.

- Die Änderungen der Kosten und Erträge aus einer Kundenbeziehung müssen im Zeitablauf berücksichtigt werden.
- Ein- und Auszahlungen im Rahmen einer Kundenbeziehung sind anhand eines geeigneten Kalkulationszinsfußes auf einen Referenzzeitpunkt abzuzinsen.
- Die Unsicherheit einer Geschäftsbeziehung muss berücksichtigt werden.

Es besteht kein Engpass hinsichtlich der Möglichkeiten einer Operationalisierung des Kundenwerts, allerdings ein gewisser Zielkonflikt zwischen komplexer, situationsspezifischer Modellierung einerseits und Praktikabilität sowie methodischem Aufwand andererseits. Somit stellt sich grundsätzlich die Frage, in welchen Fällen der Aufwand für eine solche umfassende Rechnung gerechtfertigt ist. Die derzeit vorhandenen Operationalisierungsvorschläge werden von der Praxis (noch) nicht angenommen (Reinecke 2004, S. 134 ff.; ähnliche Ergebnisse finden sich auch bei Rudolf-Sipötz 2001, S. 70). Um dennoch die Stärken des Kundenwertkonzepts und der damit verbundenen Verfahren (Cornelsen 2000, S. 91 ff. und Freiling 2001, S. 95) zu nutzen, wird folgendes Vorgehen vorgeschlagen (Abbildung 157):

1. Der *aggregierte Kundenwert* eines Unternehmens wird lediglich in besonderen Situationen erhoben, beispielsweise beim Verkauf des Unternehmens. In einer solchen Situation können viele Einflussfaktoren eindeutig festgelegt werden (bspw. das zu berücksichtigende Leistungsangebot und der zu bewertende Zeitraum). Ergänzend kann der Kundenwert als langfristige, aggregierte Diagnosegröße dienen; er eignet sich aber aufgrund der Bewertungsprobleme und der damit zusammenhängenden möglichen starken Schwankungen keinesfalls als Steuerungsgröße.

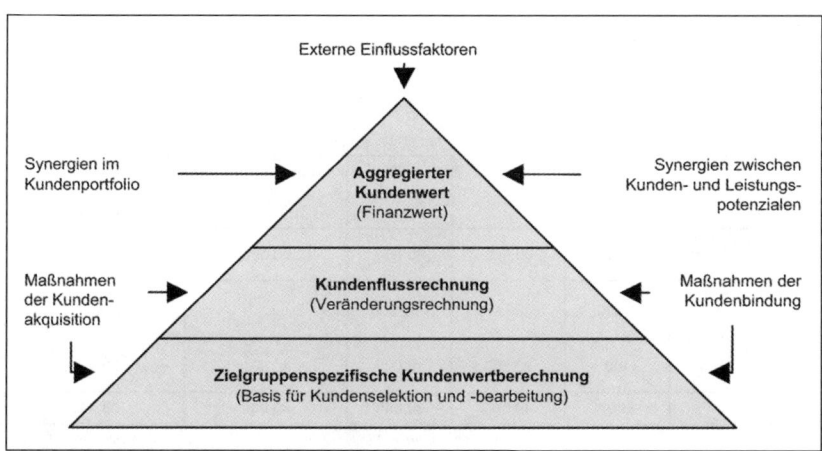

Abbildung 157: Managementorientierte Anwendung des Konzepts des Kundenwerts (Quelle: Reinecke 2004, S. 344)

2. So genannte „*Kundenflussrechnungen*" helfen, Veränderungen des aggregierten Kundenwerts zu beurteilen, ohne jedoch den Gesamtkundenwert berechnen zu müssen.
3. Die Vorteile des Kundenwertkonzepts werden für Entscheide bezüglich *Kundenselektion und spezifischer Kundenbearbeitung* genutzt (zur Kundenselektion auch Belz 1998, S. 235 ff.).

Aufgrund des dargelegten eingeschränkten Nutzens eines aggregierten Kundenwerts (im Sinne eines Finanzwerts) für das Controlling wird im Folgenden auf die beiden letzten zwei Vorschläge ausführlicher eingegangen.

5.2.2 Kundenflussrechnung

Für das Marketingmanagement ist die Kenntnis, wie sich der Kundenwert zwischen zwei Perioden entwickelt hat, relevanter als das Wissen über die absolute Höhe des aggregierten Kundenwerts. In Anlehnung an finanzwirtschaftliche Kapitalflussrechnungen sowie einfache Kundenbewegungsbilanzen (Krafft 2002, S. 51) wird daher eine „Kundenflussrechnung" vorgeschlagen, die einen Großteil der Veränderungen des aggregierten Kundenwerts zwischen zwei Perioden ausweist.

Abbildung 158 zeigt ein einfaches Beispiel einer Kundenflussrechnung. Dabei werden lediglich die Veränderungen des Kundenwerts aufgrund von Kundenstammbewegungen berücksichtigt (akquirierte Neukunden, abgewanderte Kunden, zurückgewonnene Kunden). Der Vorteil einer solchen Darstellung ist insbesondere, dass auch Aussagen über die langfristige Profitabilität der akquirierten beziehungsweise abgewanderten Kunden getroffen werden können – wichtige Informationen zur Bewertung der Veränderungen des Customer Equity.

	Anzahl Kunden	Δ Umsatz (Euro)	Δ DB I (Euro)	Spezifische Investitionen (Euro)	Δ Kundenwert, diskontierter Cashflow (Euro)
Neukundenakquisition	2 000	200 000	80 000	70 000	249 417
Kundenabwanderung	-1500	- 180 000	- 60 000		- 239 562
Kundenrückgewinnung	100	20 000	10 000	10 000	29'927
Total	**600**	**40 000**	**30 000**	**80 000**	**39 782**
			angenommener Zinssatz: 8 %	Diskontierungszeitraum: 5 Jahre	

Abbildung 158: Kundenflussrechnung (fiktives, vereinfachtes Beispiel) (Quelle: Reinecke 2004, S. 345)

5.2.3 Messung eines zielgruppenspezifischen Kundenwerts

Das Customer Equity-Konzept ist eine geeignete Basis für *Kundenselektion* und *differenzierte Kundenbearbeitung* (Mulhern 1999, Rust/Zeithaml/Lemon 2000, S. 187 ff.). Dabei wird das Ziel verfolgt, entweder die Profitabilität besonders wichtiger derzeitiger oder potenzieller Kunden zu bewerten oder aber eine Kundensegmentierung durchzuführen, die den Wert verschiedener Kundengruppen vergleicht. Eine solche Segmentierung dient einer differenzierten Marktbearbeitung.

Diller (2001c, S. 14) schlägt eine kunden(gruppen)spezifische Operationalisierung des Kundenwerts vor (Abbildung 159), die an den Zielbeiträgen für das Unternehmen beziehungsweise den zukünftigen Beitrag des Kunden zum Erfolg des Unternehmens anknüpft.

Dabei offenbaren sich jedoch ebenso wie auf aggregierter Ebene deutliche Herausforderungen (Diller 2001b, S. 19 ff.): So lässt sich der Cross-Selling-Wert kundenindividuell kaum zuverlässig messen; ferner bestehen Zurechenbarkeitsprobleme beim Transaktionskostenwert. Dadurch ist der Kundenwert keine absolut unabhängige Größe, sondern hängt vielmehr vom Anbieterverhalten ab. Insbesondere die Dynamisierung führt zu zusätzlichen Herausforderungen: Die Kundenlebenszyklen sind in der Realität individuell verschieden, Präferenzen verschieben sich im Zeitverlauf und die Kundenabwanderungswahrscheinlichkeiten sind je nach Branche sehr unterschiedlich.

Insgesamt wird der hohe Kostenaufwand für die Operationalisierung eines umfassenden, validen Kundenwerts sowie insbesondere für die Monetarisierung von Werten durch die Höhe des Prognoserisikos in Frage gestellt. Eine dynamische Konzeption ist zwar prinzipiell nutzbringend, doch steht sie gravierenden Informa-

	Kundenwert
Sicherheitsziele des Unternehmens	• *Basiswert* (Retention): insbesondere Umsatz bzw. Absatz • *Informationswert* (Feedback): Auskunfts-, Beschwerde- und Kooperationsbereitschaft
Wachstumsziele des Unternehmens	• *Penetrationswert:* Ausschöpfung des kundenspezifischen Potenzials im bisherigen Leistungsbereich (Kundendurchdringungsrate) • *Referenzwert:* Intensität, Ausmaß und Wirkung der Beeinflussung weiterer Kunden • *Cross-Selling-Wert:* Ausweitungspotential der Zusammenarbeit mit weiteren Leistungsbereichen
Gewinnziele des Unternehmens	• *Kundenspezifisches Preispremium* • *Transaktionskostenwert:* direkt zurechenbare Kundenkosten sowie variable Herstellkosten • *Kundenakquisitionskostenwert:* wegfallende bzw. verminderte Kundenakquisitionskosten, korrigiert um Kundenbindungskosten

Abbildung 159: Kundenwertkomponenten (Quelle: Reinecke 2004, S. 346; dort in Anlehnung an Diller 1996, S. 82 und 2001, S. 8)

tionsproblemen gegenüber (Diller 2001b, S. 34); somit ist sie als idealtypisch zu charakterisieren.

Als *finanzwirtschaftliche Größe* kommt der Kundenwert somit in der Regel nur für die Betrachtung von Einzelkunden in Frage, wobei Sensitivitätsanalysen erforderlich sind.

Dennoch bietet die Analyse der Kundenwertkomponenten hilfreiche Hinweise für die Planung und Kontrolle bestimmter kundensegmentspezifischer Maßnahmen sowie für die Ressourcenzuweisung (Diller 2001b, S. 27). So zeigt Abbildung 160 einen interessanten und umfassenden Entwurf für ein mehrdimensionales Kundenwertmodell, das Selektions- und Bearbeitungsentscheiden dient (Rust/Zeithaml/Lemon 2000, S. 7 ff.). Das dreidimensionale Modell unterscheidet zunächst zwischen *gegenwärtiger Profitabilität* und *erwarteter künftiger Profitabilität*. Grundsätzlich wäre es möglich, diese beiden Dimensionen als finanzwirtschaftlichen Customer Lifetime-Value zusammenzufassen. Der pragmatische Vorteil einer Differenzierung liegt daher darin, dass einige Unternehmen in der Lage sind, die gegenwärtige Profitabilität von Kundengruppen einigermaßen zuverlässig zu bewerten. Die zukünftige Profitabilität beruht dagegen immer auf zahlreichen Schätzungen, beispielsweise der künftigen Preissensibilität und des zu erwartenden Kaufverhaltens. Da die zukünftige Profitabilität auch von den eigenen Kostenstrukturen und somit nicht nur vom Kunden abhängig ist, sollte im Einzelfall geprüft werden, ob nicht das *zukünftige Umsatzpotenzial* als etwas besser prognostizierbare alternative Grösse gewählt werden sollte.

Mit Hilfe einer dritten Dimension gelingt es, *komplementäre Wertbeiträge* zu berücksichtigen, die andernfalls bei Customer Lifetime-Value-Berechnungen vernachlässigt oder zumindest nicht explizit einbezogen werden, aber wichtig sind: beispielsweise das Referenz- oder Kooperationspotenzial von Kunden. Dadurch

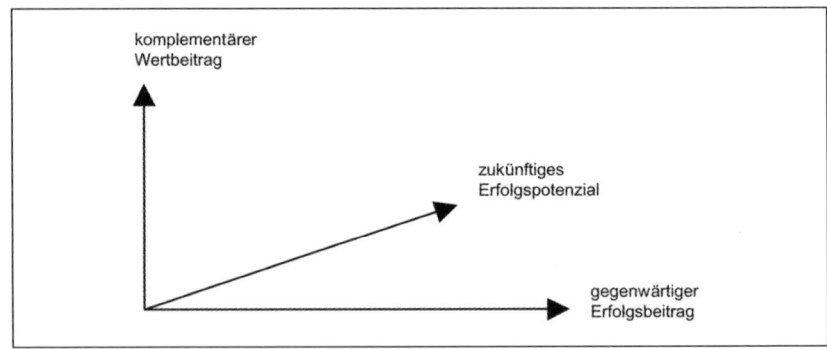

Abbildung 160: Kundenwert als Basis für eine differenzierte Kundenbearbeitung (Quelle: Reinecke 2004, S. 347; dort vereinfacht nach Rudolf-Sipötz 2001, S. 179 und Huldi/Staub 2002, S. 57)

können zum Beispiel Meinungsführer in Betracht gezogen werden, ohne dass man den ökonomischen schwer zu quantifizierenden Wert einer Weiterempfehlung direkt in die Kundenprofitabilität einkalkulieren muss. Eine solche Operationalisierung des Kundenwerts erweist sich als wertvolles, kennzahlengestütztes Planungs- und Controllinginstrument.

Fazit: Die Berechnung eines aggregierten Kundenwerts für ein Unternehmen im Sinne eines Customer Equity ist prinzipiell möglich, aber aufgrund der Vielzahl an Einflussfaktoren sehr aufwändig und unsicher. Daher ist es ratsam, den aggregierten Kundenwert lediglich in besonderen Fällen zu ermitteln oder aber als rein langfristig zu interpretierende Diagnosegröße zu erheben. Mit Hilfe von Kundenflussrechnungen lassen sich allerdings wichtige Veränderungen des Customer Equity aufgrund von Kundenakquisitions- und -bindungsmaßnahmen feststellen. Des Weiteren ist der Kundenwert als zielgruppenspezifische Kennzahl eine wichtige Steuerungsgröße für Kundenselektion und differenzierte Kundenbearbeitung.

5.3 Das Customer Equity-Modell von Rust, Zeithaml und Lemon

Rust, Lemon und Zeithaml (2000, S. 1 und 2004, S. 110) kritisieren das im Marketing dominierende produktfokussierte Controlling und auch die ihrer Meinung nach produktorientierte Größe „Brand Equity". Dieses führe beispielsweise zu einseitig kostenorientierten Sortimentsentscheiden, die eine Verlustspirale auslösten, weil sie strategische Auswirkungen auf die Kunden nicht berücksichtigten (Rust/Zeithaml/Lemon 2000, S. 7ff., Blattberg/Deighton 1996 und Blattberg/Getz/Thomas 2001).

Die Autoren stellen daher den „Customer Equity" als zentrale Schlüsselgröße in den Mittelpunkt ihrer Überlegungen; sie definieren ihn analog zu Blattberg und Deighton (1996) – jedoch unter Berücksichtigung neuer Kunden (Hogan/Lemon/Libai 2002) – als dynamisch zu berechnenden Gesamtwert aller Kunden: „we define *customer equity* as the total of the discounted lifetime values summed over all of the firm's current and Potenzial customers" (Rust/Lemon/Zeithaml 2004, S. 110). Diese Größe sei eine „lingua franca of marketing effectiveness" und diene unter anderem dazu,

- Stärken und Schwächen im eigenen Marketing zu identifizieren sowie
- den finanziellen Einfluss von Marketinginitiativen zu projizieren und zu bewerten;
- letztlich erfülle die Größe „Customer Equity" auch die Funktion einer Schlüsselkennzahl im Sinne der Balanced Scorecard (Rust/Lemon/Zeithaml 2000, S. 2ff.; zur Balanced Scorecard Kaplan/Norton 1992, 1996, 2001).

Nach Rust, Lemon und Zeithaml (2004, S. 110) sind Kunden für viele Unternehmen von größerer Bedeutung als Marken und Brand Equity, so dass sie ein Umdenken von einer produktbasierten zu einer kundenbasierten Strategie propagieren (auch Gale 1994 und Kordupleski/Rust/Zahorik 1993). Demnach sollten strategische Optionen aus der Perspektive gesehen werden, inwiefern die Treiber des Customer Equity optimiert werden können. In dem Modell der drei Wissenschaftler (Rust/Lemon/Zeithaml 2000) wird Customer Equity von drei Treibern beeinflusst: Value Equity, Brand Equity und Retention Equity (Abbildung 161).

- *„Value Equity* is the customer's objective assessment of the utility of a brand, based on perceptions of what is given up for what is received" (Rust/Zeithaml/Lemon 2000, S. 56 f.). Diese Größe gibt die rationale, objektive Beurteilung eines Leistungangebots wieder. Sie wird insbesondere durch die Faktoren Qualität, Preis und Convenience beeinflusst.
- *„Brand Equity* is the customer's subjective and intangible assessment of the brand, above and beyond its objectively perceived value" (Rust/Zeithaml/Lemon 2000, S. 57). Brand Equity spiegelt die subjektive Bewertung eines Leistungsangebots wider und umfasst nur solche Elemente, die nicht auf objektiven Leistungsunterschieden beruhen. Folgende Einflussfaktoren werden unterschieden: Markenimage und -bedeutung, Markenbekanntheit, Einstellung gegenüber der Marke sowie die Wahrnehmung der Markenidentität.
- *„Retention Equity* is the tendency of the customer to stick with the brand, above and beyond the customer's objective and subjective assessments of the brand"

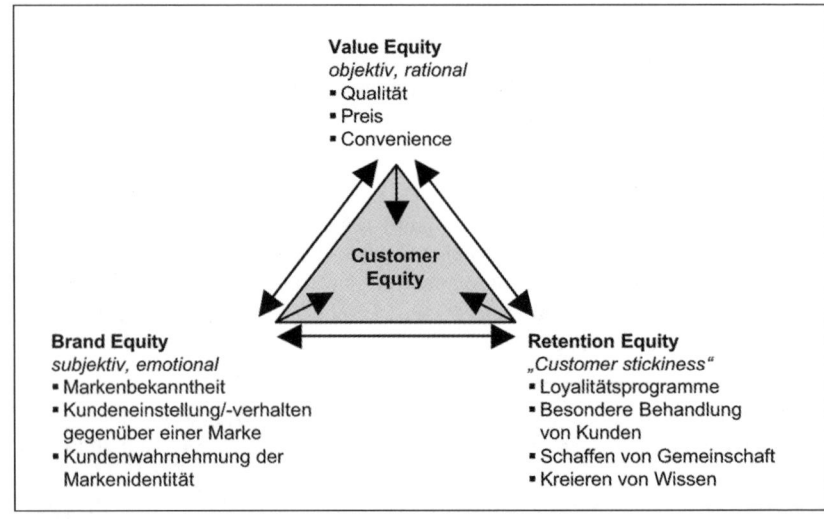

Abbildung 161: Treiber des Customer Equity (Quelle: Reinecke 2004, S. 335; dort basierend auf Rust/Zeithaml/Lemon 2000)

(Rust/Zeithaml/Lemon 2000, S. 57). Retention Equity gibt die Bindung des Kunden an einen Anbieter wieder, die nicht auf die Marke oder auf objektive Unterscheide des Leistungsangebots zurückgeführt werden kann. Treiber dieser „customer stickiness" sind: Loyalitätsprogramme, die besondere Anerkennung und Behandlung von Kunden sowie Programme zur Gemeinschaftsbildung (community building) und zum Aufbau von Wissen (knowledge building).

Die Bedeutung der drei Treiber ist situativ unterschiedlich. Daher empfehlen die Autoren, eine branchenspezifische Regressionsanalyse durchzuführen, um die Einflussstärke der Treiber auf Kundenentscheidungen zu ermitteln.

Mit Hilfe des Modells ist es nach Auffassung der Autoren möglich, den Return von Marketinginvestitionen auszurechnen. Werden Investitionen getätigt, so ist grundsätzlich zu überlegen, welche Faktoren des Modells dadurch beeinflusst werden. Eine Verbesserung der Distribution erhöht beispielsweise die Convenience und damit den Value Equity. Je nach branchenspezifischer Bedeutung des Value Equity wirkt sich eine Verbesserung dieses Werts mehr oder weniger intensiv auf die Kauf- beziehungsweise Wechselentscheidungen der Kunden aus (abgebildet mit einer so genannten Wechselmatrix). Das führt zu einer gewissen Erhöhung des kundenspezifischen Customer Lifetime Value und somit letztlich des Customer Equity, also des Gesamtwerts aller Kunden (Rust/Zeithaml/Lemon 2000, S. 19 und 2004, S. 112 ff.).

Analog lassen sich laut den Autoren die finanziellen Auswirkungen von Werbeinvestitionen über den Einfluss der Werbung auf den Brand Equity sowie dessen branchenspezifischer Bedeutung für das Kundenverhalten berechnen. Auch die finanziellen Konsequenzen von Entscheidungen bezüglich Kundenloyalitätsprogrammen können auf diese Art kalkuliert werden.

In einem von Rust, Lemon und Zeithaml im Jahr 2004 vorgestellten Modell zeigen sie diese Zusammenhänge, die sie bereits 2000 vorgestellt hatten, noch einmal ausdrücklich auf, berücksichtigen als zentrale Größe jedoch zusätzlich ein neues Customer Lifetime Value Modell, welches „brand switching" (Markenwechsel) integriert (Rust/Lemon/Zeithaml 2004, S. 112).

Kritische Würdigung des Modells

Rust, Zeithaml und Lemon sehen in ihrem Modell eine geeignete Basis, um den Einfluss und auch die finanzwirtschaftlichen Auswirkungen von Marketinginvestitionen zu berechnen. Sie selbst zeigen allerdings auch einige Grenzen ihres Modells auf (2000, S. 24 und 2004, S. 123):

- Zahlreiche weitere Größen müssen weitergehend untersucht werden: Die Wirkung der Marktdynamik auf Customer Equity, die Wirkung von den Treibern des Customer Equity auf Cross-Buying und die Bedeutung von Marketingmaßnahmen, die zu kurzfristigen Absatzsteigerungen führen, für Customer Equity.

- Die Zusammenhänge von Customer Equity und Unternehmenswert (Gupta/Lehmann/Stuart 2001) müssten noch intensiver analysiert werden.
- Das Konzept müsste weiterentwickelt werden beziehungsweise es müssten dynamische Modelle entwickelt werden, damit es auch in stark wachsenden Märkten angewendet werden kann.
- Die dargestellten Treiber und ihre Bedeutung sind kulturabhängig. So kann beispielsweise in einer bestimmten Branche der Faktor Brand Equity in den USA wesentlich wichtiger sein als in Südamerika.

Für die Marketingwissenschaft ist das Modell von Rust, Zeithaml und Lemon ein äußerst wertvoller Beitrag. Zum ersten Mal wird ein umfassendes Treibermodell präsentiert, das zentralen finanzwirtschaftlichen Anforderungen (bspw. Orientierung an Geldflüssen) gerecht wird und dabei hilft, die wichtigsten Marketinggrößen zu quantifizieren. Dennoch weist das Modell noch einige Unzulänglichkeiten auf, die zum einen auf der Modellkonzeption, zum anderen auf den Anwendungsempfehlungen beruhen.

Bezüglich der *Modellkonzeption* sind folgende Aspekte kritisch zu hinterfragen:

- *Ausgewogenheit:* Die Autoren kritisieren selbst, dass viele Marketingkonstrukte wie Brand Equity oft so breit definiert werden, dass sie nicht mehr unterscheidbar sind. So missfällt ihnen beispielsweise, dass zum Markenwert Konzepte wie Qualität, Geschäftsbeziehungen und Wechselkosten hinzugerechnet werden (z.B. Keller 1998), so dass Markenwert Elemente der Kundenbindung einschließt. Gleichzeitig verfahren sie selbst aber analog, indem sie ihr zentrales Konstrukt des Customer Equity ins Zentrum rücken. Brand Equity wird „abgespeckt" und zu einem Einflussfaktor des Customer Equity umdefiniert.
- *Mehrwert des Konstrukts „Retention Equity":* Die Autoren begründen nicht, warum gerade die drei Faktoren Value, Brand und Retention Equity die zentrale Größe Customer Equity beeinflussen. Während die Wahl von Value Equity und Brand Equity aufgrund ihrer Diskussion in der Marketingwissenschaft nachvollziehbar erscheint, so wäre zu klären, ob Retention Equity tatsächlich als Konstrukt auf derselben Ebene angesiedelt werden sollte.
- *Statische Konzeption:* Das Modell ist insbesondere auf stabile, gesättigte Märkte ausgerichtet, in denen der Kundenbindung besondere Aufmerksamkeit geschenkt wird. Customer Equity kann jedoch auch durch Kundenakquisition maßgeblich erhöht werden; diese ist aber in dem Konzept kaum gewichtet. Ferner berücksichtigt das Modell den Mehrwert künftiger Leistungsinnovationen nicht ausreichend. Auch spielt der Faktor Zeit lediglich auf der finanzwirtschaftlichen Seite durch Abdiskontierung eine Rolle – die leistungswirtschaftliche Seite ist statisch (Stichwort: Leistungsinnovation).

Die *Anwendung des Modells* erscheint auf den ersten Blick sehr plausibel, doch stellen sich auch hier einige Herausforderungen:

- *Ambiguität*: Fast alle Marketingaktionen wirken auf alle Treiber. Um die Auswirkungen auf den Customer Equity präzise berechnen zu können, müssten Führungskräfte jeweils im Voraus genau wissen, wie sich die einzelnen Marketinginstrumente auf die jeweiligen Treiber auswirken.
- *Erhebung der Wechselmatrix:* Die so genannte „Switching Matrix" steht im Zentrum der Berechnung des Kundenwerts. Sie gibt an, wie groß die Wahrscheinlichkeit eines Kunden einer bestimmten Marke ist, beim nächsten Mal diese Marke (zumindest teilweise) wieder zu berücksichtigen. Da sich die Markentreue im Zeitverlauf stark verändern kann, müssten Unternehmen diese Wechselmatrix allerdings permanent neu berechnen.
- *Nichtberücksichtigung zentraler Einflussfaktoren auf den Unternehmenswert:* Der Unternehmenswert hängt nicht nur von der Höhe der Einnahmen ab, sondern insbesondere auch vom Faktor Zeit sowie den wahrgenommenen Risiken. Das System von Rust, Zeithaml und Lemon modelliert allerdings nicht die Risiken: Wie sicher kann man sein, dass die Wiederwahlentscheidungen tatsächlich wie in der Wechselmatrix modelliert erfolgen? Ferner berücksichtigt das Modell kaum Maßnahmen, die dazu dienen, dass Kunden ihre Kaufentscheidungen vorziehen; ein solches Verhalten würde sich positiv auf den Unternehmenswert auswirken.

Insgesamt kann festgestellt werden, dass die drei Autoren einen interessanten ersten Entwurf für ein investitionsorientiertes Marketingmodell geliefert haben, das eine wertvolle Basis für konstruktive Weiterentwicklungen ist.

5.4 Interdependenz von Kunden- und Markenwert

Kunden- und Leistungspotenziale können als die zentralen Marktpotenziale eines Unternehmens beziehungsweise Geschäftsbereichs konzeptionalisiert werden. Eine Veränderung dieser unternehmensspezifisch zu bewertenden Potenziale lässt sich langfristig beispielsweise in Veränderungen des aggregierten Kundenwerts beziehungsweise des Markenwerts ablesen, die ihrerseits wiederum den Shareholder Value beeinflussen.

Zwischen den beiden Konstrukten besteht allerdings eine *hohe Interdependenz*: Der Markenwert hängt vom Kundenwert ebenso ab wie der Kundenwert vom Markenwert. Jeder (potenzielle) Kauf schlägt sich sowohl auf der Kunden- als auch auf der Markenseite nieder.

Die beiden Perspektiven sind nur dann überschneidungsfrei, wenn dieselben umfassenden Annahmen getroffen und die gleichen Messverfahren eingesetzt werden; in diesem (aufgrund der geschilderten Operationalisierungsprobleme in der Realität allerdings nicht sehr wahrscheinlichen) Fall müssten sie zu einem identischen aggregierten finanzwirtschaftlichen Wert des Marktpotenzials führen, weil beide Potenzialgrößen über „Käufe" operationalisiert werden. Letztlich messen sowohl der Kunden- als auch der Markenwert die für das jeweilige Unternehmen aufgrund von relevanten Bedürfnissen erreich- und grundsätzlich abschöpfbare Kaufkraft.

Eine Unterscheidung der beiden Perspektiven ist dennoch sinnvoll, weil mit der Messung des Kunden- und des Markenwerts in der Regel verschiedene Ziele verfolgt werden. Auch sind die Adressaten häufig unterschiedliche Personen. Des Weiteren stehen aufgrund der Messprobleme meist nicht die aggregierten finanzwirtschaftlichen Größen im Mittelpunkt, sondern beispielsweise lediglich der Kundenwert gewisser Zielsegmente sowie die Entwicklung der Markenstärke von Einzelmarken. Diese Größen unterscheiden sich und erfüllen ihre Kennzahlenfunktion, indem sie relevante betriebswirtschaftliche Tatbestände prägnant zusammenfassen.

Sollen alle Maßnahmen darauf ausgerichtet werden, *Marktpotenziale* (= Kunden- und Leistungspotenziale) zu erschließen oder auszuschöpfen, müssen folgerichtig diese Potenziale bewertet werden, um dadurch die langfristige Effektivität aller Marketingmaßnahmen zu messen. Hierfür wurden folgende Kernaussagen herausgearbeitet:

- Die Berechnung eines *aggregierten Kundenwerts* im Sinne eines Customer Equity ist prinzipiell möglich, aber aufgrund der Vielzahl an Einflussfaktoren aufwändig und unsicher. Daher wurde ein auf den jeweiligen Controllingzweck abgestimmtes Vorgehen vorgeschlagen: Das Berechnen eines aggregierten Kundenwerts sollte primär in besonderen Fällen wie der Akquisition oder dem Verkauf eines Geschäftsbereichs erfolgen. Für das operative Management empfehlen sich dagegen beispielsweise Kundenflussrechnungen als Saldogrößen zur Bewertung von Kundenakquisitions- und -bindungsmaßnahmen; ferner sind zielgruppenspezifische Kundenwertberechnungen für die Steuerung von Kundenselektion und bearbeitung sinnvoll.

- Ein „korrekter" Markenwert in Form einer absoluten (monetären) und validen Einzelgröße existiert nicht; für eine umfassende Bewertung bedarf es daher eines Methodenmixes aus verhaltenswissenschaftlichen und finanzwirtschaftlichen Verfahren. Der *finanzwirtschaftliche Markenwert* kann allenfalls Diagnose-, jedoch kaum Steuerungsfunktion übernehmen; in gewissen Sondersituationen (bspw. bei der Veräußerung von Markenrechten) kommt ihm jedoch eine wichtige Funktion zu. Der *Markenstärke* als verhaltenswissenschaftliche Komponente des Markenwerts kommt dagegen trotz der Operationalisierungsprobleme eine Schlüsselstellung in einem Marketingkennzahlensystem zu (ausführlich Kapitel D.4).

Teil E: Organisation des Marketingcontrollings – Träger der Marketingcontrollingfunktionen

---

1 Organisatorische Einordnung und Institutionalisierungsgrad als abhängige Größen 439

2 Relevanz und Grundlagen der Stellenbildung im Marketingcontrolling 442

3 Möglichkeiten der organisatorischen Einbindung des Marketingcontrollings 444
  3.1 Einordnung ohne spezifische Marketingcontrollingstellen 444
  3.2 Einordnung mit spezifischen Marketingcontrollingstellen 445

4 Integration des Marketingcontrollings in das Gesamtcontrolling 452

In den bisherigen Ausführungen wurden die Aufgaben (Funktionen) des Marketingcontrollings betrachtet, ohne diese bestimmten Funktionsträgern zuzuordnen (hier und im Folgenden auch Reinecke/Janz 2006, S. 915ff.). In der unternehmerischen Realität werden sämtliche Aufgaben jedoch von Organisationseinheiten übernommen, wobei für die organisatorische Verankerung der Marketingcontrollingaufgaben zahlreiche, teilweise sehr unterschiedliche Möglichkeiten existieren. In diesem Zusammenhang stellen sich grundsätzlich drei Fragen, denen der Aufbau von Teil E folgt:

(1) Können die Aufgaben des Marketingcontrollings von Marketingmanagern oder allgemein von anderen Stellen auf unterschiedlichen Hierarchieebenen und in anderen Funktionsbereichen wahrgenommen werden, oder benötigt man eine spezifische Stelle oder Abteilung, die Marketingcontrollingaufgaben wahrnimmt?

(2) Falls eine spezifische Stelle gebildet wird: Wie sollte eine solche Stelle beziehungsweise Abteilung ausgestaltet und

(3) wie sollte eine solche Stelle beziehungsweise Abteilung im Gesamtunternehmen organisatorisch eingeordnet werden?

1 Organisatorische Einordnung und Institutionalisierungsgrad als abhängige Größen

Empirische Ergebnisse (Reinecke 2004, S. 151) zeigen, dass in 40 Prozent der befragten deutschsprachigen (überwiegend größeren) Unternehmen das Management selbst die Marketing- und Verkaufscontrollingaufgaben wahrnimmt; spezielle Stellen oder Abteilungen existieren in diesen Fällen nicht. 29 Prozent der Unternehmen haben innerhalb des Marketing- und Verkaufsbereichs eine eigene Stelle geschaffen, die diese Funktion wahrnimmt. 31 Prozent weisen diese Aufgaben einer Stelle außerhalb des Marketingbereichs zu. Die Stelle untersteht in ungefähr 50 Prozent dieser Fälle der Abteilung Finanz- und Rechnungswesen/Controlling, während die übrige Hälfte direkt an die Geschäfts(bereichs)leitung berichtet.

Wie im Kapitel zum allgemeinen Controlling ausgeführt, fallen die dargestellten Aufgaben des Controllings in die Verantwortung des Managements, auch wenn sie in der Regel in enger Kooperation von Managern und Controllern erfüllt werden (Abbildung 3, S. 18). Ob eine *Spezialisierung der Arbeitsteilung* und somit die Schaffung einer Stelle oder einer Abteilung, welche für das Marketingcontrolling zuständig ist, sinnvoll oder gar erforderlich ist, kann nicht generell-abstrakt beurteilt werden. Manche mittelständische Unternehmen im Business-to-Business-Bereich beschäftigen im Marketingbereich lediglich ein bis zwei Personen. In einer solchen Situation wäre es sicherlich nicht wirtschaftlich, eine Stelle „Marketingcontrolling" einzurichten. Vielmehr muss in einem solchen Fall das Marketingmanagement einen Großteil der Marketingcontrollingfunktionen übernehmen.

In vielen Unternehmen sind ferner lediglich zwei Teilfunktionen des Marketingcontrollings institutionalisiert: Zum einen die *Marktforschung*, weil Fragen der empirischen Datenerhebung, -analyse und -interpretation häufig Spezialkenntnisse erfordern. Zum anderen existiert teilweise ein institutionalisiertes *Marketingaccounting* oder „Vertriebscontrolling", das sowohl die monetäre Informationsversorgungs- und Planungsunterstützung als auch die finanzielle Kontrolle übernimmt. Während die Marktforschung organisatorisch und disziplinarisch in der Regel dem Marketingmanagement zugeordnet ist, ist das Marketingaccounting im Regelfall dem zentralen Controlling unterstellt.

Grundsätzlich existieren somit zwei beziehungsweise vier organisatorische Möglichkeiten, wie das Marketingcontrolling umgesetzt werden kann (Abbildung 162): Controllingträger sind entweder *extern* (z.B. Berater) oder *intern*, wobei sich bei letzterer Kategorie zwischen *Selbstcontrolling*/Self Controlling (Controlling durch Linienmanager oder Prozessinhaber selbst; Abegglen 1999, S. 129) sowie *institu-*

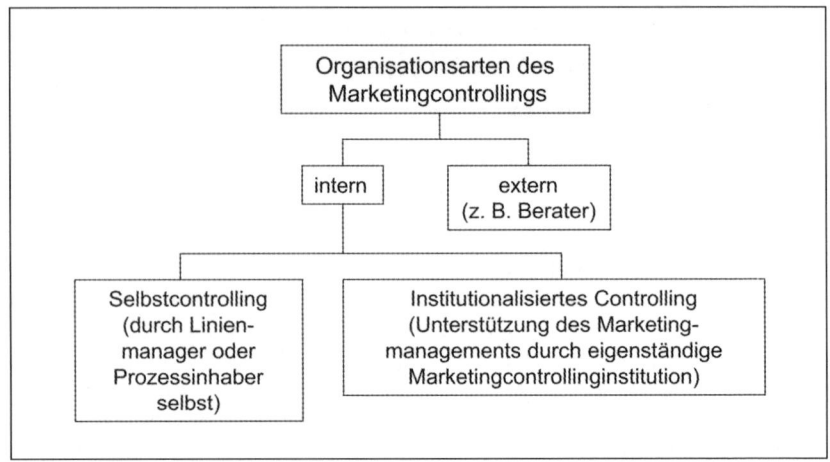

Abbildung 162: Grundsätzliche Organisationsarten des Marketingcontrollings
(Quelle: Eigene Darstellung)

tionalisiertem Controlling (Unterstützung des Linienmanagements durch eine eigenständige Marketingcontrollinginstitution) differenzieren lässt (ausführlich Kapitel E.3).

Zu den wichtigsten Faktoren, die die organisatorische Eingliederung oder den Grad der Institutionalisierung des Marketingcontrollings beeinflussen, gehören die folgenden (u.a. Kieser/Walgenbach 2003, S. 44, Tiebel 2003, S. 210 ff., und Ehrmann 2004, S. 43):

- *Unternehmensgröße:* Mit zunehmender Unternehmensgröße werden tendenziell eigenständige Marketingcontrollingstellen geschaffen. Großbetriebe haben oftmals Controllingabteilungen mit zahlreichen Verzweigungen über das gesamte Unternehmen.
- *Komplexität:* Je komplexer die zu lösenden Probleme im Unternehmen und in der Unternehmensumwelt sind, desto bedeutender werden die Informations-, Planungsunterstützungs-, Kontroll- und Koordinationsfunktion des Controllings.
- *Strategische Ausrichtung:* Hinsichtlich der strategischen Ausrichtung ist beispielsweise relevant, ob das Unternehmen aus wettbewerbsstrategischer Sicht eine Kosten- oder eine Qualitätsführerschaft anstrebt. Bei einer Kostenführerschaft gewinnen monetäre Controllingziele an Bedeutung (insbesondere die Kostenkontrolle); bei der Qualitäts- beziehungsweise Präferenzstrategie kommt nichtmonetären Marktinformationen (insbesondere bezüglich Kundenbedürfnissen) ein höherer Stellenwert zu.
- *Controlling-Verständnis:* Hierbei geht es um die vorherrschende Meinung im Unternehmen, was Controlling umfassen soll und wie es auszuführen ist. So

sollte sich auch in der Organisation widerspiegeln, ob Marketingcontrolling „lediglich" Marketingaccounting bedeutet oder umfassend im Sinne von „Sicherstellung der Effektivität und Effizienz einer marktorientierten Unternehmensführung" (Kapitel A.2.2.2) interpretiert wird.
- *Organisatorische und hierarchische Struktur des Gesamtunternehmens:* Die Organisation des Marketingcontrollings ist in gewisser Weise abhängig von der organisatorischen Struktur des Gesamtunternehmens und muss sich in diese einfügen.

2 Relevanz und Grundlagen der Stellenbildung im Marketingcontrolling

Um entscheiden zu können, ob eine eigenständige Stelle für das Marketingcontrolling geschaffen werden sollte und um diese zielkonform gestalten zu können, ist es erforderlich, auf Grundlagen der Organisationsgestaltung zurückzugreifen – insbesondere auf Grundlagen der Bedeutung und Funktionsweise von Stellen.

Indem Teilaufgaben zusammengefasst und dauerhaft einem oder mehreren (gedachten) Funktionsträgern zugeordnet werden, entstehen *Stellen* (Vahs 2005, S. 60). Sie sind die kleinste Organisationseinheit und Grundelement jeder Organisationsplanung.

Die folgenden vier *Merkmale* charakterisieren eine Stelle (Vahs 2005, S. 60 ff.):

- *Dauerhafte Aufgabenbündelung:* Eine Stelle ist dauerhaft für bestimmte Teilaufgaben zuständig.
- *Versachlichter Personenbezug:* Die Zusammenfassung der Aufgaben richtet sich im Umfang und Anspruchsniveau nach dem Leistungsvermögen mindestens einer gedachten Person (Stelleninhaber).
- *Kompetenzen:* Dem Stelleninhaber werden Kompetenzen übertragen, das heißt formale Rechte und Befugnisse.
- *Verantwortung:* Der Stelleninhaber trägt die Pflicht, für die Folgen seiner Entscheidungen und Handlungen einzustehen.

Diese Bereiche können sehr unterschiedlich ausgestaltet werden (ausführlich Vahs 2005, S. 60 ff.), wobei grundsätzlich das *organisatorische Kongruenzprinzip* der Übereinstimmung von Aufgabe, Kompetenz und Verantwortung berücksichtigt werden sollte.

Stellen können nach verschiedenen *Prinzipien* gebildet werden (hier und im Folgenden Vahs 2005, S. 65 ff.). In der Regel richtet sich eine Stelle nach einer begründbaren Normalleistung einer gedachten Person. Im Mittelpunkt dieses so genannten *ad rem*-Prinzips steht nicht ein tatsächlich vorhandener Mitarbeiter, der die entsprechenden Aufgaben übernehmen soll, sondern die Stellenaufgabe. Nachteilig an dieser Form ist, dass Unterschiede hinsichtlich der Leistungsfähigkeit einzelner Personen unbeachtet bleiben. Diese werden jedoch bei der Stellenbildung *ad personam* berücksichtigt. Hier sind die Stellen direkt auf den konkreten Stelleninhaber zugeschnitten, um seine Qualifikation bestmöglich für die Organisation nutzen zu können. Möglich sind ferner eine Stellenbildung nach Sachmittelausstattung (*ad instrumentum*) oder aufgrund *rechtlicher Vorschriften* (z.B. Datenschutzbeauftragte).

Stellen können ferner in Linienstellen (Leitungsstellen und Ausführungsstellen) sowie unterstützende Stellen (Stabsstellen, Assistenzstellen, Dienstleistungsstellen) differenziert werden. Grundsätzlich unterscheiden sich diese Stellenarten nach Art und Umfang der zugeordneten Aufgaben und Kompetenzen (Entscheidungs- und Weisungsrechten). Dienstleistungsstellen dienen vor allem der Informationsbeschaffung und -umwandlung; Stabs- und Assistenzstellen darüber hinaus der Entscheidungsvorbereitung, während Leitungsstellen mit voller Weisungs- und Entscheidungsbefugnis ausgestattet sind (ausführlich z.B. Vahs 2005, S. 69ff.).

Vor diesem Hintergrund werden in Kapitel E.3 und E.4 Möglichkeiten zur organisatorischen Verankerung des Marketingcontrollings aufgezeigt, wobei auch die *Kompetenzausstattung von Marketingcontrollingstellen* berücksichtigt wird: Sollte eine Marketingcontrollingstelle Stabs- oder Linienkompetenz und somit auch Weisungsbefugnisse erhalten? Obwohl Controller heute teilweise auch mit Weisungsbefugnissen ausgestattet werden (u.a. Abegglen 1999, S. 129 und Weber/Schäffer 2006, S. 459f.), hängt es grundsätzlich von der Funktion des Marketingcontrollings im Unternehmen ab, welche Stellenausstattung adäquat ist. Steht die Führungsunterstützung im Vordergrund, sollten Stabskompetenzen zugeordnet werden. Marketingcontroller gehen jedoch bereits mit der Kompetenz für die Gestaltung von Informations-, Planungs-, Kontroll- und Anreizsystemen über reine Stabsfunktionen hinaus, so dass häufig auch eine Ausstattung der Stellen mit Linienkompetenzen Sinn macht (ausführlich u.a. Abegglen 1999, S. 129, Küpper 2005, S. 513ff. und Weber/Schäffer 2006, S. 459f.). Damit übernehmen sie Tätigkeiten des Marketingmanagements.

3 Möglichkeiten der organisatorischen Einbindung des Marketingcontrollings

3.1 Einordnung ohne spezifische Marketingcontrollingstellen

Insbesondere in kleineren Unternehmen werden in der Regel keine eigenständigen Marketingcontrollingstellen beziehungsweise -abteilungen geschaffen. In diesem Fall übernehmen andere Organisationsmitglieder die Marketingcontrollingaufgaben neben ihren eigentlichen Tätigkeiten (Palloks 1991, S. 333, Köhler 2001c, S. 26 und Tiebel 2003, S. 231). Wie aufgezeigt, lässt sich die Controllingfunktion beispielsweise dem Verantwortlichen der Marktforschung übertragen, der maßgeblich an der Informationsversorgung im Unternehmen beteiligt ist (Tiebel 2003, S. 231). Auch können die Marketingcontrollingtätigkeiten durch die Leiter des Marketingmanagements, des Rechnungswesens oder des Unternehmenscontrollings ausgeführt werden (Palloks 1991, S. 333, Meffert 2000, S. 1150 und Tiebel 2003, S. 231). Die Übernahme der Aufgaben durch andere Aufgabenträger ist in der Regel mit einer erheblichen Belastung für die betroffenen Verantwortlichen verbunden, was zur Folge hat, dass die Marketingcontrollingaufgaben langfristig nur unzureichend wahrgenommen werden (Palloks 1991, S. 333). Die Erfüllung der Aufgaben erfordert des Weiteren ein ganzheitliches und zielgerichtetes Denken, was auch detaillierte Kenntnisse der Wirkungszusammenhänge im Marketing voraussetzt. Es ist jedoch fraglich, ob die Führungskräfte marketingfremder Bereiche ausreichend fachlich kompetent sind, um die entsprechenden Tätigkeiten ausführen und Entscheidungen treffen zu können (Tiebel 2003, S. 213). So erfordert beispielsweise die Messung und Interpretation von Kundenzufriedenheit fachliche Kenntnisse, die in einer klassischen Accounting-Abteilung selten vorhanden sind.

Insbesondere für kleine und mittlere Unternehmen bietet es sich ferner an, ausgewählte Controllingaufgaben an *externe Berater* zu übertragen. Vorteile dieser Gestaltungsmöglichkeit sind Objektivität und Unabhängigkeit sowie das breite Wissen der Berater. Nachteile ergeben sich jedoch aus mangelnden Detailkenntnissen hinsichtlich der Branche und des Unternehmens sowie allgemeinen Schnittstellenproblemen (Meffert 2000, S. 1151).

Schließlich besteht die Möglichkeit des *Self-Controllings*, wobei jede Führungskraft des Unternehmens zum Controller der eigenen Aufgaben wird. Voraussetzung hierfür ist, dass den Mitarbeitern entsprechende Informationen zur Verfügung gestellt werden, die genau an ihre Bedürfnisse und Qualifikation angepasst sind. Beispielsweise ist anzunehmen, dass Kreative der Werbeabteilung nichtmonetäre Kennzahlen als Steuerungsgrößen besser verstehen und akzeptieren als verdichtete finanzielle Informationen. Beim Self-Controlling ist – zumindest zu Anfang – mit Überforderung der Mitarbeiter zu rechnen (Tiebel 2003, S. 217). Die Vorteile des Selbstcontrollings jedoch liegen vor allem in der hohen intrinsischen Motivation und umfassenden Information der Führungskräfte, der hohen Flexibilität und der Verbreitung des Controllinggedankens auf alle relevanten Bereiche (Horváth 2006, S. 839f.).

Einige große Konsumgüterunternehmen lösen das Organisationsproblem ferner durch eine bewusst ganzheitliche betriebswirtschaftliche Ausrichtung des *Product Managements* und eine Auflösung der traditionellen funktionalen Grenzen. Ein Product Manager ist nicht nur für die klassischen Marketingtätigkeiten zuständig, sondern auch für den von ihm betreuten Produkt- oder Markenbereich ergebnisverantwortlich. Somit nimmt er sowohl Marketing- als auch einen Großteil der Controllingaufgaben wahr.

Relativ unstrittig ist allerdings, dass ein *strategisches Marketingaudit nicht weisungsgebunden* sein sollte (Kotler/Bliemel 2006, S. 1305). Zumindest diese Aufgabe des Marketingcontrollings kann somit nicht wirkungsvoll vom Marketingmanagement selbst durchgeführt werden, sondern sollte entweder durch Externe oder zumindest durch unabhängige zentrale Stellen des Unternehmens erfolgen (Köhler 2001c, S. 27 und 2006).

3.2 Einordnung mit spezifischen Marketingcontrollingstellen

Bei Unternehmen, die sich für die Schaffung spezifischer Marketingcontrollingstellen entschieden haben, stellt sich grundsätzlich die Frage, wie eine etwaige Abteilung „Marketingcontrolling" organisatorisch eingeordnet werden sollte.

Dabei sind insbesondere drei *Gestaltungsdimensionen* relevant:

- Auf welcher *hierarchischen Ebene* (bei der Geschäftleitung oder an anderer Stelle) sollte das Marketingcontrolling verankert werden, um seine Aufgaben ausreichend erfüllen zu können (ausführlich z.B. Abegglen 1999, S. 130 und Weber/Schäffer 2006, S. 455 ff.)?
- Soll das Marketingcontrolling *zentral* dem Unternehmenscontrolling unterstellt oder *dezentral* dem Bereichs- beziehungsweise Marketingmanagement zugeordnet werden?
- Soll den Marketingcontrollingstellen *Stabs-* oder *Linienkompetenzen* zugeordnet werden?

Argumente für eine Zuordnung des Marketingcontrollings zum Marketing sind die bessere (informelle) Informationsversorgung, die größere Problemnähe sowie die daraus resultierende höhere Akzeptanz; dagegen lassen sich die Vernachlässigung der Überwachungs- und Kontrollfunktion, die mangelnde Objektivität und die Gefahr der ungenügenden Berücksichtigung bereichsübergreifender Gesamtinteressen anführen (ausführlich z.B. Schüller 1984, S. 210).

Grundsätzlich kommt es insbesondere darauf an, welche Funktionen des Marketingcontrollings von einer entsprechenden Abteilung erfüllt werden sollen. Liegt der Schwerpunkt auf dem finanzwirtschaftlichen Marketingaccounting und dem Preiscontrolling, erscheint es zweckmäßig, diese Funktion dem zentralen Controlling zu unterstellen. Besteht der überwiegende Teil der Tätigkeiten allerdings darin, Marktforschung durchzuführen, die nichtmonetäre Wirkung von Kommunikationsmaßnahmen zu messen und die wirkungsoptimale Planung des Marketing-Mix sicherzustellen, ist eine dezentrale Anbindung an das Marketingmanagement empfehlenswert. In der Regel sind die dafür erforderlichen marketingspezifischen Fachkenntnisse im zentralen Controlling (noch?) nicht vorhanden. Häufig angewendet wird jedoch das Dotted-Line-Prinzip, das einen Kompromiss darstellt, indem die (Marketing-) Controller fachlich der einen Instanz und disziplinarisch der anderen Instanz zugeordnet werden (ausführlich nachfolgend).

Marketingcontrolling als Stabstelle der Unternehmensleitung

Das Marketingcontrolling lässt sich zunächst als Stabstelle beziehungsweise -abteilung der Unternehmensleitung oder des Vorstands einrichten (Abbildung 163; Preißner 1999, S. 332 und Dehr 2001, S. 736).

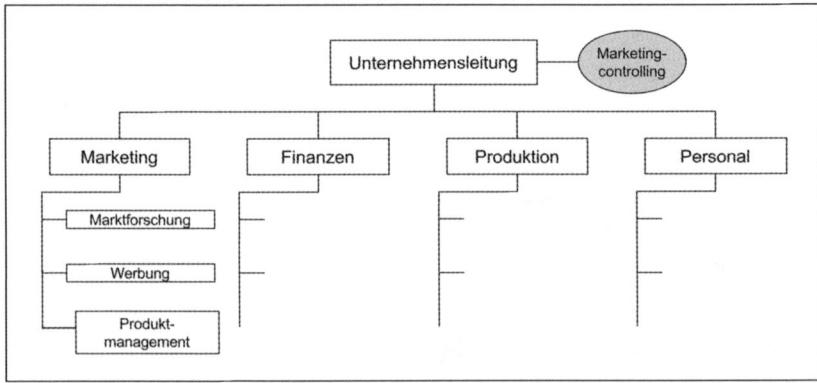

Abbildung 163: Marketingcontrolling als Stabstelle der Unternehmensleitung (Quelle: Eigene Darstellung)

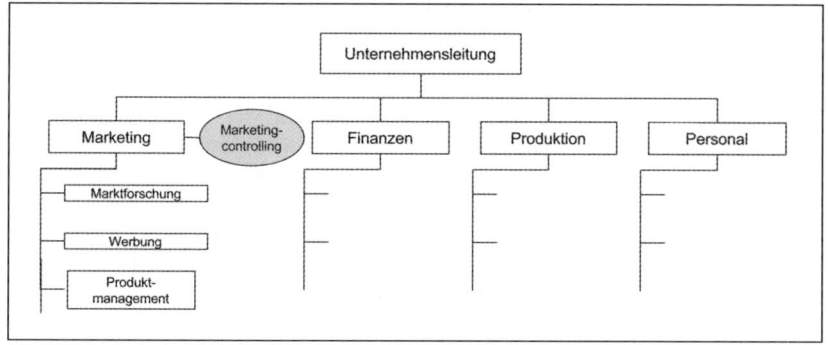

Abbildung 164: Marketingcontrolling als Stabstelle des Marketing (Quelle: Eigene Darstellung)

Der Marketingcontroller übernimmt hierbei als interner Dienstleister in erster Linie Beratungstätigkeiten, wozu beispielsweise die Ausarbeitung von Handlungsalternativen zur Entscheidungsvorbereitung gehört. Zusätzlich können ihm Mitbestimmungs- beziehungsweise Vetorechte eingeräumt werden, wodurch seine Fachkompetenz zur Geltung kommt (Dehr 2001, S. 736 und Ehrmann 2004, S. 44). Im Allgemeinen verfügt er jedoch über keine Weisungs- und Entscheidungsbefugnis und ist auf die Handlungsbereitschaft der Unternehmensleitung angewiesen (Preißner 1999, S. 332 und Kieser/Walgenbach 2003, S. 146).

Vorteile dieser Organisationsform sind die hohe informelle Kompetenz und der unmittelbare Kontakt zur obersten Führungsebene (Preißner 1999, S. 332) sowie die Unabhängigkeit bei der Ausübung der Überwachungsfunktion. Allerdings können sich *Probleme* hinsichtlich der Informationsversorgung ergeben. Das Marketingcontrolling ist nicht direkt in das Marketing eingebunden, so dass die benötigten Informationen von diesem Bereich beschafft werden müssen. Dies erfordert eine enge Zusammenarbeit der entsprechenden Stellen, was eine hohe Kommunikationsbereitschaft und Teamfähigkeit voraussetzt (Preißner 1999, S. 332).

Prinzipiell eignet sich diese Variante dann, wenn keine eigenständige Marketingabteilung vorhanden ist. Auch ist denkbar, die Stabstelle zunächst nur temporär einzurichten und nach einer Testphase in den Marketing- oder Controllingbereich einzugliedern. Schließlich bietet sie sich auch in mittelständischen Unternehmen an, in denen zusätzlich die Unternehmensplanung übernommen wird (Preißner 1999, S. 332).

Marketingcontrolling als Stabstelle des Marketing

Des Weiteren lässt sich das Marketingcontrolling als Stab der Marketingleitung organisieren (Abbildung 164; Liebl 1989, S. 52 f.). Analog zu der zuvor beschriebenen Organisationsform übernimmt der Marketingcontroller in der Regel beratende

Tätigkeiten. Ferner steht er außerhalb der Marketingentscheidungsprozesse, womit er nicht in die Versuchung kommen kann, im Namen der Marketingleitung aufzutreten und eine unerwünschte Filterfunktion auszuüben (Liebl 1989, S. 52).

Vorteilhaft an dieser Lösung erscheinen die Nähe zum Marketingbereich und die bereichsinterne Akzeptanz. Die Nähe kann jedoch gleichzeitig auch *Probleme* wie fehlende Distanz, Neutralität und Unabhängigkeit bedeuten. In diesem Zusammenhang ist es beispielsweise möglich, dass die Controller nicht bereichsübergreifend denken und den Blick für die Gesamtstrategie des Unternehmens verlieren. Dies kann zu Akzeptanzproblemen seitens der Unternehmensleitung und der Verantwortlichen anderer Bereiche führen (Abegglen 2000, S. 561).

Marketingcontrolling als Linienstelle des Bereichs Marketing

Das Marketingcontrolling kann – ebenso wie die Marktforschung, das Produktmanagement oder die Werbeabteilung – als Linienstelle beziehungsweise -abteilung dem Marketingleiter zugeordnet werden (Abbildung 165, Liebl 1989, S. 52, Palloks 1991, S. 337 und Preißner 1999, S. 331).

Im Gegensatz zu den zuvor beschriebenen Organisationsformen besitzt der Marketingcontroller nun Weisungs- und Entscheidungsbefugnisse (Kieser/Walgenbach 2003, S. 146). *Vorteile* dieser Lösung sind die enge Zusammenarbeit mit anderen Marketingbereichen sowie der reibungslose und vereinfachte Informationsfluss (Preißner 1999, S. 331). Allerdings besteht die *Gefahr* der Isolierung, da der Marketingcontroller auch die Tätigkeiten seiner (Marketing-)Kollegen kontrolliert und somit die Funktion eines „Mahners" einnimmt. Ein weiterer Nachteil ist die Abhängigkeit von der Marketingleitung (Liebl 1989, S. 52 und Preißner 1999, S. 331).

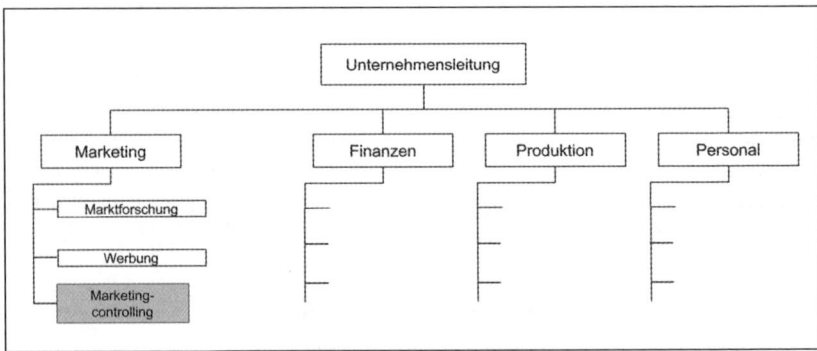

Abbildung 165: Marketingcontrolling als Linienstelle des Bereichs Marketing (Quelle: Eigene Darstellung in Anlehnung an Preißner 1999, S. 332)

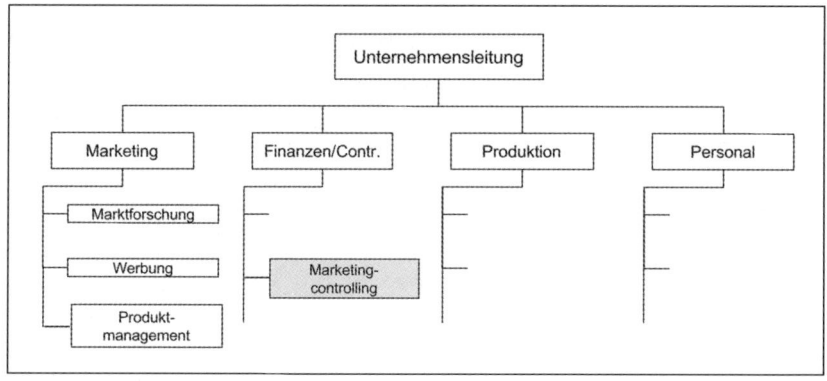

Abbildung 166: Marketingcontrolling als Linienstelle des Bereichs Finanzen/Controlling (Quelle: Eigene Darstellung in Anlehnung an Preißner 1999, S. 333)

Marketingcontrolling als Linienstelle des Bereichs Finanzen/Controlling

Das Marketingcontrolling kann auch dem Bereich Finanzen/Controlling zugeordnet werden (Abbildung 166; Preißner 1999, S. 333 und Dehr 2001, S. 737).

Vorteilhaft an dieser Regelung erscheinen die hohe Neutralität und Unabhängigkeit von der Marketingabteilung. *Nachteile* ergeben sich hingegen aus der erschwerten Informationsbeschaffung und der möglichen kommunikativen Isolierung vom Marketing. Zudem kann der Controller aus Sicht des Marketing als „Kontrolleur" oder „Spion" angesehen und seine Kompetenz angezweifelt werden (Preißner 1999, S. 333 und Abegglen 2000, S. 561).

Dotted-Line-Prinzip

In der Controlling- und Marketingcontrollingliteratur wird häufig die Anwendung des Dotted-Line-Prinzips empfohlen, da das Bereichscontrolling – in diesem Fall das Marketingcontrolling – eng mit dem Unternehmenscontrolling kooperieren muss, um die Kongruenz mit Unternehmenszielen sicherstellen zu können; gleichzeitig muss das Marketingcontrolling jedoch eng mit dem Marketingmanagement zusammenarbeiten, um diesem die erforderliche Unterstützung gewährleisten zu können (Abbildung 167; u.a. Kiener 1980, S. 299, Liebl 1989, S. 50 und Köhler 2001c, S. 26f. sowie Köhler 2006). Bei Anwendung des Dotted-Line-Prinzips wird das Marketingcontrolling disziplinarisch dem Marketingmanagement, fachlich jedoch dem zentralen Controlling zugeordnet (in Organigrammen durch eine gepunktete Linie bzw. eine dotted line gekennzeichnet). Auch eine spiegelbildliche Lösung (disziplinarische Unterstellung unter das zentrale Controlling, fachliche Anbindung

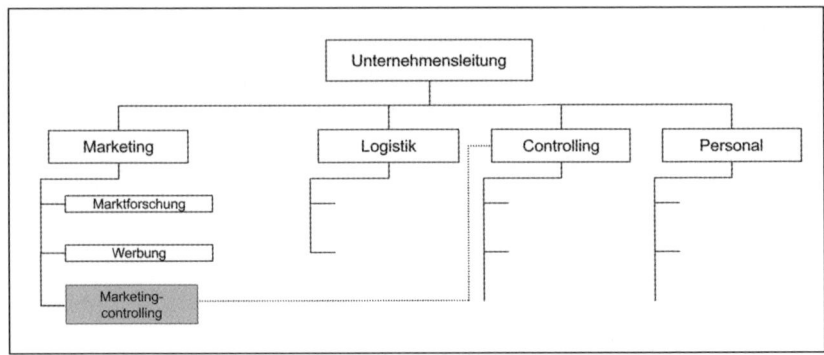

Abbildung 167: Dotted-Line-Prinzip (Quelle: Eigene Darstellung in Anlehnung an Köhler 2001c, S. 27 und Köhler 2006)

an den Marketingbereich) ist denkbar (ausführlich Abegglen 2000, S. 561, Weber/ Schäffer 2006, S. 460 ff. und Tiebel 2003, S. 215).

Vorteilhaft ist, dass der Marketingcontroller durch diese Doppeleinordnung in einer gewissen Distanz zum Marketing steht, trotzdem jedoch in den Marketing-Entscheidungsprozess eingebunden werden kann (Preißner 1999, S. 334). *Kritisiert* wird jedoch, dass durch dieses Prinzip unter Umständen ein Dauerkonflikt institutionalisiert (Schüller 1984, S. 210) sowie die Unabhängigkeit der Urteilsbildung geschwächt wird (Köhler 2001c, S. 27 und Köhler 2006): So ist davon auszugehen, dass in den beiden Bereichen Marketing und Controlling gegensätzliche Interessen bestehen. Das Marketingcontrolling befindet sich in diesem Konfliktfeld und entscheidet sich in der Praxis meist für eine der beiden Seiten (Preißner 1999, S. 334 und Abegglen 2000, S. 561).

Vor- und Nachteile der genannten Gestaltungsformen werden in Abbildung 168 zusammengefasst.

Zusammenfassend kann somit festgehalten werden, dass in erster Linie das Marketingmanagement Träger der Marketingcontrollingfunktion ist. Die Schaffung eigenständiger Marketingcontrollingstellen oder die Institutionalisierung gewisser Teilaufgaben (Marktforschung, Marketingaccounting) kann aufgrund der damit verbundenen Spezialisierungsvorteile jedoch sinnvoll sein, ist in der Regel jedoch nicht zwingend erforderlich.

Gestaltungsform des Marketingcontrolling	Vorteile	Nachteile
Stabstelle der Unternehmensleitung	• Hohe informelle Kompetenz • Unmittelbarer Kontakt zur Führungsebene • Unabhängigkeit	• Informationsversorgungsprobleme
Stabstelle des Marketing	• Keine unerwünschte Filterfunktion • Nähe zum Marketing • Bereichsinterne Akzeptanz	• Fehlende Distanz, Neutralität, Unabhängigkeit • Gesamtstrategie und andere Bereiche bleiben möglicherweise unberücksichtigt • Akzeptanzprobleme seitens der Unternehmensleitung und anderer Bereiche
Linienstelle des Bereichs Marketing	• Enge Zusammenarbeit anderer Marketingbereiche möglich; reibungsloser und einfacher Informationsfluss	• Gefahr der Isolierung • Abhängigkeit von der Marketing-Leitung
Linienstelle des Bereichs Finanzen/Controlling	• Neutralität und Unabhängigkeit von der Marketingabteilung	• Erschwerte Informationsbeschaffung • Kommunikative Isolierung vom Marketing • Rolle als „Spion" oder „Kontrolleur"
Dotted-Line-Prinzip	• Distanz zum Marketing, trotzdem Einbindung in Entscheidungsprozesse	• Im Konfliktfeld zwischen Marketing und Controlling

Abbildung 168: Organisatorische Gestaltungsformen des Marketingcontrollings (Quelle: Eigene Darstellung)

4 Integration des Marketingcontrollings in das Gesamtcontrolling

Ebenso wie innerhalb des Marketingcontrollings unnötige Trennungen zu vermeiden sind, so ist deutlich geworden, dass auch das Marketingcontrolling selbst in das übergeordnete Controllingsystem des Gesamtunternehmens eingepasst sein muss. Nur so ist beispielsweise eine effektive Koordination zwischen Marketing und Finanzen/Rechnungswesen/Controlling zu gewährleisten.

Gemäß einer empirischen Studie des Marketing Leadership Council (2001, S. 15) aus Großbritannien wird die Zusammenarbeit zwischen dem Bereich Marketing/ Verkauf einerseits und dem Bereich Finanzen/Controlling andererseits in den meisten Unternehmen als „einigermaßen kooperativ" angesehen. In derselben Studie zeigte sich auch, dass das Marketingmanagement in jenen Unternehmen, in denen die Zusammenarbeit zwischen den beiden Bereichen kooperativ ist, deutlich zufriedener mit dem Marketing Performance Measurement ist. Eine bewusste Gestaltung der Schnittstellen zwischen Marketing- und Unternehmenscontrolling wirkt sich somit positiv aus. Ambler (2003) plädiert sogar dafür, die Verantwortung für Marktforschung und Marketingkennzahlen an den Leiter Finanz- und Rechnungswesen zu übertragen, weil dadurch die Glaubwürdigkeit der Ergebnisse deutlich erhöht werde.

Das *zentrale Controlling* sollte in jenen Bereichen, die das Gesamtunternehmen betreffen, die Rahmenbedingungen in Absprache mit den betroffenen Funktionsbereichen vorgeben. Dies betrifft insbesondere folgende Aspekte:

- *Zielsystem und dessen Operationalisierung in Kennzahlen:* Wenn beispielsweise Shareholder Value das proklamierte Ziel der Unternehmensführung ist, so kann sich das Marketingcontrolling diesem Ansatz nicht entziehen. Ein etwaiges Marketingkennzahlensystem sollte in diesem Fall möglichst eng mit dem finanzwirtschaftlichen System gekoppelt sein; zumindest ist eine gemeinsame „Sprache" (= Kennzahlendefinitionen) anzustreben. Ferner ist ein isoliertes Marketingkennzahlensystem sinnlos, wenn das Gesamtunternehmen mit einer Balanced Scorecard geführt wird. In diesem Fall ist das Marketingkennzahlensystem in die Balanced Scorecard zu integrieren oder zumindest mit dieser abzustimmen (D.2.2.6).
- *Methoden und Prozesse:* Das zentrale Controlling hat die Effektivität und Effizienz des gesamtunternehmensbezogenen Planungsaufbaus und -ablaufs sicherzustellen. Da die Gesamtunternehmensplanung in der Regel auf der Absatzplanung beruht, sind gewisse Vorgaben für das Marketingcontrolling unerlässlich. Auch die Budgetierungsansätze und -instrumente sowie das Reporting sind unternehmensweit abzustimmen.

- *Ressourcen*: Marketingcontrolling beziehungsweise -management und Gesamtcontrolling müssen sich bezüglich der für das Marketingcontrolling verfügbaren finanziellen Mittel, die Personalkapazität und deren Aufteilung sowie über die informationstechnologische Infrastruktur einigen.

Eine enge Abstimmung mit dem Gesamtcontrolling ist somit zwingend erforderlich. Ein isoliertes Marketingcontrolling widerspräche auch der Querschnittsfunktion des Marketing als marktorientierter Unternehmensführung.

Literaturverzeichnis

Aaker, D.A. (1991): Managing Brand Equity, Capitalizing on the Value of a Brand Name, New York et al.

Aaker, D.A. (1992): Management des Markenwerts, Frankfurt am Main/New York (übersetzt aus dem Englischen von Friedrich Mader; amerikanische Ausgabe: Managing Brand Equity 1991, New York).

Aaker, D.A. (1996): Building Strong Brands, New York et al.

Aaker, D.A. (2002): Building Strong Brands, London.

Aaker, D./Carman, J.M. (1982): Are You Overadvertising?, in: Journal of Advertising Research, Vol. 22, No. 4, pp. 57–70.

Aaker, D.A./Day, G.S. (1974): A dynamic model of relationships among advertising, consumer awareness, attitudes, and behavior, in: Journal of Applied Psychology, Vol. 59, No. 3, pp. 281–286.

Abegglen, C. (1999): Koordination von Informations-Management und Controlling, Wiesbaden.

Abegglen, C. (2000): Organisatorische Implementierung des Marketing-Controlling, in: Zerres, M. P. (Hrsg., 2000), S. 553–570.

Abele, T./Freese, J./Laube, T. (2002): Produkt- und Produktionstechnologie-Roadmaps für das strategische Technologiemanagement, in: Barske, H./Gerybadze, A./Hünninghausen, L./Sommerlatte T. (Hrsg., 2002), Kapitel 03.16.

Abraham, M.M./Lodish, L.M. (1987): PROMOTER: An Automated Promotion Evaluation System, in: Marketing Science, Vol. 6, Spring, pp. 101–123.

Abraham, M.M./Lodish, L.M. (1990): Getting the Most out of your Advertising and Promotion, in: Harvard Business Review, Vol. 68, No. 3, pp. 50–60.

Ackhoff, R.L./Emshoff, J.R. (1975): Advertising Research at Anheuser-Busch (1963–68), in: Sloan Management Review, No. 16 (winter), pp. 1–6.

Afra, S./Aders, C. (2001): Den Firmenwert dauerhaft steigern, in: Harvard Business Manager, Jg. 23, H. 3, S. 99–106.

Afriat, S.N. (1972): Efficiency Estimation of Production Functions, in: International Economic Review, Vol. 13, No. 3, pp. 568–598.

Agarwal, M.K./Rao, V.R. (1996): An Empirical Comparison of Consumer-Based Measures of Brand Equity, in: Marketing Letters, Vol. 7, No. 3, pp. 237–247.

Ahlert, D. (1996): Distributionspolitik. Das Management des Absatzkanals, 3. Auflage, Stuttgart et al.

Ahlert, D./Schröder, H. (2001): Vertriebswegepolitik, in: Diller (Hrsg., 2001f), S. 1809–1814.

Ahlert, D./Woisetschläger, Vogel, V. (Hrsg., 2006): Exzellentes Sponsoring. Innovative Ansätze und Best Practices für das Markenmanagement, Wiesbaden.

Ahn, H. (1999): Ansehen und Verständnis des Controlling in der Betriebswirtschaftslehre – Grundlegende Ergebnisse einer empirischen Studie unter deutschen Hochschullehrern, in: Controlling, Jg. 11, H. 3, S. 109–114.

Ahn, H. (2001): Applying the Balanced Scorecard Concept: An Experience Report, in: Long Range Planning, Vol. 34, No. 4, pp. 441–461.

Aigner, D.J./Chu, S.F. (1968): On Estimating the Industry Production Function, in: American Economic Review, Vol. 58, No. 4, pp. 826–839.

Aigner, D.J./Lovell, C.K./Schmidt, P. (1977): Formulation and Estimation of Stochastic Frontier Production Function Models, in: Journal of Econometrics, Vol. 6, No. 1, pp. 21–37.

Ajzen, I./Fishbein, M. (1969): The Prediction of Behavioral Intentions in a Choice Situation, in: Journal of Experimental Social Psychology, Vol. 5, pp. 400–416.

Ajzen, I./Fishbein, M. (1973): Attitudes and Normative Variables as Predictors of Specific Behaviors, in: Journal of Personality and Social Psychology, Vol. 27, pp. 41–57.

Ajzen, I./Fishbein, M. (1975): Belief, Attitude, Intention and Behaviour: An Introduction to Theory and Research, Reading (MA).

Akao, Y. (Hrsg., 1991): Hoshin Kanri: Policy Deployment for Successful TQM, Cambridge (Massachusetts).

Albers, S. (1989): Ein System zur IST-SOLL-Abweichungsursachenanalyse von Erlösen, in: Zeitschrift für Betriebswirtschaft, Jg. 59, S. 637–654.

Albers, S. (1998): Regeln für die Allokation eines Marketing-Budgets auf Produkte oder Marktsegmente, in: Schmalenbachs Zeitschrift für betriebswirtschaftliche Forschung, Jg. 50, H. 3, S. 211–235.

Albers, S. (2001): Erlös-Abweichungsanalyse, in: Diller, H. (Hrsg., 2001f), S. 428–429.

Albers, S. (2002a): Besuchsplanung, in: Albers, S. (Hrsg., 2002), S. 173–195.

Albers, S. (Hrsg., 2002b): Verkaufsaußendienst. Planung – Steuerung – Kontrolle, Düsseldorf.

Albers, S./Clement, M./Peters, K./Skiera, B. (Hrsg., 2001): Marketing mit Interaktiven Medien, 3. Auflage, Frankfurt am Main.

Albers, S./Hassmann, V./Somm, F./Tomczak, T. (Hrsg., 2000): Verkauf: Kundenmanagement, Vertriebssteuerung, E-Commerce, Düsseldorf.

Albers, S./Herrmann, A. (Hrsg., 2002): Handbuch Produktmanagement: Strategieentwicklung – Produktplanung – Organisation – Kontrolle, 2. Auflage, Wiesbaden.

Albers, S./Litfin, T. (2001): Adoption und Diffusion, in: Albers, S./Clement, M./Peters, K. (Hrsg., 2001), S. 116–130.

Alwitt, L./Mitchell, A. (Hrsg., 1985): Psychological Processes and Advertising Effects: Theory, Research and Application, Hillsdale (NJ).

Ambler, T. (1998): Why is marketing not measuring up?, in: Marketing (London), 24. September, No. 29, S. 24–25.

Ambler, T. (1999a): Innovation Metrics, Working Paper No. 99–902, Centre for Marketing, London Business School, London.

Ambler, T. (1999b): Where Does the Cash Flow Come From?, in: Journal of Marketing Management, Vol. 15, No. 8, pp. 705–710.

Ambler, T. (2000a): Marketing and the Bottom Line – The New Metrics of Corporate Wealth, London.

Ambler, T. (2000b): Persuasion, Pride and Prejudice: How Ads Work, in: International Journal of Advertising, Vol. 19, No. 3, pp. 299–315.

Ambler, T. (2003): Marketing and the Bottom Line, 2. edition, Upper Saddle River (New Jersey).

Ambler, T. (2004): Marketing and Finance: Do They Face Two Ways, in: Thexis, Jg. 21, H. 3, S. 57–59.

Ambler, T./Kokkinaki, F. (1997): Measures of Marketing Success, in: Journal of Marketing Management, Vol. 13, No. 7, pp. 665–678.

Ames, C. (1968): Marketing Planning for Industrial Products, in: Harvard Business Review, Vol. 46, No. 5, S. 100–111.

Amshoff, B. (1993): Controlling in deutschen Unternehmungen – Realtypen, Kontext und Effizienz, 2. Auflage, Wiesbaden.

Anderson, J.C./Narus, J. A. (1999): Welchen Wert hat Ihr Angebot für den Kunden?, in: Harvard Business Manager, Jg. 21, H. 4, S. 97–107.

Andreasen, A.A. (1984): Life Status Changes and Changes in Consumer Preferences and Satisfaction, in: Journal of Consumer Research, Vol. 11, No. 3, pp. 784–784.

Ansoff, H.I. (1976): Managing Surprise and Discontinuity – Strategic Response to Weak Signals, in: Schmalenbachs Zeitschrift für betriebswirtschaftliche Forschung, Jg. 28, H. 2, S. 129–152.

Anthony, R.N./Govindarajan, V. (2003): Management Control Systems, 11. Auflage, New York et al.

Armstrong, M. (1993): Managing Reward Systems, Buckingham.

Association Française des Conseillers de Direction (Hrsg., 1965): Les ratios outils de gestion, Paris.

Atkinson, R.L./Shiffrin, R.M. (1968): Human Memory: A Proposed System and Its Control Processes, in: Spence, K.W./Spence, J.T. (Hrsg., 1968), pp. 89–195.

Atkinson, R.L./Shiffrin, R.M. (1971): The Control Process of Short-Term Memory, in: Scientific American, 225, pp. 82–90.

Bachem, C. (2001): Marketingcontrolling im E-Commerce, in: Reinecke, S./Tomczak, T./Geis, G. (Hrsg., 2001), S. 568–585.

Backhaus, K. (1999): Industriegütermarketing, 6. Auflage, München.

Backhaus, K. (2003): Industriegütermarketing, 7. Auflage, München.

Backhaus, K./Erichson, B./Plinke, W./Weiber, R. (2006): Multivariate Analysemethoden – Eine anwendungsorientierte Einführung, 11. Auflage, Berlin et al.

Backhaus, K./Voeth, M./Sichtmann, C./Wiken, R. (2005): Conjoint-Analyse versus Direkte Preisabfrage zur Erhebung von Zahlungsbereitschaften. Eine modifizierte Replikationsstudie, in: Die Betriebswirtschaft, Jg. 65, H. 5, S. 439–457.

Baerns, B. (1997): PR-Erfolgskontrolle. Messen und Bewerten in der Öffentlichkeitsarbeit. Verfahren, Strategien, Beispiele, 2. Auflage. Frankfurt am Main.

Bähr-Seppelfricke, U. (1999): Diffusion neuer Produkte: der Einfluss von Produkteigenschaften, Wiesbaden.

Bailom, F./Hinterhuber, H./Matzler, K./Sauerwein, E. (1996): Das Kano-Modell der Kundenzufriedenheit, in: Marketing ZfP, Jg. 18, S. 117–126.

Baker, M.J. (Hrsg., 1995): Companion Encyclopedia of Marketing, London et al.

Baker, M.J. (2003): The Marketing Book, 5. edition, Burlington (MA).

Balderjahn, I. (1993): Marktreaktionen von Konsumenten: ein theoretisch-methodisches Konzept zur Analyse der Wirkung marketingpolitischer Instrumente, Berlin.

Bamert, T. (2005): Markenwert. Der Einfluss des Marketing auf den Markenwert bei ausgewählten Schweizer Dienstleistungsunternehmen, Wiesbaden.

Banker, R.D./Charnes, A./Cooper, W.W. (1984): Some Models for Estimating Technical and Scale Inefficiencies in Data Envelopment Analysis, in: Management Science, Vol. 30, No. 9, pp. 1078–1092.

Bänsch, A. (2001): Persönlicher Verkauf (Personal Selling), in: Diller, H. (Hrsg., 2001f), S. 1263.

Barnard, C. I. (1938): The Functions of the Executive, Cambridge (Mass.).

Barske, H./Gerybadze, A./Hünninghausen, L./Sommerlatte T. (Hrsg., 2002): Das innovative Unternehmen, Düsseldorf.

Barzen, D. (1990): Marketing-Budgetierung, Frankfurt am Main.

Bass, F.M./Clarke, D.G. (1972): Testing Distributed Lag Models of Advertising Effect, in: Journal of Marketing Research, Vol. 9, No. 3, pp. 298–308.

Bastian, C. (2000): Mitarbeiterführung im Vertrieb: Anreizsysteme auf dem Prüfstand, in: Reichwald, R./Bullinger, H. J. (Hrsg., 2000), S. 293–323.

Batra, R./Lehmann, D.R./Burke, J./Pae, J. (1995): When does Advertising have an Impact? A study of Tracking Data, in: Journal of Advertising Research, Vol. 35, No. 5, pp. 19–32.

Bauer, E. (1981): Produkttests in der Marketingforschung, Göttigen.

Bauer, M. (2000): Kundenzufriedenheit in industriellen Geschäftsbeziehungen. Kritische Ereignisse, nichtlineare Zufriedenheitsbildung und Zufriedenheitsdynamik, Wiesbaden.

Bauer, H.H./Fischer, Y./McInturff, Y. (1999): Der Bildkommunikationseffekt – eine Metaanalyse, in: Schmalenbachs Zeitschrift für betriebswirtschaftliche Forschung, Jg. 51, H. 9, S. 805–831.

Bauer, H.H./Hammerschmidt, M./Garde, U. (2004): Marketingeffizienzanalyse mittels Efficient Frontier Benchmarking – Eine Anwendung der Data Envelopment Analysis, Wissenschaftliche Arbeitspapiere Nr. W 72, Institut für Marktorientierte Unternehmensführung der Universität Mannheim, Mannheim.

Bauer, H.H./Huber, F./Hägele, M. (1998): Zur präferenzorientierten Messung der Werbewirkung. Ergebnisse einer empirischen Studie, in: Marketing ZFP, H. 3, S. 180–194.

Bauer, H.H./Mäder, R./Fischer, C. (2003): Determinanten der Wirkung von Online-Markenkommunikation, in: Marketing ZFP, Jg. 25, H. 4, S. 227–241.

Bauer, H.H./Meeder, U./Jordan, J. (2000a): Ausgewählte Instrumente des Werbecontrolling, Reihe Management Know-How, Nr. M59, Universität Mannheim, Institut für Marktorientierte Unternehmensführung, Mannheim.

Bauer, H.H./Meeder, U./Jordan, J. (2000b): Eine Konzeption des Werbecontrolling, Reihe Wissenschaftliche Arbeitspapiere, Nr. W 46, Universität Mannheim, Institut für Marktorientierte Unternehmensführung, Mannheim.

Bauer, H.H./Staat, M./Hammerschmidt, M. (2000): Produkt-Controlling – Eine Untersuchung mit Hilfe der Data Envelopment Analysis (DEA), Wissenschaftliche Papiere Nr. W 45, Institut für Marktorientierte Unternehmensführung, Universität Mannheim, Mannheim.

Bauer, H.H./Staat, M./Hammerschmidt, M. (Hrsg., 2006): Marketingeffizienz: Messung und Steuerung mit der DEA – Konzept und Einsatz in der Praxis, München.

Bauer, H.H./Stokburger, G./Hammerschmidt, M. (2006): Marketing Performance, Messen – Analysieren – Optimieren, Wiesbaden.

Baumgarth, C. (2004): Markenpolitik: Markenwirkungen – Markenführung – Markenforschung, Wiesbaden.

Baumöl, U./Österle, H./Winter, R. (Hrsg., 2005): Business Engineering in der Praxis, Berlin et al.

Bea, F.X./Dichtl., E./Schweitzer, M. (Hrsg., 2002): Allgemeine Betriebswirtschaftslehre. Leistungsprozeß, Band 3, 8. Auflage, Stuttgart.

Becker, F.G. (1992): Grundlagen betrieblicher Leistungsbeurteilungen – Leistungsverständnis und –prinzip, Beurteilungsproblematik und Verfahrensprobleme, Stuttgart.

Becker, F.G. (1997): Erfolgs- und leistungsbezogene strategisch-orientierte Anreizsysteme, in: Marktforschung & Management, Jg. 41, H. 3, S. 112–199.

Becker, J. (2001): Marketing-Konzeption – Grundlagen des strategischen Marketing-Managements, 7. Auflage, München.

Becker, J. (2005): Einzel- Familien- und Dachmarken als grundlegende Handlungsoptionen, in: Esch, F.-R. (Hrsg., 2005), S. 381–402.

Beer, M. (1984): Reward Systems, in: Beer, M./Spector, B./Lawrence, P. R./Quinn Mills, D. (Hrsg., 1984), S. 113–151.

Beer, M./Spector, B./Lawrence, P.R./Quinn Mills, D. (Hrsg., 1984): Managing Human Assets, New York.
Behrends, C. (2001): Direkte Produkt-Rentabilität (DPR), in: Diller, H. (Hrsg., 2001f), S. 307–308.
Behrens, G. (1996): Werbung: Entscheidung – Erklärung – Gestaltung, München.
Behrens, G./Esch, F.-R./Leischner, E./Neumaier, M. (Hrsg., 2001): Gabler Lexikon Werbung, Wiesbaden.
Bekmeier-Feuerhahn, S. (1998): Marktorientierte Markenbewertung, Wiesbaden.
Bekmeier-Feuerhahn, S. (2005): Messung von Markenvorstellungen, in: Esch, F.-R. (Hrsg., 2005), S. 1329–1346.
Belz, C. (Hrsg., 1986): Realisierung des Marketing, Band 2, Savosa/St. Gallen.
Belz, C. (Hrsg, 1992): Berichte und Materialien Nr. 4 des Instituts für Marketing und Handel an der Universität St. Gallen, St. Gallen.
Belz, C. (Hrsg., 1993): Berichte und Materialien Nr. 1 aus dem Institut für Marketing und Handel an der Universität St. Gallen, St. Gallen.
Belz, C. (1997): Strategisches Direct Marketing: Vom sporadischen Direct Mail zum professionellen Database Management; mit Fallstudien, Wien.
Belz, C. (1998): Akzente im innovativen Marketing, St. Gallen/Wien.
Belz, C. (1999): Verkaufskompetenz. 2. Auflage, St. Gallen/Wien.
Belz, C. (2003): Logbuch Direktmarketing: vom Mailing zum Dialog-Marketing, Frankfurt am Main et al.
Belz, C. (2006): Zusammenarbeit mit externen Dienstleistern im Direktmarketing, in: Wirtz, B.W./Burmann, C. (Hrsg., 2006), S. 263–280.
Belz, C./Bußmann, W.F. (2002): Performance Selling. Erfolgreiche Verkäufer schaffen Kundenvorteile, München/St. Gallen.
Belz, C./Schögel, M./Kramer, M. (Hrsg., 1994): Lean Management und Lean Marketing, St. Gallen.
Belz, C./Schuh, G./Groos, S.A./Reinecke, S. (1997a): Erfolgreiche Leistungssysteme in der Industrie, in: Belz, C./Schuh, G./Groos, S.A./Reinecke, S. (Hrsg., 1997b), S. 14–107.
Belz, C./Schuh, G./Groos, S.A./Reinecke, S. (Hrsg., 1997b): Industrie als Dienstleister, St. Gallen.
Bennett, P. (1988): Dictionary of Marketing Terms, Chicago.
Bentele, G./Buchele, M.S./Hoepfner, J./Liebert, T. (2005): Markenwert und Markenwertermittlung: Eine systematische Modelluntersuchung und -bewertung, Deutscher Universitätsverlag.
Bentz, S. (1983): Kennzahlensysteme zur Erfolgskontrolle des Verkaufs und der Marketinglogistik, Frankfurt.
Berekoven, L./Eckert, W./Ellenrieder, P. (2006): Marktforschung. Methodische Grundlagen und praktische Anwendung, 11. Auflage, Wiesbaden.
Berger, C./Blauth, R./Boger, D./Bolster, C./Burchill, G./DuMouchel, W./Pouliot, F./Richter, R./Rubinoff, A./Shen, D./Tomko, M./Walden, D. (1993): Kano's Methods for Understanding Customer-defined Quality, in: The Journal of the Japanese Society for Quality Control, Fall 1993, pp. 3–35.
Berger, P.D./Nasr, N.I. (1998): Customer Lifetime Value: Marketing Models and Applications, in: Journal of Interactive Marketing, Vol. 12, No. 1, pp. 17–30.
Bergkvist, L. (2000): Advertising Effectiveness Measurement: Intermediate Constructs and measures, Stockholm.
Berlet, K.R./Cravens, D.M. (1991): Performance Pay as a Competitive Weapon, New York.

Berndt, R. (1993): Budgetierung, in: Berndt, R./Hermanns, A. (Hrsg., 1993), Sp. 325–336.

Berndt, R./Hermanns, A. (Hrsg., 1993): Handbuch Marketing-Kommunikation. Strategien – Instrumente – Perspektiven, Wiesbaden.

Berry, L.L./Parasuraman, A. (1991): Marketing Services. Competing Through Quality, New York et al.

Berthel, J. (1975): Betriebliche Informationssysteme, Stuttgart.

Beutin, N. (2003): Verfahren zur Messung der Kundenzufriedenheit im Überblick, in: Homburg, C. (Hrsg., 2003), S. 115–151.

Bevan, S./Thompson, M. (1991): Performance Management at the Cross Roads, in: Personnel Management, Vol. 23, No. 11, pp. 36–39.

Biel, A.L. (2000): Grundlagen zum Markenwertaufbau, in: Esch, F.-R. (Hrsg., 2005): S. 61–90.

Binder, A.S. (1990): Paying for Productivity, Washington DC.

Bird, D. (1990): Praxis-Handbuch Direktmarketing, (Übers. aus dem Englischen: Ursula Bischoff), Landsberg am Lech.

Bird, D. (2000): Commonsense Direct Marketing, 4. Auflage, London.

Bitner, M.J./Booms, B.H./Tetreault, M.S. (1990): The Service Encounter – Diagnosing Favorable and Unfavorable Incidents, in: Journal of Marketing, Vol. 54, No. 1, pp. 71–84.

Bitz, M./Domsch, M./Ewert R./Wagner, F.W. (Hrsg., 2005): Vahlens Kompendium der Betriebswirtschaftslehre, Band 2, 5. Auflage, München.

Black, F./Scholes, M. (1973): The Pricing of Options and Corporate Liabilities, in: Journal of Political Economy, Vol. 81, No. 3, pp. 637–659.

Blair, M.H./Schroiff, H.-W. (2001): Wann wirkt Werbung – heute, morgen oder gar nicht? in: planung & analyse, H. 1, S. 52–57.

Blankenburg, D.A. (1999): Evaluation von Performance Measurement Systemen, Eine empirische Analyse, St. Gallen.

Blasko, V./Patti, C.H. (1984): The Advertising Budgeting Practices of Industrial Marketers, in: Journal of Marketing, Vol. 48, No. 4, pp. 104–110.

Blattberg, R.C./Deighton, J. (1996): Manage Marketing by the Customer Equity Test, in: Harvard Business Review, Vol. 74, No. 4, pp. 136–144.

Blattberg, R.C./Deighton, J. (1997): Aus rentablen Kunden vollen Nutzen ziehen, in: Harvard Business Manager, H. 1, S. 24–32.

Blattberg, R.C./Getz, G./Thoma, J.S. (2001): Customer Equity: Building and Managing Relationships as Valuable Assets, Boston.

Blattberg, R.C./Levin, A. (1987): Modeling the Effectiveness and Profitability of Trade Promotions, in: Marketing Science, Vol. 6, Spring, pp. 124–146.

Blattberg, R.C./Neslin, S.A. (1990): Sales Promotion. Concepts, Methods, and Strategies, Englewood Cliffs.

Blattberg, R.C./Neslin, S.A. (1993): Sales Promotion Models, in: Eliashberg, J./Lilien, G. L. (Hrsg., 1993), pp. 553–609.

Blocher, E./Moffie, R./Zmud, R. (1985): How Best to Communicate Numerical Data, in: The Internal Auditor, Vol. 42, No. 2, S. 38–42.

Blohm, H./Lüder, K. (2005): Investition – Schwachstellenanalyse des Investitionsbereichs und Investitionsrechnung, 9. Auflage, München.

Böcker, F. (1982a): Preistheorie und Preispolitik: Ein Überblick, in: Böcker, F. (Hrsg., 1982b), S. 1–26.

Böcker, F. (Hrsg., 1982b): Preistheorie und Preisverhalten, München.

Böcker, F. (1988): Marketing-Kontrolle, Stuttgart et al.

Böcker, F. (1991): Ganzheitliche Marketing-Kontrolle, in: Wirtschaftswissenschaftliches Studium, 20, H. 3, S. 106–113.

Böcker, F./Diller, H. (2001): Gap-Analyse, in: Diller, H. (Hrsg., 2001f), S. 513–514.

Böcker, F./Kotzbauer, N. (2001): Kennzahlensystem, in: Diller, H. (Hrsg., 2001f), S. 763.

Böhler, H. (2004): Marktforschung, 3. Auflage, Stuttgart.

Boles, J.S./Donthu, N./Lohtia, R. (1995): Salesperson Evaluation Using Relative Performance Efficiency: The Application of Data Envelopment Analysis, in: Journal of Personal Selling & Sales Management, Vol. 15, No. 3, pp. 31–49.

Bonoma, T.V. (1984): Making Your Marketing Strategy Work, in: Harvard Business Review, Vol. 72, No. 2, S. 69–76.

Bonoma, T.V./Clark, B.H. (1988): Marketing Performance Assessment, Boston (Mass.).

Botta, V. (1993): Kennzahlensysteme als Führungsinstrumente. Planung, Steuerung und Kontrolle der Rentabilität im Unternehmen, 4. Auflage, Berlin.

Boutellier, R./Völker, R./Voit, E. (1999): Innovationscontrolling. Forschungs- und Entwicklungsprozesse gezielt planen und steuern, München/Wien.

Bowersox, D.J./Bixby, C.M./Lampert, D.M./Taylor, D.A. (1987): Management in Marketing Channels, Auckland.

Braun, M./Kopka, U./Tochtermann, T. (2003): Promotions – ein Fass ohne Boden, in: akzente, Jg. 27, H. 4, S. 16–23.

Bräutigam, S. (2004): Management von Markenarchitekturen: ein verhaltenswissenschaftliches Modell zur Analyse und Gestaltung von Markenportfolios, Gießen.

Bräutigam, S. (2006): Management von Markenarchitekturen: ein verhaltenswissenschaftliches Modell zur Analyse und Gestaltung von Markenportfolios, aus der Giessener Elektronischen Bibliothek (GEB), zugegriffen am 01. Mai 2006 auf: http://geb.uni-giessen.de/geb/volltexte/2004/1464/

Briggs, R./Hollis, N. (1997): Advertising on the Web: Is there Response before Click-Through?, in: Journal of Advertising Research, Vol. 37, No. 2, pp. 33–46.

Brockes, H.-W. (1995): Leitfaden Sponsoring & Event-Marketing, Stuttgart.

Brockes, H.-W. (2006): Sponsoring-Controlling, in: Reinecke, S./Tomczak, T. (Hrsg., 2006), S. 593–610.

Brockhoff, K. (2000): Produktinnovation, in: Albers, S./Herrmann, A. (Hrsg., 2002), S. 25–54.

Brockhoff, K. (2001a): Kaufmodell, in: Diller, H. (Hrsg., 2001f), S. 756–757.

Brockhoff, K. (2001b): Positionierung (mapping), in: Diller, H. (Hrsg., 2001f), S. 1275–1276.

Brown, W. (1962): Piecework Abandoned: The Effect of Wage Incentive Schemes on Managerial Authority, London.

Bruhn, M. (Hrsg., 1989): Handbuch des Marketing. Anforderungen an Marketingkonzeptionen aus Wissenschaft und Praxis, München.

Bruhn, M. (Hrsg., 1994): Handbuch Markenartikel, Band II, Stuttgart.

Bruhn, M. (1997): Kommunikationspolitik – Bedeutung, Strategie und Instrumente, München.

Bruhn, M. (2001): Kommunikationspolitik, in: Bruhn, M./Homburg, C. (Hrsg., 2004), S. 390–391.

Bruhn, M. (2003a): Nationale Kundenzufriedenheitsindizes, in: Homburg, C. (Hrsg., 2003), S. 179–204.

Bruhn, M. (2003b): Qualitätsmanagement für Dienstleistungen. Grundlagen – Konzepte – Methoden, 4. Auflage, Berlin et al.

Bruhn, M. (2003c): Sponsoring – Systematische Planung und integrativer Einsatz, 4. Auflage, Wiesbaden.
Bruhn, M. (Hrsg. 2004a): Gabler Lexikon Marketing, 2. Auflage, Wiesbaden.
Bruhn, M. (Hrsg., 2004b): Handbuch Markenführung – Kompendium zum erfolgreichen Markenmanagement: Strategien – Instrumente – Erfahrungen, 2. Auflage, Wiesbaden.
Bruhn, M. (2004c): Marketing. Grundlagen für Studium und Praxis, 7. Auflage, Wiesbaden.
Bruhn, M. (2004d): Werbeziele, in: Bruhn, M. (Hrsg. 2004a), S. 889–890.
Bruhn, M. (2005): Kommunikationspolitik – Systematischer Einsatz der Kommunikation für Unternehmen, 3. Auflage, München.
Bruhn, M. (2006): Integrierte Unternehmens- und Markenkommunikation. Strategische Planung und operative Umsetzung, 4. Auflage, Stuttgart.
Bruhn, M./Georgi, D. (2005): Wirtschaftlichkeit des Kundenbindungsmanagements, in: Bruhn, M./Homburg, C. (Hrsg., 2005), S. 589–619.
Bruhn, M./Homburg, C. (Hrsg., 2004): Gabler Lexikon Marketing, 2. Auflage, Wiesbaden.
Bruhn, M./Homburg, C. (Hrsg., 2005): Handbuch Kundenbindungsmanagement. Strategien und Instrumente für ein erfolgreiches CRM, 5. Auflage, Wiesbaden.
Bruhn, M./Lusti, M./Müller, W.R./Schierenberg, H./Studer, T. (Hrsg., 1998): Wertorientierte Unternehmensführung – Perspektiven und Handlungsfelder für die Wertsteigerung von Unternehmen, Wiesbaden
Bruhn, M./Murmann, B. (1998): Nationale Kundenbarometer – Messung von Qualität und Zufriedenheit, Methodenvergleich und Entwurf eines Schweizer Kundenbarometers, Wiesbaden.
Bruhn, M./Stauss, B. (Hrsg., 1995): Dienstleistungsqualität: Konzepte, Methoden, Erfahrungen, 2. Auflage, Wiesbaden.
Bruhn, M./Stauss, B. (Hrsg., 2000): Dienstleistungsmanagement. Jahrbuch 2000 – Kundenbeziehungen im Dienstleistungsbereich, Wiesbaden.
Brunner, J./Becker, D./Bühler, M./Hildebrandt, J./Zaich, R. (1999): Value-Based Performance Management, Wertsteigernde Unternehmensführung: Strategie – Instrumente – Praxisbeispiele, Wiesbaden.
Buchner, M. (1981): Controlling – ein Schlagwort? – Eine kritische Analyse der betriebswirtschaftlichen Diskussion um die Controlling-Konzeption, Frankfurt am Main et al.
Bürgi, A. (1991): Führen mit Kennzahlen – Ein Leitfaden für den Klein- und Mittelbetrieb, 6. Auflage, St. Gallen.
Busch, W. (1992): Preismanagement und Psychologie, in: Herrmann, A. (Hrsg., 1992), S. 591–618.
Büschken, J. (1994): Multipersonale Kaufentscheidungen: empirische Analyse zur Operationalisierung von Einflussbeziehungen im Buying Center, Wiesbaden.
Büschken, J. (1997): Conjoint-Analyse. Methodische Grundlagen und Anwendungen in der Marktforschung, in: Thexis, Fachbuch für Marketing, St. Gallen.
Büschken, J. (2003): Determinants of Brand Advertising Inefficiency – Evidence from the German Car Market, CU Working Paper No. 163, Wirtschaftswissenschaftliche Fakultät Ingolstadt der Katholischen Universität Eichstätt-Ingolstadt, Ingolstadt.
Caduff, T. (1981): Zielerreichungsorientierte Kennzahlennetze industrieller Unternehmungen, Bedingungsmerkmale – Bildung – Einsatzmöglichkeiten, Frankfurt am Main.
Camp, R. (1994): Benchmarking, München/Wien.
Camp, R. (1997): Benchmarking: the Search for Industry Best Practices that Lead to Superior Performance, 13. edition, Milwaukee (Wis.).
Cannel, M./Wood, S. (1992): Incentive Pay: Impact and Evolution, London.

Canning, G. (1982): Do a Value Analysis of Your Customer Base, in: Industrial Marketing Management, Vol. 11, No. 11, pp. 89–93.

Ceyp, M.H. (2002): Erfolgsfaktoren und Trends im Database-Marketing, in: Dallmer, H. (Hrsg., 2002), S. 867–880.

Charnes, A./Cooper, W.W./Rhodes, E. (1978): Measuring the Efficiency of Decision Making Units, in: European Journal of Operational Research, 2, No. 6, pp. 429–444.

Cherchye, L./Post, T. (2003): Methodological Advances in DEA: A Survey and an Application for the Dutch electricity sectors, in: Statistica Neerlandica, Vol. 57, No. 4, pp. 410–438.

Chintagunta, P. K. (1993): Investigating the Sensitivity of Equilibrium Profits to Advertising Dynamics and Competitive Effects, in: Management Science, Vol. 39, No. 9, pp. 1146–1162.

Chmielewicz, M./Schweitzer, A. (Hrsg., 1993): Handwörterbuch des Rechnungswesens, 3. Auflage, Stuttgart.

Churchill, N. C./Mullins, J. W. (2001): How Fast Can Your Company Afford to Grow?, in: Harvard Business Review, Vol. 79, No. 5, pp. 135–143.

Clark, B. H. (1999): Marketing Performance Measures: History and Interrelationships, in: Journal of Marketing Management, Vol. 15, pp. 711–732.

Clemens, T. (2003): Mobile Marketing: Grundlagen, Rahmenbedingungen und Praxis des Dialogmarketing über das Mobiltelefon, Düsseldorf.

Clement, M./Peters, K./Preiß, F.J. (2001): Electronic Commerce, in: Albers, S./Clement, M./Peters, K./Skiera, B. (Hrsg., 2001), S. 56–70.

Cobbenhagen, J. (2000): Successful Innovation, Towards a New Theory for the Management of Small and Medium-sized Enterprises, Cheltenham (UK)/Northampton (Massachusetts).

Coenenberg, A./Günther, T. (1990): Der Stand des strategischen Controlling in der Bundesrepublik Deutschland, in: Die Betriebswirtschaft, Jg. 50, H. 4, S. 459–470.

Conrady, R./Diaz-Rohr, R. (1997): Re-Engineering der Marketing-Kommunikation durch Multimedia, in: Weinhold-Stünzi, H./Reinecke, S./Schögel, M. (Hrsg., 1997).

Controller Verein e.V. (2001): Controller-Statements Philosphie, Leitbild Controller, Gauting.

Controller Vereins e.V. (2002): Grundsatzpapier »Leitbild Controller« des Internationalen Controller Vereins e.V. vom 14. September 2002, http://www.controllerverein.de.

Cooper, A. R./Cooper, M. B./Duhan, D. F. (1989): Measurement Instrument Development Using Two Competing Concepts of Customer Safisfaction, in: Journal of Consumer Satisfaction, Dissatisfaction, and Complaining Behavior, Vol. 2, pp. 28–35.

Cooper, R. G. (1994a): New Products: The Factors that Drive Success, in: Journal of Product Innovation Management, Vol. 1, No. 1, pp. 60–67.

Cooper, R. G. (1994b): Third-Generation New Product Process, in: Journal of Product Innovation Management, Vol. 11, No. 1, pp. 3–14.

Cooper, R./Kaplan, R. S. (1988): Measure Costs Right: Make the Right Decision, in: Harvard Business Review, Vol. 66, No. 5, pp. 96–103.

Cooper, R./Kaplan, R. S. (1991): Activity-Based Costing: Ressourcenmanagement at its best, in: Harvard Business Manager, No. 4, pp. 87–94.

Cooper, W.W./Seiford, L.M./Zhu, J. (2004a): Data Envelopment Analysis: History, Models and Interpretations, in: Cooper, W.W./Seiford, L.M./Zhu, J. (Hrsg., 2004b), pp. 1–40.

Cooper, W.W./Seiford, L.M./Zhu, J. (Hrsg., 2004b): Handbook on Data Envelopment Analysis, Boston/Dordrecht/London.

Copeland, T./Antikarov, V. (2001): Real Options – A Practioner's Guide, New York (NY).

Copeland, T./Koller, T./Murrin, J. (1996): Valuation: Measuring and Managing the Value of Companies, New York.

Copeland, T./Tufano, P. (2004): A Real-World Way to Manage Real Options, in: Harvard Business Review, Vol 82, No. 3, pp. 90–99.

Coppetti, C. (2004): Building Brands through Event Sponsorships: Providing On-Site Audiences with a Vivid Brand Experience, St. Gallen.

Corey, E. R./Cespedes, F. V./Rangan, V. K. (1989): Going to Market, Boston.

Cornelsen, J. (2000): Kundenwertanalysen im Beziehungsmarketing, Theoretische Grundlegung und Ergebnisse einer empirischen Studie im Automobilbereich, Nürnberg.

Cotting, P. (2000): Der Sponsoring- und Eventmarketing-Ansatz (S&E), Europäische Sponsoringbörse, St. Gallen.

Courtheoux, R.J. (1986): Database Marketing: Developing a Profitable Mailing Plan, in: Catalog Age, June/July.

Cox, J.C./Ross, S.A./Rubinstein, M. (1979), Option Pricing: Simplified Approach, in: Journal of Financial Economics, Vol. 7, No. 3, pp. 229–263.

Cramphorn, S. (2004): What Advertising Testing Might Have Been, If We Had Only Known, in: Journal of Advertising Research, Vol. 44, No. 2, pp. 170–180.

Cravens, K.S./Guilding, C. (1999): Strategic Brand Valuation: A Cross-Functional Perspective, in: Business Horizons, Vol. 42, No. 4, pp. 53–60.

Creamer, M. (2005): Eye-tracking technology draws new interest. Agency tests methods for measuring eye movements across online pages, AdAge online edition, publiziert am 4. Juli auf http://www.adage.com (Artikel-ID: AAQ71U).

Crimmins, J.C. (1992): Better Measurement and Management of Brand Value, in: Journal of Advertising Research, Vol. 32, No. 4, pp. 11–19.

Daduna, J. (2003): Controlling der operativen Distributionslogistik, in: Pepels, W. (Hrsg., 2003a), S. 177–202.

Dahlén, M./Rasch, A./Rosengren, S. (2003): Love at First Site? A Study of Website Advertising Effectiveness.

Dallmer, H. (Hrsg., 1997): Handbuch des Direct Marketing, 7. Auflage, Wiesbaden.

Dallmer, H. (2002a): Das System des Direct Marketing – Entwicklungsfaktoren und Trends, in: Dallmer, H. (Hrsg., 2002b), S. 3–32.

Dallmer, H. (Hrsg., 2002b): Das Handbuch Direct Marketing & More, 8. Auflage, Wiesbaden.

Daly, D./O'Dea, P. (2004): Select Selling. Sales Fieldbook, Bristol.

Danaher, P.J./Mullarkey, G.W. (2003): Factors Affecting Online Advertising Recall: A Study of Students, in: Journal of Advertising Research, Vol. 43, No. 3, pp. 252–266.

Dannenberg, M./Wildschütz, F./Merkel, S. (2003): Handbuch Werbeplanung – Medienübergreifende Werbung effizient planen, umsetzen und messen, Stuttgart.

Daum, D. (2001): Marketingproduktivität? Konzeption, Messung und empirische Analyse. Wiesbaden.

Davenport, T. H. (1993): Process Innovation – Reengineering Work through Information Technology, Boston.

Day, G. S. (1999): Misconceptions About Market Orientation, in: Journal of Market-Focused Management, Vol. 4, No. 1, pp. 5–16.

Day, G.S./Fahey, L. (1988): Valuing Market Strategies, in: Journal of Marketing, Vol. 52, July, pp. 45–57.

Day, G.S./Fahey, L. (1990): Putting Strategy into Shareholder Value Analysis, in: Harvard Business Review, Vol. 68, No. 2, pp. 156–162.

Day, G.S./Montgomery, D. B. (1999): Charting New Directions for Marketing, in: Journal of Marketing, Vol. 63, Special Issue, pp. 3–13.

Dean, J. (1951): How Much to Spend on Advertising, in: Harvard Business Review, Vol. 29 (1), pp. 65–74.

Dehr, G. (2001): Organisation des Marketingcontrollings, in: Reinecke, S./Tomzcak, T./Geis, G. (Hrsg., 2001), S. 734–746.

Deshpandé, R./Farley, J.U./Webster, F.E. (1993): Corporate Culture, Customer Orientation, and Innovativeness in Japanese Firms: A Quadrad Analysis, in: Journal of Marketing, Vol. 57, No. 1, pp. 23–37.

Deshpandé, R./Webster, F.E. (1989): Organizational Culture and Marketing: Defining the Research Agenda, in: Journal of Marketing, Vol. 53, No. 1, pp. 3–15.

DeSouza, G. (1992). Designing a Customer Retention Plan, in: Journal of Business Strategy, Vol. 13, No. 2, pp. 24–28.

Deutsch, C. (1993): Vertriebscontrolling – Völliges Desaster, in: Wirtschaftswoche, H. 26, S. 46–50.

Deutsche Gesellschaft für Betriebswirtschaft (Hrsg. 1968): Stabilität durch betriebliche Elastizität, Berlin.

Deyhle, A. (1988): Marketing-Controlling – Das Denken vom Kunden her. In: Controller Magazin, 12. Jg., 1988, H. 1, S. 15 – 20.

Deyhle, A. (1997): Management & Controlling-Brevier, 7. Auflage, Wörthsee-Etterschlag.

Dick, M. (1997): Mangement von Produkt-PR – Ein situativer Ansatz, Dissertation Universität St.Gallen, Bamberg: Difo-Druck.

Diller, H. (1996): Kundenbindung als Marketingziel, in: Marketing ZFP, Jg. 18, H. 2, S. 81–94.

Diller, H. (1997): Preisehrlichkeit – Eine neue Zielgröße im Preismanagement des Einzelhandels, in: Thexis, H. 2, S. 16–21.

Diller, H. (Hrsg., 1998a): Marketingplanung, 2. Auflage, München.

Diller, H. (1998b): Zielplanung, in: Diller, H. (Hrsg., 1998a), S. 163–198.

Diller, H. (2000): Preispolitik, 3. Auflage, Stuttgart et al.

Diller, H. (2001a): Altersstrukturanalyse, in: Diller, H. (Hrsg., 2001f), S. 44.

Diller, H. (2001b): Distributionspolitik, Distributions-Mix, in Diller, H. (Hrsg., 2001f), S. 327–328.

Diller, H. (2001c): Preiscontrolling, in: Diller, H. (Hrsg., 2001f), S. 1304.

Diller, H. (2001d): Probleme des Kundenwerts als Steuerungsgrösse im Kundenmanagement. Arbeitspapier Nr. 91 des Lehrstuhls für Marketing an der Universität Erlangen-Nürnberg. Nürnberg.

Diller, H. (2001e): Programmstrukturanalyse, Programmanalyse, in: Diller, H. (Hrsg., 2001f), S. 1429.

Diller, H. (Hrsg., 2001f): Vahlens Großes Marketinglexikon, 2. Auflage, München.

Diller, H. (Hrsg., 2002a): Mehr Effizienz im Marketing, Nürnberg.

Diller, H. (2002b): Mehr Effizienz im Marketing, in: Diller, H. (Hrsg., 2002a), S. 1–16.

Diller, H. (2003): Aufgabenfelder, Ziele und Entwicklungstrends der Preispolitik, in: Diller, H./Herrmann, A. (Hrsg., 2003), S. 3–32.

Diller, H./Haas, A./Ivens, B. (2005a) Innovatives Marketing: Entscheidungsfelder – Management – Instrumente, Wiesbaden.

Diller, H./Haas, A./Ivens, B. (2005b): Verkauf und Kundenmanagement. Eine prozessorientierte Konzeption, Stuttgart.

Diller, H./Herrmann, A. (Hrsg., 2003): Handbuch Preispolitik: Strategien – Planung – Organisation – Umsetzung, Wiesbaden.
Diller, H./Metz, R./Keller, J. (2006): Messung der Effizienz von Verkaufsniederlassungen, erscheint in: Bauer, H. H./Staat, M./Hammerschmidt, M. (Hrsg., 2006, in Vorbereitung).
Dittrich, S. (2002): Kundenbindung als Kernaufgabe im Marketing – Kundenpotenziale langfristig ausschöpfen, 2. Auflage, St. Gallen.
Dittrich, S./Reinecke, S. (2001): Analyse und Kontrolle der Kundenbindung, in: Reinecke, S./Tomczak, T./Geis, G. (Hrsg., 2001), S. 258–291.
Domsch, M./Eisenführ, F./Ordelheide, D./Perlitz, M. (Hrsg., 1988): Unternehmenserfolg. Planung – Ermittlung – Kontrolle, Wiesbaden.
Dorsch, M. J./Carlson, L. (1996): A Transaction Approach to Unterstanding and Managing Customer Equity, in: Journal of Business Research, Vol. 35, No. 3, pp. 253–264.
DoubleClick (2004a): In-Direct Response to Online-Advertising. Best Practices in Measuring Response Over Time: Continental Airlines Case Study, NewYork (DoubleClick.net).
DoubleClick (2004b): Ad Serving Trend Report Q3 2004, NewYork (DoubleClick.net).
Doutreval, A. (2002): Management von Informationen in der Vorprojektphase der Leistungsinnovation , St. Gallen.
Doyle, J.R./Green, R.H. (1991): Comparing Products Using Data Envelopment Analysis, in: Omega – The International Journal of Management Science, Vol. 19, No. 6, pp. 631–638.
Doyle, P. (2000): Value-Based Marketing, in: Journal of Strategic Marketing, 8, 299–311.
Doyle, P./Saunders, J. (1990): Multiproduct Advertising Budgeting, in: Marketing Science, Vol. 9, No. 2, pp. 97–113.
DPRG (Deutsche Public Relations-Gesellschaft e. V.) (2001): PR-Evaluation, Bonn.
Drees, N. (2003): Bedeutung und Erscheinungsformen des Sportsponsoring, in: Hermanns, A./Riedmüller, F. (Hrsg., 2003), S. 47–66.
Drengner, J. (2003): Kontrolle/Evaluierung von Sportevents, in: Hermanns, A./Riedmüller, F. (Hrsg.), S. 171–192.
Drengner, J. (2006): Imagewirkungen von Eventmarketing. Entwicklung eines ganzheitlichen Messansatzes, 2. Auflage, Wiesbaden.
Drucker, P. (1974): Management: Tasks, Responsibilities, Practices, New York (Neuauflage 1999).
Drumm, H.J. (2000): Personalwirtschaft, 4. Auflage, Berlin et al.
Dunst, K.H. (1979): Portfolio-Management. Konzeption für die strategische Unternehmensplanung, Berlin/New York.
Dwyer, F.R. (1987): Customer Lifetime Valuation to Support Marketing Decision Making, in: Journal of Direct Marketing, Vol. 11, No. 4, pp. 6–13.
Dwyer, F.R. (1989): Customer Lifetime Profitability to Support Marketing Decision Making, in: Journal of Direct Marketing, Vol. 3, No. 4, pp. 8–15.
Dwyer, F.R. (1997): Customer Lifetime Valuation to Support Marketing Decision Making, in: Journal of Direct Marketing, Vol. 11, No. 4, pp. 6–13.
Dyckhoff, H./Ahn, H. (Hrsg., 1998): Produktentstehung, Controlling und Umweltschutz – Grundlagen eines ökologieorientierten F&E-Controlling, Heidelberg.
Eastlack, J.O./Rao, A.G. (1989): Advertising Experiments and the Campbell Soup Company, in: Journal of Marketing Science, Vol. 8, No. 1, pp. 57–71.
Eccles, R.G. (1991): The Performance Measurement Manifesto, in: Harvard Business Review, Vol. 69, No. 1, pp. 131–137.
Eccles, R.G./Noriah, N. with Berkley, J. D. (1992): Beyond the Hype – Rediscovering the Essence of Management, Boston.

Eechambadi, N.V. (1994): Does advertising work? in: The McKinsey Quarterly, No. 2, pp. 117–129.

Ehrbar, A. (1998): EVA – The Real Key to Creating Wealth, New York et al.

Ehrenberg, A.S.C. (1974): Repetitive Advertising and the Consumer, in: Journal of Advertising Research, Vol. 14, No. 2, pp. 25–34.

Ehrenberg, A.S.C. (1994): Justifying advertising budgets, in: Admap, Vol. 30, pp. 11–13.

Ehrmann, H. (2004): Marketing-Controlling, 4. Auflage, Ludwigshafen.

Ehrmann, H. (2006): Marketingaccounting, in: Reinecke, S./Tomczak, T. (Hrsg., 2006), S. 697–739.

Eliashberg, J./Lilien, G. L. (Hrsg., 1993): Handbooks in OR & MS, Amsterdam et al.

Ellinghaus, U. (2000): Werbewirkung und Markterfolg – Marktübergreifende Werbewirkungsanalysen, München.

El-Murad, J./West, D.C. (2004): The Definition and Measurement of Creativity: What do We Know?, in: Journal of Advertising Research, Vol. 44, No. 2, pp. 188–201.

Elsner, R. (2003): Optimiertes Direkt- und Database-Marketing unter Einsatz mehrstufiger dynamischer Modelle, Wiesbaden.

Engelhardt, W. H./Günter, B. (1988): Erfolgsgrößen im internen Rechnungswesen aus der Sicht der Absatzpolitik, in: Domsch, M./Eisenführ, F./Ordelheide, D./Perlitz, M. (Hrsg.), S. 141–155.

Erichson, B./Maretzki, J. (1993): Werbeerfolgskontrolle, in: Berndt, R./Hermanns, A. (Hrsg., 1993), S. 521–560.

Esch, F.-R. (Hrsg., 2000): Moderne Markenführung, 2. Auflage, Wiesbaden.

Esch, F.-R. (2005a): Kontrolle der Eigenständigkeit von Markenauftritten, in: Esch, F.-R. (Hrsg., 2005b), S. 1347–1362.

Esch, F.-R. (Hrsg., 2005b): Moderne Markenführung. Grundlagen – Innovative Ansätze – Praktische Umsetzungen, 4. Auflage, Wiesbaden.

Esch, F.-R. (2005c): Strategie und Technik der Markenführung, 3. Auflage, München.

Esch, F.-R./Andresen, T. (1994): Messung des Markenwerts, in: Tomczak, T./Reinecke, S. (Hrsg., 1994), S. 212–230.

Esch, F.-R./Fuchs, M./Bräutigam, S./Redler, J. (2005a): Konzeption und Umsetzung von Markenerweiterungen, in: Esch, F.-R. (Hrsg., 2005b), S. 906–946.

Esch, F.-R./Geus P. (2005): Ansätze zur Messung des Markenwerts, in: Esch, F.-R. (Hrsg., 2005b), S. 1263–1305.

Esch, F.-R./Geus, P./Kernstock, J./Brexendorf, T.O. (2004): Controlling des Corporate Brand Management, in: Esch, F.-R./Tomczak, T./Kernstock, J./Langner, T. (Hrsg., 2004), S. 314–346.

Esch, F.-R./Langner, T./Brunner, C. (2005): Kundenbezogene Ansätze des Markencontrolling, in: Esch, F.R. (Hrsg., 2005b), S. 1227–1261.

Esch, F.-R./Langner, T./Tomczak, T./Kernstock, J./Strödter, K. (2005b): Aufbau und Führung von Corporate Brands, in: Esch, F.-R. (Hrsg., 2005b), S. 403–426.

Esch, F.-R./Tomczak, T./Kernstock, J./Langner, T. (Hrsg., 2004): Corporate Brand Management. Marken als Anker strategischer Führung von Unternehmen, Wiesbaden.

Esch, F.-R./Wicke, A./Rempel, J. E. (2005): Herausforderungen und Aufgaben des Markenmanagements, in: Esch, F.-R. (Hrsg., 2005b), S. 1–55.

Eschenbach, R. (Hrsg., 1985): Marketing Controlling. Österreichischer Controllertag 1985, Wien.

Evans, M./O'Malley, L./Patterson, M. (1995): Direct Marketing: Rise and Rise or Rise and Fall?, in: Marketing Intelligence Planning, Jg. 13, No. 6, pp. 16–23.

Everling, O./Schneck, O. (2004): Das Rating ABC, Köln.

Ewert, R./Wagenhofer, A. (2005): Interne Unternehmensrechnung, 6. Auflage, Berlin et al.

Fandel, G./Heuft, B./Paff, A./Pitz, T. (2004): Kostenrechnung: Mit 40 Tabellen, 2. Auflage, Berlin et al.

Fantapié Altobelli, C. (1997): Online Marketing im deutschsprachigen Raum, in: Thexis, H. 1, S. 5–11.

Farris, P. W./Bendle, N.T./Pfeifer, P.E./Reibstein, D. J. (2006): Marketing Metrics, 50+ Metrics Every Executive Should Master, Upper Saddle River (NJ).

Fassnacht, M. (1996): Preisdifferenzierung bei Dienstleistungen: Implementationsformen und Determinanten, Wiesbaden.

Feldmeier, S. (2002): Die Marke im Modell, in Werben und Verkaufen, 2002, H. 43, S. 38–40.

Felser, P. (1991): Intensität der Werbeforschung grosser Werbetreibender: eine empirische Untersuchung, Freiburg.

Fenwick, I./Rice, M.D. (1991): Reliability of Continuous Measurement Copy-Testing Methods, in: Journal of Advertising Research, Vol. 31, No. 1, pp. 23–29.

Fickert, R. (1995): Die Kundendeckungsbeitragsrechnung, in: Schwander, P. (Hrsg., 1995), S. 185–209.

Fickert, R./Angerer, C. (1998): Accounting – Servicefunktion der Unternehmensführung, in: io Management Zeitschrift, Jg. 67, H. 3, S. 54–61.

Fill, C. (2001): Marketing-Kommunikation. Konzepte und Strategien, München.

Fischer, H./Boessneck, B. (Hrsg., 1990): Die besten Direktmarketing-Kampagnen: Ziele, Konzepte, Budget, Erfolg, Landsberg am Lech.

Fischer, M./Meffert, H./Perrey, J. (2004): Markenpolitik: Ist sie für jedes Unternehmen gleichermaßen relevant? Eine empirische Untersuchung zur Bedeutung von Marken in Konsumgütermärkten, in: Die Betriebstwirtschaft, Jg. 64, H. 3, S. 333–356.

Fischer, T.M. (Hrsg., 2000): Kosten-Controlling: Neue Methoden und Inhalte, Stuttgart.

Fischer, T.M./von der Decken, T. (2001): Kundenprofitabilitätsrechnung in Dienstleistungsgeschäften – Konzeption und Umsetzung am Beispiel des Car Rental Business, in: Jg. 53, H. 5, S. 294–323.

Fishbein, M./Ajzen, I. (1975): Belief, Attitude, Intention and Behaviour: An Introduction to Theory and Research, Reading (MA).

Fliess, S. (2001): Key Account Controlling, in: Reinecke, S./Tomczak, T./Geis, G. (Hrsg., 2001), S. 474–498.

Fliess, S./Marra, A. (1998): Kundenorientiertes Vertriebscontrolling im Business-to-Business-Marketing, in: Reinecke, S./Tomczak, T./Dittrich, S. (Hrsg., 1998), S. 214–223.

Fornell, C./Johnson, M.D./Anderson, E.W./Cha, J./Bryant, B.E. (1996): The American Customer Satisfaction Index: Nature, Purpose and Findings, in: Journal of Marketing, Vol. 60, No. 4, pp. 1–21.

Forson, A. (1997): Performance Measurement 2000: The Growth of Real-Time Reporting, in: Journal of Strategic Performance Measurement, Vol. 1, No. 6, pp. 22–29.

Foster, R.N. (1986): Innovation: the attacker's advantage, London.

Fournier, S./Mick, D. (1999): Rediscovering Satisfaction, in: Journal of Marketing, Vol. 63, No. 4, pp. 5–23.

Frahm, L.-G. (2004): Markenbewertung. Ein empirischer Vergleich von Bewertungsmethoden und Markenwertindikatoren, Frankfurt am Main.

Franz, K.-P./Kajüter, P. (Hrsg., 1997): Kostenmanagement – Wettbewerbsvorteile durch systematische Kostensteuerung, Stuttgart.

Franz, K.-P./Kajüter, P. (Hrsg., 2003): Kostenmanagement – Wertsteigerung durch systematische Kostensteuerung, 2. Auflage, Stuttgart.

Franzen, O. (1995): Die praktische Nutzung der Markenbewertungssysteme, in: Markenartikel, Jg. 57, H. 12, S. 562–566.

Fraser, R./Hope, J. (2001): Beyond Budgeting, in: Controlling, Jg. 13 (8/9), S. 437–442.

Freidank, C.-C. (2001): Kostenrechnung: Einführung in die begrifflichen, theoretischen, verrechnungstechnischen sowie planungs- und kontrollorientierten Grundlagen des innerbetrieblichen Rechnungswesens, 7. Auflage, München.

Freiling, J. (2001): Kundenwert – eine vergleichende Analyse ressourcenorientierter Ansätze, in: Günter, B./Helm, S. (Hrsg., 2001), S. 81–102.

Freiling, J./Reckenfelderbäumer, M. (2000): Kundenerfolgsrechnung für industrielle Dienstleistungen, in: Bruhn, M./Stauss, B. (Hrsg., 2000), S. 501–524.

Frese, E. (Hrsg., 1992): Handwörterbuch der Organisation, 3. Auflage, Stuttgart.

Freter, H. (1983): Marktsegmentierung, Stuttgart et al.

Freter, H. (2007): Marktsegmentierung, Stuttgart et al (in Vorbereitung).

Friedl, B. (2002): Erfolgskontrolle, in: Albers, S./Herrmann, A. (Hrsg., 2002), S. 801–827.

Friedli, T. (2006): Technologiemanagement. Modelle zur Sicherung der Wettbewerbsfähigkeit, Berlin et al.

Fritz, W. (2004): Internet-Marketing und Electronic Commerce. Grundlagen – Rahmenbedingungen – Instrumente, 3. Auflage, Wiesbaden.

Gaitanides, M. (1979): Praktische Probleme der Verwendung von Kennzahlen für Entscheidungen, in: Zeitschrift für Betriebswirtschaft, Jg. 49, H. 1, S. 57–64.

Gale, B.T. unter Mitarbeit von Wood, R. C. (1994): Managing Customer Value: Creating Quality and Service that Customers Can See, New York.

Galler, E. (1969): Die Kennzahlenrechnung als internes Instrument der Unternehmung – Elemente einer betriebswirtschaftlichen Theorie der Kennzahlenrechnung, München.

Gedenk, K. (2001a): Verkaufsförderung, konsumentengerichtete, in: Diller, H. (Hrsg., 2001f), S. 1758–1759.

Gedenk, K. (2001b): Verkaufsförderung (Promotion, Sales Promotion), in: Diller, H. (Hrsg., 2001f), S. 1756–1758.

Gedenk, K. (2001c): Verkaufsförderungs-Erfolgsmessung, in: Diller, H. (Hrsg., 2001f), S. 1760–1761.

Gedenk, K. (2002): Verkaufsförderung, München.

Gedenk, K. (2006): Controlling von Verkaufsförderungsmaßnahmen, in: Reinecke, S./Tomczak, T. (Hrsg., 2006), S. 573–592.

Gedenk, K./Neslin, S.A./Ailawadi, K.L. (2005): Sales Promotion, in: Krafft, M./Mantrala, M. K. (Hrsg., 2005.), S. 345–360.

Geis, G. (2003): Management der Markteinführung von Konsumgütern. Strategien, Erfolgsfaktoren, Panelanalysen, St. Gallen.

Geis, G./Twardawa, W. (2001): Cockpit-Controlling der Markteinführung von Konsumgütern, in: Reinecke, S./Tomczak, T. (Hrsg. 2006), S. 415–441.

Geiss, W. (1986): Betriebswirtschaftliche Kennzahlen – Theoretische Grundlagen einer problemorientierten Kennzahlenanwendung, Frankfurt am Main et al.

Geist, M (1974): Selektive Absatzpolitik als Grundlage der Absatzsegmentrechnung, 2. Auflage, Stuttgart.

Geist, M./Köhler, R. (Hrsg., 1981): Die Führung des Betriebs, Stuttgart.

Gerberich, C.W. (2005a): Neue Herausforderungen an das Management und das Unternehmenscontrolling, in: Gerberich, C.W. (Hrsg., 2005b), S. 10–56.

Gerberich, C.W. (Hrsg., 2005b): Praxishandbuch Controlling: Trends, Konzepte, Instrumente, Wiesbaden

Gerpott, T. J. (1999): Strategisches Technologie- und Innovationsmanagement: eine konzentrierte Einführung, Stuttgart.

Gerpott, T.J. (2005): Innovations- und Technologiemanagement, in: Bitz, M./Domsch, M./Ewert R./Wagner, F.W. (Hrsg., 2005), S. 303–352.

Gerth, N. (2001a): Direktmarketingkosten, in: Diller, H. (Hrsg., 2001f), S. 312–313.

Gerth, N. (2001b): Fulfillment, in: Diller, H. (Hrsg. 2001f), S. 507–508.

Gerth, N. (2001c): Response, in: Diller, H. (Hrsg. 2001f), S. 1493.

Gerth, N. (2001d): Responsequote, in: Diller, H. (Hrsg. 2001f), S. 1494.

GfK (Hrsg., 2004): GfK Yearbook of Marketing and Consumer Research, Vol. 2.

Ghemawat, P. (2002): Competition and Business Strategy in Historical Perspective, in: Business history review, Vol. 76, No. 1, pp. 37–74.

Giordano, M./Hummel, J. (Hrsg., 2005): Mobile Business: vom Geschäftsmodell zum Geschäftserfolg – mit Fallbeispielen zu Mobile Marketing, mobilen Portalen und Content-Anbietern, Wiesbaden.

Gleich, R. (2001): Das System des Performance Measurement: Theoretisches Grundkonzept, Entwicklungs- und Anwendungsstand. München.

Gleich, R./Kopp, J. (2001): Ansätze zur Neugestaltung der Planung und Budgetierung, Methodische Innovationen und empirische Ergebnisse, in: Controlling, Jg. 13, H. 8/9, S. 429–436.

Gmünder, P. (2001): Kundenspezifisches Markencontrolling in der Konsumgüterindustrie, in: Tomczak, T./Reinecke, S./Geis, G. (Hrsg., 2001), S. 836–845.

Goos, P./Hagenhoff, S. (2003): Strategisches Innovationsmanagement: Eine Bestandsaufnahme, Arbeitsbericht Nr. 11 am Institut für Wirtschaftsinformatik an der Georf-August-Universität Göttingen, Göttingen.

Götz, P./Diller, H. (1991): Die Kunden-Portfolio-Analyse, Arbeitspapier Nr. 1 des Lehrstuhls für Marketing, Universität Erlangen-Nürnberg

Götze, U. (2004): Kostenrechnung und Kostenmanagement, 3. Auflage, Berlin.

Götze, U. (2006): Investitionsrechnung – Modelle und Analysen zur Beurteilung von Investitionsvorhaben, 5. Auflage, Berlin.

Gritzmann, K. (1991): Kennzahlensysteme als entscheidungsorientierte Informationsinstrumente der Unternehmensführung in Handelsunternehmen, Göttingen.

Gröppel-Klein, A. (1998): Wettbewerbsstrategien im Einzelhandel. Chancen und Risiken von Preisführerschaft und Differenzierung, Wiesbaden.

Grunert, K. G. (1990): Kognitive Strukturen in der Konsumforschung, Heidelberg.

Grünig, R./Pasquier, M. (Hrsg., 1999): Strategisches Management und Marketing, Festschrift für Richard Kühn, Bern et al.

Guilding, C./Pike, R. (1994): Brand Valuation: A Model and Empirical Study of Organisational Implications, in: Accounting and Business Research, Vol. 24, No. 95, pp. 241–253.

Güldenberg, H. G./Franzen, O. (1992): Auditing auf der Basis von Markenwerten, in: Thexis, Jg. 9, H. 5, S. 37–43.

Günter, B./Helm, S. (Hrsg., 2001): Kundenwert: Grundlagen – Innovative Konzepte – Praktische Umsetzungen, Wiesbaden.

Günter, B./Helm, S. (Hrsg., 2003): Kundenwert: Grundlagen – Innovative Konzepte – Praktische Umsetzungen, Wiesbaden.

Günther, T. (1997a): Unternehmenswertorientiertes Controlling, München.

Günther, T. (1997b): Value-based Performance Measures for Decentral Organizational Units – A Critical Appraisal, Arbeitspapier, European Accounting Association Meeting, Graz.

Günther, T./Grüning, M. (2000): Performance Measurement-Systeme im praktischen Einsatz – deskriptiver Auswertungsbericht, Dresdner Beiträge zur Betriebswirtschaftslehre, H. 44, Technische Universität Dresden, Dresden.

Gupta, S. (1997): Some Trends of the World Wide Web: Implications for Online Vendors, in: Thexis, H. 1, S. 2–4.

Gupta, S./Lehmann, D.R./Stuart, J.A. (2001): „Valuing Customers", Marketing Science Institute Report No. 01-119.

Gupta, S./Lehmann, D.R./Stuart, J.A. (2004): Valuing Customers, in: Journal of Marketing Research, Vol. 41, No. 1, pp. 7–18.

Gussek, F. (1992): Erfolg in der strategischen Markenführung, Wiesbaden.

Gutenberg, E. (1958): Einführung in die Betriebswirtschaftslehre, Wiesbaden.

Gutzwiller, T./HugentoblerA./Liebich, M. (2005): Professional Services im Informationszeitalter, in: Baumöl, U./Österle, H./Winter, R. (Hrsg., 2005), S. 17–34.

Guzzo, R.A./Jette, R.D./Katsell, R.A. (1985): The Effect of Pychology-based Intervention Programmes on Worker Productivity: A Meta Analysis, in: Personnel Psychology, Vol. 38, pp. 275–191.

Haag, J. (1992): Kundendeckungsbeitragsrechnungen – Ein Prüfstein des Key Account Managements, in: DBW, Jg. 52, H. 1, S. 25–39.

Haas, A./Ivens, B.S. (Hrsg., 2005): Innovatives Marketing. Entscheidungsfelder – Management – Instrumente, Wiesbaden.

Haas, R.M. (Hrsg., 1966): Science, Technology and Marketing, American Marketing Association, Chicago.

Haedrich, G./Tomczak, T. (1996a): Produktpolitik, Stuttgart et al.

Haedrich, G./Tomczak, T. (1996b): Strategische Markenführung, 2. Auflage, Bern/Stuttgart.

Haedrich, G./Tomczak, T./Kaetzke, P. (2003): Strategische Markenführung, 3. Auflage, Bern et. al.

Hahn, D. (1996): PuK, Controllingkonzepte: Planung und Kontrolle, Planungs- und Kontrollsysteme, Planungs- und Kontrollrechnung, 5. Auflage, Wiesbaden.

Hahn, D./Hungenberg, H. (2001): PuK, Controllingkonzepte: Planung und Kontrolle, Planungs- und Kontrollsysteme, Planungs- und Kontrollrechnung, Wertorientierte Controllingkonzepte, 6. Auflage, Wiesbaden.

Haley, R./Baldinger, A.L. (2000): The ARF Copy Research Validity Project, in: Journal of Advertsing Research, Vol. 41, No. 6, pp. 114–135.

Hamel, W. (2001): Kundenwertorientierte Anreizsysteme, in: Günter, B./Helm, S. (Hrsg., 2001): S. 405–424.

Hammann, P./Erichson, B. (2004): Marktforschung, 4. Auflage, Stuttgart/New York.

Hammer, R.M. (1998): Strategische Planung und Frühaufklärung, München.

Handlbauer, G. (Hrsg., 1998): Perspektiven im strategischen Management, Festschrift anlässlich des 60. Geburtstages von Professor Hans H. Hinterhuber, Berlin/New York.

Hannig, U. (2001): Einsatz von Managementinformationssystemen in Marketing und Vertrieb, in: Reinecke, S./Tomczak, T./Geis, G. (Hrsg., 2001), S. 734–743.

Hansen, S.C./Otley, D. T./Van der Stede, W.A. (2003): Practice Developments in Budgeting: An Overview and Research Perspective, in: Journal of Management Accounting Research, 15, pp. 95–116.

Hansen, S.C./Van der Stede, W. A. (2004): Multiple facets of budgeting: an exploratory analysis, in: Management Accounting Research, Vol. 15, No. 4, pp. 415–439.

Hansen, U./Henning-Thurau, T./Schrader, U. (2001): Produktpolitik – ein kunden- und gesellschaftsorientierter Ansatz, 3. Auflage, Stuttgart.

Hansmann, K.-W./Diller, H. (2001): Marktreaktionsfuktionen, in: Diller, H. (Hrsg., 2001f), S. 1066–1067.

Harris, G.(2000): Let your fingers do the talking: using word of mouth advertising on the Internet, Los Angeles.

Harris, J.N. (1936): What Did We Earn Last Month?, in: N.A.C.A.-Bulletin, 15. Januar.

Haspelslagh, P./Noda, T./Boulos, F. (2001): Wertmanagement – über die Zahlen hinaus, in: Harvard Business Manager, Jg. 24, H.1, S. 46–59.

Hassmann, V. (2000): Der Weg zum richtigen CAS-System, in: Albers, S./Hassmann, V./Somm, F./Tomczak, T. (Hrsg., 2000).

Hatip, A./Strehlau, R. (2000): Kennzahlen im operativen Marketing, in: Zerres M.P. (Hrsg., 2000), S. 251–266.

Hausschildt, J. (1997): Innovationsmanagement, 2. Auflage, München.

Hax, A./Majluf, N. (1996): The Strategy Concept and Process, 2. Edition, Upper Saddle River (NJ).

Hazlett, R./Hazlett, S.Y. (1999): Emotional response to television commercials: facial EMG vs. self-report, Vol. 39, No. 2, S. 7–23.

Heilemann, U. (2000): Diskriminanzanalyse, in: Voß, W. (Hrsg., 2000), S. 583–608.

Helm, R. (1995): Strategisches Controlling für den Vertrieb zur Unterstützung der Marketing-Kommunikation, in: Marktforschung & Management, Jg. 39, H. 1, S. 27–32.

Helm, S./Günter, B. (2001): Kundenwert – eine Einführung in die theoretischen und praktischen Herausforderungen der Bewertung von Kundenbeziehungen, in: Günter, B./Helm, S. (Hrsg.,2001), S. 3–35.

Henderson, B. D./Gälweiler, A (1984): Die Erfahrungskurve in der Unternehmensstrategie, 2. Auflage, Frankfurt am Main et al.

Henkel, S./Herrmann, A./Tomczak, T./Heitmann, M. (2006): The Impact of Personal Employee Interaction on BrandPerformance, in: Conference Proceedings EMAC 2006, Athen.

Hentschel, B. (1990): Die Messung wahrgenommener Dienstleistungsqualität mit SERVQUAL – Eine kritische Auseinandersetzung, in: Marketing – Zeitschrift für Forschung und Praxis, Jg. 12, H. 4, S. 230–240.

Hentschel, B. (1992): Dienstleistungsqualität aus Kundensicht: Vom merkmals- zum ereignisorientierten Ansatz, Wiesbaden.

Herdzina, K. (2005): Einführung in die Mikroökonomik, 10. Auflage, München.

Herrmann, A. (1998): Produktmanagement, München.

Herrmann, A. (2001): Produktpolitik, in: Diller, H. (2001f), S. 1412–1413.

Herrmann, A./Homburg, C. (Hrsg., 2000): Marktforschung: Methoden, Anwendungen, Praxisbeispiele, 2. Auflage, Wiesbaden.

Hermanns, A. (1997): Sponsoring – Grundlagen, Wirkungen, Management, Perspektiven, 2. Auflage, München.

Herrmanns, A./Flegel V. (Hrsg., 1992): Handbuch Electronic Marketing, München.

Hermanns, A./Riedmüller, F. (Hrsg., 2003): Sponsoring und Events im Sport – Von der Instrumentalbetrachtung zur Kommunikationsplattform, München.

Hill, D.J. (1986): Satisfaction and Consumer Services, in: Journal of Advances in Consumer Research, Vol. 13, No. 1, pp. 311–315.

Hillig, T. (2006): Verfahrensvariationen der Conjoint-Analyse zur Prognose von Kaufentscheidungen. Eine Monte-Carlo-Simulation, Wiesbaden.

Hinterhuber, H.H./Matzler, K. (Hrsg., 2006): Kundenorientierte Unternehmensführung, 5. Auflage, Wiesbaden

Hobbs, M./Dolder, C./Wilson, H./McDonald, M. (2003): Optimising Multi-Channel-Performance. A joint IBM/Cranfield School of Management white paper, Cranfield/Bedford (UK).

Hofbauer, W. (1999): Integriertes Controlling in Versicherungsunternehmen – Erfolgssicherung auch in harten Zeiten, in Scheer, A.-W.: Electronic Business und Knowledge Management – Neue Dimensionen für den Unternehmenserfolg, 20. Saarbrücker Arbeitstagung, Heidelberg, S. 315–333.

Hoffjan, A./Reinermann, J. (2000): Absatzsegmentrechnung, in: WiSt, Jg. 29, H. 3, S. 129–135.

Höft, U. (1992): Lebenszykluskonzepte: Grundlage für das strategische Marketing- und Technologiemanagement, Berlin.

Hogan, J.E./Lemon, K.N./Libai, B. (2000): Incorporating Positive Word of Mouth Into Customer Profitability Models, working paper, Carroll School of Management, Boston College.

Högl, S./Meyer, S./Gierl, H. (2003): Validierung von AD*VANTAGE/Act als Werbewirkungsindikator, in: Jahrbuch der Absatz- und Verbrauchsforschung, H. 1, S. 45–64.

Holland, H. (2004): Direktmarketing, 2. Auflage, München.

Höller, H. (1978): Verhaltenswirkungen betrieblicher Planungs- und Kontrollsysteme. Ein Beitrag zur verhaltensorientierten Weiterentwicklung des betrieblichen Rechnungswesens, München.

Hölscher, U. (2002): Kalkulation einer Direktwerbe-Aktion, in: Dallmer, H. (Hrsg., 2002), S. 459–470.

Holtrup, M./Littkemann, J. (2005): Probleme der Erfolgsevaluierung von Innovationsprojekten, in: Littkemann, J. (Hrsg., 2005), S. 253–284.

Homburg, C. (Hrsg., 2003): Kundenzufriedenheit: Konzepte – Methoden – Erfahrungen, 5. Auflage, Wiesbaden.

Homburg, C./Beutin, N./Jensen, O. (2005): Preismanagement für Industrieunternehmen, in: Frankfurter Allgemeine Zeitung, 24. Oktober 2005, Nr. 247, S. 22, Frankfurt am Main.

Homburg, C./Bruhn, M. (2000): Kundenbindungsmanagement – Eine Einführung in die theoretischen und praktischen Problemstellungen, in: Bruhn, M./Homburg, C. (Hrsg., 2000): S. 3–36.

Homburg, C./Daum, D. (1997): Marktorientiertes Kostenmanagement – Kosteneffizienz und Kundennähe verbinden, Frankfurt am Main.

Homburg, C./Krohmer, H. (2006): Marketingmanagement: Strategie – Instrumente – Umsetzung – Unternehmensführung, 2. Auflage, Wiesbaden.

Homburg, C./Rudolph, B. (1995): Wie zufrieden sind Ihre Kunden tatsächlich?, in: Harvard Business Manager, H. 1, S. 43–50.

Homburg, C./Rudolph, M.T. (1998): Theoretische Perspektiven der Kundenzufriedenheit, in: Simon, H./Homburg, C. (Hrsg., 1998), S. 33–55.

Homburg, C./Schnurr, P. (1998): Kundenwert als Instrument der Wertorientierten Unternehmensführung, in: Bruhn, M./Lusti, M./Müller, W.R./Schierenberg, H./Studer, T. (Hrsg., 1998), S. 169–189:

Homburg, C./Stock, R. (2003): Theoretische Perspektiven zur Kundenzufriedenheit, in: Homburg, C. (Hrsg., 2003), S. 17–51.

Homburg, C./Weber, J./Aust, R./Karlshaus, J. T. (1998): Interne Kundenorientierung der Kostenrechnung: Ergebnisse der Koblenzer Studie, in: Weber, J. (Hrsg., 1998), S. 23–31.

Homburg, C./Weber, J./Aust, R./Karlshaus, J. T. (2000): Interne Kundenorientierung der Kostenrechnung: Ergebnisse einer empirischen Untersuchung in deutschen Industrieunternehmen, in: Die Betriebswirtschaft, Jg. 60, H. 2, S. 241–256.

Homburg, C./Werner, H. (1998a): Messung und Management von Kundenzufriedenheit, in: Marktforschung und Management, 42., H. 4, S. 131–135.

Homburg, C./Werner, H. (1998b): Kundenorientierung mit System – mit Customer Orientation Management zu profitablem Wachstum, Frankfurt/New York.

Homburg, C./Daum, D. (1997): Die Kundenstruktur als Controlling-Herausforderung, in: Controlling, Jg. 9, H. 6. S. 394–405.

Hommel, U./Lehmann, H. (2001): Die Bewertung von Investitionsprojekten mit dem Realoptionsansatz – Ein Methodenüberblick, in: Hommel, U./Scholich, M./Vollrath, R. (Hrsg. 2001), S. 113–129.

Hommel, U./Scholich, M./Vollrath, R. (Hrsg. 2001): Realoptionen in der Unternehmenspraxis – Wert schaffen durch Flexibilität, Berlin

Hong, C.L. (1996): Management Control Systems and Business Strategy, in: Singapore Management Review, Vol. 18, No. 1, pp. 39–54.

Hope, J./Fraser, R. (2003): Beyond Budgeting : Wie sich Manager aus der jährlichen Budgetierungsfalle befreien können : Aus dem Englischen von Péter Horváth und Ralf Sauter, Stuttgart.

Horngren, C. T./Datar, S. M./Foster, G. (2005): Cost Accounting. A Managerial Emphasis, 12. edition Upper Saddle River, New Jersey.

Horsky, D. (1977): An Empirical Analysis of The Optimal Advertising Policy, in: Management Science, Vol. 23, No. 10, pp. 1037–1049.

Horváth, P. (1978): Entwicklung und Stand einer Konzeption zur Lösung der Adpations- und Koordinationsprobleme der Führung, in: Zeitschrift für Betriebswirtschaft, Jg. 48, H. 3, S. 194–208.

Horváth, P. (1985): Die Aufgaben des Marketing-Controllers. In: Eschenbach, R. (Hrsg., 1985), S. 7–29.

Horváth, P. (1993): Target Costing – A State-of-the-Art Review, Stuttgart.

Horváth, P. (1995): Controlling-Prozesse optimieren, Stuttgart.

Horváth, P. (1998): Controlling, 7. Auflage, München.

Horváth, P. (Hrsg., 1999): Controlling & Finance, Stuttgart.

Horváth, P. (2006): Controlling, 10. Auflage, München.

Horváth, P./Dambrowski, J./Jung, H./Posselt, S. (1985): Die Budgetierung im Planungs- und Kontrollsystem der Unternehmung – Erste Ergebnisse einer empirischen Untersuchung, in: Die Betriebswirtschaft, Jg. 45, H. 2, S. 138–155.

Horváth, P./Kaufmann, L. (1998): Balanced Scorecard – ein Werkzeug zur Umsetzung von Strategien, in: Harvard Business Manager, Jg. 20, H. 5, S. 39–48.

Horváth, P./Mayer, R. (1989): Prozesskostenrechnung – Der neue Weg zu mehr Kostentransparenz und wirkungsvolleren Unternehmensstrategien, in: Controlling, Jg. 1, H. 4, S. 275–288.

Horváth, P./Mayer, R. (1993): Prozesskostenrechnung – Konzeption und Entwicklungen, Kostenrechnungspraxis, Sonderheft 2, S. 15–28.

Horváth, P./Reichmann, T. (Hrsg., 2003): Vahlens Grosses Controlling Lexikon, 2. Auflage, München.

Horváth, P./Seidenschwarz, W. (1992): Zielkostenmanagement, in: Controlling, Jg. 4, H. 3, S. 142–150.

Hossinger, H.-P. (1982): Pretests in der Marktforschung. Die Validität von Pretestverfahren der Markforschung unter besonderer Berücksichtigung der Tachistoskopie. Würzburg.

Howard, J. (1994): Buyer Behavior in Marketing Strategy, Englewood Cliffs (New Jersey).

Hronec, S. (1996): Vital Signs – Indikatoren für die Optimierung der Leistungsfähigkeit Ihres Unternehmens, Stuttgart.

Huckemann, M./Bußmann, W.F./Dannenberg, H./Hundgeburth, M. (2000): Sales Process Management. How to Achieve Top Performance in Sales, St. Gallen.

Huldi, C. (1992): Database-Marketing, St. Gallen.

Huldi, C./Kuhfuss, H./Paul, A. (2000): Ratgeber Database Marketing: die Database im Direktmarketing – vom notwendigen Übel zum Erfolgsinstrument, Zürich.

Huldi, C./Staub, F. (2002): Der Cube-Ansatz als effektives Instrument zur Qualifizierung von Kunde und Kundenbeziehung, in: Thexis, Jg. 19, H. 1, S. 54–58.

Hünerberg, R. (1995): Marketing-Accounting, in: Tietz, B./Köhler, R./Zentes, J. (Hrsg., 1995), Sp. 1508–1519.

Hunt, S. D./Morgan, R. M. (1995): The Comparative Advantage Theory of Competition, in: Journal of Marketing, Vol. 59, April, pp. 1–15.

Hupp., O./Petke, R. (2004): Brand Performance Measurement with the Brand Assessment System (BASS), GfK Yearbook of Marketing.

Hüttel, K. (1998): Produktpolitik, 3. Auflage, Ludwigshafen (Rhein).

Icon added value (2006): icon added value; zugegriffen am 12. Juli 2006 auf: http://www.icon-added-value.com/deutsch/leistungen/index.html

IFUA Horváth & Partner GmbH Stuttgart (Hrsg., 1991): Prozesskostenmanagement, München.

Inden, T. (1993): Alles Event?! – Erfolg durch Erlebnismarketing, Landsberg am Lech.

Internationalen Controller Vereins e.V. (2002): Grundsatzpapier „Leitbild Controller", zugegriffen am 14. September 2002 auf: http://www.controllerverein.de.

Janßen, V. (1999): Einsatz des Werbecontrolling: Aufbau, Steuerung und Simulation einer werblichen Erfolgskette, Wiesbaden.

Janßen, V. (2000): Werbeerfolgskontrolle auf dem Prüfstand, in: Werbeforschung und Praxis, Jg. 45, H. 3, S. 33–35.

Jaspersen, T. (1992): Produkt-Controlling, betriebswirtschaftliche und technische Verfahren zur Produktentwicklung, München et al.

Jaspersen, T. (1999): Controlling, 3. Auflage, München/Wien.

Jenner, T. (2001a): Markenführung in Zeiten des Shareholder-Value, in: Harvard Business Manager, Vol. 23, No. 3, pp. 54–63.

Jenner, T. (2001b): Zum Einfluss der Gestaltung von Planungsprozessen auf den Erfolg strategischer Geschäftsfelder, in: Schmalenbachs Zeitschrift für betriebswirtschaftliche Forschung, Jg. 53, H. 3, S. 107–126.

Jenner, T. (2003): Marketingplanung, Stuttgart.

Johne, A/Storey, C. (1998): New Service Development: A Review of the Literature and Annotated Bibliography, in European Journal of Markting, Vol. 32, No. 3/4, pp. 184–251.

Jones, J.P. (1995): Werbewirkung ist nachweisbar. Der Einsatz der Single-Source-Forschung zur Messung der Werbewirksamkeit, in: planung & analyse, H. 2, S. 9 ff.

Jones, Th. O./Sasser, W. E. (1995): Why Satisfied Customer Defect, in: Harvard Business Review, Vol. 73, No. 6, pp. 88–99.

Kaas, K.P. (1977): Empirische Preisabsatzfunktionen bei Konsumgütern, Berlin et al.

Kaas, K.P. (2001): Marketing-Mix, in: Diller, H. (Hrsg, 2001).

Kaetzke, P. (2003): Marketing für Nachfolgeprodukte und neue Produktgenerationen – eine Analyse aus Kundensicht, Bamberg.

Kaetzke, P./Tomczak, T. (2000): Ausschöpfen von Leistungspotenzialen – Ein Konzept zur Gestaltung existierender Leistungen, in: Thexis, Jg. 17, H. 2, S. 19–21.

Kajüter, P. (2003): Prozesskostenmanagement, in: Franz, K.-P./Kajüter, P. (Hrsg., 2003), S. 209–231.

Kamakura, W.A./Ratchford, B.T./Agrawal, J. (1988): Measuring Market Efficiency and Welfare Loss, in: Journal of Consumer Research, Vol. 15, No. 3, pp. 289–302.

Kamm, J. B. (1980): The Balance of Innovative Behavior and Control in New Product Development, unveröffentlichte Dissertationsschrift, Graduate School of Business Administration, Harvard University, Boston.

Kano, N. (1984): Attractive Quality and Must-Be-Quality, in: Hinshitsu: The Journal of the Japanese Society for Quality Control, April, pp. 39–48.

Kaplan, R.S./Norton, D.P. (1992): The Balanced Scorecard – Measures that Drive Performance, in: Harvard Business Review, Vol. 70, No. 1, pp. 71–79.

Kaplan, R.S./Norton, D.P. (1996): The Balanced Scorecard, Translating Strategy into Action, Boston (Mass.).

Kaplan, R.S./Norton, D.P. (2001): Die strategiefokussierte Organisation – Führen mit der Balanced Scorecard, Stuttgart.

Kardes, F.R. (2002): Consumer Behavior and Managerial Decision Making, 2. edition, New Jersey.

Kayser, H./Paczkowski, J. (2004): Wie viele „Kunden-Könige" können wir uns noch leisten?, in: Controlling, Jg. 16, H. 10, S. 551–556.

Kehl, R. (2000): Controlling mit Database Marketing, Ettlingen.

Keim, G./Littkemann, J. (2005): Methoden des Projektmanagements und -controllings, in: Littkemann, J. (Hrsg., 2005), S. 57–151.

Keller, J. (2005): Analyse der Marketingeffizienz mit Hilfe der Data Envelopment Analysis (DEA) – dargestellt am Beispiel der BMW Group, Freie wissenschaftliche Arbeit zur Erlangung des akademischen Grades „Diplom-Kaufmann" am Lehrstuhl Marketing an der Universität Erlangen-Nürnberg.

Keller, K.L. (1993): Conceptualizing, Measuring and Managing Customer-Based Brand Equity, in: Journal of Marketing, Vol. 57, No. 1, pp. 1–22.

Keller, K.L. (1998): Strategic Brand Management: Building, Measuring and Managing Brand Equity, Upper Saddle River (NJ).

Keller, K.L. (2000): Kundenorientierte Messung des Markenwerts, in: Esch, F.-R. (Hrsg., 2000), S. 967–987.

Keller, K.L. (2003): Strategic Brand Management: Building, Measuring, and Managing Brand Equity, 2. edition, Upper Saddle River (NJ).

Keller, K.L. (2005a): Erfolgsfaktoren von Markenerweiterungen, in: Esch, F.-R. (Hrsg., 2005), S. 945–961.

Keller, K.L. (2005b): Kundenorientierte Messung des Markenwerts, in: Esch, F.-R. (Hrsg., 2005), S. 1307–1327.

Kernstock, J./Brexendorf, T.O. (2004): Corporate Brand Management gegenüber Mitarbeitern gestalten, in: Esch, F.-R/Tomczak, T./Kernstock, J./Langner, T. (Hrsg., 2004), S. 219–249.

Kernstock, J./Brockdorff, B./Aders, C./Wiedemann, F. (2001): Markenevaluation in der Konsumgüterindustrie und anderen markengetriebenen Branchen – Eine empirische Studie, St. Gallen/München/Köln, 2001.

Khandwalla, P. N. (1972): The Effect of Different Types of Competition on the Use of Management Controls, in: Journal of Accounting Research, Herbst, 10, pp. 275–285.
Kiener, J. (1980): Marketing-Controlling, Darmstadt.
Kieser, A./Kubicek, H. (1999): Organisationstheorien, 3. Auflage, Stuttgart.
Kieser, A./Walgenbach, P. (2003): Organisation, 4. Auflage, Stuttgart.
Kiesler, C.A./Collins, B.E./Miller, N. (1969): Attitude change: a critical analysis of theoretical approaches, New York.
Kilger, W. (1992): Einführung in die Kostenrechnung, 3. Auflage, Wiesbaden.
Kim, W.C./Mauborgne, R. (1999): Creating New Market Space, in: Harvard Business Review, Jan/Feb, pp. 83–93.
Kirchgässner, G. (1991): Homo Oeconomicus: Das ökonomische Modell individuellen Verhaltens und seine Anwendungen in den Wirtschafts- und Sozialwissenschaften, Tübingen.
Kirchgeorg, M. (2000): Vertriebskosten, in: Fischer, T. M. (Hrsg., 2000), S. 407–427.
Kleinaltenkamp, M. (2000): Blueprinting – Grundlage des Managements von Dienstleistungsunternehmen, in: Woratschek, H. (Hrsg., 2000), S. 3–28.
Kleine, A. (2002): DEA-Effizienz: Entscheidungs- und produktionstheoretische Grundlagen der Data Envelopment Analysis, Wiesbaden.
Klingebiel, N. (2000a): Integriertes Performance Measurement, Wiesbaden.
Klingebiel, N. (2000b): Marketing-Accounting (I), in: WISU, Jg. 29, H. 1, S. 67–71.
Klingebiel, N. (2001): Entwicklungsperspektiven des Performance Measurements, in: Klingebiel, N. (Hrsg., 2001), S. 385–405.
Klingebiel, N. (Hrsg., 2001): Performance Measurement & Balanced Scorecard, München.
Klink, R.R,/Smith, D.C. (2001): Threats to the External Validity of Brand Extension Research, in: Journal of Marketing Research, Vol. 38, No. 3, pp. 326–335.
Klook, J. (1992): Prozesskostenrechnung als Rückschritt und Fortschritt der Kostenrechnung, in: Kostenrechnungspraxis, S. 182–193 (Teil 1).
Kloss, I. (2003): Werbecontrolling – Konzepte, Instrumente, Fallbeispiele, Gernsbach.
Knöbel, U. (1995): Was kostet ein Kunde? Kundenorientiertes Prozessmanagement, in: Kostenrechnungspraxis, o. Jg., H. 1, S. 7–13.
Köhler, R. (1981a): Grundprobleme der strategischen Marketingplanung, in: Geist, M./Köhler, R. (Hrsg., 1981), S. 261–291.
Köhler, R. (1981b): Marketing-Audit, in: Die Betriebswirschaft, Jg. 41, H. 4, S. 662–663.
Köhler, R. (1982): Marketing-Controlling, in: Die Betriebswirtschaft, Jg. 42, H. 7, S. 197–215.
Köhler, R. (1992): Überwachung des Marketing, in: Coenenberg, A. G./Wysocki, K.V. (Hrsg., 1992), Sp. 1269–1284.
Köhler, R. (1993): Beiträge zum Marketing-Management – Planung, Organisation, Controlling, 3. Auflage, Stuttgart.
Köhler, R. (1996): Marketing-Controlling, in: Schulte, C. (Hrsg., 1996), S. 520–524.
Köhler, R. (2001a): Kostenkontrolle, in: Diller, H. (Hrsg., 2001f), S. 831–832.
Köhler, R. (2001b): Marketingaudit, in: Diller (Hrsg., 2001f), S. 965–966.
Köhler, R. (2003): Preis-Controlling, in: Diller, H./Herrmann, A. (Hrsg., 2003), S. 357–386.
Köhler, R. (2005a): Innovative Ansätze und Perpektiven des Marketing-Controlling, in: Haas, A./Ivens, B.S. (Hrsg., 2005), S. 434–454.
Köhler, R. (2005b): Kundenorientiertes Rechnungswesen, in: Bruhn, M./Homburg, C. (Hrsg., 2005), S. 401–433.
Köhler, R. (2006): Marketing-Controlling: Konzepte und Methoden, in: Reinecke, S./Tomczak, T. (Hrsg., 2006), S. 39–61.

Köhler, S./Reinecke, S. (2003): Wie produktiv ist Ihr CRM im Internet?, in: new management, H. 5, S. 40–47.

Köhler, R./Küpper, H.-U./Pfingsten, A. (Hrsg., 2007, in Vorbereitung): Handwörterbuch der Betriebswirtschaft, 6. Auflage, Stuttgart.

Kohli, A. K./Jaworski, B. J. (1990): Market Orientation: The Construct, Resarch Proposition, and Managerial Implications, in: Journal of Marketing, Vol. 54, No. 4, pp. 1–18.

Köppel, P. (2004): Mobile Marketing: Status Quo, Erfolgsfaktoren, Ausblick, St. Gallen.

Kordupleski, R./Rust, R.T./Zahorik, A.J. (1993): „Why Improving Quality Doesn't Improve Quality", in: California Management Review, No. 35, pp. 82–95.

Koschnik, W.J. (2003): Werbeplanung, Mediaplanung, Marktforschung, Kommunikationsforschung, Mediaforschung, 3. Auflage, München.

Kosiol, E. (1967): Zur Problematik der Planung in der Unternehmung, in: Zeitschrift für Betriebswirtschaft, Jg. 37, S. 77–96.

Koslow, S./Sasser, S.L./Riordan, E.A. (2003): What is Creative to Whom and Why? Perceptions in Advertising Agencies, in: Journal of Advertising Research, Vol. 43, No. 1, pp. 96–110.

Kossbiel, H. (1994): Überlegungen zur Effizienz betriebswirtschaftlicher Anreizsysteme, in: Die Betriebswirtschaft, Jg. 54, H. 1, S. 75–93.

Kotler, P. (1977): From Sales Obsession to Marketing Effectiveness, in: Harvard Business Review, Nov.-Dec., pp. 67–75.

Kotler, P. (1997): Managing Direct and Online Marketing, in: Link, J./Brändli, D./Schleuning, C./Kehl, R. (Hrsg., 1997), S. 490–511.

Kotler, P. (1999): Kotler on Marketing, How to Creat, Win and Dominate Markets, New York.

Kotler, P./Bliemel, F. (2006): Marketing-Management: Analyse, Planung und Verwirklichung, 10. Auflage, München.

Kotler, P./Gregor, W./Rogers, W. (1977): The Marketing Audit Comes to Age, in: Sloan Management Review, No. 1, pp. 25–43.

Kotler, P./Keller K.L. (2006): Marketing Management: Analysis, Planning, Implementation and Control, 12. edition, Upper Saddle River (N.J.).

Krafft, M. (1997): Kundenzufriedenheit und Kundenwert, Düsseldorf.

Krafft, M. (1999): Der Kunde im Fokus: Kundennähe, Kundenzufriedenheit, Kundenbindung – und Kundenwert?, in: Die Betriebswirtschaft, Jg. 59, H. 4, S. 511–530.

Krafft, M. (2002): Kundenbindung und Kundenwert, Heidelberg.

Krafft, M./Frenzen, H. (2006): Vertriebscontrolling, in: Reinecke, S./Tomczak, T. (Hrsg., 2006), S. 611–639.

Krafft, M./Mantrala, M. K. (Hrsg., 2005): Retailing in the 21st Century, Berlin.

Krafft, M./Marzian, S. (1997): Dem Kundenwert auf der Spur, Absatzwirtschaft, Jg. 40, Juni, S. 104–107.

Krafft, M./Peters, K. (2005): Empirical Findings and Recent Trends of Direct Mailing Optimization, in: Marketing – Journal of Research and Management, No. 1, pp. 26–40.

Krcmar, H./Buresch, A./Reb, M. (2000): IV-Controlling auf dem Prüfstand. Konzept – Benchmarking – Erfahrungsberichte, München.

Kreilkamp, E. (1987): Strategische Management und Marketing, Berlin/New York.

Kriegbaum, C. (2001): Markencontrolling: Bewertung und Steuerung von Marken als immaterielle Vermögenswerte im Rahmen eines unternehmenswertorientierten Controlling, München.

Krishnan, H.S./Chakravarti, D. (1999): Memory Measures for Pretesting Advertisements: An Integrative Conceptual Framework and a Diagnostic Template, in: Journal of Consumer Psychology, Vol. 8, No. 1, pp. 1–37.

Kroeber-Riel, W. (Hrsg., 1972): Marketing-Theorie: verhaltensorientierte Erklärungen von Marktreaktionen, Köln

Kroeber-Riel, W. (1993): Bildkommunikation – Imagerystrategien für die Werbung. München.

Kroeber-Riel, W./Esch, F.-R. (2000): Strategie und Technik der Werbung – Verhaltenswissenschaftliche Ansätze, 5. Auflage, Stuttgart et al.

Kroeber-Riel, W./Esch, F.-R. (2004): Strategie und Technik der Werbung – Verhaltenswissenschaftliche Ansätze, 6. Auflage, Stuttgart et al.

Kroeber-Riel, W./Weinberg, P. (1999): Konsumentenverhalten, 7. Auflage, München.

Kroeber-Riel, W./Weinberg, P. (2003): Konsumentenverhalten, 8. Auflage, München.

Krubasik, E.G. (1982): Strategische Waffe, in: Wirtschaftswoche, H. 25, S. 28–33.

Krüger, S.M. (1997): Profitabilitätsorientierte Kundenbindung durch Zufriedenheitsmanagement: Kundenzufriedenheit und Kundenwert als Steuerungsgrösse für die Kundenbindung in marktorientierten Dienstleistungsunternehmen, Dissertation, München.

Krugmann, H.E. (1965): The impact of television advertising: learning without involvement, in: Public Opinion Quarterly, H. 29, S. 349–356.

Krulis-Randa, J. S. (1990): Theorie und Praxis des Marketing-Controlling, in: Siegwart, H./Mahari, J. I./Caytas, I. G./Sander, S. (Hrsg., 1990), S. 257–272.

Kruschwitz, L. (2003): Investitionsrechnung, 9. Auflage, München.

Kruthoff, K. (2005): Der Umgang mit Trends im Marketing, Bamberg.

Krystek, U./Müller-Stewens, G. (1993): Frühaufklärung für Unternehmen: Identifikation und Handhabung zukünftiger Chancen und Bedrohungen, Stuttgart.

Krytek, U./Zumbrock, S. (1993): Planung und Vetrauen. Die Bedeutung von Vertrauen und Misstrauen für die Qualität von Planungs- und Kontrollsystemen, Stuttgart.

Kuehn, A.A./McGuire, T.W./Weiss, D.L. (1966): Measuring the effectiveness of advertising, in: Haas, R.M. (Hrsg., 1966), S. 185–194.

Kühn, R. (1985): Marketing-Instrumente zwischen Selbstverständlichkeit und Wettbewerbsvorteil. Das Dominanz-Standard-Modell: Ein Ansatz zur wirkungsbezogenen Gewichtung der Instrumente des Marketing-Mix, in: Thexis, H. 4, S. 16–21.

Kühn, R. (1995): Marketing – Analyse und Strategie, Zürich.

Kühn, R. (1997): Marketing: Analyse und Strategie, 3. Auflage, Zürich.

Kühn, R./Fasnacht, R. (2001): Strategische Frühwarnung als Aufgabe des Marketingcontrolling, in: Reinecke, S./Tomczak, T./Geis, G. (Hrsg. 2001), S. 90–105.

Kühn, R./Walliser, M. (1978): Problemdeckungssysteme mit Frühwarneigenschaften, in: Die Unternehmung, Jg. 32, H. 3, S. 223–246.

Kumar, N./Stern, L.W./Achrol, R.S. (1992): Assessing Reseller Performance From the Perspective of the Supplier, in: Journal of Marketing Research, 29, No. 2, pp. 238–253.

Küpper, H.-U. (2005): Controlling. Konzeption, Aufgaben, Instrumente, 4. Auflage, Stuttgart.

Küpper, H.-U./Weber, J./Zünd, A. (1990): Zum Selbstverständnis des Controlling, in: Zeitschrift für Betriebswirtschaft, Jg. 60, H. 3, S. 281–293.

Kuß, A. (2004): Marktforschung. Grundlagen der Datenerhebung und -analyse. Wiesbaden.

Kuß, A./Tomczak, T. (2004a): Käuferverhalten, 3. Auflage, Stuttgart.

Kuß, A./Tomczak, T. (2004b): Marketingplanung. Einführung in die marktorientierte Unternehmens- und Geschäftsfeldplanung, 4. Auflage, Wiesbaden.

Küting, K. (1983): Grundsatzfragen von Kennzahlen als Instrument der Unternehmungsführung. In: Wirtschaftswissenschaftliches Studium, Jg. 12, H. 5, S. 237–241.

Lachmann, U. (2006): Erfolgskontrolle der Werbung, in: Reinecke, S./Tomczak, T. (Hrsg., 2006), S. 507–520.

Lachnit, L. (1979): Systemorientierte Jahresabschlußanalyse, Wiesbaden.

Lambin, J.-J. (1976): Advertising, competition and market conduct in oligopoly over time, North Holland, Amsterdam.

Lasslop, I. (2003): Effektivität und Effizienz von Marketing-Events: Wirkungstheoretische Analyse und empirische Befunde, Wiesbaden.

Laurent, G./Lilien, G./Pras, B. (Hrsg., 1994): Research Traditions in Marketing, Boston et al.

Lauszus, D./Kalka, R. (2006): Preiscontrolling, in: Reinecke, S./Tomczak, T. (Hrsg., 2006), S. 485–506.

Lauszus, D./Sebastian, K.-H. (1997): Value-based-Pricing: Win-Win-Konzepte und Beispiele aus der Praxis, in: Thexis, H. 2, S. 2–8.

Lavidge, R.J./Steiner, G.A. (1961): A model for predictive measurement of advertising effectiveness, in: Journal of Marketing, Vol. 25, No. 6, pp. 59–62.

Lawler, E.E. (1971): Pay and Organizational Effectiveness, New York.

Lay, G./Nippa, M. (Hrsg., 2005): Management produktbegleitender Dienstleistungen, Heidelberg.

Lay, G./Rademacher, E. (2005): Life-Cycle-Tool als Instrument zur Kosten-/Nutzen-Betrachtung produktbegleitender Dienstleistungen, in: Lay, G./Nippa, M. (Hrsg., 2005), S. 85–97.

Lehmann, F.-O. (1992): Zur Entwicklung eines koordinationsorientierten Controlling-Paradigmas, in: Schmalenbachs Zeitschrift für betriebswirtschaftliche Forschung, Jg. 44, H. 1, S. 45–61.

Lehr, G. (2002): Versandhandel und Direktmarketing, in: Dallmer, H. (Hrsg., 2002b), S. 315–355.

Leigh, J.H./Martin, C.H. (Hrsg., 1989): Current Issues and Research in Marketing, Ann Arbor (MI).

Lenskold, J. D. (2003): Marketing ROI. New York.

Lessing, R. (1982): Das Kunden-Portfolio – eine Methode zur effizienten Marktdurchdringung, in: VDI-Berichte, Nr. 461, S. 51–63.

Leuthesser, L. (1988): Defining, Measuring, and Managing Brand Equity, Marketing Science Institute, Report No. 88–104, Cambridge (Mass.).

Lewin, K. (1943): Forces Behind Food Habits and Methods of Change, in: Bulletin of the National Research Council, 108, pp. 35–65.

Lewin, K. (1958): Group Decision and Social Change, in: Macoby, E. E./Newcomb, T. M./Hart-ley, E. L. (Hrsg., 1958), S. 197–211.

Lewin, K. (1963): Feldtheorie in der Sozialwissenschaft, Bern/Stuttgart.

Liebl, W.F. (1989): Marketing-Controlling: Theorie – Praxis – Möglichkeiten, Wiesbaden.

Lilien, G.L. (1994): Marketing Models, Past, Present and Future, in: Laurent, G./Lilien, G.L./Pars, B. (Hrsg., 1994), pp. 1–20.

Lindenmann, W.J. (1993): Guide to Public Relations Research. New York.

Lindner, U. (1992): Möglichkeiten und Grenzen des DPR-Konzeptes, in: Belz, C. (1992): Berichte und Materialien Nr. 4 des Instituts für Marketing und Handel an der Universität St. Gallen, St. Gallen.

Link, J. (1995): Welche Kunden rechnen sich?, in: Absatzwirtschaft, Jg. 38, H. 10, S. 108–110.

Link, J. (2001a): Database-Marketing, in: Diller, H. (Hrsg., 2001f), S. 253–255.

Link, J. (2001b): Dialogmarketing, in: Diller, H. (Hrsg., 2001f), S. 283–285.

Link, J. (2001c): Direktmarketing, in: Diller, H. (Hrsg., 2001f), S. 308–310.

Link, J. (2004): Präzisierung und Ergänzung der Koordinationsorientierung: Der kontributionsorientierte Ansatz, in: Scherm, E./Pietsch, G. (Hrsg., 2004a), S. 409–431.

Link, J./Brändli, D./Schleuning, C./Kehl, R. E. (Hrsg., 1997), Handbuch Database Marketing, Ettlingen.

Link, J./Gerth, N./Vossbeck, E. (2000): Marketing-Controlling – Systeme und Methoden für mehr Markt- und Unternehmenserfolg, München.

Link, J./Hildebrand, V.G. (1993): Database-Marketing und Computer Aided Selling: Strategische Wettbewerbsvorteile durch neue informationstechnologische Systemkonzeptionen, München.

Link, J./Hildebrand, V.G. (1997a): Ausgewählte Konzepte der Kundenbewertung im Rahmen des Database Marketing, in: Link, J./Brändli, D./Schleuning, C./Kehl, R. E. (Hrsg., 1997), S. 159–174.

Link, J./Hildebrand, V.G. (1997b): Grundlagen des Database Marketing, in: Link, J./Brändli, D./Schleuning, C./Kehl, R. (Hrsg., 1997), S. 15–36.

Link, J./Kramm, F. (2006): Direktmarketing und Controlling, in: Reinecke, S./Tomczak, T. (Hrsg., 2006), S. 549–572.

Link, J./Weiser, C. (2006): Marketing-Controlling: Systeme und Methoden für mehr Markt- und Unternehmenserfolg, 2. Auflage, München.

Littkemann, J. (Hrsg., 2005): Innovationscontrolling, München.

Little, J.D.C. (1966): A model of adaptive control of promotional spending, in: Operations Research, Vol. 14, No. 6, pp. 1075–1097.

Little, J.D.C. (1975): Brandaid: A marketing-mix model, parts 1 and 2, in: Operations Research, Vol. 23. No. 4, pp. 628–673.

Little, J.D.C. (1979): Aggregate Advertising Models: the State of the Art, in: Operations Research, Vol. 27, No. 4, pp 629–667.

Lockamy, A./Cox, J.F. (1994): Reengineering Performance Measurement: How to Align Systems to Improve Processes, Products, and Profits, New York.

Lodish, L.M./Abraham, M.M./Livelsberger, J./Lubetkin, B./Richardson, B./Steven, M.E. (1995): A Summary of Fifty-Five In-Market Experimental Estimates of the Long-Term Effect of TV Advertising, in: Marketing Science, Vol. 14, No. 3, pp. G133–G140.

Lukas, B. A./Whitwell, G.J./Doyle, P. (2005): How Can a Shareholder Value Approach Improve Marketing's Strategic Influence, in: Journal of Business Research, Vol. 58, pp. 414–422.

Luo, X./Donthu, N. (2001): Benchmarking Advertising Efficiency, in: Journal of Advertising Research, Vol. 41, No. 6, pp. 7–18.

Lutz, R. (1985): Affectice and Cognitive Antecedents of Attitude Toward the Ad: A Conceptual Framework, in: Alwitt, L./Mitchell, A. (Hrsg., 1985), pp. 45–63.

Lutz, R./MacKenzie, S./Belch, G.E. (1983): Attitute Toward the Ad as a Mediator of Advertising Effectiveness: Determinants and Consequences, in: Advances in Consumer Research, Vol. 10, No. 1, pp. 532–539.

Lutzky C./Teichmann, M. (2002): Logfiles in der Marktforschung. Gestaltungsoptionen für Analysezwecke, in: Jahrbuch der Absatz- und Verbrauchsforschung, Jg. 58., H. 3, S. 295–317.

Lynch, J.E./Hooley, G.J. (1990): Increasing Sophistication in Advertising Budget Setting, in: Journal of Advertising Research, Jg. 30, pp. 67–75.

Lynch, R.L./Cross, K.F. (1995): Measure Up! Yardsticks for Continuous Improvement, 2. Edition, Cambridge (Mass.).

MacInnis, D.J./Rao, A.G./Weiss, A.M. (2002): Assessing When Increased Media Weight of Real-World Advertisements Helps Sales, in: Journal of Marketing Research, Vol. 39, No.4, pp. 391–407.

MacKenzie, S./Lutz, R. (1989): An Empirical Examination of the Structural Antecedents of Attitude Toward the Ad in an Advertising Pretesting Context, in: Journal of Marketing, Vol. 53, April, pp. 48–65.

MacKenzie, S./Lutz, R./Belch, G. (1986): The Role of Attitude Toward The Ad as a Mediator of Advertising Effectiveness: A Test of Competing Explanations, in: Journal of Marketing Research, Vol. 23, May, pp. 130–143.

Mantrala, M.K. (2002): Allocating Marketing Resources, in: Weitz, B./Wensley, R. (Hrsg., 2002), pp. 409–435.

Mantrala, M.K./Sinha, P./Zoltners, A.A. (1992): Impact of Resource Allocation Rules on Marketing Investment-Level Decisions and Profitability, in: Journal of Marketing Research, Vol. 29, No. 2, pp. 162–175.

March, J.G./Simon, H.A. (1958): Organizations, New York et al.

Marketing Leadership Council (2001): Measuring Marketing Performance – Results of Council Survey, London/Washington.

Marsden, N./Kanji, G.K. (1998): The Use of Hoshin Kanri Planning and Deployment Systems in the Service Sector: An Exploration, in: Total Quality Management, Vol. 9, No. 4/5, pp. 167–171.

Mast, C. (2006): Unternehmenskommunikation, 2. Auflage, Stuttgart.

Masterman, G./Wood, E.H. (2006): Innovative Marketing Communications. Strategies for The Events Industry, Oxford/Burlington (MA).

Matzler, K./Bailom, F. (2006): Messung von Kundenzufriedenheit, in: Hinterhuber, H./Matzler, K. (Hrsg., 2006), S. 241–270.

Maul, D.-H. (2000): Das "Intellectual Property Statement" – eine notwendige Ergänzung des Jahresabschlusses?, in: Der Betrieb, Jg. 53, H. 11, S. 529–533.

Mayer, C. (1990): GEO: Response-Erfolg mit systematischen Tests, in: Fischer. H./Boessneck, B. (Hrsg., 1990), S. 65–69.

Mayer, R. (1991): Prozesskostenrechnung und Prozesskostenmanagement – Methodik, Vorgehensweise und Einsatzmöglichkeiten, in: IFUA Horváth & Partner GmbH Stuttgart (Hrsg., 1991), S. 73–99.

Mayer, R. (1993): Strategien erfolgreicher Produktgestaltung – Individualisierung und Standardisierung, Wiesbaden.

McCarthy, J.E. (1960): Basic marketing, a managerial approach, 6. edition, Homewood.

McCaskey, M.B. (1974): A Contingency Approach to Planning: Planning With Goals and Planning Without Goals, in: Academy of Management Journal, Vol. 17, No. 2, pp. 281–291.

McCunn, P. (1998): The Balanced Scorecard. The Eleventh Commandment, in: Management Accounting (GB), Vol. 76, No. 11, pp. 34–36.

McGregor, D. (1960): The Human Side of Enterprise, New York.

McKinnon, S.M./Bruns, W. J. Jr. (1992): The Information Mosaic, Boston.

Meeusen, W./van den Broeck, J. (1977): Efficiency Estimation from Cobb-Douglas Production Functions and Composed Errors, in: International Economic Review, Vol. 18, No. 2, pp. 434–444.

Meffert, H. (1982): 16 Meffert-Thesen zu Marketing und Controlling, in: Absatzwirtschaft, Jg. 25, H. 9, S. 100–107.

Meffert, H. (1988): Strategische Unternehmensführung und Marketing – Beiträge zur marktorientierten Unternehmenspolitik, Wiesbaden.

Meffert, H. (1998): Herausforderungen an die Betriebswirtschaftslehre, Die Perspektive der Wissenschaft, in: Die Betriebswirtschaft, Jg. 58, H. 6, S. 709–730.

Meffert, H. (1999): Mehrmarkenstrategien – immer die beste Option?, in: Absatzwirtschaft, Jg. 42, Sondernummer Oktober, S. 82–87.

Meffert, H. (2000): Marketing: Grundlagen marktorientierter Unternehmensführung: Konzepte – Instrumente – Praxisbeispiele, 9. Auflage, Wiesbaden.

Meffert, H. (2002): Direct Marketing und marktorientierte Unternehmensführung, in: Dallmer, H. (Hrsg. 2002), S. 33–55.

Meffert, H./Bruhn, M. (2003): Dienstleistungsmarketing: Grundlagen – Konzepte – Methoden, 3. Auflage, Wiesbaden.

Meffert, H./Heinemann, G. (1990): Operationalisierung des Imagetransfers, in: Marketing ZFP, Jg. 12, H. 1, S. 5–10.

Meffert, H./Koers, M. (2001): Integratives Markencontrolling auf Basis des Balanced-Scorecard-Ansatzes, in: Reinecke, S./Tomczak, T./Geis, G. (Hrsg., 2001), S. 292–320.

Meffert, H./Perrey, J. (1998): Mehrmarkenstrategien – Ein Beitrag zum Management von Markenportfolios, Arbeitspapier Nr. 121 der Wissenschaftlichen Gesellschaft für Marketing und Unternehmensführung e. V., Münster.

Mensch, G. (1996): Stufenweise Fixkostendeckungsrechnung, in: WISU, Jg. 25, H. 1, S. 31–34.

Meyer, A./Dornach, F. (1995): Nationale Barometer zur Messung von Qualität und Kundenzufriedenheit bei Dienstleistungen, in: Bruhn, M./Stauss, B. (Hrsg., 1995), S. 429–453.

Meyer, C. (1976): Kennzahlen und Kennzahlen-Systeme, Stuttgart.

Meyer, R. (1990): Prozesskostenrechnung, in: Controlling, H. 5, S. 307–312.

Miles, R. E./Snow, C. C. (1978): Organizational Strategy, Structure, and Process, New York et al.

Mintzberg, H. (1975): Impediments to the Use of Management Information, New York/Ontario.

Mintzberg, H. (1994): The Fall and Rise of Strategic Planning, in: Harvard Business Review, Vol. 72, No. 1, pp. 107–114.

Monroe, K.B. (1990): Pricing – Making Profitable Decisions, New York (NY).

Montgomery, D.B./Silk, A.J. (1972): Estimating Dynamic Effects of Marketing Communications Expenditures, in: Management Science, Vol. 18, No. 10, pp. 485–501.

Moorman, C./Lehmann, D. (Ed.) (2004): Assessing Marketing Performance, Cambridge.

Mühlmeier, S. (2004): Der aufgabenorientierte Ansatz: Kompetenzen im Marketing, St. Gallen.

Mulhern, F. J. (1999): Customer Profitability Analysis: Measurement, Concentration, and Research Directions, in: Journal of Interactive Marketing, Vol. 13, No. 1, pp. 25–39.

Müller, B./Kreis-Muzzulini, A. (2005): Public Relations für Kommunikations-, Marketing- und Werbeprofis, 2. Auflage, Frauenfeld.

Müller-Hagedorn, L. (2005): Handelsmarketing, 4. Auflage, Stuttgart et al.

Müller-Stewens, G. (1998): Performance Measurement im Lichte des Stakeholderansatzes, in: Reinecke, S./Tomczak, T./Dittrich, S. (Hrsg., 1998), S. 34–43.

Müller-Stewens, G./Fontin, M. (1998): Die Messung der Management-Qualität als künftige Stufe des strategischen Performance-Measurement, in: Handlbauer, G. et al. (Hrsg., 1998), S. 203–217.

Müller-Stewens, G./Lechner, C. (2001): Strategisches Management – Wie strategische Initiativen wirksam werden, Stuttgart.

Müller-Stewens, G./Lechner, C. (2005): Strategisches Management – Wie strategische Initiativen wirksam werden, 3. Auflage, Stuttgart.

Murphy, J. (Hrsg., 1989): Brand Valuation: Establishing a True and Fair View, London.

Nadler, D.A. (1988): Concepts for the Management of Organizational Change, in: Tushman, M. J./Moore, W. L. (Hrsg., 1998), S. 132–152.

Naik, P.A./Mantrala, M.K./Sawyer, A.G. (1998): Planning Media Schedules in the Presence of Dynamic Advertising Quality, in: Marketing Science, Vol. 17, No. 3, pp. 214–235.

Nalbantian, H. (1987): Incentives, Cooperation and Risk Sharing, Totowa (New York).

Narver, J.C./Slater, S.F. (1991): Becoming More Market Oriented: An Exploratory Study of the Programmatic and Market-Back Approaches, Report No. 91–128, Marketing Science Institute, Cambridge (Mass.).

National Institute of Standards and Technology (2001): Baldrige National Quality Program 2001, Criteria for Performance Excellence, Gaithersburg (MD).

Neely, A. (1998): Measuring Business Performance – Why, what and how, London.

Neely, A./Bourne, M./Jarrar, Y./Kennerly, M./Marr, B./Schiuma, G./Walters, A./Sutcliff, M. R./Heyns, H. R./Reilly, S./Smythe, S. (2001): Driving Value Through Strategic Planning and Budgeting: A Research Report from Cranfield School of Management and Accenture.

Neely, A./Gregory, M./Platts, K. (1995): Performance Measurement System Design, in: International Journal of Operations & Production Management, Vol. 15, No. 4, pp. 80–116.

Neff, J. (2005): 200 P&G Ads entered for Cannes. But Frustrated Agency Creatives don't Expect Big Wins, AdAge online edition, publiziert am 13. Juni 2005 auf http://www.adadge.com (Artikel-ID: AAQ64L).

Nerlove, M./Arrow, K.J. (1962): Optimal Advertising Policy under Dynamic Conditions, in: Economica, Vol. 29, pp. 129–142.

Nessim, H./Dodge, R. (1995): Pricing – Policies and Procedures, New York (NY).

Neumann, Peter (2003): Markt- und Werbepsychologie. Praxis. Wahrnehmung – Lernen – Aktivierung, Image-Positionierung – Verhaltensbeeinflussung, Messmethoden, Band 2, 2. Auflage, Gräfeling.

Nickel, O. (1998a): Event – ein neues Zauberwort des Marketing?, in: Nickel, O. (Hrsg., 1998b), S. 3–12.

Nickel, O. (Hrsg., 1998b): Eventmarketing: Grundlagen und Erfolgsbeispiele, München.

Nickel, O. (2001): Zur Diskussion des Recalls als Indikator für den Werbeerfolg. Eine kritische Stellungnahme zum Beitrag von Ralf Meyer de Groot, Tanja Pallek und Elmar Haimerl in planung & analyse 3/2001, in: planung & analyse, H. 5, S. 70 ff.

Niemand, S. (1992): Target Costing – Konsequente Marktorientierung durch Zielkostenmanagement, in: FB/IE, 41, H. 3, S. 118–123.

Nieschlag, R./Dichtl, E./Hörschgen, H. (1985): Marketing, 14. Auflage, Berlin.

Nieschlag, R./Dichtl, E./Hörschgen, H. (1997): Marketing, 18. Auflage, Berlin.

Nieschlag, R./Dichtl, E./Hörschgen, H. (2002): Marketing, 19. Auflage, Berlin.

Nufer, G. (2002): Wirkungen von Event-Marketing: theoretische Fundierung und empirische Analyse, Wiesbaden.

O. V. (1997): Werbetrackinginstrumente. Eine Analyse der Standardinstrumente zur Werbeerfolgskontrolle, Berlin.

O. V. (2005): Wo Marken-Macher Maß nehmen, in: absatzwirtschaft – Zeitschrift für Marketing, Sonderausgabe zum Marken Award 2005 (14. März), S. 148–153.

O. V. (2006a): BASS (Brand ASsessment System), GfK-Web Site, zugegriffen am 10. April 2006 auf: http://www.gfk.de/index.php?contentpath=http%3A//www.gfk.de/glossar/contentdetail.php%3Fid%3D233

O. V. (2006b): GfK-BehaviorScan®, GfK-Web Site, zugegriffen am 27. März 2006 auf: http://www.gfk.com/index.php?lang=en&contentpath=http%3A//www.gfk.com/produkte/statisch/services/produkt_2_1_4_013.php

O. V. (2006c): Markenbewertungsmodell von Interbrand Homepage von Interbrand Zintzmeyer & Lux, zugegriffen am 12. Juli 2006 auf: http://www.interbrand.ch/d/pdf/IBZL_Brand_Valuation_d.pdf

O. V. (2006d): Testmarktsimulationen, auf der GfK-Website: http://www.gfk.de/index.php?lang=de&contentpath=http%3A//www.gfk.de/produkte/statisch/services/produkt_1_1_4_197.php, zugegriffen am 31.01.2006.

Oehler, K. (2002): Beyond Budgeting, was steckt dahinter und was kann Software dazu beitragen?, in: krp – Kostenrechnungspraxis, 46, H. 3, S. 151–160.

Olfert, K. (2006): Investition, 10. Auflage, Ludwigshafen.

Ottum, B.D./Moore, W.L. (1997): The Role of Market Information in New Product Success/Failure, in: Journal of Product Innovation Management, Jg. 14, H. 4, S. 258–273.

Paivio, A. (1979): Imagery and Verbal Processes, Hillsdale.

Palloks, M. (1991): Marketing-Controlling. Konzeption zur entscheidungsbezogenen Informationsversorgung des operativen und strategischen Marketing-Management, Frankfurt am Main et al.

Palloks, M. (1995): Kennzahlen, absatzwirtschaftliche, in: Tietz, B./Köhler, R./Zentes, J. (Hrsg., 1995), S. 1136–1153.

Palloks, M. (1997): Marketing Accounting mit Database Marketing, in: Link, J./Brändli, D./Schleuning, C./Kehl, R.E. (Hrsg., 1997), S. 397–418.

Palloks-Kahlen, M. (2006): Kennzahlengestütztes Controlling im kundenorientierten Vertriebsmanagement, in: Reinecke, S./Tomczak, T. (Hrsg., 2006), S. 283–308.

Parasuraman, A. (1997): Reflections on Gaining Competitive Advantage Through Customer Value, in: Journal of The Academy of Marketing Science, Vol. 25, No. 2, pp. 154–161.

Parasuraman, A./Zeithaml, V.A./Berry, L.L. (1985): A Conceptual Model of Service Quality and Its Implications for Future Research, in: Journal of Marketing, Vol. 49, No. 4, pp. 41–50.

Parfitt, J. H./Collins, B. J. K. (1972): Prognose des Marktanteils eines Produktes aufgrund von Verbraucherpanels, in: Kroeber-Riel, W. (Hrsg. 1972), S. 171–207.

Park, C.W./Milberg, S./Lawson, R. (1991): The Role of Product Feature Similarity and Brand Concept Consistency, in: Journal of Consumer Research, Vol. 18 (September), pp. 185–193.

Parsons, L. (1994): Productivity versus relative Efficiency in Marketing: Past and Future, in: Laurent, G./Lilien, G./Pras, B. (Hrsg., 1994), pp. 169–196.

Patti, C.H./Blasko, V. (1981): Budgeting Practices of Big Advertisers, in: Journal of Advertising Research, Vol. 21, No. 6, pp. 23–29.

Pechmann, C./Stewart, D.W. (1989): Advertising Repetition: A Critical Review of Wearin and Wearout, in: Leigh, J.H./Martin, C.H. (Hrsg., 1989), pp. 285–289.

Pepels, W. (1996): Werbeeffizienzmessung, Stuttgart.

Pepels, W. (2001): Kommunikations-Management. Marketing-Kommunikation vom Briefing bis zur Realisation, 4. Auflage, Stuttgart.

Pepels, W. (Hrsg., 2003a): Marketing-Controlling-Kompetenz. Grundwissen marktorientierter Unternehmenssteuerung, Berlin.

Pepels, W. (Hrsg., 2003b): Marketing-Controlling-Organisation, Berlin.

Permut, S.E. (1977): How European Managers Set Advertising Budgets, in: Journal of Advertising Research, Vol. 17, No. 5, pp. 45–59.

Peters, K./Krafft, M. (2005): Direktmarketing und klassische Medien: State-of-the-Art in der Budgetallokation, in: Zeitschrift für Betriebswirtschaft, Special Issue 2, Wiesbaden.

Petty, R.E./Cacioppo, J. (1986): Communication and Persuasion – Central and Periphal Routes to Attitude Change, New York.

Pfannenberg, J./Zerfaß, A. (2005): Wertschöpfung durch Kommunikation. Wie Unternehmen der Erfolg ihrer Kommunikation steuern und bilanzieren, Frankfurt am Main.

Pfeiffer, W. (1987): Technologie-Portfolio zum Management strategischer Zukunftsgeschäftsfelder, 4. Auflage, Göttingen.

Pfeiffer, W./Metze, G./Schneider, W./Amler, R. (1991): Technologie-Portfolio zum Management strategischer Zukunftsgeschäftsfelder, 6. Auflage, Göttingen.

Picot, A./Reichwald, R./Wigand, R.T. (2003): Die grenzenlose Unternehmung, 5. Auflage, Wiesbaden.

Piercy, N. (1982): Cost and Profit Myopia in Marketing, in: Quarterly Review of Marketing, Summer, pp. 1–12.

Piercy, N. (1986a): Marketing Asset Accounting: Scope and Rationale, in: European Journal of Marketing, Vol. 20, No.1, pp. 5–15.

Piercy, N. F. (1986b): Marketing Budgeting, London et al.

Piercy, N.F. (1987): The Marketing Budgeting Process: Marketing Management Implications, in: Journal of Marketing, Vol. 51, No. 4, pp. 45–59.

Piercy, N./Evans, M. (1983): Managing Marketing Information, Kent (England).

Pieske, R. (1997): Benchmarking in der Praxis. Erfolgreiches Lernen von führenden Unternehmen, 2. Auflage, Landsberg.

Pietsch, G./Scherm, E. (2000): Die Präzisierung des Controlling als Führungs- und Führungsunterstützungsfunktion, in: Die Unternehmung, Jg. 54, H. 5, S. 395–412.

Pietsch, G./Scherm, E. (2004): Reflexionsorientiertes Controlling, in: Scherm, E./Pietsch, G. (Hrsg., 2004a), S. 529–553.

Piller, F. (1997): Kundenindividuelle Produkte – von der Stange, in: Harvard Business Manager, Jg. 19, H. 3, S. 15–26.

Pindyck, R. (1991): Irreversibility, Uncertainty and Investment, in: Journal of Economic Literature, Vol. 29, No. 3, pp. 1110–1148.

Piontek, J. (1995): Distributionscontrolling, München et al.

Plinke, W. (1989): Die Geschäftsbeziehung als Investition, in: Specht, G./Silberer, G./Engelhardt, W.H. (Hrsg., 1989), S. 305–325.

Ploss, D. (2002): Handbuch E-Mail-Marketing, Bonn.

Porter, M.E. (1983): Wettbewerbsstrategie, Frankfurt am Main.

Preble, J.F. (1997): Integrating the Crisis Management Perspective into the Strategic Management Process, in: Journal of Management Studies, Vol. 34, No. 5, pp. 769–791.

Preissler, P. (1998): Controlling, Lehrbuch und Intensivkurs, 10. Auflage, München/Wien.

Preißner, A. (1999): Marketing-Controlling, 2. Auflage, München et al.

Purvis, S.C./Burton, P.W. (2002): Which ad pulled best?, 9. editon, Boston/New York.

Quelch, J. A. (1992): Marketing Implementation, Teaching Note der Harvard Business School Nr. 9–585–024, Boston (Mass.).

Radke, M. (1968): Betriebswirtschaftliche Kennzahlen – Entscheidungshilfen zur elastischen Unternehmenssteuerung und Massstäbe zur Unternehmensbeurteilung, in: Deutsche Gesellschaft für Betriebswirtschaft (Hrsg. 1968), S. 144–177.

Raffée, H. (1989): Grundfragen und Ansätze des strategischen Marketing, in: Raffée, H./ Wiedmann, K.-P. (Hrsg., 1989b), S. 3–33.

Raffée, H./Wiedmann, K.-P. (1988): Grundstruktur marketingorientierter Frühaufklärungssysteme und Ansatzpunkte zur Entwicklung kontrollorientierter Frühaufklärungsprogramme, Arbeitspapier Nr. 66 des Instituts für Marketing, Universität Mannheim, Mannheim.

Raffée, H./Wiedmann, K.-P. (Hrsg., 1989): Strategisches Marketing, 2. Auflage, Stuttgart.

Raithel, H. (1988): „Mars macht Mobil", in: Manager Magazin, H. 12, S. 234–239.

Rao, A.G./Miller, P.B. (1975): Advertising/Sales Response Functions, in: Journal of Advertising Research, Vol. 15, No. 2, pp. 7–15.

Rappaport, A. (1986): Creating Shareholder Value, The New Standard for Business Performance, New York.

Rappaport, A. (1995): Shareholder Value – Wertsteigerung als Massstab für die Unternehmensführung, Stuttgart.

Rappaport, A. (1998): Creating Shareholder Value, A Guide for Managers and Investors, New York.

Reckenfelderbäumer, M. (1995): Marketing-Accounting im Dienstleistungsbereich: Konzeption eines prozesskostengestützen Instrumentariums, Wiesbaden.

Reckenfelderbäumer, M. (1998): Entwicklungsstand und Perspektiven der Prozesskostenrechnung, 2. Auflage, Wiesbaden.

Reckenfelderbäumer, M. (2006): Prozesskostenrechnung im Marketing, in: Reinecke, S./Tomczak, T. (Hrsg., 2006), S. 767–794.

Reckenfelderbäumer, M./Welling, M. (2003): Der Beitrag einer relativen Einzel- und Prozesskosten- und Deckungsbeitragsrechnung zur Ermittlung von Kundenwerten, in: Günter, B./Helm, S. (Hrsg., 2003), S. 357–389.

Reichheld, F.F./Sasser, W.E (1990): Zero defections: Quality Comes to Services, in: Harvard Business Review, Vol. 68, Sept-Oct, pp. 105–111.

Reichmann, T. (2006): Controlling mit Kennzahlen und Management Tools, 7. Auflage, München.

Reichmann, T./Palloks, M. (1997): Modernes Vertriebs-Controlling, in: Link, J./Brändli, D./Schleuning, C./Kehl, R. (Hrsg., 1997), S. 449–473.

Reinartz, W. J./Krafft, M. (2001): Überprüfung des Zusammenhangs von Kundenbindungsdauer und Kundenertragswert, in: Zeitschrift für Betriebswirtschaft, Jg. 71, H. 11, S. 1263–1281.

Reinecke, S. (1996): Marketing für komplexe Informationstechnologie-Dienstleistungen – Management von IT-Outsourcing-Kooperationen aus Anbietersicht, St. Gallen.

Reinecke, S. (2000): Konzeptionelle Anforderungen an Marketing-Kennzahlensysteme, Arbeitspapier des Forschungsinstituts für Absatz und Handel an der Universität St. Gallen, St. Gallen.

Reinecke, S. (2001): Marketingkennzahlensystem: Notwendigkeit, Gütekriterien und Konstruktionsprinzipien, in: Reinecke, S./Tomczak, T./Geis, G. (Hrsg., 2001), S. 690–719.

Reinecke, S. (2004): Marketing Performance Management – Empirisches Fundament und Konzeption für ein integriertes Marketingkennzahlensystem, Wiesbaden.

Reinecke, S./Fuchs, D. (2003): Marketingbudgetierung – State of the Art, Herausforderungen und Lösungsansätze, in: Zeitschrift für Controlling & Management, Jg. 47, Sonderheft 1, S. 22–31.

Reinecke, S./Geis, G. (2004): Marketingcockpits: Notwendigkeit, Gütekriterien, Grenzen, in: Thexis, H. 3, S. 37–43.

Reinecke, S./Hahn, S. (2003): Preisplanung, in: Diller, H./Herrmann, A. (Hrsg., 2003), S. 333–355.

Reinecke, S./Herzog, W. (2005a): Abschlussbericht der Best Practice in Marketing Fokusgruppe „Strategic Pricing", unveröffentlichtes Dokument, St. Gallen.

Reinecke, S./Herzog, W. (2005b): Effizienz allein genügt nicht, in: io new management, Jg. 74, H. 7/8, S. 35–37.

Reinecke, S./Herzog, W. (2006): Stand des Marketingcontrolling in der Praxis, in: Reinecke, S./Tomczak, T. (Hrsg., 2006), S. 81–95.

Reinecke, S./Janz, S. (2006): Organisation des Marketingcontrollings. Träger der Marketingcontrolling-Funktionen, in: Reinecke, S./Tomczak, T. (Hrsg., 2006), S. 915–932.

Reinecke, S./Keller, J. (2006): Strategisches Kundenwertcontrolling – Planung, Steuerung und Kontrolle von Kundenerfolgspotenzialen, in: Reinecke S./Tomczak, T. (Hrsg. 2006), S. 253–282.

Reinecke, S./Köhler, S. (2002): Marketing Performance Measurement im Internet, in: Schögel, M./Torsten, T./Belz, C. (Hrsg., 2002), S. 880–905.

Reinecke, S./Reibstein, D.J. (2001): Marketing Performance Measurement – Einsatz von Marketingkennzahlen in den USA und in Kontinentaleuropa, in: Reinecke, S./Tomczak, T./Geis, G. (Hrsg., 2001), S. 144–167.

Reinecke, S./Tomczak, T. (2001): Einsatz von Instrumenten und Verfahren des Marketingcontrollings in der Praxis, in: Reinecke, S./Tomczak, T./Geis, G. (Hrsg., 2001), St. Gallen et al., S. 76–89.

Reinecke, S./Tomczak, T. (Hrsg., 2006): Handbuch Marketingcontrolling, 2. Auflage, Wiesbaden.

Reinecke, S./Tomczak, T./Dittrich, S. (Hrsg., 1998): Marketingcontrolling, St. Gallen.

Reinecke, S./Tomczak, T./Geis, G. (Hrsg., 2001), Handbuch Marketingcontrolling, St.Gallen/Wien.

Rese, M. (2001): Entscheidungsunterstützung in Geschäftsbeziehungen mittels Deckungsbeitragsrechnung – Möglichkeiten und Grenzen, in: Günter, B./Helm, S. (Hrsg., 2001), S. 275–292.

Reynolds, T.J./Gengler, C. (1991): A Strategic Framework for Assessing Advertising: the Animatic vs. the Finished Issue, in: Journal of Advertising Research, Vol. 31, No. 5, pp. 61–71.

Richmond, J. (1974): Estimating the Efficiency of Production, in: International Economic Review, Vol. 15, No. 2, pp. 515–521.

Ridgway, V.F. (1956): Dysfunctional Consequences of Performance Measurement, in: Administrative Science Quarterly, Vol. 1, No. 3, pp. 240–247.

Riebel, P. (1993): Deckungsbeitragsrechnung, in: Chmielewicz, M./Schweitzer, A. (Hrsg., 1993), Sp. 364–379.

Riebel, P. (1994): Einzelkosten- und Deckungsbeitragsrechnung: Grundfragen einer markt- und entscheidungsorientierten Unternehmensrechnung, 7. Auflage, Wiesbaden.

Riedel, F. (1996): Die Markenwertmessung als Grundlage strategischer Markenführung, Heidelberg

Rieder, L./Siegwart, H. (2005): Neues Brevier des Rechnungswesens, 5. Auflage, Bern et al.

Rieker, S.A. (1995): Bedeutende Kunden: Analyse und Gestaltung von langfristigen Anbieter-Nachfrager-Beziehungen auf industriellen Märkten, Wiesbaden.

Ries, A./Trout, J. (1981): Positioning. The Battle for your Mind, New York.

Riesenbeck, H./Perrey, J. (2004): Mega-Macht Marke: Erfolg messen, machen, managen, Frankfurt am Main.

Roddewig, S. (2003): Website Marketing, Braunschweig.
Rogers, E.M. (1962): Diffusion of Innovations, New York.
Rogers, E.M. (1995): Diffusion of Innovations, 4. Auflage, New York.
Rogge, H.-J. (1982): Praxis der Werbeplanung in mittelständischen Unternehmen, Osnabrück.
Röhrenbacher, H. (1985): Die Kosten- und Leistungsrechnung im Handelsbetrieb unter besonderer Berücksichtung der industriellen Vertriebskosten- und Absatzsegmenterfolgsrechnung, Berlin.
Roos, I. (1999): Switching Processes in Customer Relationships, in: Journal of Service Research, Vol. 2, No. 1, pp. 68–86.
Roos, I./Strandvik, T. (1997): Diagnosing the Termination of Customer Relationships, in: Proceedings der „New and Evolving Paradigms: The Emerging Future in Marketing" Konferenz, 12.-15. Juni 1997, Dublin, pp. 617–631.
Roselius, T. (1971): Consumer Ranking of Risk Reduction Methods, in: Journal of Marketing, Vol. 35 (January), pp. 56–61.
Rosenberg, M.J. (1956): Cognitive Structure and Attitudinal Affect, in: Journal of Abnormal and Social Psychology, Vol. 53, pp. 367–372.
Rosenbloom, B. (2004): Marketing Channels: A Management View, 7. Auflage, Orlando.
Rosset, R./Reinecke, S. (2005): Marketing-Effizienz und -Effektivität. Wo steht die Schweiz? Studie der IHA-GfK, Hergiswil.
Rosset, S./Neumann, E./Eick, U./Vatnik, N. (2003): Customer Lifetime Value Models for Decision Support, in: Data Mining and Knowledge Discovery, Vol. 7, No. 3, pp. 321–339.
Rudolf-Sipötz, E. (2001): Kundenwert: Konzeption – Determinanten – Management, St. Gallen.
Rudolf-Sipötz, E./Tomczak, T. (2001): Kundenwert in Forschung und Praxis, Fachbericht für Marketing, H. 2, St. Gallen.
Rudolph, T. (2005): Modernes Handelsmanagement: Eine Einführung in die Handelslehre, München.
Rüegg-Stürm, J. (2002): Dynamisierung von Führung und Organisation – Eine Einzelfallstudie zur Unternehmensentwicklung von Ciba-Geigy 1987–1996, Bern/Stuttgart/Wien.
Ruge, H.-D. (1988): Die Messung bildhafter Konsumerlebnisse, Heidelberg.
Rust, R. T./Ambler, T./Carpenter, G. S./Kumar, V./Srivastava, R. K. (2004): Measuring Marketing Productivity: Current Knowledge and Future Directions, in: Journal of Marketing, Vol. 68, October, pp. 76–89.
Rust, R.T./Lemon, K.N./Zeithaml, V.A. (2000): Driving Customer Equity: Linking Customer Lifetime Value To Strategic Marketing Decisions, Arbeitspapier der Vanderbilt University, Nashville (TN).
Rust, R.T./Lemon, K.N./Zeithaml, V.A. (2004): Return on Marketing: Using Customer Equity to Focus Marketing Strategy, in: Journal of Marketing, Vol. 68, January, pp.109–127.
Sabisch, H. (1994): Ständige Verbesserung von Marketing-Prozessen durch Benchmarking, in: Belz, C./Schögel, M./Kramer, M. (Hrsg., 1994), S. 58–69.
Salcher, E. (1995): Psychologische Marktforschung, Berlin.
Sattler, H. (1995): Markenbewertung, in: Zeitschrift für Betriebswirtschaft, Jg. 65, H. 6, S. 663–682.
Sattler, H. (1997): Monetäre Bewertung von Markenstrategien für neue Produkte, Stuttgart
Sattler, H. (1998): Beurteilung der Erfolgschancen von Markentransfers, in: Zeitschrift für Betriebswirtschaft, Jg. 68, H. 5, S. 473–495.
Sattler, H. (2002): Markenbewertung, in: Albers, S./Herrmann, A. (Hrsg, 2002.), S. 219–240.
Sattler, H. (2004): Markentransferstrategien, in: Bruhn, M. (Hrsg.), 2004b), S. 817–830.

Sauer, A. (2005): Veränderungsprozesse in der Distribution. Strategien für einen erfolgreichen Wandel der Absatzkanäle, Wiesbaden.

Sauerwein, Elmar (2000): Das Kano-Modell der Kundenzufriedenheit: Reliabilität und Validität einer Methode zur Klassifizierung von Produkteigenschaften, Wiesbaden.

Schaffer, R.H. (1991): Demand Better Results – And Get Them, in: Harvard Business Review, Vol. 69, H. 2, S. 142–149.

Schaffer, R.H./Thomson, H.A. (1992): Successful Change Programs Begin with Results, in: Harvard Business Review, Vol. 70, No. 1, pp. 80–89.

Schäffer, U. (2001): Kontrolle als Lernprozess, Wiesbaden.

Schäffer, U. (Hrsg., 2003): Budgetierung im Umbruch, in: Zeitschrift für Controlling & Management, Jg. 47, H. 1(Sonderheft).

Schäffer, U./Weber, J. (2004): Thesen zum Controlling, in: Scherm, E./Pietsch, G. (Hrsg., 2004a), S. 459–466.

Schäffer, U./Zyder, M. (2003): Beyond Budgeting – ein neuer Management Hype?, in: Zeitschrift für Controlling & Management, Jg. 47, Sonderheft 1, S. 101–110.

Schaller, G. (1988): Markterfolg aus der Datenbank: Aufbau, Entwicklung und Pflege leistungsfähiger Marketing-Datenbanken, Landsberg am Lech.

Schaller, G. (1997): Organisation der Erfolgskontrolle im Direct Marketing, in: Dallmer, H. (Hrsg., 1997), S. 579–589.

Scharitzer, D. (1994): Dienstleistungsqualität – Kundenzufriedenheit, Wien.

Scharnbacher, K./Kiefer, G. (2003): Kundenzufriedenheit. Analyse, Messbarkeit und Zertifizierung, 3. Auflage, München.

Scheel, H. (2000): Effizienzmaße der Data Envelopment Analysis, Wiesbaden.

Schefczyk, M. (1996): Data Envelopment Analysis – Eine Methode zur Effizienz- und Erfolgsschätzung von Unternehmen und öffentlichen Organisationen, in: Die Betriebswirtschaft, Jg. 56, H. 2, S. 167–183.

Scheiter, S./Binder, C. (1992): Kennen Sie Ihre rentablen Kunden?, in: Harvard Business Manager, Jg. 14, H. 2, S. 17–22.

Scheler, H.-E. (1982a): Auf der Suche nach Faktoren, die die Reichweite der Publikumszeitschriften steuern, in: Interview und Analyse, H. 3, S. 124–127.

Scheler, H.-E. (1982b): Reichweiten und Auflagen von Publikumszeitschriften in Langzeitbetrachtungen, in: Interview und Analyse, H. 1, S. 4–8.

Scherm, E./Pietsch, G. (Hrsg., 2004a): Controlling – Theorien und Konzeptionen, München.

Scherm, E./Pietsch, G. (2004b): Theorie und Konzeption in der Controllingforschung, in: Scherm, E./Pietsch, G. (Hrsg., 2004a), S. 3 – 19.

Schiele, T.P. (1999): Markenstrategien wachstumsorientierter Unternehmen, Wiesbaden.

Schildbach, T. (1992): Begriff und Grundproblem des Controlling aus betriebswirtschaftlicher Sicht, in: Spremann, K./Zur, E. (Hrsg., 1992), S. 21–36.

Schimansky, A. (Hrsg., 2004a): Der Wert der Marke, München

Schimansky, A. (2004b): Markenbewertungsverfahren aus Sicht der Marketingpraxis, in: Schimansky, A. (Hrsg., 2004a), S. 12–27.

Schindler, H. (1998). Marktorientiertes Preismanagement: Eine Methodik zur Verbesserung des Preisimages am Beispiel des Elektronik- und Sportfachhandels, Bamberg.

Schleppegrell, J. (1987): Vielzweckwaffe Portfolio, in: Absatzwirtschaft, Jg. 30, H. 5, S. 80–85.

Schleuning, C. (1994): Dialogmarketing: Theoretische Fundierung, Leistungsmerkmale und Gestaltungsansätze, Ettlingen.

Schleuning, C. (1997): Die Analyse der einzelnen Interessenten und Kunden als Grundlage für die Ausgestaltung des Database Marketing, in: Link, J./Brändli, D. (Hrsg., 1997), S. 143–157.

Schmalen, H. (2002): Grundlagen und Probleme der Betriebswirtschaft, 12. Auflage, Stuttgart.

Schmidt, A. (2005): Kostenrechnung, 4. Auflage, Stuttgart.

Schmidt, R.W. (1997): Strategisches Marketing-Accounting. Nutzung des Rechnungswesens bei strategischen Marketingaufgaben. Wiesbaden.

Schmitt, A. (1992): Transparenz in der Prozesskostenrechnung, in: io managment, H. 7–8, S. 44–48.

Schmöller, P. (2001): Kunden-Controlling. Theoretische Fundierung und empirische Erkenntnisse, Wiesbaden.

Schneider, D. (1997): Betriebswirtschaftslehre, Band 2: Rechnungswesen, 2. Auflage, München/Wien.

Schögel, M. (1997): Mehrkanalsysteme in der Distribution, Schesslitz.

Schögel, M. (2001a): Distributionscontrolling, in: Reinecke, S./Tomczak, T./Geis, G. (Hrsg., 2001), S. 544–567.

Schögel, M. (2001b): Multichannel Marketing – Erfolgreich in mehreren Vertriebswegen, Zürich.

Schögel, M. (2004): Kooperationsfähigkeiten im Marketing: eine empirische Untersuchung, St. Gallen.

Schögel, M./Tomczak, T. (2007): Distributionsmanagement, München (in Vorbereitung).

Schögel, M./Tomczak, T./Belz, C. (Hrsg., 2002): Roadm@p to E-Business, St. Gallen.

Scholz, C. (1992): Effektivität und Effizienz, organisatorische, in: Frese, E. (Hrsg., 1992), Sp. 533–552.

Schomann, M. (2001): Wissensorientiertes Performance Measurement, Wiesbaden.

Schön, A. (2001): Innovationscontrolling: eine Controlling-Konzeption zur effektiven und effizienten Gestaltung innovativer Prozesse in Unternehmen, Frankfurt et al.

Schreyögg, G. (2006): Strategische Kontrolle einer marktorientierten Unternehmensführung, in: Reinecke, S./Tomczak, T. (Hrsg., 2006), S. 99–115.

Schreyögg, G./Steinmann, H. (1985): Strategische Kontrolle, in: Schmalenbachs Zeitschrift für betriebswirtschaftliche Forschung, Jg. 37, H. 5., S. 391–410.

Schreyögg, G./Steinmann, H. (1987): Strategic Control: A New Perspective, Vol. 12, No. 1, pp. 91–103.

Schröder, E.F. (1989): Aufgaben und Instrumente des Marketingcontrolling, in: Bruhn, M. (Hrsg., 1989), S. 648–678.

Schröder, H./Diller, H. (2001): Verkauf, in: Diller, H. (Hrsg., 2001f), S. 1749–1752.

Schüller, S. (1984): Organisation von Controllingsystemen in der Kreditwirtschaft, Münster.

Schulte, C. (Hrsg., 1996): Lexikon des Controlling, München/Wien.

Schulz, B. (1995): Kundenpotenzialanalyse im Kundenstamm von Unternehmen, Frankfurt.

Schuster, P. (2002): Controlling der Marketingkosten, in: Controller Magazin, H. 1, S. 82–92.

Schütze, R. (1992): Kundenzufriedenheit – After-Sales-Marketing auf industriellen Märkten, Wiesbaden.

Schwaiger, M. (2006): Wirkungskontrolle kommunikationspolitischer Maßnahmen, in: Reinecke, S./Tomczak, T. (Hrsg., 2006), S. 521–548.

Schwander, P. (Hrsg., 1995): Prozessmanagement – Aufbruch zu neuen Denk- und Verhaltensmustern, Zürich.

Schweiger, G. (1982): Imagetransfer: Kann ein neues Produkt durch „gemeinsamen Markennamen" von einem eingeführten Produkt profitieren?, in: Marketing Journal, Jg. 15, H. 4, S. 321–323.

Schweiger, G. (1995): Image und Imagetransfer, in: Tietz, B./Köhler, R./Zentes, J. (Hrsg., 1995), Sp. 915–928.

Schweiger, G./Schrattenecker, G. (2005): Werbung: Eine Einführung, 6. Auflage, Stuttgart.

Schweitzer, M./Küpper, H.-U. (2003): Systeme der Kosten- und Erlösrechnung. 8. Auflage, München.

Schwellnuss, A. (2003): Direct Costing, in: Horváth, P./Reichmann, T. (Hrsg., 2003), S. 171–172.

Schwetz, W. (1998): Computer Aided Selling (CAS)-Marktspiegel, 9. Auflage, Wiesbaden.

Seelbach, H. (2002): Investition, in: Bea, F.X./Dichtl., E./Schweitzer, M. (Hrsg., 2002), S. 287.

Seicht, G. (Hrsg., 1996): Jahrbuch für Controlling und Rechnungswesen, Wien.

Seidenschwarz, W. (1991): Target Costing – Ein japanischer Ansatz für das Kostenmanagement, in: Controlling, Jg. 3, H. 4, S. 198–203.

Seidenschwarz, W. (1993): Target Costing – Marktorientiertes Zielkostenmanagement, München.

Seidenschwarz, W. (1999): Balanced Scorecard – Ein Konzept für den zielgerichteten strategischen Wandel, in: Horváth, P. (Hrsg., 1999), S. 247–276.

Seidenschwarz, W. (2003): Wirtschaftlichkeitsbeurteilung, in: Horváth, P./Reichmann, T. (Hrsg., 2003), S. 816–818.

Seidenschwarz, W./Gleich, R. (2006): Controlling und Marketing als Schwesterfunktionen – Balanced Scorecard und marktorientiertes Kostenmanagement als verbindende Konzepte, in: Reinecke, S./Tomczak, T. (Hrsg., 2006), S. 821–856.

Shapiro, B. P. (1988): What the Hell is Market Oriented?, in: Harvard Business Review, Vol. 66, No. 6, pp. 119–125.

Shaw, R./Merrick, D. (2005): Marketing Payback, Glasgow 2005.

Shen, F. (2002): Banner Advertisement Pricing, Measurement, and Pretesting Practices: Perspectives form Interactive Agencies, in: Journal of Advertising, Vol. 31, No. 3, pp. 59–67.

Sheth, J. N./Sisodia, R. S. (1995): Feeling the Heat, in: Marketing Management, Vol. 4, No. 2, pp. 8–23.

Shrivastava, P. (1987): Rigor and Practical Usefulness of Research in Strategic Management, in: Strategic Management Journal, Vol. 8, Januar/Februar, pp. 77–92.

Siegwart, H. (1996): Budgetierung – Pflichtübung oder Führungsaufgabe?, in: Seicht, G. (Hrsg., 1996), S. 205–225.

Siegwart, H. (1998): Kennzahlen für die Unternehmungsführung. 5. Auflage, Bern et al.

Siegwart, H. (2001): Marktorientierte Erfolgsrechnung, München.

Siegwart, H. (2002): Kennzahlen für die Unternehmensführung, 6. Auflage, Bern et al.

Siegwart, H./Mahari, J. I./Caytas, I. G./Sander, S. (Hrsg., 1990): Management Controlling – Meilensteine im Management, Basel/Frankfurt am Main.

Simon, H. (1988): Management strategischer Wettbewerbsvorteile, in: ZfB, Jg. 59, H. 4, S. 461–481.

Simon, H. (1992): Preismanagement. Analyse – Strategie – Umsetzung, 2. Auflage, Wiesbaden.

Simon, H. (1994): Management-Lernen und Strategie, Stuttgart.

Simon, H./Homburg, C. (Hrsg., 1998): Kundenzufriedenheit: Konzepte – Methoden – Erfahrungen, 3. Auflage, Wiesbaden.

Simon, H.A. (1976): Administrative Behavior, A Study of Decision-Making Processes in Administrative Organizations, 3. Auflage, New York.

Simon, H.A./Kozmetsky, G./Guetzkow, H./Tyndall, G. (1954): Centralization vs. Decentralization in Organizing the Controller's Department, New York.

Simon, J.L./Arndt, J. (1980): The Shape of the Advertising Response Function, in: Journal of Advertising Research, Vol. 20, No. 4, pp. 11–28.

Simons, C. J./Sullivan, M. W. (1993): The Measurement and Determinants of Brand Equity: A Financial Approach, in: Marketing Science, Vol. 12, No. 1, pp. 28–52.

Simons, R. (1987): Accounting Control Systems and Business Strategy: An Empirical Analysis, in: Accounting Organizations and Society, Vol. 12, No. 4, pp. 357–374.

Simons, R. (1995): Levers of Control – How Managers Use Innovative Control Systems to Drive Strategic Renewal, Boston.

Sinus Sociovision (2006): Sinus-Milieus 2006, zugegriffen am 13. Juli 2006 auf: http://www.sinus-sociovision.de.

Slater, S.F./Narver, J.C. (1994): Market Orientation, Customer Value, and Superior Performance, in: Business Horizon, Vol. 37, No. 2, pp. 22–28.

Slater, S.F./Narver, J.C. (1995): Market Orientation and the Learning Organization, in: Journal of Marketing, Vol. 59, No. 7, pp. 63–74.

Slater, S.F./Olson, E.M. (1996): A Value-Based Management System, in: Business Horizons, Vol. 39, No. 5, pp. 48–52.

Solbach, M.C. (2000): Performance Measurement im Arzneimittelmarketing – Empirische Validierung von Performancetreibern im Marketing innovativer Arzneimittel und Darstellung der Ergebnisse in einem vertriebsorientierten Cockpit, Bamberg.

Solomon, M./Bamossy, G./Askegaard, S. (2001): Konsumentenverhalten. Der europäische Markt, München.

Sommer, K. (1984): Marketing-Audit, Bern/Stuttgart.

Spannagl, J. (2001): Neuer Standard in der Markenbewertung, in: Markenartikel, Jg. 63, H. 5, S. 38–44.

Specht, G./Beckmann, C./Amelingmeyer, J. (2002): FEManagement: Kompetenz im Innovationsmanagement, 2. Auflage, Stuttgart.

Specht, G./Fritz, G. (2005): Distributionsmanagement, 4. Auflage, Stuttgart et al.

Specht, G./Silberer, G./Engelhardt, W.H. (Hrsg., 1989): Marketing-Schnittstellen – Herausforderungen für das Management, Stuttgart.

Spence, K.W./Spence, J.T. (Hrsg., 1968): The Psychology of Learning and Motivation: Advances in Research and Theory, Bd. 2, New York et al.

Spiggle, S./Sewall, M.A. (1987): A Choice Sets Model of Retail Selection, in: Journal of Marketing, Vol. 51, No. 4, pp. 97–111.

Spremann, K./Gantenbein, P. (2005): Kapitalmärkte, Stuttgart.

Spremann, K./Zur, E. (Hrsg., 1992): Controlling, Wiesbaden.

Srivastava, R.K./Shervani, T.A./Fahey, L. (1998): Market-Based Assets and Shareholder Value: A Framework for Analysis, in: Journal of Marketing, Vol. 62, No. 1, pp. 2–18.

Srivastava, R.K./Shervani, T.A./Fahey, L. (1999): Marketing, Business Processes, and Shareholder Value: An Organizationally Embedded View of Marketing Activities and the Discipline of Marketing, in: Journal of Marketing, Vol. 63, Special Issue, pp. 168–179.

Srivastava, R.K./Shocker, A.D. (1991): Brand Equity: A Perspective on Its Meaning and Measurement, Technical Working Paper, Marketing Science Institute, Report No. 91–124, Cambridge (Mass.).

Staab, H.B. (1997): Die Deutsche Post AG als Partner der werbetreibenden Wirtschaft, in: Dallmer, H. (Hrsg. 1997), S. 115–133.
Staehle, W.H. (1967): Kennzahlen und Kennzahlensysteme – Ein Beitrag zur modernen Organisationstheorie, München.
Staehle, W.H. (1973): Kennzahlensysteme als Instrumente der Unternehmungsführung, in: Wirtschaftswissenschaftliches Studium, Jg. 2, H. 5, S. 222–228.
Staehle, W.H. (1999): Management, 8. Auflage, München.
Stahl, H.K./Matzler, K./Hinterhuber, H.H. (2001): Kundenbewertung und Shareholder Value – Versuch einer Synthese, in: Günter, B./Helm, S. (Hrsg., 2001), S. 351–370.
Stahl, H.-W. (1989): Vertriebscontrolling – Schnittstelle zwischen strategischem und operativem Controlling?, in: Kostenrechnungspraxis, H. 1, S. 29–32.
Stapel, J. (1998): Recall and Recognition: A Very Close Relationship, in: Journal of Advertising Research, Vol. 38, No. 4, pp. 41–45.
Stauss, B. (1999): Kundenzufriedenheit, in: Marketing ZFP, H. 1, S. 5–24.
Stauss, B. (2000): „Augenblicke der Wahrheit" in der Dienstleistungserstellung – Ihre Relevanz und ihre Messung mit Hilfe der Kontaktpunkt-Analyse, in: Bruhn, M./Stauss, B. (Hrsg., 2000b), S. 321–359.
Stauss, B./Hentschel, B. (1990): Verfahren der Problemdeckung und -analyse in Qualitätsmanagement von Dienstleistungsunternehmen, in: Jahrbuch der Absatz- und Verbraucherforschung, Jg. 36, H. 3, S. 232–259.
Stauss, B./Seidel, W. (2002): Beschwerdemanagement – Kundenbeziehungen erfolgreich managen durch Customer Care, 3. Auflage, München/Wien.
Steffenhagen, H. (1978): Wirkungen absatzpolitischer Instrumente, Stuttgart.
Steffenhagen, H. (1984): Kommunikationswirkung – Kriterien und Zusammenhänge, Hamburg.
Steffenhagen, H. (2000a): Marketing – Eine Einführung, 4. Auflage, Stuttgart et al.
Steffenhagen, H. (2000b): Wirkungen der Werbung. Konzepte – Erklärungen – Befunde, 2. Auflage, Aachen.
Steffenhagen, H. (2001): Werbetracking, in: Diller, H. (Hrsg., 2001f), S. 1878–1879.
Steffenhagen, H./Siemer, S. (1996): Untaugliche Werbezielformulierungen der Praxis, in: Marketing ZFP, H. 1, S. 45–54.
Steinmann, H./Schreyögg, G. (2005): Management: Grundlagen der Unternehmensführung: Konzepte – Funktionen – Fallstudien, 6. Auflage, Wiesbaden.
Stern, L.W./El-Ansary, A.L./Coughlan, A.T. (1992): Marketing Channels, 4. edition, Englewood Cliffs, Mews Jersey.
Stewart, D.W. (1989): Measures, Methods, and Models in Advertising Research, in: Journal of Advertising Research, Vol. 29, No. 3, pp. 54–60.
Stolpmann, M. (2001): Online-Marketingmix: Kunden finden, Kunden binden im E-Business 2. Auflage, Bonn.
Strauss, J./El-Ansary, A./Frost, R. (2003): E-Marketing, 3. edition, Upper Saddle River (NJ).
Strauss, J./Frost R. (1999): Marketing on the Internet: Principles of On-Line Marketing, Upper Saddle River (NJ).
Strauß, R./Diller, H. (2001): Permission-Marketing, in: Diller, H. (Hrsg., 2001f), S. 1259.
Strebel, H. (2003): Innovations- und Technologiemanagement, Wien.
Striegl, T. (2003): Effizientes Direktmarketing: mit der richtigen E-Mail-Marketing-Strategie Absatz fördern, Kunden binden, Kosten senken, Bonn.
Stuber, L. (2004): Suchmaschinen-Marketing. Direct Marketing im Internet, Bern.
Sutcliffe, J. (1975): The Marketing Audit, Victoria.

Sutton, D./Klein, T. (2003): Enterprise Marketing Management. The New Science of Marketing, Hoboken (NJ).

Szyperski, N./Winand, U. (1992): Informationsmanagement und informationstechnische Perspektiven, in: Die Betriebswirtschaft, Jg. 40, H. 3, S. 357–373.

Szyszka, P. (2003): Aufwand ohne Nutzen oder nützlicher Aufwand?, in: Marketing & Kommunikation, Jg. 31, H. 12, S. 44–45.

Taylor, F.W. (1911): The Principles of Scientific Management, New York.

ter Haseborg, F. (1995): Marketing-Controlling, in: Tietz, B./Köhler, R./Zentes, J. (Hrsg., 1995), Sp. 1542–1553.

Tiebel, C. (2003): Organisatorische Einordnung des Marketing-Controlling, in: Pepels, W. (Hrsg., 2003b), S. 209–229.

Tietz, B./Köhler, R./Zentes, J. (Hrsg., 1995), Handwörterbuch des Marketing. 2. Auflage, Stuttgart.

Tomczak, T. (1993): Differenzierte Formen der Zusammenarbeit von Industrie und Handel, in: Belz, C. (Hrsg., 1993).

Tomczak, T. (2007): Produkt- und Sortimentspolitik, in: Köhler, R./Küpper, H.-U./Pfingsten, A. (Hrsg., 2007, in Vorbereitung).

Tomczak, T./Herrmann, A./Brexendorf, T.O./Kernstock, J. (2005a): Behavioral Branding – Markenprofilierung durch persönliche Kommunikation, in: Thexis, H. 1, S. 28–31.

Tomczak, T./Herrmann, A./Esch, F.-R./Kernstock, J. (2005b): Handbuch Analysemethoden des Forschungsprogramms Behavioral Branding, unveröffentlichte lose Blattsammlung zur Analyse des Behavioral Branding, Universität St. Gallen und Universität Giessen, St. Gallen/Giessen.

Tomczak, T./Lindner, U. (1992): Keine Zukunft für DPR?, in: Thexis, Jg. 9, H. 4, S. 35–38.

Tomczak, T./Müller, F./Müller, R. (1995): Die Nicht-Klassiker der Unternehmenskommunikation, St. Gallen.

Tomczak, T./Reinecke, S. (Hrsg., 1994): Marktforschung, St. Gallen

Tomczak, T./Reinecke, S. (1996): Der aufgabenorientierte Ansatz – Eine neue Perspektive für das Marketing, St. Gallen.

Tomczak, T./Reinecke, S. (1998): Best Practice in Marketing – Erfolgsbeispiele zu den vier Kernaufgaben im Marketing, St. Gallen.

Tomczak, T./Reinecke, S. (1999): Der aufgabenorientierte Ansatz als Basis eines marktorientierten Wertmanagements, in: Grünig, R./Pasquier, M. (Hrsg., 1999), S. 293–327.

Tomczak, T./Reinecke, S. (2001): Best Practice in Marketing, Abschlussberichte der Top-Management-Fokusgruppe 2000, St. Gallen.

Tomczak, T./Reinecke, S./Dittrich, S. (2005): Kundenbindung durch Kundenkarten und -clubs, in: Bruhn, M./Homburg, C. (Hrsg., 2005), S. 274–296.

Tomczak, T./Reinecke, S./Doutreval, A./Geis, G. (2000): Top-Management Fokusgruppe „Innovationsmanagement" – Ergebnisse 1999, St. Gallen (unveröffentlichter Arbeitsbericht).

Tomczak, T./Reinecke, S./Finsterwalder, J. (2000): Kundenausgrenzung: Umgang mit unerwünschten Dienstleistungskunden, in: Bruhn, M./Stauss, B. (Hrsg., 2000), S. 399–421.

Tomczak, T./Reinecke, S./Kaetzke, P. (2002): Konzept zur Gestaltung und zum Controlling existierender Leistungen, in: Albers, S./Herrmann, A. (Hrsg., 2002), S. 471–487.

Tomczak, T./Reinecke, S./Kaetzke, P. (2004): Markencontrolling – Sicherstellung der Effektivität und Effizienz der Markenführung, in: Bruhn, M. (Hrsg., 2004b), S. 1822–1852.

Tomczak, T./Reinecke, S./Karg, M./Mühlmeyer, J. (1998): Best Practice in Marketing: Empirische Erfolgsstudie zum aufgabenorientierten Ansatz, St. Gallen.

Tomczak, T./Reinecke, S./Mühlmeier, S. (2002): Der aufgabenorientierte Ansatz – Ein Beitrag der Marketingtheorie zu einer Weiterentwicklung des ressourcenorientierten Ansatzes, Arbeitspapier Nr. 3, St. Gallen.

Töpfer, A. (1986): Marketing-Audit als strategische Bilanz marktorientierter Unternehmungsführung, in: Belz, C. (Hrsg., 1986), S. 253–274.

Töpfer, A. (1995): Marketing-Audit, in: Tietz, B./Köhler, R./Zentes, J. (Hrsg., 1995), Sp. 1533–1541.

Töpfer, A. (Hrsg., 1997): Benchmarking. Der Weg zu Best Practice, Berlin.

Töpfer, A. (Hrsg., 2000a): Das Management der Werttreiber. Die Balanced Score Card für die Wertorientierte Unternehmenssteuerung, Frankfurt am Main.

Töpfer, A. (2000b): Die Balanced Score Card als ganzheitliches Managementkonzept – Gestaltungsfelder, Einführungsprozess und Stolpersteine, in: Töpfer, A. (Hrsg., 2000a), S. 69–123.

Töpfer, A. (2000c): Zielvereinbarung, Leistungsbewertung und Erfolgsbeteiligung beim Einsatz der Balanced Score Card, in: Töpfer, A. (Hrsg., 2000a), S. 281–310.

Töpfer, A. (2005): Betriebswirtschaftslehre. Anwendungs- und prozessorientierte Grundlagen, Berlin/Heidelberg.

Töpfer, A. (2006): Audit von Business Excellence. Ganzheitlich strategische und operative Steuerung in der marktorientierten Unternehmensführung, in: Reinecke, S./Tomczak, T. (Hrsg., 2006), S. 117–154.

Trommsdorff, V. (1975): Die Messung von Produktimages für das Marketing – Grundlagen und Operationalisierung, Köln.

Trommsdorff, V. (1992): Multivariate Imageforschung und strategische Marketingplanung, in: Herrmanns, A./Flegel V. (Hrsg., 1992), S. 321–337.

Trommsdorff, V. (2002): Produktpositionierung, in: Albers, S./Herrmann, A. (Hrsg., 2002), S. 359–411.

Trommsdorff, V. (2003a): Konsumentenverhalten, 5. Auflage, Stuttgart et al.

Trommsdorff, V. (2003b): Werbe-Pretests – Praxis und Erfolgsfaktoren, Hamburg.

Trommsdorff, V./Bookhagen, K./Hess, C. (2000): Produktpositionierung, in: Herrmann, A./Homburg, C. (Hrsg., 2000), S. 767–787.

Trommsdorff, V./Paulssen, M. (2005): Messung und Gestaltung der Markenpositionierung, in: Esch, F.-R. (Hrsg., 2005), S. 1363–1379.

Tull, D. S./Wood, V. R./Duhan, D./Gillpatrick, T./Robertson, K. R./Helgeson, J. G. (1986): "Leveraged" Decision Making in Advertising: The Flat Maximum Principle and Its Implications, in: Journal of Marketing Research, Vol. 23, No. 1, pp. 25–32.

Tushman, M.J./Moore, W.L. (Hrsg., 1998): Corporate Transformation, Dordrecht/Boston/London.

Uebel, M.F. (2004): Praxis des Customer Relationship Management, Wiesbaden.

Unger, F./Durante, N.-V./Gabrys, E./Koch, R./Wailersbacher, R. (2004): Mediaplanung – Methodische Grundlagen und praktische Anwendungen, 4. Auflage, Berlin.

Vahs, D. (2005): Organisation: Einführung in die Organisationstheorie und -praxis, 5. Auflage, Stuttgart.

Vakratsas, D./Ambler, T. (1999): How Advertising Works: What do We Really Know?, in: Journal of Marketing, Vol. 63, No. 1, pp. 26–43.

Van Westendorp, P. (1976): Price Sensitivity Meter: A New Approach to Study Price Perceptions of Prices, pp. 139–167, Venedig (Proceedings of the ESOMAR Congress).

VanderWerf, P.A./Mahon, J.F. (1997): Meta-Analysis of the Impact of Research Methods on Findings of First-Mover Advantage, in: Management Science, Vol. 16, No. 11, pp. 1510–1519.

VCI – Verband der Chemischen Industrie e.V. (Hrsg., 1998): Unternehmenssteuerung durch Zielvorgaben – Dargestellt anhand praktischer Beispiele aus der chemischen Industrie, Schriftenreihe Betriebswirtschaft + Finanzen, H. 25, Frankfurt am Main.

Velte, M. (1987): Steuern Sie Ihre Kundenbesuche »erfolgs«-orientiert – Die Portfolioanalyse bietet sich an, in: Marketing Journal, Jg. 20, H. 2, S. 128–132.

Vessey, I. (1991): Cognitive Fit: A Theory-Based Analysis at the Graphs Versus Tables Literature, in: Decision Sciences, Vol. 22, No. 2, pp. 219–240.

Vidale, M.L./Wolfe, H.B. (1957): An Operations Research Study of Sales Response to Advertising, in: Operations Research, Vol. 5, No. 3, pp. 370–381.

Viecenz, T. (1995): Jubiläumsmarketing. Die situative Planung und Durchführung von Firmenjubiläen als Anlass konstruktiver Unternehmenskommunikation, Hallstadt.

Vögele, S. (2002): Dialogmethode: Das Verkaufsgespräch per Brief und Antwortkarte, 12. Auflage, Landsberg am Lech.

Vögele, S./Bidmon, R.K. (2002): Psychologische Aspekte der Dialogmethode, in: Dallmer, H. (Hrsg., 2002), S. 435–457.

Völckner, F. (2003): Neuprodukterfolg bei kurzlebigen Konsumgütern. Eine empirische Analyse der Erfolgsfaktoren von Markentransfers, Wiesbaden.

Vollmuth, H.J. (1987): Gewinnorientierte Unternehmensführung, Heidelberg.

von Keitz, B. (1997): Kommunikations-Tests mit apparativer Unterstützung – the State of the Art, in: planung & analyse, H. 2, S. 40 ff.

Voß, W. (Hrsg., 2004): Taschenbuch der Statistik, Leipzig.

Walsham, G. (2001): Knowledge Management: The Benefits and Limitations of Computer Systems, in: European Management Journal, Vol. 19, No. 6, pp. 599–608.

Wamser, C. (2001): Strategisches Electronic Commerce, München.

Wang, P./Baker, J.R. (1996): Procedure to Improve the House List Segment Tests, in: Journal of Direct Marketing, Vol. 10, No. 2, pp. 24–35.

Ward, K. (1989): Can Cash Flows on Brands Really be Capitalized?, in: Murphy, J. (Hrsg., 1989), pp. 69–79.

Wayland, R.E./Cole, P.M. (1997): Customer Connections: New Strategies for Growth, Boston (Mass.).

Weber, J. (1993): Einführung in das Controlling, 4. Auflage, Stuttgart.

Weber, J. (1995a): Einführung in das Controlling, 5. Auflage, Stuttgart.

Weber, J. (1995b): Logistik-Controlling – Leistungen, Prozesskosten, Kennzahlen, 4. Auflage, Stuttgart.

Weber, J. (1999): Einführung in das Controlling, 8. Auflage, Stuttgart.

Weber, J. (2002a): Einführung in das Controlling, 9. Auflage, Stuttgart.

Weber, J. (2002b): Managing the Marketing Budget in a Cost-Constrained Environment, in: Industrial Marketing Management, Vol. 31, pp. 705–717.

Weber, J. (2002c): Logistik- und Supply-Chain-Controlling, 5. Auflage, Stuttgart.

Weber, J. (2004): Einführung in das Controlling, 10. Auflage, Stuttgart.

Weber, J. (2005): Das Advanced-Controlling-Handbuch. Alle entscheidenden Konzepte, Steuerungssysteme und Instrumente, Weinheim.

Weber, J./Schäffer, U. (2006): Einführung in das Controlling, 11. Auflage, Stuttgart.

Weber, J./Florissen, A. (2005): Preiscontrolling: Der Weg zu einem besseren Preismanagement, Weinheim.

Weber, J./Goeldel, H./Schäffer, U. (1997): Zur Gestaltung der strategischen und operativen Planung, in: Die Unternehmung, Jg. 51, S. 273–295.

Weber, J./Knorren, N. (1998): Sicherung der Rationalität durch wertorientierte Planung, WHU-Forschungsbericht Nr. 59, November, Vallendar.

Weber, J./Kummer, S./Grossklaus, A./Nippel, H./Warnke, D. (1997): Methodik der Generierung von Logistik-Kennzahlen, in: Betriebswirtschaftliche Forschung und Praxis, Jg. 49, H. 4, S. 438–454.

Weber, J./Linder, S. (2003): Budgeting, Better Budgeting oder Beyond Budgeting? Konzeptionelle Eignung und Implementierbarkeit, in: Advanced Controlling, 6, Band 33, Vallendar.

Weber, J./Linder, S. (2005): Budgeting, Better Budgeting oder Beyond Budgeting, in: Weber, J. (Hrsg., 2005b), S. 217–270.

Weber, J./Schäffer, U. (1998): Sicherstellung der Rationalität von Führung als Controllingaufgabe?, WHU-Forschungspapier Nr. 49, April, Vallendar.

Weber, J./Schäffer, U. (1999a): Sicherstellung der Rationalität in der Willensbildung durch die Nutzung des fruchtbaren Spannungsverhältnisses von Reflexion und Intuition, in: Zeitschrift für Planung, Jg. 10, H. 2, S. 205–244.

Weber, J./Schäffer, U. (1999b): Sicherstellung der Rationalität von Führung als Funktion des Controlling, in: Die Betriebswirtschaft, Jg. 59, H. 6, S. 731–746.

Weber, J./Schäffer, U. (2000): Balanced Scorecard & Controlling. Implementierung – Nutzen für Manager und Controller – Erfahrungen in deutschen Unternehmen, 3. Auflage, Wiesbaden.

Weber, J./Schäffer, U. (2001a): Controlling als Rationalitätssicherung der Führung, in: Die Unternehmung, Jg. 55, H. 1, S. 75–79.

Weber, J./Schäffer, U. (2001b): Marketingcontrolling: Sicherstellung der Rationalität in einer marktorientierten Unternehmensführung, in: Reinecke, S./Tomczak, T./Geis, G. (Hrsg., 2001), S. 32–49.

Weber, J./Schäffer, U. (Hrsg., 2001c): Rationalitätssicherung der Führung, Beiträge zu einer Theorie des Controlling, Wiesbaden.

Weber, J./Schäffer, U. (2006): Einführung in das Controlling – Wege zu einer rationalen Unternehmensführung, 11. Auflage, Stuttgart.

Weber, J./Schäffer, U./Langenbach, W. (2001): Gedanken zur Rationalitätskonzeption des Controlling, in: Weber, J./Schäffer, U. (Hrsg., 2001c), S. 46–76.

Weinhold-Stünzi, H. (1999): Marketing in 20 Lektionen, Studienausgabe basierend auf der 24. Auflage, Berneck.

Weinhold-Stünzi, H./Reinecke, S./Schögel, M. (Hrsg., 1997): Marketingdynamik, St.Gallen

Weitz, B./Wensley, R. (Hrsg., 2002): Handbook of Marketing, London.

Welge, M.K/Amshoff, B. (1997): Neuorientierung der Kostenrechnung zur Unterstützung der strategischen Planung, in: Franz, K.-P./Kajüter, P. (Hrsg., 1997), S. 59–80.

Welling, M. (2000): Die Kundendeckungsbeitragsrechnung als Instrument des Geschäftsbeziehungs-Controllings, in: Controlling, Jg. 44, H. 4, S. 209–216.

Wells, W./Burnett, J./Moriarty, S. (2003): Advertising Principles Practice, 6. edition, Upper Saddle River (NJ).

Werner, A. (2000). Site Promotion. Werbung auf dem WWW, 2. Auflage, Heidelberg.

Wiedemann, F. (2005): Marken-Rating, St.Gallen.

Wiedmann, K.-P. (1994): Strategisches Markencontrolling, in: Bruhn, M. (Hrsg., 1994), S. 1305–1336.

Wild, J. (1974a): Budgetierung, in: Marketing Enzyklopädie: Das Marketingwissen unserer Zeit in drei Bänden, Band 1, München, S. 149–160.

Wild, J. (1974b): Grundlagen der Unternehmungsplanung, Hamburg.

Wilde, K.D./Hickethier, E. (1997): Erfolgsbestimmung im Database Marketing, in: Link, J./Brändli, D./Schleuning, C./Kehl, R. (Hrsg., 1997), S. 474–488.

Wilson, R.M.S. (1995): Marketing Budgeting and Resource Allocation, in: Baker, M. J. (Hrsg., 1995), pp. 277–300.

Wind, Y. (1982): Product Policy. Concepts, Methods and Strategy, Reading (Mass.).

Wirtz, B.W./Burmann, C. (Hrsg., 2006): Ganzheitliches Direktmarketing, Wiesbaden.

Wissenbach, H. (1967): Betriebliche Kennzahlen und ihre Bedeutung im Rahmen der Unternehmerentscheidung – Bildung, Auswertung und Verwendungsmöglichkeiten von Betriebskennzahlen in der unternehmerischen Praxis, Berlin.

Witt, F.-J. (1991): Deckungsbeitragsmanagement, München.

Witt, J. (1996): Grundlagen für die Entwicklung und Vermarktung neuer Produkte, in: Witt, J. (Hrsg., 1996b), S. 1–110.

Witt, J. (Hrsg., 1996): Produktinnovation: Entwicklung und Vermarktung neuer Produkte, München.

Wöhe, G. (2002): Einführung in die Allgemeine Betriebswirtschaftslehr, 21. Auflage, München.

Wöhe, G. (2005): Einführung in die allgemeine Betriebswirtschaftslehre, 22. Auflage, München.

Wolbold, M. (1995): Budgetierung bei kontinuierlichen Verbesserungsprozessen, München.

Wolf, J. (1977): Kennzahlensysteme als betriebliche Führungsinstrumente, München.

Wolfrum, B. (1994): Strategisches Technologiemanagement, 2. Auflage, Wiesbaden.

Woodruff, R. B. (1997): Customer Value: The Next Source of Competitive Advantage, in: Journal of the Academy of Marketing Science, Vol. 25, No. 2, pp. 139–153.

Woodruff, R. B./Cadotte, E.R./Jenkins, Roger L. (1983): Modelling Consumer Satisfaction Processes Using Experience-based Norms, in: Journal of Marketing Research, Vol. 20, No. 3, pp. 296–302.

Woratschek, H. (Hrsg. 2000): Neue Aspekte des Dienstleistungsmarketing – Konzepte für Forschung und Praxis, Wiesbaden.

Wübker, G. (2006): Power Pricing für Banken: Wege aus der Ertragskrise, Frankfurt/New York.

Wyner, G.A. (1996): Customer Profitability: Linking Behavior to Economics, in: Marketing Research, Vol. 8, No. 2, pp. 36–38.

Yoo, B./Mandhachitara, R. (2003): Estimating Advertising Effects on Sales in a Competitive Setting, in: Journal of Advertising Research, Vol. 43, No. 3, pp. 310–321.

Young & Rubicam (2000): Brand Asset Valuator, New York.

Zairi, M. (1994): Measuring Performance for Business Results, London et al.

Zanger, C. (1998): Ist der Erfolg kontrollierbar?, in: Absatzwirtschaft, Jg. 41, No. 8, pp. 76–81.

Zanger, C. (2001): Eventmarketing, in: Diller, H. (Hrsg., 2001f), S. 439–442.

Zanger, C./Drengner, J. (1999): Erfolgskontrolle im Eventmarketing, in: Planung & Analyse, Jg. 26, H. 6, S. 32–37.

Zanger, C./Sistenich, F. (1996): Eventmarketing. Bestandsaufnahme, Standortbestimmung und ausgewählte theoretische Ansätze zur Erklärung eines innovativen Kommunikationsinstruments, in: Marketing ZFP, H. 4, S. 233–242.

Zatloukal, G. (2002): Erfolgsfaktoren von Markentransfers, Wiesbaden.

Zeithaml, V.A./Berry, L.L./Parasuraman, A. (1996a): The Behavioral Consequences of Service Quality, in: Journal of Marketing, Vol. 60, No. 4, pp. 31–46.

Zeithaml, V.A./Berry, L.L./Parasuraman, A. (1996b): Delivering Service Quality, New York.

Zenz, A. (1998): Controlling – Bestandsaufnahme und konstruktive Kritik theoretischer Ansätze, in: Dyckhoff, H./Ahn, H. (Hrsg., 1998), S. 27–60.

Zerres, M.P. (Hrsg., 2000): Handbuch Marketing-Controlling, 2. Auflage, Berlin et al.

Zielke, K. (2004): Qualität komplexer Dienstleistungsbündel: Operationalisierung und empirische Analysen der Qualitätswahrnehmung am Beispiel des Tourismus, Wiesbaden.

Zielske, H.A. (1982): Does Day-After Recall Penalize „Feeling" Ads?, in: Journal of Advertising Research, Vol. 22, No. 2, pp. 19–22.

Zinkhan, G.M./Gelb, B.D. (1986): What Starch Scores Predict, in: Journal of Advertising Research, Vol. 26, No. 4, pp. 45–50.

Stichwortverzeichnis

A/B-(oder Split-Run-)Test 305
ABC-Analyse 115, 118f., 178
Ablaufkontrollen (Durchführungs-) 53, 142, 156ff., 279f.
Absatz 25, 53, 67
Absatzsegmentrechnung 69, 80ff., 328
– Bezugsgrößenhierarchie 80
Absatzwege, Länge 316
Abverkaufsgeschwindigkeit 202
Abweichungsanalyse 159, 212, 216
Abweichungsursachen 159
– endogene 215
– exogene 215
Abweichungsursachenanalyse 214
Accounting 36, 63, 65, 420
Action Set 252
Activity-Based Budgeting 135
Activity-Based Costing 91
AD*VANTAGE PRINT Test 253
AdServer 311
Affiliate-Programme 312
AIDA-Modell 154, 226ff.
Aided Recall (Recall) 250
Aktionserfolgsrechnungen 160
Aktivierung
– allgemeine 231, 245f.
– Messung 222, 245f.
Aktivierungspotenzial (eines Produkts: Anmutung) 180
Aktualgenetische Verfahren (→ Anmutung) 247
Aktualität 254
– der Marke 254
– Positionierung durch 234
Allowable costs 74
Altersstrukturanalyse 177, 179f.
Amortisationsrechnung, statische 71
Amortisationszeit 71
Analyse von Standardereignissen 105, 109f.
Analyseinstrumente (der Marketingplanung) 115ff.
Analytic Hierarchy Process (AHP) 206

Animatics 264
Anmutung (erste) 180, 247, 299
Anmutungsqualität 180
Anreiz-Beitrags-Theorie 368
Anreizsystem 53, 369, 370
Anreizgestaltung 46, 368
Antriebsebene 180
Antwortquote 299, 301
Äquivalente Mediakosten 277
Artikeldichte 202
Assoziationen (→ Markenassoziationen)
ATR-Theorie (reinforcement-) 228
Attitude toward the ad-Modell 256
Attributionstheorie 100
Audit (→ Marketingaudit)
Auditing 146, 149
Auditkonzepte (→ Marketingaudit)
Aufmerksamkeit 222, 223, 226ff., 231, 246, 274, 280, 298
Auftragsquote 355
Ausstrahlungseffekte 168, 235
Average Practice 115
Awareness (Bekanntheit) 228, 230, 232, 248ff., 254f., 353
– Ad(vertising)- 248
– Brand (→ Markenbekanntheit)
– Messung 199, 248ff., 254f., 399
– Top of Mind 250
– Total 250
– Set 252, 254

Balanced Scorecard 47, 135f., 357, 367, 372, 452
Bannerwerbung 295, 314
Baseline-Verfahren 284ff.
BCG-Matrix/-Modell 119ff., 177
Bedarfdeckungsrate 258
Bedarfsebene 180
Bedarfsgerecht 180
Bedürfnisgerecht 180
Bedürfniskonkretisierung, Prozess 180
Beeinflussungsverhalten 259

501

Before-After-Analyse 285
Befragung u.a. 222
Behavioral Branding 153 f.
BehaviorScan 194, 198, 260
Bekanntheit (→ Awareness)
Bekanntheitspyramide (→ Markenbekanntheitspyramide)
Beliefs (Produktbeurteilung) 184
Benchlearning 116
Benchmark 116
Benchmarking 69, 115 ff., 291
– Data Envelopment Analysis (DEA) 166
– Formen 115
– Vergleichsdimensionen 116
– der Werbung (→ Werbebenchmarking)
Beobachtung u.a. 222
Bereichsfixkosten 83
Beschwerdeverhalten 106 f.
Beschwerdezahl 454
Best Practices 116
Best Theory 115
Besuchszeitenallokation 292 f.
Better Budgeting 134 ff.
Beyond Budgeting 134 ff.
Bilanzierung 66
Black und Scholes Modell 73
Blickaufzeichnung 223, 246
Blickaufzeichnungsgerät 246
Blindtest 195
Blueprint(-ting) 110 f., 292
Börse 26
Botschaft (Marken-/Werbe-) 264
Bottom-up-Ansatz 130
Brand ASessment System (BASS) 268 f.
Brand Awareness (→ Markenbekanntheit)
Brand Equity 249, 402 ff., 420, 431 ff.
Brand Future Score 414
Brand Health Check 268
Brand Recognition (→ Recognition) 248, 254 f.
Brand Strength (→ Markenstärke)
Brand Strength Score (BSS) 409, 410
Brand Trek-Modell 414
Brand-Rating-Dreikomponenten-Modell 414
Branded House 418
Briefing (Media-) 240
Bruttokontaktsumme (→ Reichweite)
Budgetierung (→ Marketingbudgetierung)

Capital budgeting 67
Carry-over-Effekte 168, 236
Cashflow 349, 380, 387, 390,
– diskontierter/discounted 349, 423
– Kunden- 425
CCR-Modell 168
Chancen-Risiken-Analyse 117
Change Management 375 f.
Choice Set-Analysen (Evoked Set-) 251 f., 399
– Kenngrößen 252
Clippings 277
Cockpits 159, 365 f., 372
Commitment 355
Compagnon-Verfahren 223, 247
Confirmation/Disconfirmation-Paradigma 100
Conjoint-Analyse (→ Conjoint Measurement)
Conjoint Measurement 181 ff., 196, 213 f., 218, 257, 413
Consideration Set 252
Contingency planning 45
Contingent Claims-Modell 73
Contre rôle 53, 55, 345
Controller 30, 33, 35
Controller, Aufgaben 51 ff.
– Beratungsaufgaben 55
– Coachingaufgaben 55, 345
– contre rôle-Aufgaben 53, 55, 345
Controlling 28, 30 ff.
– unternehmenswertorientiertes 382
Controllingansätze 31 ff.
– begrenzt führungsgestaltender Koordinationsansatz 31
– informations(versorgungs)orientierter 31
– führungsorientierter 31
– führungssystemorientierter Koordinationsansatz 31
– kontributionsorientierte 32
– Rationalitätssicherungsansatz 32, 38 ff.
– reflexionsorientierter 32
– regelungsorientierter 31
Conversion Rate (ConvR) 312
Cookies 310
Costs per Click (CPC) 312
Costs per Order (CPO) 312

Costs per Point (CPP) 243
Coupon-Anzeigen 294
Critical Incident Technique 110
Cross Buying-Rate 355
Customer Equity 420 ff., 431
– beeinflussende Faktoren 424
– Treiber 432
Customer Equity-Modell 431 ff.
Customer Lifetime Value 421 ff.
– kundenmigrationsbasierter 426
– kundenbindungsbasierter 425
– Rechnungen 291
Customer Lifetime Value-Modelle 423 ff.
– kundenbindungsbasierte 424
– kundenmigrationsbasierte 424
Customer Profitability 421
Customer Relationship Value 421
Customer Valuation 421
Customer Value 421

DAGMAR-Methode 225 f.
Dashboard 366
Data Envelopment Analysis (DEA) 163 ff., 292
– Anwendungsbereiche und Beispiele 168
– Quotientenprogramm 167
– Vorteile 166 f.
Database Marketing 295
Day-after-Recall-Tests (DAR) 252
Decision Making Units (DMUs) 166
Deckungsbeitragsabweichungen 216
Deckungsbeitragsrechnung 49, 51, 80 ff.
– Beurteilung der mehrstufigen 82, 84
– Beurteilung der einstufigen 81, 82
– Bezugsgrößen 81, 160
– differenzierte 160
– einstufige 81 ff.
– für Kunden 84 ff.
– für Produkte 81 ff.
– mehrstufige 82 ff.
– Sonstige (für Absatzgebiete und -kanäle) 87 ff.
Deckungsbeitragsstruktur 178
Deckungsbeitragsstrukturanalyse 177 ff.
Deskriptionstest 196
Diagnose u. a. 60
Dialogmarketing 295

Direct Costing 68, 81, 84
Direct Marketing 293 ff.
– Aufgaben und Instrumente 293 f.
– Kontrolle 293 ff.
– Ziele 296 ff.
Direct-Response-Marketing 294
Direct-Response-Television (DRTV) 294
Directional Planning 46
Direkte Produkt-Rentabilität (DPR) 203
Direkte Produktprofitabilität (DPP) 98, 202, 324
Diskontierungssatz 72
Diskriminationstest 196
Disposition, planmäßige 160
Distribution 315 ff.
– akquisitorische 315
– Aufgaben 315
– Controlling 315 ff.
– funktionale Leistungsfähigkeit (Lagerbestand/Service-Level) 321
– Kennzahlen 323
– Kontrollen 315, auf der Makroebene 315, 320 f., 326 ff.
– Kontrollen, auf der Mikroebene 315, 320 ff.
– indirekte 317
– physische 315
– Ziele 317 f.
Distributions-Kostenrechnungen und Wirtschaftlichkeitsanalysen 328 ff.
Distributionsdesign 316
Distributionsgrad 203, 317, 324 f., 353 ff.
– Kennzahlen zur Kontrolle 325 f.
Distributionskanal-
– abdeckungs-Diagramme 331
– kurve (channel curve) 332
– phasen-Diagramme 331
– selektion 331
Dominanz-Standard-Modell von Kühn 339, 340, 341 ff.
Dorfmann-Steiner-Theorem 338
Dotted-Line-Prinzip 449
Drei-Komponenten-Theorie 184, 232, 256
DuPont-System of Financial Control 348
Durchführungskontrollen
(→ Ablaufkontrollen)

503

Economic Value Added (EVA) 381, 409, 410
Effektivität (Wirksamkeit) 26, 32 ff., 38, 39 f., 47, 51, **161**
– des Führungszyklus 35, 44
Effektivitätskontrollen 142, 159 f.
Effizienz/Wirtschaftlichkeit (→ Marketing-) 26, 32 ff., 38, **39 f.**, 47, 51, 90 f., 142, **161**
Effizienzkontrollen 142, 159, 160 ff.,
Effizienzanalyse 166
– über Benchmarking 115
Effizienzmessung 163 ff.
Effizienzmessung, Verfahren der
– reine Input-Betrachtung (Klasse I) 163 f.
– reine Output-Betrachtung (Klasse II) 163 f.
– Output-Inputbetrachtung 163
– absoluten (Klasse III) 164 f.
Effizienzmessung, Verfahren der relativen
– nichtparametrische Verfahren (Klasse V) 165
– parametrische Verfahren (Klasse IV) 165
– Data Envelopment Analyse (DEA) (Verfahren der Klasse V) 166 ff.
Ehefrauen-Test 248
Eigenschaftsausprägungen 182 f.
Ein- oder Mehrkanalsysteme (→ Distribution) 317, 320
Einkaufsbon 202
Einkaufsstättenwahl 258, 316
Einnahmen-Ausgaben-Analyse, Beispiel 328 f.
Einstellungen 173, 180 ff., **184**, 232, ‚354
– Dimensionen 184
– vs. Image 183 f.
– Konzept 184
– vs. Produktbeurteilungen 184
– Richtung 187
– Stärke 187
– Drei-Komponenten-Theorie 184
Einstellungsänderung 232, 255 f.
Einstellungsmessung 183 ff., 255 f.
– eindimensionale 186, 188
– Grundlagen 185 f.
– Hauptaspekte 186
– Indikatoren 187
– kompensatorische Verfahren 190
– linear-kompensatorische Verfahren 190

– mehrdimensionale 186, 188 ff.
– Skalen 187 ff.
– Ziel/Zweck 185
Einstellungsmodelle
– Fishbein-Modell 186, 190
– Rosenberg-Modell 186, 190
– Trommsdorff-Modell 185 f., 190
Elaboration-Likelihood-Modell 229
Elastizität (→ Werbe-; Preis-) 133
Elektrodermale Reaktion (→ Aktivierung) 222
Electronic Commerce 309
Elektromyographie/Elektromyogramm (EMG) 222, 245
E-Mails 310 f.
Entscheidungen 42
Entscheidungsanalyse, diskrete (→ Marktreaktionsfunktionen) 261
Equity-Theory 100
Erfolg 39
Erfolgsrechnung/-analyse 66, 73 ff., 80 ff., 159
– Bezugsgrößen 80 f.
Ergebniskennzahlen, finanzwirtschaftliche/formalökonomische 347 ff.
Ergebniskontrollen 53 f., 142, 156 ff.
Ergebnisorientierte Anweisungen 44
Ergebnisverantwortung 33
Erim-Panel 194, 198, 260
Erinnern (→ Recall)
Erlös-Abweichungsanalyse (→ Preiscontrolling) 214 ff.
Erlösrechnung 67 f., 80
Erschließungsgrad (→ Kundenbindung) 355
Ersparnismethode 249
Erzeugnisfixkosten 82
Erzeugnisgruppenfixkosten 83
Evaluationstest (→ Produkttest) 196
Eventmarketing 276 f., 279 f.
Evoked Set 252
Evoked Set-Analysen (Choice Set-) 251 f., 399
Extremumprinzip 160

Feed-back-Funktion (der Kontrolle) 53, 156, 159
Feed-forward-Funktion (der Kontrolle) 53, 156, 159

504

Fehlartikel 202
Fehlbeurteilungen strategischer Optionen, systematische 384
Finanzbuchführung 66
Finanzwirtschaftliche Ergebniskennzahlen 347 ff.
Fishbein-Modell 186, 190
Fit (Event-Image) 277, 280,
Fit (Marke-Transferprodukt) 416 f.
Fixation 247
Flat Maximum-Prinzip 133
Flighting (→ Frequenz) 240, 264
Forderungsausfall 355
Formalökonomische Ergebniskennzahlen 347 ff.
Formulareinträge 311
Fragebogen-Mailings 306
FRAT-Methode 304
Freie Assoziation, Methode 401
Frequenz (→ Flighting, Pulsing) 240 ff., 262, 264
Frequenz-Relevanz-Analyse 109
Frühaufklärung 41, 45, 49, 144 f., 377
Früherkennung(-systeme) 143 ff.
Frühwarnung(-systeme) 143 ff.
Full-Profile-Methode 182

Gallup-Robinson-Test 253
Gap-Analyse 115, 117, 177
Gefühle (Emotionen) 232
Gegenstromverfahren 130
Gemeinkostenwertanalyse 172
Gesamtmarketingeffizienz 165
Geschäftseinheit, strategische 120
Gewinn 347 ff.
Gewinnvergleichsrechnung 71
GfK-Meter 260
Gold-Box-Technik 307
Gross Rating Points (GRP) 242
Guttman-Skala 181, 187, 188

Handels-Promotion 282
Handelskette 316
Handelsspanne 202
Handelsstufe 316
Händler-Promotion 282
Haushaltstest 196
Home-use-Test 200

Hospitality 272, 275
House of Brands 418
House of Quality 292

Idealprodukt 185
Idealpunktmodell 192
Idealvektormodell 192
Idealvorstellungen (Präferenzen) 192
Idealwert 192
Identitätsprinzip 86, 97
Image (vs. Einstellung) 183 f.
Imageanalysen 400
Imagemessung 183 f.
Imageposition 353
Imageprofile, Erhebung 400
Imagery (→ Innere Bilder)
Imagetransfer 277
Imagetransfermodell
 – von Meffert/Heinemann 417
 – von Schweiger 417
In-between-Wirkungskontrollen 267
Inept Set 252
In-Program-Testumgebungen 222
Information
 – exogene 60
 – endogene 60
 – Diffusion 367
 – Kodifikation 367
Informationsangebot 52, 361
Informationsaufnahme 231 f., 245 ff., 299, 309
Informationsbedarf 52, 361
Informationsbereitstellung 61
Informationsfunktion 51
Informationsgenerierung, sekundäre 65
Informationsnachfrage 361
Informationsspeicherung/-verarbeitung 231 f., 245, 247
 – Dreispeichermodell 231
 – emotionale 247
 – kognitive 247
 - Messung 247, 248
 – periphere Route 229
 – zentrale Route 229
Informationsstand, entscheidungsadäquater 52
Informationstechnologie 368
Informationsverhalten 258

505

Informationsversorgung 40, 60
- markt- und strategiebezogene 63
- potenzialorientierte 63
- problembezogene 51
- wissens- und kompetenzorientierte 64
Informationswahrnehmung 246
Initiierungsfunktion 156
Innere Bilder, Messung 402
Input 160 f.
Input- oder Outputbetrachtung, Verfahren 164
Input-/Output-Relation ($\rightarrow$ Output-/Input-Relation)
Inputkontrollen 54
Inputrationalität 34
Intellectual Capital 26
Intention to buy ($\rightarrow$ Kaufabsicht)
Interdependenzeffekte ($\rightarrow$ Kommunikationskontrolle) 235
Intuition 41
Investition 69
Investitionsobjekt 69
Investitionsrechnung 67 ff.
- dynamische Verfahren 72 f.
- statische Verfahren 70 ff.
Involvement 227 ff., 233 f., 237, 240, 254, 265
Ist-Effizienz 161
Istkostenrechnung 68

Jahresberichte 159

Kalkulationszinssatz 73
KANO-Modell 102 ff.
Kapitalwertmethode 72
Kaufabsicht (intention to buy) 180, 193, 230, 232 f., 255 ff., 259
- Messung 193, 257
Käuferreichweite 258
Kaufhäufigkeit 258
Kaufintensität 354
Kaufintention ($\rightarrow$ Kaufabsicht)
Kaufmenge je Kauf 258
Kaufsimulation 199
Kaufverhalten u. a. 198, 228, 232 f., 258 ff., 354
Kaufzeitpunkt 258
Kausalanalyse (Kovarianzstrukturanalyse; Dependenzanalyse) 218

Kennzahlen 46, 346 ff.
- betriebswirtschaftliche 346
- formale Fehler im Umgang 378 f.
- Konzept selektiver 360
- Interpretation 378
Kennzahlenmodule, aufgabenbezogene 352
Kennzahlensysteme 346 ff.
- Funktionen 346
- stellenspezifische 361
Kernaufgaben (des Marketing) 352
Kernaufgabenprofil 351 f.
Klicks 312
Kommunikation (Markt-; Marketing-) 219
Kommunikationsaudit 220
Kommunikationsbudget 262
Kommunikationscontrolling 219
Kommunikationsinstrumente 220
Kommunikationskontrolle 220 ff.
- Systematik 220 ff.
- Kontrollgrößen 224 f.
Kommunikationsmanagement 219
Kommunikationsqualität 229
Kommunikationsüberwachung 221
Kommunikationswirkungsmodelle 226 ff.
- Stufenmodelle/hierarchische Modelle 226 ff.
- AIDA-Modell, Modell und Kritik 226 ff.
- Elaboration-Likelihood-Modell 229
- Modell der Wirkungspfade 228
- Wirkungshierarchiemodell 228 f.
Kommunikationsziele 224 ff.
- nichtmonetäre vs. monetäre 224
- Formulierung 225 f.
- Überblick 229
Komparativer Konkurrenzvorteil (KKV) 336
Kompetenzgestaltung 46
Kompetenzaudit 150, 152 ff.
Kongruenzprinzip, organisatorisches 442
Konkurrenzfokus 28, 30
Konstantsummenverfahren 193
Kontakt 240
Kontakthäufigkeit 355
Kontaktintensität 354
Kontaktpunktanalyse 110
Kontrolle (Marketing-) 30 ff., 45, 53 f., 140 ff., 156 ff.
- Aufgaben 156

- Objekte 157
- operative 53, 157
- strategische 53, 157

Kontrollen und Audits der
→ Distribution
→ Marktbearbeitung und Kommunikation
→ Marktleistungsgestaltung
→ Preisgestaltung

Kontrollen und Audits der Marktbearbeitung und Kommunikation 219 ff.
→ Direct Marketing
→ Marketingevents
→ Online-Marketing
→ Persönlicher Verkauf
→ Public Relations
→ Sponsoring
→ Verkaufsförderung
→ Werbung

Konzentrationsanalyse 118
Koordination 30, 66
- funktionsübergreifende 47
Koordinations- und Umsetzungsdefizite 27
Koordinationsformen 43
Koordinationsfunktion
- führungsübergreifende 51, 55
Kosten- und Budgetkontrollen 159, 171
- Objekte 171
Kosten- und Leistungsrechnung 66, 68
- System 67
- Verfahren 68
Kosten- und Wirtschaftlichkeitsanalyse 328
Kosten-
- artenrechnung 67, 68
- erfassung 67
- kontrolle 157, 171 f.
- management 73
- rechnung 67 f., 159
- rechnungsverfahren auf Vollkostenbasis, Kritikpunkte 90
- senkungen 391
- stellen 68
- stellenfixkosten 83
- stellenrechnung 67
- träger 68
- trägerrechnung 67
- vergleichsrechnung 71
- verrechnung 67

Kovarianzstrukturanalyse (→ Kausalanalyse)
Kreativideen 264
Kreativität 44, 231, 244
Kuller-Kombinationsverfahren 249
Kunden- und Konkurrenzorientierung 28
Kunden- und Markenwert, Interdependenz 435
Kundenabwanderungsrate 355
Kundenakquisition (→ Kernaufgabenprofil) 347, 352 ff.
Kundenbarometer, nationale 112
Kundenbesuchsplanungen 292
Kundenbewertungsmethoden 300, 303
Kundenbindung (→ Kernaufgabenprofil) 347, 352 ff.
Kundenbindung, „Share of Wallet" 234, 424
Kundenbindungsbasierte Modelle 424
Kundenbindungsrate 355
Kundencontrolling, wertorientiertes 420
Kundendeckungsbeitrag 85, 355
Kundendeckungsbeitragsrechnung, 84 f.
- Beurteilung 87
Kundendurchdringungsrate 355
Kundenerfolgsrechnungen 291
Kundenflussrechnungen 428
Kundenhalbwertszeit 355
Kundenkapitalwert 422
Kundenlaufstudien 202
Kundenlebens(zeit)wert 422
Kundenlebenszykluswerte 425
Kundennutzen 421
Kundenorientierung 30
Kundenportfolio,
- Analyse 126
- Beispiel 125
- Modelle 125
Kundenpotenziale 421
Kundenselektion 428
Kundenstammwert (Customer Equity) 421
Kundenstrukturanalyse 178, 292
Kundenszenarios 291
Kundenverhalten (außer Kauf) 354
Kundenwert 421, 427
- aggregierter 357, 424
- Basis für eine differenzierte Kundenbearbeitung 430
- dynamischer 422

507

- finanzwirtschaftliche Größe 430
- Messung 423
- statisch und somit zeitpunktbezogen 422
- zielgruppenspezifisch, Messung 429
Kundenwertanalysen 212
- eindimensionale 422
- mehrdimensionale 422
Kundenwertberechnungen
- Anlässe und Gründe 423
- ein- und mehrperiodige 422
Kundenwertkomponenten 429
Kundenzufriedenheit 100, 180, 353, 355
- Messung 104 ff.
- progressive 101
- relative 353
Kundenzufriedenheits-/Kundenbindungsanalysen 292
Kundenzufriedenheitsindex 353
Kundenzufriedenheitsportfolios 102 ff.
Kurzzeitspeicher 231 f., 248
Kurzzeittest (→ Produkttest) 195

Lagerbestand 322
Laien-Test 248
Langzeitspeicher 231 f., 249 f.
Langzeittest (→ Produkttest) 195
Leads (→ auch persönlicher Verkauf) 312
Lebensmitteleinzelhandelsindex 326
Leistungsevaluation, Verfahren (→ Effizienzmessung) 163 ff.
Leistungsinnovation
(→ Kernaufgabenprofil) 347, 352 ff.
Leistungspflege
(→ Kernaufgabenprofil) 347, 352 ff.
Leser pro Ausgabe (LpA) 242
Leseverhaltensbeobachtung 246 f.
Lieferantenwahl 258
Likes/Dislikes 233, 255 f.
Likert-Skala 181, 186 ff. 256
Limitrechnung (Soll-Lagerbestand) 202
Linear-kompensatorische Regeln
(→ Einstellungsmessung) 190
LOCATOR-Ansatz 400 f.
Logfiles 310
Logins 310
Lost-for-good 424
Loyalitätsprogramme 433

508

Management Accounting 67
Management Control 39
Managementqualität 47
Marken 396
Marken(segment)erträge 409
Marken-Dehnungsanalyse 415, 417
Marken-Fit 415
Marken-Recall (→ Recall) 254, 398
Marken-Recognition (→ Recognition) 254, 398
Marken-Trackingstudien 268, 396
Markenarchitektur, Controlling 418 f.
Markenassoziationen 398 ff., 410
- freie, Methode 401
Markenaudit 142, 150, **154** f., 268, 396, 416
Markenbekanntheit (Brand Awareness)
(→ Awareness) 228, 230, 232, 248 ff., **254** f., 353, 398 f.
- aktive und passive 254 f.
Markenbekanntheitspyramide 254
Markenbewertung (→ Markenwert)
Markencontrolling 268, 395 ff.
- Ansätze 395 f.
- mehrdimensionale Ansätze 396
Markendeckungsbeitragsrechnung, mehrstufige 98
Markendehnungen 415
Markenerfolgsrechnung 97
Markenerweiterungen 415
- Erfolgsfaktorenanalysen 416
- Modelle zur Analyse 417
Markenführung, Bedeutung
(→ Markenrelevanz) 396
Markenimage 398 f., 353
Markenpersönlichkeit, Untersuchung 401
Markenpotenzial 414
Markenrelevanz 396, 413
Markenrisiko 409
Markenspezifisches Marketingaccounting 97 ff.
Markenstärke (Brand Strength) 403 f., 412, 414, 417
- Treiber 414
Markenstatus 353
Markensympathie (→ Sympathie) 230, 268, 353

Markentransfer,
- Beziehungsmodell der Erfolgsfaktoren 416
- erfolg 416
Markentrichter (Brand Funnel) 154 f., 396
Markenwahl 258
Markenwert 403, 404, 415, 420
- finanzieller 403, 409
- Integration in das Marketingcontrolling 413
- Messung der Wirkung 412 f.
- und Kundenwert, Interdependent 435
Markenwertmessung 402 ff.
- Grundprobleme 411
- Notwendigkeit und Nutzen 404
Markenwertmessung, Modelle 405 ff.
- Global- 406 f.
- kriterienorientierte 406 ff.
- von Interbrand 408 ff.
Markenwissen 398
Markenwissen, Messung 398 ff.
- qualitative Methoden 401 f.
- quantitative Methoden 399 ff.
Markenwissen, Operationalisierung 398
Market into Company 74, 79
Market Radar 269
Market Value Added (MVA) 381
Market-Back-Ansatz 45
Marketing 28, 29, 58
- Asset Accounting 420
- Health Check 54
- Metrics 25
- Grenzen von Kennzahlen 377
Marketing- und Verkaufskennzahlensysteme 290, 346 ff.
Marketing- und Verkaufskosten 25
Marketing-Assets 394
Marketing-Audit-Propeller 149
Marketing-Controller (→ Controller) 65
Marketing-Mix
- Optimierung und Kontrolle 334 ff.
- Planung 334
Marketing-Mix-Audit 150, 152
Marketing-Mix-Planung, Einsatzgrundsätze 339
Marketingaccounting 65 ff.
- Grundmuster 65 f.
- markenspezifisches 97 ff.

Marketingaudits 53 f., 57, 69, 139 ff., 146, 149 ff., 331
- Objekte 149 f.
Marketingaudit-Formen 140 ff., 149 ff.
→ Kompetenz- und Organisationsaudit
→ Markenaudit
→ Marketing-Mix-Audit
→ Strategienaudit
→ Verfahrensaudit
Marketingaudit-Konzepte
- von Köhler 147 f.
- von Kotler 146 f.
- von Nieschlag, Dichtl, Hörschgen 148
- von Töpfer 148 f.
- Synthese 149 f.
Marketingbudgets 26
- Arten 128
- Funktionen 128
- Kontrolle 142, 157, 159, 171
Marketingbudgetierung 53, 127, 358
Marketingbudgetierung
- analytische 130
- Prozess 129
Marketingbudgetierung, Ansätze und Methoden 130, 131
- finanzkraftorientierte („affordability-method") 132
- Fortschreibungs- 132
- heuristische 132
- Prozent- 132
- wettbewerbsorientierten („competitive-parity-method") 132
- ziel- und aufgabenorientierte („objective-and-task-method") 132
Marketingcockpit (→ Cockpit) 372
Marketingcontrolling 38, 51, 442, 443, 444
- Entwicklungslinien 48 ff.
- Funktion 38
- Instrumente 56
Marketingcontrolling, Aufgaben
- Informationsversorgungs- 51 f., Teil B
- Kontroll-/Überwachungs- 51, 53 f., Teil C
- Koordinations- 51, 55, Teil D
- Planungs- 51 ff., Teil B
- des Controllers (→ Controller, Aufgaben) 65

509

Marketingcontrolling
- Einordnung 444 ff.
- Organisation 437, 440, 451
Marketingeffektivität (→ Effektivität)
Marketingeffizienz (→ Effizienz) 161
- Kennziffern der 162
Marketingcontroller (→ Controller) 65
Marketingergebnisbeitrag 348
Marketingevents
- Instrumente 276
- Kontrollen und Audits 271 ff.
- Ziele 276
Marketingimplementierung 29
Marketinginput und -output 25, 261 ff.
Marketinginstrumente 334 f.
- 4 P des Marketing 334 f.
- Abstimmung 44, 334
Marketingkennzahlensysteme 345
- aufgabenorientierte 346 f.
- Einführung 373
Marketingkommunikation
(→ Kommunikation; Marktkommunikation) 219
Marketingkontrolle (→ Kontrolle)
Marketingkonzepte 42
Marketingkosten 68
Marketingleistung, Messung 163
Marketingplanung 41, 358, 359
- Analyseinstrumente 115 ff.
- Prozess im Überblick 335
- strategische und operative 52
Marketingschlüsselkennzahlen, nichtmonetäre 352
Marketingüberwachung (→ Kontrollen und Audits) 53, 139 ff.
- Systematik 141
Marketingziele 334 f., 346 ff.
- qualitative 347
Marketingzielsystem 334 ff.
Marktbearbeitung (→ Kommunikation)
Markt- und Konsumreife 315, 317
Markt- und Technologieportfolio-Analysen 115
Markt-Portfolio-Modelle 119 ff.
Markt-Technologie-Portfolios, integrierte 123
Marktanteil 353
Marktdurchdringung 353

Markterfolg (→ Kommunikationskontrolle) 259
Markterfolg, Evaluationsverfahren des 259 f.
- Experimentelle Ansätze 260 f.
- Marktreaktionsfunktionen 261 ff.
Markterfolgskonsequenz (→ Kommunikationskontrolle) 230, 233
Marktforschung 113
Marktgerecht 180
Marktkommunikation (→ Kommunikation, Marketing-)
Marktleistungsgestaltung
- Aufgaben und Instrumente 174
- Controlling 173
- Kontrolle 173 ff.
- Ziele 173, 175 f.
Marktorientierte Geschäftsfeldplanung 334
Marktorientierung 29, 30, 74, 96, 147
Marktpenetration 258
Marktportfolios 120 ff.
Marktpositionierung (→ Positionierung)
Marktpotenziale, Bewertung 357 f.
Marktreaktionsfunktionen 133, 261 ff.
Marktresponsemodell 261
Maximumprinzip 160
McKinsey-Matrix 120 ff.
Means-end-analysis 187
Mediaplanung 240
Mediaselektionsmodelle 241
- Evaluierungsmodelle 241
- Modelling/mathematische Optimierungsmodelle 241
- Rangreihen 241
Mediawerbung (→ Werbung) 237
Medienquantität/-kontakte 231
Medienresonanz (Output-Ebene) 277 f.
Medienresonanzanalyse 277 f.
- Kenngrößen 278
Mehrwellenbefragungen 267
Minimumprinzip 160
Mini-Testmärkte 194, 197, 260, 267
Mobile Marketing 295, 299
Modell der Wirkungspfade 228
Modelling 241
Monetäre Zielgrößen u. a. 159, 334 f., 347
Monitoring 144, 268
Motivations- und Anreizgestaltung 46, 368

Multiattributmodelle (der Einstellungsmessung) 188 ff.
Multichannelintegration 331
Multidimensionale Skalierung (MDS) 191, 193
Nachfragegerecht 180
Naked-Testumgebungen 222
Nettoreichweite 223, 241, 242
Nichtmonetäre Zielgrößen u.a. 159, 325 ff., 334 f., 347
Nichtparametrische Verfahren (der Effizienzmessung) 163 f., 166 ff.
Nichtverwender 228
Non-Respondents 299
NOPAT (Net operating profit after tax 381
Normalkostenrechnung 68
Nutzen-Kosten-Vergleich 161

Objective-Forecast-Actual (OFA)-Modell 292
Offertgeschwindigkeit und -anzahl 354
Online-Markenkommunikation 314
Online-Marketing 309, 295
– Datenquellen 309 f.
– Kontrolle 308 ff.
Opportunity to See (OTS), to Hear (OTH), to Contact (OTC) 242
Optimierung, modellgestützte 337 f.
Organisationsaudit 150, 152 ff.
Outcome-Ebene (→ Kommunikationskontrolle) 272, 279
Outgrowth-Ebene (→ Kommunikationskontrolle) 272, 279
Output 39, 160 f.
Output-Ebene (→ Kommnikationskontrolle) 272, 277 ff.
Output-Input-Relation 39, 160 f.

PACT-Prinzipien 237
Panel 267
Parametrische Verfahren (der Effizienzmessung) 163 f.
Parfitt/Collins-Methode 199
Partialtest (→ Produkttests) 195
Payback-Periode 71
Peanut-Butter-Costing 90
Perfect Response 354

Perfect Order 354
Performance Evaluation 37
Performance Management 35 ff.
Performance Measurement **35 ff.**, 133, 145, 366 f., 373 ff., 420, 452
Performance Measurement-System 145, 372 f.
Permission Marketing 295
Personalführung 32
PIMS-Projekt 120
Pläne mit „built-in-flexibility 45
Plankostenrechnung 68
Planung 41
Planung ohne Ziele 46
Planungsansatz, situativer 46
Planungsfunktion 51
Planungsmanagement 53
Planungsprämissen 151
Planungsrechnung (Vorschaurechnung) 66
Polaritätenprofile 188
Polygraph 245
Portfolio-Analyse 119 ff., 332
Portfoliotest (→ Kommunikationskontrolle) 222
POS-Werbung 282
Positionierung 334 f., 352 f.
– mittels Basisstrategien der Kommunikation 234
– Schlüsselkennzahlen 347
Positionierungsmodell 191, 192
– dreidimensionales 191
– Kernelemente 192
Positionierungsraum 191
Positionierungsziele 335 f.
Posttests 221 f. 263, 267
Präferenzbildung 251
Präferenzen 180
Präferenzmodelle 192
Präferenzrang 183
Präferenztest 196
Prägnanz 223, 248
Prämissenaudit 151
Preisabsatzfunktion 212, 261
Preisbandeinhaltung 353
Preisbereitschaft 207, 218
Preiscontrolling 205, 215
– Aufgaben 209
Preiseinteilung 353

Preiselastizität 212, 214
Preisempfindung 207, 218
Preiserwartung 207
Preisgestaltung 205 ff.
– Controlling 205
– Instrumente, Preisinstrumente 208 f.
– Kontrolle 205 ff.
– Ziele 205 ff.
Preisgünstigkeit 207, 354
Preisimage 207
Preisimage-Effekt 207
Preismanagement 209
Preismanagementprozess 211
Preismeter 214
Preispremium 353, 390 f.
Preispolitisches Zielsystem 206
Preisresponsefunktion 261
Preisschätzung 207, 218
Preissicherheit 207
Preisstellung 353
Preisstrategie 208
Preistransparenz 207
Preistreppe 217, 292
– strategische 209
Preisvertrauen 207, 208
Preiswürdigkeit 207, 218
Preiszufriedenheit 207
Preiszuverlässigkeit 207
Pretest (Werbe-) 221 f., 263 ff.
– Designs 264
– Praxis 265
Price Sensitivity Measurement-Methode 206, 214
Primärzielgruppe 272
Priorisierungsmatrix 332
Product Management 445
Produkt-PR (→ Public Relations)
Produkt- und Programmanalysen 176 ff.
Produktbeurteilung (beliefs) 180, 181, 184
Produktbeurteilungsskalen 187
Produkteigenschaftsraum 191
Produktinformationen 181
Produktinnovationsmanagement 174
Produktivität 161 f., 349 f.
Produktivitätskennzahlen, Problematik 350
Produktklassenwahl 258
Produktlebenszyklus-Analyse 177
Produktlinienerweiterungen 415

Produktmarktraum 191
Produktportfolio-Analyse 177
Produktpositionierung (→ Positionierung) 180, 185, 191
Produkttests 194 ff.
– Testziele 195
Profitabilität 348
Programm-Analysator 223
Programmierung, dynamische 73
Programmstrukturanalyse 177 ff.
Projektive Techniken 401
PROMOTER 285
Promotion 281 ff.
Propensity to buy (→ Kaufabsicht)
Protokolle lauten Denkens, Methode 248, 402
Prozesse 354
Prozesskontrollen 54
Prozesskosten-Abweichungsanalyse 216
Prozesskostenrechnung 69, 90, 328
– am Beispiel von Lagerhaltungskosten 330
– Aufbau und Ablauf 92
– Aufgabenbereiche 92
– Beurteilung 96
– Einsatzbereiche 94
Prozesswertanalysen 292
Psychogalvanische Reaktion (→ Aktivierung) 222
Public Relations (PR) 219, 273
Public Relations, Formen 273
– gesellschaftsbezogene 273
– leistungsbezogene (Produkt PR) 273
– unternehmensbezogene 273
Public Relations, leistungsbezogen (Produkt-PR) 272 ff.
– Instrumente und Ziele 272
– Kontrollen und Audits 271 ff.
– medienbezogene Evaluationsmethoden 277 f.
Pulsing (→ Frequenz) 240, 264
Putzfrauen-Test 248

Qualitätsmanagementsysteme 369
Qualitätssicherung 51

Rabattanteil 355
Randproduktionsfunktion 168

Rangreihen (→ Mediaselektionsmodelle) 241
Rationalität 34, 42
- der Führung 34
- prozessbezogene 34
- substantielle 34
Rationalitätsdefizite 48
Rationalitätsengpässe 40
Rationalitätssicherung 33 ff., 40
Rationalitätssicherungsansatz 32 ff., 38 ff.
Reaktionsfunktion (auch Markt- und Werbe-) 130
Realoptionen 411
- kundenbezogene 291
- Bewertungsansätze 73
Realoptionsansatz 72 ff.
Realwert 192
Recall (Erinnern) 222, 230, 232, **248 ff.**
- Messung 248 f.
Rechnungswesen 65 ff.
- externes 66
- internes 66
- Teilgebiete 66
Recognition (Wiedererkennen) 222, 230, 232, **248 ff.**
- Messung 248 ff.
Redistributionsqualität 203
Reflexion 41, 42
Regelkreis 37, 49, 53 f.
Regelkreismodell von Marketingplanung, -kontrollen und -audits 140
Regionaltests (→ Direct Marketingkontrolle) 305 f.
Regressionsanalyse 261
Reichweite 241
- Brutto (auch Bruttokontaktsumme)
- kombinierte 242
- kumulierte 242
- Netto
- qualifizierte 242
- wirksame 242
Reiz 231
Relevant Set 252
Rentabilität 71
Rentabilitätsvergleichsrechnung 71
Reportinginstrument 364
Responsequote 299, 301
Restwert einer Investition 387, 391

Retention Equity 432
Retourenquote 303
RFMR-Analyse 300, 303
Risikominimierung 348
Role of Brand Index (RBI) 409, 410
Root Cause-Analyse 112
Rosenberg-Modell (der Einstellungsmessung) 186, 190
Roughs 264
Rückgewinnungsrate 355
Rücklaufquote 301

S-Kurve 123, 124
Saccaden (Blicksprünge) 247
Sales (→ Kommunikationskontrolle) 312
Sales Pipelines 290
Sales Promotion 281
Salience 249
Schalthäufigkeit der Werbung (→ Frequenz)
Scorecard 26
Scribbles 264
Sekundärzielgruppe 272
Selbstcontrolling 439 f., 444 f.
Self-Governance 135
Semantisches Differential 181, 186 ff.
Sensitivitätsanalyse 72, 384, 414
Sensorischer Informationsspeicher 231
Service-Level 321 f.
Servicegrad 324
Session-IDs 310
Share of Advertising (SoA) 244
Share of Mind (SoM) 244, 252
Share of Voice (SoV) 244
Share of Wallet 230, 234, 424
Shareholder Value-Ansatz 380, 381
- Berechnung 390
- Effektsimulation 390
- kritische Beurteilung 382
- Nutzenpotenziale 393
- orientiertes Marketing 386
- nach Rappaport 380 ff.
- Treiber 386, 389
Sicherheit 347 ff.
Single-Source-Panel 286
Sinus Milieus 269
Soll-Effizienz 161
Soll-Lagerbestand (→ Limitrechnung)
Sortimentskontrolle, Kennzahlen 200 ff.

513

Spitzenkennzahlen, formalökonomische 351
Split-Run-Inserts 306
Split-Run-Mailings 306
Sponsoring 275
- Formen 275
- Instrumente 274
- Kontrollen und Audits 271 ff.
- Ziele 274
Stabilität der Markteinführung 258
Stage-Gate-Prozess (-Modelle) 290 f.
Starch-Test 253
Stärken-Schwächen-Analyse 117, 118
Statistik, betriebswirtschaftliche (Vergleichsrechnung 66
Stellenbildung 442
Stellenspezifität 360
Store-Test 194, 196
Storyboards 264
Strategienaudit 150 f.
Streuverluste 243
Studiotest 196, 199, 200
Stufenmodelle (→ Werbewirkunsgmodelle) 226 ff.
Suchmaschinenmarketing 295, 314
Survey of Reader Interest 253
SWOT-Analyse 115, 117, 143
Sympathie 230, 268, 353
Szenario-Analyse 143, 332

Tachistoskop 223, 247
Target Costing 73 ff., 174
- Ablauf 74
- Beurteilung 79
Targetable TV-Technologie 260
Tätigkeitskontrolle 158
Tausend-Kontakte-Preis, (TKP) 243
Tausenderpreis (Tausend-Nutzer-Preis) 243
Technologie-Markt-Portfolio, integriertes 123 f.
Technologieportfolios 119 f., 122
Teilkostenprinzip 81
Teilkostenrechnung 68
Teilnutzenwerte 181
Telerim Panel 194, 198, 260
Teleskop-Tests 306
Television-Meter 260
Testmarkt 194, 197

Testmarkt-Simulationen 194, 198, 267
Testmarktersatzverfahren 194, 197
Testprobleme 264
Testverfahren 194
Theory of Reasoned Action 190
Toleranzzone (→ Kundenzufriedenheit) 101
Top box (→ Kommunikationskontrolle) 256
Top of Mind 249 f, 252
Top of Mind Awareness (→ Awareness) 250 f.
Top of Mind Recall (→ Recall) 250 f.
Top-down-Ansatz 129
Total Awareness (→ Awareness) 250 f.
Total Quality Management-Ansatz 369
Total Recall (→ Recall) 250 f.
Total Set 252
Trackings 221 f., 263, 267 ff.
Trackingstudien 268 f., 396, 404
Transaktionsdaten 311
Transaktionspreisanalyse 212, 217
Transfererfolg, Determinanten 417
Transparenzverantwortlich 33
Treibergrößen 360, 365
Trendanalysen 365
Trichtermodelle 290 f.
Trommsdorff-Modell (der Einstellungsmessung) 185 f., 190
TV-DAR 253

Überwachung (→ Marketingüberwachung)
- strategische 142, 377
Ultrakurzzeitspeicher 231
Umsatz 348, 386 f., 390
Umsatz, Verhältnis zur Werbung 392 f.
Umsatzorientierung, einseitige 371
Umsatz pro Kauf 354
Umsatzrentabilität 348,
Umsatzstruktur 178
Umsatzstrukturanalyse 177 f.
Unaided 250
Unaided Recall (→ Recall) 249 f.
Unternehmenscontrolling 371
Unternehmensfixkosten 83
Unternehmenswandel 374
Unternehmensziele, übergeordnete 348 ff.
Untersuchungsdesign 222, 240, 263
Ursache-Wirkungszusammenhänge,
  Visualisierung 365

Value Equity 432
Value-Based Pricing 213
Veränderungsrechnung 99
Verarbeitung, kognitive 248
Verbraucher-Promotion 282
Verbraucheranalysen 243
Verfahrensaudit 150 f.
Verfügbarkeit 355
Vergleichsstandard 100
Verhaltensevaluation, Verfahren
  (→ Kommunikationskontrolle) 257 ff.
Verhaltensintentionen 232, 354
Verkauf 58
Verkauf, persönlicher 287
– Funktionen 287
– Kontrolle 287
– Ziele 288
Verkaufscontrolling 319
Verkaufseffizienz 168
Verkaufserfolg 287
Verkaufserfolg/Beitrag zur Profitabilität 321
Verkaufsflächen-Produktivität 202
Verkaufsförderung 281
– Kontrolle 281
– Ziele und Instrumente 281
Verkaufsförderungsmaßnahmen, handels- und konsumentengerichtete 282
Verkaufskapazität und -kompetenz 321, 322
Verkaufsmanagementprozessmodelle 290
Verständlichkeitsindizes 248
Vertrauen 354
Vertrieb 58
Vertriebscontrolling 319
Vertriebs-Controlling-Kennzahlensystem 327
Verwender 228
Verwendungsverhalten 258
View-Through 312
Vollkostenrechnung 68, 79, 82, 84, 91, 179
Volltest (→ Produkttest) 195

WACC (Weighted Average Cost of Capital) 410
Wachstum 347 ff.
Wachstumsperspektive 321, 322
Wechselabsicht 355
Wechselbereitschaft 355

Wechselbeziehungen (Interdependenzen) 336
Weiterempfehlungen 354
Weiterempfehlungsabsicht 259, 354
Werbeausgaben 393
Werbebenchmarking 269 f.
Werbebotschaft, Aufnahme 231
Werbecodes 298
Werbedruck 240, 243, 244
Werbeelastizität (133), 392 f.
Werbekostenzuschüsse 281
Werbemittel 237
Werbemittelkontakt 240
Werberesponsefunktionen 261 f.
Werberesponsemodelle
– Bass 263
– Bass und Clarke 263
– Kuehn 263
– McGuire und Weiss 263
– Nerlove und Arrow 263
– Vidale und Wolfe 263
Werbesimulation 199
Werbeträger 237
Werbeträgerkontakte 240
Werbewirkungen 229 ff., 238 ff.
Werbewirkungsmessung 238 ff.
Werbewirkungsmodell
  (→ Kommunikationswirkungsmodell)
Werbung (Mediawerbung) 237
– Kontrolle 237 ff.
– Verhältnis zu Umsatz 392
Werttreiber 380
Werttreiberhierarchien 372
Werttreibersysteme
– finanzwirtschaftliche 369
– shareholder-value-orientierte 369
Wettbewerbs- und Anpassungsverhalten
  (→ Distributionskontrolle) 321 f.
Wiedererkennen (→ Recognition)
Wiederkaufabsicht 105, 355
Wiederkäuferpenetration 258
Wiederkaufrate 258, 354
Wiederkauf(-verhalten) 198 ff., 233, 258 f.
Willensbildung 41
Willensbildungsverfahren 35
Wirksamkeit (→ Effektivität)
Wirkungshierarchiemodell von Lavidge/Steiner 228

Wirkungskette der Kundenbindung 353
Wirkungskontrolle 157
Wirtschaften 160
Wirtschaftlichkeit (Effizienz)
– technische 161
Wirtschaftlichkeitsbeurteilungen 160
Wirtschaftlichkeitskenngrößen 163
Wirtschaftlichkeitskennzahlen, Grundproblem 162
Wirtschaftlichkeitskontrollen 67, 157
Wirtschaftlichkeitsprinzip 160
Wissen 232
Wochen- und Monatsberichte 159

Zeitwert des Geldes 387
Zero-Base Budgeting 135
Ziekostenermittlung 75
Ziekostenspaltung 75
Zielerreichungsgrad 159
Zielformulierung (→ Kommunikationsziele) 225
Zielgruppenaffinität 243
Zielkosten 74
– index 76
– kontrolldiagramm 76
– management 73
– spaltung 74
Zielsystem 50
Zinssatz, kalkulatorischer 72
Zinssatz/Zinsfuß, interner 72
Zone of indifference (→ Kundenzufriedenheit) 101
Zuordnung von Mustern, Methode 245
Zweckrationalität 34